NCS (국가직무능력표준) 기준을 적용한

NCS 건축시공

구조체편

정 용 식 저

기문당

머리말

국내 건설 산업은 70~80년 중동 건설기를 지나 90년대에는 고도성장기로 양적인 면에서는 괄목할만한 성장을 이루었으나 질적인 면에서 선진국에 비해 아직까지 기술적으로 부족한 점이 많은 것은 사실이다.

최근의 건축 기술은 예전과 비교할 수 없을 정도로 빠른 속도로 변화되고 있고 그 기술 또한 고도화 · 전문화되고 있어 그에 따른 전문 기술 서적에 대한 요구 또한 증대되고 있다.

그러나 지금까지 전문가들이 펴낸 많은 시공관련 전문서적들도 대부분 이론을 기본으로 한 총괄적 개념서로 기술되어 있어 실제 현장에서 시행되고 있는 실무와는 다르거나 현재 사용되지 않는 내용 또한 많은 것이 사실이다. 일부 실무적인 내용이 가미된 책의 경우에도 단편적인 시공 내용과 사진 등을 수록한 정도로 경험이 부족한 학생들이나 기술자들은 이해하기가 쉽지 않다.

건축시공학이란 건축물 생산과정에서 고려해야 할 이론과 기술을 기초로 하여 설계도서에 나타난 건축물을 구체적으로 생산하기 위해 현장의 제반 여건을 분석하고 해결할 수 있는 기술능력을 배양하기 위한 학문이라고 볼 수 있다. 그러나 국내 대부분 대학들의 건축 관련 교육 과정을 보면 너무 설계 위주로 편성되어 있고 건축시공 과목은 아주 짧은 교육시간은 물론 그 또한 이론 위주 교육으로 끝나는 것이 대부분이다. 아직도 시공 교육이 체계적이지 못하고 과거와 같이 현장에서 경험하면서 기술을 습득하는 것으로 교육된다면 급변하고 있는 세계의 시공기술을 따라 가기는 쉽지 않을 것으로 본다.

최근 정부에서도 급변하는 산업 현장의 변화 요구에 부응할 수 있는 인력을 체계적으로 양성하기 위해 스펙 위주의 이론 교육보다는 실제 직무 수행에 필요한 지식, 기술, 소양 등의 내용을 국가차원에서 산업부문별, 수준별로 체계화하여 직무능력을 표준화한 NCS(National Competency Standard)를 추진하고 있다. 물론 NCS가 기능공 위주 시스템으로 중간 기술자를 교육하는 데는 일부 문제가 있는 것도 사실이나 그것은 점차 보완해 나가야 할 것으로 본다. '한국산업인력관리공단'에서는 각 산업 분야별로 NCS를 추진하고 있으며 건축시공 분야도 NCS 13개 모듈을 만들어 시행하고 있다.

이제는 시공교육도 이론 위주의 개론적인 내용에서 벗어나 현장실무를 기본으로 하는 체계적이고 전문적인 내용으로 바껴야 한다고 본다.

따라서 본 저서는 건축시공의 NCS 모듈을 참고로 각 장의 제1절은 건축시공에서 기본적으로 알아야 할 내용으로 "건축시공 기본지식 이해편"과 제2절은 현장실무에서 반드시 필요한 시공 도면검토와 시공계획서 작성 등의 내용으로 "NCS 적용 사례현장 실무 이해편"으로 나누어 구성하였다.

본서의 특징은 실제 '사례현장'을 모델로 선정하여 착공에서 준공까지 모든 공종별 작업 진행과정을 현장감 있게 수록하였고, 또한 현장의 시공실무를 이론과 접목하여 현장에서 어떻게 시공실무가 이루어지고 있는지를 각 공정별로 시공계획 과정은 물론 실제작업 진행 관련 사진들을 함께 수록하여 경험이 부족한 사람도 누구나 이해할 수 있도록 쉽게 구성하였다.

본서는 대학 및 전문대학 교재는 물론 현업에서 실무를 담당하고 있는 초급기술자, 설계관계자, 감리자, 전문기술자에 이르기까지 누구나 시공실무 지침서로 활용될 수 있도록 구성하였다. 그러나 아직까지도 책 내용에 부족한 점이 있어 앞으로도 수정 · 보완해 나갈 것을 약속드리면서 본서가 출판되기까지 특별한 관심과 도움을 주신 기문당 출판사의 강해작 사장님과 그 외 도움을 주신 모든 분께도 감사드립니다.

2017. 1

연구실에서

저자 정용식

본 저서의 특징

1. 본 저서의 구성 특징

본 저서는 최근 급변하고 있는 산업현장 변화의 요구에 부응할 수 있는 인력양성을 위해 기존의 이론 위주 교육에서 한발 더 나아가 실제 직무수행에 필요한 지식과 기술을 습득할 수 있도록 실제 '시공 사례 현장'은 모델로 선정하여 공사 착공에서부터 준공에까지 각 공종별 작업 과정에 필요한 실무 내용을 건축시공 NCS 기준 모듈을 적용하여 구성한 것이 특징이다. 따라서 실무경험이 부족한 대학생이나 현업에서 실무를 담당하고 있는 전문기술자에 이르기까지 누구나 쉽게 이해할 수 있도록 구성하였다.

2. 본 저서의 각 장별 구성

본 저서의 각 장별 구성은 제1절에서는 건축시공 직무에 대해 누구나 기본적으로 알아야 할 "건축시공 기본지식 이해편"으로 구성하였고, 제2절에서는 실제 "시공 사례 현장" 모델을 선정하여 실무 작업에서 필요한 "NCS 적용 사례현장 실무 이해편"으로 나누어 구성하였다.

1) 제1절 "건축시공 기본지식 이해편" 구성

건축시공에서 누구나 알아야 할 기본지식에 대한 내용들로 공사의 개념, 특성, 재료, 공법 종류, 시공시 유의사항 등에 대한 내용을 위주로 구성하였다.

2) 제2절 건축시공 "NCS 적용 사례현장 실무 이해편" 구성

건축시공 실무에서 반드시 필요한 기술지식에 대한 내용들로 실제 '시공 사례 현장' 모델을 선정하여 공사 착공에서 준공까지 시공실무에 필요한 시공도면 검토, 시공계획서 작성, 공정계획표 작성, 인원계획에 이르기까지 각 작업내용을 원도급자(건설회사)와 하도급자(전문공사업자)가 직접 공사에 적용할 수 있도록 현장시공 사진과 함께 구성하였다.

3. 본 저서의 각 장별 구성 목차 이해 – NCS 적용 철골공사 구성 목차 "예시"

공종	국가 NCS 모듈 철골공사 구성 목차	본 저서 NCS 적용 철골공사 구성 목차	
철골공사		기본지식 이해편	제1절 철골공사 시공 기본 지식 이해 01. 철골공사 개요 02. 철골재료 종류 03. 철골공사계획 FLOW 04. 철골 제작 및 조립 품질계획 05. 부재접합 종류 06. 용접접합 및 이음 종류 07. 용접결함 원인과 대책 08. 기타 접합
	01. 철골시공도면 파악 02. 철골시공현장 안전 03. 철골시공계획 04. 부재제작 05. 공사 준비 06. 부재 설치 07. 용접접합 08. 볼트접합 09. 도장 10. 내화피복 11. 준공	사례현장 적용 실무편	제2절 철골공사 시공 NCS 적용 "사례현장" 실무 이해 01. 사례현장 철골공사 개요 02. 철골시공도면 파악 03. 철골시공현장 안전 04. 철골시공계획 수립 05. 공장부재 제작 및 품질 검사 06. 현장 철골세우기 계획 및 부재 조립 검사 07. 현장 철골용접접합 08. 고력볼트접합 09. 도장 및 내화피복 10. 검사보수 및 준공검사

차 례

제1장 건설산업 총론

제2장 건축 시공계획 NCS 적용 기준과 "사례현장" 개요

제3장 가설공사

제4장 토공사 및 흙막이공사

제5장 지정 및 기초공사

제6장 거푸집 공사

제7장 철근공사

제8장 콘크리트공사

제9장 철골공사

제10장 PC(Precast Concrete)공사

1
Chapter

건설산업 총론

제1절 건설산업의 이해

1. 건축시공학

1.1 건축시공의 의의

1) 건축시공 개념

건축시공이란 건축물을 만드는 데 필요한 자원(자재, 노무, 장비, 자금)과 기술을 투입하여 설계도서에 맞게 적정 품질의 목적물을 필요한 기일 내에 완성하기 위한 일련의 작업 과정을 말한다.

2) 건축시공 계획

건축시공 계획은 구조, 기능, 미의 3요소를 갖춘 건축물을 요구 품질에 맞게 경제적이고 안전하게 짓기 위한 건축시공법을 말하는 것이며, 이를 위한 계획을 건축시공계획이라고 한다.

최근 건축물은 고층화, 대형화, 정보화되면서 건축시공 또한 고도의 첨단기술을 요구하고 있으며, 그에 따른 체계적이고 과학적인 시스템과 전문화된 기술자를 필요로 하고 있다.

1.2 건축시공학이란?

1) 건축시공학 개념

건축시공학이란 건축물 생산과정에서 고려해야 할 이론과 기술을 기초로 설계도서에 나타난 건축물을 구체적으로 생산하기 위해 현장의 제반 여건들을 분석하고 해결할 수 있는 기술관리 능력을 배양하기 위한 학문을 말한다.

또한 건축시공학은 건축물을 짓기 위해 필요한 건설계약과 관리를 연구하는 건설경영학과 그것을 관리할 공정, 품질, 원가, 안전, 조달, 유지관리의 건설관리학과 이를 실현하기 위해 직접 현장에서 가설, 구조체, 마감, 전기 및 설비공사 등의 각론적 시공기술 등을 포함하는 종합적인 건설관리 학문을 말한다.

2) 건축시공학의 복합성

현대의 건축시공학은 단순히 건축물을 짓는 기술적인 문제 이외에도 사회적 · 환경적 문제를 포함하여 사회 각 분야와 밀접한 연관을 가지고 있으므로 종합적이고 과학적이며 체계적으로 연구되어야 하는 복합적인 학문이라고 할 수 있다.

3) 건축설계란?

(1) 건축설계 개념

건축물을 만들기 위해 필요한 기획, 설계계획 및 도면작성하는 것을 말하며, 구체적 내용으로는 설계도면과 시방서, 공사비 예산서 등을 만들고 관청으로부터 인허가 설계까지를 포함하는 업무를 말한다.

(2) 건축설계와 시공의 관계

건축설계와 시공의 관계는 음악에서 비교해 보면 작곡가와 연주자의 관계와 같다. 좋은 설계란 좋은 작곡을 말하는 것과 같고, 좋은 시공이란 좋은 연주를 말한다고 볼 수 있으며, 각 공종별 전문작업자는 음악에서 연주자와 같다. 악보에 충실하게 연주하는 것만이 좋은 연주라고 할 수 없듯이 건축시공도 설계자의 의도를 충분히 이해하고 어떻게 좋은 건물을 만들게 할 것인가 하는 것이 시공의 역할이다.

(3) 설계도서와 시방서

설계도서란 설계도면, 시방서, 구조계산서를 말하며 시방서란 설계도서에 표현할 수 없는 내용이나 사용재료, 공사방법, 품질 등에 대한 것을 규정하는 도서를 말한다.

1.3 건축시공 NCS란?

1) NCS 개념

NCS(National Competency Standard)란 국가직무능력표준을 말하는 것으로 산업현장에서 직무를 수행하기 위해 요구되는 지식, 기술, 소양 등의 내용을 국가차원에서 산업부문별, 수준별로 체계화하여 산업현장에서 직무를 효율적으로 수행하기 위해 필요한 능력(지식, 기술, 태도)을 국가적 차원에서 표준화한 것을 말한다.

2) NCS 추진 배경

산업현장의 변화 요구에 부응할 수 있는 인력을 산업부문별로 체계적으로 양성하기 위해 직무와 연관되지 않은 불필요한 스펙을 쌓기보다는 직무에 필요한 자격증, 지식, 전공, 경험, 능력 등을 통한 평가를 위해 국가차원에서 도입하게 되었으며, '한국산업인력관리공단'에서 시행관리하고 있다.

3) NCS 분류 기준(등급)

건축시공 분야의 NCS 세 분류는 13개 능력단위로 분류하고 있으며, 다음과 같다.

01. 건축목공사, 02. 조적, 미장공사, 03. 방수공사, 04. 타일, 석공사, 05. 도장공사

06. 철근콘크리트공사, 07. 창호공사, 08 가설공사, 09. 수장공사, 10. 단일공사

11. 지붕공사, 12. 구조물 해체공사, 13. 강구조공사 등으로 분류한다.

1.4 건축시공의 주체

건축생산 주체는 크게 발주자(건축주), 설계자, 시공자, 감리자로 구분할 수 있으며 건축시공의 주체는 도급자인 시공자와 감리자이다.

1) 건축시공의 주체

(1) 건축주(발주자)

발주자는 건축주로서 설계자 및 감리자와 시공자를 선정하여 도급계약을 체결하고 전체 공사의 공정과 기성지급, 공사수행 과정을 확인하고 검사하는 자를 말한다.

(2) 설계자

설계자는 발주자의 요구사항을 받아 건축의 기능이나 성능 조건에 맞게 건물이 완성될 수 있도록 설계도서 작성과 공사감리업무를 관리하는 자를 말한다.

(3) 감리자

감리자는 발주자를 대신하여 설계도서대로 공사가 진행되는지를 감독하고 사용자재의 검수와 공사의 기성과 설계변경 등의 업무를 확인 · 감독하는 자를 말한다.

(4) 도급자(시공자)

도급자(시공자)는 발주자로부터 공사도급계약을 체결하여 전체 건축공사를 수행하는 자를 말하며, 도급자는 원도급자(건설회사)와 원도급자로부터 부분공사를 재하도급받는 전문공사업자(전문건설회사)로 나누어진다.

① 원도급자(일반 건설회사)

– 원도급자는 일반 종합건설회사로서 공사 전반에 대한 공사계획과 시공계획을 수립하고 부분 공사에 대하여는 전문공사업자에게 재하도급을 발주하여 전문기능공의

공사지도 및 감독업무와 전체 공사업무의 종합적인 관리를 하는 자를 말한다.

– 중간관리자 : 건축기술자

② 하도급자(전문공사업자)

– 전문공사업자는 원도급자로부터 재하도급을 받아 전문직종의 공사를 수행하는 업자로서 비계, 토공, 철근콘크리트, 미장, 방수, 조적, 도장, 도배공사 등의 전문공사를 현장에서 직접 공사를 수행하는 자를 말한다.

– 최종 작업자 : 전문 기능공

2) 건축시공의 조직체계

시공 위주의 산업구조에서 건축시공의 조직체계는 다음과 같다.

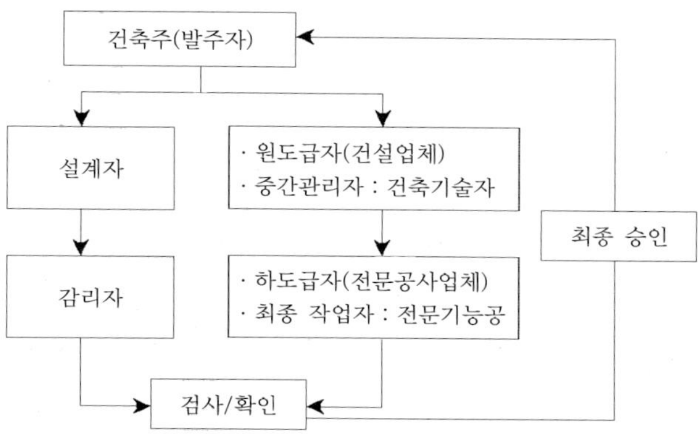

그림 1-1 건축시공의 조직체계도

2. 건설산업의 개요

2.1 건설산업의 정의

건설산업은 수요자가 요구하는 다양한 인공시설물을 타산업의 기술과 연계하여 생산하는 종합적인 산업을 말하며, 일정한 토지에 자본 · 자재 · 인력 · 장비 등을 투입하여 종합적인 건축물을 생산하는 산업을 말한다.

건설공사는 발주자로부터 공사를 수주받아 공사수행에 필요한 설계, 감리 등의 감독업무를 수행하는 기술자와 자재 · 노무 · 장비 등을 투입하여 직접 공사를 시행하는 건설업체로 크게 나눌 수 있다.

건설산업이 국가 전체 산업에서 차지하는 비중은 GDP 대비 1970~80년에는 약 13%, 1990년에는 21%, 2000년에는 15% 정도로 국가 전체 산업에서 차지하는 비중이 그 만큼 크다는 것을 의미한다.

건설산업의 분류는 협의의 건설업과 광의의 건설업으로 분류할 수 있는데, 협의의 건설업은 설계 · 시공 분리에 의한 시공 위주의 건설업을 의미하며, 광의의 건설업은 기획 · 설계 · 시공 · 유지관리 등의 종합적인 엔지니어링 위주의 종합건설업을 말한다.

2.2 건설산업의 특수성

건설산업의 특징은 제조업과 서비스업 측면의 2가지 특성을 가지고 있으며, 건설산업의 대표적인 특성은 다음과 같다.

1) 단품 수주생산 산업
   - 특정 발주자로부터 주문에 의하여 생산하는 단품 수주 산업이다.

2) 현장 생산 산업
   - 옥외에서 생산되므로 계절, 기후 등의 영향을 받는 산업이다.

3) 자연환경 제약 산업
   - 토지공급, 지역조건 등에 영향을 받는 산업이다.

4) 정부정책에 직접 영향을 받는 산업
   - 토지 및 주택 정책방향, 분양제도 · 면허제도 등의 정주정책에 직접 영향을 받는 산업이다.

5) 경기 의존 산업
   - 국가 경제, 부동산 경기 등의 사회 경기 전반에 걸쳐 영향을 받는 산업이다.

6) 자재, 인력, 기술 등 복합생산 산업

7) 대형이고 장기적인 생산 산업

표 1-1 제조업과 건설산업의 차이 비교

구 분	제조업	건설업
1. 생산형태	대량생산/반복생산	수주생산/단품생산
2. 생산여건	공장생산/고정생산	현장생산/수시로 변경
3. 인력여건	고정인력	유동인력
4. 제품 종류	규격품	다양한 제품
5. 표준화	용이함	어려움

3. 건설산업의 발전 구조

3.1 건설생산의 Flow

1) 건축생산의 시스템

- 건축생산 시스템은 주문자의 기획 의도에 맞게 자재 · 인력 · 기계 · 자금 · 기술의 자원을 투입하여 목적하는 건축물을 완성시키는 것을 말한다.
- 종래의 건축생산은 모든 것이 현장생산으로 하였으나 근래에 와서는 공장생산이 현저하게 증가하는 추세이며, 그 생산 시스템 과정은 다음과 같다.

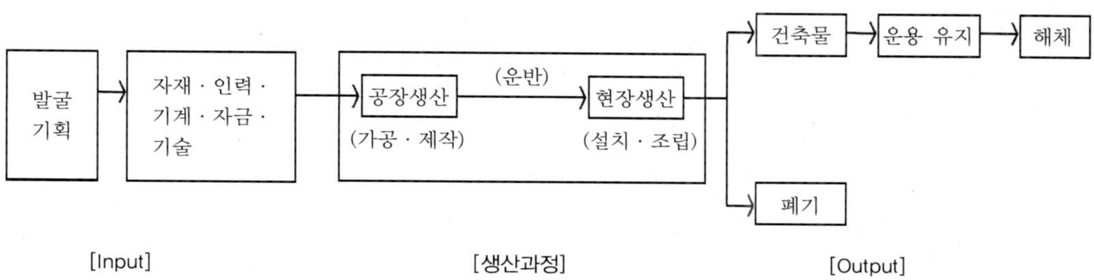

그림 1-2 건축생산 시스템

2) 건축설계와 시공의 통합화

건축생산은 먼저 설계가 이루어지고 그에 따라 시공이 이루어진다.

지금까지 국내 건축은 설계에 너무 치중되어 있어 시공은 현장에서 실무자들의 경험에 의해 작업하는 것으로 인식되어 있어 과학적이거나 체계적인 방법으로 발전되지 못하였다. 그러나 최근에는 건축물이 대형화 · 고층화 · 전문화됨으로써 설계 · 시공이 통합화되어 과학적이고 체계적인 기술 접근이 필요하게 되었으며, 그 생산과정은 다음과 같다.

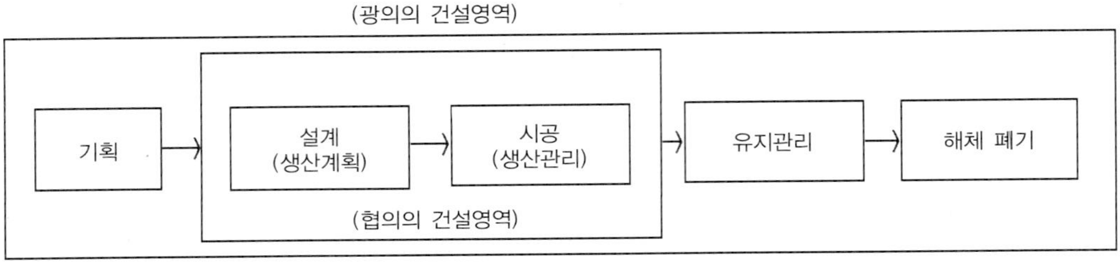

그림 1-3 건축생산의 설계, 시공 과정

3) 협의의 건설과 광의의 건설

건설산업의 영역은 시공 위주의 협의의 건설영역과 엔지니어링 위주의 광의의 건설영역으로 구분할 수 있다.

① 협의의 건설영역

- 시공 위주 건설영역 : 설계와 시공을 분리한 건설영역
- Hard 건설영역 분야 : 실시설계, 시공, 감리부분 영역

② 광의의 건설영역

- 엔지니어링 위주 건설영역 : 기획, 설계, 시공 유지, 운영까지를 통합한 건설영역
- Soft 건설영역 분야 : 발굴, 기획, 타당성 조사, 기본설계, 시공, 운영, 유지관리 영역

3.2 건설업의 E · C화

E · C(Engineering Construction)화란 사업의 종합적인 엔지니어링 능력을 말하는 것으로써 종래의 단순 시공업(General Contract)과는 달리 프로젝트의 발굴, 기획 · 설계 · 시공 · 운영 · 유지관리에 이르기까지 사업 전반에 관한 것을 종합적으로 기획 관리할 수 있는 능력을 말하는 것으로써 일반적으로 종합 엔지니어링 능력이라고 한다.

미국의 벡텔사는 제네콘(G.C)보다 한 단계 앞선 프로젝트 기획에서부터 사후 운영까지 모든 기능을 고객의 구미에 맞추어 종합적으로 해내는 이른 바 E · C화(고객 위주 차세대건설) 역량에 집중하고 있다.

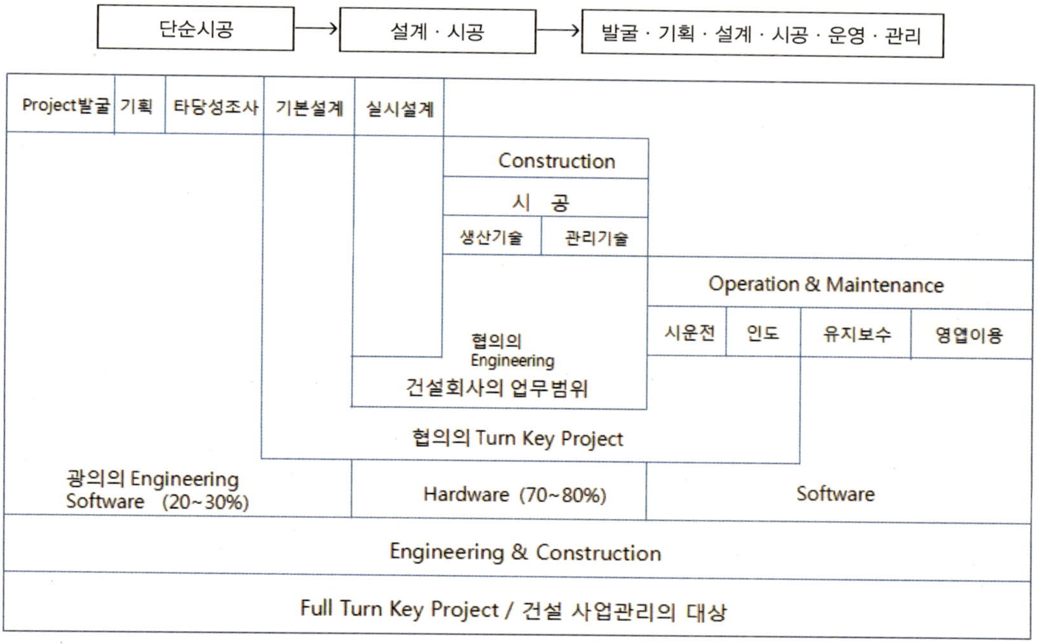

그림 1-4 E · C화(Engineering & Construction) 사업영역 범위

3.3 건설산업 구조의 분류

건설산업의 구조는 크게 엔지니어링 위주의 산업주조와 시공 위주의 산업구조로 분류할 수 있다. 외국의 선진건설업은 대부분 엔지니어링 위주의 산업구조로 되어 있으며, 국내 건설업은 시공 위주의 산업구조로 성장하여 왔다.

1) 엔지니어링 위주 산업구조(외국)

(1) 산업구조 개념

엔지니어링 산업구조란 제네콘(General construction)방식의 사업구조를 말하는 것으로서 사업기획에서부터 설계와 시공, 유지운영에 이르기까지 모든 사업영역을 종합관리하는 산업구조를 말한다. 즉 사업의 발굴, 기획, 타당성조사, 설계, 조달, 시공, 유지관리에 이르기까지 종합적인 엔지니어링 능력 위주의 산업구조를 말한다.

(2) 제네콘(General construction) 제도

제네콘이란 종합건설이라는 뜻으로 종합적인 건설관리만 하고 부문별 공사는 하청업자에게 넘겨주어 공사를 진행하는 선진국형 건설사업관리 형태를 말한다.

즉 단순 도급수주와 시공 중심인 소극적 업무에서 탈피하여 사업의 기획, 경제성 검토, 설계, 감리, 운영, 유지에 이르기까지 종합적인 건설사업관리 제도를 말한다.

엔지니어링 산업구조에서는 제네콘 회사가 건설사업관리를 한다.

– 미국, 영국, 독일, 프랑스 등의 선진국가들의 건설사업제도 방식이다.

(3) Engineering 영역이란?

① Engineering 영역 부문은 기획, 타당성 조사, 기본설계의 soft 영역 부문으로 전체 사업에서 차지하는 비중은 20~30% 정도로 크지 않지만 실제 원가가 적게 들어가는 고부가가치 사업영역을 말한다.

② Construction 영역 부문은 실시설계(shop drawing)와 시공 부문으로 전체사업에서 차지하는 비중은 70~80%로 크지만 원가가 차지하는 비중이 90% 이상으로 이윤이 거의 없는 사업영역이다. 따라서 70년대 중동 건설시에도 Engineering 부문은 외국 엔지니어링 회사가(미국의 벡텔사 등) 사업 전체를 주도하였고, Construction(시공) 부문은 한국건설회사들이 대부분 담당하였다.

(4) Engineering 위주 산업구조 형태(외국)

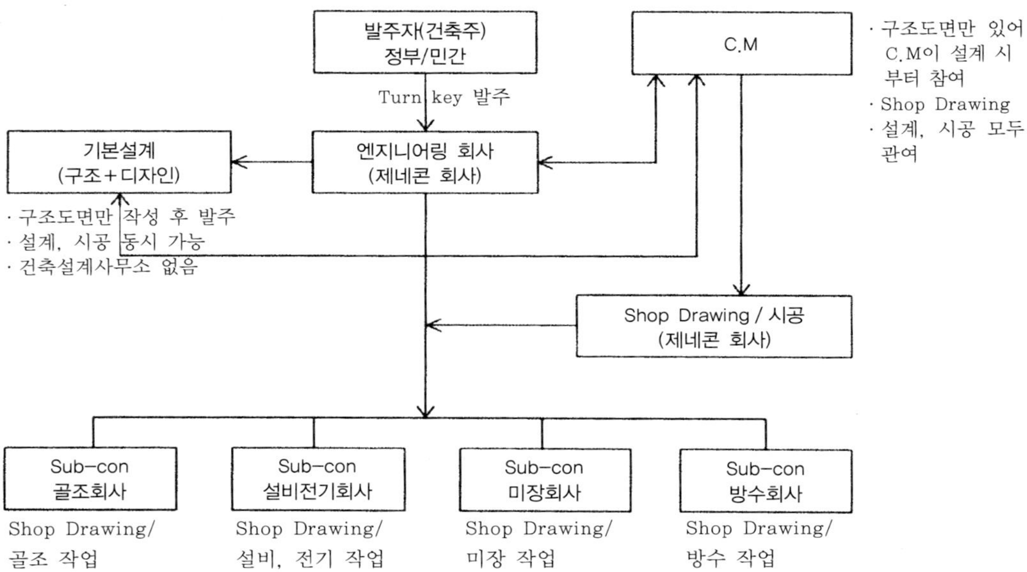

2) 시공 위주 산업구조(국내)

(1) 산업구조 개념

- 시공 위주의 산업구조란 설계와 시공이 분리되어 있는 산업구조를 말하는 것으로서 설계는 발주자 측에서 하고, 시공 부문만 도급회사에 일임하는 국내의 건설산업구조가 여기에 해당한다. 국내의 종합건설회사들은 시공 부문에서는 세계 최고의 기술을 자랑하고 있지만 엔지니어링 분야는 해외 선진국에 크게 뒤지는 수준에 머물고 있다.
- 국내에서도 90년대 초 제네콘 종합건설제도 방식을 도입하고자 하였으나 지금까지 실행되지 못하고 있다.

(2) 도급계약 제도

- 도급계약 제도란 기획, 설계 부문은 발주자가 직접 시행하고 단순 시공부문만 도급회사(시공회사)에 발주하는 방식을 말한다.
- 개발도상국인 한국, 중국, 인도 등의 건설사업제도 방식이다.

(3) Construction 위주 산업구조 형태(국내)

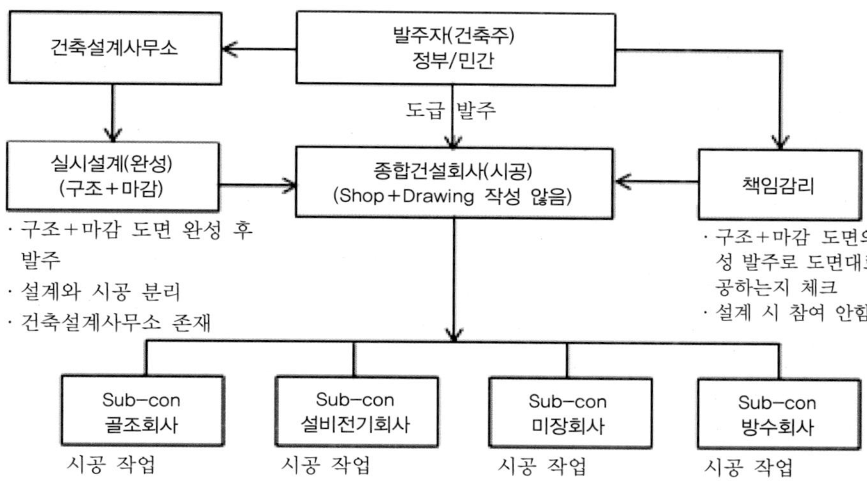

3) 국내외 산업구조 차이 비교

외국과 국내 건설 산업구조의 차이점을 비교해보면 발주제도에서 외국은 설계시공 일괄발주 제도를 하고 있으나 국내는 설계시공 분리 발주 제도를 시행함으로써 엔지니어링 위주 산업구조가 어렵게 되어 있으며 그 차이점은 다음과 같다.

표 1-2 국내외 건설 산업구조의 차이 비교

	구분	해외	국내
1	산업구조	엔지니어링 산업구조	시공위주 산업구조
2	발주제도	설계, 시공일괄 발주	설계, 시공 분리발주
		(턴키발주)	(도급발주)
3	도급회사	엔지니어링 회사	종합시공회사
4	공사관리	C.M관리	책임감리/CM
5	품질관리	ISO9000	책임감리/ISO
6	사업비 산정	I.C.C	시공비 산출

4) 국가별 건설경쟁력 순위

세계 각국의 건설회사 경쟁력을 분석해보면 22개국 정도가 경쟁력 있는 건설회사로 조사된다. 그 22개국 중 한국의 건설 경쟁력 순위는 시공 부문에서 4위, 가격 부문에서 5위로 상위에 있으나 설계엔지니어링 경쟁력 부문에서는 최하위인 19위로 조사되었다. 따라서 한국 건설업은 앞으로 엔지니어링 위주의 산업구조 개편이 필요한 것으로 나타났다. 시공, 가격 부문 경쟁력은 이미 중국이 한국을 추격하여 해외에서 경쟁력이 어려운 것으로 나타났다.

표 1-3 국가별 건설 경쟁력 순위 (2014년 기준)

순위	시공 경쟁력	설계 경쟁력	가격 경쟁력
1	미국	미국	인도
2	스페인	네덜란드	이집트
3	독일	포르투갈	중국
4	대한민국	영국	터키
5	중국	터키	대한민국

※ 대한민국 설계 엔지니어링 경쟁력은 19위 자료 : 한국건설기술연구원

표 1-4 설계 엔지니어링 경쟁력 순위 (2013년 기준)

순위	국가명	순위	국가명	순위	국가명
1	미국	8	오스트리아	15	스페인
2	네덜란드	9	프랑스	16	U.A.E
3	포르투갈	10	인도	17	아일랜드
4	영국	11	덴마크	18	이집트
5	터키	12	캐나다	19	한국
6	독일	13	그리스	20	중국
7	이탈리아	14	일본	21	스웨덴

자료 : 한국건설기술연구원

표 1-5 글로벌 건설 경쟁력 종합 평가 순위

순위	2014년		2015년	
	국가명	점수	국가명	점수
1	미국	100.0	미국	100.0
2	독일	80.0	중국	77.2
3	중국	79.8	독일	73.5
4	스페인	77.0	프랑스	68.1
5	프랑스	75.7	스페인	67.9
6	네덜란드	73.1	영국	67.9
7	영국	72.3	대한민국	67.8
8	대한민국	72.1	이탈리아	67.0
9	일본	70.9	일본	65.4
10	스웨덴	70.6	오스트리아	64.6

자료 : 한국건설기술연구원

3.4 건설 엔지니어링 발주와 사례

1) 해외 엔지니어링 발주 사례

(1) 해외 부르즈 두바이 빌딩

버즈 두바이 빌딩 프로젝트는 전체사업의 엔지니어링 부문 설계사는 S.O.M사, PM사는 Tuner사, 감리사는 Hyder사, QS사는 DG jones사이고 시공사는 삼성건설로 시공 부문에서는 원가 비율이 높아 적정이윤을 실현하지 못하였다.

① 엔지니어링 부문 : 미국 S.O.M사

② 시공 부문 : 한국삼성건설

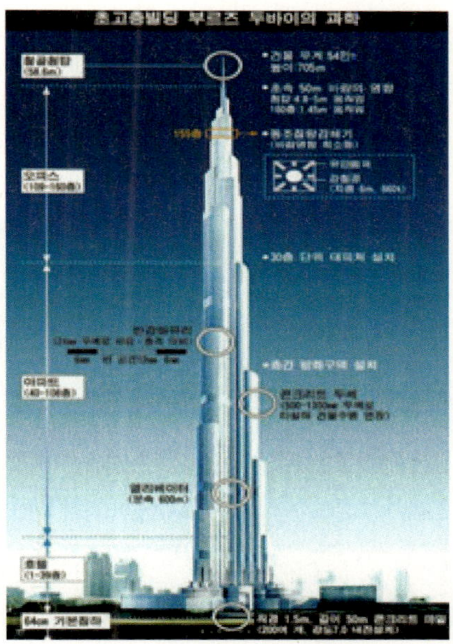

그림 1-5 부르즈 두바이 건물

(2) 말레이시아 페트나스 쌍둥이 빌딩

① 엔지니어링 부문 : Cesar Pelli사

② 시공 부문 : 삼성/일본 하지아 건설

2) 국내 엔지니어링 발주 사례

국내에서 발주되는 초고층빌딩의 엔지니어링 기본설계(구조/디자인)는 대부분 외국 엔지니어링사에 발주되고 우리나라는 실시설계(shop drawing)와 시공 부문을 담당하고 있다.

(1) 인천대교 사례

① 총공사비 : 2조 5,000억

② 엔지니어링(기본설계)비 : 1조 1,000억(40%)

· 엔지니어링 설계사 : 영국 Halcrow와 Arap(기본설계)
일본 조다이(구조), 일본 산업 본 제철 중국 공장(케이블 제작),
프랑스 프러시네(케이블 설치)

③ 시공 공사비 : 1조 400억(60%), 2005.6 착공(4년 4개월)

· 시공사 : 삼성, 대우, 대림, GS, 금호건설, 21.27km

- 국내에서 발주된 인천대교 공사도 고부가가치 부분의 엔지니어링 부문은 전부 외국사가 맡고 시공 부문은 삼성 외 4개사 컨소시엄이 담당하였다.
- 그 외 영종대교, 거가대교, 용산 국제업무지구 등도 엔지니어링 부문은 대부분 외국사가 담당하였다.

(2) 삼성동 현대자동차 글로벌 비즈니스 센터 빌딩 사례

① 엔지니어링 부문 기본설계사(구조/디자인) : 외국사

- 미국 SOM사
- 미국 MBBj사

② 실시설계 및 시공회사

- 실시설계(Shop Drawing) : 국내 설계사
- 시공사 : 현대건설

그림 1-6 인천대교

그림 1-7 삼성동 현대차 그룹 글로벌 비즈니스 센터 빌딩

(3) 잠실 제2롯데월드 타워 빌딩 사례

① 총사업비 : 약 3조 원, 총공사비 : 7천억 원

② 공사기간 : 2010.11~2016.10(6년)

③ 엔지니어링 부문 발주

엔지니어링 부문은 대부분 외국사에 발주되고, 시공 부분만 국내 회사가 담당하였다.

- 초고층 기본 구조설계 : 미국 KPF, LERA사
- 터파기 지반설계 : 영국 ARUP사
- 초고층 수직 위성측량 : 스위스 LEICA사
- 외벽커튼월 : 일본 LiXCiL, 미국 CDC사
- 풍동설계 : 캐나다 RWDI사

④ 시공 부문 발주

- 국내 설계사(Shop Drawing)/롯데건설 시공

그림 1-8 제2롯데월드 타워 빌딩 시공

4. 건축시공의 근대화

4.1 건축시공의 근대화 Flow

- 건축물이 대형화, 고층화, 정보화 추세에 따라 기존 재래식 공법으로는 한계가 있으며, 정보화된 새로운 공법으로 변화하지 않고서는 국제 기술환경 변화에 적응할 수 없게 되었다.
- 따라서 건축생산 시스템의 근대화를 위해서는 무엇보다 시공기술의 근대화가 필요하며 지금까지 하드웨어(Hardware)적인 기술에서 벗어나 소프트 웨어(Software)적인 종합 관리기술로 전환하여 시공의 기계화, 프리패브화, 공법의 건식화, 정보화가 이루어져야 한다고 본다.

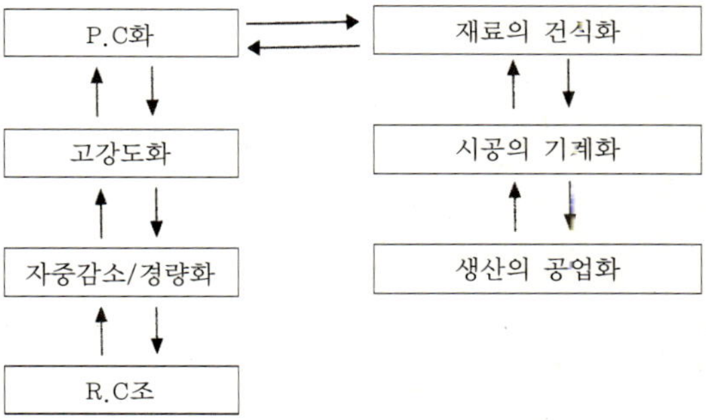

그림 1-9 건설 생산의 근대화 Flow

4.2 건축시공의 근대화 방안

1) 고강도화

① R.C조를 초고층화하기 위해서는 먼저 압축부재인 기둥의 고강도화를 통한 경량화를 하지 않으면 안 된다.

② 고강도화를 위한 기술개발의 노력이 필요하며 기둥만은 현장타설하되 그 외 보·슬래브 구조 부재는 P.C화에 의한 조립시공으로 복합화 되어야 한다.

Ex) 말레이시아 쿠알라룸푸르 페트나스 빌딩
- 기둥은 고강도콘크리트 80MPa

그림 1-10 말레이시아 페트나스 빌딩

2) P.C(Pre-Cast)화

① 기둥은 현장타설 콘크리트로 하지만 나머지 보와 슬래브 부재는 P.C화하기 위한 것을 말한다. P.C제품은 대부분이 강도가 40MPa ($400kg/cm^2$) 이상인 제품이 생산되므로 PC화가 되었다는 것은 고강도콘크리트(40MPa)가 현실화되었다고 볼 수 있다.

② R.C조가 건식화되기 위해서는 반드시 골조의 슬래브와 보가 먼저 P.C화가 선행되어야 한다. 그러나 국내 골조공법의 P.C화는 거의 발전되지 못하고 아직까지도 현장타설 공법에 의존하고 있다.

③ 건설이 해외로 나가기 위해서는 R.C구조의 P.C화공법에 대한 기술 축적이 필요하다.

Ex) (주)한화건설의 "해외 이라크 비스마야 주거단지" 건설
- 이라크 비스마야 주거단지는 총사업 금액이 9조 원 공사로서 2012년 착공하여 공사기간이 7년으로 현지에 P.C공장을 만들어 Full P.C조립화공법으로 시공되고 있는 해외 현장 사례이다.

(a) 한화 이라크 P.C 공장

(b) 한화건설이 수주한 이라크 비스마야 신도시 조감도

그림 1-11 한화건설 이라크 비스마야 신도시 PC 현장 사례

3) 공법의 건식화

① 습식공법은 물을 사용함과 동시에 기능공에 의해 현장에서 모든 것을 제작 · 시공하는 방법이다. 따라서 습식공법은 기계화가 어려운 공법이다.

② 건식공법은 물을 사용하지 않고 기계에 의해 공장에서 제작하고 현장에서는 조립만 하는 공법으로 기계화할 수 있는 공법이다.

③ 기둥은 현장타설을 하지만 보와 슬래브가 건식화되지 않고서는 R.C조의 건식화를 실현할 수는 없다.

④ 따라서 P.C화에 의한 R.C조의 건식화가 되어야 시공의 기계화를 실현할 수 있기 때문이다.

4) 시공의 기계화

① 어떤 국가도 국민소득이 $25,000를 넘게 되면 건설업은 3D 업종으로 건설기능을 배우려는 사람이 없게 되므로 기계화를 하지 않고서는 건축생산의 근대화를 이루기는 쉽지 않다.

② 시공의 기계화는 먼저 습식공법에서 탈피하여 골조공법에서 슬래브와 보가 건식화되어야만 건식공법에 의한 공업화를 이룰 수 있다.

5) 생산의 공업화

① 공업화란 균등한 품질을 공장에서 대량생산하여 현장에서는 조립 · 설치만 하면 건물을 완성할 수 있게 한 것으로써 대량생산으로 인한 원가절감과 공기단축, 품질향상을 할

수 있는 시스템을 말한다.

② P.C화에 의한 건식화가 되어야 기계화가 가능할 수 있으며 또한 기계화가 되어야 공업화가 가능하여 건축생산의 근대화가 이루어질 수 있다.

5. 건설시공의 정보화

5.1 건설 정보통합시스템

1) 개념

건설 정보통합시스템(CIC)이란 건설사업의 기획, 설계, 시공, 유지관리에 이르기까지 건설 활동 전반에 걸친 정보통합시스템을 말하는 것으로서 공장생산, 설계, 현장시공이 연계되어 건설 활동에 필요한 정보를 공유하여 건설생산의 최적화를 이루기 위한 정보시스템을 말한다.

2) 건설 분야 정보관리시스템

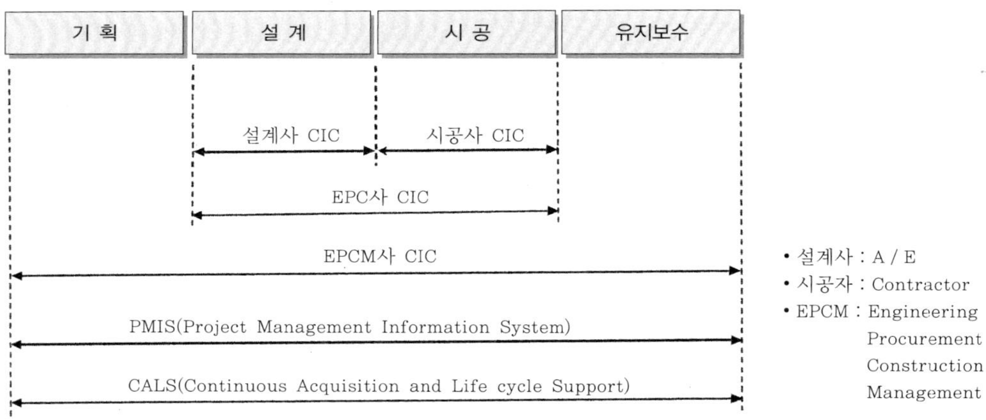

그림 1-12 생애주기로 본 건설 분야 정보관리시스템

3) 건설 정보 관련 용어

① PMIS(Project Management Information System) : 사업관리정보시스템

② MIS(Management Information System) : 정보관리시스템

③ C.I.C(Computer Integrated Construction) : 건설정보통합화

④ CALS(Continuous Acquisition and Life cycle Support) : 지속적인 조달과 생애주기 지원(전국가의 정보통합화)시스템

⑤ E.V.M.S(Earned Value Management System) : 공정비용통합시스템

4) 건설 분야의 정보관리시스템 연관관계

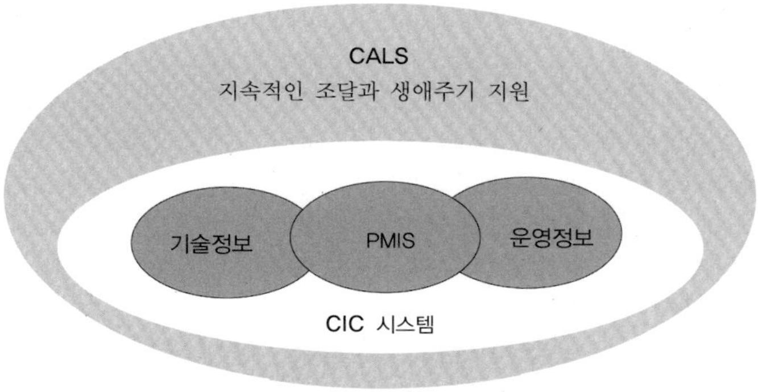

그림 1-13 건설 분야의 정보관리시스템 연관관계

5) 건설통합 정보시스템 도입 후 기대효과

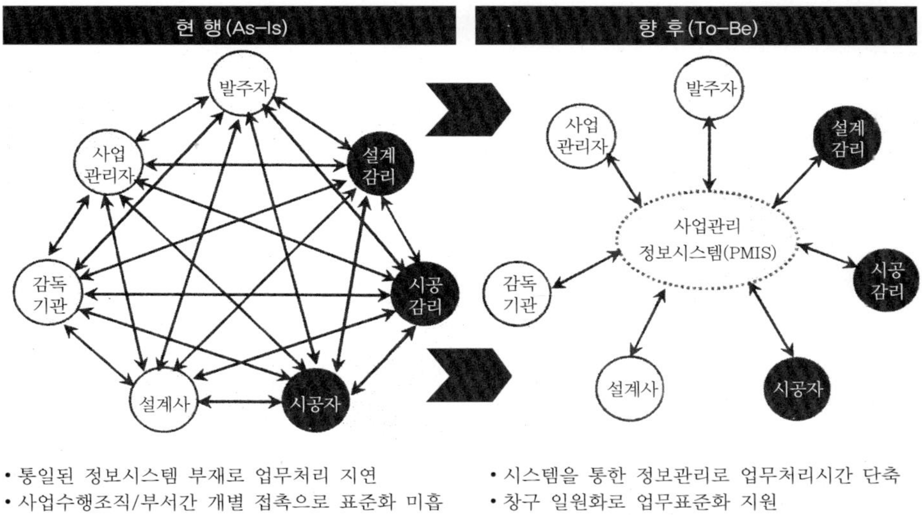

- 통일된 정보시스템 부재로 업무처리 지연
- 사업수행조직/부서간 개별 접촉으로 표준화 미흡
- Hard copy 문서자료 유통으로 인한 관리의 어려움
- 실적자료의 체계적인 축적 불가

- 시스템을 통한 정보관리로 업무처리시간 단축
- 창구 일원화로 업무표준화 지원
- 데이터베이스에 의한 체계적인 자료관리
- 전 생애주기를 관리하는 사업관리시스템 구축

그림 1-14 PMIS 도입 후 시스템 변화

5.2 PMIS와 MIS

1) PMIS(사업관리정보시스템)

(1) 정의

PMIS(Project Management Information System)은 기획단계에서부터 유지관리단계까지 건설생애주기의 전 단계를 통해 발주자, 사업관리자, 계약자, 설계자, 감리자 등 사업수행체 간의 각종 공사정보 흐름을 원활하게 관리함으로써 의사결정을 신속하게 할 수 있도록 하는 것으로 Project 전반에 대한 체계적인 관리를 위한 정보시스템이다.

(2) 필요성

① Project의 대형화와 전문화 추세로 인한 전문적 정보 필요
② 정보화 시대로의 이행에 따른 정보시스템 구축 요구
③ Project 금융 개발 증가에 따른 정보 분석력 요구
④ 해외 시장에서의 경쟁력 확보
⑤ 투자 자금 흐름에 대한 분석과 대처가 요구

(3) 구성

• 생산성 관리용 System
① Project의 사업성 분석
② 초기 투자 자금의 규모와 자금 회수 가능성 파악
③ Project 예산 비용과 이익 창출 분석
④ Risk에 대한 검토

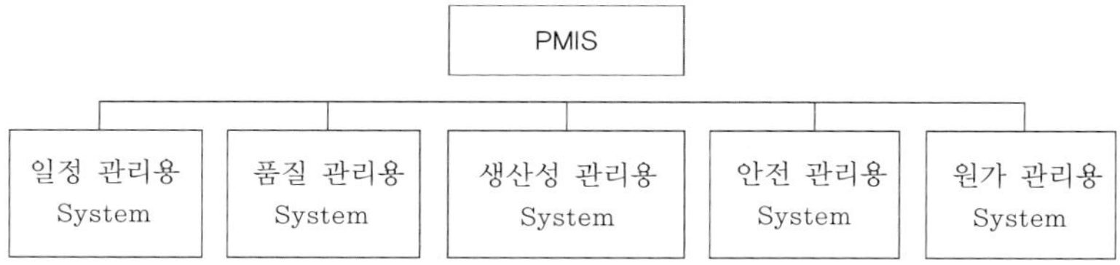

그림 1-15 PMIS System

(4) 구축 방안

① 정보화시스템 구축
– VAN 구축으로 현장과 본사와의 업무 일원화, 신속화
– 인터넷, 고속 통신망 구축
– 수집 자료의 Data Base화, 자료의 체계적 분류

② 정보 분석, 활용 능력 향상
- 전문가 System 활용
- Cost Engineer를 활용한 자금 분석
- 새로운 관리기법 적용
- 지속적 교육과 지도를 통한 개인의 능력 강화

2) MIS(정보관리시스템)

(1) 정의

MIS(Management Information System)란 필요한 정보를 수집 · 정리 및 분석 · 보관 · 활용함으로써 주어진 목표를 달성하기 위해 Computer를 이용한 합리적인 관리 System을 말한다.

(2) MIS의 필요성

① 관리업무의 효율화
② 현장, 지사, 본사 간의 Data의 유효 활용
③ 업무연락 비용절감 및 정보전달 신속
④ 원가관리 System의 추진

5.3 C.I.C(건설정보통합화)

1) 정의

① CIC(Computer Intergrated Construction)은 기획, 설계, 시공, 유지관리에 이르는 건설활동 전반에 걸친 정보의 통합 System을 말한다.
② 공장, 설계, 현장이 연계하여 건설활동에 필요한 정보를 공유하여 최적의 생산체계로 근대화와 정보화에 대응하는 동시에 기업의 최적화를 지향하는 것이다.

2) 필요성

① 건설정보의 동시 공유

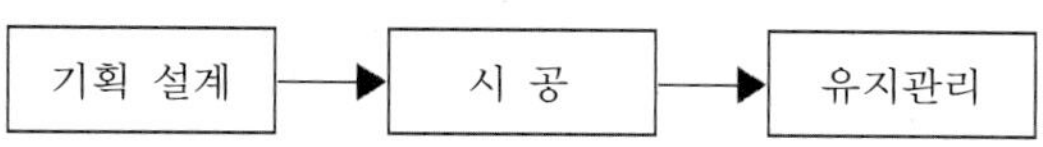

② 정보의 수평 · 수직 통합화
③ 반복적 건설방식 탈퇴
④ 효율성 증대/원가절감/공기단축

3) 추진방법

① CAD(Computer Aided Design)

㉠ 설계자료의 DB화

㉡ 설계작업의 표준화 유도

㉢ 현장여건과 발주자 요구 대응력 강화

㉣ 설계변경사항 수정 용이

② CAM(Computer Aided Manufacturing)

㉠ 작업품목의 표준화, 규격화

㉡ 대량 생산과 균일 품질 유지

㉢ 현장여건 변동에 대한 대응 신속

㉣ 자동제어와 로봇 생산

③ SA(Site Automation)

㉠ 현장작업의 기계화

㉡ 공장제작 제품에 대한 설계작업 간편

㉢ 품질 향상과 공기 단축 유리

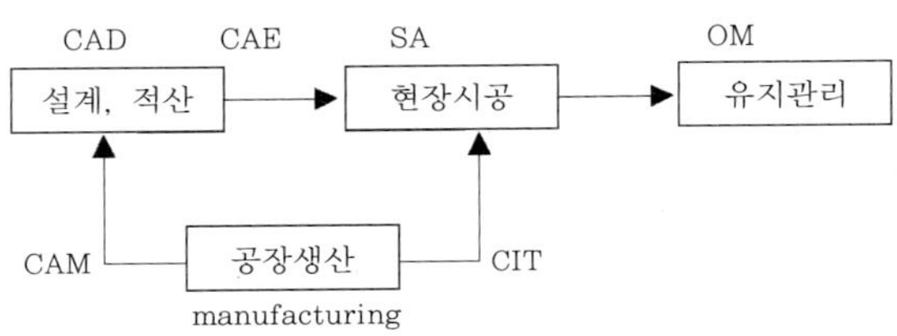

그림 1-16 건설생산 System 개선

4) 정보의 통합화 과정

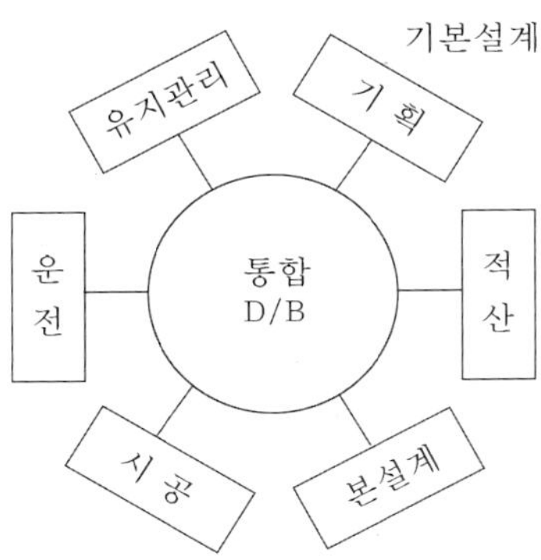

그림 1-17 CIC 통합구성

5) 추진방안

① 경영자의 의지

② 기본계획 – 방향설정/기능별 요소설정/구현방안

③ 단계적 추진 방안

– 단위 System 전산화
– 요소기술의 System화 ┬ CAD/CAE
　　　　　　　　　　　├ 인공지능 System
　　　　　　　　　　　└ 전문가 System
– 정보 model 구축
– 통합화
– CALS화

④ 업체협력 – 요소기술개발/정보화/통합화

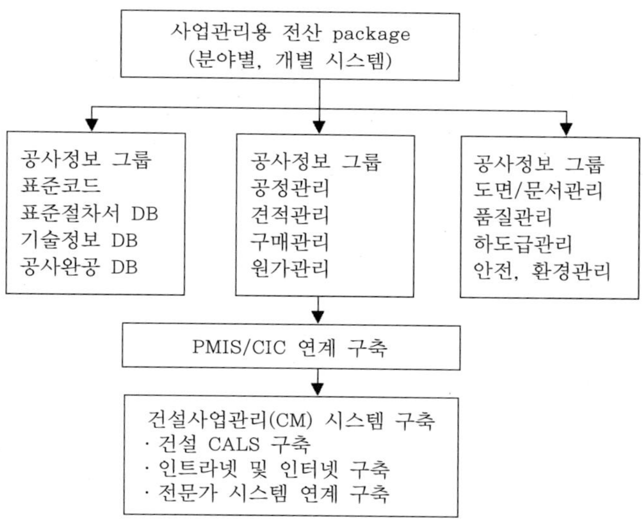

그림 1–18 CIC 추진 Flow

5.4 CALS(지속적 조달과 생애 지원 시스템)

1) 정의

CALS(Continuous Acquisition and Life cycle Support)는 전산업에 걸친 정보의 통합 System 구축으로 지속적인 조달과 생애주기 지원으로 전국가의 정보통합화를 말한다. 건설 분야에 있어서의 CALS는 기획, 설계, 유지관리, 폐기에 이르는 건설활동에 대한 모든 정보를 통합하는 것을 말한다.

2) CALS 구축 방안

CALS로 통합된 정보망은 여러 관련 단체 및 업체들이 정보를 공유하여 건설생산을 지원하는 역할을 하며, 생산성 향상 및 시공의 합리화, 국제 경쟁력 제고 등의 정보화 시대에 전산업에서 정보통합화 방안을 말한다.

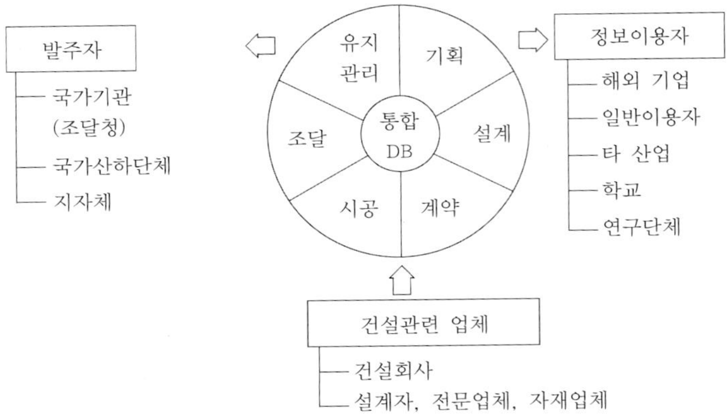

그림 1-19 CALS 구축방안

5.5 BIM 건축

1) 개념

① BIM(Building Information Modeling)은 건축물을 짓는 데 3D기법의 정보 모델링을 통해 사전에 어떻게 건물이 지어지는지를 알 수 있고 필요한 자재나 수량 등도 파악할 수 있으며, 유지관리에 이르기까지 3차원적으로 산출물을 구현해가는 과정을 말하는 것으로 '건설정보모델링'이라고 한다.

② 건축물의 기획에서 설계 · 시공 · 유지 및 폐기에 이르기까지 시설물의 전 생애주기에 관련한 모든 정보를 3차원(3D)으로 구현하기 위한 시스템 과정을 말한다.

③ 지금까지 건축설계가 평면 위주의 CAD에 의한 2D 기법이었다면, BIM은 건축 공간 정보까지 알 수 있는 3D 입체 정보기법으로 건축기술과 IT기획의 융합기술능력을 말한다고 볼 수 있다.

2) 장 · 단점

① 초기 정보 모델링하는 데 시간이 오래 걸린다.

② 모델링 전문기술자가 부족하다.

③ 도면에 그렸던 설계보다 수정을 빠르게 할 수 있다.

④ 2D로 된 도면보다 3D로 되어 시각적으로 이해가 쉽다.

3) BIM 설계 단계

① 2D 설계 : 평면설계(건축, 토목, 기계, 전기, 조경 등)-평면에 정보가 분산되어 있는 설계를 말한다.

② 3D 설계 : 2D+입면, 단면의 입체적(내부요소 : 철근, 설비 등) 설계-입체정보가 가능한 설계를 말한다.

③ 4D 설계 : 3D+입체정보에 시간, 공간변화, 즉 공정진행까지 동시 연동하여 정보가 가능한 설계를 말한다.

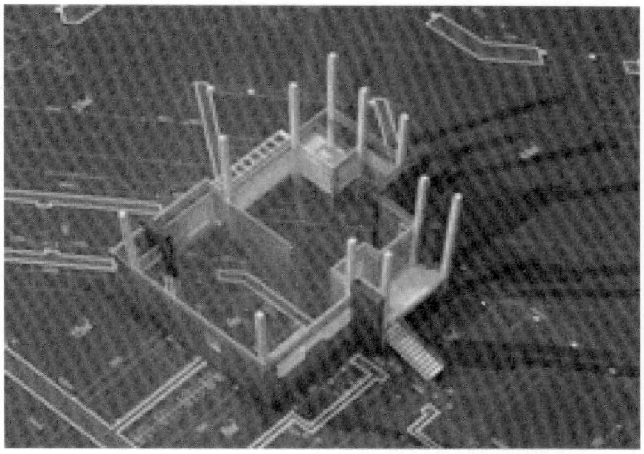

그림 1-20 BIM 설계 정보 모델링
(자료 : Getty Images Bank)

④ 5D 설계 : 4D+공정진행+비용(견적) 정보까지 동시 연동하여 정보가 가능한 설계를 말한다.

4) BIM 업무내용

① 사전설계 검토
- 설계과정에서 3차원(3D) 시뮬레이션을 통해 설계의 적합성을 검토한다.

② 시공성 검토
- 공법에 따른 시공성을 사전에 검토하고 재시공 요인을 제거하기 위해 3차원(3D) BIM에 대한 Mock-up(사전 실물 모형 테스트 시공)을 하면서 시공 과정에서 일어날 수 있는 문제점이나 이상 여부를 검토합니다.

③ 공정관리 검토
- BIM의 발주 및 계약은 계획단계, 실시단계, 시공단계로 나누어서 공정관리를 한다.

④ 유지 · 관리 검토
- 건축물의 생애주기 중 건축재료, 시설장비 등의 교체시기나 이력관리 등을 BIM을 통해 관리한다.
- BIM 전문가는 이러한 유지관리에 필요한 데이터를 추측하여 예산을 세우고 설경변경시 활용하고 향후 건축물의 설계와 유지관리에 유용하게 활용하게 된다.

5) 건축 분야 활용 효과

① 친환경적 건물 에너지 절감화
- 친환경적 건물을 짓기 위해 3차원 시뮬레이션을 통해 설계 · 시공 · 유지관리 등에서 에너지 절감 효과를 구체적 수치로 측정이 가능하다.

② 건축물 신축과 리모델링시 소요되는 비용 산출시 BIM 기법 적용 가능

③ 금융권에서 건축물 담보가치 평가시 BIM 기법 적용 가능

④ 국가사회간접 시설 등의 건축시 BIM 기법 적용 가능

6) BIM 적용 건물 사례

* 용인 시민체육공원 적용(총 시설비 1,670억 원, 연면적 : 89,700m^2)

* 서울 동대문 디자인 플라자 신축공사 적용

* 서울 서초구 강남 GT타워 신축공사 BIM 설계 적용

표 1-6 강남 GT타워 BIM 설계 적용 사례

구 분	내 용
1. 공사명	강남 GT타워
2. 위치	서울시 서초구 서초동 1317~23
3. 연면적	54,583m^2
4. 규모	지하 8층~지상 24층(130m)
5. 공사기간	2008년 9월~2011년 1월(29개월)
6. BiM 설계	BIM 설계 • 물결무늬 곡면의 건물 외관 설계 (파도치는 빌딩 설계) – 층별, 위치별 모두 다른 커튼월을 BIM 적용 설계 – 각기 모양이 다른 커튼월 2,300여 종류와 유리 총 12,500장 사용 설계 – 건물 외벽은 24mm Low-2 코팅 복층유리 커튼월로 시공 – 건물 외벽 커튼월은 21.5m짜리 알루미늄 멀리온(mullion)바를 연속하여 이어 붙이는 방식으로 하였으며 약 22,000개의 알루미늄바를 사용
7. 설계사	• 기본설계 : 네덜란드 아키텍튼 코소트사, 건축가 피터 카운베르츠 • 실시설계 : 한길종합설계사무소
8. 시공사	대림산업

서울 강남 서초동 GT타워

6) BIM 정책과 시장 전망

(1) 정부 발주공사 BIM 적용 정책

(2015 기준)

구 분	BIM 적용	예산 금액
2009년까지	21건	4조 354억
2016	50건	2조 1,000억

※ 미국의 경우는 BIM 적용 규모가 2007년 28%, 2012년 71%로 증가되었다.

(2) 정부 발주 BIM 적용 기준

① 총공사비 300억 미만 중·소규모 공사는 계획설계 또는 중간설계 수준의 최소화된 BIM 수준을 적용한 계획이다.

② 총공사비 300억 이상 공사는 실시설계 수준의 BIM에 더하여 사업특성에 따른 추가 정보입력 요구 계획이다.

6. 건축공사 관련 법규

표 1-7 건축공사 관련 법규 분류

구 분	관련 법규 내용
1. 도시계획 관련법	1) 국토의 계획 및 이용에 관한 법률 –도시기본계획, 도시관리계획, 도시계획시설, 기반시설 –용도 지역, 지구, 구역의 지정 –개발행위허가 등의 도시계획 지침을 정한 법 2) 도시 및 주거환경정비법 –도시의 효율적인 정비계획지침 –재개발 및 재건축사업법 –주거환경개선사업법 –도시환경정비사업 3) 택지개발촉진법 : 도시주택난 해소를 위한 관련법 4) 기타 관련법 산림법, 농지법, 사도법, 도로법, 하천법, 학교보건법, 환경정책기본법 등이 있다.
2. 건축 및 주택 건설 시공관련법	1) 건축법 2) 주택법 3) 주차장법/소방법/의료법/교육관련법/공중위생법/승강기 관련법/장애인 관련법 등 4) 건축사법/건설기술관리법/건설산업기본법 5) 건설환경 안전 및 위험방지 관련법 근로기준법/산업안전보건법/소음진동규제법 6) 기타 관련법 가스사업법/수도법/하수도법/오수분뇨처리법 등이 있다.
3. 건축 및 주택 건설 준공관련법	1) 소방법 2) 전기통신공사업법 3) 지적법/등기관련법/정화조 관련법
4. 건축물 유지관리법	1) 민법/건설산업기본법/공동주택관리령 2) 시설물 안전관리 특별법/재난관리법

제2절 건설계약제도

1. 입찰 및 낙찰제도

1.1 입찰방식의 종류

입찰방식은 일반경쟁입찰, 제한경쟁입찰, 지명경쟁입찰, 특명입찰, 그리고 기타 입찰로 나눌 수 있다.

1) 일반경쟁입찰방식(Open Bid)

① 입찰자를 공개적으로 신문, 관보, 공공게시판을 통해 공모하는 방식을 말하며, 공개경쟁입찰이라고도 한다.

② 입찰시 공사의 종류, 입찰조건, 입찰자의 자격 및 유의사항 등을 공개적으로 게시하지만 누구나 참가할 수 있게 하는 방식이다.

2) 제한경쟁입찰방식

① 입찰에 참여할 수 있는 자의 자격은 실적 등으로 제한하는 입찰방식을 말한다.

② 제한입찰방식의 종류

㉠ 유사 규모의 기업간 입찰경쟁을 할 수 있도록 제한하는 군 제안방식

㉡ 같은 지역에 등록된 자를 입찰에 참여할 수 있도록 하는 지역제한방식

㉢ 시공실적, 기술능력, 재무상태, 신인도 등을 기준으로 제한하는 입찰참가, 사전심사제도(PQ)가 있다.

3) 지명경쟁입찰방식

① 발주예정공사에 적합하다고 판단되는 여러(보통 3~7개) 업체를 지명하여 입찰에 참여하도록 하는 방식을 말한다.

② 지명자는 자산, 신용, 과거실적, 기술능력, 기술자 보유상황 등을 사전에 조사하여 적격자를 지명한다.

4) 특명입찰방식

발주예정공사에 가장 적합한 1개 회사를 특별지명하여 입찰하는 방식을 말한다.

5) 기타 입찰방식

표 1-8 기타 입찰방식 종류

1) 부대입찰방식	① 입찰자로 하여금 입찰내역서에 하도급한 공종에 대해 하도급금액, 하도급예정자까지도 기재하여 입찰서와 함께 제출하도록 하는 입찰방식을 말한다. ② 본 공정 하도급 거래방지와 덤핑 입찰을 방지할 수 있다.
2) 성능입찰방식	① 공사발주시 설계도서를 사용하지 않고 건물의 성능만을 제시하는 계약내용으로 입찰하는 방식을 말한다. ② 입찰자의 공법 선택에 자율권을 부여하여 신기술, 신공법 적용으로 창의적인 설계가 가능하며 공사비와 공기단축도 가능하다.
3) 대안입찰방식	① 발주된 설계도서 내용의 기본방침 변경 없이 동등 이상의 기능 및 효과를 가진 기술로 당초 공사금액과 공기를 초과하지 않는 범위 내에 제한할 수 있도록 하는 입찰방식을 말한다. ② 공사비 절감과 신기술 적용이 가능하고 입찰기간이 길어지고 설계비 부담이 증가할 수 있다.
4) 기술제안 입찰방식	① 발주가 제시한 설계서 및 안내서에 따라 입찰자가 공사비 절감 공기 만족 등에 대해 기술제안서를 작성하여 입찰서와 함께 제출하는 방식을 갈한다. ② 입찰방식에는 개념설계가 완료된 시점에서 입찰하는 개념설계 기술제안 방식과 실시설계가 완료된 시점에서 입찰하는 실시설계 기술제안 방식이 있으나 국내에서는 주로 실시설계 기술 제안 방식이 사용되고 있다. ③ 공사비 절감방안 제안이 가능하나 기술 제안이 용역비에 대한 보상문제가 발생할 수 있다.

1.2 입찰순서와 낙찰방식

1) 일반경쟁입찰 순서

① 입찰공고 → ② 참가등록 → ③ 설계도서 열람 → ④ 현장설명
⑤ 질의응답 → ⑥ 견적 → ⑦ 입찰등록 → ⑧ PQ자격심사
⑨ 입찰 → ⑩ 낙찰 → ⑪ 계약

2) 지명경쟁입찰 순서

① 지명서 통지 → ② 현장설명 → ③ 설계도서 열람 → ④ 견적기간 → ⑤ 입찰등록
⑥ PQ자격심사 → ⑦ 입찰 → ⑧ 낙찰 → ⑨ 계약

3) 입찰공고 내용

① 입찰공고는 신문 · 관보 등에 공고하거나 직접 통보하여 입찰자를 모집한다.

② 입찰공고 내용은 공사명, 현장설명 일시 및 장소, 입찰기간, 일시, 입찰설명서 열람방법, 입찰보증금, 입찰자격 등을 공고한다.

4) 입찰 참가등록과 설계도서 교부

① 현장설명 일시에 참석하여 사업자 등록증 및 위임자를 제출한다.

② 설계도서를 열람 또는 교부하고 현장설명을 실시한다.

5) 입찰 및 낙찰

① 입찰자는 입찰금액의 5~10%를 입찰보증금으로 예치한다.

② 사전자격심사(PQ)제도를 통해 입찰자격을 심사한다.

③ 낙찰

국내 공공도급공사의 설계, 시공관리 발주공사의 경우는 공사비 300억 원 미만인 공사는 적격심사제로 하고, 300억 원 이상인 공사는 최저가격낙찰제를 적용하고 있다.

※ PQ(Pre-qualification)

- 공공(公共)공사의 입찰참가자격을 부여하기 위한 사전심사제도로서, 입찰자의 기술능력, 재무능력, 공사능력 등의 공사수행능력을 사전심사하기 위한 제도
- 적용대상 공사는 22개 공종으로 공사금액이 100억 원 이상의 공사에 적용하며, 심사기준은 경영상태(30) · 기술능력(40) · 시공경험(30) · 신인도(±20)로 평가하여 종합 평점이 60점 이상인 자를 입찰참가 적격자로 선정

6) 낙찰방식 종류

① 저가심의제도

㉠ 기준 예정가격 85% 이하로 입찰한 업체 중 경영실적, 기술능력 등을 종합적으로 심의하여 낙찰자를 선정하는 방식을 말한다.

㉡ 부적격업체의 사전 배제가 주목적이지만 심사기관의 기준 및 비전문성으로 인하여 적격업체 선정이 어렵다.

② 최저가낙찰제

㉠ 입찰자 중 예정가격 범위 내에서 최저가로 입찰하는 자를 선정하는 낙찰방식을 말한다.

㉡ 공사비 절감효과는 있으나 부적격업체가 낙찰될 경우 부실 시공 우려가 높다.

③ 부찰제(제한적 평균가 낙찰제)

㉠ 기준 예정가격의 85% 이상 금액의 입찰자 사이에서 평균입찰금액을 산정한 금액

아래로 가장 근접한 입찰자를 낙찰자로 선정하는 방식을 말한다.

㉡ 덤핑방지, 시공의 품질 확보가 가능하나 과다경쟁 초래

④ 제한적 최저가 낙찰제

㉠ 예정가격 대비 90% 이상 투찰자 중 가장 낮은 금액으로 입찰한 자를 적격자로 선정하는 낙찰방식을 말한다.

㉡ 부실공사와 덤핑낙찰 및 담합(collusion)을 방지할 목적이 크다.

⑤ 최적격 낙찰제

㉠ 최저가로 투찰한 업체의 기술능력과 품질관리능력, 재무상태 등을 종합 심사하여 적격입찰자에게 낙찰시키는 방식을 말한다.

㉡ 양질의 시공이 가능하나 객관적 평가기준 미흡 시 적격업체 선정이 곤란하다.

⑥ TES(Two Envelope System)제

㉠ 입찰참가자격 사전심사제도에 의해 선정된 업체(3개) 중에서 기술능력 점수가 우수한 업체 순으로 예정가격 이내에서 협상하여 낙찰시키는 신기술 후가격협상제도를 말한다.

㉡ 부적격업체를 배제하여 부실공사 방지 및 신기술개발 촉진 등의 이점이 있으나 참가등록 서류가 복잡하고 중소업체에는 불리한 단점이 있다.

1.3 도급계약 체결

1) 계약 체결

① 발주자와 도급자는 계약서를 작성하여 쌍방 날인함으로써 법률상 구속력을 가지게 된다.

② 낙찰자가 결정되면 계약보증금을 납부한다.

③ 계약이행 보증서 및 보험계약서를 제출한다.

2) 도급계약 도서

계약도서는 도급계약서, 설계도서, 기타 참고서류로 구성되며 계약서류는 2부를 작성하여 발주자와 도급자가 각각 1부씩 보관한다.

표 1-9 국내 도급계약도서의 종류

구 분		서류 내용
계약도서	도급계약서	공사도급계약서 / 도급계약 약관
	설계도서	설계도면 / 시방서 / 구조계산서 / 토질/지질 관계서
	참고 서류	공사비 내역서 / 현장 설명서 / 질의 응답서 / 공정표

표 1-10 국내외 도급계약문서의 종류

한국	미국 AIA	FIDIC	영국
1) 계약서	1) Agreement	1) General Condition	1) Tender
2) 설계서(설계도면, 공사시방서, 현장설명서, 공사내역서)	2) Condition of Contract	2) Letter of Acceptance	2) Acceptance of Tender
3) 공사입찰유의서	3) Drawings	3) Tender	3) General Condition
4) 공사계약 일반조건	4) Specification	4) Condition of Contract	4) Specification
5) 공사계약 특수조건	5) Addenda	5) Specification	5) Bill of Quantities
6) 산출내역서	6) Output statement	6) Drawings	6) Drawings
7) 계약당사자 간에 행한 통지	7) Modifications	7) Bill of Quantities	

자료 : 건축시공학, 건축학회 부산, 울산, 경남지회편 p.35

2) 계약서 내용

① 공사내용(공사범위)

② 공사금액(도급금액)

③ 공사기간(공사착수 및 완공시기)

④ 공사대금 지불방법 및 시기

⑤ 설계변경

⑥ 공사중지 시 손해 부담

⑦ 천재지변 시 손해 부담

⑧ 물가변동에 따른 도급금액 변동사항(escalation)

⑨ 준공 및 인도 · 검사 시기

⑩ 하자보증사항

⑪ 계약이행 지연과 채무불이행 사항 등

3) 설계도서 내용

① 설계도서에는 설계도면, 시방서, 구조계산서 등으로 구성된다.

② 시방서는 설계도면에 표시하기 어려운 공법이나 기술 등에 대한 것을 설명하고 있으며, 시방서의 종류에는 표준시방서와 특기시방서가 있다.

4) 계약서류 및 설계도서간 우선 순위

① 일반적으로 특별한 명시가 없는 한 시방서가 도면보다 우선한다.

② 계약서가 시방서보다 우선한다.

③ 상세시방서는 일반시방서에 우선한다.

2. 공사계약제도

건설공사의 계약방식을 발주방식과 도급방식 및 공사비 지불방식에 따라 다음과 같이 분류할 수 있다.

- 전통적인 계약방식 (설계 · 시공 분리 계약방식)
  - 직영방식
  - 도급계약(contract system)
    - 공사비 지불방식에 의한 분류
      - ① 단가계약(unit price contract)
      - ② 정액계약(lump sum contract)
      - ③ 실비정산보수가산계약(cost plus fee contract)
        - 실비정산비율보수가산계약 (cost plus a percentage fee contract)
        - 실비한정비율보수가산계약 (maximum cost plus a percentage fee contract)
        - 실비정산정액보수가산계약 (cost plus a fixed fee contract)
        - 실비정산준동율보수가산계약 (cost plus a silding scale fee contract)
    - 공사 실시방식에 의한 분류
      - ① 일식도급계약(general contract)
      - ② 부할도급계약(serveral contract)
      - ③ 공사별(직종별)도급계약(separate contract)
  - 공동도급계약(joint venture contract)
- 업무범위 계약방식 (설계 · 시공 일괄 계약방식)
  - 턴키계약방식(turn-key contract)
    - Design-Build
    - Design-Manage
  - 공사관리방식(construction management contract)
    - ACM(Agency Construction Management)
    - XCM(Extended Construction Management)
    - OCM(Owner Construction Management)
    - GMP(Guaranteed Maximum Price Construction Management)
  - 프로젝트관리방식(program management or project management)
  - BOT(Build-Operate-Transter)방식
  - Partnering Agreement 방식

그림 1-21 공사계약방식의 분류

2.1 도급계약방식에 의한 분류

1) 직영방식

① 건축주 스스로가 직접 시공계획을 세우고 노무자와 재료 등을 구입하여 일체공사를 시행하는 방식을 말한다.

② 직영방식은 건설사업관리에 대한 전문성이 요구되므로 CM이 추가형태로 수행될 수 있다.

2) 일식도급계약방식

① 건설공사 전체를 단일 도급자에게 일식으로 도급계약하는 방식을 말하며, 현행 도급방식 중 가장 많이 사용하는 일반적인 도급계약방식이다.

② 공사책임한계가 명확하고 시공관리가 용이하다. 특수한 전문기술을 요하는 공사의 경우는 발주자의 의향이 충분히 반영되지 못할 우려가 있다.

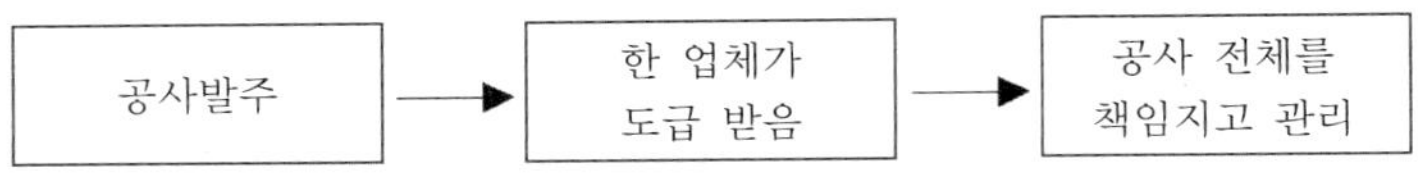

그림 1-22 일식도급계약 방식

3) 분할도급계약방식

① 공사를 일정 유형별로 분할하여 도급자를 설정하고, 계약을 체결하는 방식을 말하며, 전문공종별 분할도급과 공사별(직종별) 분할도급으로 분류할 수 있다.

② 전문공종별 분할도급은 전체 공사 중 설비공사 · 전기공사 등으로 전문업체에 도급을 주는 방식이다.

③ 공사별(직종별) 분할도급은 직영공사와 유사하게 골조공사, 토공사, 마감공사 등의 공사별 또는 직종별로 분할하여 도급하는 방식이다.

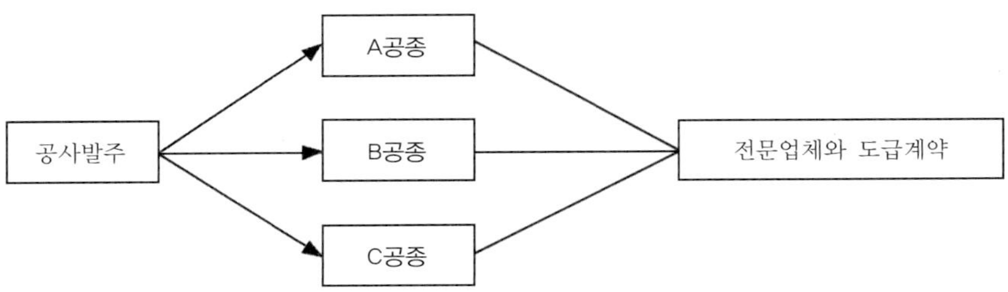

그림 1-23 분할도급계약방식

4) 공동도급(Joint venture)방식

(1) 개념

① 1개의 공사를 2개 이상 도급자가 공동으로 도급받는 방식을 말하는 것으로서 공동이행방식과 공동분담방식으로 크게 분류된다.

② 대규모 공사에 있어서 도급자의 기술, 자본 및 위험 등의 부담을 분산 · 감소시킬 수 있고 기술교류와 협력을 목적으로 시행하고 있다.

(2) 계약 장 · 단점

표 1-11 공동도급계약의 장 · 단점

장 점	단점
① 융자력 증대(자금력 증대)	① 단일회사 도급보다 경비가 증대
② 위험부담 분산(손익 분담 공동계산)	② 도급자 상호 간의 이해 충돌
③ 시공의 확실성(단일 목적성)	③ 경영방식의 차이에서 오는 능률 저하
④ 공사도급 경쟁 완화 수단	④ 사무관리, 현장관리, 혼란의 우려
⑤ 상호 기술의 확충	⑤ 하자책임 불분명

(3) 공동도급방식 분류

① 공동이행방식

㉠ 개념

공동참여 회사가 임시로 결합, 공동자본을 출자하여 법인을 설립한 후 일정 비율의 노무, 기술, 자본을 함께 제공하여 새로운 조직으로 공동공사를 수행하는 방식을 말한다.

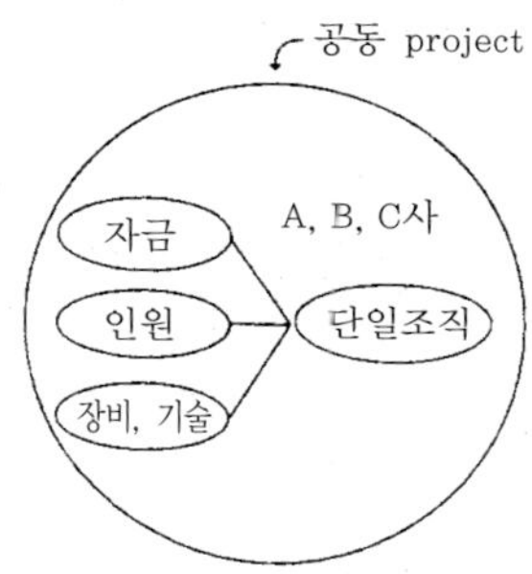

공동이행방식

㉡ 운영형태 및 자본금 분담

-유한 주식회사의 형태 구조

-출자비율에 따라 자본출자

㉢ 배당금 : 출자비율에 따라 이익분배

㉣ 공사대상 : 대형 project

㉤ PQ 제출 : joint venture 명의

㉥ claim 및 공사책임 : 투자비율에 따라 공동부담 책임

② 공동분담방식(컨소시엄)

㉠ 개념

공동참여 회사 각자가 공사를 각각 분담하여 시공하고 각기 독립된 회사가 공동의 연합체를 형성하여 공사를 수행하는 방식을 말하며, 각각 법인은 설립하지 않는다.

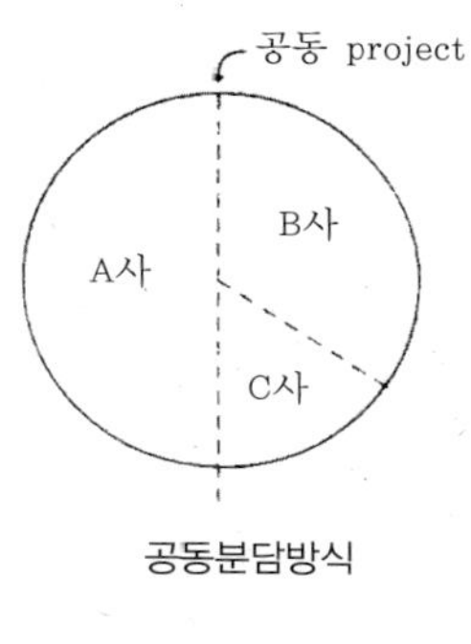

공동분담방식

㉡ 운영형태 및 자본금 분담

-각각 독립된 회사의 연합 형태

-공동비용을 제외한 제비용은 각자가 부담

㉢ 배당금 : 각 회사의 공사 수행능력에 따라 결정

㉣ 공사대상 : 연속 반복되는 단일 공사

㉤ PQ 제출 : 각 회사별로 제출

㉥ claim 및 공사책임 : 각 회사별로 각자가 공사를 책임짐

③ 주계약형 공동도급방식

㉠ 개념

공동 참여회사 중에서 공사비율이 가장 큰 업체가 대표로 주계약자가 되어 공사의 전 과정을 이행, 책임지는 공사수행방식을 말한다.

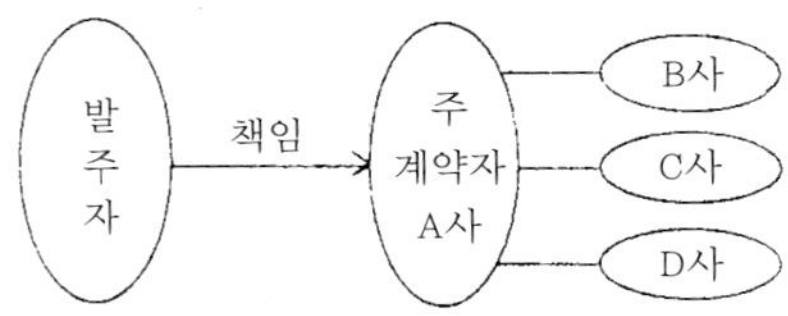

㉡ 운영형태 및 자본금 분담

－독립회사의 연합 형태

－주계약자가 관리와 조정

㉢ 배당금 : 출자비율에 따라 이익분배

㉣ 공사대상 : turn key 공사

㉤ PQ 제출 : 주계약자는 다른 공동 참여회사의 실적을 50% 인정받음

㉥ claim 및 공사책임

2.2 공사비 지불방식에 의한 분류

1) 총액(정액)계약제도(Lump sum contract)

① 도급공사비 총액을 확정하여 계약하는 방식을 말하며, 이 계약방식은 입찰 전에 설계도서가 완성되어야 한다.

② 일반적으로 일식도급, 분할도급 등의 도급제도와 함께 적용되며, 국내 관공사의 도급계약 대부분이 이 계약제도를 사용하고 있다.

2) 단가계약제도(Unit price contract)

① 전체 공사비의 기초가 되는 단위작업별 단가 또는 자재, 노임단가만을 확정하고 공사가 완료되면 실시수량을 확인하여 공사비를 정산하는 방식을 말한다.

② 이 계약방식은 공사범위나 내용은 확실하나 설계도면이 완성되지 않아 정확한 수량이 산출되지 않아 공사비 총액을 산출하기 어려운 경우에 주로 채택되는 방식이다.

표 1-12 단가계약제도의 장 · 단점

장 점	단 점
① 긴급공사인 경우 신속한 공사 착공이 가능하다. ② 설계변경에 의한 수량 증감이 용이하다. ③ 계약 절차가 간단하다.	① 공사완료 시까지 총공사비 예측이 어렵다. ② 공사비 절감 의욕이 저하된다. ③ 공사비 상승 우려가 있다.

3) 실비정산 보수가산계약(cost plus fee contract)제도

(1) 개념

① 전체 공사의 실비를 발주자와 도급자가 확인 · 정산하고, 실비에 따라 미리 정해 놓은 보수를 지급하는 계약방식을 말하며, 실비는 순공사비와 직접 경비로 구성되며, 보수는 일반관리비와 이윤이 된다.

② 이 계약방식은 공사범위, 내용, 규모 등이 설계도서에 명확하게 완성되지 않는 상태에서 조기 계약이 필요한 경우에 주로 채택하는 방식이며, 만약 설계도서가 명확히 완성되었다 하더라도 시공의 난이도가 높고 공사현장 조건이 불명확하여 공사비 총액을 산출하기 어려운 경우에 채택하는 계약방식이다.

(2) 장 · 단점

표 1-13 실비정산 보수가산계약의 장 · 단점

장 점	단 점
① 신용이 지켜질 경우 공사비 절감 가능 ② 우수한 품질 시공 기대 ③ 도급자가 손해 볼 우려가 적다.	① 공사기간 지연 우려 ② 공사비 절감 노력 결여 시 공사비 상승 우려 ③ 발주자 입장에서 전체 공사비 증대 우려

(3) 종류

표 1-14 실비정산 보수가산계약방식의 종류

종류	계약 방식	공사비 산출 근거	비고
실비비율 보수가산식	사용된 실비에 미리 계약된 보수비율을 곱하여 금액을 지불하는 방식을 말한다.	$T=A+Af$	A : 공사실비 A′ : 한정실비 f : 비율 f′ : 비율보수 F : 정액보수 T : 총공사비
실비한정비율 보수가산식	실비에 최대비용의 제한 금액을 두고 제한된 금액 내에서 보수비율을 곱하여 금액을 지불하는 방식을 말한다.	$T=A'+A'f$	
실비정액 보수가산식	실비 여하를 불문하고 이미 정해진 정액의 보수만을 지불하는 방식을 말한다.	$T=A+F$	
실비준동율 보수가산식	실비를 미리 여러 단계로 분할하여 금액을 정해 놓고 각 단계의 금액보다 증가 시에는 비율보수 또는 체감하는 방식을 말한다.	$T=A+(F-A\times$비율 $f)$	

2.3 업무범위에 의한 발주방식 분류

– 미국이나 유럽에서는 업무범위에 의한 발주방식으로 공사가격뿐만 아니라 기술력과 품질 등을 종합적으로 평가하여 투자효율성(value for money)과 최고가치(best value)를 얻을 수 있는 계약방식을 채택한다. 특히 설계 · 시공 일괄범주(Design Build)나 CM의 활용 및 협상에 의한 계약이나 공기단축 등에 따른 인센티브계약을 선호한다.
– 일본은 우리나라와 비슷한 기술 종합평가 계약방식이나 VE(Value Engineering), 기술제안방식 등을 많이 채용하고 있다.
– 우리나라는 기술경쟁을 시키기 위해 턴키 · 대안입찰제도를 실시하고 있으나 기술 종합평가방식 적용에는 한계가 있다. VE(가치공학) 또한 대체안 개발을 통해 원가를 절감하는 기법으로 공사관리의 한 수단으로 적용되고 있으나 크게 효과를 거두지 못하고 있다.

1) 설계 · 시공분리계약(Design Bid build)

(1) 개념

– 설계 · 시공분리계약은 전통적인 계약방식으로 발주자가 설계를 먼저 하고, 공사시공 부문만을 분리해서 발주하는 계약방식을 말하며, 국내 공공발주계약에서 많이 적용하고 있는 방식이다.

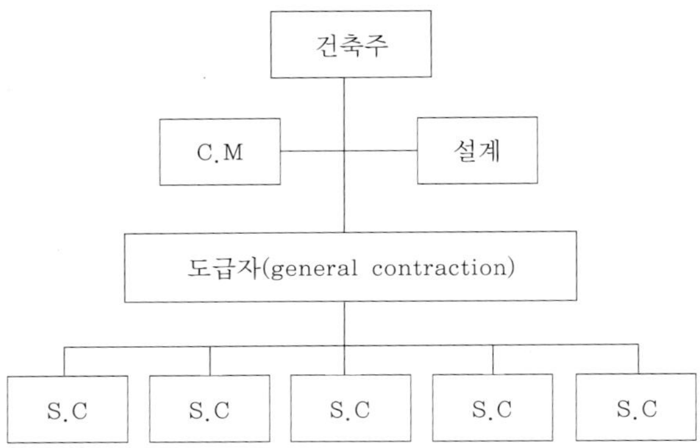

그림 1-24 설계 · 시공분리 계약 방식

(2) 장 · 단점

① 가장 널리 사용되는 계약방식이다.
② 공사금액이 확정되어 경쟁입찰이 가능하다.
③ 설계가 종료되어야 발주계약이 가능하다.
④ 설계단계에서는 시공자가 배제된다.

2) 설계 · 시공 일괄계약

(1) 개념

– 설계 · 시공 일괄계약은 현대적인 계약방식으로 설계와 시공을 일괄로 도급자에게 발주 · 계약하는 방식을 말하며, 이 방식의 종류에는 Design-Build방식과 Turn key계약방식이 있다.

(2) 계약방식 종류

① Design-Build 방식

-발주자로부터 단일 컴소시엄사가 직접 하도급업자와 계약을 하여 공사를 수행하는 방식을 말한다.

② Turn key 방식

㉠ 발주자로부터 project의 모든 요소를 발주받는 방식 즉 기획 · 조사 · 설계 · 시공 · 인도 · 유지관리에 이르기까지 key만 들리면 건축주가 사용할 수 있다는 뜻에서 Turn key 발주라고 한다.

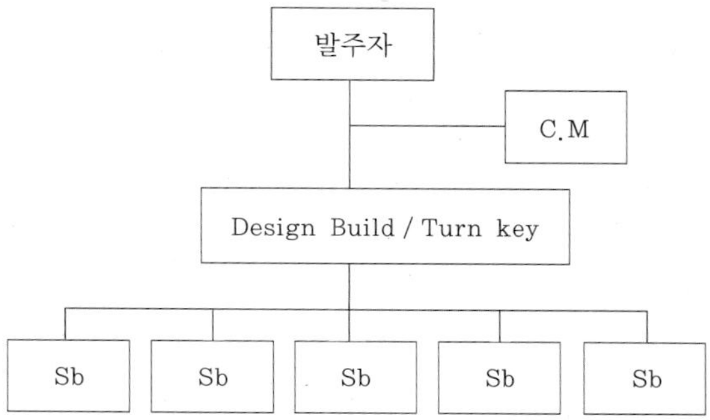

그림 1-25 설계 · 시공 일괄 계약방식

㉡ Design-Build와 차이점은 설계와 공사 이외에도 기획 · 운전 · 운용업무까지도 포함된다는 점에서 차이가 있다고 볼 수 있다.

(3) 계약방식 특징 비교

표 1-15 설계 · 시공 분리와 일괄발주방식의 차이

구분	설계 · 시공 분리방식	설계 · 시공 일괄방식
① 발주 형태	① 건축주가 먼저 설계를 한 후 설계도서에 맞춰 공사도급자를 선정하는 발주형식	① 도급자가 설계 · 시공을 일괄하여 도급받는 방식으로 project의 모든 책임을 지는 방식
② 책임 한계	① 설계자와 시공자가 다르므로 책임한계 차이 ② 설계 · 시공의 커뮤니케이션 미흡	① 설계와 시공을 도급자가 동시에 하므로 책임한계 명확 ② 커뮤니케이션 양호
③ 건축주의 의사전달	의사전달 양호	의사전달 반영 곤란
④ 기술능력 향상	① 설계도와 시방서대로만 하려는 경향이 많음 ② engineering 능력이 미흡	신기술, 신공법의 개발 적용이 활발
⑤ 설계능력	설계 우수성 반영	설계 우수성 반영 어려움
⑥ 공기단축성	설계도서 시간만큼 시간낭비	고속궤도 공기단축방식 적용 가능
⑦ 공사비 예상	설계완료 후 공사비 예상 가능	총공사비의 사전파악 어려움

3) 공사관리계약(CM)방식

(1) 개념

CM(Construction Management Contract)이란 건축주를 대신하여 프로젝트의 기획, 설계, 시공, 사후관리에 이르기까지 전과정을 전문가 집단이 통합관리하는 방식의 계약을 말하며, 계약방식의 종류에는 CM사가 발주자의 대리인으로서 계약하는 사업관리형 CM방식(ACM)과 CM사가 사업관리 전체를 책임지는 책임형 CM방식(XCM)이 있다.

우리나라는 대부분 사업관리형 CM방식이 적용되고 있다.

(2) CM방식의 분류

- CM의 분류
  - CM 역할수행자
    - CM 전문회사
    - 종합건설회사
    - 설계전문회사
    - Consulting 회사
  - CM 기본형태
    - CM for fee
    - CM at risk
  - CM계약방식 (계약유형)
    - ACM(Agency CM)
    - XCM(Extended CM)
    - OCM(Owner CM)
    - GMPCM(Guaranteed Miximum Price CM)

(3) CM계약방식 분류

① 사업관리형 CM방식(ACM ; Agency CM)

㉠ 개념

- 건축주가 공정별 전문시공회사와 직접 계약하고 전문능력을 갖춘 CM사가 건축주의 대리인으로 전문건설사들을 통합·관리하여 건설사업을 진행하는 방식을 말한다.
- 다단계로 이루어지는 하도급구조가 개선되어 불필요한 건설유통비용이 제거된다.
- 미국 CM시장의 70%(2005년 기준)를 차지하며 효과를 입증하고 있는 방식이다.

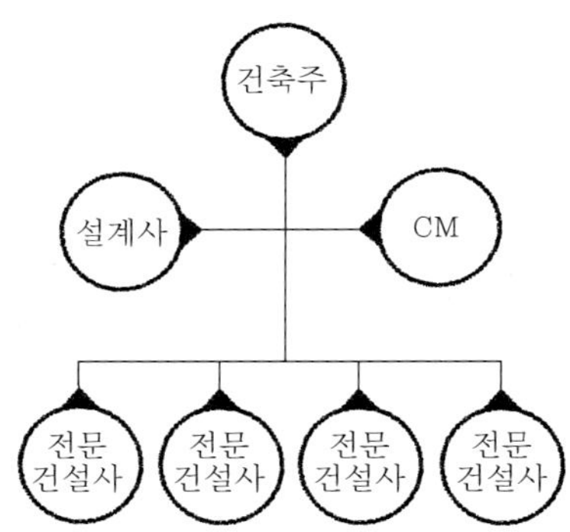

그림 1-26 ACM 방식

㉡ 특징

- 건축주가 직접 계약함으로써 획기적인 공사비 절감이 가능하다(10~15%).
- 시공단계에서도 건축주의 설계 변경 및 의견이 적극 반영된다.

– CM사가 설계를 통합하여 관리할 경우 건축주 가치가 극대화된다.

② 책임형 CM방식(XCM ; Extended/risk CM)

㉠ 개념

– 기획, 설계에서부터 CM사가 참여하여 설계완료 단계에서 합리적으로 산출된 '최대공사비상한보증액(GMP)'을 바탕으로 건축주와 공사계약을 하는 방식을 말한다.

– 이후 CM사가 공정별 전문건설사들과 계약하여 시공을 하게 되며, GMP 이상의 공사비가 발생할 경우, CM사가 책임을 지게 한다.

– 미국 CM시장의 30%(2005년 기준)를 차지하며 매년 상승 추세를 나타내고 있는 방식이다.

㉡ 특징

– 모든 구매 및 계약이 오픈되어 원가상승 요소가 제거되어 공사비가 절감된다 (5~10%).

– 최적의 맞춤형 건축물 시공이 가능하고 시공 시에도 건축주의 의견이 적극 반영된다.

– 최대 공사비를 초과 시, CM사가 책임을 지게 되어 공사비 상승에 대한 부담이 없다.

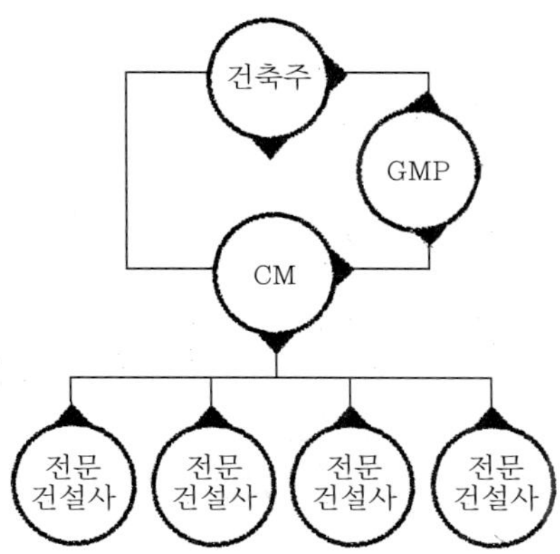

그림 1-27 XCM 계약 방식

(4) CM의 단계별 주요 업무

표 1-16 CM의 단계별 주요 업무

단계	주요 업무 내용
1. pre-design (기획)단계	㉠ 사업의 타당성 검토 ㉡ 사업수행의 구체적 계획수립단계 ㉢ 초기견적 및 공사예산 분석
2. design (설계)단계	㉠ 건축물의 기획 방안 ㉡ 비용분석 및 VE기법 도입 ㉢ 대안공법의 검토단계
3. pre-construction (발주)단계	㉠ 입찰 및 계약절차 지침 마련 ㉡ 전문공종별 업체 선정 및 계약체결 ㉢ 공정계획 및 자금계획 수립
4. construction (시공)단계	㉠ 설계도면, 시방서에 따른 공사 진행 검사 및 검토단계 ㉡ 설계변경 및 클레임(claim) 관리
5. post-construction (유지관리)단계	㉠ 유지관리 지침서 작성 ㉡ 사용계획 및 최종 인허가 ㉢ 하자보수 계획 수립

(5) CM과 책임 감리 차이 비교

표 1-17 CM과 책임 감리의 차이 비교

구 분	CM관리	책임감리
① 개념	발주자를 대신하여 CM이 설계 마지막 단계(실시설계)부터 참여하여 공사의 계획 · 설계 · 시공 · 완공에 이르기까지 공사 전반을 관리하는 것	발주자를 대신하여 시공단계에서부터 참여하여 설계도서대로 공사가 진행되고 있는지 관리하는 것
② 업무 내용	공사계획 · 설계 · 시공 · 완공 후까지의 공사 총괄관리	시공단계의 설계도서 검토, 품질관리, 공정관리, 안전관리, 기성검사관리
③ 적용 조건	대규모 복합공사 또는 특별관리가 요구되는 공사	토목 : 공사비 100억 원 이상 공사 건축 : 공사비 50억 원 이상, 연면적 10,000m^2 이상 공사

※ CM의 (비용/관리) 절감 효과
- 기획단계 : 공사비의 10~15%

4) 프로젝트관리(PM)방식

(1) 개념

PM(Project Management)이란 초대형 공사에서 CM 및 컨설턴트의 통합된 프로젝트관리 방식으로 시공단계에 국한된 건설관리의 CM보다 발주자가 CM회사를 이용하여 사업계획에서부터 공사, 유지관리에 이르기까지 포괄적인 통합관리기법의 사업관리방식을 말한다.

(2) PM과 CM의 차이 비교

표 1-18 PM과 CM의 차이 비교

구 분	PM	CM
① 정의	PM(Project Management)이란 모든 프로젝트의 사업을 관리하는 것을 말한다.	CM(Construction Management)이란 건설사업을 관리하는 것을 말한다.
② 개념 정립	PM이란 모든 프로젝트의 발굴, 타당성, 기획, 설계, 제작(시공), 운영, 유지관리에 이르기까지 프로젝트의 범위(역무), 공정, 비용, 품질, 계약, 조달에 이르기까지 사업전체를 경영 관리하는 것을 말한다.	CM이란 건설 프로젝트의 계획, 설계, 시공, 운영, 유지관리에 이르기까지 건설공사의 전반을 관리하는 것을 말한다.

① 정의

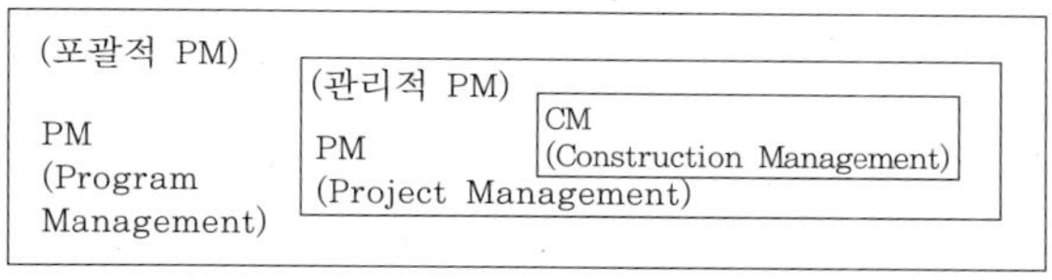

② 개념 정립

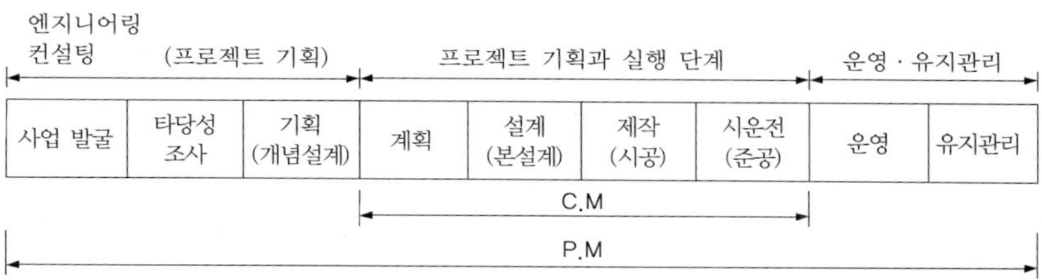

③ 차이점

구분	PM	CM
① 목적	모든 프로젝트의 성공(발주자/도급자)	발주자의 이익
② 관리영역	모든 사업의 관리영역	건설사업의 관리영역
③ 관리방식	PM의 리더십 관리	발주자, 설계자, CM자의 관리
④ 업무범위	사업범위, 일정, 품질, 원가, 인사계약, 정보 위험관리	사업일정, 품질, 원가, 안전공사관리, 계약업무 관리
⑤ 업무단계	모든 프로젝트 개념 정립, 계획, 실행, 종료, 정보관리	건설프로젝트 계획, 설계, 구매, 시공, 준공, 유지관리

④ 적용 사례

(a) 미국 PAKSON사의 CM적용 범위 사례

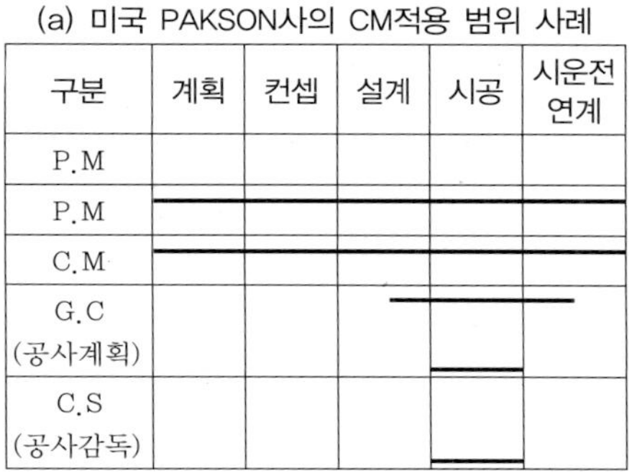

(b) 한국의 CM 적용 형태

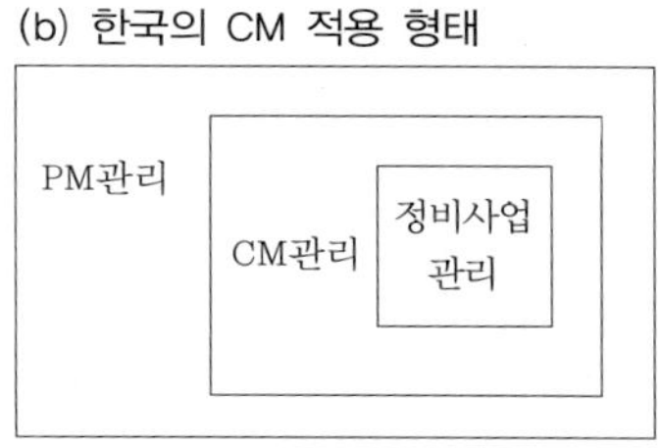

5) 파트너링방식(Partnering or Alliancing)

(1) 개념

발주자와 수급자가 팀을 구성하여 상호 이익을 목표로 공동으로 프로젝트를 집행, 관리하는 새로운 방식으로, 미국 등지에서 민간 및 공공사업 부문에 적용하고 있는 공사수행방식을 말한다.

(2) 특징

이 방식의 특징은 비용절감과 공기단축 이외에도 건설 참여자 간의 분쟁감소와 협력을 통한 공사 품질 향상에 있다.

(3) 종류

파트너링 방식의 종류는 장기적인 파트너링 방식과 단기적인 파트너링 방식이 있는데, 건설공사에 일반적으로 적용되고 있는 방식은 프로젝트 단위의 단기적인 파트너링 방식이다.

6) 민간투자사업방식(Social Overhead Capital)

(1) 개념

사회간접자본(SOC) 확충을 위해 민간자본을 유치하여 정부의 재원 부족 문제를 해결하기 위한 사업방식을 말하며, 사업방식을 턴키방식으로 확장하여 프로젝트의 자금조달과 공사완성 후 일정기간의 운영 및 그 이후의 양도까지도 포함되며, SOC사업방식의 종류에는 BOT, BOO, BTL, BTO방식 등이 있다.

(2) 종류

① BOT방식 : BOT(Build Operate Transfer)계약은 프로젝트의 설계, 시공의 전부를 도급받아 시설물을 완성한 후 일정기간 소유하고 운영한 뒤 소유권을 발주자에게 양도하는 계약방식을 말한다.

② BOO방식 : BOO(Build Operate Owe)계약은 사회간접시설의 준공과 동시에 투자자가 당해시설의 소유권 및 운영권을 행사하며, 발주자는 사업시행에 대해 통제하는 방식을 말한다.

③ BTL방식 : BTL(Build Transfer Lease)계약은 공공시설물을 완공하여 소유권은 발주자에게 이전(transfer)하고, 투자자는 일정기간 임대료를 받는 방식을 말하며, 이외에 ROT방식, ROO방식, BOOT방식, BBO방식, CAO방식, DOT방식, LBO방식 등 여러 민간투자사업방식이 있다.

④ BTO방식 : BTO(Build Transfer Operate)계약은 사회간접시설을 설계·시공한 후 소유권을 발주자에게 이양하고, 투자자는 일정기간 동안 시설물의 운영권을 행사하는 계약방식을 말한다.

제3절 건설공사관리

1. 공사관리 개요

공사관리란 공사계획에 따라 재료, 인력, 장비, 자금, 공법 등을 투입하여 최적의 공정관리와 품질관리, 원가관리, 안전관리를 효과적으로 하기 위한 관리를 말한다.

1) 공사관리의 수단과 목표

5M(생산수단)	→	공사관리 방법	→	5R(목표)
Man(노무)		품질관리		Right Product(적정한 생산)
Material(재료)		공정관리		Right Price(적정한 가격)
Machine(장비)		원가관리		Right Quality(적정한 품질)
Money(자금)				Right Quantity(적정한 수량)
Method(시공법)				Right Time(적정한 시기)

2) 공사관리 기능

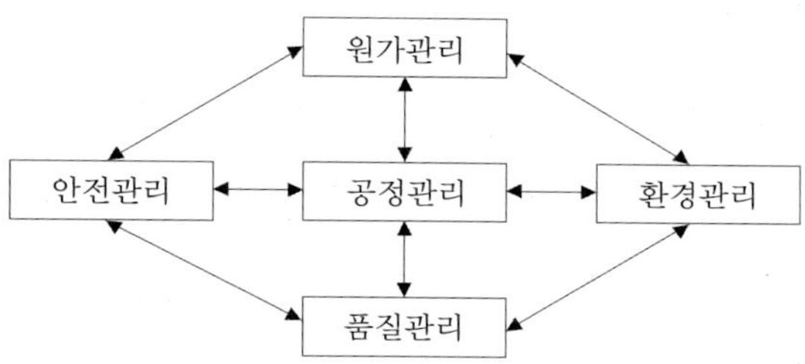

3) 최적 공정/원가/품질관리 관계

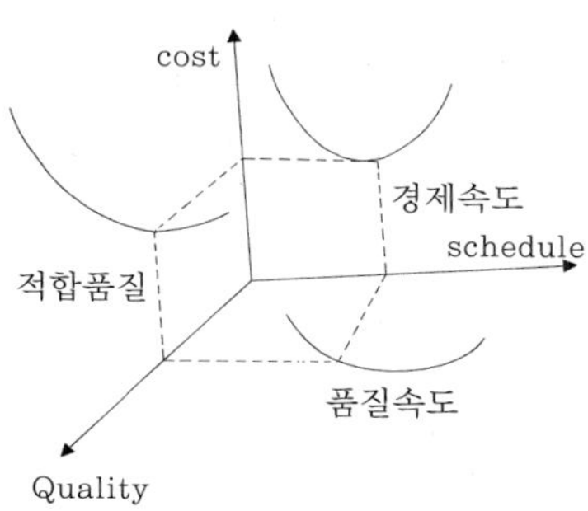

그림 1-28 품질, 원가, 공정과의 관계

2. 공정관리

2.1 공정관리 개요

공정관리란 공정계획과 관리를 말하는 것으로서 주어진 공기 내에 건축물을 완성하기 위해 공사계획을 세우고 관리를 하기 위한 활동을 말하며, 공정계획에 따라 완성된 작업일정표를 공정표라고 한다.

1) 공정계획

공정계획은 건축물을 지정된 공기 내에 공사예산에 맞추어 좋은 품질의 시공을 하기 위해 일정계획을 세우는 것을 말한다. 공사계획에 따라 각 세부공정에 필요한 시간과 순서, 자재와 노무 및 장비 등을 투입하기 위한 계획을 세우는 것을 말한다.

2) 공정표 작성

공정표란 공정계획에 따라 예정된 각 작업활동을 일정계획과 순서에 따라 공사착공에서 준공까지 작업일정을 정리한 표를 말한다.

2.2 공정계획 순서

1) 최적 공기 산정

최적 공기 산정은 설계도서의 이해, 현지의 입지조건 조사, 공사내용 및 공종별 공사수량 파악, 기타 시공 장소의 기상조건, 각 직종별 작업능률 및 공사기계의 작업능률, 자재·작업인원의 조달 가능성 등을 충분히 파악한 후 최적공기를 산정한다.

2) 기본 공정계획 순서

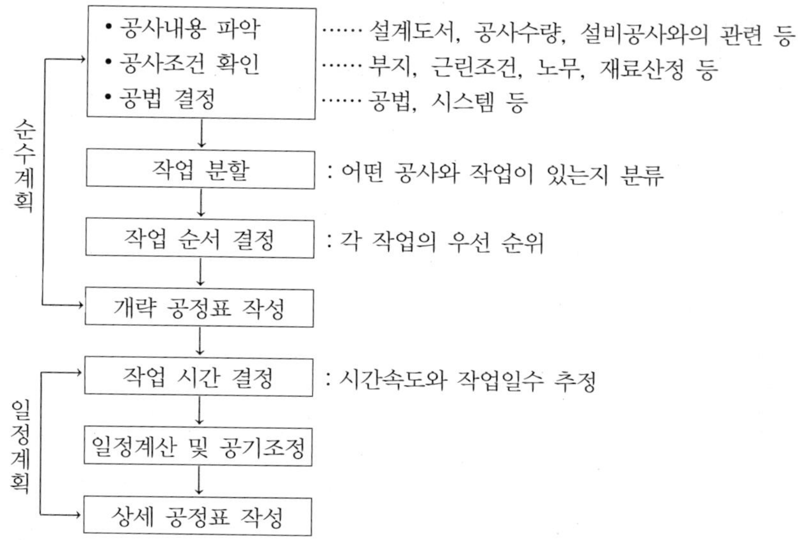

3) 공정계획과 관리방법

공정계획방법에는 순수작업계획과 일정계획이 있으며, 공정관리방법에는 진도관리와 자원배당이 있고, 공정관리기법에는 네트워크공정기법이 있다.

표 1-19 공정계획과 관리기법

구 분			공정계획 요소	공정기법
공정관리	공정계획	수순계획	① 공사를 단위작업으로 분해(작업분할) ② 각 작업의 진행순서 결정(작업순서 결정) ③ 개략공정표 작성(개략공정표)	· 작업순서 결정 · Network 공정기법
		일정계획	④ 각 작업의 작업시간 산정(작업시간 산정) ⑤ 일정계산(일정계산) ⑥ 공사일정 조정(일정 조정) ⑦ 상세공정표 작성(상세공정표)	· C.P.M 공정표 · P.D.M 공정표
	진도관리 (Follow-up)		⑧ 계획공정과 실제 공정의 비교(공정 비교) ⑨ 공정만회대책 수립(공정 만회)	· 바나나곡선 · 진도곡선
	자원배당		⑩ 자원 평준화 ⑪ 시간고정형/자원고정형	· EST 자원평준화 · LST 자원평준화

4) 기간 공정계획 작성

① 가설공사 : 가설울타리, 가설건물, 수평 및 수직보기, 비계발판, 각종 양생 등 가설공사는 공사 착공시부터 완공시까지 계속되는 것에 유의해야 한다.

② 기초공사 : 흙파기, 흙막이, 잔토처분, 기타 특수기초공사 등
③ 구체공사 : 철골철근콘크리트, 칸막이, 방수공사, 목공사 등
④ 마감공사 : 돌공사, 타일공사, 미장공사, 기타 내외마감공사
⑤ 부대설비공사 : 위생, 난방, 환기, 전기, 가스, 배수, 엘리베이터 및 기타 설비공사 등

2.3 공정표 종류

1) 공정표의 분류

(1) 횡선식 공정표

– GANTT CHART

– BAR CHART

(2) 사선식 공정표

– 바나나곡선(S-CURVE)

(3) 네트워크공정표(NETWORK)

– PERT공정표

– C.R.M공정표

2) 공정관리기법의 발전

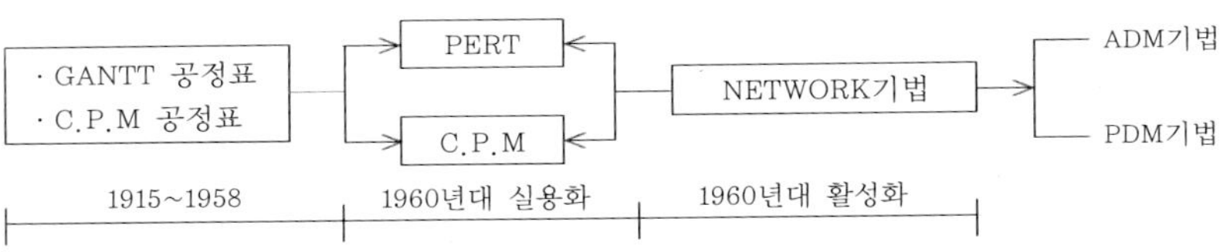

3) PERT와 C.P.M 공정표 비교

공정기법	년도	발생과정	대상프로젝트	중점관리	비고
· GANTT · BAR CHART	1차세계대전 중	미육군 공병단	단순사업	공기단축	
· PERT	1958	잠수함 개조	신규사업	공기단축	3점투시
	개념 ; 지정된 공기에 공사를 완성시킬 목적으로 자원, 시간, 기술 등을 단축하는 공법				
· C.P.M	1956	건설공사	반복사업	· 공기단축 · 원가절감	1점투시
	개념 ; 작업시간과 공사비를 절감시킬 목적으로 최적공기를 산출하기 위한 기법				

4) BAR CHART와 NETWORK 공정표 작성

(1) BAR CHART 공정표

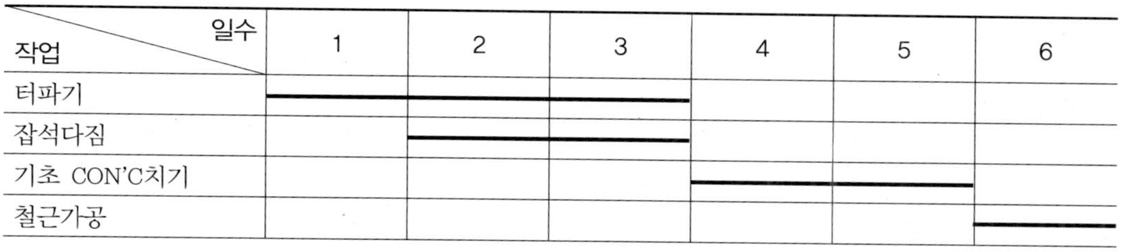

(2) NETWORK 공정표

① 공정데이터표 작성

작업		공기	후속작업
A	⓪ → ①	1	B,C
B	① → ②	2	D
C	① → ③	2	D
D	③ → ④	2	E
E	④ → ⑤	1	
d1	② → ③	0	

② 공정표 작성

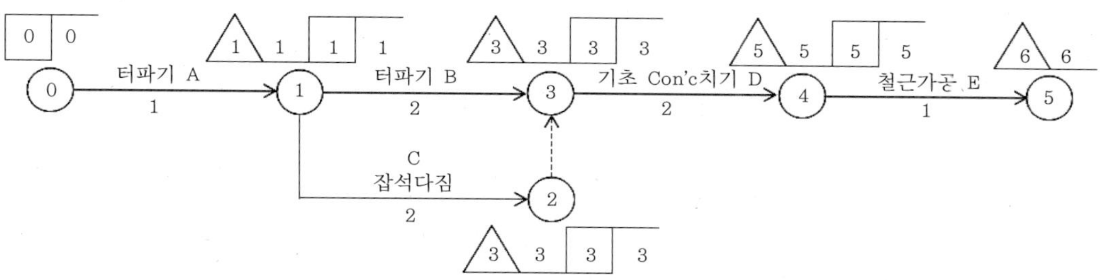

2.4 네트워크 공정계획

1) NETWORK공정표란?

NETWORK공정표란 각 공정작업의 상호관계를 원(Event, 결합점)과 화살선(activity, 작업)으로 표시한 네트워크(망상도/그물망)의 공정표를 말한다.

ex) 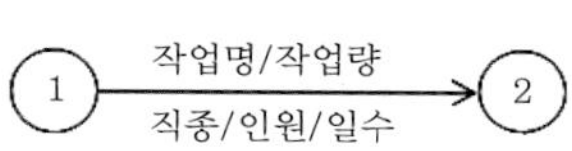

2) NETWORK 공정기법

(1) ADM기법

네트워크 공정을 원과 화살선으로 표시한다.

(2) PDM기법

네트워크 공정을 노드(node)로 표시한다.

(3) L.O.B관리기법

반복되는 각 작업 상호 간의 진척들을 기울기로 하는 직선으로 전체공사를 도식화하여 관리하는 기법을 말한다.

(4) 매트릭스 관리기법

동일한 공정의 공사가 수직적으로 반복되는 경우 공정관리기법을 말한다.

ex) 도로공사, 아파트공사

3) 네트워크 공정계획 순서

(1) 공정계획 순서

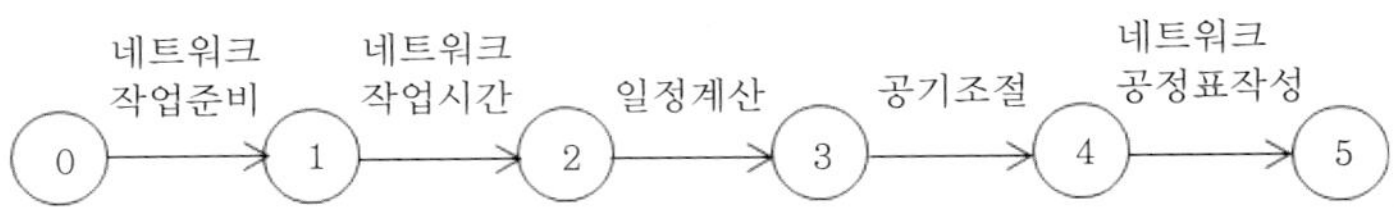

(2) 공정작업순서

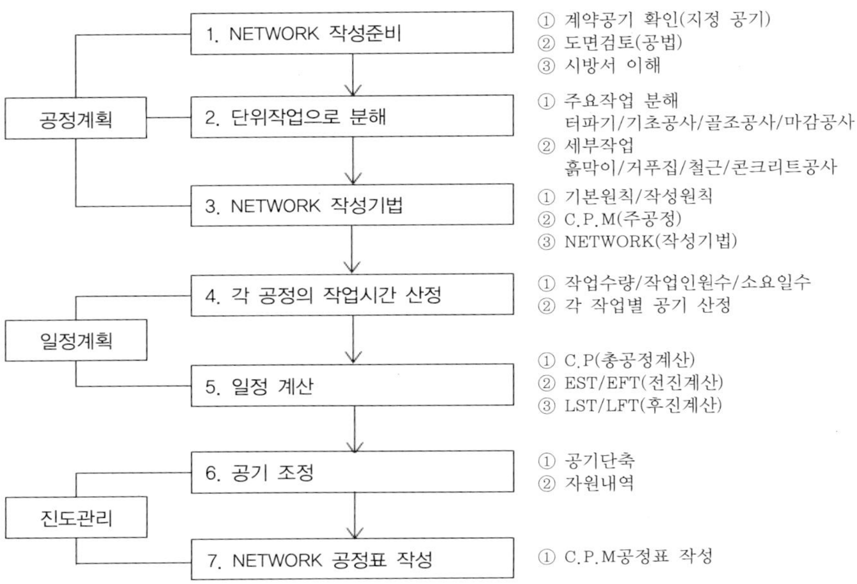

6) NETWORK 일정계산

C.P(Critical Path) : 주공정선으로 가장 길고 많은 단위작업시간을 연결한 공정선을 말한다.

(1) EST : ① 가장 빠른 작업개시 시각
② 전진계산 후 최대값

(2) EFT : ① 가장 빠른 작업 종료 시각
② EST+D

(3) LST : ① 가장 늦은 작업개시 시각
② LFT−D

(4) LFT : ① 가장 늦은 작업 종료 시각
② 후진계산 후 최소값

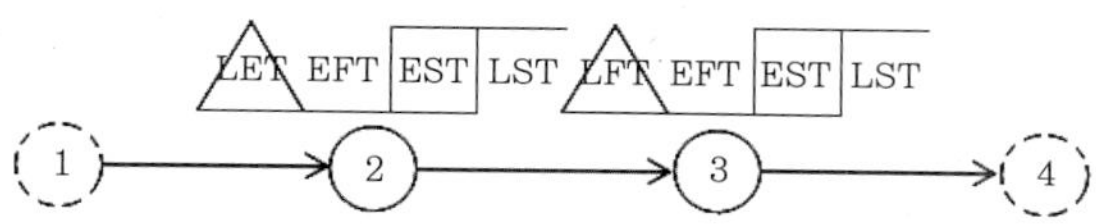

2.5 공기단축

1) 공기단축이란

(1) 공기단축의 정의

공기단축이란 지정공기가 계산공기보다 작은 경우, 계산공기 상에 직접비(재료비, 노무비, 외주비) 등을 증가시키는 등 특별한 조치를 취하여 계산공기를 단축하는 방법을 말한다.

(2) 지정공기와 계산공기

① 지정공기 → 계약공기
−수주시 발주자가 제시한 공기를 말한다.

② 계산공기 → 공정표상 공기
−실제 공사를 위한 실행 공기를 말한다.

2) 최적 공기와 공사비

(1) 최적공기란

직접비와 간접비가 최소로 되는 공기를 말한다.

(2) 직접공사비(직접비)

① 건축물 구성에 직접적으로 사용되는 비용으로 재료비, 노무비, 외주비 등이 포함된다.

② 공기가 단축될수록 직접비는 증가한다.

(3) 간접공사비(간접비)

① 공사 수행과 관련하여 본사 및 현장에서 발생되는 비용으로 가설공사비, 현장경비, 직원급료 등의 일반관리비가 포함된다.

② 공기가 단축될수록 간접비는 감소한다.

(4) 공기와 공사비의 관계

① 총공사비는 직접비와 간접비의 합이다.

② 시공속도가 증가하면 직접비는 증대하고, 간접비는 감소한다.

③ 직접비와 간접비의 합인 총공사비가 최소가 되도록 한 공사의 시공속도를 최적시공속도라고 하며, 그때의 공기를 최적공기라 한다.

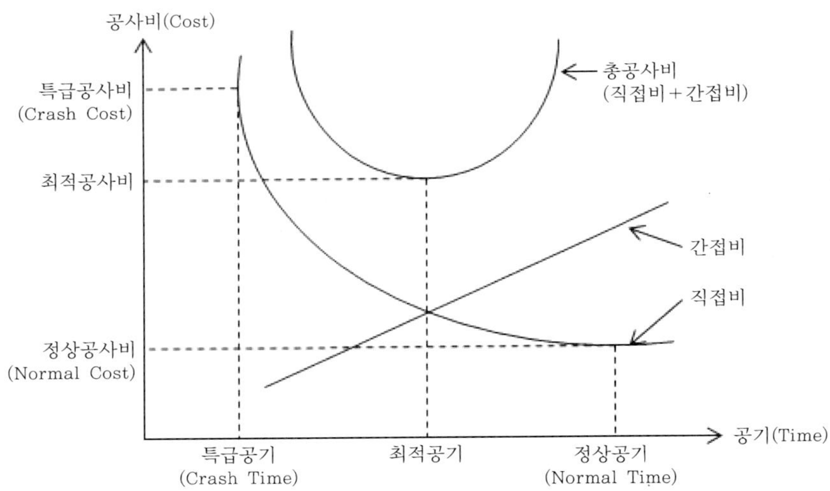

그림 1-29 최적 공기와 공사비 관계

3) 비용구배(Cost Slope, 비용증가액)

(1) 비용구배란?

① 공기를 1일 단축하는 데 추가되는 직접비용 증가분으로 직접비는 공기단축일수와 비례하여 증가한다.

② 정상공기점(Normal Point)과 급속공기점(Crash Point)을 연결한 기울기가 비용구배(CS, Cost Slope)이다.

(2) 비용구배 공식

$$\text{비용구배(CS)} = \frac{\text{특급비용} - \text{정상비용}}{\text{정상공기} - \text{특급공기}} = \frac{\Delta C}{\Delta T}\text{(원/일)}$$

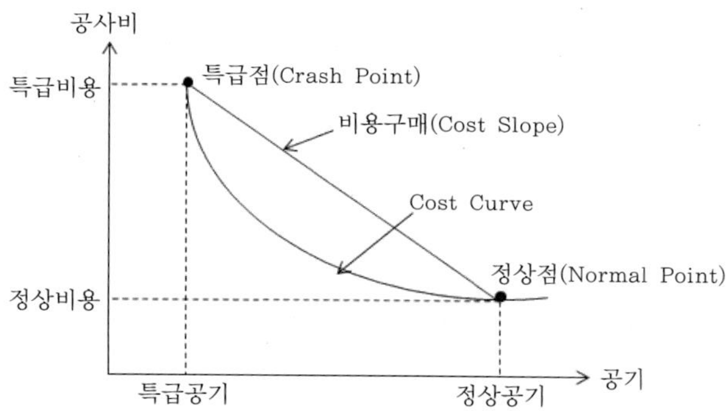

그림 1-30 공기(시간)-직접비(비용) 관계도

(3) 정상비용과 특급비용

① 정상점(표준점)

정상공기, 정상비용일 때의 점이다.

② 특급점

재료, 노무 등을 아무리 투입하여도 더 이상 공기단축이 불가능한 한계점이다.

③ 특급비용

특급공기로 작업할 경우의 직접비 혹은 총공사비이다.

4) MCX 공기단축 방법

(1) MCX 공기단축 방법이란?

최소의 비용으로 공기단축을 하기 위한 방법을 말한다.

(2) MCX 공기단축 방법

① 네트워크 공정표 작성

② 주공정선(C.P)의 일정 산정

③ 각 작업의 비용구배 산정

④ 주공정선(C.P)에서 비용구배가 가장 작은 작업부터 먼저 단축한다.

⑤ 주공정선(C.P)이 복수가 될 경우에는 비용구배가 적은 것부터 단축한다.

⑥ 추가 비용 산출

⑦ 총 공사금액 산출＝표준공사비＋추가비용

2.6 자원배당과 평준화

1) 자원배당이란?

(1) 자원의 정의

인력/장비(설비)/자재/자금/기술자원의 5M을 말한다.

(2) 자원배당이란

각 작업에 소요되는 자원을 그 작업의 여유시간 내에서 균등하게 분배시켜 평준화하는 것을 말한다.

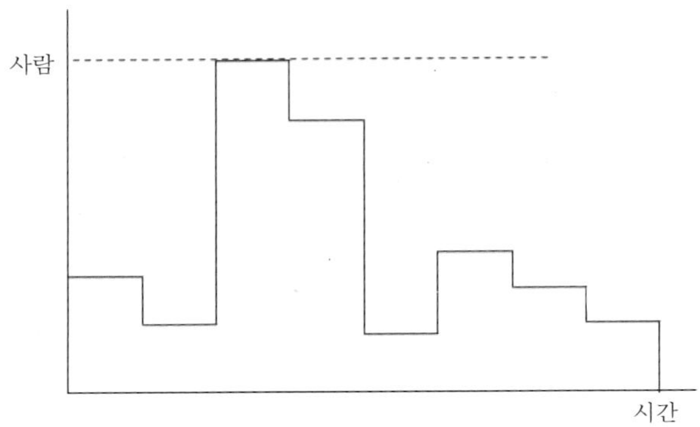

그림 1-31 자원배당과 평준화

2) 자원배당 방법

(1) 조기시간 계획에 의한 자원배당

EST에 의한 자원평준화를 말한다.

(2) 늦은 시간 계획에 의한 자원배당

LST에 의한 자원 평준화를 말한다.

2.7 진도관리

1) 진도관리 정의

현장 공정이 당초 계획된 공정계획에 따라 공사가 잘 진행되고 있는지 관리하는 것을 말한다.

2) 진도곡선 형태

(1) 비S형

－볼록형

－오목형

(2) S형

－부정S형 : 다곡형 / 소곡형

－정S형 : 고형 / 중형 / 저형

3) 진도곡선

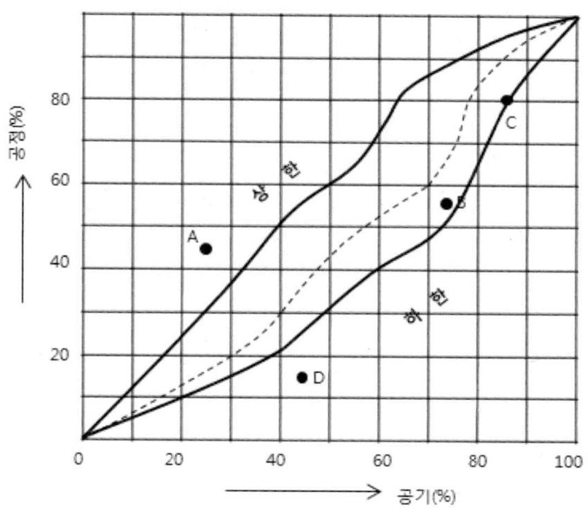

① 하한계 곡선 : 공기가 20%이면 공정은 10%
공기가 60%이면 공정은 40%
공기가 80%이면 공정은 65%

② 상한계 곡선 : 공기가 20%이면 공정은 25%
공기가 60%이면 공정은 72%
공기가 80%이면 공정은 93%

③ 점A : 공정이 예정보다 너무 진행되었으므로 비경제 시공이 되어 있든지 공사내용에 과오가 생길 우려가 있으므로 충분히 검토할 사항.

④ 점B : 적당한 진척이므로 그 속도로 진행하면 될 것이다.

⑤ 점D : 공정이 매우 늦어졌으므로 공정을 촉진시켜야 한다.

⑥ 점C : 하한계 선에 있어서 공기가 가까우므로 더욱 촉진시켜야 한다.

그림 1-32 진도관리곡선

4) 진도관리 절차

① 계획 공정 기준에 근거하여 완료작업량과 잔여 작업량 조사

② 비용구배 공식

③ 계획 공기와 비교하여 지연 작업 경로 확인

④ 지연 경로 작업의 LFT계산 일정 검토

⑤ 계획 공정 내 완료가 불가능한 경우에는 잔여공정에 대한 최소 비용 추가 투입으로 공기단축

⑥ 진도관리 측정(관리)에 의한 공기단축 공정표 작성

1. 공정계획 설정 → 2. 진도 보고 → 3. 작업절차 비교 → 4. 계획과 차이

5) 진도관리방법(기법)

(1) 가중치에 의한 관리 방침(추정 진도 측정법)

- 각 공정별 예상금액과 인력 등을 기준으로 가중치(보할)를 미리 정하고 공사가 진행됨에 따라 공정의 보할 진도를 계산하여 관리하는 방법을 말한다.

(2) 기성관리 측정법(실 작업량 측정법)

- 각 공정별 예상금액과 인력에 해당 공정의 진도율을 곱하여 관리하는 방법을 말한다.

(3) 비용, 공정 통합관리 시스템법(Cost/Schedule)

- 각 공정별 비용과 공정을 통합하여 관리하는 방법
- E.V.M.S기법 사용

2.8 작업분류체계(W.B.S)

1) 공사분류체계 개요

공사분류체계는 공사를 효율적으로 계획하고 관리하기 위해 관리 목적에 따라 WBS(작업분류체계), OBS(조직분류체계), CBS(원가분류체계)로 분류되며, 이들은 각기 유기적인 상호관계를 갖고 있다.

㉠ WBS(Work Break down Structure : 작업분류체계)

㉡ OBS(Organization Break down Structure : 조직분류체계)

㉢ CBS(Cost Break down Structure : 원가분류체계)

3가지 분류체계에 의하여 정의되며, 이들은 각기 다음의 유기적인 상관관계를 가져야 한다.

2) 공사분류체계 구성

① WBS(Work break down structure : 작업분류체계)

공사의 내용을 작업에 주안점을 두고 분류한 것으로 작업내용 파악, 작업 상호관계의 조정, 작업량과 투입된 인력 분배, 작업별 예산 파악이 용이하기 위한 작업분류체계시스템을 말한다.

② OBS(organization break down structure : 조직분류체계)

공사의 내용을 관리하는 사람으로 구성된 조직에 따라 분류한 것이며, 권한과 책임의 범위를 설정하기 위하여 사용하는 분류체계이다.

③ CBS(cost break down structure : 원가분류체계)

공사의 내용을 원가 발생 요소 관점에서 분류한 것으로 자원의 성격에 따라 재료비, 노무비, 외주비, 경비 등으로 나누어 투입된 원가를 대비 분석하는 방법이다.

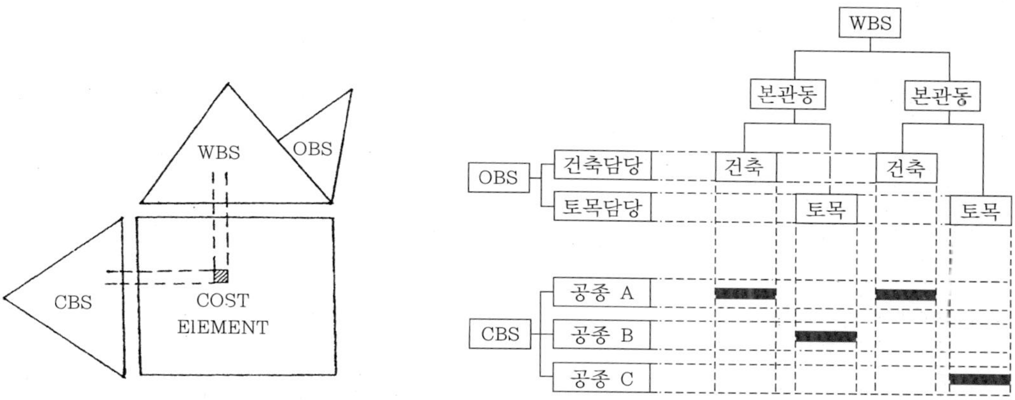

그림 1-33 W.B.S 분류 체계

3) 공종별 작업분류 체계

표 1-20 국내와 미국의 공종별 작업분류 체계

구분	국내		미국
	건설공사 표준품셈 (건축부문)	건축공사표준시방서	MasterFormat
공종별 분류	01. 가설공사	01. 총론	00. Bidding & Contract Requirement
	02. 토공	02. 가설공사	01. General Requirement
	03. 조경공사	03. 토공사	02. Site Work
	04. 기초	04. 기초 및 지정공사	03. Concrete
	05. 철근콘크리트공사	05. 콘크리트공사	04. Metals
	06. 철골공사	06. 철골공사	05. Masonry
	07. 벽돌공사	07. 조적공사	06. Wood & Plastics
	08. 블록공사	08. 석공사	07. Thermal & Moisture Protection
	09. 돌공사	09. 타일 및 테라코타공사	08. Doors & Windows
	10. 타일공사	10. 목공사	09. Finishes
	11. 방수공사	11. 방수 및 방습공사	10. Specialties
	12. 목공사	12. 지붕 및 홈통공사	11. Equipment
	13. 지붕 및 홈통공사	13. 금속공사	12. Furnishings
	14. 금속공사	14. 내외벽공사	13. Special construction
	15. 미장공사	15. 미장공사	14. Conveying Systems
	16. 창호공사	16. 온돌 및 바닥판공사	15. Mechanical
	17. 유리공사	17. 창호 및 유리공사	16. Electrical
	18. 칠(도장)공사	18. 도장공사	
	19. 수장공사	19. 수장공사	
	20. 기타 잡공사	20. 조경공사	
		21. 단열 및 방내화공사	

2.9 BIM에 의한 공정관리

1) BIM에 의한 공정관리란?

BIM은 건축물을 계획, 설계, 시공, 유지관리에 이르기까지 3D 정보 모델을 이용하여 건축물의 수명 주기 전반에 걸쳐 공간정보와 함께 비용, 공정을 통합관리하는 기술을 말한다.

(1) BIM 3D란?

건축물에 대한 조감도, 투시도 등의 외관에 대한 투시도뿐만 아니라 기존의 2D 평면 정보에 내부설계요소 철근, 거푸집, 설비 · 전기 등을 입체로 설계하여 건물의 정보를 입체적으로 보여 주는 것을 말한다.

(2) BIM 4D란?

3D 입체정보에 시간의 공정정보까지 합쳐져서 건축물에 대한 공간적 · 시간적 정보를 보여 주는 것을 말한다.

(3) BIM 5D란?

4D정보에 비용(견적)정보까지 합쳐져서 건축물에 대한 비용 일정을 통합한 모든 정보를 보여 주는 것을 말한다.

2) BIM 공정관리 계획 순서

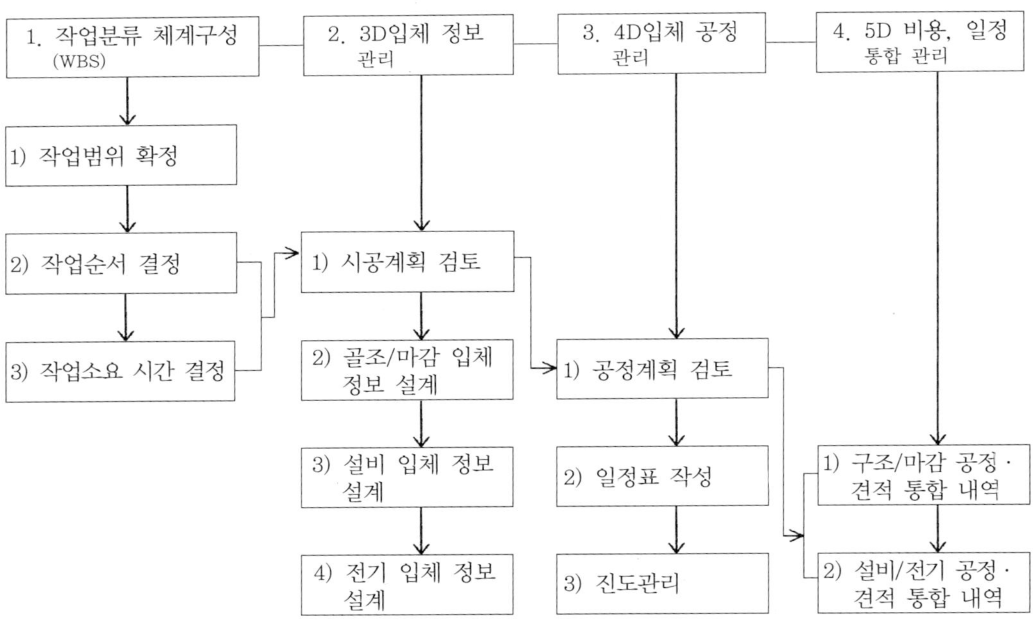

3) BIM 발주계약 및 공정관리

(1) BIM 계약 관리

① BIM 발주계약은 계획단계, 실시설계, 시공단계로 나누어 별도의 BIM 계약을 한다.

② BIM의 계약 주체는 크게 설계 부문과 시공 부문으로 나누어 발주할 수 있으나 각 단계별로 나누어서 별도 계약을 하기도 한다.

③ 각 단계별 계약은 설계사 또는 시공사는 BIM 전문업체와 계약을 하고, BIM업무를 각 전문 협력사들과 수행한다.

④ BIM 계약은 3단계, 4단계, 5단계로 나누어 계약이 이루어진다.

(2) 사업 초기단계 BIM 계약 및 공정관리

① 발주처는 C.M사업단과 업무대행에 대한 전반적인 사업계약을 하면서 BIM에 대한 계약 내용도 포함시키는 것이 일반적인 예다.

② C.M사업단은 계획단계, 실시설계, 시공단계 등 각 계약 내용에 BIM 계약 내용을 포함하여 설계 및 시공업체를 선정한다.

(3) 계획단계 BIM 계약 및 공정관리

① C.M사업단은 설계 공모 지침서에 맞는 설계사를 선정하고 과업 내용에 따라 각 단계별 BIM의 수준을 결정한다.

② 설계사는 자체적으로 BIM을 수행하거나 BIM 전문업체와 계약하여 그 과업 수행서를 C.M사업단에 제출한다.

(4) 실시단계 BIM 계약 및 공정관리

① C.M사업단은 발주처의 요구조건에 따라 기존 설계 및 BIM업체를 유지하거나 과업 정도에 따라 새로운 설계 및 BIM업체를 선정하기도 한다.

② 업체 선정 내용은 계획 설계 단계와 같다.

(5) 시공단계 BIM 계약 및 공정관리

시공사는 BIM으로 3D 설계도서 작성과 공정관리(4D), 복잡한 시공 부문에 대한 Digital Mock up을 제한하며 그 과업내용을 BIM 전문업체가 수행한다.

(6) BIM 목표 달성

① BIM으로 생성된 데이터를 어디에 쓸 것인가 하는 목적이 분명해야 목표를 달성할 수 있다.

② BIM 목적이 사업관리, 물류관리, 공정관리, 안전관리, 유지관리 등의 사업주체별 목적이 분명해야 한다.

4) BIM 관리 업무절차와 공정관리 내용

C.M 사업단은 현장의 전체적인 BIM 관리 운영에 대한 책임을 지며 BIM 관리절차서, 공정관리, BIM 수행계획서, BIM 정보 업데이트, 유지관리계획을 구성하고 운영관리한다.

BIM 관리 업무절차와 공정관리 내용

① BIM 관리 계획 수립 및 기준 설정
② BIM 관리에 필요한 운영계획 수립
③ BIM 진도현황 및 종합분석
④ BIM 문제점 파악 및 해결 대안 제시
⑤ 설계사와 시공사에 대한 업무 조정
⑥ BIM Room 운영
⑦ 각 공종간 업무 조정
⑧ 유지관리 계획 수립

3. 품질관리

3.1 품질관리 개요

1) 품질관리 개요

품질관리란 설계에서 요구하는 조건을 만족시키는 건축물을 합리적이고 경제적으로 생산하기 위한 모든 수단과 체계로서, 기획 · 설계 · 시공단계에서 전사적 품질관리 실행서와 품질관리계획서 등에 따라 실시하여 최적의 품질관리를 하기 위한 것을 말한다.

3.2 품질관리 계획

1) 품질관리 계획

① 품질에 영향을 미치는 중요 공정을 선정
② 품질 특성 중 측정이 용이한 항목 선정
③ 신속한 조치가 가능한 항목 선정

2) 품질 및 작업기준 설정

① 품질기준 설정－시방서 기준

② 작업기준 설정－시방서, 참고도서, 시공경험을 활용

3) 작업 실시

① 작업기준에 대한 교육 실시

② 시공 check list를 작성하여 작업 실시

4) 시험, 조사

① 측정값의 여유치 확인

② 품질관리 7가지 도구 활용

5) 확인, 점검

① 관리한계선 설정

② 한계선 이탈 경우의 수 점검

③ data 신뢰도 향상을 위해 중복 확인

④ 이상 발생시 원인파악

6) 수정, 조치

① 이상 발견시 수정, 조치

② 관리한계선 재설정

③ 일정기간 지속적 관리, 이상 유무 파악

3.3 건설공사 품질관리 규정

1) 품질관리계획 수립공사

① 품질보증계획 수립대상

－전면 책임감리 대상으로 총공사비 500억 원 이상인 건설공사

－다중이용 건축물로서 연면적 3만m^2 이상인 건축공사

－계약서에 명시된 건설공사

② 현장 품질시험계획 수립대상(건설기술관리법 제24조)

－총공사비 5억 원 이상인 토목공사

－연면적 660m^2 이상인 건축공사

－총공사비 2억 원 이상인 전문공사

③ 현장 품질시험 내용
- 품질시험 종류 : 선정시험 · 관리시험 · 검사시험
- 품질관리조직 · 시험설비 · 시험담당자 · 품질관리항목 · 빈도 · 규격치
- 실시방법 등을 포함한 계획서 제출 및 승인
- 규격 및 시험방법은 건설기술관리 법규의 소정규정에 따른다.
- 시험에 소요되는 비용은 시공자 부담

3.4 품질관리 문제점

1) 품질관리 시스템 미정립
① 발주시 품질관리 공기 미반영
② 품질관리 인원과 조직 부족
③ 품질담당자의 권한 부족
④ 품질시험을 위탁할 전문기관 부족

2) 품질에 대한 인식 부족
① 공기 위주, 비용 위주의 사고
② 품질에 대한 단편적 인식－품질검사가 곧 품질관리
③ 품질관리는 담당자만의 문제라는 인식
④ 경영층의 품질관리에 대한 지원과 의지 부족

3) 책임 불명확
① 문제발생시 책임 소재 불명확
② 부서 간의 협조체제 부족

4) 관리체계 미흡
① 과학적 관리방법 미정착
② 품질관리 장비 및 예산 부족
③ 경험에 의한 판단

5) 저비용 위주의 사고
① 형식적 품질시험과 관리
② 품질관리 비용의 미반영

3.5 품질관리 도구

1) 품질관리 7가지 도구 개발

① 파레토도　② 특성요인도　③ 히스토그램
④ 산포도　⑤ 층별　⑥ 그래프　⑦ 관리도

2) T.Q.C와 T.Q.M의 적용 개발

표 1-21 T.Q.C와 T.Q.M의 차이점

T.Q.C	T.Q.M
Feigenbaum의 주장	국제표준화기구의 공식적인 정의
공급자 입장에서의 일반적인 품질보증 시스템	구매자의 요구를 충족시키기 위한 품질보증 시스템
설계로부터 서비스 제공까지의 전단계 QA 시스템	구매자의 요구에 따라 품질보증 시스템을 차등화 · 설계로부터 서비스 제공까지의 전단계 QA 시스템(ISO 9001) · 제조단계를 중심으로 한 QA 시스템(ISO 9002) · 검사 및 시험을 중심으로 한 QA 시스템(ISO 9003) · QM을 위한 사내 품질 시스템(ISO 9004)
공급자의 품질인증	제3자 품질인증
품질문제(불량률, 클레임률, AS건수)의 극소화와 재발방지가 궁극 목표	zero defect가 궁극 목표(품질문제의 발생 억제)
품질정책의 필요성 강조	품질정책은 필수요건
최고 경영자를 비롯한 전원참가를 강조	최고 경영자의 참가를 의무화하고, 전원참가를 강조함
기업의 체질개선	경영목표 달성의 수단

3) ISO 9000 시리즈 도입 활용

① 정의

- ISO 9000은 제3자가 제품 및 서비스 공급자의 품질 시스템을 평가하여 품질보증능력을 인증해 주는 제도이다.
- 환경경영에 관한 국제규격(ISO 14000), 산업안전 및 보건에 관한 규정(ISO 18000)으로 구분할 수 있다.

② ISO 9000 구성

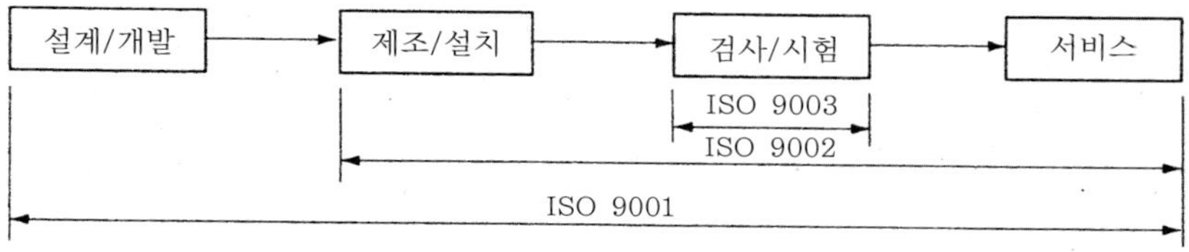

③ ISO 9000 시리즈 분류

표 1-22 ISO 9000 시리즈 분류

<table>
<tr><th>구분</th><th>내용</th><th colspan="2">특징</th></tr>
<tr><td>ISO 9000</td><td>품질보증과 품질규격의 선택과 사용에 대한 지침</td><td colspan="2">ISO 9001에서 ISO 9004 중 선택할 수 있도록 안내</td></tr>
<tr><td>ISO 9001</td><td>설계/개발, 제조/설치 및 서비스의 품질보증</td><td rowspan="3">구입자가 공급자에게 요구하는 품질 시스템
특정고객 대상
계약형 상품
구매자 위주 규격</td><td rowspan="3">품질
시스템</td></tr>
<tr><td>ISO 9002</td><td>제조/설치, 검사/시험 서비스의 품질보증</td></tr>
<tr><td>ISO 9003</td><td>최종검사와 시험의 품질보증</td></tr>
<tr><td>ISO 9004</td><td>품질경영과 품질 시스템의 요소에 대한 지침</td><td colspan="2">고객이 아닌 사내 품질경영이 목적, 생산자 위주의 품질규격</td></tr>
</table>

4) 공종별 품질계획서 작성

① 토공사 및 기초공사-지내력시험, 파일재하시험 등

② 철근공사-철근 가공, 압접시험, 인장시험 등

③ 콘크리트공사-피복두께, 강도시험, 슬럼프 테스트, 염분측정 등

④ 철골공사-용접부 검사, 볼트 체결부 검사, 내화 성능검사 등

⑤ c/w 공사-풍동시험, mock-up 테스트, 수밀시험 등

⑥ 조적공사-강도, 흡수율 측정 등

⑦ 목공사-함수율, 강도 등

⑧ 방수공사-누수시험, 접착강도 등

5) 시공도 작성

① shop drawing 활용 시공정밀도 확보

② 시공 허용오차에 대한 기준 마련

6) 전문업체 선정

① 기술능력 위주의 업체 선정

② 작업자에 대한 기술지원 강화

7) 품질교육과 전문가 육성

① 품질 위주의 사고전환

② 현장직원과 작업자에 대한 정기적 교육

4. 원가관리

4.1 원가관리 개요

① 실제 공사에 소요되는 재료비, 노무비, 경비 등을 효율적으로 관리통제하여 실행예산 범위 내에서 공사를 완성시키기 위한 관리를 말한다.

② 건설공사의 원가관리는 공사의 장소, 시공여건 등에 따라 원가의 변동 요소가 많고 불확정한 요소 또한 많기 때문에 체계적인 원가관리가 필요하다.

③ 원가관리는 실제공사에 사용되는 정확한 수량을 산출하는 적산작업에 무엇보다 중요하고 그 수량에 단가를 산정하여 정확한 공사비를 산출하는 견적작업이 원가관리의 중요한 요소이다.

4.2 공사비 원가 구성

1) 공사비 원가 구성 항목

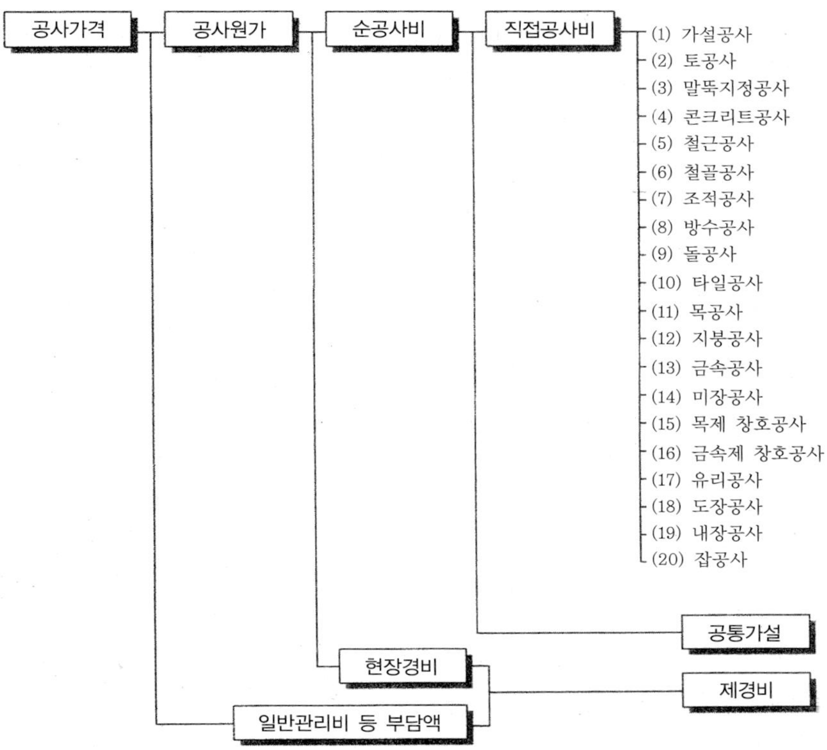

2) 공사원가 구성 내용

공사원가는 재료비, 노무비, 경비, 일반관리비 및 이윤으로 구성된다.

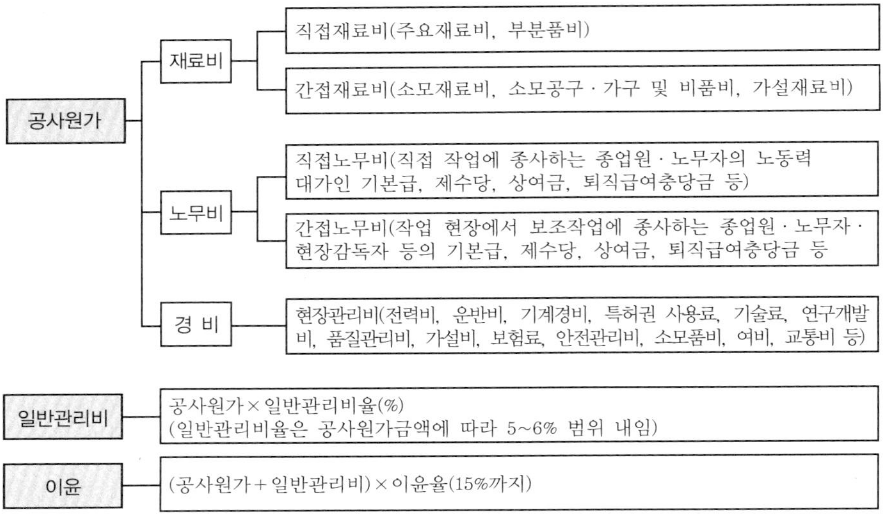

3) 국내 공사 원가계산서 예시

표 1-23 건물 신축공사 원가계산서 작성 양식

비목			산정 내용	비고
순공사	재료비	직접재료비	직접 계산	
		간접재료비		
		작업실, 부산물(△)		
		[소 계]		
	노무비	직접노무비	직접 계산	
		간접노무비	직접노무비×15.80%	
		[소 계]		
	경 비	운반비	직접 계산	
		기계경비	직접 계산	
		산재보험료	노무비의 2.90%	산재 보상 보험법
		고용보험료	(4등급의 경우) 노무비의 0.56%	조달청 기준
		퇴직공제부금비	노무비의 1.57%	조달청 기준
		안전관리비	(재료비+직접노무비)×1.88%	산업안전보건법
		기타 경비	(재료비+노무비)×7.00%	조달청 기준
		[소 계]		
계			산출경비 중 비목이 없는 경우는 산출금액이 없어서 제외함	
일반관리비			계의 4.02%	조달청 기준
이윤			(노무비+경비+일반 관리비)×15.00%	조달청 기준
총원가				
공사손해보험료				미적용
부가가치세			총원가의 10.00%	
도급액				

표 1-24 사례현장 공사원가계산서 작성 예

공사명 : ○○종합의료복합단지 신축공사(2015년 기준)

비 목			금 액	구 성 비
순공사원가	재료비	직접재료비	12,875,403,000	
		간접재료비		
		작업설, 부산물(△)		
		[소계]	12,875,403,000	
	노무비	직접노무비	9,200,210,000	
		간접노무비	404,009,000	직접노무비×4.4%
		[소계]	9,605,019,000	
	경비	기계경비	712,007,000	
		산재보험료	355,385,000	노무비×3.7%
		고용보험료	119,102,000	노무비×1.24%
		국민건강보험료	156,403,000	직접노무비×1.7%
		국민연금보험료	229,085,000	직접노무비×2.49%
		노인장기요양보험료	10,244,000	건강보험료×6.55%
		퇴직 공제 부금비	211,604,000	직접노무비×2.3%
		산업안전보건관리비	498,025,000	(재료비+직접노무비)×1.88%×1.2배
		환경보전비	113,940,000	(재료비+직접노무비+기계경비)×0.5%
		기타 경비	786,814,000	(재료비+노무비)×3.5%
		공사이행보증 수수료	23,838,000	[(재료비+직접노무비+기계경비)×0.016%+4.3백만 원]×공기(년)
		하도급지급보증 수수료	13,217,000	(재료비+직접노무비+기계경비)×0.058%
		[소계]	3,230,064,000	
계			25,710,486,000	
일반관리비			771,315,000	계×3%
이윤			1,061,298,000	(노무비+경비+일반관리비)×7.8%
공급가액			27,543,099,000	
부가가치세			2,754,309,000	공급가액×10%
도급액			30,297,408,000	
도급자 설치 관급비			9,529,103,000	
관급자 설치 관급비			4,328,439,000	
총공사비			44,154,950,000	

4.3 실행예산

1) 실행예산 목적

공사목적물을 계약된 공기 내에 완성하기 위하여 공사손익을 사전에 예지하고 이익계획을 명확히 하여 경제적인 현장운영 및 공사수행을 도모하도록 사전에 작성하는 예산을 말하며, 실행예산 내에서 공사를 완료해야 한다.

2) 실행예산 필요성

① 실제로 집행할 공사원가 산출 목적
② 계획 대비 실제 투입원가 관리
③ 도급계약시와 다른 현장 상황 반영
④ 잔여공사의 추정 손익 분석

3) 실행예산 작성 항목

① 직접공사비 : 도급내역서 공종의 세부공종으로 구분한다.
(원가항목의 자재비, 노무비, 외주비, 중기비 등)
② 간접공사비 : 공사에 소요되는 현장운영비, 각종 경비
③ 본사관리비 : 현장관리와 본사 일반관리를 위한 급여, 소요경비, 일정 비용도 적용
④ 공사원가 : 순공사비 + 현장경비 + 제반 경비
⑤ 총원가 : 순공사비 + 현장경비 + 제반 경비 + 일반관리비 + 이윤(=건축공사비)
⑥ 원가관리 : 총원가를 기준으로한 실행 예산 관리

4) 실행예산서의 종류

① 가예산 작성
- 본예산 전까지 공사수행에 따른 수요예상 비용
- 본예산 편성 전 또는 인정된 사유로 공사계약 이전에 작성
- 사전 공사, 공법 변경, 여건 변경, 새 항목이 발생할 때 작성

② 본예산 작성
- 현장여건 및 사전조사를 하여 공사계약 체결 후 작성
- 공사 수행에 필요한 소요 예상공사비 작성
- 공사계약 내역과 연관하여 별도로 작성

③ 변경 예산 작성
- 공사의 설계 변경 또는 타당한 사유가 있을 때 작성

• 본예산을 변경, 수정한 예산

5) 실행 기성 내역서 작성

① 공사 진행에 따라 기성금을 받기 위해 작성하는 내역서를 말한다.

② 관기성 내역서

• 관기성 청구서, 기성고 조서, 관기성 내역서라고 한다.
• 내역서 또는 조서로 작성된 내역으로 발주처에서 공사진척 여부를 파악하여 기성금을 지불하기 위한 것을 말한다.
• 도급내역서(계약 내역서)를 기준으로 작성한다.

③ 사기성 내역서 작성

• 하도급 기성, 외주 기성이라 한다..
• 시공회사에서 공사 중 일부를 전문업체에 하청을 주고 공사대금을 지불해야 하는 기성내역서를 말한다.
• 현장에서 본사 보고용으로 작성한다.
• 하도급 기성대금 지불기준 내역서를 말한다.
• 실행 예산서를 기준으로 작성한다.

④ 기성회차 관리

• 기성고는 계약조건에 따라 월별, 공종 진척률 등을 기준으로 한다.
• 발주처가 약정한 시기에 도급자의 청구로 발주자가 공사를 진행한 부분에 대해 대금을 지불한다.
• 기성을 청구할 때마다 회차를 정하고, 내역수량을 기초로 전회 기성, 금회 기성, 누계 기성, 잔량 등으로 관리한다.

4.4 원가절감과 손익분석

1) Cost down 절차

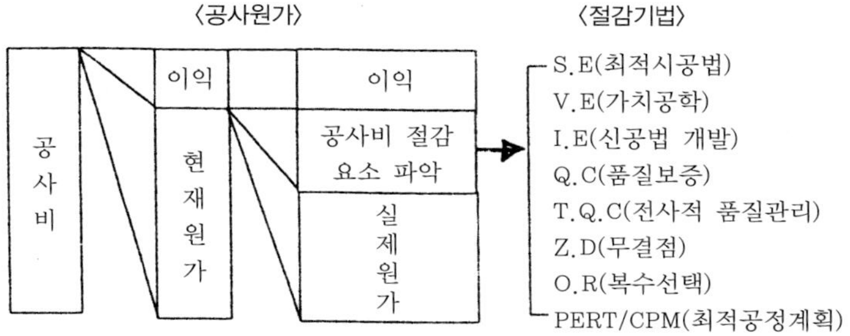

그림 1-34 원가절감 요소 파악

2) 공사손익분기 분석

① 손익분기 분석기법

총수입이 총비용과 같아지는 손익분기점의 매출액(공사계약금액)을 결정하는 기법을 말한다.

② 손익분기 분석

㉠ 수익 부분(profit area)

- 총비용(고정비용+변동비용) < 전체공사 계약금액(총수입)
- 그림에서 손익분기점을 중심으로 오른쪽 부분

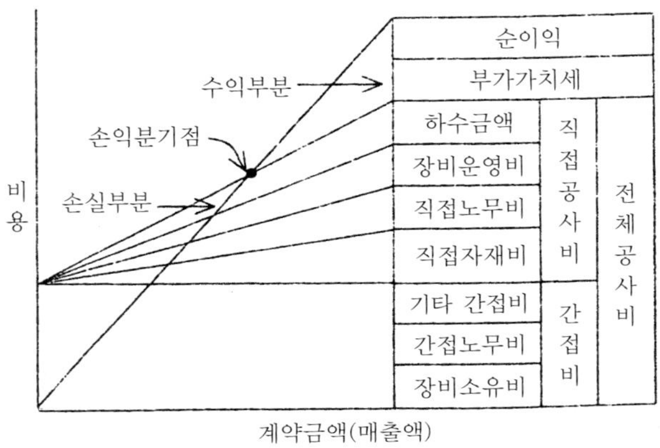

그림 1-35 손익분기점과 공사비

㉡ 손실 부분(loss area)

- 총비용(고정비용+변동비용) > 전체공사 계약금액(총수입)

3) EVMS(공정 · 비용 통합시스템)

① EVMS(Earned Value Management System)는 공정과 비용의 사전예측 평가 분석 시스템을 말한다.

② 공정, 비용 성과측정방법

공사의 실적진도와 투입비용의 비용 차이와 계획진도와 실적진도의 일정 차이(SV)의 크기를 비율로 표시하여 분석함으로써 프로젝트의 성과추이를 예측할 수 있다.

Cost/Schedule Curves

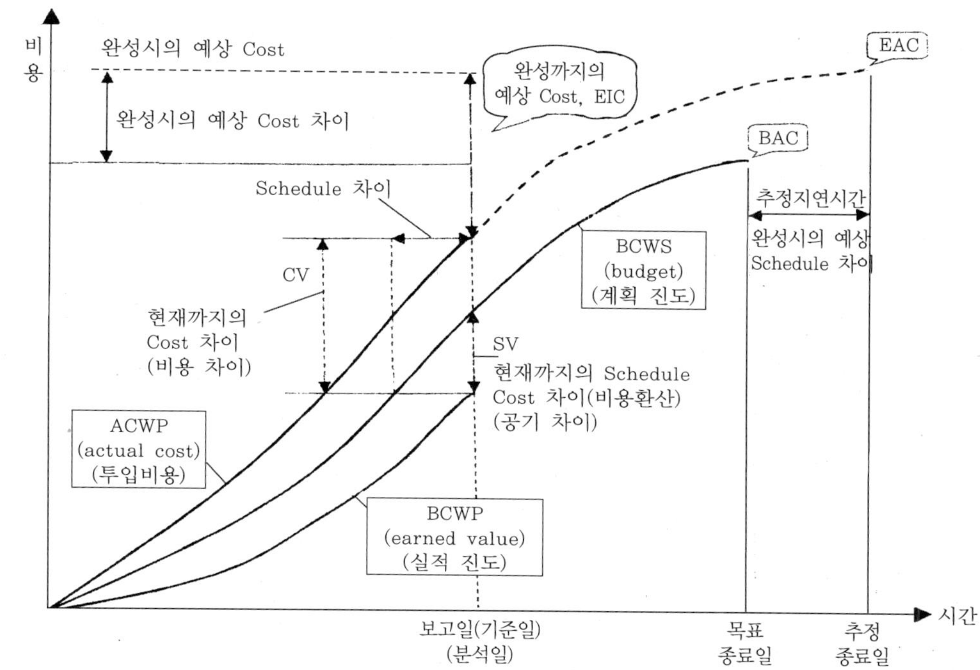

그림 1-36 EVMS(공정 · 비용 통합시스템)

5. 안전관리

5.1 안전관리 개요

1) 개요

① 안전관리계획은 시공중 발생하는 재해방지에 필요한 기술관리로서, 인명보호 및 기업의 재산보호, 쾌적한 작업환경 등에서 안전하게 작업할 수 있도록 하기 위한 관리를 말한다.

② 안전사고는 불안전 행동과 불안전 상태가 원인이 되어 발생하는데 이러한 안전사고를 방지하기 위해서는 3E 대책과 함께 적정 안전시설물이 요구된다.

③ 최근 건축물은 고층화, 대형화, 전문화되어 주로 도심에 근접 시공되므로 공사가 복잡하고, 고소작업으로 낙하, 추락, 비래사고, 깊은 굴착으로 흙막이 붕괴, TC와 같은 양중장비 안전에 유의해야 한다.

2) 안전재해 유형

① 추락　② 낙하, 비래, 비산　③ 붕괴

④ 감전, 화재　⑤ 전도, 협착　⑥ 충돌

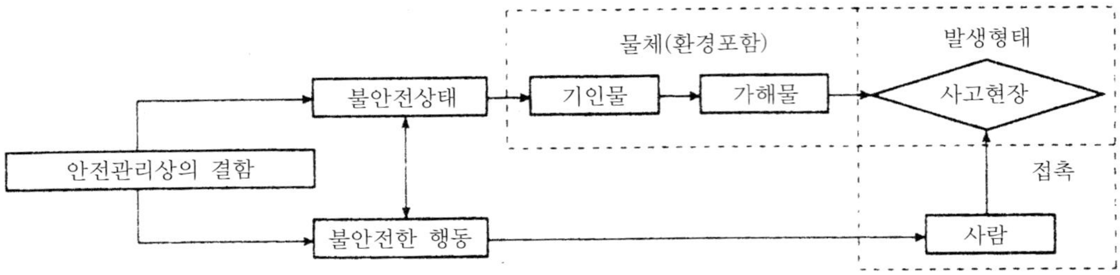

그림 1-37 재해 원인 mechanism

5.2 안전사고 발생 요인

1) 직접 요인

① 불안전 상태(물적 요인) – 10%
- 작업환경 불량
- 안전시설물 결함
- 작업 자체의 위험성
- 개인 보호장구류의 불량

② 불안전 행동(인적 원인) – 80%
- 안전보호구 미착용
- 미숙련 기계조작과 작업
- 교육 불충분과 관리감독 부족

③ 불가항력(기상, 기후의 영향) – 10%
- 폭우, 폭설, 강풍 등의 악천후

2) 간접 요인

① 기술적 요인(10%)
- 구조물, 장비설계의 불량
- 점검 및 보존의 불량

② 교육적 요인(70%)
- 안전지식 및 교육의 부족
- 유해 · 위험작업시설 교육 부족

③ 관리적 요인(20%)
- 작업 사전 준비 부족
- 안전관리 조직 미흡

5.3 안전관리계획 수립

1) 안전관리 조직 수립

① 안전관리 조직도 구성

② 전임 안전관리자 배치－line형, staff형 조직

③ 하도업체 안전담당자 선정

④ 양중기 전임 안전담당자 선임

⑤ 안전담당자에 대한 지속적 교육 체계

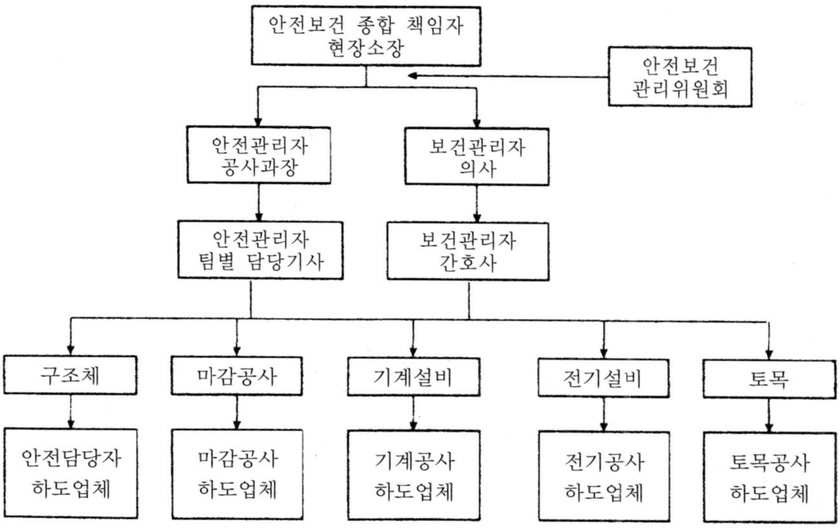

그림 1-38 안전관리 조직도

2) 유해 · 위험방지 계획서 작성

① 수직높이 31m 이상 구조물

② 30ton 이상의 크레인 설치공사

③ 10.5m 이상 굴착 시

④ 사전에 작성하여 노동부의 심사를 받는다.

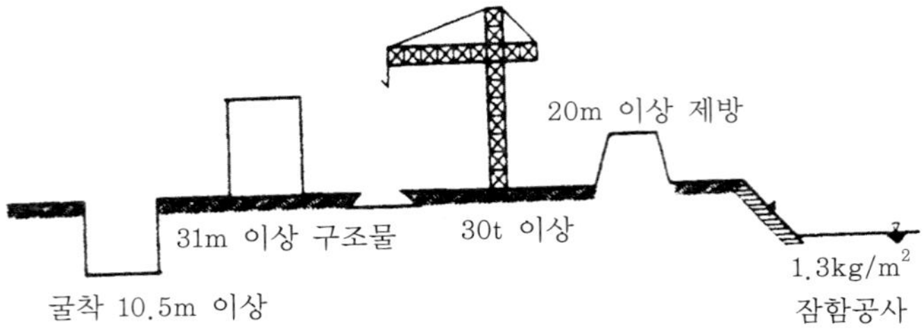

그림 1-39 유해 · 위험방지계획서 작성 대상

3) 전기 및 화재안전 계획

① 과부하방지－충분한 전력용량 확보

② 누전차단기－감전사고 예방

③ 용접－불똥으로 인한 화재방지

④ gas 탐지기 및 환기설비 설치

⑤ 유류, 가스저장고－출입제한 및 잠금장치

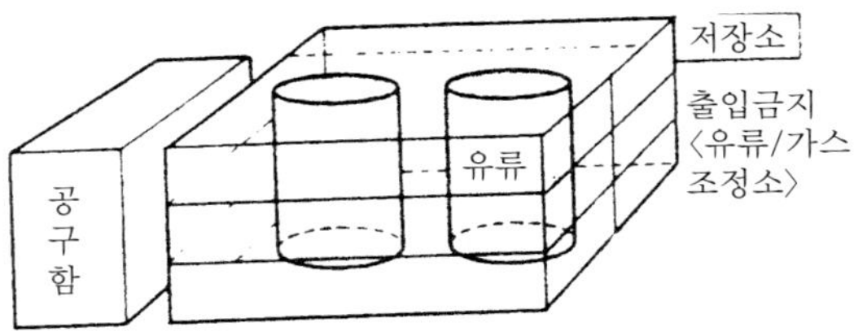

그림 1-40 가스, 유류, 감전관리

5.4 안전시설물 계획

1) 가시설물 안전

① 가설비계

－ 수직이동－트랩, 사다리, 철골계단 사용

－ 수평이동－철골보에 잔교 설치

－ 가능한 무비계공법을 적용하고, 강구조 가설재를 사용한다.

② 작업용 발판

－ 용접접합부, 볼트접합을 위한 달비계 사용

－ 안전발판이나 작업발판은 내구성이 있는 강재로 한다.

③ 작업통로 설치

－ 자재를 가지고 운반 가능하도록 충분한 공간 확보

－ 통로에는 난간지주를 1.1m 높이 이상 설치

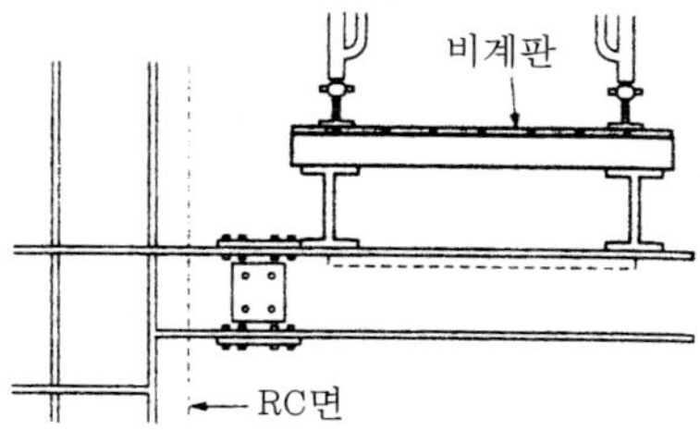

그림 1-41 작업발판 설치도

2) 현장작업 시 추락, 비래, 낙하 대책

① E/V pit 개구부 특별관리 대책

㉠ 매층마다 추락방지망 설치

㉡ 난간지주는 1.1m 이상이 적당하다.

② 추락방지 대책

㉠ 개구부 덮개 설치

㉡ 안전난간대 및 철골 안전망

③ 비래, 낙하방지 대책

㉠ 낙하물 방지망 및 수직보호망

㉡ 공구 및 자재의 비래방지

④ 철골작업시

㉠ 철골 안전망 설치－각 절마다

㉡ 잔교설치(수평이동) 및 trap(수직이동) 설치

그림 1-42 EV 추락

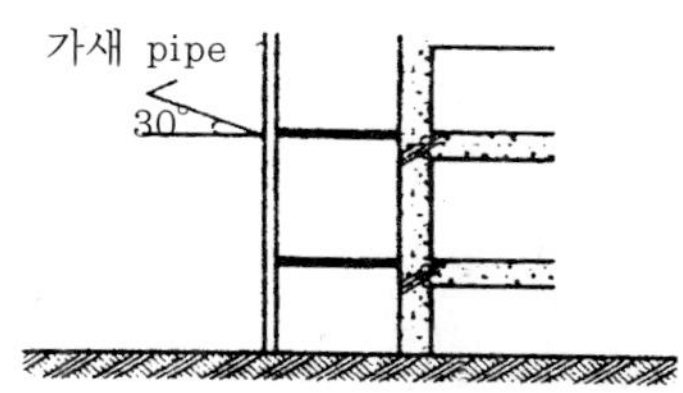

그림 1-43 비래, 낙하방지

3) 지반 및 거푸집 붕괴 대책

① 지하굴착시 붕괴대책

㉠ 주변 지반 및 구조물 침하보강

－ 지하수 차수보강 및 흙막이 안전 대책

－ underpinning 보강공사

㉡ 지하 터파기시 토사 붕괴 대책

－ 흙파기 경사도 및 흙막이 안전 시설

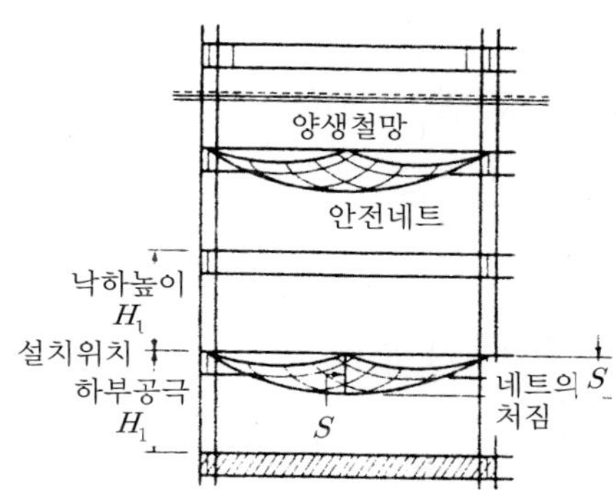

그림 1-44 철골공사 낙하물 방지망

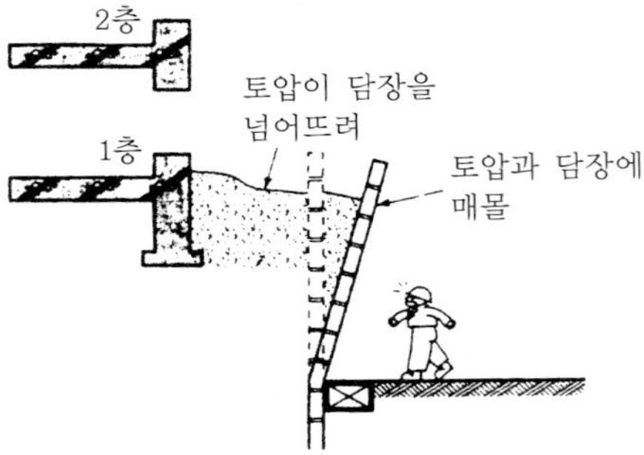

그림 1-45 흙막이 붕괴사고

② 콘크리트 타설시 slab 붕괴사고 대책

㉠ support 수직도 및 수평가새 고정

㉡ 거푸집 및 지주의 침하방지

㉢ 콘크리트 타설시 집중하중 방지

그림 1-46 슬래브 붕괴 사고

4) 양중장비 안전대책

① T/C

㉠ 기초시공은 구조검토 후에 실시한다.

㉡ 매월 안전점검을 실시하고, 강풍이나 우천시는 작업을 금지한다.

㉢ 전담 안전담당자를 배치하고, 규정 이상 양중하지 않도록 한다.

② lift

㉠ 리프트 과부하방지 장치를 부착한다.

㉡ 화물용에는 사람이 탑승하지 않도록 한다.

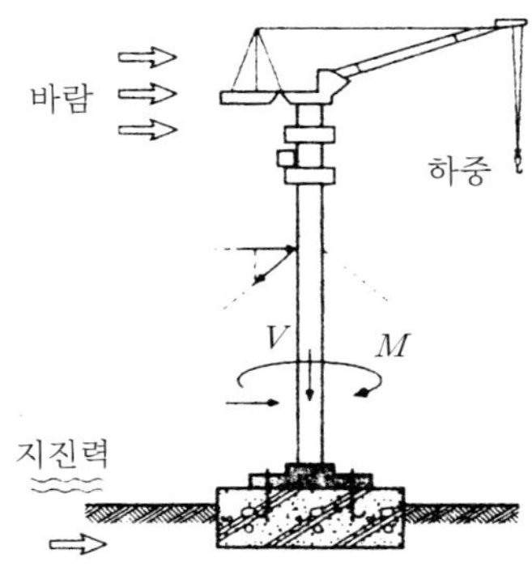

그림 1-47 T/C의 안전

5.5 현장 안전교육 대책

1) 안전교육

① tool box meeting

작업시작 전 · 후 5분간 / 각 작업분임조 별도 실시

② 정기교육, 특별교육, 수시교육

– 작업변경이나 인원변경시 충분한 사전 교육실시

– 장비사용 교육, 현장 및 작업 특성교육

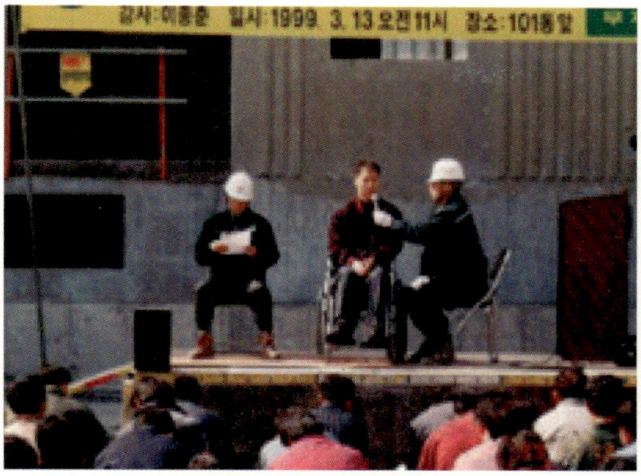

그림 1-48 건설현장 재해자 초청 안전교육

그림 1-49 건설현장 기능공 안전교육 모습

2) 안전관리비 사용

① 산정 기준

- 5억 원 미만 대상 공사액의 2.48%
- 5~50억 원 미만 : 1.81%+3,294000원
- 50억 원 이상 : 2.02%

② 사용 항목

- 안전시설비 등 8개 항목

3) 현장안전실무 교육

(1) 무재해 목표달성(노동부) 기준

표 1-25 무재해 목표달성 시간 기준(고용노동부)

공사규모 / 공사종류	50억 원 미만	50억 원 이상 100억 원 미만	100억 원 이상 300억 원 미만	300억 원 이상
건축공사	15만 시간	30만 시간	50만 시간	100만 시간
토목공사	10만 시간	20만 시간	35만 시간	70만 시간

(2) 안전보건교육

표 1-26 안전보건교육 이수 시간

구분 / 대상	근로자
신규채용	1시간 이상
정기안전교육	매월 2시간 이상
작업내용변경 시	1시간 이상
특별교육	2시간 이상
* 관리감독자교육은 현장소장이나 노동부 · 공단 등의 외부강사 초빙(연간 16시간 이상)	

그림 1-50 건설현장 종합안전 게시판

그림 1-51 작업시작 전 안전교육

(3) T.B.M 교육

① T.B.M(Tool Box Meeting)이란 작업자가 작업현장에서 작업 전에 그날 할 작업량과 작업순서, 지시사항, 작업자의 마음준비를 위한 안전교육을 말한다.

② T.B.M이란 작업현장 직전에 Meeting하는 것을 약칭해서 도구상자 집회라고도 한다.

(4) 안전보건경영 시스템(KOSHA 18001 시스템)

① KOSHA 18001 시스템이란 한국산업안전보건공단에서 만든 안전보건경영 시스템을 말한다.

② 안전작업경영 4단계 사이클 Plan → Do → Check → Action의 현장 작업안전관리를 위한 실행시스템이다.

6. 건설 클레임

6.1 개요

① 건설공사에서 클레임(claim)이란 발주자와 도급자가 계약완료 후 공사진행과정에서 변경된 사항에 대한 상호권리를 주장하는 행위로서 의견의 불일치 상태를 말하는 것이다.
② 클레임(claim)의 발생 유형으로는 공기지연, 작업범위, 공기촉진, 현장조건 상이, 공사비 지불지연, 계약파기, 자재공급지연 등을 들 수 있다.

6.2 클레임(claim)의 발생 유형

1) 공기지연에 의한 클레임
① 계약기간 내에 공사를 완료할 수 없을 때 발생
② 도급자의 자재조달 지연, 작업지시의 지연으로 발생
③ 도급자의 착공지연, 작업지연
④ 기타 주변 민원에 의한 지연
⑤ 전체 클레임의 대부분이 이에 의해 발생됨

2) 공사범위(한계)에 의한 클레임
① 계약서상 범위 이외의 작업수행 요구시 발생
② 공사 전반에 걸쳐 발생되며, 작업한계의 보호성 때문에 발생
③ 도급자의 설계변경 요구에 의해 발생
④ 발주자의 무리한 작업요구시에 발생

3) 공기촉진에 의한 클레임
① 발주자에 의한 계획공기보다 단축할 것을 요구시 발생
② 발주자의 사업성 요구에 의해 주로 발생
③ 공기단축을 위해 투입된 인력, 장비, 자재에 대한 도급자의 요구시 발생

4) 현장조건 상이에 의한 클레임
① 설계도서상 내용과 실제 현장조건 차이에서 발생하는 클레임
② 지하굴착 공사시 암발생 및 폐기물 매립시 등

③ 주변공사 민원에 의한 공사지연시

5) 발주자의 공사비 지불 지연에 의한 클레임

① 발주자의 공사비 지불능력 상실시

② 어음 지불기간이 길고, 현금 미지급시

6) 계약파기에 의한 클레임

① 발주자의 일방적인 계약파기시

② 도급자의 공사수행 불가능 상황 발생시

7) 주변 민원에 의한 착공지연시

8) 감리범위에 의한 클레임

① 발주기관(감독)과 감리와의 업무 범위 마찰

② CM 기관과 책임감리와의 업무 범위

9) 설계, 시공, 분리, 발주에 따른 책임한계 클레임

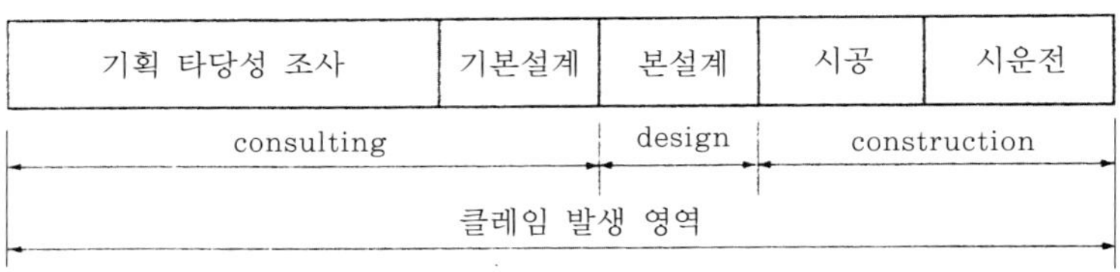

그림 1-52 클레임 발생영역

6.3 클레임의 문제점

① 국내 현황 및 문제점

㉠ 사회 인식적 문제

– 클레임에 대한 인식 잘못(불평으로 인식)

– 과거의 관행적 습관으로 치부

㉡ 계약제도적 문제

– 발주자 위주의 불평등 계약관행

– 국제 표준계약과 비교시 불평등

㉢ 관리, 기술적 문제

- 시공 위주의 도급관행
- 계획성 있는 공사관행 및 절차
- 클레임 발생시 해결기구 부재

② 국제적 문제점

㉠ 계약서류의 비국제화 문제

㉡ 관행에 의한 도급자 불평등 문제

㉢ 시공 위주로 인한 engineering 능력 부족

㉣ 클레임 경험 부족과 분쟁해결 기구 부적절

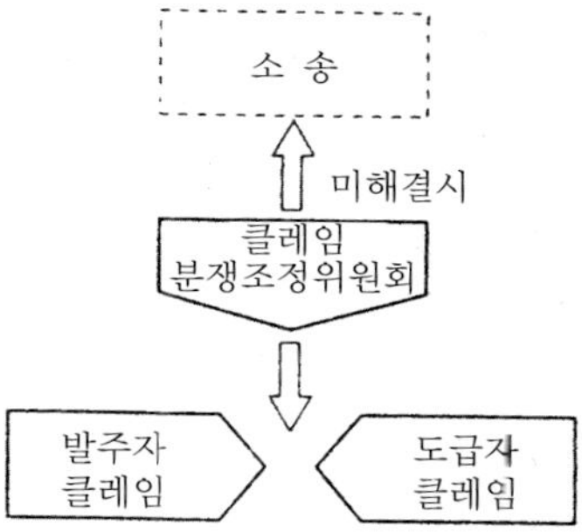

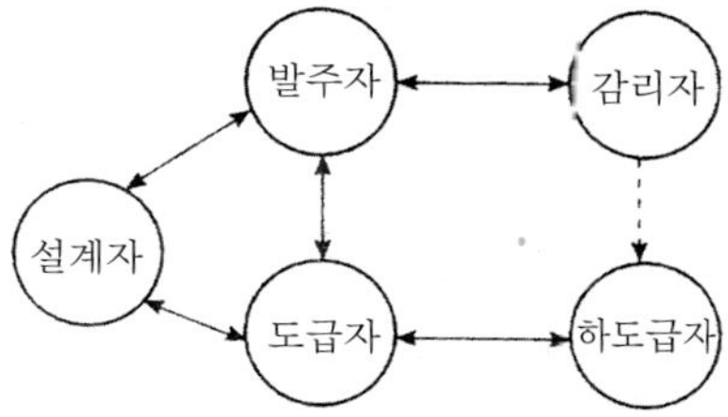

그림 1-53 클레임 발생의 상호관계

6.4 클레임의 대응방안

① 국내 클레임 방안

㉠ 공사착수 전 대책

- 합리적인 계약서 작성(발주자, 도급자 상호 평등)
- 자재공급, 노무 등의 수급을 포함한 공사계획 및 관리 철저
- 계약서, 설계도, 시방서 등의 사전에 충분한 검토 보완

㉡ 공사진행 시 대책

- 공사진행 과정의 작업일지, 사진, 문서발송, 회의록 등의 문서화 유지
- 설계, 시공관리에 따른 책임한계 명확
- 설비정산도급제도로 공사비 지불시 클레임 해소 방안 마련

② 국제 클레임 대책

㉠ 공사계약 관련서류의 국제화

㉡ 각종 인·허가에 대한 법령 검토 및 단순화

㉢ 지자체별 발주기관의 능력 배양

㉣ 장기적 사업 master plan에 의한 체계적 발주계획

㉤ 설계 및 engineering 능력 배양

③ 분쟁해결 기구의 활성화

㉠ 분쟁해결 절차

협 상 → 조 정 → 중 재 → 소 송 → 클레임 철회

㉡ 분쟁해결 기구의 전문화

㉢ 분쟁조정위원회 구성 설치

④ 건설업체의 클레임 대응방안

㉠ EC화에 의한 engineering 능력 배양

- 기획, 설계, 시공의 종합 수행 능력 배양
- 시공 위주의 도급관행 지양
- 전문하도 계열화 방안 추진
- 종합건설 면허 제도화

㉡ CM화에 의한 시공관리

- 기획, 설계, 시공, 유지관리의 종합적 시공관리
- CM 전문가 교육 및 육성
- 외국업체와의 CM, JV 시행

2
Chapter

건축 시공계획 NCS 적용 기준과 "사례현장" 개요

제1절 건축시공 NCS와 본 저서 구성의 특징

1. NCS란?

1.1 NCS 개념

① NCS(National Competency Standard)란 국가직무능력 표준을 말하는 것으로서 산업현장의 변화요구에 부응할 수 있는 인력을 체계적으로 양성하기 위해 직무 수행에 필요한 지식, 기술, 소양 등의 내용을 국가적 차원에서 산업부문별, 수준별로 체계화하여 직무능력을 표준화한 것을 말한다. NCS는 국가 주도로 〈한국산업인력관리공단〉에서 국가직무능력표준 학습 모듈을 개발하여 추진하고 있다.

② NCS는 산업현장에서 실제 직무 수행에 필요한 직무교육훈련 과정, 교재개발 등에 활용되어 산업수요 맞춤형 인력양성에 기여하는 것은 물론 직무와 연관되지 않은 학력, 외국어 성적 등의 불필요한 스펙을 쌓기보다는 실무적인 직무능력으로 평가하기 위해 국가차원에서 마련한 국가직무능력 표준평가기준을 말한다.

1.2 NCS 분류 기준

① 〈한국산업인력관리공단〉의 NCS 직무능력 분류는 직무수행 능력과 직업기초 능력으로 구분할 수 있으며, 직무수행능력은 다시 필수작업능력, 선택작업능력, 그리고 산업공통작업 능력으로 나눌 수 있다.
그리고 기초 직업능력은 직종이나 직업에 상관없이 모든 직무 분야에서 공통적으로 필요한 능력을 말한다.

② 〈한국산업인력관리공단〉의 NCS 직무능력 분류는 대분류, 중분류, 소분류, 세분류로 나누고 있으며, 그 내용은 다음과 같다.

㉠ 대분류 : 24개 항목
01. 사업관리, 02. 경영, 회계, 사무, 03. 금융, 보험, 04. 교육, 자연, 사회과학
05. 법률, 경찰, 소방, 교도, 국방, 06. 보건, 의료, 07. 사회복지, 종교,
08. 문화 · 예술, 디자인, 방송, 09. 운전, 운송, 10. 영업판매, 11. 경비, 청소,
12. 이용, 숙박, 여행, 오락, 스포츠, 13. 음식 서비스, 14. 건설, 15. 기계,

16. 재료, 17. 화학, 18. 섬유, 의복, 19. 전기, 전자, 20. 정보통신, 21. 식품가공, 22. 인쇄, 목재, 가구, 공예, 23. 환경 에너지, 안전, 24. 농림어업 등이다.

ⓛ 중분류 : 77개 항목

ⓒ 소분류 : 226개 항목

ⓡ 세분류 : 856개 항목

2. 건축시공 NCS 소분류 기준 모듈

2.1 건축시공 NCS 세분류 기준

건설기술진흥법 시행령에서 건설기술자의 범위는 건설기술자 역량지수에 따라 건설기술자의 등급을 초급기술자, 중급기술자, 고급기술자, 특급기술자로 구분하고 있다.

소분류 건축시공 분야의 NCS(국가직무능력표준) 개발 기준에 따르면 산업현장 직무능력 수준을 세분류로 다음과 같이 분류하고 있다.

01 건축목공사
02 조적, 미장공사
03 방수공사
04 타일, 석공사
05 도장공사
06 철근콘크리트공사
07 창호공사
08 가설공사
09 수장공사
10 단열공사
11 지붕공사
12 해체공사
13 강구조공사

등으로 나눌 수 있으며, 2수준, 3수준, 4수준으로 직무능력 등급을 구분하고 있다.

그러나 본 저서에서는 건축시공 직무능력에서 제외되어 있는 토공사, 기초공사, 총론 부문에 대한 직무내용을 추가하여 국내 건축시공 현실에 맞게 실무 위주로 구성하였다.

2.2 NCS 세분류 및 직무능력 단위 기준

표 2-1 건축시공 NCS(국가직무능력) 단위 분류 기준

자료 : 한국산업인력관리공단 NCS 모듈 분류 기준

대분류	중분류	소분류	세분류	직무능력 단위 표준	능력 코드 No
14 건설	03 건축	02 건축 시공	06 철근 콘크리트 시공	01 철근콘크리트 시공도면 파악	No 140 302 0601-1442
				02 철근콘크리트 시공현장 안전	No 140 302 0602
				03 철근콘크리트 시공계획	
				03-1 거푸집공사 시공계획	
				1) 거푸집공사 시공계획	No 140 302 0603
				2) 거푸집 시공 전 준비 (제작가공 · 조립 · 인원계획)	No 140 302 0604
				3) 거푸집 자재 관리	No 140 302 0605
				4) 거푸집 가공 조립 및 공정계획	No 140 302 0606
				5) 거푸집 조립 설치 및 검사	No 140 302 0607
				03-2 철근공사 시공 계획	
				1) 철근공사 시공 계획	No 140 302 0603
				2) 철근 시공 전 준비 (가공, 배근 · 조립 · 인원계획)	No 140 302 0604
				3) 철근 자재 관리	No 140 302 0605
				4) 철근배근 조립 및 공정계획	No 140 302 0607
				5) 부위별 철근배근 조립 및 검사	No 140 302 0607
				03-3 콘크리트공사 시공 계획	
				1) 콘크리트 시공 전 준비	No 140 302 0603
				2) 콘크리트 시공 전 준비 (타설구획, 장비, 인원계획)	No 140 302 0604
				3) 콘크리트 반입 및 품질 검사	No 140 302 0605
				4) 콘크리트 타설 전 준비	No 140 302 0608
				5) 타설 및 다짐, 양생계획	No 140 302 0609
				6) 양생 후 보수 검사	No 140 302 0610
			08 가설 시공	01 시공 도면 파악	No 140 302 0801-1442
				02 시공 현장 안전	No 140 302 0802
				03 공통가설 계획 수립	No 140 302 0803
				04 비계시공 계획 수립	No 140 302 0804
				05 비계설치	No 140 302 0805
				06 비계검사 점검	No 140 302 0806
				07 비계해체 정리	No 140 302 0807
				08 거푸집 동바리 시공계획	No 140 302 0808
				09 거푸집 동바리 설치	No 140 302 0809
				10 거푸집 동바리 검사	No 140 302 0810
				11 거푸집 동바리 해체 정리	No 140 302 0811
				12 가설안전 시설물 설치 점검 해체	No 140 302 0812

2.3 NCS 직무 수준별 등급 분류 기준

1) 직무 수준별 등급 분류

(1) 2등급 수준 직무내용

① 도면 파악

② 현장 안전 파악

③ 청소 · 보양, 현장 정리

(2) 3등급 수준 직무내용

① 작업 전 준비

② 작업 설치

(3) 4등급 수준 직무내용

① 시공계획 수립

② 시공 준비

③ 시공조립 및 설치 검사

2) NCS 직무 수준별 등급 분류 기준

표 2-2 건축시공 NCS 직무 수준별 등급 분류 기준

자료 : 한국산업인력관리공단 NCS 모듈 분류 기준

세분류 직능수준	01 건축목공시공	02 조적마감시공	03 방수시공	04 타일석공시공	05 건축도장시공	06 철근콘크리트시공	07 창호시공
4수준	· 건축목공시공 계획수립 · 시공준비 · 먹매김 · 구조물 제작 설치 · 검사 하자 보수	· 조적미장공사 시공 계획수립 · 기준 설정 및 규준틀 설치, · 벽돌 쌓기 작업 · 블록 쌓기 작업 · 모서리 및 벽면 · 비드설치, 시멘트 벽미장	· 방수시공 계획 수립 · 바탕처리 · 방수 검사	· 타일석공시공 계획 수립 · 타일붙임 · 석재붙임	· 건축도장시공 계획 수립 · 건축도장시공 검사	· 철근콘크리트 시공 계획 수립	· 창호 시공 계획 수립 · 창호시공 상세도 작성 · 목업(mock up) 시험 · 운반 양중 · 커튼월 설치
3수준	· 바닥 설치 · 벽 설치 · 천장 설치 · 목재창호 제작 설치	· 단열 모르타르바름, · 바닥미장, · 작업준비	· 방수면 보호 · 시멘트 액체 방수 · 규산질계 도포방수 · 시트 방수 · 도막 방수 · 실링 방수	· 작업 준비, · 바탕면 준비 · 검사 보수	· 도포면 바탕 처리 · 콘크리트면 무늬코트 본타일 도장 · 콘크리트 우레탄 에폭시 도장	· 시공 전 준비 · 거푸집 설치 철근가공 조립검사, · 콘크리트 양생 후 검사 보수	· 제작 자재 수급계획 수립 · 준비 · 부재 가공 제작

세분류 직능수준	01 건축목공시공	02 조적마감시공	03 방수시공	04 타일석공시공	05 건축도장시공	06 철근콘크리트시공	07 창호시공
					· 목부 유성페인트 도장 · 목부 래커 도장 철부 유성페인트 도장 · 철부 래커 에나멜페인트 도장 · 석고보드면 도장 · 건축도장시공 보수		· 시공 준비 · 창호 설치 · 유리 설치
2수준	· 건축목공시공 도면파악 · 건축목공시공 현장안전 · 보양 현장 정리	· 조적미장시공 도면파악 · 조적미장시공 현장안전, · 보양 청소	· 방수시공 도면파악 · 방수시공 현장안전	· 타일석공시공 도면파악 · 타일석공시공 현장안전 · 청소 보양	· 건축도장시공 도면파악 · 건축도장시공 현장안전 · 콘크리트면 · 수성 페인트 도장	· 철근콘크리트 시공 도면파악 · 철근콘크리트 시공 현장안전 · 자재관리 · 콘크리트 타설 전 준비, · 콘크리트 타설 양생	· 창호시공 도면파악 · 창호시공 현장안전 · 보양 현장 정리

3. 건축시공 기존 교육과정 및 자격분류 기준

3.1 기존 대학 학력 및 자격분류 기준

표 2-3 건축시공 관련 기존 대학 학력 분류와 교과 내용

중분류	소분류	학과	교육훈련기관	국가기술자격 등급
03 건축	02 건축시공	건축	대학원 박사	건축시공 기술사
		건축	대학원(석사)	
		건축	대학	건축기사
		건축	산업대학	건축기사
		건축	전문대학	산업기사
		건축토목	특성화고등학교	기능사
		건축토목		
		건축		
		건축토목	전문계 고등학교	
		건축		

3.2 국가기술자격 등급 분류 기준

표 2-4 건축시공 관련 국가기술자격 등급 분류 기준

중분류	소분류	등급	종목	학력 분류	직무경력 경로
03 건축	02 건축시공	기술사	건축시공기술사		
		기사	건축기사	4년제 대학교	· 종합건설회사 · 전문건설회사
			건축설비기사		
			실내건축기사		
		산업기사	건축산업기사	전문대학교	· 종합건설회사 · 전문건설회사
			건축목공산업기사		
			건축설비산업기사		
			건축일반시공산업기사		
			실내건축산업기사		

4. 본 저서 건축시공 NCS 적용 구성 특징

4.1 본 저서 건축시공 NCS 모듈 적용

1) 본 저서 건축시공 NCS 모듈 적용이란?

본 저서는 〈한국산업인력관리공단〉의 건축시공 NCS 소분류 13개 모듈의 직무능력 기준을 적용하여 구성하였다. 건축시공 NCS의 직무능력 기준 모듈 적용은 건축시공 직무 분야에서 기본적으로 알아야 할 '건축시공 기본지식 이해편'과 직접 현장 실무에서 반드시 필요한 'NCS 적용 사례현장 실무 이해편'으로 나누어 NCS 모델을 적용 · 구성하였다.

또한 본 저서에서는 건축시공 NCS 소분류 13개 모듈뿐만 아니라 소분류에서 빠져 있는 토공사, 기초공사, 총론 부문에 대한 모듈 내용을 추가하여 구성하였다.

2) 본 저서 건축시공 NCS 적용의 각 장별 구성

(1) 제1절 '건축시공 기본지식 이해편' 구성

건축시공에서 누구나 기본적으로 알아야 할 공사에 대한 개념, 특성, 재료, 공법, 시공시 유의사항 등의 시공 기본지식에 대한 내용 위주로 구성하였다.

(2) 제2절 건축시공 NCS 적용 실무 이해편 구성

건축시공 NCS 기준 모듈에 맞추어 실제 시공 실무에서 필요한 시공 도면검토, 시공계획서 작성, 공정계획표 작성, 인원투입 계획 등의 각 작업 내용을 현장 시공사진과 함께 수록하여 전문기술자도 쉽게 적용할 수 있도록 구성하였다.

(3) 제3절 건축시공 'NCS 적용 사례현장 실무 이해편' 구성

실제 "사례현장"을 모델로 선정하여 공사착공에서 준공에 이르기까지 NCS 적용 시공도면 검토, 시공계획서 작성, 공정계획표 작성, 인원투입 계획에 이르기까지 작업내용을 원도급자(건설회사)와 하도급자(전문공사업체)가 직접 공사 실무에 적용할 수 있도록 구성하였다.

4.2 본 저서 건축시공 NCS 적용 사례현장 내용

본 저서 사례현장 NCS 적용 구성 목차는 제1절은 기본편으로 건축시공 기본지식 이해편으로 구성하였으며, 제2절은 사례현장 실무편으로 시공도면 검토, 시공현장 안전, 시공계획서 작성으로 구성되어 공사착공에서 준공에 이르기까지 원도급자(건설회사)와 하도급자(전문공사업자)가 현장실무에서 직접 적용할 수 있도록 구성하였다. 다음은 가설공사의 NCS 적용 구성 목차 사례를 나타냈다.

표 2-5 가설공사 국가 NCS 기준모듈과 본 저서의 NCS 적용 구성 목차 비교

공종	국가 NCS 모듈 가설공사 구성 목차	본 저서 NCS 적용 가설공사 구성 목차	
가설공사편		기본지식 이해편	제1절 가설공사 시공 기본 지식 이해
			01. 가설공사 개요
			02. 가설공사 분류
			03. 가설공사 계획
			04. 가설공사 종류
			05. 가설비계 종류
			06. 가설동바리 종류
			07. 가설안전시설물 설치 및 해체
	01. 가설시공도면 파악	사례현장 실무편	제2절 가설공사 시공 NCS 적용 "사례현장" 실무
	02. 가설시공현장 안전		01. 사례현장 가설공사 개요
	03. 공통가설계획 수립		02. 가설시공도면 파악
	04. 비계시공계획 수립		03. 가설시공현장 안전
	05. 비계 설치		04. 가설시공계획 수립
	06. 비계검사 점검 및 해체		05. 공통가설공사계획 및 설치
	07. 거푸집 동바리 시공계획		06. 직접가설공사계획 및 설치
	08. 거푸집 동바리 설치 및 검사		07. 가설비계공사계획 및 설치
	09. 거푸집 동바리 해체		08. 가설동바리 설치 및 해체
	10. 가스안전시설물 점검 해체		09. 가설비계 해체 정리

5. 건축시공 NCS 적용 시공계획서 작성 기준 체계

(자료 : 한국산업인력관리공단 NCS 모듈 분류 기준)

5.1 시공도면 파악(No 14030201~13)

1) 기본도면 파악하기

① 해당 공종의 시공 도면 기능과 용도를 파악한다.

② 해당 공종의 시공 도면에서 지시하는 내용을 파악한다.

2) 시공도면 파악하기

① 해당 공종 시공도면을 보고 구조물의 배치도, 평면도, 입면도, 단면도, 상세도를 구분하여 검토한다.

② 해당 공종의 시공도면을 보고 재료의 종류를 구분하고 가공 위치 및 가공방법을 파악한다.

3) 현황 파악하기

① 해당 공종의 시공도면을 보고 현장 여건과 형태를 파악한다.

② 해당 공종의 시공도면을 보고 구조물의 형상과 특이사항을 파악한다.

5.2 시공현장 안전(No 14030201~13)

1) 안전보호구 착용하기

① 안전수칙에 따라 안전보호구를 착용하게 한다.

② 현장시공안전을 위하여 안전시설물들을 파악한다.

2) 안전시설물 설치하기

① 현장시공 안전을 위하여 안전시설물의 종류별 설치 위치, 설치기준을 파악한다.

② 현장시공 안전을 위하여 안전시설물 설치 계획도를 검토하고 숙지한다.

3) 불안전 시설물 개선하기

① 현장시공안전을 위하여 기설치된 시설을 정기점검을 통해 개선시킨다.

② 불안전한 시설물을 조기발견 및 조치할 수 있는 시스템을 갖춘다.

5.3 시공계획서 작성 기준 체계(No 14030201~13)

시공계획서 작성은 실제 사례현장 모델을 선정하여 시공도면 검토에서 시공계획서 작성, 공정계획, 작업 안전 계획 등에 이르기까지 모든 작업내용을 실제 현장 실무를 담당하는 원도급자(건설회사)와 하도급자(전문공사업체)가 직접 시공계획서를 작성할 수 있도록 관리체계가 이루어져야 한다.

1) 시공계획서 작성 개요

① 시공계획서 작성에서 원도급자는 시공관리자인 건설회사를 말하고 하도급자는 전문공사업체를 말하며, 원도급자는 전체 공사에 대한 시공계획서를 작성하고 하도급자는 각 공종에 대한 시공요령서를 작성해야 한다.

② 전체 시공계획서 작성은 원도급자가 감리자의 승인을 받아 시공도에 의거하여 공종별로 전개하고 설계감리자, 시공관리자(원도급자), 전문공사업자(재하도급자)가 각자의 역할을 수행할 수 있도록 작성되어져야 한다.

③ 각 공종별 시공 요령서 작성은 원도급자(시공관리자)와 하도급자(전문공사업자)가 각 작업에 대한 충분한 협의와 검토를 거친 후 하도급자가 직접 작성해야 하며, 시공계획서 작성 관리체계 절차는 표 2-6과 같다.

2) 원도급자(건설회사)의 전체 시공계획서 작성 체계

(1) 원도급자의 시공계획서 작성 체계

- 원도급자의 전체 시공계획서는 전문공사업자에게 그 공사에 대한 전체 개요와 시공담당 공종의 규모와 내용에 대한 관리체계를 알리고 시공요령서 작성을 요구한다.

(2) 설계시방, 요구품질 체계

- 원도급자는 전문공사업자에게 시공관리계획서대로 설계시방에 맞게 요구품질을 실행할 수 있도록 협의하고 지시할 수 있도록 한다.

(3) 채용공법 또는 기본시공법 적용 체계

① 시공관리자측에서 지정하는 공법이 있을 경우에는 하도급자에게 작업방법에 대한 내용을 자세히 전달한다.

② 전문공사업자측에서 좀더 유용한 공법을 제안할 때에는 적극적으로 협의하여 시공계획서에 반영될 수 있도록 검토한다.

표 2-6 시공계획서 작성 관리 체계 절차

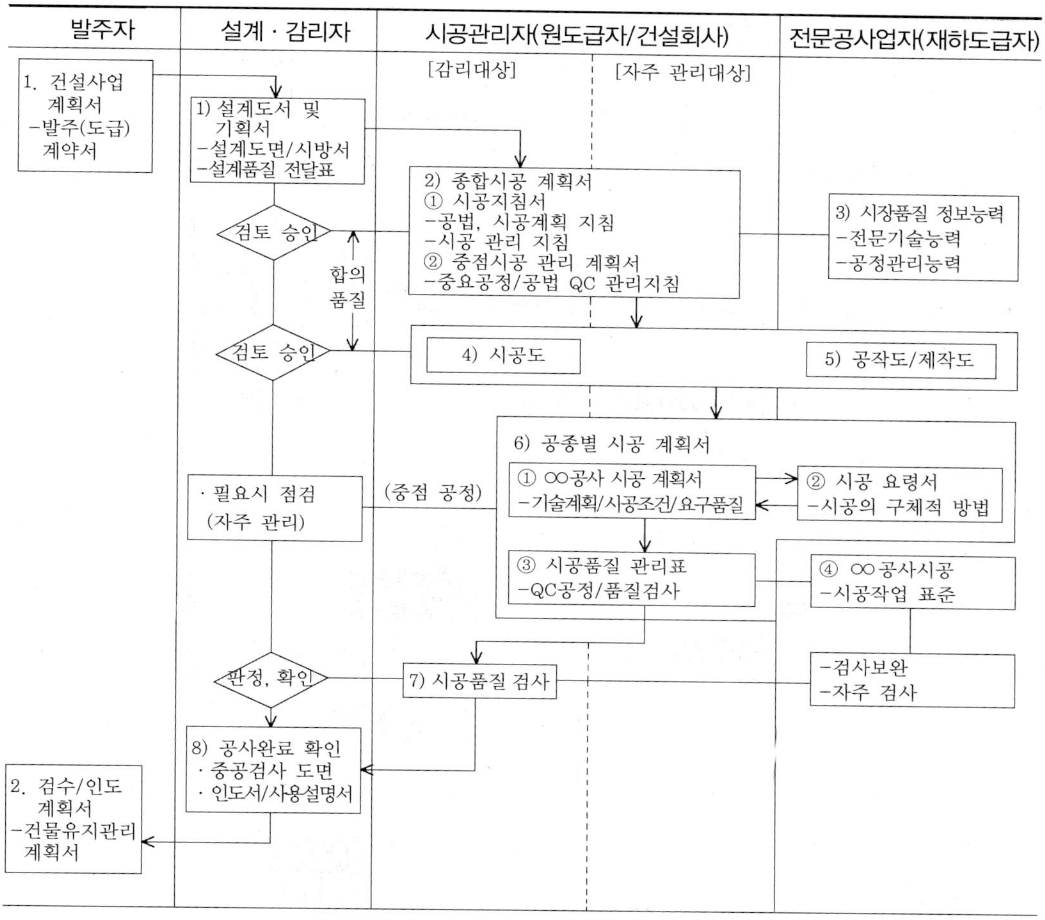

자료 : 건축시공계획 요령서 작성법(건설도서) 참조

주1) 자주검사란?

감리자의 승인을 받지 않아도 되는 일반적으로 표준화된 작업공정은 시공관리자 자체가 시공관리 검사를 하는 것을 말한다.

(4) 시공조건의 검토 체계

① 시공범위 검토

- 계약서에 기초를 두고 해당 공종의 시공범위, 관련 공종과의 접점 등을 확인하고 검토한다.

② 일정계획(공정계획) 검토

- 타 공종과의 관계, 그 공사의 납기에 관한 것을 협의하고 조정한다.

③ 가설계획 검토

– 내 · 외부가설 비계 계획과 양중, 운반계획은 타공정과의 관계를 충분히 협의하여 계획한다.

④ 안전계획 검토

– 시공관리자는 전문공사업자에게 담당 공정에 대한 안전계획수립지시서를 전달한다.

표 2-7 ○○공사 "시공계획서" 작성 내용(원도급자용)

목 차	

1. 공사 개요
  1.1 공사 개요
  1.2 공사 범위
  1.3 공사 내용
2. 요구품질, 설계시방
  2.1 설계도서 검토
  2.2 시공도면 검토
3. 시공조건
  3.1 현장여건
  3.2 공법 선정 사유
4. 현장관리 조직도
  4.1 원도급자 조직도
  4.2 하도급자 조직도
5. 공정계획
  5.1 일정계획
  5.2 인원 투입계획
	5.3 시공 수량산출
	6. 재료 관리
	  6.1 주재료 및 부재료
	  6.2 재료 운반 및 저장
	7. 시공계획
	  7.1 시공 순서
	  7.2 공종별 작업 방법
	    • 제작/조립/설치
	  7.3 공종별 작업 일정
	    • 전문공사업자와 협의
	8. 안전관리계획
	  8.1 안전교육
	  8.2 안전시설물 설치 계획
	9. 환경 공해 대책
	  9.1 주변 공해 대책
	  9.2 폐기물처리 대책

3) 하도급자(전문공사업체)의 공종별 시공요령서 작성 내용

① 전문공사업체의 시공요령서는 원도급자(시공관리자) 측에서 계획하는 부분과 하도급자(전문공사업자) 측면에서 계획하는 부분이 서로 협치될 수 있도록 작성한다.

② 전문공사업자는 시공관리자가 제시한 시공계획서를 보고 그 일정에 맞게 작업과정과 제작방법에 대한 시공요령서를 구체적으로 작성한다.

③ 시공요령서는 동일 시공계획서를 보고 작성하더라도 전문공사업자의 기량에 따라 작업 방법과 전개 과정이 다를 수 있으므로 충분한 검토가 필요하다.

(1) 시공조직표 작성과 작업자 계획

– 시공관리자는 시공계획서에 지정된 기간 안에 공사를 완성할 수 있도록 전문공사업자에게 시공 조직표와 작업자 인원배치계획을 세우도록 지시한다.

(2) 기자재 계획

– 시공관리자는 기자재 계획을 시공능률, 품질, 안전 등을 고려하여 장비 및 기자재에 대한 계획을 세울 수 있도록 한다.

(3) 시공과정과 구체적 작업 방법 제시

① 시공관리자는 주어진 공기와 가설설비 등의 조건에 맞추어 지정된 공법을 어떠한 작업 과정으로 할 것인가에 대한 구체적인 방법을 기재한다.

② 전문공사업자는 지정된 공법 작업에 대해 그림, 그래프, 사진 등으로 표시하여 작업자가 효율적으로 편차 없이 관리할 수 있도록 시공요령서를 작성해야 한다.

(4) 보양 및 정리 정돈

– 시공관리자는 각 공종에 대한 전문공사업자의 작업 범위를 명확하게 지정하여 각자가 자기 공종에 대한 작업의 정리가 될 수 있도록 한다.

(5) 안전관리계획

– 전문공사업자는 자신의 작업자들이 현장작업 시 안전은 물론, 전체 작업장의 안전요원으로 의식을 가질 수 있도록 관리계획을 세워야 한다.

표 2-8 ○○공사 “시공요령서” 작성 내용(하도급자용)

목 차

1. 시공(작업)조직도
   1.1 인원투입계획
   1.2 장비투입계획
2. 일정 계획
   2.1 작업 순서
   2.2 작업 기간
3. 제작 / 가공
   3.1 제작 기간
   3.2 가공 기간
4. 재료 반입 및 운반
   4.1 재료 반입 일정
   4.2 장내 소운반 계획
5. 시공(작업) 계획
   5.1 작업 순서
   5.2 작업 일정
   5.3 작업 방법
6. 정리 정돈 및 검사
   6.1 작업 후 정리 정돈
   6.2 현장 검사
7. 작업 시 안전관리 대책
   7.1 작업자 안전교육
   7.2 안전시설물 안전 조치
8. 환경, 공해 대책
   8.1 작업 부산물 정돈
   8.2 폐기물 처리

제2절 건축시공 NCS 적용 시공계획서 작성 기준

1. 시공계획서 작성 기준 내용(No 14030201~13)

1.1 시공계획 개요

1) 시공계획의 정의

공사계획서는 설계도서에 기초하여 요구품질의 건축물을 건축하기 위하여 시공방법을 결정하기 위한 계획을 말한다.

시공계획서는 계획된 건축물을 소정의 공사기간내에 최소의 비용으로 최적의 품질로 시공할 수 있는 조건과 방법을 만들어 내기 위한 목적이다.

2) 시공계획 수립의 Flow

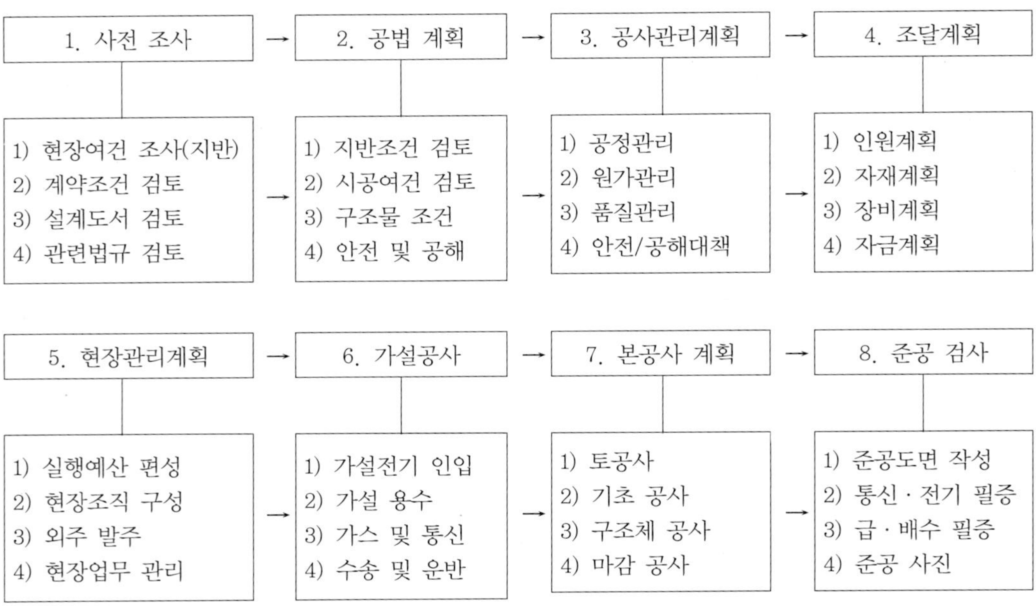

3) 시공계획 수립 절차도

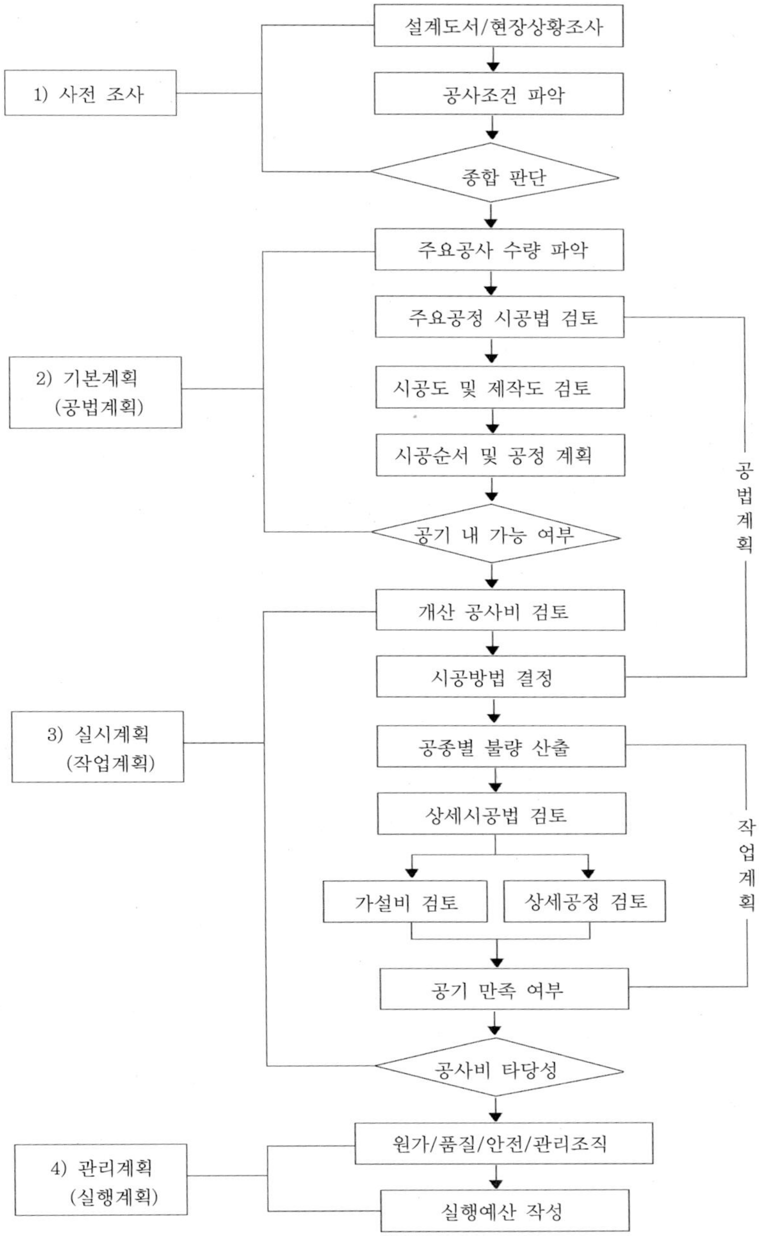

그림 2-1 시공계획 수립 절차도

1.2 시공계획 수립과 절차

1) 사전조사 및 준비

(1) 사전조사

① 시공계획 수립을 위해서는 먼저 현장 관리 조직을 구성해야 한다.

② 시공계획을 입안하기에 앞서 공사계약조건, 현장여건 등을 검토하기 위해 사전조사한다.

③ 부지현황 조사 : 주변여건/지상장애물/지중매설물 등을 조사한다.

(2) 시공계획 전 준비

① 공사계약서 확인

② 설계도서 확인

③ 설계도면/시방서/측량서 등

④ 관련 법규 확인

건축기준법/소방법/산업안전보건법/소음, 진동규제법/도로교통법/하수도법/폐기물처리법 등

2) 기본계획(공법계획)

(1) 기본계획 개념

① 사전조사 결과를 근거로 주요 공정의 시공법, 개략공정, 시공안전 및 환경대책 등에 대한 기본적인 계획을 비교·검토하여 가장 경제적이고 효율적인 시공계획을 선정하기 위한 것을 기본계획이라고 한다.

② 기본계획에는 공법 선정 계획이 포함되며 기본계획결과를 토대로 각 작업을 분담하여 상세계획을 검토한다.

(2) 기본계획의 일반적인 내용

① 공사개요

② 요약 공정계획

③ 종합가설계획

④ 주요공법 및 선정 사유

⑤ 주요문제점 및 대책

3) 실시계획(작업계획)

(1) 실시계획 개념

실시계획이란 공사의 시공방법을 보다 구체적으로 세부사항까지 검토하는 것을 말하며, 공사의 원활한 진행을 위한 상세 공정표 및 자재, 인력, 장비, 가설계획을 작성하는 것으로서 구체적인 대책이 필요하며 충분한 시간을 가지고 작성한다.

(2) 실시계획 내용

① 실시계획은 부지현황조사, 일반가설계획, 지하공사계획, 구체공사계획, 마감공사계획의 범위로 나누며 공종별 작업계획이 포함된다.

② 만약 실시 계획 검토결과가 미흡한 점이 발견된다면 기본계획 단계로 돌아가 재검토해야 한다.

4) 관리계획

관리계획은 사전조사, 기본계획, 상세계획 과정을 통해 입안된 시공계획을 실행하기 위한 것으로 현장조직, 자재수급, 안전계획 등의 시공관리를 위한 조달, 자금 등의 관리계획을 말한다.

1.3 시공계획서 작성 기준

시공계획서 작성내용은 일반적으로 그 공사에 대한 전체 개요와 계약조건, 설계도서 검토와 현장여건 등을 고려하여 각 공종별 시공계획서를 작성해야 한다.

시공계획서는 원도급자(시공관리자)와 하도급자(전문공사업자)가 충분한 협의를 거쳐 각자의 역할을 수행할 수 있도록 작성해야 한다.

1) 계약서 검토

(1) 계약서 확인

① 계약공기 확인
② 공사범위 확인
③ 작업시간 확인
④ 지중장애물 유무 확인
⑤ 착공시 장애요인 확인
⑥ 사전발주 기자재 유무 확인
⑦ 관계법령의 저촉 유무 확인
⑧ 주변과의 민원문제 유무 확인

(2) 공사비 지불방식 확인

① 발주자 지불 시기
② 기성고 청구 시기

③ 협력업체 기성 지불 시기

(3) 현장설명서 확인

① 현장설명서 내용

② 견적조건

③ 발주자 지정 사항(지급자재 · 지정재료 · 공법 등)

2) 공사개요 작성

① 공사명과 공사 위치

② 건축물의 사용목적과 용도

③ 공사규모

건축연면적/건축면적/층수/층고/지하층 깊이 등

④ 주요 공종 공사 자재 수량 및 지급자재 등

⑤ 주요 구체의 강도, 기초방식, 토질성상 등

⑥ 내 · 외장 마감재, 특수재료, 토질성상 등

⑦ 건축설비, 전기 자재 및 시스템

⑧ 발주자, 설계자, 감리자, 시공자 등

3) 설계도서 검토

(1) 가설공사계획 검토

① 종합가설계획도 작성

② 외부 및 내부 비계 검토

③ 양중장비계획 검토

(2) 기초공사 도면 검토

① 기초형상 · 심도 · 지반의 제성질 · 지하수위 등

② 말뚝 종류 · 길이 · 직경 · 수량 · 시공방법, 공해문제 발생의 확인 등

(3) 지하공사 도면 검토

① 지하면적 · 형상 · 심도 · 토질 · 지하수위 · 굴삭 · 잔토량 검토

② 흙막이벽 · 배수공법의 지정 유무 · 인지경계선 · 인접장애물과의 거리

③ 지하외벽의 방수 종별 · 시공방식 등

(4) 구체공사 도면, 구조계산서 검토

① 주요구조재료 · 가설재료(종류 · 수량)

② 철골부재의 접합위치 · 접합방법 · 중량 · 강성
③ 거푸집 · 철근종류 · 접합방법
④ 콘크리트 설계기준강도 · 혼화재 · 첨가재의 지정 유무

(5) 마감공사 도면 검토
① 외장마감재 · 시공방법(외부비계 필요 여부)의 지정 유무
② 부위별 마감재(습식 · 건식)
③ 특별주문품 유무 · 제작기간
④ 천장 높이 · 방수공사 종류

(6) 시방서(공통 · 특기) 검토
재료 · 시공법 · 성능 · 제품 정도 · 검사기준 등의 이해

4) 현장(공사)여건 조사

① 현 부지의 경계, 고저차, 면적, 방위 등을 조사한다.
② 부지 내 지중 및 지상 장애물, 문화재, 수목 등을 조사한다.
③ 지반조사 및 부지인접도로와 하천, 인접건물 등을 조사한다.
④ 가설 전력 용수(수도 지하수) 사정을 조사한다.
⑤ 주변 공해(소음, 진동, 분진) 관계를 조사한다.

5) 공종별 시공계획 주요 내용

(1) 공종별 시공계획 개요
① 원도급자 및 하도급자 시공관리 조직
② 공종별 요구품질과 설계시방
③ 채용공법 및 기본 시공법
④ 각 공종별 시공내용 파악
㉠ 시공 범위, ㉡ 일정계획, ㉢ 안전계획

(2) 공정관리계획
① 착공일, 준공일
② 작업가능일수 : 공사기간
③ 주요공정, 기본공정일수 산정
터파기공사/지하공사/기초공사/구체공사/마감공사 등
④ 작업 불가능 일수 검토
우기, 혹서기 및 혹한 기간, 태풍, 공휴일 등

⑤ 공사예정 공정표 작성

(3) 품질관리계획

① 사용자재 품질 검사계획

② 재료 반입 및 보관 품질관리

③ 시공 및 공법, 작업에 대한 품질관리

④ 작업 완료 후 유지 · 보수 품질관리

⑤ 작업기능도에 대한 품질관리 등

(4) 안전관리계획

① 개인 안전보호구 착용과 안전교육

② 현장 안전시설의 설치 계획

③ 불안전 시설물 설치하기

④ 장비 및 공구사용 안전

⑤ 현장 주변 안전요원 배치 등

(5) 환경관리계획

① 주변 소음 · 진동 환경관리

② 주변 분진 · 비산 환경관리

③ 주변 지반 및 건물 피해 관리

④ 폐수 · 폐기물처리 관리

(6) 자재 반입 및 관리계획

① 현장 사용자재 총수량 파악

② 현장 작업 공정에 맞게 투입시기 결정

③ 공장제작 수량과 현장제작 수량의 파악 관리

④ 현장 자재 반입 및 보관관리

⑤ 자재 전용률 및 손율 검토

(7) 인력투입계획

① 전체 작업 물량 산출 파악과 전체 인원 투입계획

② 부위별, 층별 물량 산출과 작업인원 투입계획

③ 작업량과 작업 부위별 시공 정도를 고려하여 작업팀과 투입인원계획

④ 장비소요대수와 작업인원 투입 결정

⑤ 숙련공과 보조원 인원 투입계획

(8) 장비투입계획

① 장비설치 소요대수와 종류 파악

② 대형 장비와 소형 장비 구분계획

③ 수평이동장비와 수직이동 장비 계획

④ 고정식 장비와 이동식 장비 배치계획

⑤ 장비 반입로와 소요 위치 및 배치계획

2. 공종별 시공계획서 작성 내용

2.1 공종별 시공계획도 작성 내용

1) 가설공사 계획도

① 종합가설 계획도

② 외부비계 계획도

③ 양중비계 설비계획도

④ 근린 공해 계획도

⑤ 전기 · 설비 계획도

2) 지하공사 계획도

① 터파기 및 흙막이 계획도

② 말뚝공사 계획도

③ 지하수배수 계획도

3) 구체공사 계획도

① 거푸집 공사 제작 및 설치계획도

② 철근 배근 및 조립 공사계획도

③ 콘크리트공사 타설계획도

④ 철골공사 제작 및 조립 설치계획도

4) 마감공사 계획도

① 외장마감공사 계획도

② 내장마감공사 계획도

5) 토목, 조경, 설비 및 기타 공사 계획도

2.2 가설공사 시공계획서 작성 내용

가설공사는 본 공사를 지원하기 위한 임시 설비공사로서 공사 전반에 걸쳐 공정, 원가, 품질, 안전 등에 큰 영향을 미치는 공사이다.

가설공사는 대부분 공사 초기에 설치하지만 마감공사 시까지 영향을 미치므로 사전에 충분한 검토가 필요한 공사 부분이다.

1) 설계도서 검토 내용

① 설계도, 시방서 계약서 검토

② 대지경계 측량 및 기준점 확인

2) 부지현황 조사

3) 가설시공 계획 내용

① 본 공사에 필요한 가시설 공종 검토
  –토공사, 기초공사, 골조공사, 내 · 외부 마감공사 등

② 가설 시설물 검토
  –현장 사무실/감독관 사무실/작업자 사무실/창고 등

③ 자재 보관 장소

④ 장비 배치 계획
  –타워크레인, 이동식 장비 등

⑤ 가설 전기 및 가설 용수

2.3 지하 및 기초공사 시공계획서 작성 내용

지하공사의 범위는 터파기공사 및 흙막이공사, 기초 및 지정공사를 포함한다.

지하공사에서는 지중장애물, 지하배관, 지하수 · 암반 · 매립물 · 문화재 등의 예측할 수 없는 문제가 발생할 수 있고, 지상장애물 또한 철거 시 민원발생은 물론 해결에 많은 시간이 소요될 수 있어 사전에 충분한 검토가 필요하다.

1) 지하터파기 및 흙막이공사

(1) 설계도서 검토

① 지하터파기 및 흙막이 설계 내용 검토

- 토질주상도, 기초지정 · 지하수 배수 등 지하매립물 유무

② 터파기 및 흙막이공법 설계 및 시방서 검토

- 지하굴착 심도(깊이)
- 기초 형상, 깊이
- 지층의 구성, 토질, 지하수위

(2) 사전조사

① 주변 여건조사

② 지상 및 지중 장애물 조사

③ 지반상태 조사

(3) 터파기 및 흙막이공법 선정

① 지질상태, 지하수 유무, 굴착깊이

② 현장시공 여건을 고려하여 경제성, 안전성을 고려하여 선정

(4) 굴착계획

① 지보공 설치방법

② 터파기 장비 선정

2) 지정 및 기초공사

기초공사는 터파기 작업과 말뚝공사 작업이 끝나면 지내력시험을 통해 지지력을 확인한 후 지정 및 기초공사를 한다.

(1) 지정(말뚝)공사계획

- 기성 콘크리트 말뚝공사는 주변 소음진동계획 ; 천공/항타, 압입 등
- 현장타설 말뚝공사는 주변 소음과 폐수처리계획 천공/콘크리트 타설/안정액 폐수처리 등

(2) 기초공사계획

- 기초의 종류(독립 줄기초, 매트기초)에 따라 안전성, 작업성, 공기 및 비용 등을 감안하여 시공계획을 세운다.
- 기초시공시 부동침하와 지하수에 따른 부상 대책을 세운다.

2.4 구조체공사 시공계획서 작성 내용

구조체공사는 거푸집, 철근, 콘크리트공사를 말하는 것으로서 골조공사라고도 하며, 전체공사의 중심이 되는 공정이고 원가 또한 가장 많이 투입되는 중요한 공사이다.

구조체공사의 시공계획이 어떻게 잘 진행되느냐에 따라 마감공사의 공정에 영향을 주게 되므로 사전에 충분한 검토가 필요한 공사 부문이다.

1) 거푸집공사 시공계획

거푸집공사 시공계획은 구조체의 형태와 규모에 따라 얼마나 적절한 거푸집공법이 선정되었느냐에 따라 시공계획이 달라 질 수 있다.

거푸집공사는 일반적으로 지하층과 1층, 지붕층을 제외하고는 기준층의 반복 공정에 따른 거푸집의 전용계획을 어떻게 세울 것인지가 매우 중요하다.

(1) 지하층과 1층 공정계획

- 지하층 거푸집공사는 흙막이공사와의 공정연계가 중요하고 일반적으로 지하층 거푸집 자재는 한 번 쓰는 경우가 많으므로 재고 거푸집재를 주로 사용한다.
- 1층 거푸집공사는 기준층 보다는 작업시간이 약 30~40% 정도 더 소요되며, 기준층 거푸집공사는 구조체공사의 기준이 되는 공사이다.

(2) 기준층 공정계획

- 기준층 거푸집공사는 구조체 공사의 주요공정으로써 기준층 1개 층을 몇 일 내에 완료하는가에 따라 전체 공사기간에 영향을 미치므로 거푸집 전용 계획이 매우 중요하다.
- 아파트의 경우 기준층 공정 작업기간은 일반적으로 7일~8일 정도이며, 일반 건축물의 경우는 규모에 따라 다를 수 있으나 10일~15일 정도 된다.

그림 2-2 골조공사 기준층 기본 공정표

(3) 시공계획시 검토사항

- 거푸집 공법 선정
- 내 · 외부 거푸집 인양 계획
- 코어 갱폼 인양 방법
- 타워 크레인 사용 시간

(4) 거푸집 전용 계획

- 구조체 거푸집공사에서 기준층의 거푸집 전용계획은 전체 공정과 공사비에 미치는 영향이 크기 때문에 품질에 손상을 주지 않는 범위 내에서는 최대한 전용될 수 있도록 해야 한다.
- 거푸집 전용 계획 수립 시 검토사항
  ㉠ 거푸집공법 종류, ㉡ 거푸집 전용 회수, ㉢ 거푸집 존치기간

(5) 거푸집 존치기간

- 거푸집 존치기간은 거푸집 전용성과 직결됨과 동시에 콘크리트 압축강도에 영향을 미치므로 양생 시 평균기온에 따른 기준으로 결정한다.
- 건축표준시방서를 기준으로 현장여건에 맞게 결정해야 한다.

(6) 거푸집 해체 및 동바리 바꾸어 세우기

- 거푸집 해체는 콘크리트 압축강도에 큰 영향을 미치므로 해체시 과도한 충격이나 변형이 생기지 않도록 시공계획을 세워야 한다.
- 슬래브의 동바리 바꾸어 세우기는 전용성도 필요하지만 시방서 기준에 따라야 한다.

2) 철근공사 시공계획

(1) 설계도서 검토

- 구조설계 도면을 검토하여 기초, 지중보, 기둥, 벽, 보, 슬래브에 대한 철근배근 도면을 검토한다.
- 층별 구조체 도면에서 지하층, 1층, 기준층, 지붕층 철근배근 도면을 검토한다.
- 철근가공 제작 도면에 대한 검토가 필요하다.

(2) 철근 배근도 작성(Bar List)

- 기초 철근 배근과 층별 기둥, 벽, 보, 슬래브 철근 배근도를 작성한다.

(3) 철근 가공 및 조립계획

- 철근 절단 및 가공
- 철근 이음 및 정착, 피복두께
- 기초, 기둥, 벽, 보 슬래브 조립계획

(4) 철근 조립 검사

3) 콘크리트공사 시공계획

콘크리트 타설공사 시공계획은 먼저 공사 전체의 타설 총 수량과 부위별 타설 수량을 검토한 후 타설계획을 세워야 한다.

그리고 기초와 지하층의 콘크리트 수량은 양이 많고 타설작업은 쉬운 반면 기준층은 상부 고층으로 올라갈수록 타설량은 줄어들고 고소 타설 작업으로 어렵기 때문에 이런 문제들을 감안하여 타설계획을 세워야 한다. 콘크리트 타설계획은 1일 타설량과 투입인원, 타설장비 등을 감안하여 계획을 세워야 한다.

(1) 설계도서 검토

- 구조부위별 설계기준 강도 확인
  기초, 지하층, 지상층, 지붕층 등
- 구조부위별 부재두께 확인
- 콘크리트 이어치기 설계

(2) 콘크리트 타설 시공계획

- 1일 층 타설량 및 타설 순서
- 인원 투입계획
- 타설장비 공급능력과 배치
- 타설구획과 시공이음 위치
- 양생방법 등

2.5 철골공사 시공계획서 작성 내용

철골공사 시공계획은 공장제작 공정과 현장 세우기(조립) 공정으로 나눌 수 있으며, 공장에서 대부분 제작하여 현장에서는 조립설치만 할 수 있도록 계획해야 한다.

철골공사는 공장제작시 품질검사와 현장세우기시 조립 검사가 필요하다.

1) 설계도서 검토

① 철골도면을 검토하여 운반과 현장조립이 용이하도록 철골시공도를 작성한다.
② 각 부위별, 부재별 공작도를 작성한다.
③ 보와 기둥의 접합부와 설비관통 구멍 상세도를 작성한다.

2) 철골 시공계획 수립

① 총 철골수량 파악과 1일 조립량 검토

② 공정제작가공과 현장반입계획

③ 공정계획

  −기준층 또는 1절 철골 조립 사이클 타임 검토

  −타 공사와의 연계성 검토

④ 철골 세우기 장비

  −크레인 종류와 규격 검토

  −1일 조립 시공량

  −장비 배치 및 이동계획

⑤ 현장 세우기 조립 및 접합

  −부재반입과 현장 세우기 공정 검토

  −공구분할과 설치 순서

  −접합방법

⑥ 조립 정밀도 검사

  −허용오차

⑦ 안전관리계획

  −안전시설과 낙하물 방지시설

2.6 마감공사 시공계획서 작성 내용

마감공사 시공계획은 구조체공사가 끝난 후 건축물에 외피를 입히는 공사로 마감자재의 종류에 따라 시공계획이 다를 수 있다.

대표적인 마감공사 종류에는 방수공사 미장공사, 타일공사, 내장목공사, 도장공사, 도배공사, 창호공사 등이 있다.

1) 방수, 미장, 타일공사 시공계획

(1) 설계도면 검토

㉠ 건축마감도면에 각 부위별 마감자재에 대한 검토를 한다.

㉡ 마감재료별 설계품질과 시공방법에 대한 검토가 필요하다.

(2) 시공계획

㉠ 마감공사 시공계획은 일반적으로 1일 작업량과 투입인원에 따라 시공계획이 달라질 수 있다.

㉡ 마감공사 시공계획 순서는 일반적으로 바탕처리, 재료/배합 시공법, 마감 후 보양 양생으로 계획을 한다.

2) 내장 목공사, 도장, 도배 및 기타 공사

(1) 설계도면 검토

방수, 미장, 타일공사와 동일

(2) 시공계획

㉠ 목재, 도배지, 페인트 등은 마감자재 자체의 품질 여부에 따라 시공 품질이 좌우된다.

㉡ 마감작업 기능공들의 작업숙련도에 따라 시공 결과가 달라질 수 있으므로 충분한 사전검토가 필요하다.

㉢ 마감작업 후 양생보양과 청소 등은 시공계획에서 중요하다.

2.7 설비 · 전기공사 시공계획서 작성 내용

1) 설계도면 검토

① 설비 및 전기배관도는 건축 평면도와 단면도를 검토하여 공정간섭이 있는지 검토한다.

② 설비 및 전기 용량 부하에 대한 도면과 시방서 검토가 필요하다.

③ 설비 및 전기배관 슬래브는 골조공사 도면에 표시하여 현장 콘크리트 타설시 빠지지 않도록 한다.

④ 설비 및 전기공사는 준공에 필요한 도면과 서류에 하자가 없도록 사전계획을 세운다.

2) 시공계획

① 설비 · 전기공사 시공계획은 건축공사의 후속공정으로 타 공사와 간섭이 생기지 않도록 Timing을 조절할 수 있도록 계획한다.

② 전기 및 설비공사는 착수 전 설계도서를 바탕으로 충분한 용량계산 및 배관라인을 검토해야 한다.

③ 소방신고 등의 착 · 준공에 필요한 각종 서류를 신고하고 하자가 없도록 지속적인 시공관리가 필요하다.

제3절 건축시공 계획 NCS 적용 "사례현장" 개요

건축 시공계획서 작성 '사례현장편'에서는 건축시공의 NCS 직무능력 단위에 맞게 '실제 사례현장 모델'을 선정하여 적용하였다. 사례현장의 착공에서 준공까지 각 단계별 시공계획 과정을 도면 검토에서부터 시공계획서 작성, 각 공종별 시공 작업에 이르기까지 실제 작업을 시공사진 설명과 함께 알기 쉽게 구성하였다. '사례현장편'의 구성은 구조체편과 마감편으로 나누어서 구성하였다. 구조체편의 '사례현장' 시공계획서 작성은 가설공사, 토공사, 기초공사, 거푸집공사, 철근공사, 콘크리트공사, 철골공사, PC공사 순으로 구성하였다.

1. 사례 현장 전체 공사 개요

사례 대상 현장은 서울시 광진구에 위치한 ○○종합의료 복합단지 신축공사 현장으로 공사규모는 지하 3층~지상 12층 건물로 철근콘크리트(RC)구조이다. 건축물 외부마감은 3종류의 커튼월(석재/알루미늄재/유리재)로 마감되는 고급건물이다. 건물용도는 병동, 입원실, 교육연구실, 기숙사, 창고, 대강당 등이 들어가는 종합의료 복합단지 시설로서 건축시공에 있어서는 대부분의 기술적 요소가 다 들어가는 복합건물로 그 내용은 다음과 같다.

표 2-9 사례대상 현장 건축 개요

구분	공사내용				
1. 공사명	○○종합의료 복합단지 신축공사				
2. 대지 위치	서울시 광진구 ○○동 ○○번지, 전체 대지면적 : 39,800m^2				
3. 지역 지구	도시지역, 준주거지역, 지구단위계획구역				
4. 신축 대지면적	19,560m^2	건축면적	신축 : 5,370m^2, 기존 개보수 : 6,630m^2		
5. 건축 연면적	63,130m^2(신축 : 47,300m^2, 기존 개보수 : 15,830m^2)				
6. 규모	· 기존 건물 개보수 : 지하 1층~지상 3층 · 신축건물 : 지하 3층~지상 12층, 철근콘크리트조+일부 철골조 - 의료시설(300병상) : 27,500m^2, 주차장 : 9,710m^2 - 교육연구시설 : 10,100m^2, 근린생활시설 : 150m^2				
7. 건축주	○○○○	설계감리	○○○	시공사	○○○
8. 공사기간	2013.4 ~ 2016.3(36개월)				

그림 2-3 사례 현장 건물 공사 조감도

그림 2-4 사례 현장 시공 현황

1.1 사례현장 공사비 개요

표 2-10 사례현장 공사금액 개요

공종	공사금액
1. 가설공사 및 토공사	1,302,000,000
2. 철근콘크리트공사	3,726,000,000
3. 철골공사	565,000,000
4. 마감공사	17, 254,000,000
5. 기타 공사	1,302,000,000
소계	22,847,000,000
6. 경비, 관리비, 부가세, 이윤	7,450,000,000
7. 발주자 관급비	4,328,000,000
8. 도급자 관급비	9,529,000,000
총 공사금액	44,154,000,000

1.2 사례현장 공사개요

사례현장 주요공사 내용은 기초는 파일 지정 위 매트기초이며, 구조는 RC조이고 외벽은 커튼월로서 고급마감재이며, 지붕은 sheet 복합방수이고, 대강당은 층고가 9m로서 시스템 서포트 비계를 사용하였으며, 건물 외부비계는 강관 시스템 비계를 사용하여 그 내용은 다음과 같다.

표 2-11 사례대상 현장 공사개요

구분	공사내용		
1. 건축연면적	63,000m^2	건축면적	5,370m^2
2. 건축규모	1) 기존 건물 개보수 : 지하 1층~지상 3층 2) 신축건물 : 지하 3층~지상 12층 대강당 포함 3) 건물구조 : 철근콘크리트조+일부 철골조(대강당)		
3. 구조공법	기초 공법	기초	MAT 기초(Thk 1,200)
	구조체 공법	거푸집	내부 ; 유로폼 및 데크 슬래브/외부 : 갱폼
		철근	공장 가공 및 현장 가공, SD 400
		콘크리트	기초~지상 4층 : 콘크리트 이동식 펌프카 지상 5~12층 : 콘크리트 분배기 타설
	콘크리트강도	기초/기둥	· 기초 : 18 MPa · 기둥, 벽체, 보, 슬래브 : 24 MPa
4. 비계공법	· 외부비계 : 강관시스템 비계공법 · 내부비계 : 합판거푸집 및 유로폼공법/Deck Slab공법		
5. 외부 및 내부 마감 공법	외부 마감재	커튼월	· 석재 커튼월 · 알루미늄 커튼월 · 유리 커튼월
		유리	Ⓣ24컬러 더블로이 복층유리
	내부 마감재	· 진료실 벽체 : Dry wall 위 석고보드/페인트 · 화장실 벽체 : 조적벽체 위 타일마감 · 천장 : 경량천장 위 석고보드/아미텍스	
	방수	· 지붕 : sheet 복합방수 · 내부 : 시멘트 액체방수/도막방수	
6. 기계 전기설비	· Fcu. AHu/흡수식 냉온수기, 지열히트펌프 · 아몰퍼스 몰드변압기, 고효율 에너지 인증제품		

2. 사례현장 위치 및 배치도

2.1 사례현장 위치도

그림 2-5 사례현장 위치도(1차 부지)

2.2 사례현장 배치도

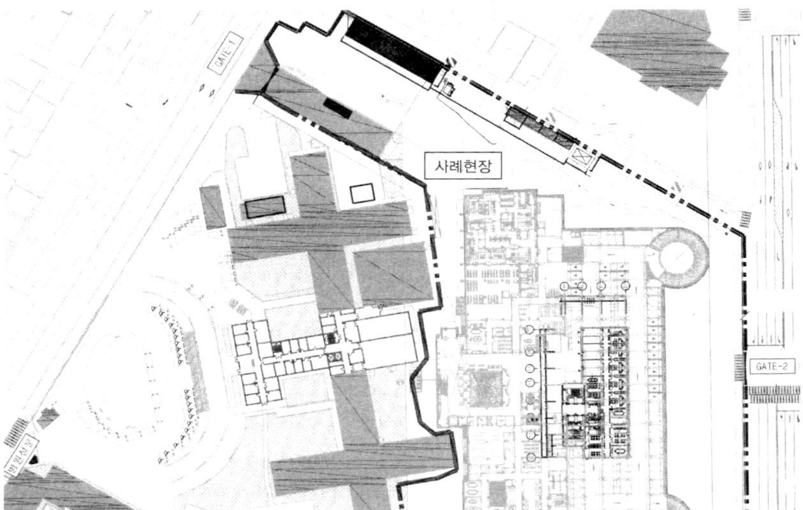

그림 2-6 사례현장 건물 배치도

3. 사례현장 설계도면 검토

3.1 사례현장 지하층 및 1층 평면도 검토

1) 사례현장 지하층 평면도 검토

－사례현장 지하1층 면적은 가로 142.5m, 세로 93.1m, 층고는 5.4m이다.

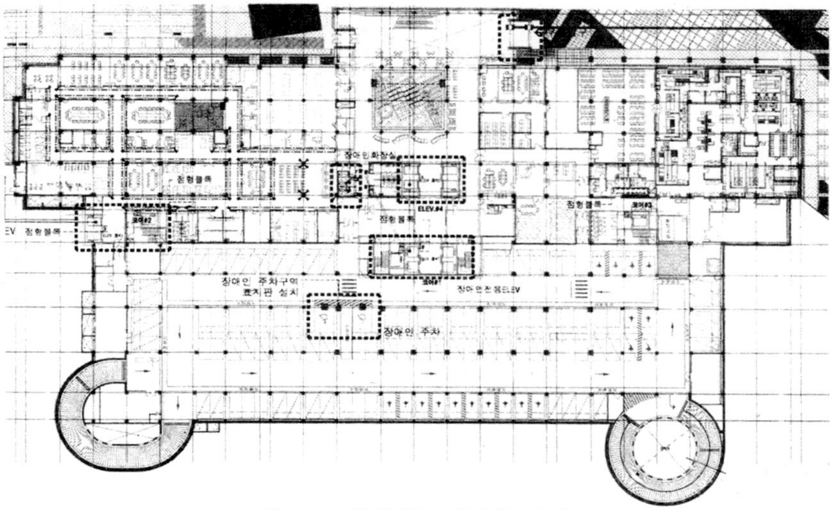

그림 2-7 사례현장 지하1층 평면도

2) 사례현장 1층 평면도 검토

－사례현장 지상1층 면적은 가로 142.5m, 세로 82.5m, 층고는 5.4m이다.

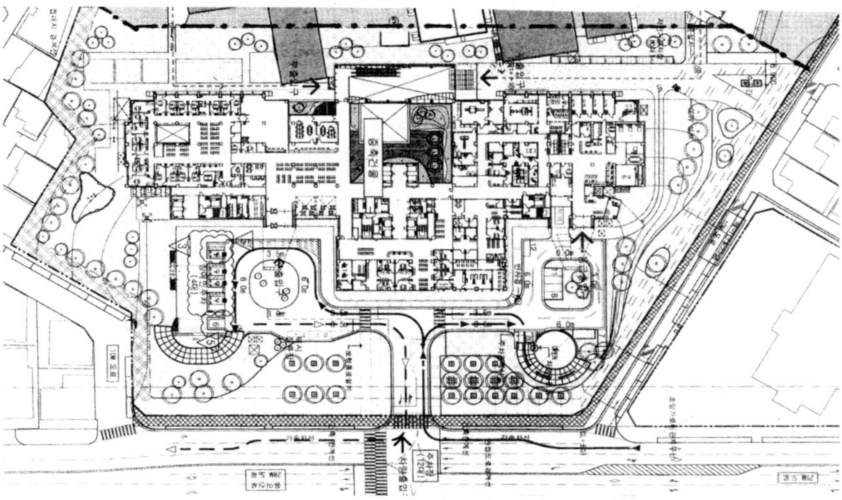

그림 2-8 사례현장 1층 평면도

3.2 기준층 및 입면도 검토

1) 사례현장 기준층 평면도(2~12층)

－사례현장 2층 기준층 면적은 가로 142.5m, 세로 64.5m, 층고는 4.2m 정도이다.

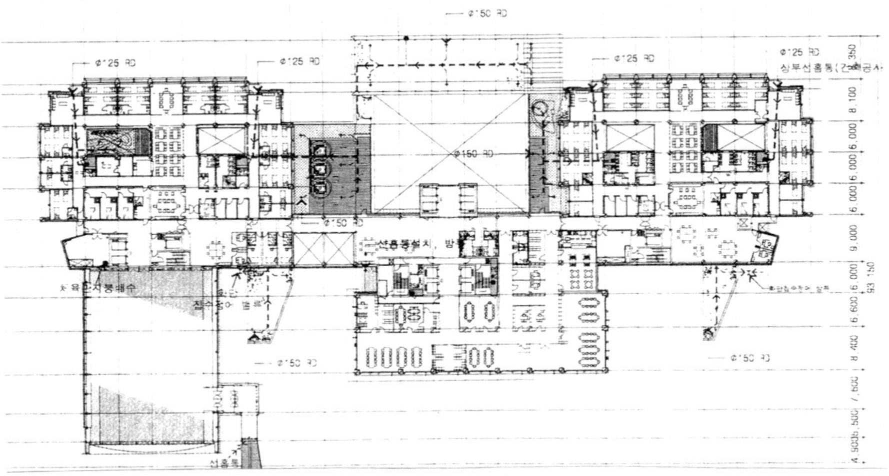

그림 2-9 사례현장 2층~12층 평면도

2) 사례현장 단면도 및 입면도 검토

－사례현장 주단면도를 보면 6층~12층까지 건물 구성내용을 알 수 있다.

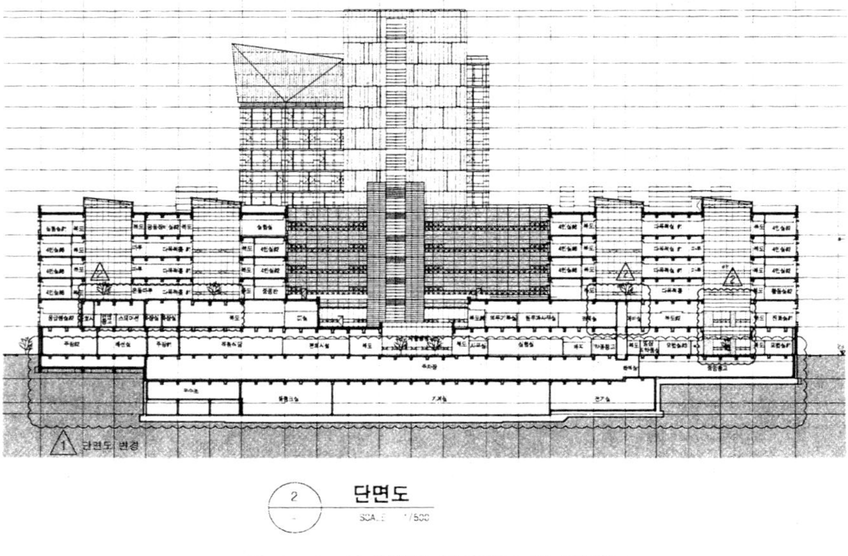

그림 2-10 사례현장 주단면도 및 입면도

3) 사례현장 건물 준공 현황 전경(2013.4~2016.3 준공)

그림 2-11 사례현장 건물 준공 전경 현황

4. 사례현장 시공계획서 작성

사례현장을 대상으로 건축시공 NCS 직무능력 단위에 맞추어 각 공종별로 시공계획서를 다음과 같이 작성한다.

4.1 공종별 NCS 시공계획서 작성

그림 2-12 사례현장 공종별 시공 현황

① 가설공사 시공계획서 – 제3장 가설공사편 제2절 내용 참조
② 토공 및 흙막이공사 시공계획서 – 제4장 토공사편 제2절 내용 참조
③ 지정 및 기초공사 시공계획서 – 제5장 지정 및 기초공사편 제2절 내용 참조
④ 거푸집공사 시공계획서 – 제6장 거푸집공사편 제3절 내용 참조
⑤ 철근공사 시공계획서 – 제7장 철근공사편 제3절 내용 참조
⑥ 콘크리트공사 시공계획서 – 제8장 콘크리트공사편 제3절 내용 참조
⑦ 철골공사 시공계획서 – 제9장 철골공사편 제2절 내용 참조

4.2 사례현장 조직도 작성

1) 공사관리 조직도(원도급자/하도급자)

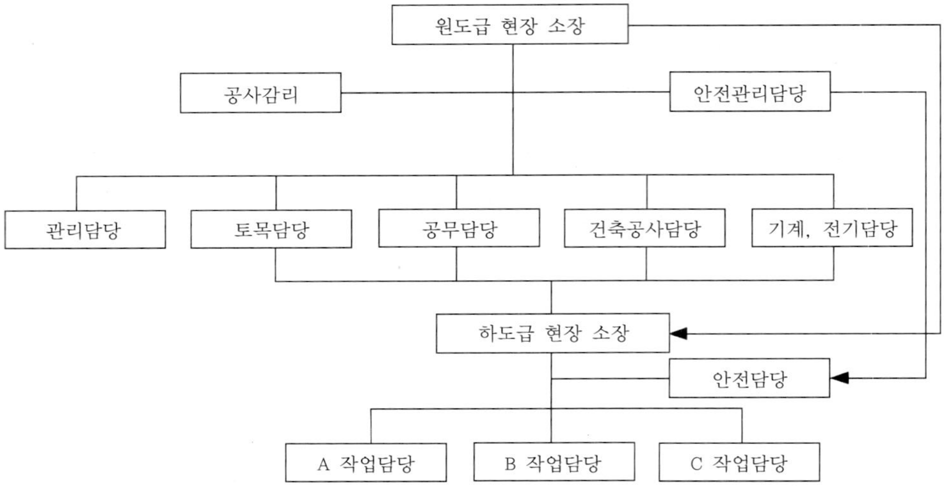

2) 안전관리 조직도(원도급자/하도급자)

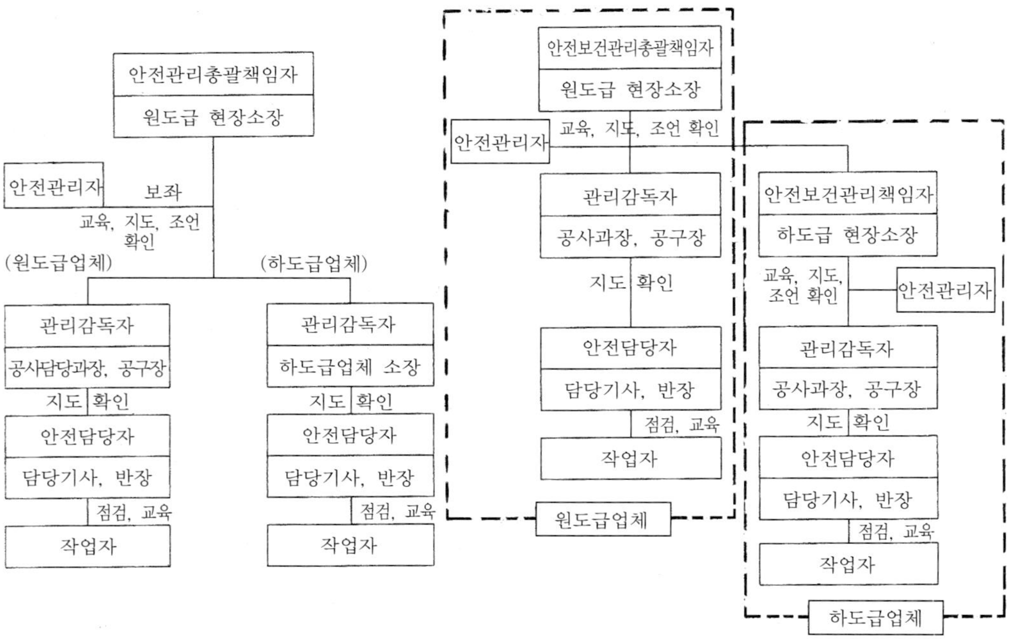

(a) 공사금액 20억 원 미만인 경우　　　(b) 공사금액 20억 원 이상인 경우

4.3 사례현장 전체 공정계획표 작성

공사명 : ○○종합의료 복합단지 신축공사 전체 공정표, 공사기간 : 2013.4~2016.3 (36개월)

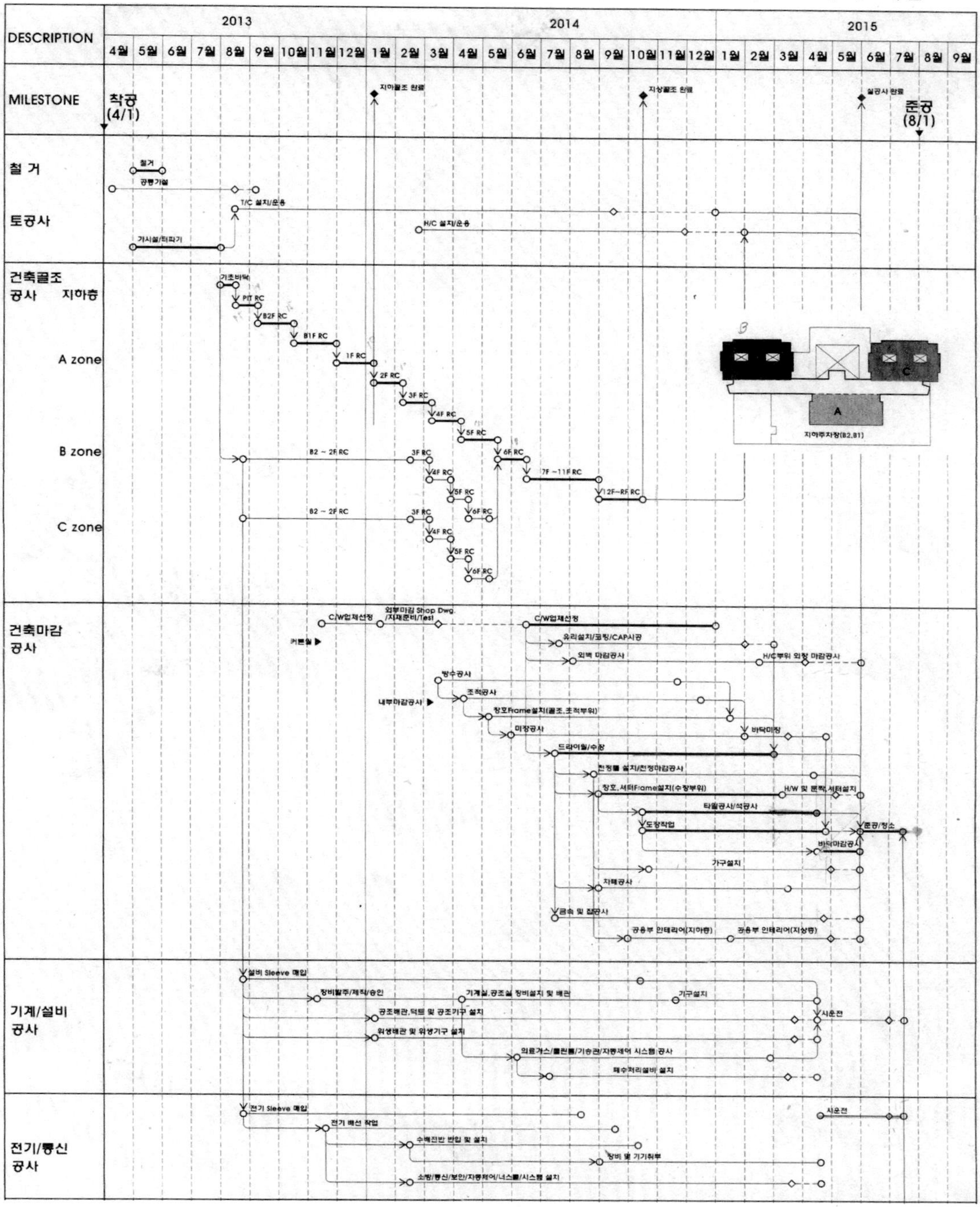

3
Chapter

가설공사

제1절 가설공사 시공 기본지식 이해

제2절 가설공사 시공계획 NCS 적용 “사례현장” 실무

제1절 가설공사 시공 기본지식 이해

1. 공사 개요

가설공사는 본 공사를 위한 임시 설비로서 공사가 완료되면 해체, 철거, 정리되는 가설 비계, 가설건물 등의 임시적 설비를 말한다.

가설공사 계획은 공통가설공사와 직접가설공사로 분류되며, 일반적으로 설계도서에 표시되지 않으므로 사전에 현장여건, 공사규모, 공사기간 등을 검토하여 계획해야 한다.

가설공사 계획시 고려사항으로는 본 공사 공정에 맞춰 설치시기를 조정해야 하며, 또한 설치 규모, 반복 사용에 의한 전용성, 시공성, 안전성, 공해성 등을 고려하여 설치해야 한다.

2. 가설공사의 분류

가설공사는 크게 공통가설공사와 직접가설공사로 구분되나, 각종 공사에 직접 포함시키는 전용 가설공사 등 3가지로 분류하기도 한다. 공통가설공사는 간접가설공사라고도 한다. 가설공사비는 전체 공사비의 10% 정도로 차지한다.

표 3-1 공통가설공사와 직접가설공사 내용 비교

분류	공통가설공사(간접 역할)	직접가설공사(직접 역할)
개념	전체 공사를 위해 공통으로, 즉 간접적으로 들어가는 가설공사를 말한다.	건축물 공사에 직접적으로 들어가는 가설공사를 말한다.
종류	· 대지경계측량과 현장 정리 · 가설건물 : 현장사무실, 실험실, 숙소 창고 등 · 가설공사 신설 : 가설울타리, 공사용 도로 · 양중, 운반 설치 · 가설 동력설비 · 가설 용수설비 · 가설 급배수설비	· 규준틀 · 먹매김 · 가설비계 · 안전시설 · 보양설비 · 각 공종별 전용가설 공사

2.1 공통가설(간접)공사

1) 공통가설공사 개요

공통가설공사는 현장사무소, 가설창고, 가설울타리, 동력 · 용수 · 광열설비, 기계 기구, 시험조사 등 건축공사 시 운영관리상 필요로 하는 공사로서 전체공사에 공통으로 사용되는 가설공사를 말한다.

2) 공통가설공사 세목 및 내용

① 대지측량
② 가설건물 : 현장사무소, 숙소, 실험실 등
③ 가설전기 및 용수 : 변전소, 물탱크 등
④ 측량기구, 기타 소모 공구(양수기, 펌프 등)

2.2 직접가설공사

1) 직접가설공사 개요

직접가설공사는 규준틀, 외부비계, 내외발판, 재해방지시설, 건축물 보양 · 현장 정리 등 건축공사시 직접 필요로 하는 공사로서 특정 공사를 위한 가설공사를 말한다.

2) 직접가설공사 세목 및 내용

① 먹매김, 규준틀
② 쌍줄비계, 내부비계
③ 강관동바리
④ 재해방지시설(안전시설물)
⑤ 건축물, 보양(천막 / 부직포 / 비닐 등)

2.3 전용 가설공사

1) 전용 가설공사 개요

전용 가설공사는 가설공사를 직접가설공사와 공통가설공사로 분류하는 외에 각 공종별 공사에 포함시키는 가설공사를 말하며, 즉 전용가설공사로 구분하기도 한다.

2) 각 공종별 전용 가설공사 포함 내용

① 토공사－토공사용 기계 등

② 말뚝박기공사－말뚝박기용 기계 등

③ 흙막이공사－흙막이용 기계, 배수 등

④ 콘크리트공사－콘크리트타설 비계, 기계 기구, 보양·청소 등

⑤ 철근공사－철근 발판, 낙하물방지망 등

⑥ 철골공사－철골비계, 철골세우기 기계, 기계 기구, 재해방지시설 등

⑦ 목공사－목공기계 가구 등

⑧ 미장공사－미장용 기계 기구 등

3. 가설공사계획

가설공사계획은 일반적으로 설계도면에 명시하지 않는 경우가 대부분이다. 따라서 가설공사계획은 시공자의 책임하에 전적으로 시공계획 수립 중에 계획되고 시공계획도에 의해서 종합가설계획도에 명시된다.

가설공사계획 순서는 사전조사, 종합가설계획, 규준틀 설치, 장비 위치 선정, 비계설치계획, 가설물 해체, 장비해체 순으로 작업이 이루어진다.

3.1 가설공사 계획 Flow

1. 사전준비 → 2. 종합가설 계획 → 3. 규준틀 설치 → 4. 장비 위치 설정

- 1. 사전준비
  - 대지 현황조사
  - 주변 현황조사
- 2. 종합가설 계획
  - 공통가설공사
  - 직접가설공사
- 3. 규준틀 설치
  - 벤치 마크 설정
  - 출처보기
- 4. 장비 위치 설정
  - 타워크레인
  - 가설도로

5. 비계설치 계획 → 6. 가설물 해체 → 7. 장비 해체

- 5. 비계설치 계획
  - 대지 현황조사
  - 주변 현황조사
  - 동바리
- 6. 가설물 해체
  - 공통가설공사
  - 직접가설공사
- 7. 장비 해체
  - 타워 크레인
  - 호이스트

3.2 종합가설계획도

종합가설계획도는 대지경계 측량, 가설울타리, 가설사무실, 주요양중설비, 안전설비, 비계설치 등에 대한 계획서와 시공방침의 주요사항이 명시되어 있다.

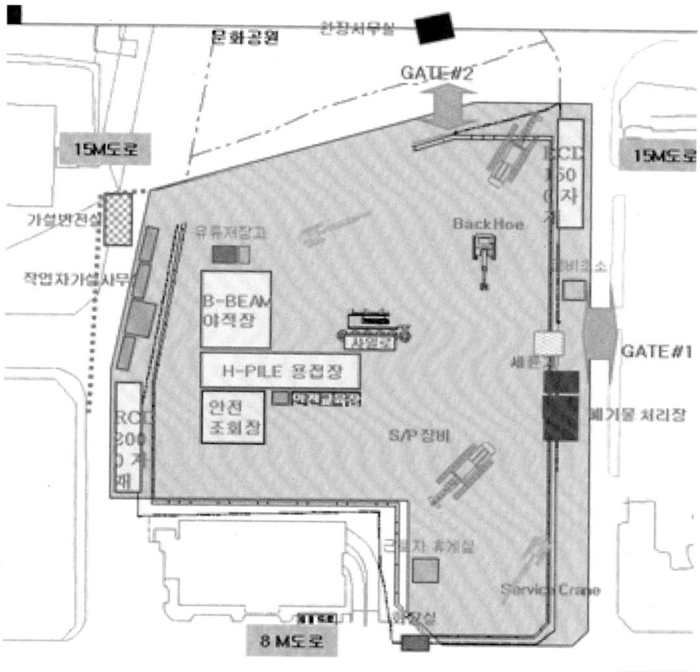

그림 3-1 종합가설계획도

4. 공통가설 공사계획(No 1403020803-14V2)-4수준

4.1 가설측량(No 1403020803-14V2.1)

가설측량은 대지의 측량도, 건물의 설계도, 공사시공계획도 등을 정확하게 이해하고 건물을 설계도에 맞게 위치시키기 위해 벤치마크, 줄쳐보기, 규준틀 설치 등을 하는 것을 말한다.

1) 줄쳐보기

건축설계도에 따라 건물을 배치하기 위해 대지 위에 건물의 외곽선과 건물 위치를 확인하기 위해 줄을 쳐보는 것을 말한다.

2) 기준점 설정(Bench Mark)

① 공사할 건축물의 높이 기준을 잡고자 위치를 설정하는 것을 말하며 기준점을 바라보기 좋고 공사에 지장이 없는 곳에 설정해야 한다.

② 공사기간 중에 이동할 우려가 없는 안전 건물, 벽돌담 등에 설정한다.

③ 기준점 설정을 위한 건물이 지반선(G.L)은 도면에 표시되거나 현장설명서에 지정된다.

④ 대지 주위에 적당한 물체가 없을 때에는 공사에 지장이 없고 건축의 지표가 될 수 있는 곳에 기준점을 따로 설치한다.

⑤ 기준점은 대부분 지반면에서 0.5~1m 정도 위치에 두고 현장기록부에 기록하여 둔다.

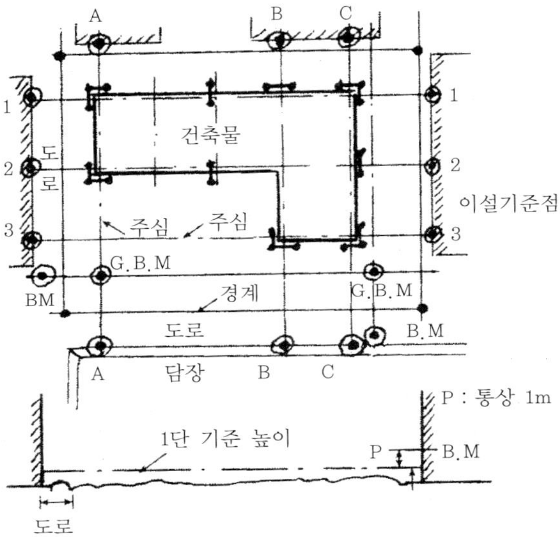

그림 3-2 규준틀 배치 및 기준점 설치

그림 3-3 기준점 설치 현장 "예"

3) 규준틀 설치

① 규준틀은 건물의 위치를 정하기 위한 기준으로 견고하게 설치하고 이동이 되지 않을 곳에 설치해야 한다.

② 규준틀의 종류에는 귀규준틀과 수평규준틀이 있다.

③ 귀규준틀은 건물의 외곽 모서리 부분에 설치하고 수평규준틀은 모서리가 아닌 수평된 곳에 설치한다.

그림 3-4 규준틀 현장 설치 "예"

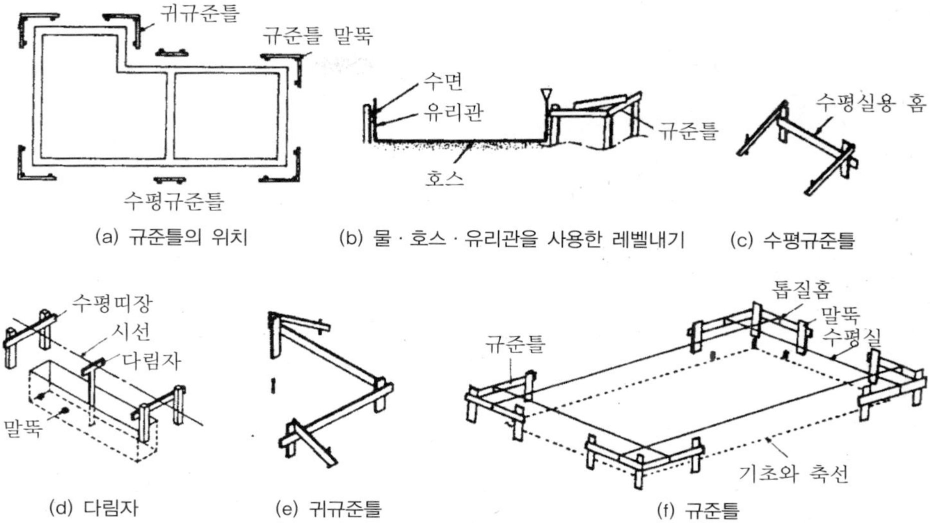

그림 3-5 규준틀 설치

4) 출입문 및 가설울타리 설치

(1) 출입문 설치

크기 : 폭 4m×높이 4~5m 정도

(2) 가설울타리 설치

① 비계형 가설울타리, E.G.I 펜스, 가설 방음벽 울타리 등으로 설치한다.

② 가설울타리는 공사현장 주위를 둘러싸는 담장으로서 작업장비 안전 확보, 현장안전, 소음예방, 사고예방, 공사현장의 경관 개선 등을 위하여 설치한다.

③ 가설울타리 높이는 보통 1.8m로 재료는 철판, 알루미늄, 철망 E.G.I(전기아연도금강판) 등으로 공사환경시설을 보호한다.

그림 3-6 사례현장 가설 출입문 설치

그림 3-7 현장 가설방음벽 울타리 설치

그림 3-8 현장 가설울타리 설치 현장

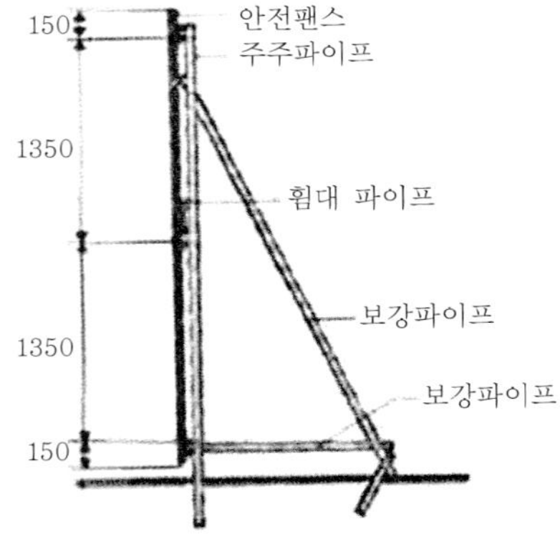

가설울타리 설치 단면

4.2 가설 건축물 설치

(No 1402030803-14V2.2)

1) 현장가설 사무소

① 도급업자 사무소, 하도급자 사무소, 감리사무소

② 자재창고, 숙소, 식당, 화장실 등

③ 현장사무소 등의 규모

그림 3-9 현장 가설사무소 설치

표 3-2 가설사무소 규모 기준

종별	단위	본건물의 구분			
		$1,000m^2$ 이하	$3,000m^2$ 이하	$6,000m^2$ 이하	$6,000m^2$ 초과
감독 · 감리사무소	m^2	18	38	46	80
수급자 사무소	m^2	24	50	60	100
기타 자재창고	m^2	70	100	130	180

(주) 표준품셈(2002년도 개정 기준)에서는 현장사무소의 1인당 기준은 삭제되고 다음과 같이 구분하여 규모를 정하고 있다.

④ 가설물 설치 기준 면적

– 현장가설사무소 면적은 1인당 $3.3m^2$가 기준이나 보통은 $6\sim12m^2$가 적당하다.

표 3-3 가설건물 면적 산출 기준표

종별	규모/용도	1인당 기준 면적
가설사무소	보통 6~12m^2 / 1인당	3.3m^2
가설식당	30명 이상일 때	1m^2
가설화장실	이동식(대변기 / 소변기)	20명당 1기
목공작업장	거푸집용	20m^2/거푸집 사용량 1,000m^2당
철근공작업장	철근 가공 / 보관	30~60m^2/철근 사용량 100톤당

2) 시멘트 창고/자재창고

① 시멘트 창고 크기

$$\text{면적산출(A)} = 0.4 \times \frac{N(\text{저장량})}{n(\text{쌓기단수, 13포})}$$

② 시멘트 창고 관리 방법

㉠ 바닥은 지면에서 30cm 이상의 높이로 한다.

㉡ 시멘트 쌓기 높이는 13포대 이하로 쌓는다.

㉢ 채광창을 제외한 통풍창은 두지 않는다.

㉣ 반입구와 반출구는 구분하여 반입 순서대로 반출한다.

4.3 가설동력 및 용수 확보(No 1403020803-14V2.3)

1) 가설동력(전기)

(1) 변압기 설치

① 가설전기 공급계획 수립 후 변압기를 설치 한다.

② 변압기 주위에는 안전망 설치 및 시건장치, 위험표지판을 설치한다.

그림 3-10 가설 변압기 설치

(2) 공사용 전력량 산출

① 공사용 전력은 공사에 사용되는 모든 전력, 즉 가설공사에서 잡공사, 부대공사까지의 기계기구에 소요되는 전력 비용과 가설사무소 등에 사용되는 전력의 양을 모두 계상한다.

② 전기설비로서는 수전설비, 인입공사, 공사용 배선, 조명설비, 보수 등이 있다. 또한 내연기관에 의한 발전설비도 포함된다.

(3) 전력 사용계획도 작성

① 공사용 전력을 계상함에 있어서는 전력회사의 규정을 참조함과 아울러 전력사용계획도를 공사공정표 및 기계사용 공정표에 따라 작성하여 인입비, 기본료, 전력료, 설비비 등을 참고한다.

② 전력사용계획도 작성에 다소의 중복으로 월 사용전력이 많아지는 경우 등은 기본요금에 영향을 미치므로 융통해서 가급적 월별 사용전력을 균등하게 합리적으로 계획하는 것이 바람직하다.

(4) 변전소 면적 산출

$$A = 3.3\sqrt{\omega(\text{전력 용량, kW})} \cdot \mathrm{m}^2$$

(5) 가설 분전반 설치

① 건물 동당 1개소씩 설치

② 시건장치 및 위험표지판 설치

(6) 작업 전기선 관리

작업선은 바닥에 닿지 않게 하여 감전 등의 안전사고를 방지해야 한다.

2) 가설 용수 확보

(1) 가설 용수량 산출

① 가설 용수량 산출은 콘크리트 비비기, 거푸집 청소 등 구조체공사 외에 조적·돌·타일 및 미장 등 마무리공사의 모르타르반죽용 또는 씻어내기와 콘크리트 양생용 등이 주요한 용수가 된다.

(a) 가설지하수 심정

(b) 가설 물탱크 설치

그림 3-11 가설 용수 개발

② 기타 청소용 잡수, 사무소 및 숙소 등에서 사용하는 음료수 · 취사 · 수세식 화장실 · 세면 및 욕실 등에서 사용되는 생활용수도 공사용수에 포함시켜 용수비를 계산한다.

(2) 1인당 용수량 산출

바닥면적 100m²당 0.15ton을 기준으로 개산 산출(1일 1인당 40ℓ 기준)한다.

(3) 지하수 개발

① 수도담당기관에서는 공사용수 중 생활용수에 대한 상주인원을 고려한 용수량을 산정하여 수도를 인입해 주기 때문에 부족한 공사용수를 확보하기 위해서는 별도로 지하수 개발을 검토하게 된다.

② 지하수개발은 사전허가를 받아야 하므로 이에 대한 용수량을 검토하여 하수도요금을 선납하게 되므로 이 비용도 계상하고 폐쇄시의 비용도 산정하여 합산한다.

4.4 가설양중 장비 설치(No 1403020803-14V2.4)

1) 양중장비 계획

(1) 양중계획 개요

① 양중장비계획은 현장 주변여건과 교통 사정을 고려하여 양중할 내용을 정확히 파악하고 그에 적합한 양중기계를 선정해야 한다.

② 양중장비 설치는 현장 작업 반경의 중심이 되는 곳에 위치시키고 조립과 해체가 가능하도록 배치하여야 한다.

③ 양중방식은 수직양중과 수평양중 방식을 결정하고 전체 양중부하를 산정하여 안전한 양중계획이 되도록 해야 한다.

(2) 양중계획의 Flow

사전조사	; 주변건물, 교통, 반입로
↓	
양중 내용 파악	; 양중자재 중량, 부피 파악
↓	
양중 형식 결정	; 수직양중, 수평양중
↓	
양중 기계 선정	; 대형, 중형, 소형 양중기
↓	
양중 부하 사출	; 양중산적도, 양중대수 산정
↓	
양중기 배치 및 관리	; 양중관리, 양중시 안전

그림 3-12 타워크레인 양중장비 설치 현장

2) 양중장비 종류

양중장비는 공사에서 필요한 자재나 기타 중량물을 높은 곳으로 들어 올리거나 다른 지역으로 옮기기 위한 장비를 말하며, 대표적인 장비로는 중량물을 운반하는 크레인과 사람 및 자재를 운반하는 호이스트(리프트) 장비가 있다.

(1) 이동식 크레인

① 크롤러 크레인

이동 주행을 위해 크롤러 트럭과 함께 설치된 이동식 크레인을 말한다.

② 휠설치 크레인

이동 주행을 위해 휠과 함께 설치된 이동식 크레인을 말한다.

그림 3-13 이동식 크레인 장비

(2) 고정식 타워크레인

타워크레인은 상승과 이동에 따라 고정식, 상승식, 이동식의 3가지로 분류한다.

① 고정식 타워크레인

- 콘크리트 기초에 타워크레인을 고정하여 설치하는 형식을 말한다.
- 현장의 중심이 되는 곳에 배치하고 보통 건물의 외측에 붙여서 설치한다.
- 초고층 건물 공사시 주로 사용하며, 가장 많이 사용하는 장비이다.

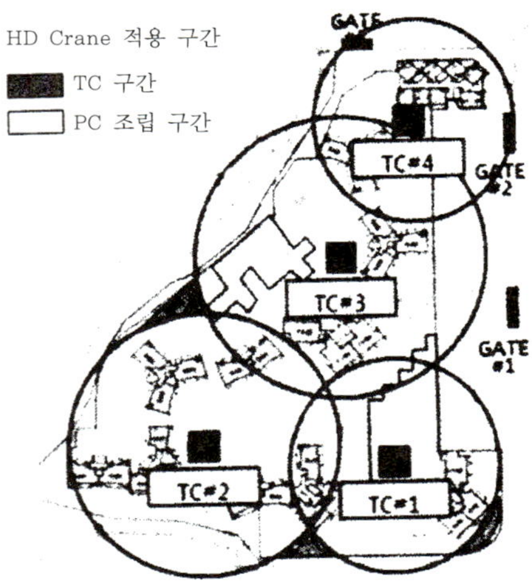

그림 3-14 현장 타워크레인 배치 현황 예

그림 3-15 고정식 타워크레인 설치

-타워크레인 상승은 Mast를 이용하여 상승시킨다.

-타워크레인 용량은 8ton, 12ton, 20ton, 24ton 등이 있다.

② 상승식 타워크레인

-건물의 구조물에 얹어 놓는 방식의 크레인을 말한다.

-건물 내부에 주로 설치하는 장비이다.

-크레인 사용 시는 자체 유압장치를 이용한다.

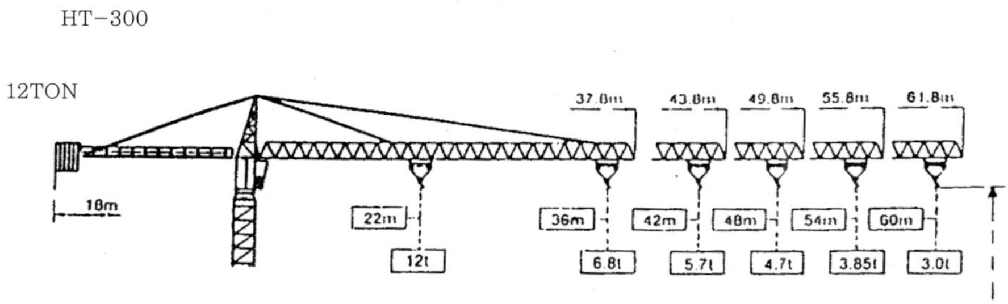

그림 3-16 고정식 타워크레인 Boom 용량표

③ 타워크레인 사용 시 유의사항

-무리한 작업계획을 지양한다.

-작업자의 중기접근을 금지한다.

-정기적인 장비점검을 실시한다.

-장비 책임 전담자을 선정하여 운영한다.

(3) 타워크레인 기초

① 기초판 크기 : 2m×2m 또는 3m×3m

② 기초판 두께 : 1.5m 이상

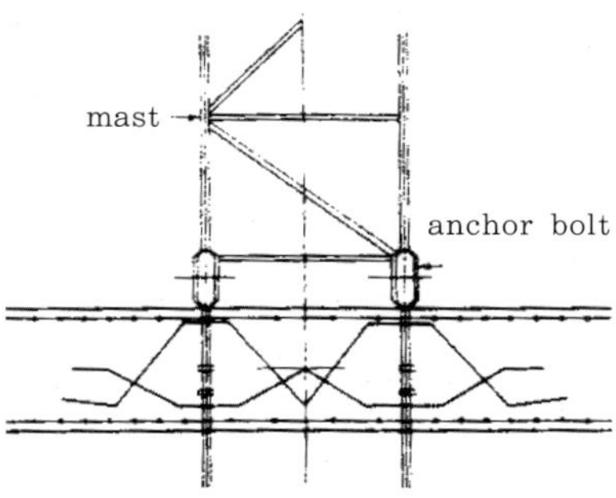

(a) 타워 기초 철근 배근도의 예

(b) 타워크레인 기초 앵커 예

그림 3-17 타워크레인 기초 설치

(5) 호이스트(리프트)

① 호이스트 장비는 화물이나 사람을 운반할 수 있도록 상 · 하 수직으로 이동할 수 있는 장비를 말한다.

② 호이스트 종류

－자재만을 움직이는 화물용 호이스트가 있다.

－호이스트 내부에 조작 스위치가 설치되어 있는 인화물 겸용 호이스트가 있다.

③ 호이스트 사용시 유의사항

－호이스트 개소마다 전담 운전자를 배치한다.

－정기적인 장비 검사 후 사용 여부를 확인한다.

－각 층별 입구에는 방호울타리 및 출입문을 설치한다.

그림 3-18 수직 호이스트 장비 예

그림 3-19 곤돌라 설치

(4) 곤돌라

① 곤돌라는 고층건물 외벽마감 작업을 위하여 작업발판과 난간으로 위가 뚫린 형태의 가설장비로 건물 상부에 고정장치를 매달아 위에서 아래로 내려오면서 작업하는 가설 장비를 말한다.

② 곤돌라 상부에는 와이어로프를 매달아 고정시키고 모터로 조정하는 윈치를 달아서 상 · 하 이동이 가능하도록 한 가설장비이다.

4.5 가설 환경재해 방지시설(No 1403020803-14V2.5)

1) 위험물 저장고 설치

① 현장 내에서 공사로 인해 발생하는 위험물은 전기용접기, 가스통, 화학약품 등은 별도의 장소에 격리하여 보관한다.

② 위험물 저장고는 변전실과 마찬가지로 관리책임 담당자를 반드시 선임하여 관리하도록 한다.

2) 세륜기 설치

① 세륜기는 공사현장에 출입하는 모든 차량의 바퀴에 오물이 묻어서 나가는 것을 방지하기 위해 현장 출입구 바닥에 차량바퀴를 물로 세척할 수 있는 기계설비를 말한다.

② 세륜기는 안전 울타리와 연계하여 위치 선정과 배치를 충분히 고려해야 한다.

그림 3-20 위험물 저장고 설치

그림 3-21 현장 세륜기 현장 설치 예

3) 오 · 폐수 처리

① 가설사무실, 가설식당 등에서 발생하는 오 · 폐수 발생지역에는 정화조 및 침사조 등을 필히 설치하고 오 · 폐수 관련 근거를 배치하도록 한다.

② 오 · 폐수처리시설은 단지 내 도로 부분으로 유입되지 않도록 한다.

5. 가설비계 계획

5.1 가설비계 분류

1) 가설비계 분류

① 가설비계는 본 건물의 작업을 위해 임시로 사용하기 위해 설치하는 것으로 안전하고 경제적이어야 하며, 위험방지 작업 측면에서 효율적이어야 한다.

② 가설비계의 분류는 3가지로 재료상 분류에는 통나무비계, 강관파이프비계, 강관틀비계, 강관시스템 비계 등이 있고, 용도상 분류에는 외부비계, 내부비계, 달비계가 있으며, 공법상 분류에는 외줄비계, 겹비계, 쌍줄비계 등이 있다.

2) 가설비계 시공도 작성

① 가설비계는 따로 설계도면이 있는 것이 아니고 특별한 경우에는 시방서에 일부 명시하는 경우에 있다.

② 가설비계는 현장 기술 책임자가 경험을 토대로 현장 건물의 특성에 적합한 비계공법을 선정하고 설계시공도를 작성해야 한다.

3) 가설비계 설치

① 외부비계는 구조체 외벽에서 30~45cm 떨어지게 설치한다. 비계구조는 쌍줄비계로 하되, 별도의 작업발판을 설치할 수 있는 경우는 외줄비계로 할 수 있다.

② 비계는 강관비계로 하되, 시공여건, 안전도 및 경제성을 고려하여 담당원의 승인을 받아 동등 규격의 재질로 변경 · 적용할 수 있다.

③ 시공과 감독에 편리하고 안전하도록 공사의 종류, 규모, 장소 및 공기구 등에 따라 적합한 재료 및 방법으로 견고하게 설치하고 유지보존에 항상 주의한다.

5.2 용도별 비계 종류

1) 외줄비계

① 비계기둥이 1줄인 비계로서 수평띠장을 한쪽 면에만 설치한 비계를 말한다.

② 구조체 외벽에서 45cm 정도 떨어지게 설치한다.

그림 3-22 쌍줄비계 설치 사례

③ 지금은 안전문제를 거의 사용하지 않는다.

2) 겹비계

① 비계기둥이 1줄인 비계로서 수평띠장을 양쪽에 다 설치한 비계를 말한다.

② 구조체 외벽에서 45cm 정도 떨어지게 설치한다.

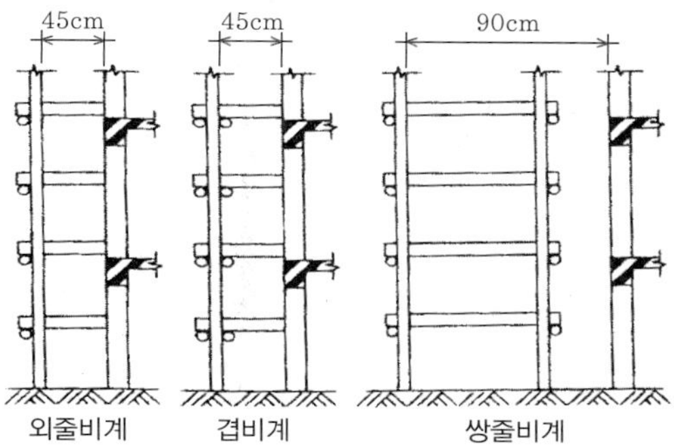

그림 3-23 비계의 종류

그림 3-24 쌍줄비계 설치 현장 예

3) 쌍줄비계

① 비계기둥과 띠장을 2줄로 세우고 여기에 비계장선을 설치한 비계를 말하며, 고층구조물 외부비계로 가장 많이 사용하고 있는 비계이다.

② 구조체 외벽에서 90cm 정도 떨어지게 설치한다.

4) 달비계

건물 상부에 고정되어 밧줄이나 와이어 등으로 매달아 상하로 이동하면서 사용할 수 있는 비계로 보통 고층건물의 외부마감 작업비계로 많이 사용되고 있다.

① 달비계의 작업 발판은 너비 1.5m 이상으로 틈새가 없도록 설치하고 난간높이는 90cm 이상이어야 한다.

② 위에서 낙하물이 떨어질 위험이 있을 때는 머리를 보호할 수 있도록 달비계에 유효한 천장을 설치한다.

③ 와이어로프는 그에 가해지는 인장하중의 10배 강도(보증파단력 : 保證破斷力)의 것을 사용하고, 본달비계의 와이어로프는 아연도금을 한 지름 1.2cm 이상, 간이달비계는 아연도금을 한 지름 9mm 이상의 것을 사용한다.

④ 와이어로프는 다음에 해당하는 것을 사용할 수 없다.

㉠ 와이어로프 한 가닥에서 소선(素線)이 10% 이상 절단된 것

㉡ 지름이 공칭지름의 7% 이상 감소된 것

그림 3-25 달비계 설치 현장 예

5) 외부 까치발 외줄비계(브래킷 : bracket)

본 비계를 설치하기 불가능한 작업장소의 경우에는 외줄비계의 기둥에 브래킷을 달아서 그 위에 작업발판을 설치한 비계를 말한다. 최상층 작업발판까지의 높이가 15m 이하에서 사용하는 것이 원칙이고 1스팬의 최대적재중량은 150kgf · cm^2이다.

① 외부비계용 까치발의 설치기준은 다음 표에 따른다.

표 3-4 외부 까치발 비계 설치기준

구분	설치(위치 및 개소)	비고
15층 이하	2개소(2층, 9층)	까치발의 종류 : 벽용(측벽), 슬래브용, 파라펫용, 방수턱용, 지지보수대
25층 이하	3개소(2층, 10층, 18층)	담당원의 지시에 따라 위치변경 및 설치수량 증감

② 2층 바닥부터 설치하되, 까치발 설치 부위의 콘크리트 및 볼트구멍의 파손방지를 위하여 충분한 강도 확보 후 설치하고 집중하중의 분산조치가 필요하다.

③ 까치발 설치간격은 수평방향 1.5m~1.8m 이내로 하고, 용도별로 제작된 까치발을 부위에 따라 설치하여야 하며, 지지보수대는 구조체와 비계를 견고하고 안전하게 연결하고 설치간격은 수직, 수평 5m 이내로 설치한다.

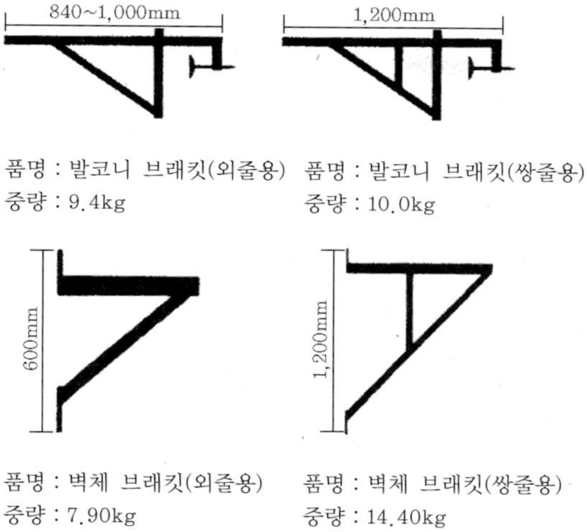

그림 3-26 외부 까치발비계 설치

그림 3-27 외부 까치발 브래킷 비계 설치 예

5.3 재료별 비계 종류

1) 통나무비계

통나무비계는 낙엽송 통나무를 비계로 사용하는 것으로 통나무 연결은 #8~10 아연도금 연결철선으로 결속한다. 최근에는 거의 사용하지 않는다.

2) 강관파이프비계(steel pipe)

(1) 재료

강관파이프(외경 48.6mm)로 기둥과 띠장으로 비계를 만드는 것으로 파이프는 커플링과 클램프를 이용하여 연결하고 파이프 하부 고정은 받침철물 베이스플레이트를 사용하여 고정시킨다.

(2) 이음 · 고정용 부속철물

① 커플링(coupling)

강관파이프 비계의 직선연결에 쓰이는 부속철물로 마찰형과 전단형이 있다.

② 베이스플레이트(받침대)

–비계의 받침철물로서 조절형과 고정형이 있다.

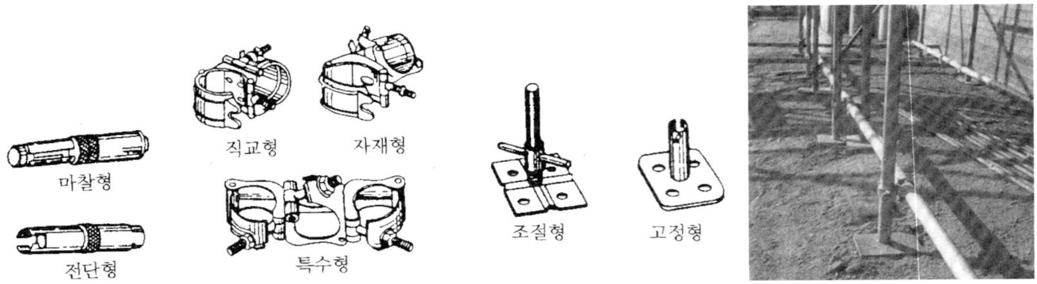

〈이음 커플링〉 〈연결 클램프〉 〈베이스플레이트〉 〈강관파이프비계 베이스플레이트 설치〉

그림 3-28 강관파이프비계 설치 및 부속철물

(3) 강관파이프비계 설치 순서

① 소요자재량의 현장 반입 → ② 바닥면의 고르기 및 다지기 → ③ 베이스플레이트 설치 → ④ 비계기둥 설치 → ⑤ 띠장 설치 → ⑥ 장선 설치 → ⑦ 커플링 및 연결 클램프 조임

그림 3-29 강관파이프비계 현장 설치 예

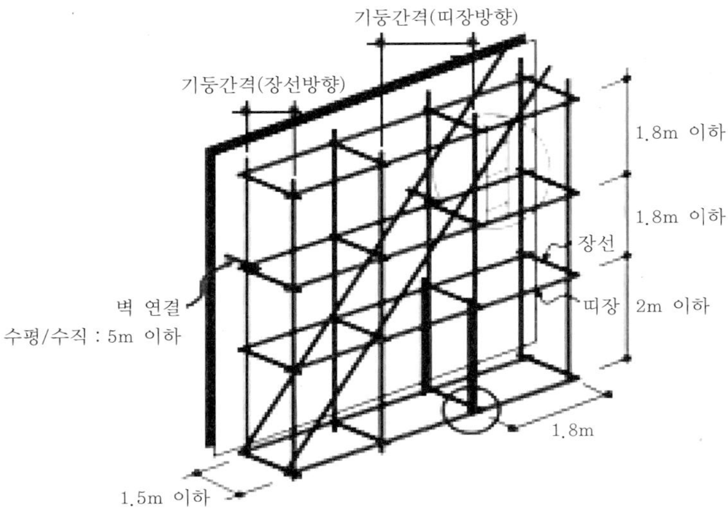

그림 3-30 강관파이프비계 설치도

(4) 강관파이프비계 설치 시 유의사항

① 부재 및 부속철물은 한국산업규격 표시품(KS F 8002(강관비계)), 산업안전보건법에 의한 성능 인정품 또는 동등 이상의 것을 사용한다. 이 규정 이외의 것을 사용할

때는 담당원의 승인을 받는다(강관틀 비계 공통사항).

② 비계기둥 : 간격은 도리(띠장)방향 1.5~1.8m, 장선방향 0.9~1.5m로 하고, 비계기둥의 최고부에서부터 측정하여 31m까지의 밑부분은 2본의 강관으로 묶어 세운다.

③ 띠장과 장선의 간격은 1.5m 이내로 한다. 지상 제1띠장은 지상에서 2m 이하의 위치에 설치한다.

④ 가새 : 수평길이 15m마다 40~60° 로 걸쳐대고 비계기둥과 결속되도록 한다. 이때 가새는 모든 비계기둥과 결속되도록 한다. 수평가새는 필요에 따라 설치한다.

⑤ 구조체와의 연결 및 부축기둥 : 수직 및 수평방향은 5m 내외의 간격으로 구조체에 견고하게 연결하거나 이에 대신하는 견고한 부축기둥을 설치한다.

⑦ 밑받침(base) : 비계기둥의 밑둥에는 밑받침 철물을 사용하고 인접하는 비계기둥과 밑둥잡이로 연결한다. 연약지반에서는 소요폭의 깔판을 비계기둥에 3본 이상 연결되도록 깔아 댄다.

⑧ 띠장은 비계기둥의 간격이 1.8m일 때는 비계기둥 사이의 하중한도를 3,920N으로 하고, 비계기둥의 간격이 1.8m 미만일 때는 그 역비율로 하중한도를 증가시킬 수 있다.

3) 강관틀비계

(1) 강관틀비계 구조

① 강관틀비계는 외경 42.2mm, 살두께 2.4mm 이상의 철관을 사다리꼴 또는 정방형의 모양으로 만들어 현장에서 1틀씩 조립하여 사용하는 틀비계를 말한다.

② 강관틀과 틀 사이에는 교차가새를 설치한다.

③ 틀비계 사이즈

구분	사이즈	중량	허용하중	최대하중
규격	1,700×1,829	40kg	5ton	10ton

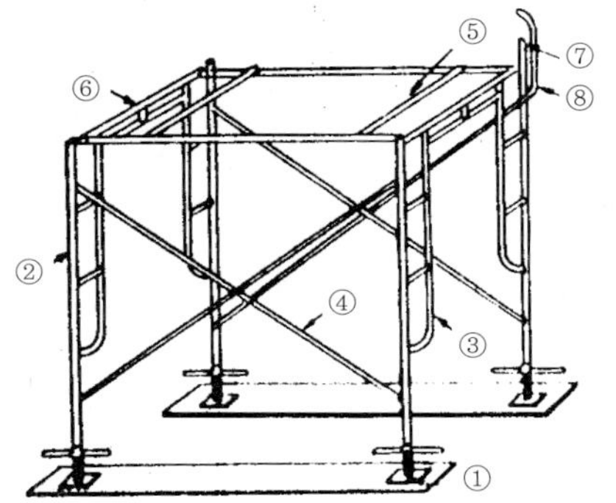

① 조절베이스
② 틀비계
③ 보강재
④ 교차가새
⑤ 가로장선
⑥ 가로보
⑦ 이음철물
⑧ 이음암로크

그림 3-31 틀비계의 단위 세트

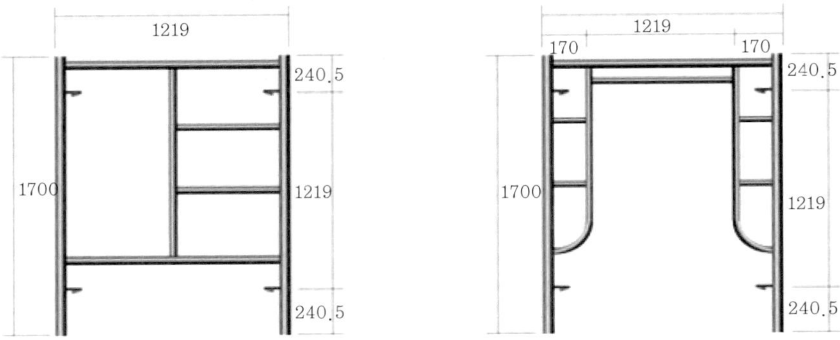

(a) 신형 틀비계 (b) 구형틀 비계

그림 3-32 강관틀비계 설치 예

(2) 강관틀비계 설치

① 기초 : 틀비계의 밑둥에는 밑받침 철물을 사용한다. 밑받침에 고저차가 있을 때는 필요에 따라 절조형 밑받침 철물을 사용하여 각각의 틀비계를 항상 수평 · 수직이 되도록 한다.

② 가새, 띠장틀 및 수평재 도리방향은 각각의 세로틀 사이에 가새를 설치하고, 최상층 및 5층 이내마다 띠장틀 등의 수평재를 설치한다.

③ 구조체와의 연결 : 세로틀은 수직방향 6m, 수평방향 8m 내외의 간격으로 건축물의 구조체에 견고하게 긴결시킨다.

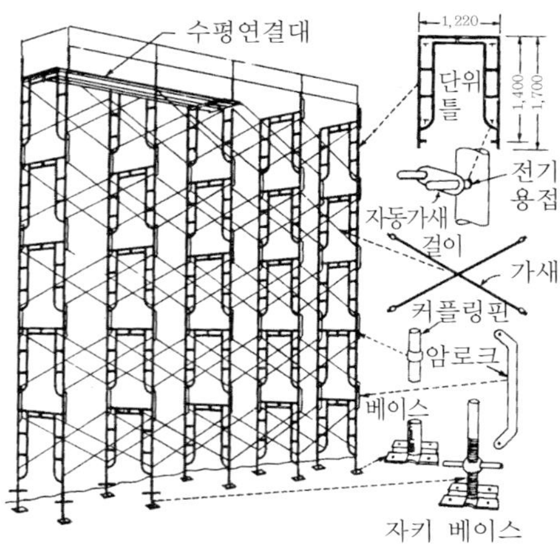

그림 3-33 강관틀비계 매기

그림 3-34 강관틀비계 설치

④ 부축틀 : 도리방향으로 길이 4m 이하이고 높이 10m 이내마다 도리방향으로 유효한 보강틀을 설치한다.

⑤ 높이 : 높이는 원칙적으로 45m를 초과할 수 없다. 높이 20m를 초과할 경우 또는 중량작업을 할 경우에는 내력상 중요한 틀의 높이를 2m 이하로 하고, 틀의 간격을 1.8m 이내로 한다.

⑥ 보틀 및 내민틀 : 보틀 및 내민(캔틸레버)틀은 수평가새 등으로 옆흔들림을 방지할 수 있도록 보강해야 한다.

표 3-5 비계의 종류 및 특징 비교

	통나무비계	강관파이프비계(단관비계)	강관틀비계
1. 일반사항	1) 재료 ① 눈키높이(1.4m)에서 지름 10cm 이상 ② 말구지름 3.5cm 이상 2) 이음 ① 겹친이음 ② 맞댄이음	1) 재료 ① 외경 48.6mm ② 살두께 2.4~2.9mm 2) 건축물 최고부에서 31m 이하부터는 2본을 겹쳐 댄다.	1) 최고높이 제한 : 45m
2. 하부 고정	60cm 밑둥 묻음 또는 밑둥잡이로 고정	밑받침철물(Base Plate) 설치, 인접하는 비계기둥과 밑둥잡이로 연결	밑받침철물(Base Plate) 설치 및 밑받침 설치
3. 기둥1본 부담하중		하중한도 6,860N	24,500N(틀을 두꺼운 콘크리트판 등의 견고한 기초 위에 설치하게 될 경우)
4. 비계기둥 간격	1.5~1.8m (최대 2.0m 이내)	띠장방향 : 1.5~1.8m 보방향 : 0.9~1.5m	높이 20m 초과시, 중량작업시 틀높이 2m 이하, 틀간격 1.8m 이내
5. 띠장 높이	제1띠장 : 2~3m 기타 1.5m	제1띠장 : 2m 이하 기타 1.5m	
6. 기둥과 기둥 사이 적재 하중		3,920N (기둥간격 1.8m일 경우)	3,920N (틀간격 1.8m일 경우)
7. 벽체와 연결	수직 : 5.5m 이하	수직 : 5m 내외	수직 : 6m
	수평 : 7.5m 이하	수평 : 5m 이하	수평 : 8m
8. 결속선	#8~#10 철선 #16~#15 아연도금철선 (1개소당 5m 이상)	Coupler, clamp로 연결	끼움재, 연결재, Pin 등으로 고정
9. (가새) 결속재	가새는 수평 14m 내외 간격(45° 가새 설치). 모든 비계기둥은 가새와 결속	가새는 수평 15m마다 40~60° 로 설치. 가새는 모든 비계기둥과 결속, 수평가새는 필요에 따라 설치	도리방향 세로틀에 가새 설치. 최상층, 5층 이내마다 띠장틀, 수평재 설치

4) 강관시스템비계

(1) 시스템비계의 정의

강관시스템비계란 수직재, 수평재, 가새재 등 각각의 부재를 공장에서 제작하고 현장에서 조립하여 사용하는 조립형 · 비계를 말하는 것으로서 고속작업시 작업자가 근접해서 작업할 수 있도록 설치한 가설비계를 말한다.

(2) 시스템비계의 구성

① 수직재 : 수직으로 세우기 위한 비계재

② 수평재 : 수직재의 좌굴을 방지하기 위해 수평으로 연결하는 부재

③ 가새재 : 비틀림을 방지하기 위해 수직재와 수평재를 연결하여 고정시키는 부재

그림 3-35 강관시스템비계 설치 현장 예

(3) 시스템비계의 설치(시방서)

① 수직재와 수평재는 직교하게 설치한다.

② 대각으로 설치하는 가새는 비계의 외면으로 수평면에 대해 40~50° 방향으로 설치하여 수평재 및 수직재에 결속한다.

③ 수직재와 받침철물의 연결부 겹침길이는 받침철물 전체길이의 3분의 1 이상이 되도록 한다.

④ 벽연결재의 설치간격은 제조사가 정한 기준에 따라 설치한다.

⑤ 수직재와 수직재와의 연결철물은 이탈되지 않도록 견고한 구조로 설치한다.

표 3-6 강관비계와 시스템비계의 비교

구분	강관비계	시스템비계
1. 작업성	비계발판 폭의 협소함과 통로 설치가 어려워 작업성이 떨어짐	비계발판 폭과 통로 배치가 넓고 규격화되어 작업성이 좋음
2. 안전성	수직변위 발생 우려가 있음	수직 강성 확보가 부족함
3. 설치 조건	장소제한이 적음	장소 제한이 큼
4. 운용성	수정의 용이성이 강함	수정의 용이성이 약점
5. 재해성	설치시 재해위험이 큼	설치시 재해위험이 적음

그림 3-36 강관시스템비계 조립 예

5) 비계다리와 발판

(1) 비계다리

① 비계다리 설치기준은 연면적 1,600m^{2}마다 1개소 이상 설치한다.

② 너비 90cm 이상, 경사 4/10(약 20°)를 표준으로 하고, 각층마다(층의 구분이 없을 때는 7m 이내마다 되돌음 또는 다리참을 두고 여기에서 각층으로 출입할 수 있도록 연결한다(2013 건축공사표준시방서에 경사로가 30° 이하로 되어 있다).

③ 발판널에는 단면 1.5cm×3.0cm 정도의 미끄럼막이를 30cm 내외의 간격으로 고정한다.

그림 3-37 비계다리 설치 현장 예

(2) 비계발판

① 두께 3.5cm, 너비 25cm, 길이 3.6m의 널재나 구멍철판(P.S.P)을 사용한다.

② 설치 : 장선에서 20cm 이하 내밀고 30cm 이상 겹치며, 널 사이는 3cm 이하로 하여 비계장선에 고정한다.

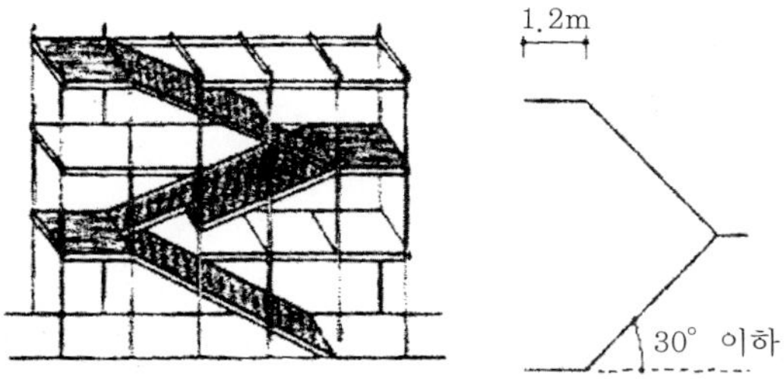

그림 3-38 비계다리 설치

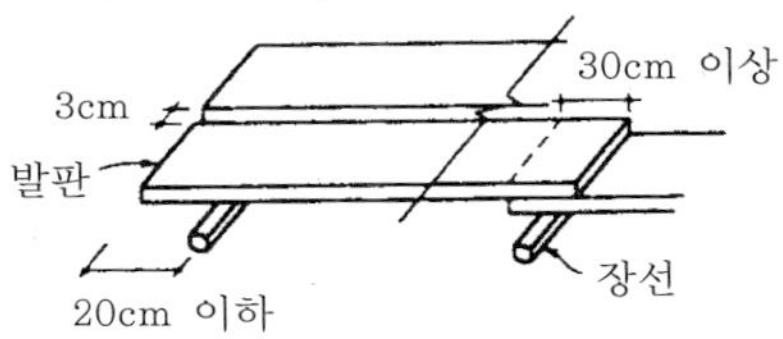

그림 3-39 비계발판 설치

④ 설치순서

㉠ 비계기둥 설치→㉡ 띠장결속→㉢ 가새 및 버팀대 설치→㉣ 장선 설치→㉤ 발판

(3) 난간

① 난간의 높이는 90cm 이상 120cm 이하로 하고, 각 부재의 연결부는 쉽게 탈락·변형되지 않도록 설치한다(추락위험이 있는 곳은 1.2m 높이에 안전대 걸이를 배치).

② 난간 높이가 너무 높을 경우에는 45cm 위치에 중간대를 설치하도록 한다.

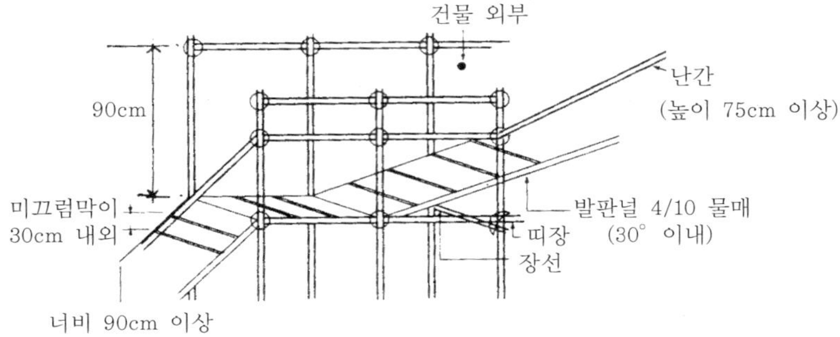

그림 3-40 난간대 설치

6. 가설 동바리(지주, support) 종류

6.1 강관 파이프 서포트

1) 재료 구성

강관 파이프 서포트는 외관과 내관(꽂기관), 꽂기핀으로 구성되어 있으며, 내관에는 받이판, 외관에는 바닥판이 용접되어 있는 거푸집 동바리 지주로 사용할 수 있는 가설재를 말한다.

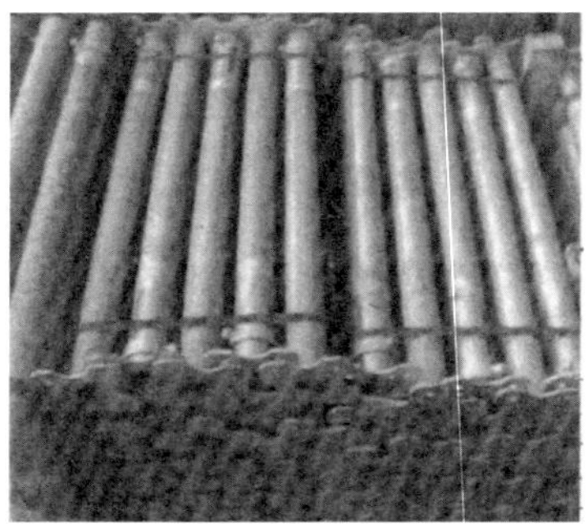
그림 3-41 강관 서포트 예

2) 특징

① 높이에 따라 나사 및 핀으로 조정하여 쉽게 사용할 수 있다.

② 하중이 서포트 전체에 고르게 분산될 수 있다.

③ 수평연결재와 가새의 연결을 하지 않으면 도괴하기 쉽다.

④ 좌굴하기 쉬운 결점이 있어 높이 4m 이하에 주로 사용된다.

3) 조립 설치 방법

① 손잡이 조정암나사를 최대한으로 푼다.
② 내관을 원하는 높이로 조절하고 조정암나사 위에 있는 홈에 조정핀을 꽂아 고정시킨다.
③ 설치장소에 맞게 손잡이로 조정암나사를 돌려 정확한 높이로 재조정한다.

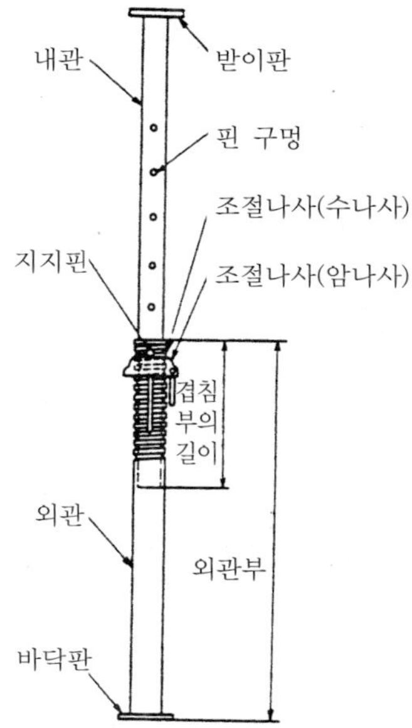

그림 3-42 강관서포트 구조

4) 강관 파이프 서포트의 허용 하중

표 3-7 강재 파이프 서포트의 사용 높이별 허용하중

구분	사용높이(mm)		허용하중(tf)	비고
	최소길이	최대길이		
V-1	1,800±10	3,200±10	1.7	KS 규격(KS F 8001)
V-2	2,000±10	3,400±10	1.45	KS 규격(KS F 8001)
V-3	2,400±10	3,800±10	1.1	KS 규격(KS F 8001)
V-4	2,600±10	4,000±10	0.96	KS 규격(KS F 8001)

그림 3-43 강관 파이프 서포트 설치 현장 예

6.2 강관틀 서포트(steel beatty suppprt)

1) 재료 구성

강관 철제틀 동바리는 문형지주, 잭베이스(jack base), U-헤드, 교차가새, 띠장틀, 조인트핀, 암록(arm lock)으로 구성된 강관틀 동바리를 말한다.

2) 특징

① 비교적 높이가 높고 하중이 큰 구조물의 경우 조립하여 사용

② 수평하중에 대한 안전성이 강재 파이프 서포트보다 높음

③ 보통 5장 이하로 조립할 경우 허용하중은 틀 1개당 약 5ton

④ 강관틀과 강관틀과의 사이에 교차가새를 설치한다.

⑤ 최상층 및 5층 이내마다 거푸집 동바리의 측면과 틀면의 방향 및 교차가새의 방향에서 5개 이내마다 수평연결재를 설치하고 수평연결재의 변위를 방지하여야 한다.

3) 강관틀 동바리 허용 하중

하중점	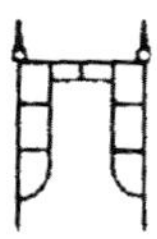	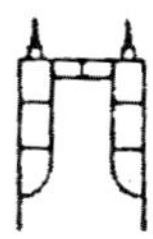		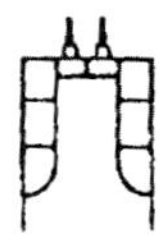
틀 1장의 최대하중 P_{max}	10t	9.1t	7.5t	5t
허용하중	5t	3.5t	3t	2t

(주) 하중점은 100×100의 강관틀 서포트 사용

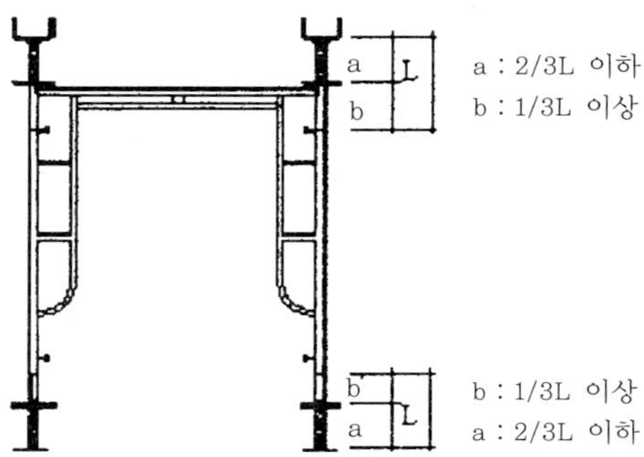

그림 3-44 강관틀 동바리 구조

〈층고 6m 이상〉

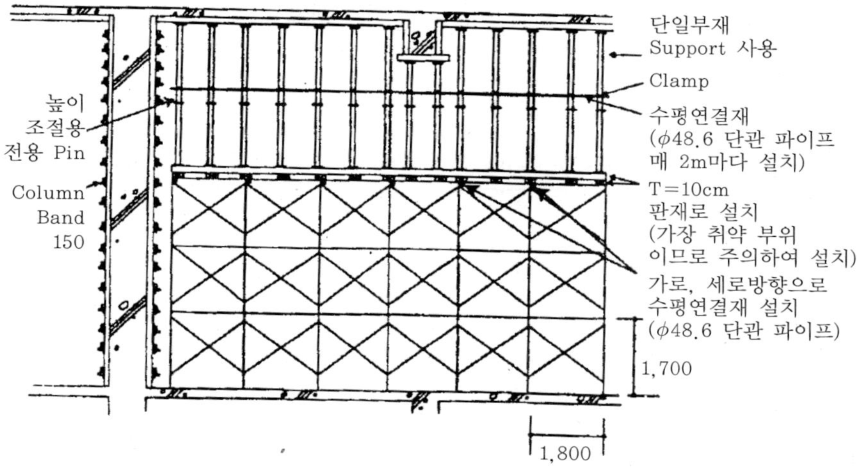

※ 층고 6m 이상 구조물의 거푸집 동바리는 틀비계(B/T 비계) 부재 사용 설치

그림 3-45 강관 틀비계와 파이프 서포트 복합 설치 구조

6.3 잭 서포트(Jack support)

1) 재료 구성

중량 하중을 받을 수 있는 강재 동바리로서 아파트 지하 주차장과 같이 중량 하중을 받는 가설 동바리로 많이 사용하고 있다.

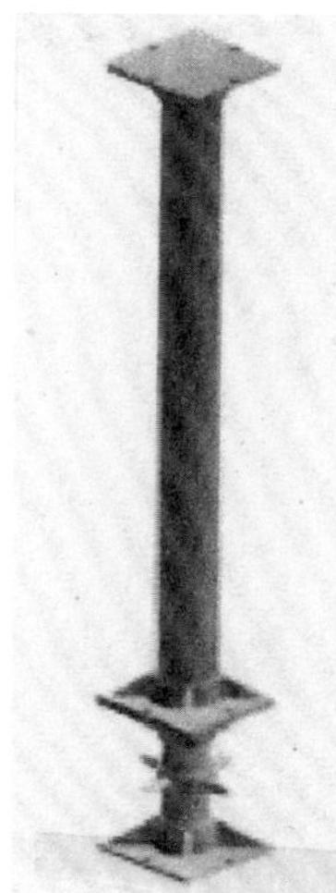

그림 3-46 잭 서포트의 구조

2) 특징

① 높낮이 조절이 쉽고 신속하게 설치 해체가 가능하다.

② 잭 서포트를 설치하여 구조물에 가해지는 과하중을 분산시킬 수 있다.

③ 콘크리트 타설 시 지지 부분에 H-beam 등의 지지대 보강으로 집중하중을 분산시킨다.

④ 중장비 차량 등의 빈번한 통행 등으로 인한 충격이나 과다한 자재 야적 등으로 인한 누적하중을 최소화시킬 수 있다.

3) 조립설치 방법

① 잭 서포트 설치할 장소를 파악 후 규격을 정한다.

② 잭 서포트 1차 높이를 조절한다.

③ 잭 서포트를 세우고 2차 고정을 한다.

4) 잭 서포트의 허용하중

표 3-8 잭 서포트의 사용 길이별 최대하중, 허용하중, 중량 비교표

사용 길이(m)	최대하중(ton/본)	허용하중(ton/본)	중량(kg/본)
2.50~2.80	48	30	65
2.56~2.95	46	30	68
2.80~3.10	44	30	71
3.10~3.40	44	30	74
3.40~3.70	44	30	74

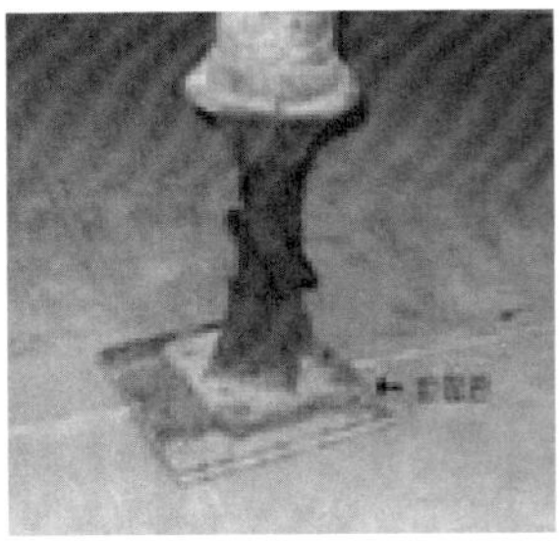

잭 서포트 하부

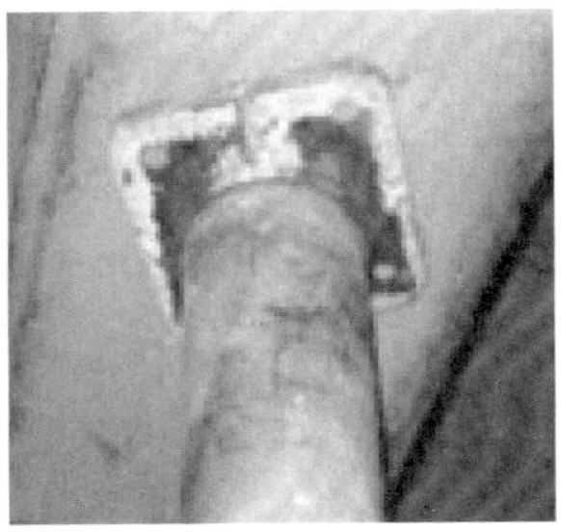

잭 서포트 상부

그림 3-47 지하주차장 잭 서포트 설치 현장 예

6.4 강관 시스템 서포트(system support)

1) 시스템 서포트의 정의

서포트를 부품화, 조립화함으로써 설치가 간편하면서도 하중을 안전하게 전달할 수 있는 동바리를 말한다.

2) 재료 구성

시스템 동바리(서포트)란 파이프 서포트와 강관을 서포트 하중이 큰 곳에는 사용이 어렵기 때문에 그 단점을 보완하여 부품화, 조립화함으로써 설치가 간편하면서도 큰 하중도 전달할 수 있게 만든 가설 동바리 구조를 말한다.

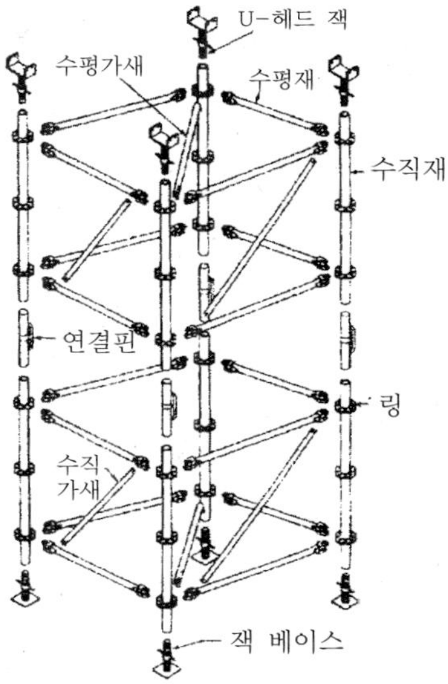

그림 3-48 시스템 서포트 구조

3) 특징

① 상하부 스크루 잭과 거푸집 연결이 확실하다.
② 부재 조립의 단순화로 시공이 용이하다.
③ 수직 · 수평재의 확실한 해결과 좌굴을 방지할 수 있다.
④ 설치 해체시 별도의 도구가 필요 없다.
⑤ 설치 비용이 기존의 파이프 서포트보다 비싸다.

그림 3-49 시스템 서포트 설치 현장 "예"

4) 조립 설치 방법

① 조립 1단계 : 기능공의 작업준비상태 확인, 먹매김 확인, 잭 베이스 준비
② 조립 2단계 : 수직재와 수평재 연결 후 핀 결합 및 수평가새 설치
③ 조립 3단계 : 상부 수직재를 끼워 넣고 수평 · 수직 확인
④ 조립 4단계 : 상부 수평재 설치, 수직가새 설치 후 임시 고정핀을 완전하게 고정
⑤ 조립 5단계 : 2단 설치 전에 작업자 안전 확인, 2단 수직, 가새 · 수평재 설치
⑥ 조립 6단계 : 필요 높이까지 반복작업, 안전 통행료 안전 로프 확인

5) 시스템 서포트의 허용하중

표 3-9 시스템 서포트의 모델별 허용하중

Model	수직재	A1	A2	A3	A4	비고
SP62	ϕ60.5×2.9t	8.0tf	5.0tf	2.8tf	1.7tf	수직재 1EA당 최대허용하중
SP42	ϕ48.6×2.3t	4.6tf	2.4tf	1.3tf	0.8tf	

6) 시스템 서포트 설치 시 유의사항

① 시스템 동바리 설치높이는 단변길이의 3배 이내이어야 하며, 초과 시 붕괴방지 대책을 수립해야 한다.
② jack base 전체길이는 600mm 이내이어야 하며, 수직재와 물림부는 150mm 이상 확보해야 한다.
③ U-bead jack 위의 장선 멍에는 편심이 생기지 않도록 중심선 위에 위치하도록 한다.

7. 가설안전 시설물 설치 및 해체(No 14030208012-14V2)

7.1 가설통로 설치 및 해체(No 14030208012-14V2.1)

1) 가설통로 규격

① 가설통로는 근로자가 작업 및 이동하는 데 충분한 넓이가 되도록 설치해야 한다.
② 가설통로는 발판의 폭은 최소 40cm 이상 최대 1.6m 이내로 한다.
③ 가설통로 발판은 겹쳐 이을 때는 20cm 이상 겹쳐 잇는다.

그림 3-50 가설통로 설치

그림 3-51 가설안전통로 설치

2) 가설통로 설치시 유의사항

① 추락 위험이 있는 곳에는 안전난간이나 철책을 설치한다.

② 발판을 겹쳐 이음하는 경우 장선 위에서 이음을 하고 겹침길이는 20cm 이상으로 한다.

③ 발판 1개에 대한 지지물은 2개 이상이어야 한다.

3) 가설통로 해체

① 가설통로 해체는 비계 해체 전에 통로 연결철물을 풀고 해체한다.

② 가설통로 해체 시에는 안전에 대한 충분한 대책을 세워야 한다.

7.2 안전난간 설치 및 해체(No 14030208012-14V2.2)

1) 안전난간 설치 규격

안전난간은 난간기둥, 상부난간대, 중간대 및 폭목으로 구성되며, 각 부분의 접합부는 쉽게 변위, 변형을 일으키지 않는 구조로서 다음 각호에 정한 것과 같다.

① 높이 : 안전난간의 높이(작업바닥면에서 상부난간의 끝단까지 높이)는 90cm 이상으로 한다.

② 난간기둥의 중심간격 : 난간기둥의 중심간격은 2m 이하로 한다.

③ 중간대의 간격 : 폭목, 중간대, 중간대와 상부난간대 등의 내부간격은 각각 45cm를 넘지 않도록 설치한다.

2) 표준안전난간대 구조

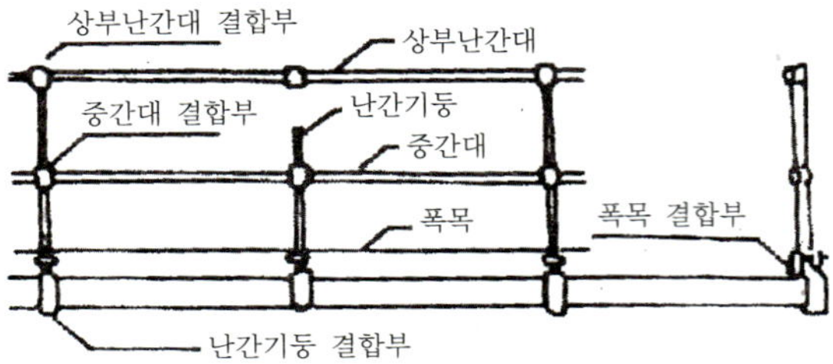

그림 3-52 표준안전난간의 각부 구조

그림 3-53 안전난간대 설치

3) 안전난간대 해체 시 유의사항

① 안전난간대는 비계해체 시 가장 먼저 작업이 되므로 안전에 주의해야 한다.

② 안전난간대 해체는 재사용을 위해 파손되지 않도록 해체한다.

7.3 방호선반 설치 및 해체(No 14030208012-14V2.3)

1) 설치 개요

방호선반은 건설공사 중 근로자, 보행자 및 차량 통행이 많은 곳에 낙하물로 인한 재해를 예방하기 위해 설치하는 것을 말한다.

2) 설치 기준

① 방호선반의 높이는 8m 이내로 한다.

② 방호선반의 내민길이는 비계발판 외측에서 2m 이상으로 한다.

③ 방호선반이 수평면과 이루는 각도는 20~30° 로 한다.

그림 3-54 안전방호, 선반 설치 예

3) 설치, 해체 시 유의사항

① 방호선반은 풍압, 진동, 충격 등으로 탈락하지 않도록 견고하게 설치한다.

② 방호선반의 바닥판은 틈새가 없도록 설치한다.

③ 수평으로 설치하는 방호선반의 끝단에는 수평

면으로부터 높이 60cm 이상의 난간을 설치한다.

④ 방호선반 해체 시는 재사용이 가능할 수 있도록 손상되지 않도록 해체한다.

방호선반 자재

방호선반 설치

그림 3-55 방호선반 자재와 설치 현황

7.4 낙하물방지망 설치 및 해체(No 14030208012-14V2.4)

1) 설치 개요

안전 낙하물방지망은 낙하물에 의하여 작업자, 통행인 및 통행차량 등에 위해를 끼친 우려가 있는 장소에 설치하는 시설물이다. 수직으로 둘러치는 것과 수평으로 둘러치는 것이 있다.

2) 재료

① 공사용 시트(sheet)

섬유망 시트나 메시 시트(Mesh Sheet)를 비계의 외측에 붙여서 사용하지만 강풍 시 풍압이 심히 증대되어 위험하면 시트를 철거한다.

② 네트 프레임(Net Frame)

철제 지지틀에 붙어 있는 금속망을 틀비계에 붙일 수 있다.

3) 설치구조

① 비계 또는 구조체 외측에서 2m 이상 내밀어 설치한다.

② 낙하물방지망이 수평면과 이루는 각도는 20~30° 로 한다.

③ 한 번 설치 높이는 10m 이내마다 설치해야 한다.

④ 낙하물방지망의 이음은 30cm 이상 겹침이음을 한다.

4) 설치, 해체 시 유의사항

① 방지망의 강도는 15kN/m^2 이상의 인장력에 견딜 수 있는 로프를 사용한다.

② 방지망을 지지하는 긴결재와 긴결재 사이는 낙하물이 떨어지지 않도록 조치한다.

③ 근로자, 보행자 등의 왕래가 잦은 곳은 최하단의 방지망 그물 크기가 0.3cm 이하인 것을 사용한다.

④ 방지망을 매다는 지지재의 간격은 3m 이상으로 한다.

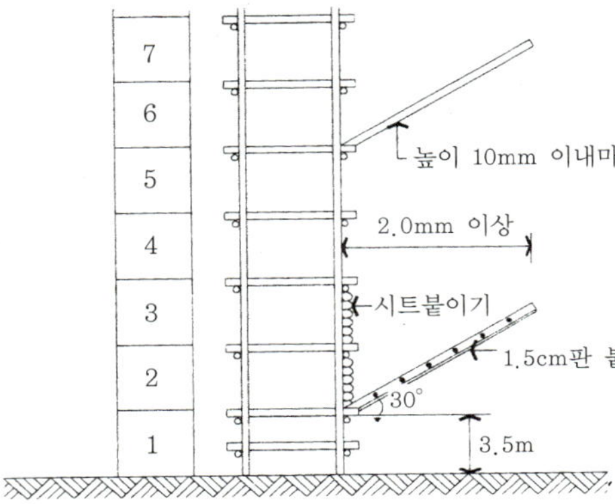

그림 3-56 낙하물방지망 구조

그림 3-57 낙하물방지망 설치 예

7.5 수직보호망 설치 및 해체(No 14030208012-14V2.6)

1) 설치 개요

수직 보호망은 가설구조물의 외측면에 수직으로 설치하여 작업장소에서 비래 · 낙하물 등에 의한 재해방지를 목적으로 설치하는 보호망을 의미하며, 추락방지용으로는 사용할 수 없다.

2) 설치기준

① 강관비계에 수직보호망을 설치하는 경우에는 비계기둥과 띠장간격에 맞추어 수직보호망을 제작 · 설치하고 빈 공간이 발생하지 않도록 한다.

② 강관틀비계에 수직보호망을 설치하는 경우에는 수평지지대 설치간격을 5.5m 이하로 하고 여기에 수직보호망을 견고하게 설치한다.

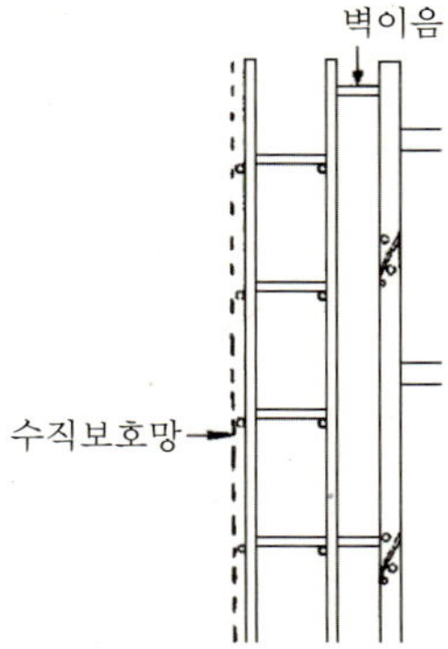

그림 3-58 강관 가설비계 수직보호망 설치 구조

그림 3-59 안전 수직보호망 설치 현장 예

7.6 안전시설물 해체 및 정리(No 14030208012-14V2.7)

① 안전시설물은 상당 부분 재사용하므로 해체시에는 파손되지 않도록 한다.

② 안전시설물은 회수 후 반드시 보수한 후 보관한다.

③ 안전시설물을 재사용 시에는 불량하거나 변형된 것이 없는지 조사한 후 사용한다.

제2절 가설공사 시공계획 NCS 적용 "사례현장" 실무

1. 사례현장 가설공사 개요

1.1 사례현장 공사 개요

<table>
<tr><th>구분</th><th colspan="3">공 사 내 용</th></tr>
<tr><td>1. 공사명</td><td colspan="3">○○종합의료 복합단지 공사</td></tr>
<tr><td>2. 공사위치</td><td colspan="3">서울시 광진구 ○○동 ○○번지</td></tr>
<tr><td>3. 공종명</td><td colspan="3">가설공사(시공계획서)</td></tr>
<tr><td>4. 공사규모</td><td colspan="3">① 지하 3층~지상 12층
② 외부비계 : −강관 시스템 쌍줄비계
−쌍줄비계 면적 : 21,000m²
③ 내부비계 : 시스템 서포트/강관틀비계
④ 가설울타리 : −철재 방음벽 울타리
−가설울타리 면적 : 3,612m²
⑤ 타워크레인 : 2대(H=60m, J. B=40m)
⑥ 리프트 카 : 1대(1ton, H=45m)</td></tr>
<tr><td>5. 공사기간</td><td>2013. 12~2015. 2</td><td>6. 시공업체</td><td>○○건설</td></tr>
</table>

그림 3-60 사례현장 전체 가설공사 현황

1.2 사례현장 종합가설계획도

1) 사례현장 종합가설계획 배치도

- 사례현장 종합가설배치 계획은 현장 출입문이 3곳이며, 가설울타리, 자동세륜기, 현장 가설사무실, 협력업체사무실, 타워크레인 2대가 설치된다.

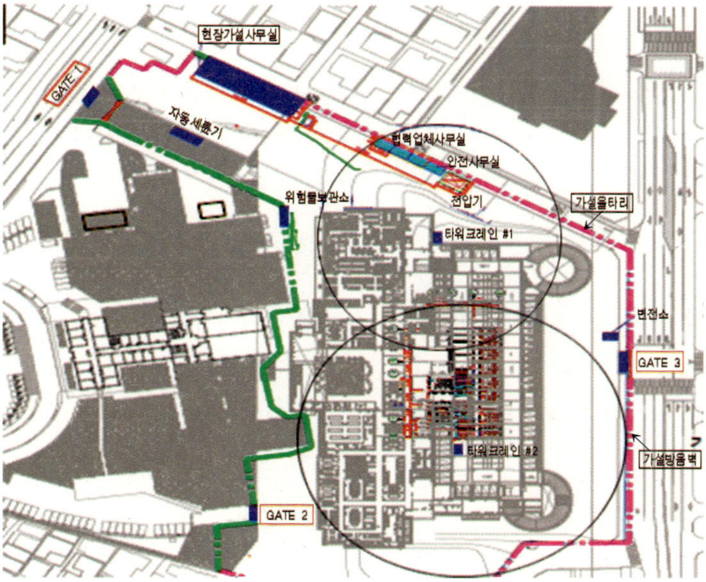

그림 3-61 사례현장 종합 가설 배치도

2) 사례현장 종합가설계획 배치 현황

그림 3-62 사례현장 종합가설계획 배치 현황(2014.5)

1.3 사례현장 현황 파악(No 1403020801-14V2.3)

1) 건물구조와 형태 파악

① 건물구조 형태와 장비설치, 가능 여부 등을 파악한다.

② 가설공사는 건물 크기와 형태에 따라 가설공법이 달라질 수 있다.

2) 주변 여건 파악

① 가설 비계 설치는 현장여건과 주변 이웃을 고려하여 계획해야 한다.

② 가설공사시 소음이나 진동이 최소화될 수 있는 공법을 택해야 한다.

③ 대상 건물의 조건과 현황 상황을 고려하여 판단한다.

2. 사례현장 가설시공도면 파악(No 1403020801-14V2)

2.1 기본도면 파악(No 1403020801-14V2.2)

1) 가설공사 도면 파악

① 가설공사는 본 공사를 위한 임시설비로서 공사가 완료되면 해체, 철거, 정리되는 가설비계, 가설건물 등의 임시적 설비를 말한다.

② 가설공사는 도면이나 시방서에 특별한 명시가 없어 시공자가 스스로 계획하여 시공한다.

③ 가설공사계획은 공통가설공사와 직접가설공사로 분류되며, 일반적으로 설계도서에 표시되지 않으므로 사전에 현장여건, 공사규모, 공사기간 등을 검토하여 계획해야 한다.

④ 가설공사계획시 고려사항으로는 본공사 공정에 맞춰 설치시기를 조정해야 하며, 또한 설치규모, 반복사용에 의한 전용성, 시공성, 안전성, 공해성 등을 고려하여 설치해야 한다.

2) 골조공사 설계도면 파악

① 가설공사는 골조공사도면에 맞추어 가설공법이 선정되고 사용재료가 선정된다.

② 지하층 공사 깊이, 지붕층 공사의 형태, 기타 구조물의 돌출부 등에 따라 가설비계공사가 달라질 수 있다.

2.2 시공도면(골조공사) 검토

1) 사례현장 건물 배치도면 검토

- 사례현장의 건물 배치도는 정면이 25m 도로에 접하고 있으나 후면과 측면은 민가 인접 지역으로 민원 발생이 우려되는 지역이다.

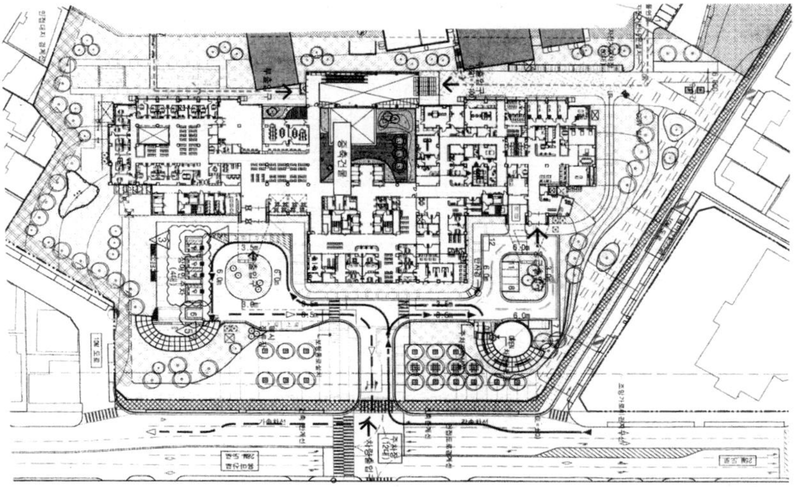

(a) 사례현장 건물 배치도 검토

2) 사례현장 외부 및 단면도면 검토

- 사례현장 중앙부는 12층으로 올라가고 양쪽 면은 6층까지 올라가는 구조형태 건물이다.

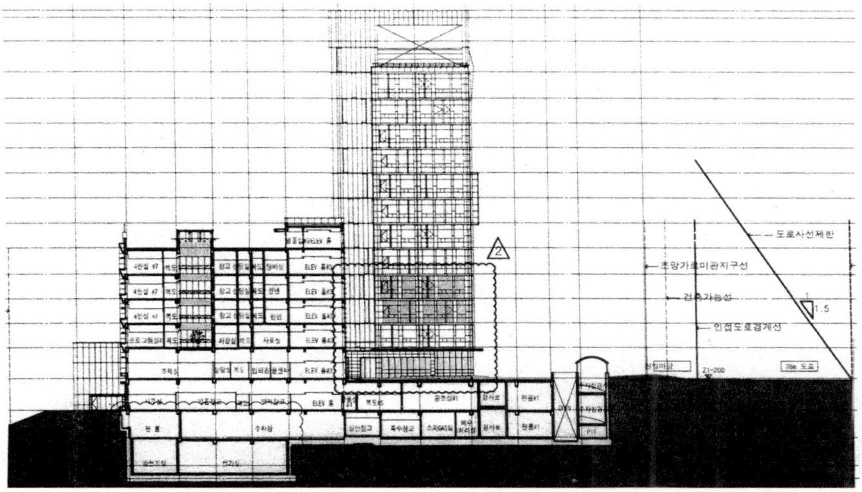

(b) 사례현장 건물 외부 입면도 및 단면도 검토(가설비계 도면 검토)

그림 3-63 사례현장 배치도 및 외부 입면도 및 단면도 검토(가설 도면 검토)

3) 사례현장 1층 평면도 검토

– 사례현장 1층 평면도 중앙 부분이 open space로 가설비계 설치 시 유의해야 한다.

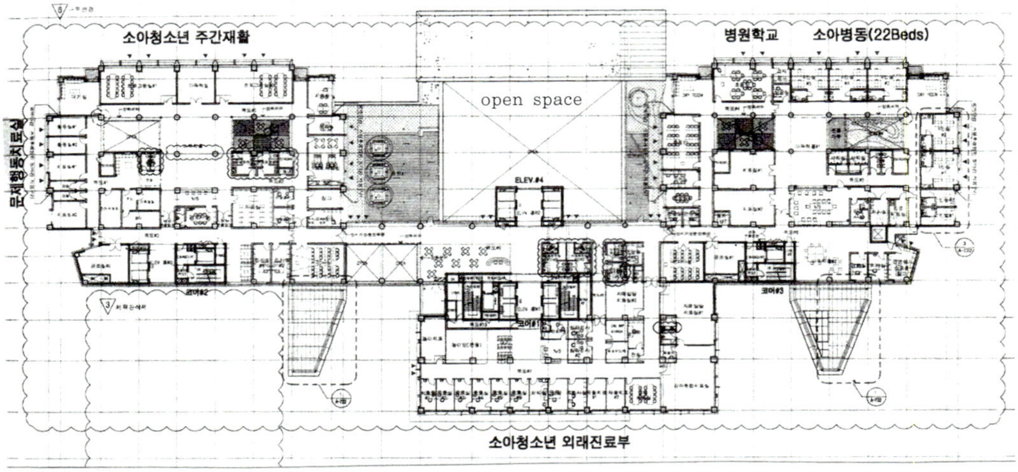

그림 3-64 사례현장 기준층 평면도 검토(가설비계 도면 검토)

4) 사례현장 비계 설치 현황

(1) 사례현장 시스템비계 설치 시공

그림 3-65 사례현장 강관시스템비계 설치 현황

(a)

(b)

그림 3-66 사례현장 시스템 서포트 설치 현황

3. 사례현장 가설현장 안전(No 1403020802-14V2)

3.1 안전보호구 착용(No 1403020802-14V2.1)

① 안전모와 안전벨트, 안전대 착용 상태 확인
② 작업에 적합한 복장인지 여부 확인
③ 사용 공구 및 기계에 대한 취급요령 숙지 상태
④ 안전공구는 항상 작업하기 편리한 위치에 놓는다.

그림 3-67 사례현장 안전대 착용 장면 예

3.2 안전시설물 설치 계획 (No 1403020802-14V2.2)

① 안전시설물의 설치, 해체 시기에 대한 지침이 명확하지 않아 현장별로 설치, 해체 실태가 다른 경우가 많다.
② 필수적인 안전시설물이 미설치되거나 조기 해체되는 경우는 안전상의 위험이 되므로 반드시 확인해야 한다.
③ 안전시설물이 설치 기준에 미흡하여 작업 발판, 안전대걸이, 작업 구멍 등에서 제기능을 발휘하지 못하는 경우가 생기지 않도록 해야 한다.
④ 특히 추락사고 방지 등의 필수적인 안전시설물인 개구부 안전난간, AD, PD 보호덮개, 낙하물방지망 등은 반드시 설치해야 한다.

4. 사례현장 가설공사 시공계획

사례현장 가설공사계획은 공통가설공사로는 가설울타리와 현장사무실 설치, 가설전기 인입공사가 있으며, 직접가설 공사계획은 외부비계는 강관시스템비계로 설치하고, 내부비계는 체육관이 있어 시스템 서포트 공법과 강관 틀비계 공법으로 설치한다.

4.1 공통가설공사 계획

1) 위치 측량과 건물 배치 계획

① 대지경계측량과 기준점을 설치한다.

② 가설울타리와 출입문 설치

가설울타리는 민원 관계로 H=6m 높이의 가설방음벽 울타리를 설치하고 출입문은 4m 이상 크기로 설치한다.

그림 3-68 사례현장 출입문

그림 3-69 사례현장 가설울타리와 가설방음벽 설치 현황

2) 현장 가설사무소 설치

① 가설사무소 배치는 향후 공사 진행에 지장이 없는 위치에 배치하고 감리사무실, 수급자사무소 등도 같이 설치한다.

② 본 건물의 규모에 따라 감독·감리사무소, 수급자 사무소, 기타 자재창고 등을 적절한 규모로 설치한다.

표 3-10 사례현장 가설사무소 및 협력업체 사무소 크기

구분	규격	수량	단위
현장가설사무소	35m×10m	1	개소
협력업체사무소	3m×6m	5	개소
목공 창고 작업장		2	개소
가설 화장실		7	개소

그림 3-70 사례현장 가설사무소 설치 현황

그림 3-71 사례현장 협력업체 사무소 설치 현황

3) 가설전기 및 용수계획

(1) 가설변전소 및 분전반 설치

① 가설전기는 변전소 1개소를 설치한다.

② 각 동마다 메인 배전반을 설치하고 3개 층마다 분전반을 1개소씩 설치한다.

그림 3-72 사례현장 가설변전소 설치

(2) 사례현장 가설전기 용량 계산

① 타워크레인 : 65kW×1대=65kW

② 리프트 카 : 19.5kW×1대=19.5kW

③ 세륜기 : 25kW×1대=25kW

④ 양수기 : 3kW×3대=9kW

⑤ 용접기 : 10kW×3대=30kW

⑥ 가설건물 : 40kW

⑦ 기타 : 20kW

∴ 총예상부하량 : 208.5kW×70%(수용률)=146kW

(3) 사례현장 변압기 용량

－전압 : 22.9kV 3상

－변압기 : 500kVA 1대

－22.9kV /38V / 220V

－총용량 : 400kVA

(4) 가설 용수계획

① 지하심정 개발 : 1일 수량 100ton 이하 1개소 개발

② 급수 : 상수도 연결 사용
③ 물탱크 설치 : 지하저수조 및 가설 물탱크 설치
④ 공사용수 공급 : 각 층당 1개소 수전 설치

4) 가설도로 및 세륜기 설치

(1) 가설도로 및 배수로 설치

① 가설도로는 잡석깔기 포장을 하고 지하터파기 시는 기초 외부로 배수로를 설치하여 집수정을 만들어 맨홀로 강제배수계획을 한다.

② 세륜기 설치
세륜기는 현장 출입구에 1대를 설치한다.

그림 3-73 사례현장 내 가설도로

그림 3-74 사례현장 가설사무소 및 세륜기 설치 현황

4.2 사례현장 양중계획

1) 타워크레인 설치계획

(1) 타워크레인 배치

- 타워크레인 배치는 자재 수직양중과 골조공사 외부거푸집을 양중할 수 있는 위치를 검토하여 작업반경의 중앙부에 위치시킨다.
- 타워크레인 대수는 건물의

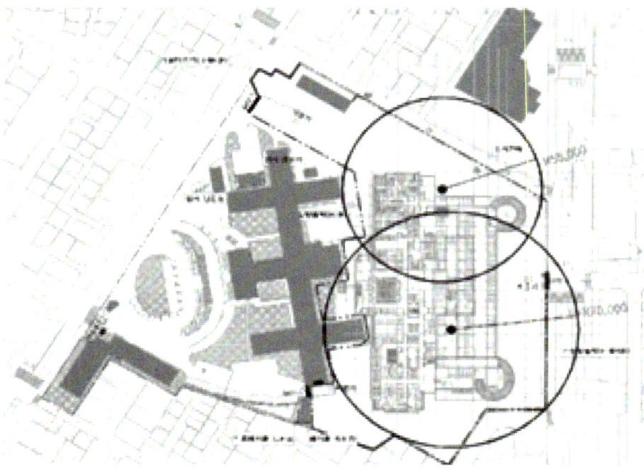

그림 3-75 사례현장 타워크레인 배치도

길이에서 높이 50m, Jib 길이 40m로 2대를 설치한다.

(2) 타워크레인 설치

① 타워크레인은 먼저 기초 앵커를 매립한 다음 기초콘크리트를 타설한다.
② 기포 위에 타워크레인 Mast를 세우고 단계적으로 수직 상부로 조립 설치해 나간다.
③ 수직 Mast 설치가 끝나고 나면 수평 Boom대를 설치한다.
④ 타워크레인 Mast와 Boom대 설치가 끝난 다음 조립검사 시험을 한다.

(a) 사례현장 타워크레인 기초 설치 (b) 사례현장 타워크레인 마스터 세우기 (c) 사례현장 타워크레인 붐대 설치 작업

그림 3-76 사례현장 타워크레인 조립 설치 현황

(3) 리프트 카(Hoist) 설치 계획

① 사례현장 Hoist는 건물의 중앙부에 수송용량 1ton으로 H=45m 높이의 것을 설치한다.
② 수직운반용 Hoist 설치는 제작회사의 사양에 따라 반드시 전문기술자가 설치하여야 한다.
③ Hoist 사용 시는 반드시 운전자가 상주해야 한다.

▣ Model-RGL-1000HG-2N-DY

일반 범용 소형장비로써 가장 일반적인 장비임

장비사양	
적재하중	1,000kg
CAGE 크기	L 3,000×W 1,350×H 2,650
구동방식	Standard
SPEED	38 M/Min
MOTOR	9.75kW×2
POWER	380V
MA×Height	150M

(a) 사례현장 Hoist 설치 현황 (b) 사례현장 Hoist 설치 입구

그림 3-77 사례현장 Lift car 설치 현황

4.3 직접 가설공사 계획(No 1403020804-14V2)

1) 가설 공정계획(No 1403020804-14V2.3)

(1) 사전조사 분석

① 가설공사는 본공사 공정에 지장을 주지 않도록 충분한 사전조사를 한 후 공정계획을 세워야 한다.

② 가설공사는 설치와 해체가 용이한 가설공법 선정으로 작업 능률성이 좋아야 한다.

(2) 가설공사 설치시기

① 가설공사는 본 공사 진행 속도에 맞추어 공정계획을 세워야 한다.

② 본 공사에 영향을 주지 않도록 면밀히 시공계획 수립 후 공정계획을 세워야 한다.

(3) 가설규모와 성능 분석

① 본 공사의 구조, 규모 등에 맞추어 가설규모를 결정하여 공정계획을 세운다.

② 본 공사에 지장이 없게 가설장비 성능이나 설비 등을 감안하여 공정계획을 세운다.

(4) 인력 투입 공정

① 가설공사는 인력투입이 많은 공정으로 숙련공 조달 투입을 감안하여 공정계획을 세운다.

② 가설공사는 사고의 위험성이 많으므로 안전설비에 따라 공정계획에 차질이 생길 수 있다.

2) 안전, 품질관리계획(No 1403020804-14V2.4)

(1) 안전관리계획

① 단관비계는 반드시 쌍줄비계로 설치해야 한다.
② 비계, 공구, 장비 등을 달아 올릴 때는 달줄, 달포대를 사용한다.
③ 비계 설치 및 해체 시에는 작업반경내 근로자 접근을 금지해야 한다.
④ 비계작업 시작 전에 작업 범위, 순서, 방법 등을 충분히 숙지시킨다.
⑤ 비계공은 안전모, 안전대를 반드시 착용 후 작업한다.

(2) 품질관리계획

① 비계설치 시는 최대적재하중을 표시하고 철물의 손상이나 비계연결 및 접속부의 이완과 침하 여부를 점검한다.
② 장선, 띠장이나 가새, 버팀기둥 등의 상태를 정기적으로 점검하고 강풍, 호우, 대설, 지진 후에는 다시 점검한다.
③ 비계의 도괴사고는 수직하중보다 풍하중 등의 횡력(수직하중의 5%)에 의한 경우가 많다.
④ 벽체에 결박(앵커볼트, 폼타이, 특수철물 이용)하는 간격은 강관비계는 수직 5m 이하, 수평 5.5m 이하로, 틀비계는 수직 9m 이하, 수평 8m 이하로 한다.

5. 사례현장 비계 설치 계획 및 해체(No 1403020805-14V2)

5.1 가설 기자재 검수(No 1403020805-14V2.1)

1) 가설비계 재료 검수

① 강도에 이상 유무 검수
② 휘어지거나 변형된 재료 검수
③ 연결 부속 철물 재료 검수
④ 비계받침 철물 재료 등

2) 비계 부속철물 검수

① 변형된 것을 사용하지 않는다.
② 녹슬고 오래된 것은 교체한다.
③ 충분한 수량을 확보한다.

그림 3-78 비계재료 보관 및 검수 예

5.2 가설비계 설치 계획(No 1403020805-14V2.3)

1) 사례현장 강관파이프비계 설치

① 수직강관에 45° 방향으로 교차가새를 설치한다.

② 수평연결재와 수직재의 긴결은 연결 클램프를 사용한다.

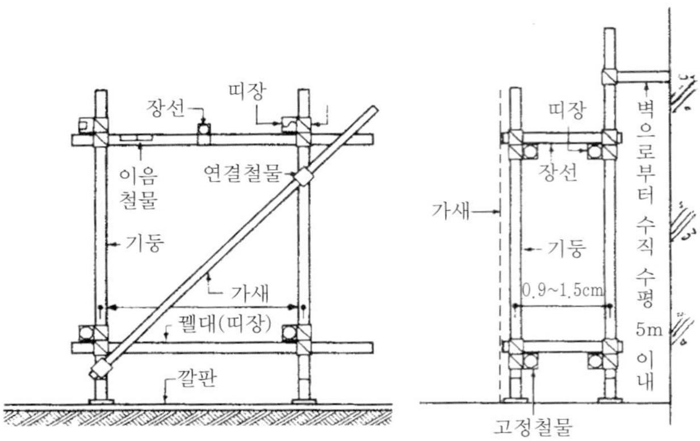

그림 3-79 쌍줄강관비계 설치 구조

그림 3-80 사례현장 쌍줄비계 설치 현장

2) 사례현장 강관틀비계 가새설치

① 강관틀과 강관틀비계 사이의 측면에는 교차가새를 설치한다.

② 강관틀 5개 높이마다 수평연결재를 설치해야 한다.

③ 수평연결재를 설치한 틀면방향의 동일 수직면은 교차가새와 별도로 5개 높이마다 가새를 설치한다.

그림 3-81 사례현장 강관틀비계 설치 현장

3) 사례현장 강관시스템비계 설치

① 구조물 외부비계는 전부 강관시스템비계로 설치하여 안전하게 작업할 수 있도록 하였다.

② 강관시스템비계는 공장에서 비계 부재를 제작하여 현장에서는 조립 · 설치만 하면 되는 조립형 비계로서 가장 안전한 가설비계이다.

③ 수직재와 수평재는 항상 직교하게 설치한다.

4) 사례현장 시스템 서포트 설치하기

① 사례현장의 실내체육관 공사는 층고가 높기 때문에 강관시스템 서포트 공법을 적용하였다.

② 시스템 서포트는 수직 · 수평부재의 확실한 체결과 좌굴을 방지할 수 있도록 설치하는 것이 중요하다.

③ 시스템 서포트는 설치 높이가 단변길이의 3배 이내이어야 하며, 초과시에는 붕괴방지대책을 수립한다.

그림 3-82 사례현장 강관시스템비계 설치 현황

그림 3-83 사례현장 시스템 서포트 비계 설치 현황

5.3 가설비계 고정

1) 지반상태 확인 보강(No 1403020804-14V2.2)

(1) 강관파이프비계 경우

① 파이프비계의 베이스플레이트는 지반을 평평하게 다진 후 바닥에 고정시켜야 한다.

② 비계 고정용 베이스플레이트의 종류에는 비계 높이를 조절할 수 있는 조절형과 바닥에 고정하는 고정형이 있다.

(2) 강관틀비계의 경우

① 틀비계의 지반 바닥은 평평하게 다진 후 받침판을 깔고 그 위에 틀비계 베이스를 설치한다.

② 틀비계 베이스도 고정용과 조절형이 있다.

그림 3-84 사례현장 강관파이프 비계 설치

2) 비계받침 철물 설치하기
(No 1403020805-14V2.2)

① 비계받침 베이스플레이트는 고정형과 조절형이 있으나 일반적으로 고정형을 사용한다.

② 고정용 받침 철물 설치는 먼저 지반바닥을 다지고 평평하게 고른 다음 설치한다.

3) 벽연결용 철물 설치하기
(No 1403020805-14V2.4)

① 비계는 구조물 외벽에 1개 층마다 고정시킨다.

② 브래킷 지주 연결대는 구조물 발코니 슬래브에 고정시킨다.

4) 비계 작업발판 끝막이판 안전계단 경사로 설치(No 1403020805-14V2.5)

① 비계 위 작업발판 끝마구리 부분은 공간이 생기지 않도록 막고 경사로를 설치한다.

② 작업발판은 끝마구리 부분 마감을 정확히 해야 안전사고를 방지할 수 있다.

5.4 가설비계 해체 정리(No 1403020807-14V2)

1) 비계 해체 정리 순서

① 작업발판 끝막이판 안전계단 경사로 해체(No 1403020807-14V2.1)

② 벽연결용 철물 해체(No 1403020807-14V2.2)

③ 수직 · 수평가새 해체(No 1403020807-14V2.3)

④ 받침철물 해체(No 1403020807-14V2.3)

⑤ 기타 자재 정리정돈(No 1403020807-14V2.4)

2) 비계 해체 정리시 유의사항

① 비계 해체작업 시에는 반경내 작업자 출입금지를 알리는 표지판 설치와 감시자를 배치한다.

② 비계 해체 작업 시작 전 작업구간 내에 가설전선, 가공전선 등의 유무를 확인한 후 해체한다.

③ 비계 해체시 인명 추락 예방계획을 세우고 작업한다.

④ 비계는 상부층부터 하부층으로 해체한다.

⑤ 해체된 비계는 사용 가능과 불가능으로 구분하여 정리한다.

5.5 주변 환경설비계획

1) 비산 먼지 설비

- 현장의 비산 먼지에 대한 환경대책 설비가 필요하다.
- 현장 오염폐수나 쓰레기처리 대책을 세운다.

2) 현장 진입로 세륜설비 설치

- 현장 출입구에는 반드시 세륜기를 설치한다.
- 공사용 가설도로 포장이 필요하다.

그림 3-85 사례현장 비산 먼지 분진막 설치 현황

4
Chapter

토공사 및 흙막이공사

제1절 토공사 및 흙막이공사 시공 기본 지식 이해

제2절 토공사 및 흙막이공사 시공계획 NCS 적용 “사례현장” 실무

제1절 토공사 및 흙막이공사 시공 기본 지식 이해

1. 공사 개요

토공사 및 흙막이공사는 건축물의 지하구조물을 만들기 위해 가장 먼저 이루어지는 터파기 및 흙막이공사와 이어 부수되는 토공사를 말한다.

건축공사에서 시공계획이 수립되고 제반 준비가 완료된 후에 가장 먼저 착수하는 것이 토공사로서 건축대지 조성을 위한 터닦기로서 표토제거, 절토, 성토 등의 지반 정지공사와 건물 축조를 위한 터파기 및 흙막이공사와 되메우기, 잔토처리 등의 공사를 진행한다.

최근 토공사는 건축물의 초고층화, 대형화 추세에 따라 지하터파기공사의 중요성이 점차 증대되고 있으며, 특히 도심지 고층건축물의 지하공사는 주차공간 확보 등으로 인해 굴착 깊이가 깊어지고 규모 또한 점점 커지고 있는 추세이다.

특히 도심건축물 지하공사 시에는 인접구조물의 피해예방과 주변 소음·진동 등의 민원 발생에 따라 공사의 어려움은 더해지고 있어 철저한 사전조사 후 공사를 실시해야 한다.

토공사의 공정은 전체 공사기간에서 차지하는 비중도 높아 공사계획에 있어 사전에 충분한 검토가 필요하다.

2. 흙의 성질

2.1 흙의 분류

1) 흙의 구성

흙의 구성은 흙입자, 물, 공기로 구성되며, 흙의 지내력은 물과 공기, 즉 간극비에 의해 좌우된다.

흙의 유효응력은 전응력에서 간극수압을 뺀 것을 말하며, 흙의 간극비, 함수비, 포화도의 구성은 다음과 같다.

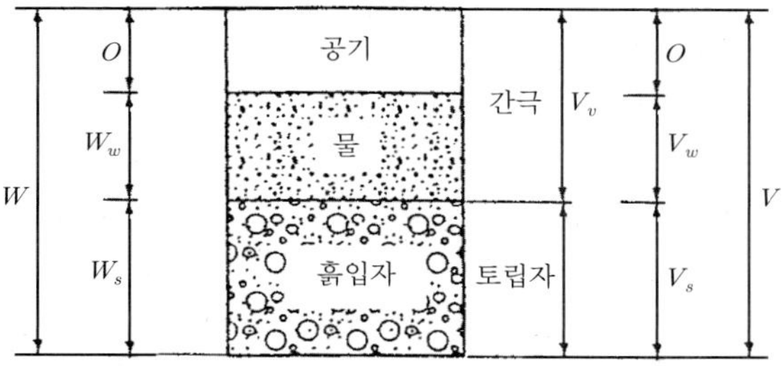

그림 4-1 흙의 구성

- 간극비 $= \dfrac{V_v(\text{간극 용적})}{V_s(\text{토립자 용적})} \times 100\%$
- 함수비 $= \dfrac{W_w(\text{물 중량})}{W_s(\text{토립자 중량})} \times 100\%$
- 포화도 $= \dfrac{V_w(\text{물 용적})}{V_v(\text{물, 공기 용적})} \times 100\%$
- 예민비 $= \dfrac{\text{자연시료 강도}}{\text{이긴시료 강도}}$

2) 흙(지반)의 성질

흙(지반)은 암반, 돌, 모래 실트(silt), 진흙(clay), 롬(loam), 부식토 등으로 구성되어 있으며, 흙의 성질에 따라 모래질지반(사질지반)과 진흙질지반(점토질지반)으로 구분된다.

3) 흙의 분류

(1) 사질토 지반

모래 및 자갈 등으로 주로 모래 성분이 많고, 점착력이 아주 적은 흙을 말한다.

(2) 점성토 지반

점성을 가진 흙으로 진흙 성분이 많고, 내부마찰각이 아주 적은 흙을 말한다.

(3) 흙의 입자 크기에 의한 분류(AASHTO 분류법)

① 자갈(Gravel) : 2~75mm

② 모래(Sand) : 0.05~2mm

③ 실트(Silt) : 0.002~0.05mm

④ 점토(Clay) : 0.002mm 미만

2.2 지반의 지내력

1) 지반의 허용지내력

표 4-1 지반 종류의 지내력(kN/m^2, 괄호의 단위는 tf/m^2)

지반		장기 허용지내력		단기 허용지내력
경암반	화강암, 내연암, 편마암, 안산암	4,000(400)		일반적으로 장기 허용 지내력의 2배 (법규상으로는 1.5배)
연암반	편암, 판암의 수성암	2,000(200)		
	혈암, 표반암	1,000(100)		
자갈		300(30)	600*(60*)	
자갈+모래		200(20)	500*(50*)	
모래		100(10)	400*(40*)	

*표는 밀실한 때의 지내력

(주) 롬토(Loam) : 모래(Sand)+실트(Silt)+점토(Clay)의 혼합물

2) 전단강도

전단강도란 흙에 관한 역학적 성질로서 기초지반의 극한지지력을 알 수 있는 것을 말하며 따라서 기초의 하중이 흙의 전단강도 이상이 되면 흙은 붕괴되고, 기초는 침하되며, 전단강도 이하이면 흙은 안정되고, 기초는 지지된다.

3) 흙의 투수성

① 흙의 투수성을 이용한 대표적인 공법으로 샌드드레인공법과 웰포인트공법이 있다.

② 다시(Darcy)의 법칙

㉠ 투수계수를 먼저 확인한다.

㉡ 침투유량=투수계수×수두경사×단면적

4) 흙의 압밀과 다짐

(1) 흙의 압밀과 압밀침하

① 흙의 압밀은 점토지반에서 외력의 재하(Loading)에 의해 간극수가 빠져나가 체적이 감소되어 침하되는 현상이다.

② 압밀침하는 점토지반에서 재하(Loading)에 의해 간극수가 빠져나가 지반이 침하되는 것이다.

③ 압밀침하는 점토 중의 간극수가 제거되어 침하현상이 발생한다.

④ 점토의 압밀침하는 투수성이 나쁘므로 장기압밀 침하한다.

(2) 흙의 다짐

① 다짐은 사질지반에서 재하(Loading)에 의해 공기가 제거되어 침하되는 현상이다.

② 다짐은 사질토 중의 공기가 제거되어 침하된다.

③ 사질토의 다짐에 의한 침하는 단기 침하한다.

5) 예민비

① 흙의 이김에 의해 약해지는 정도를 표시하는 것이다.

② 예민비(Sensitivity Ratio) $= \dfrac{\text{자연시료의 강도}}{\text{이긴시료의 강도}}$

③ 강도는 일축압축강도이다.

④ 사질토의 예민비는 거의 1이며, 점토질의 예민비는 1보다 크다.

6) 액상화

① 액상화(Liquefaction)란 사질토 층에서 지진, 진동 등에 의해 간극수압의 상승으로 유효응력이 감소하여 전단저항을 상실하여 액체와 같이 급격히 지반의 변형을 일으키는 현상을 말한다.

② 흙의 유효응력을 상실함에 따라 발생하는 것으로 부동침하, 지반이동, 건축물의 부상 등이 발생한다.

7) 샌드 벌킹(Sand Bulking)

모래에 물이 흡수되어 체적이 팽창하는 현상을 말한다.

8) 흙의 연경도시험(Atterburg 한계)

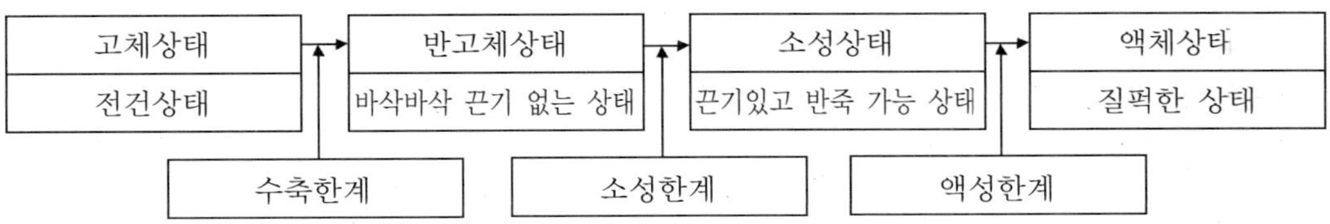

3. 지반조사

3.1 지반조사 순서

1) 지반조사란?

지반조사는 건축물의 기초구조설계, 토공사 및 기초공사의 시공에 필요한 자료를 얻기 위하여 실시하는 토질조사를 말한다.

2) 지반조사 순서

(1) 사전조사

예비지식을 얻기 위하여 지반의 개황을 조사하는 것을 말한다.

(2) 예비조사

본조사의 기본 자료가 되는 대지 내의 기초적 조사를 말한다.

(3) 본조사

지반의 물리적 · 역학적 성질을 본격적으로 조사하는 것을 말한다.

(4) 추가조사

본조사의 결과를 보완하기 위한 조사를 말한다.

3.2 지반조사 방법

1) 지하탐사법

지반의 일부분은 일정깊이(2m)를 시험파기하거나 철봉을 땅속에 박아 짚어보거나 물리적으로 지하탐사를 통해 지반을 조사하는 것을 말한다.

탐사 방법에는 터파보기, 짚어보기, 물리적 지하탐사법이 있다.

2) 사운딩시험(Sounding Test, 표준관입시험)

로드 끝에 붙인 저항체를 지중에 넣고 관입, 회전, 인발 등의 저항으로부터 토층의 성상을 탐사하는 방법을 말한다.

(1) 사운딩시험의 종류

① 표준관입시험

㉠ 63.5kg의 해머를 76cm 높이에서 자유낙하시켜 30cm 관입시킬 때 타격횟수로

지력을 판단하는 시험을 말한다.

㉡ 사질토 지반에 주로 사용한다.

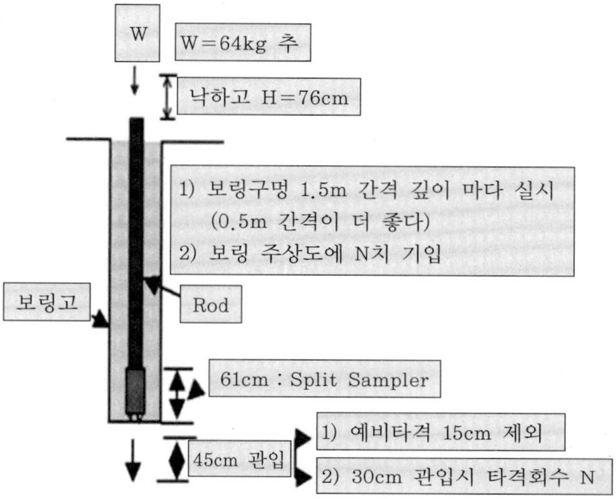

그림 4-2 표준관입시험 방법

그림 4-3 표준관입시험 현장

② 베인테스트(Vane test)

㉠ 보링 구멍에 +자형 베인테스트를 박고 회전시켜 점토지반의 접착력을 판별하는 시험을 말한다.

㉡ 점토질 지반에 주로 사용된다.

3) 보링 테스트(Boring Test)

(1) 개요

지중의 토사에 철관을 꽂아 천공 후 토질의 시료를 채취하여 주상도에 의한 지층의 성상을 판단하기 위한 토질조사법을 말한다.

그림 4-4 Boring Test

(2) 종류

① 오거 보링

㉠ 나선형의 오거(송곳)를 지중에 압입하여 지층을 파악하는 것을 말한다.

㉡ 지반 깊이 10m 이내에 사용되며, 점토층에 적합하다.

② 수세식 보링

㉠ 비교적 연약한 토사에 수압을 이용하여 탐사하는 방식이다.

㉡ 내관 끝에 충격을 주면서 물을 뿜어내어 파진 흙과 물을 지상의 침전통에 침전시켜 지층 토질을 판별한다.

㉢ 지반의 깊이가 30m 이내인 연질층에 사용한다.

③ 충격식 보링

㉠ 경질층을 깊이 파는 데 이용되는 방식이다.

㉡ 지반에 철관을 박고 속에 비트를 달아 60~70cm 정도 상하 이동하고 구멍 밑에 충격을 주어 토사를 파쇄하여 베일러(Bailer)로 퍼낸다.

㉢ 공벽토사의 붕괴방지를 위한 목적으로 이수 또는 케이싱을 사용한다.

④ 회전식 보링

㉠ 지층의 변화를 연속적으로 비교적 정확히 알고자 할 때 사용하는 방식이다.

㉡ 드릴로드 선단에 비트를 달고 회전시켜 천공하는 방법이다.

㉢ 1일 최고 10m 정도 천공한다.

⑤ 토질주상도란?

㉠ 지질단면을 성상화한 것으로 지층의 층수, 포함된 제 물질의 상태, 층두께 등을 축척으로 표시하는 것을 말한다.

㉡ 주상도 기입 내용

－지반조사 지역/조사일자 및 작성자/Boring 방법

－지하수위/심도에 따른 토질 및 색조/지층의 두께 및 구성 상태 등

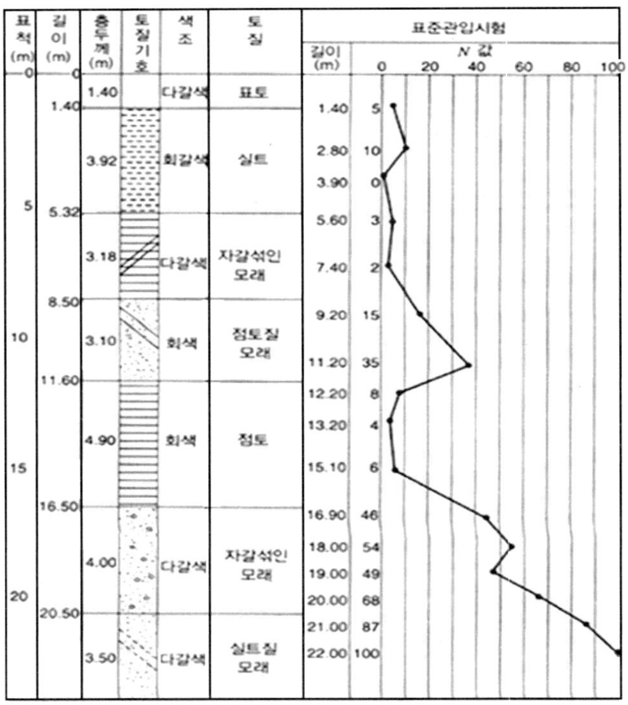

그림 4-5 토질 주상도

4) 지내력 시험

기초 저면 지반 위에 재하단을 놓고 오일잭 등으로 작업하중을 가하여 매회 발생하는 침하량을 다이얼게이지로 측정한 후

허용지지력을 산정하는 시험을 말한다.

시험의 종류에는 평판 재하시험과 말뚝 지해시험이 있다.

(1) 평판 재하시험(Plate Bearing Test)

① 기초지반의 저면까지 터파기한 자리에 직접 재하시험을 하여 허용지내력을 구하는 시험을 말한다.

② 시험은 터파기 기초 저면에서 실시한다.

③ 시험용 재하판은 정방형 또는 원형의 면적 $0.2m^2$ 크기의 것을 표준으로 하고, 보통은 45cm 각($0.2025m^2$)의 것을 사용한다.

④ 장기하중에 대한 허용지내력은 단기하중 허용지내력의 1/2로 한다.

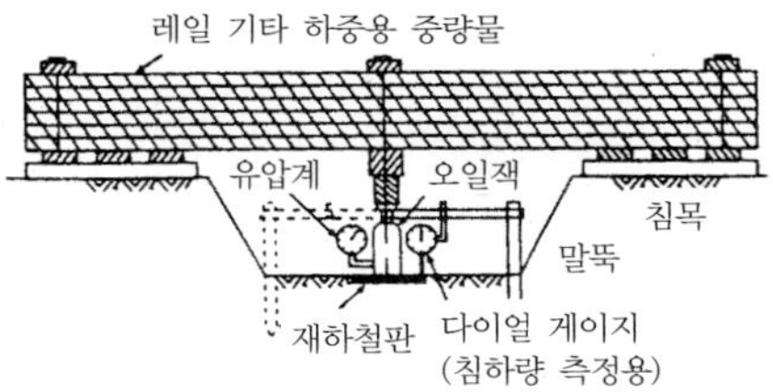

(a) 재하 시험장치

(b) 지반 지내력 시험

그림 4-6 평판 재하 지내력 시험

3.3 지반 개량 공법

1) 공법 개요

연약지반에 대한 지반이 지지력 증대와 기초의 부등침하 방지를 위해 흙의 성질을 개량하는 것을 말한다.

2) 공법의 종류

(1) 재하(압입)공법

① 지반을 장기간 재하시켜 지반에 압밀을 가하여 지내력을 증가시키는 것을 말한다.

② 점토지반에 주로 사용된다.

(2) 치환공법

① 연약지반 부분의 흙을 걷어내고 치환하여 개량하는 것을 말한다.

② 점토질 지반에 주로 사용된다.

(3) 고결공법

① 지반에 약액주입 등을 통하여 고결시켜 지반을 개량하는 것을 말한다.

② 점토질 지반에 주로 사용된다.

(4) 혼합공법

① 입도조정법/soil cement법/약제혼합공법 등이 있다.

② 사질토와 점성토 지반에 주로 사용한다.

(5) 탈수 및 배수공법

① 웰포인트 공법(Well Point Method)

사질지반의 대표적인 지하수 탈수공법으로서 직경 약 20cm의 특수파이프를 상호 2m 내외의 간격으로 관입하여 모래를 투입한 후 진동다짐하여 탈수통로로 탈수시키는 공법이다. 일종의 배수공법을 말한다.

그림 4-7 well point공법

② 샌드드레인 공법(Sand Drain Method)

연약 점토질 지반의 탈수를 이용해 지반을 개량하기 위한 공법을 말한다. 점토질 지반의 대표적인 탈수공법으로 지반지름 40~60cm 구멍을 뚫고 모래를 넣은 후, 성토 및 기타 하중을 가하여 점토질 지반을 압밀함으로써 탈수하는 공법을 말한다.

③ 페이퍼드레인 공법(Paper Drain Method)

점토질 지반에 모래말뚝 대신 흡수지를 삽입하여 지반을 탈수시키는 공법을 말한다.

④ 생석회 공법

점토질 지반에서 모래말뚝 대신 생석회를 채워 넣어 탈수시키는 공법을 말한다.

4. 흙파기 공법 종류

4.1 공법 개요

터파기란 구조물의 기초 또는 지하 부분을 구축하기 위한 지반굴착을 말하는 것으로서 기초파기 또는 흙파기라고도 한다.

최근 도심 터파기는 초고층건물로 인해 지하심도가 깊어지기 때문에 흙막이공사를 수반하는 터파기가 일반적이다.

따라서 흙의 휴식각을 이용한 경사오픈 컷, 아일랜드 컷, 트렌치 컷, 터파기 방식의 사용은 상대적으로 많지 않으며, 도심지에서는 대부분 흙막이 오픈 컷 공법을 사용하고 있다.

4.2 흙파기 공법의 분류

- 흙파기 공법
  - 오픈 컷 공법
    - 경사오픈 컷 공법
    - 흙막이 오픈 컷 공법
  - 아일랜드 컷 공법
  - 트렌치 컷 공법
  - 구체 흙막이, 지보공 공법(케이슨 공법)
    - 우물통 공법
    - 개방 잠함 공법
    - 용기잠함 공법
  - Top-Down 공법 / SPS 공법

4.3 오픈 컷 공법(Open Cut Method)

1) 경사 오픈 컷 공법

(1) 공법 개요

흙막이지보공(버팀대) 없이 굴착단면을 경사면으로 유지하면서 굴착하는 공법을 말한다.

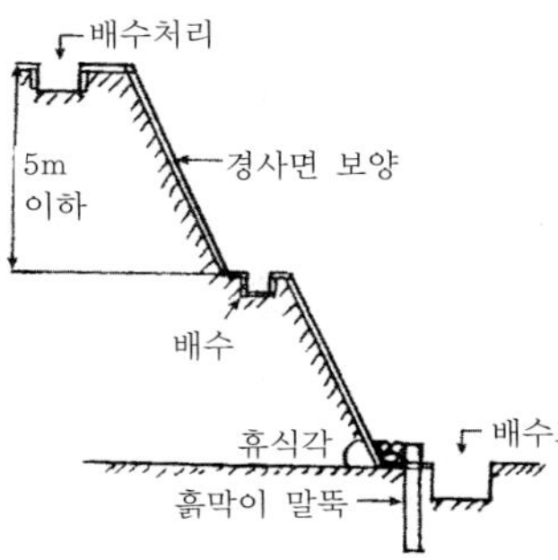

그림 4-8 경사면 오픈 컷 공법

그림 4-9 경사 오픈 컷 공법 시공 현장

(2) 특징

① 시공이 빠른 장점도 있으나 굴착깊이에 제한을 받는다.

② 도심지 터파기에는 불가능하다.

③ 매립지 등의 면적이 넓고 여유공간 많을 때 적용한다.

2) 흙막이 오픈 컷 공법

(1) 자립 공법

① 지보공 없이 자립의 흙막이 벽만으로 토압을 지지하면서 굴착하는 공법을 말한다.

② 굴착깊이가 얇은 곳에만 가능하다.

(2) 버팀대 공법

① 흙막이벽의 토압을 버팀대(지보공)로 지지하면서 굴착하는 공법을 말한다.

② 도심지 지하터파기에 많이 사용되는 공법이다.

(3) 어스앵커 공법(Earth Anchor Method)

① 버팀대 대신 흙막이벽의 바깥쪽에 어스앵커(Earth Anchor)를 설치하여 토압을 지지하면서 굴착하는 공법을 말한다.

② 도심지 터파기에서는 어렵고, 지반이 경사일 때 주로 사용한다.

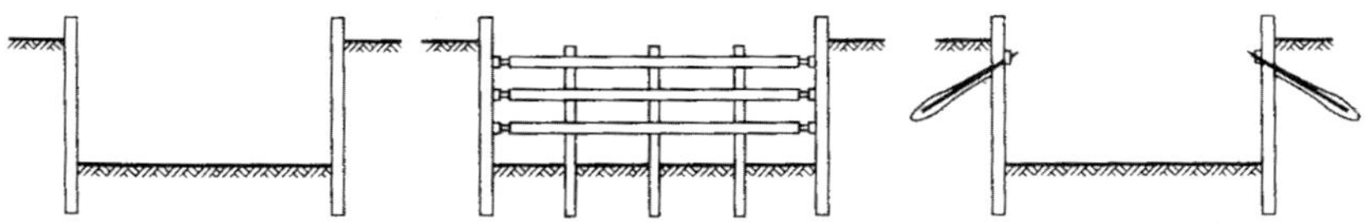

(a) 자립 흙막이공법 (b) 버댐대 흙막이공법 (c) 어스앵커 공법

그림 4-10 흙막이 오픈 컷 공법

4.4 아일랜드 컷 공법

1) 공법 개요

① 터파기 공사시 중앙 부분을 먼저 파고 기초를 축조한 다음 버팀대로 지지하여 주변 흙을 나중에 파내고 지하구조물을 완성하는 터파기 공법이다.

② 연약지반이거나 넓고 얕은 지반 굴착에 유리하나 공기지연이 불가피한 비경제적 공법이다.

2) 시공순서

① 흙막이 설치 ② 중앙부 굴착

③ 중앙부 기초구조물 축조 ④ 버팀대 설치

⑤ 주변부 흙파기 ⑥ 지하구조물 완성

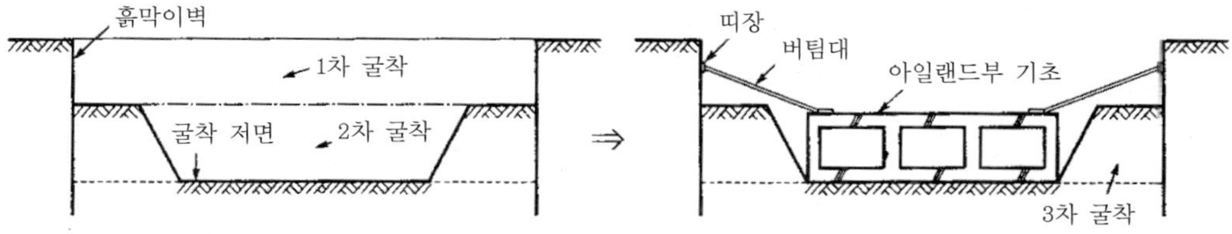

그림 4-11 아일랜드 컷 공법

4.5 트렌치 컷 공법(Trench Cut Method)

1) 정의

① 주변부 지반을 먼저 굴착한 후 기초구조부를 완성하고, 나중에 중앙부 지반을 굴착한 후 나머지 기초구조부를 완성하는 공법으로 아일랜드 컷 공법과는 역순이다.

② 비경제적 공법으로 건축공사 터파기에서 거의 사용하지 않는다.

2) 시공순서

① 흙막이 설치 ② 주변흙 굴착

③ 주변부 기초구조물 축조 ④ 버팀대 설치

⑤ 중앙부 굴착 ⑥ 지하구조물 완성

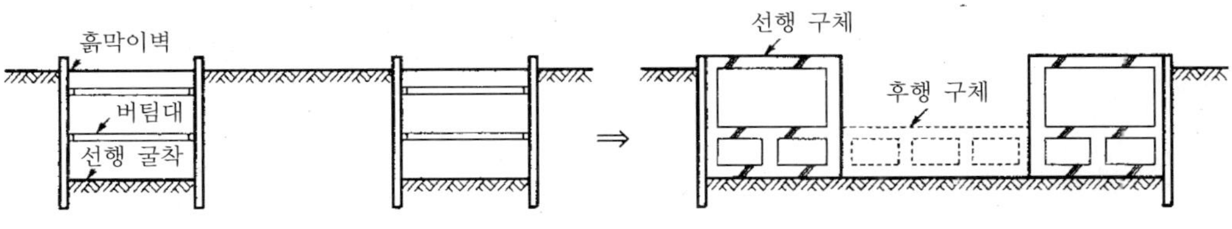

그림 4-12 트렌치 컷 공법

4.6 케이슨 공법

1) 공법 개요

① 케이슨을 미리 지상에서 제작하여 흙막이로 이용하고, 그 속을 크램쉘 등으로 굴착하면서 케이슨을 침하시켜 구조물을 구축해 가는 공법을 말한다.

② 최신 항만의 컨테이너 축조공사에서는 수천 톤급 초대형 케이션을 선 제작하여 잠수선에 선적하여 진수하는 공법을 주로 적용하고 있다.

2) 공법의 종류

① 오픈 케이슨 공법

흙막이용 구조체를 지상에서 구축하고 크램쉘이나 버킷으로 중앙부 흙을 굴착한 후 경질지반까지 침하시켜 기초지정을 구축하는 공법을 말한다.

② 뉴메틱 케이슨 공법

용기 케이싱을 박고 잠함의 최하 작업장에 압축공기를 불어 넣어 침수를 차단하면서 기초지정을 구축하는 공법을 말한다.

③ 우물통 공법

기초 우물통을 지상에서 제작하며 지하굴착을 해가면서 기초 우물통을 침하시켜 경질지반까지 도달시켜 기초 지정을 구축하는 공법을 말한다.

4.7 Top down 공법

1) 공법 개요

지하연속벽(slurry wall)으로 지하흙막이 벽체를 구성하고 지하 터파기 전 지하 기둥과 기초를 먼저 설치한 후 1층 슬래브를 시공한 다음 지하터파기와 지상구조물 공사를 동시에 축조해가는 공법을 말한다.

2) 역타공법의 종류

역타공법(Top-down)의 종류에는 완전 역타공법과 부분 역타공법이 있고, 가설 Beam과 Girder식 역타공법이 있으며 그 내용은 다음과 같다.

표 4-2 역타공법의 종류

종류	시공방법
① 완전역타공법	지하 전체 벽을 Slurry wall를 시공한 후 지하 각층 슬래브를 시공하면서 동시에 지상층도 함께 시공하는 방법
② 부분역타공법	완전역타공법과 시공방법은 동일하나 시공상 편의를 위해 바닥판을 부분적(1/2~1/3)으로 나누어서 시공하는 방법
③ Beam과 Girder식 역타공법	완전역타공법과 시공방법은 유사하나 바닥판을 버팀대로 사용하지 않고 지하 철골구조물의 Beam과 Girder를 이용하여 임시로 흙막이벽을 지지하면서 지하층과 지상층을 동시에 시공하는 방법

3) 장 · 단점

(1) 장점

① 지하, 지상 동시 작업으로 공기단축이 가능하다.

② 1층 바닥 선 시공으로 작업공간 활용이 가능하다.

③ 주변지반 및 인접건물에 영향이 적다.

(2) 단점

① 대형 터파기 고성능 장비가 필요하다.

② 설계변경이 어려우므로 정밀시공계획이 필요하다.

③ 공사비 증대가 우려된다.

④ 지하공사시 환기 및 전기설비가 필요하다.

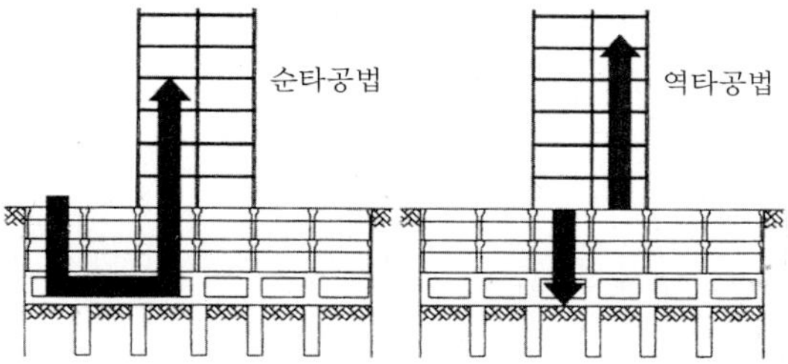

그림 4-13 순타공법과 역타공법 비교

4) 시공 Flow

(1) 시공 순서

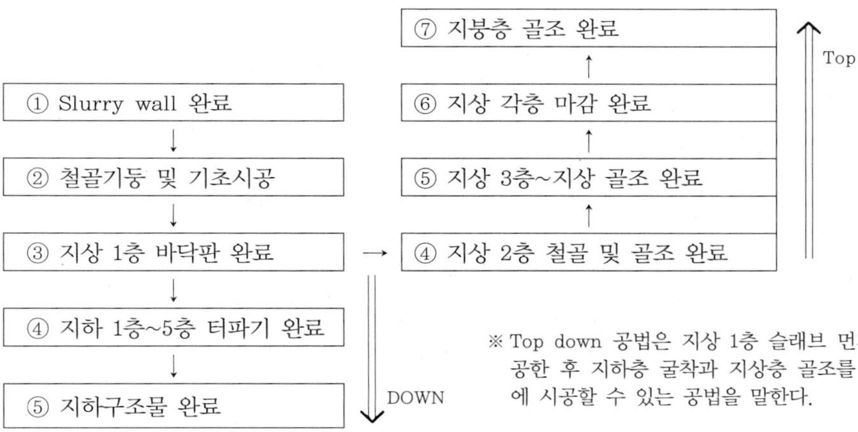

※ Top down 공법은 지상 1층 슬래브 먼저 시공한 후 지하층 굴착과 지상층 골조를 동시에 시공할 수 있는 공법을 말한다.

(2) 단계별 시공 순서

표 4-3 Top Down 공법단계별 시공 순서

1단계	① 흙막이 슬러리월 완성
2단계	② 기둥 위치에 강관 케이싱을 설치하여 크램쉘과 리버스 서큘레이션 드릴을 이용하여 굴착 후 철골기둥(Steel Column)을 먼저 설치 ③ 지상에서 기초철근을 조립하여 설치한 후 기초 콘크리트 타설 완료
3단계	④ 지상 1층 슬래브(Ground Floor Slab) 콘크리트 타설 완료
4단계	⑤ 지상 1층 슬래브 작업완료와 함께 지하층과 지상층 동시 작업 ⑥ 타워크레인(Tower Crane) 설치 및 지상구조물 작업준비
5단계	⑦ 지하층 구조물 완료 ⑧ 지상층 구조물 완료

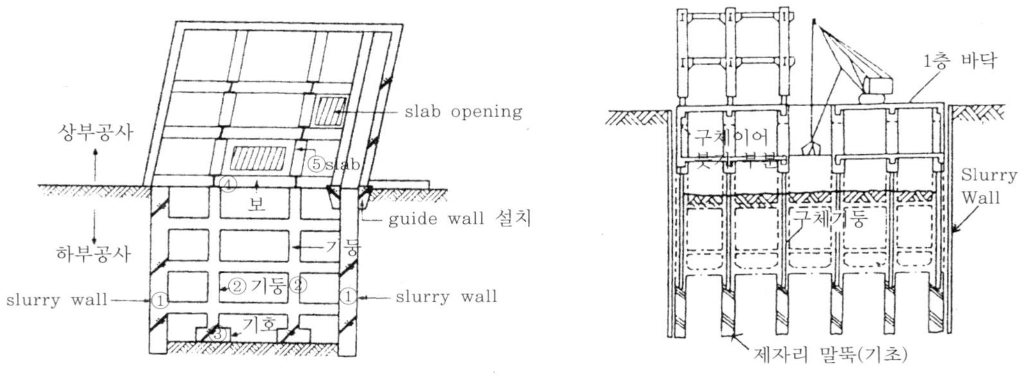

(a) Top down 시공 순서 (b) Top down 지하, 지상 공사 병행

그림 4-14 Top down 공법 시공 순서

그림 4-15 역타공법(Top-down) 시공 현장

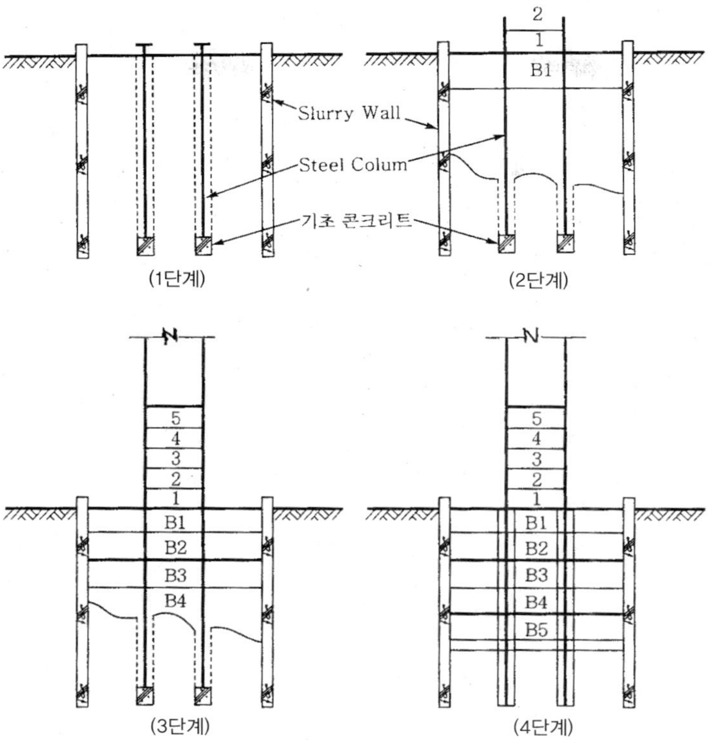

그림 4-16 Top down 공법 단계별 시공 순서

5) 단계별 시공 방법

(1) slurry wall 시공

guide wall 설치 → 굴착 및 안정액 투입 → 철근망 삽입 →

트레미관 설치 → 기초 con'c 타설

(2) 철골기둥 및 기초설치

① 기둥위치에 케이싱을 설치하고 기둥 굴착을 한다.

② 굴착기둥의 수직도를 수시로 점검하여 오차범위를 벗어나지 않도록 조치한다.

③ 기둥과 기초 굴착이 끝나면 철골 기둥과 기초 철근을 삽입하고 기초 con'c를 타설 한다.

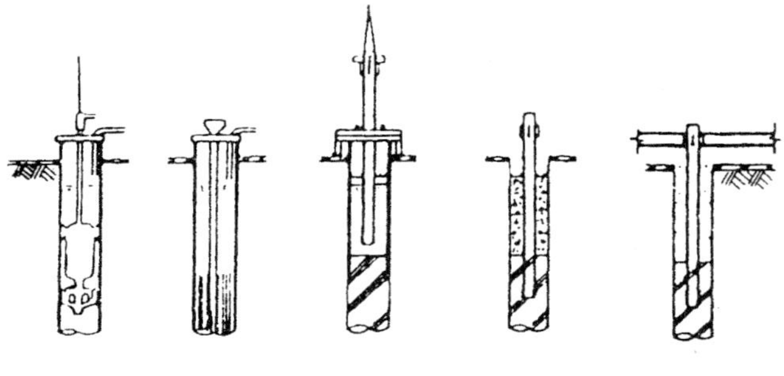

Top down 철골 기둥 설치

그림 4-17 Top down 철골 기둥 시공도

(3) 1층 바닥 슬래브 시공

① 1층 슬래브 굴착 개구부 위치 선정과 굴착

② 지하 터파기 방식 및 토사 배출 방법 검토

③ 지하 환기시설 설치

(4) 1층 바닥 슬래브 시공 방법 종류

① slab on ground

㉠ 바닥지면을 다짐한 후 무근 con'c를 타설한다.

㉡ 거더와 빔의 하중을 슬래브가 부담하게 한다.

② beam on ground

㉠ beam의 밑면이 지면에 닿고 슬래브는 support를 이용하여 지지한다.

㉡ 시공이 어렵고 해체 시 문제가 발생할 수 있다.

③ slab on form work support

㉠ 굴착장비의 작업공간 깊이까지 굴착하여 support로 지지한다.

㉡ 시공이 용이하여 가장 많이 사용하는 공법이다.

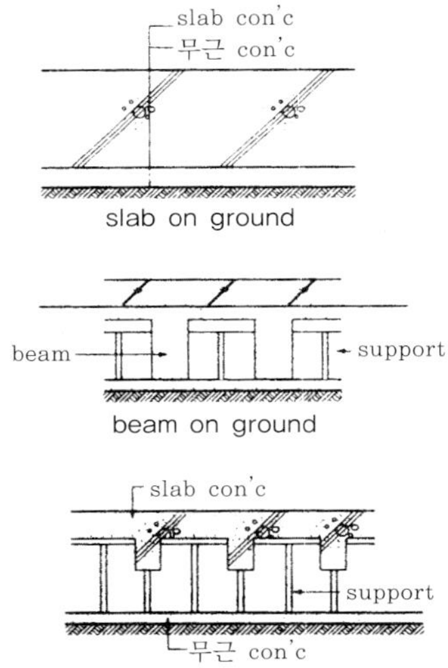

그림 4-18

(5) 지하층 굴착(터파기)

① 1층 슬래브 개구부 위치로 장비투입, 터파기 작업

② 굴착은 규정깊이 이상 초과하지 않도록 한다.

③ 지하굴착 토사는 반출 개구부를 통해 배출한다.

④ 토사배출구 및 환기구 위치는 다음과 같다.

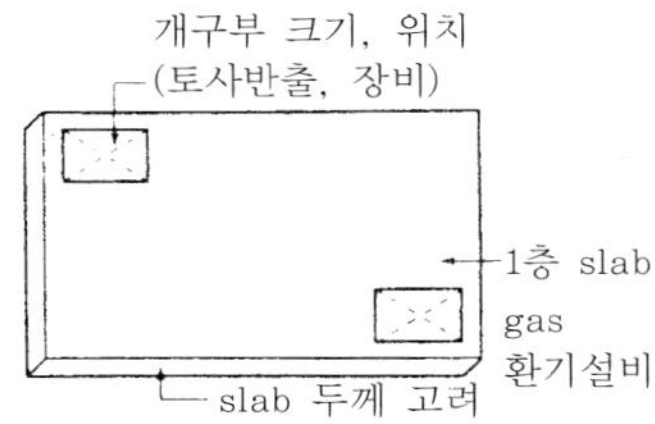

그림 4-19 1층 슬래브 굴착 opening 및 환기

(6) 철골기둥 및 슬래브 콘크리트 타설

① 철골기둥 수직도 및 허용오차 확인

② 기둥과 슬래브의 Top 콘크리트 타설 방법 결정

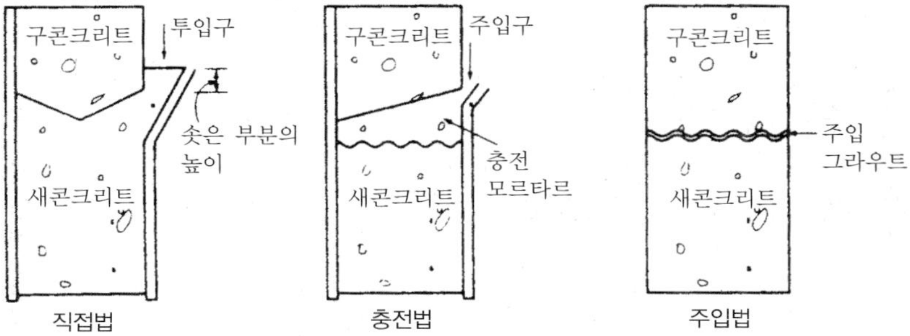

그림 4-20 기둥 상부 콘크리트 타설 방법 종류

4.8 S.P.S(Strut Permanent System)공법

1) 공법 개요

① 가설흙막이 지지 버팀대를 가설재로 사용하지 않고 본 구조물 철골구조체의 철골기둥과 보를 이용하여 굴착 중에는 토압에 대하여 지지하고 1층 슬래브 타설 후에는 수직하중에 대해서도 지지할 수 있도록 영구 구조물로 한 흙막이벽 공법을 말한다.

② 이 공법은 흙막이벽을 구축하고 본 구조물의 철골기둥을 기초 저면까지 먼저 설치하고 기초콘크리트 구조를 먼저 형성한 후 1층 슬래브를 타설한 다음 매 층 단위로 구조물을 설치하여 토압을 지지하면서 굴착해가는 공법이다.

2) 공법 특징

(1) 장점

① 본 철골구조체 사용으로 가설흙막이 지지체의 설치 및 해체공정이 불필요하다.

② 기초 콘크리트 타설 후 지하공사와 지상공사 병행이 가능하다.

③ 부분적인 슬래브 타설로 별도의 복공판이 불필요하고 작업공간 확보가 유리하다.

④ 도심지 공사시 작업공간 확보가 가능하다.

(2) 단점

① 부정형 평면은 버팀대 설치가 곤란하다.

② 가설버팀대 해체 시 순간적 응력 불균형 현상이 발생할 수 있다.

3) SPS공법 종류

① Down-up 공법

흙막이벽을 영구버팀대(철골보) 설치와 바닥판 타설을 병행하면서 굴착을 완료한 후 기초콘크리트를 타설한 다음 지하외벽과 기둥을 포함한 지하구조물을 아래에서 위로 공사해가는 방식을 말한다.

② up-up 공법

Down-up 방식과 같이 기초공사까지 하고 나서 지하구조물과 지상구조물을 동시에 진행하는 방식을 말한다.

③ Top-down 공법

지하 1층 바닥판을 먼저 완료한 후 지하굴착과 동시에 지상공사를 병행하는 방식을 말한다.

4) 시공순서

① 연속 흙막이벽 시공(cip 공법)

↓

② 본구조체, H형강 기둥 천공 및 설치

↓

③ 1층 바닥 철골보 설치를 위한 바닥 굴토

↓

④ 1층 철골보 및 슬래브 설치

↓

⑤ 지하 각단 철골보 설치를 위한 굴토

↓

⑥ 지하 각단 철골 설치

↓

⑦ 기초 바닥면 굴착

↓

⑧ 기초 시공 → ↑ 지상층 구조물 공사 / ↓ 지하층 구조물 공사

그림 4-21 SPS공법

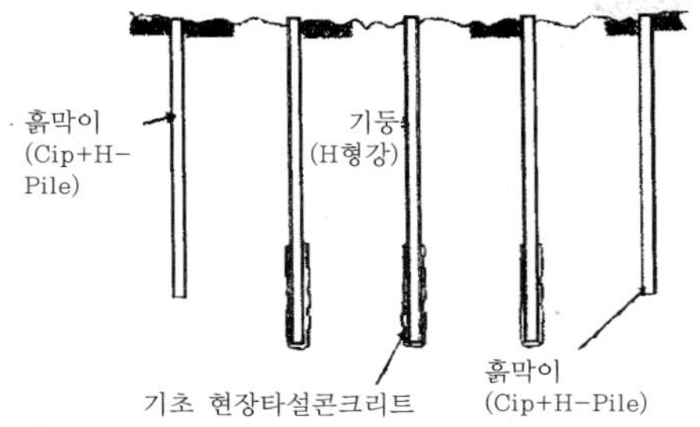

(a) 흙막이와 내부기둥 설치 및 현장타설 콘크리트

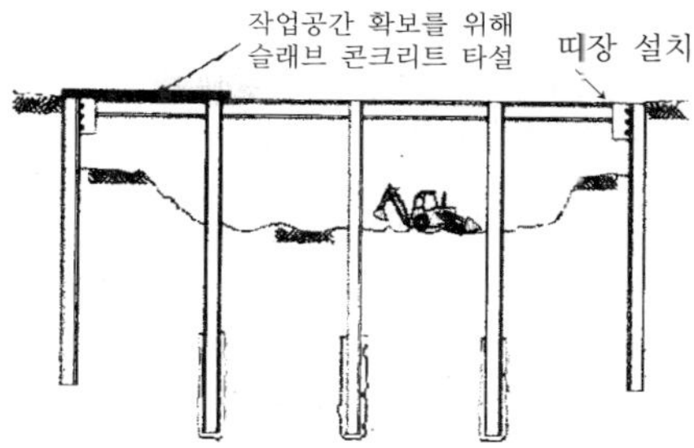

(b) 작업공간을 위한 띠장 설치와 일부 1층 슬래브 콘크리트 타설

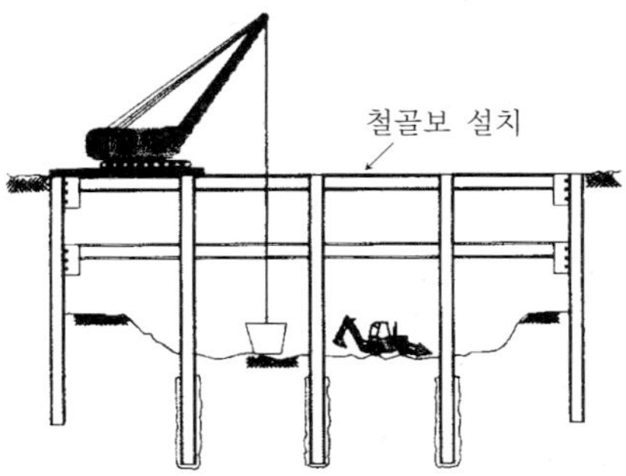

(c) 지하 2개 층에 철골보 설치 및 하부층 반복 굴토

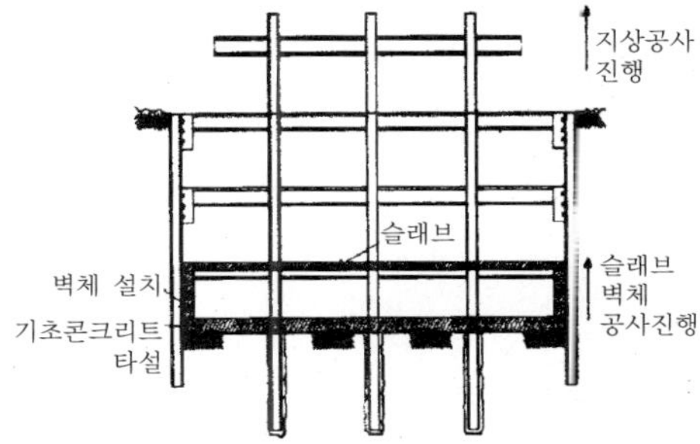

(d) 기초 콘크리트 시공 후 지하공사와 지상공사 병행

그림 4-22 S.P.S 단계별 시공 순서

5) 단계별 시공 작업

(1) 흙막이벽 시공

흙막이벽 공법은 C.I.P+H-pile공법을, 차수공법은 SGR공법을 적용한다.

(2) H형강 기둥 천공 및 설치

① 철골기둥 굴착은 케이싱을 사용하여 PRD(Percussion Rotary Drill) 공법으로 굴착한다.

② 철골기둥은 흙막이벽을 지지하는 가설 strut(철골보)이 연결되고 지하공사 완료 후에는 본 기둥으로 상층부 하중을 기초로 전달하는 역할을 동시에 한다.

그림 4-23 철골기둥 설치

(3) 지상층 굴토 및 1층 슬래브 설치

① 1층 바닥 터파기 레벨을 결정한 후 지하층을 굴착한다.

② 띠장을 설치하고 지하1층 바닥 일부 슬래브는 콘크리트를 타설한다.

(4) 지하 1층 바닥 굴토 및 반복 철골보 설치

1층 바닥 시공과 동일한 방법으로 매층 반복 시공한다.

(5) 최하층 굴토 및 기초 콘크리트 타설

지하 최하부층까지 굴토한 후 기초 콘크리트를 타설한다.

그림 4-24 1층 슬래브 설치

(6) 내부 옹벽 및 슬래브 설치

① 내부 옹벽 철근은 띠장에 미리 설치된 매립용 철근에 연결한다.

② 띠장에 매립된 슬래브를 통하여 내부 옹벽 콘크리트를 타설한다.

③ 외부 옹벽과 병행하여 슬래브, 코어벽체를 점차적으로 시공한다.

그림 4-25 지하 1층 굴착

그림 4-26 SPS 기둥 설치 및 굴착 시공 예

5. 흙막이 공법 종류

5.1 공법 개요

흙막이 공법은 지중 흙의 토압에 저항하기 위해 만든 가시설로 지하굴착시 주동토압을 지지할 수 있는 구조상 강성이 높은 안전한 공법이어야 한다.

흙막이 공법의 종류는 여러 가지가 있으나 부지 여건, 건물 형상, 지반상태 등을 충분히 고려하여 가장 안전하고 경제적인 흙막이벽을 선정할 필요가 있다.

또한 굴착심도가 깊은 경우에는 지하수처리 방법, 지하굴착 순서 등에 대한 별도의 검토가 필요하다.

흙막이 공법의 종류에는 크게 지지방식에 의한 공법과 구조방식에 의한 공법으로 나눌 수 있다.

5.2 흙막이 공법 선정

사전조사와 지질조사를 바탕으로 가장 경제적이고 안전한 공법을 선정한다.

1) 흙파기 공법 선정 순서

① 현장 여건과 지질에 따라 open cut, Island cut, trench cut 공법 등을 선택하여 결정한다.

② 굴착순서 결정 : 대지의 크기, 굴착의 심도 및 공사여건에 따라 결정한다.

③ 굴착장비 결정 : 장비의 효율성을 고려하여 적정 기종과 대수를 산정한다.

2) 흙막이 공법 선정

① 굴착심도와 토질상태를 고려하여 선정한다.

② 굴착깊이가 비교적 낮고, 토질이 양호한 경우는 H-pipe 및 토류판 공법을 사용한다.

③ 심도가 깊거나 지하수 유출이 많으며, 토질이 연약할 경우에는 sheet-pile, slurry wall 또는 주열식 공법을 사용한다.

④ 대규모 도심공사에서 top-down 공법을 많이 사용한다.

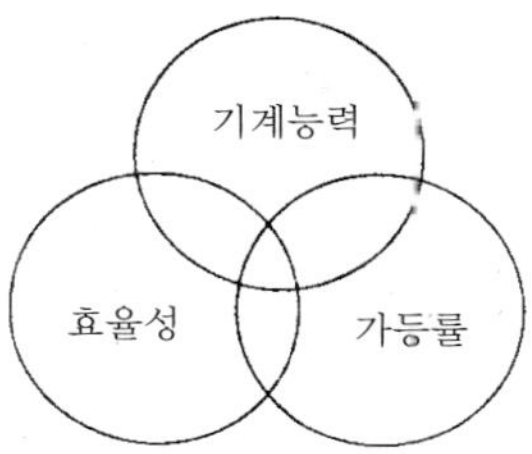

그림 4-27 흙막이공법 선정 3요소

3) 배수 공법 선정

흙막이 공법 선정시 배수 공법은 토질상태와 현장 여건을 고려하여 선정해야 한다. 시간당 지하수 유출량을 산정하고 굴착심도와 배출효율을 고려하여 선정한다.

5.3 흙막이 공법 분류

1) 흙막이 공법 분류

- 흙막이 공법
  - 지지방식에 의한 분류
    - 자립식 공법
      - 줄기초 흙막이 공법
      - 어미말뚝식 흙막이 공법
      - 연결재 또는 당겨매기식 흙막이 공법
    - 버팀대식 공법
      - 수평버팀대식 공법
      - 경사버팀대식 공법
    - 앵커지지 공법
      - 어스앵커 공법
      - 소일 네일형 공법(soil nailing)
      - 락 앵커 공법(rock anchor)
  - 구조방식에 의한 분류
    - 널말뚝식 공법
      - 목재널말뚝 공법(H-pipe 및 토류판 공법)
      - 철재널말뚝 공법(sheet pipe 공법)
      - 기성재널말뚝 공법(기성콘크리트 pipe 공법)
    - 지하연속벽식 공법
      - 주열식 공법
      - 프리팩트 파일 공법
      - S.C.W 공법
      - Slurry wall 공법

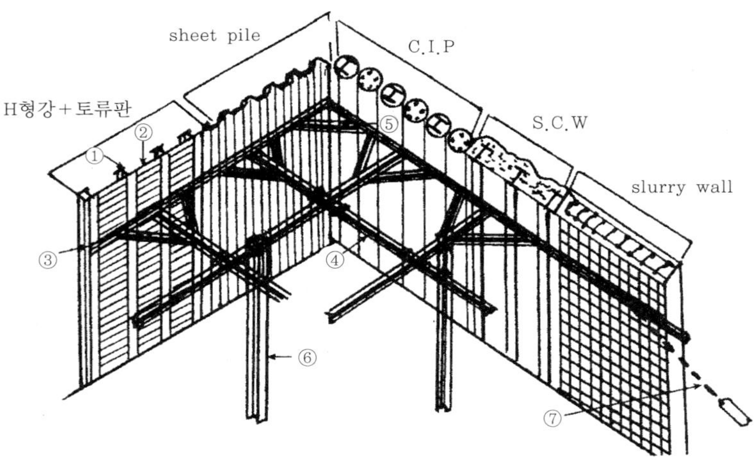

① 버팀기둥(H-형강)
② 가로널(토류판)
③ 띠장(wale)
④ 보(버팀대)
⑤ 귀잡이
⑥ 중간말뚝(센터말뚝)
⑦ 지반앵커

그림 4-28 흙막이벽의 종류 및 각부 명칭

그림 4-29 사례현장 CIP 및 H-pipe+토류판 공법 시공 예

5.4 자립식 흙막이 공법

1) 줄기초 흙막이 공법

줄기초 흙막이는 깊이 1.5m, 너비 1m 정도를 연속해서 길게 팔 때 옆벽이 무너질 것을 고려하여 널판, 띠장, 버팀대를 사용한 간단한 흙막이를 말한다. 흙막이 깊이가 얇을 때 사용한다.

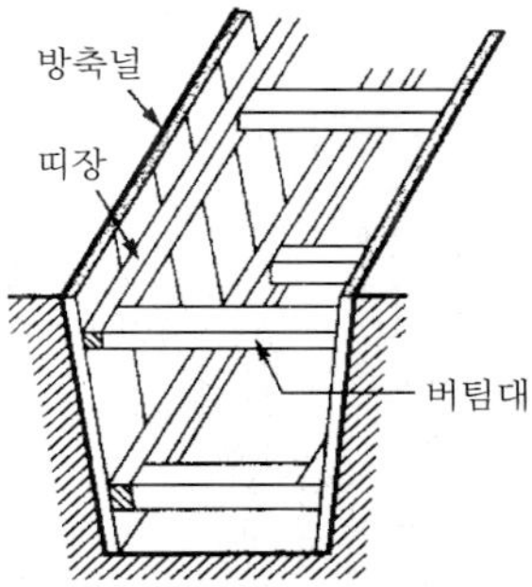

그림 4-30 줄기초 흙막이

2) 어미말뚝식 흙막이 공법(H-pipe 및 토류판 공법)

(1) 공법 개요

H형강의 어미말뚝을 1.5m 내외 간격으로 박고 그 사이에 토류판을 끼워 흙막이를 하면서 굴착하는 공법을 말하며, 일반적으로 H-pipe 및 토류판 공법이라고 한다.

터파기 진척에 따라 흙막이 토류판을 끼워 내려가는 흙막이 공법으로 일반적으로 많이 쓰이고 있는 공법이다.

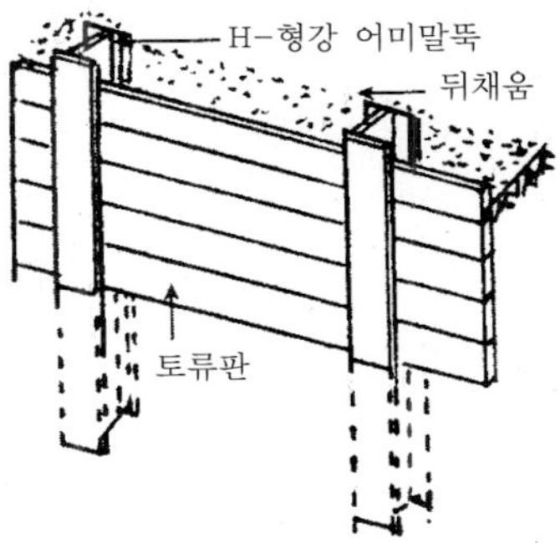

그림 4-31 어미말뚝 가로널공법

(2) 구성 재료

H형강, I형강, 토류판(목재, 강재) 사용

(3) 적용 지반

① 양질의 점토지반, 마른 모래지반에 적합하다.

② 연약 점토질 지반에는 부적합하다.

(4) 특징

① 시공이 쉽고 경험이 풍부한 공법이다.

② 공사기간이 짧고 자재의 재시공이 가능하여 경제적이다.

③ 수밀성이 없어 차수효과가 불확실하다.

④ 주변지반의 침하가 우려되어 도심의 깊은 심도공사에는 부적합하다.

그림 4-32 엄지말뚝(H-pile)+토류판 작업

그림 4-33 띠장 및 버팀대 설치

(5) 시공순서

① 천공 후 어미말뚝 박기

② 단계별 굴착

③ 토류판 끼우기 및 뒤채움 흙 충전

④ 띠장, 버팀대 및 귀잡이보 설치

⑤ 계측기기 설치

(6) 시공 시 유의사항

① 엄지말뚝의 간격은 1~2m 범위로 하되 1.5m를 표준으로 한다.

② 엄지말뚝과 시공되는 구조물과의 순간격은 50cm 이상 확보되어야 한다.

③ 수평버팀대의 직선길이는 50m이며, 코너구간은 30m 이내로 한다.

④ 엄지말뚝은 정확하게 연직으로 설치하며, 그 연직도는 근입깊이의 1/100~1/200 이내가 되도록 한다.

⑤ 엄지말뚝의 선단은 굴착 저면 아래로 2m 이상 타입하는 것이 바람직하다.

⑥ 흙막이판은 그 양단이 4cm 이상 또한 판두께 이상 엄지말뚝의 플랜지에 지지되도록 한다.

3) 연결대 또는 당겨매기식 흙막이 공법

(1) 개요

지반이 연약하여 버팀대로 지지하기 곤란한 넓은 대지에 사용하는 흙막이로 흙막이갈뚝과 널말뚝 상부에 ㄱ자 형강 또는 각재를 연결(Tie Bar) 또는 로프(Wire Rope)로 끌어당기는 흙막이를 말한다.

(2) 특징

① 버팀대를 필요로 하지 않고, 굴착작업이 수월하다.
② 차수성이 부족하고 인발시험을 해야 한다.

(3) 시공순서

① 어미말뚝(엄지말뚝)
② 널말뚝(토류관) 시공
③ 널말뚝 상부 띠장(ㄱ자 형강)
④ 연결재 및 로프 당겨매기
⑤ 흙파기

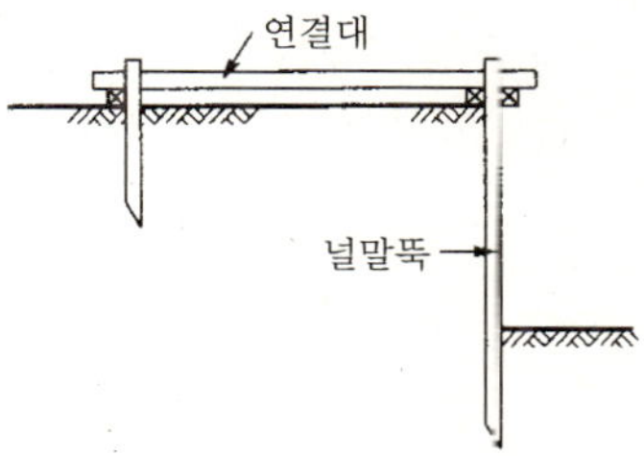

그림 4-34 연결재 또는 당겨매기식 흙막이

5.5 버팀대식 흙막이 공법

버팀대식 흙막이 공법에는 빗버팀대식 흙막이 공법과 수평버팀대식 흙막이 공법이 있다.

1) 빗버팀대식 흙막이 공법

(1) 개요

규준대를 설치한 후 그 사이로 널말뚝을 박고 띠장을 댈 부분까지 온통파기를 한다. 흙의 휴식각을 고려한 경사로로 중앙부를 계속 판 후 띠장을 댄다. 그 다음 중앙부에 버팀말뚝을 박고 버팀대에 직각으로 견고히 고정시키고 주변부 흙을 파내는 공법을 말한다.

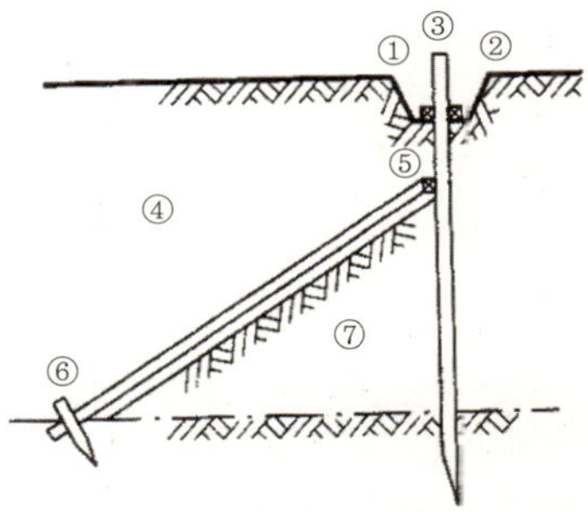

(a) 빗버팀대식 흙막이 기븐도

(b) 빗버팀대식 흙막이 시공 예

그림 4-35 빗버팀대식 흙막이 공컵

(2) 설치 순서

① 줄파기
② 규준대 대기

③ 널말뚝박기
④ 중앙부 흙파기
⑤ 띠장 대기
⑥ 버팀말뚝 및 버팀대 대기
⑦ 주변부 흙파기

2) 수평버팀대식 흙막이 공법

(1) 개요

규준대를 댄 후 그 사이로 널말뚝을 박고 띠장을 댈 부분까지 온통파기를 한다. 그 후 받침기둥을 박고, 띠장과 버팀대를 댄 다음 흙의 휴식각을 고려한 경사로로 중앙부 흙을 판 후 주변부 흙을 파내려 가는 공법을 말한다. 수평버팀대식 흙막이 공법은 H-pipe 및 토류판 공법, SPS공법, 주열식 흙막이 공법 등에서 적용한다.

(2) 설치 순서

① 널말뚝박기
② 흙파기
③ 받침기둥박기
④ 띠장대기
⑤ 버팀대대기
⑥ 중앙부 흙파기
⑦ 주변부 흙파기

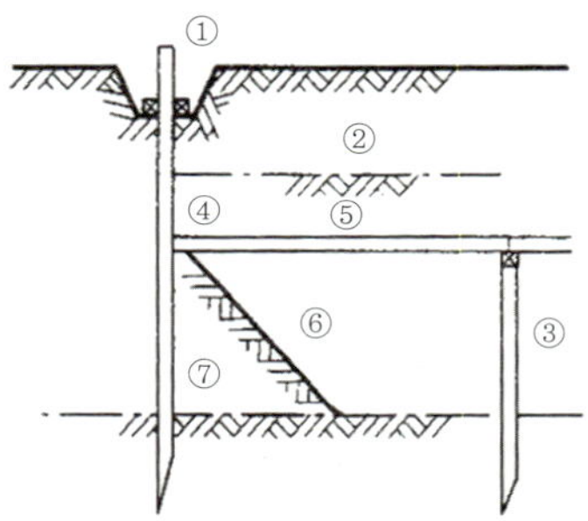

그림 4-36 수평버팀대식 흙막이 기본도

그림 4-37 수평버팀대식 흙막이 시공 예 1

그림 4-38 귀잡이 버팀대식 흙막이 시공 예 2

3) 신기술 PS-S 공법 수평버팀대식 흙막이 공법 사례

(1) 신공법 개요

- PS-S 흙막이 신공법은 프리스트레스가 도입된 특수 띠장재와 폐단면 사각 강관 버팀보를 함께 이용한 수평버팀대식 흙막이 가시설 공법을 말한다.
- 신기술 제640호 PS-S 가시설 공법, (주) 피에스 테크

(2) 신공법의 장점

① 강재 PS-띠장 사용으로 버팀보 설치간격을 기존의 3~4m에서 10m까지 확장시켜 넓은 작업 공간 확보가 가능하다.

② 버팀보 및 중간기둥 말뚝의 수량 감소로 공사비 절감이 가능하다.

③ PS-띠장을 이용한 사각 강관 버팀대로 기존의 H-형강 버팀보에 비해 안전성, 공사기간, 공사비, 시공성이 우수하다.

④ 폐단면 사각 강관의 이음 부분은 용접 없이 볼트를 사용하며 안전과 모재손상을 최소화 할 수 있다.

(3) PS-S 공법 구성자재 및 시공

① PS-S 공법 구성

- PS-S 공법은 PS-띠장, 폐단면 사각 강관 버팀보, 버팀보 연결부재(단부연결부, 중앙연결부, 버팀보 고정장치)로 구성되어 있다.

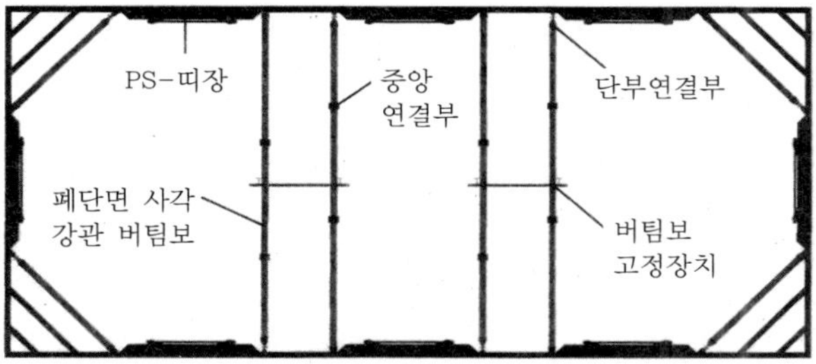

그림 4-39 PS-S 공법의 구성도

(a) PS-띠장

(b) 폐단면 사각 강관 버팀보

(c) PS-S 공법

그림 4-40

② PS-S 공법 시공 순서

① 흙막이벽 설치	→	② 띠장 브래킷 설치	→	③ PS-띠장 설치	→	④ 사각 강관 버팀보 설치
⑤ 중간기둥 설치	→	⑥ 사각 버팀보 설치	→	⑦ 굴착		

(4) 기존 H-형강 버팀보 공법과 PS-S 신공법 가시설 시공 비교

- 기존 H-형강 버팀보 흙막이 공법과 PS-S 흙막이 공법의 가시설 설치 현황을 비교해 보면 가시설 수량 감소와 터파기 작업 공간이 훨씬 넓다는 장점이 있다.

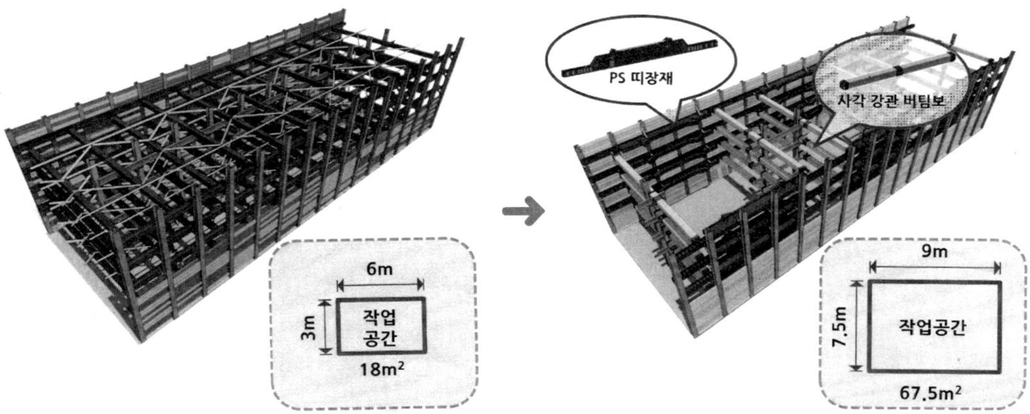

(a) 기존 H-형강 버팀보 공법　　(b) PS-S 띠장 및 사각버팀보 신공법

그림 4-41 기존 H-형강 버팀보와 PS-S 사각버팀보 공법 비교

5.6 앵커지지 공법

1) 어스앵커 공법(Earth anchor Method)

(1) 공법 개요

① 버팀대 대신 흙막이벽의 배면을 천공하고 인장재와 시멘트 모르타르를 주입하여 앵커체를 만들어 경화시킨 후 인장력에 의해 토압을 지지하는 공법을 말한다.

② 앵커체는 하향 10~45° 경사각으로 1.5~2m 간격으로 보링한다.

(2) 특징

① 버팀대가 없어 굴착공간을 넓게 활용할 수 있다.

② 대형 굴착기계 반입이 용이하다.

③ 공기단축이 가능하다.

④ 인접 구조물이나 매설물이 있는 경우는 어렵다.

⑤ 앵커체 지반에 점용허가를 받아야 한다.

(3) 분류

① 용도별로는 가설용 앵커와 영구용 앵커가 있다.

② 지지방식별로는 마찰형, 지압형, 혼합형 지지방식이 있다.

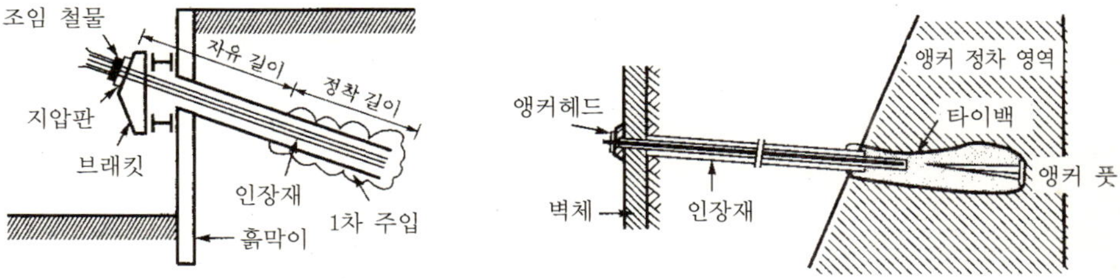

그림 4-42 앵커의 형상 및 정착길이

(4) 시공 순서

① 어미말뚝 설치

② 흙막이판 설치

③ 어스앵커 보링

④ 앵커 그라우팅

⑤ 띠장 설치

⑥ 인장시험

그림 4-43 어스앵커 시공 예

2) 소일 네일링 공법(Soil Nailing)

① 흙과 보강재 사이의 마찰력, 보강재의 인장력과 전단력 및 휨모멘트에 대한 저항력으로 흙과 Nailing의 일체화에 의하여 지반의 안정을 유지시키는 공법이 사용된다.

② 절토면이나 흙막이 공법 등에 주로 사용된다.

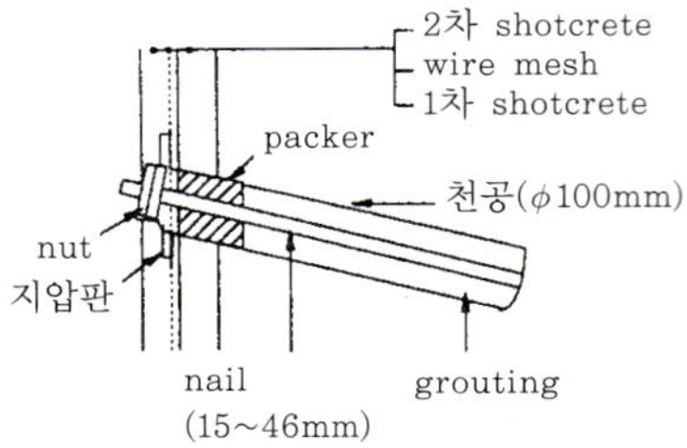

그림 4-44 소일 네일링 공법

그림 4-45 소일 네일 공법 정착

3) 락 앵커 공법(Rock Anchor)

(1) 공법 개요

연약지반에서 구조물의 지하기초를 영구앵커로 암반에 정착하여 구조물이 부력 등에 의해 뜨지 않도록 영구적으로 고정시키는 공법을 말한다.

(2) 용도

① 지하수량이 많고 부력이 큰 경우

② 건물과 부력 중심이 일치하지 않을 때

③ 암반 부위 기초설치 시 Sliding 방지

④ 아파트 지하주차장, 교량의 보강 등에 적용

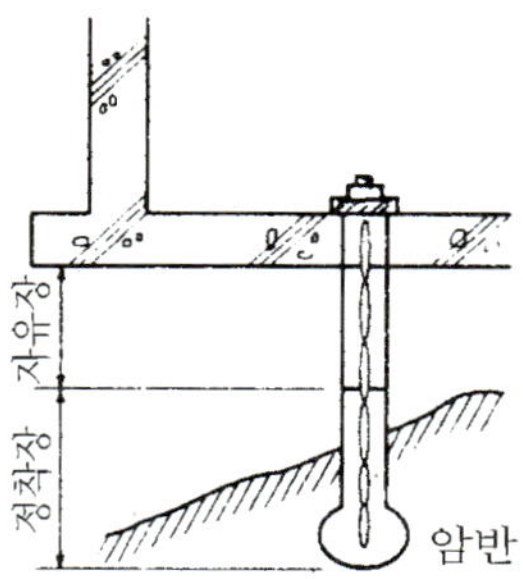

그림 4-46 락 앵커 공법 정착

그림 4-47 지하주차장 바닥 락 앵커 공법 시공 예

5.7 널말뚝식 공법

1) 목재 널말뚝식(H-pile 및 토류판 공법)

어미말뚝 흙막이 공법은 H-pile을 1~2m 간격으로 박고 그 사이에 목재 널말뚝을 끼워 흙막이를 형성하는 공법을 말한다.

이 공법은 수밀성이 적어 차수보강을 하지 않으면 지하수가 많은 곳에서는 사용이 어렵다.

2) 기성재 널말뚝식

흙막이널로 기성 콘크리트재 널말뚝을 사용하는 것을 말하며, 길이는 3~7m, 넓이는 40~50cm, 두께는 5~15cm 정도이다.

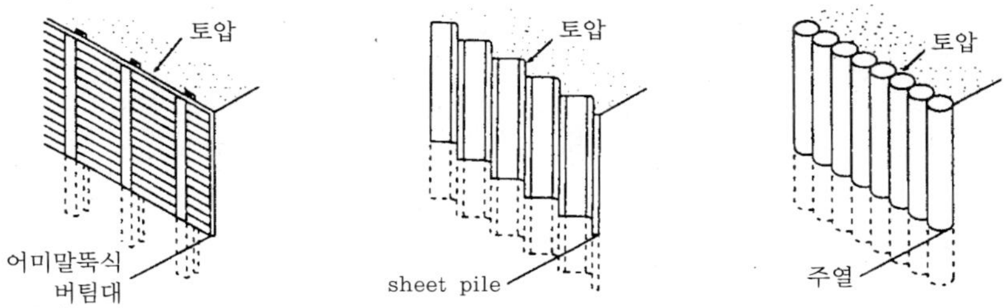

그림 4-48 널말뚝식 공법 종류

3) 철재 널말뚝(steel sheet pile)공법

(1) 공법 개요

① 이음매가 있는 철재 널말뚝(sheet pile)을 연속으로 박아 흙막이벽을 형성하는 공법을 말한다.

② 지하수가 많은 지반에 주로 사용한다.

(2) 특징

① 차수성이 양호하며, 배면의 토사 유실 방지에 유리하다.

② 말뚝의 길이를 자유롭게 늘일 수 있다.

③ 관입 시 소음진동이 크다.

④ 암석이나 자갈지반에 시공이 어렵다.

(3) 시공 시 유의사항

① Sheet pile의 겹침 이음부가 어긋나지 않도록 한다.

② 소정의 근입장 넣기가 필요하다.

③ 말뚝 인발시 뒤채움을 충분히 한다.

④ sheet pile이 수직도가 되도록 한다.

(a) Sheet pile 띠장 대기 시공　　(b) Sheet pile 흙막이 공법 시공 예

그림 4-49 Sheet pile 흙막이 공법 시공 사례

5.8 지하연속벽 공법

1) 주열식 연속벽 공법

(1) 공법 개요

① 케이싱 관 없이 지중에 구멍을 뚫고 벤토나이트 용액을 넣어 차수벽을 형성하면서 굴착한 후 제자리 콘크리트 말뚝을 지중에 연속으로 박아 흙막이 벽체를 형성하는 공법을 말하는 것으로서 이코스(ICOS) 공법이라고도 한다.

② 지중에 철관을 박지 않고 벤토나이트 안정액을 넣어 차수벽을 형성하면서 굴착하는 공법이다.

(2) 공법 특징

① 소음, 진동이 적고 차수성이 크다.

② 차수성이 높아 도심 근접 시공이 가능하다.

③ slurry wall에 비해 가격이 저렴하다.

④ 지반조건에 크게 구애받지 않는다.

(3) 시공 순서

① 말뚝구멍을 하나 걸러 가며 천공 굴착하고
② 말뚝구멍에 콘크리트 타설한 다음
③ 말뚝과 말뚝 사이에 다른 말뚝구멍을 천공하여
④ 다음 말뚝구멍에 단계별로 반복하여 콘크리트 타설하여 차수벽을 완성한다.

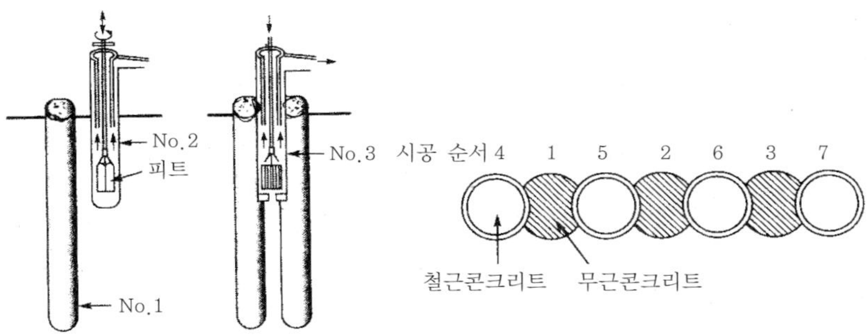

그림 4-50 이코스 공법 시공순서

(4) 주열식 말뚝공법의 배치 방법

① 독립형 배치 방식
② 접선형 배치 방식
③ 직선 오버랩(overlap)형(겹침형) 배치 방식
④ 지그재그형(어긋매김형) 배치 방식
⑤ 소일파일 혼합형 배치 방식

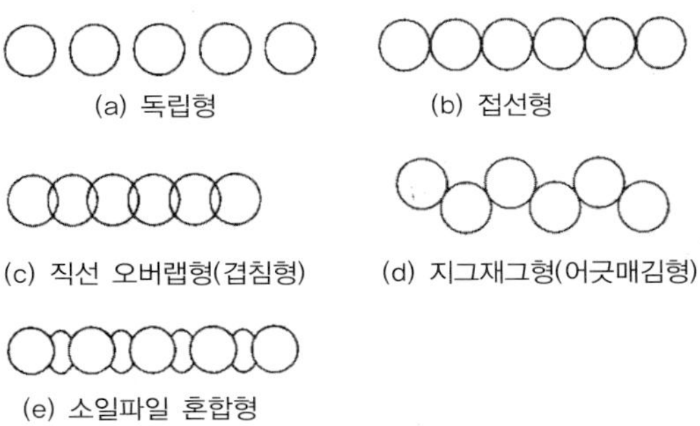

그림 4-51 주열식 말뚝공법 종류

(a) 주열식 흙막이벽 시공

(b) 주열식 흙막이 시공 예

그림 4-52

2) 프리팩트 파일 공법(prepacked concrete pile)

(1) 공법 개요

① 지중에 케이싱 철관을 박고 그 속에 자갈을 채운 후 주입관을 이용하여 모르타르를 압입하여 제자리 콘크리트 말뚝을 연속으로 박아 흙막이벽을 형성하는 공법을 말한다.

② 공법의 종류에는 CIP, PIP, MIP 공법이 있다.

(2) CIP 공법

① 지중에 케이싱을 박고 오거로 구멍을 뚫은 후 그 속에 자갈을 채워 넣고 주입관으로 모르타르를 압입하여 주열식 흙막이를 형성하는 공법을 말한다.

② 시공 순서

㉠ 오거로 지반 천공

㉡ 철근조립 후 삽입

㉢ 모르타르 주입 파이프 설치

㉣ 자갈 다져넣기

㉤ 모르타르 압입

(3) PIP 공법(Packed In Place Pile)

스크루 오거(Screw Auger)로 지반을 천공하고 흙과 오거를 끌어 올리면서 오거 선단을 통하여 모르타르를 주입하여 현장에서 말뚝을 조성하는 공법을 말한다.

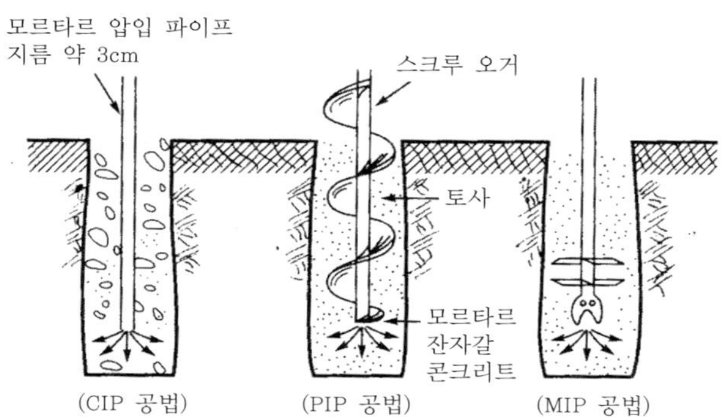

그림 4-53 프리팩트 콘크리트말뚝

(4) MIP 공법(Mixed In Place Pile)

① 굴착한 구멍 및 주위의 자연토질과 시멘트 경화제를 오거 등으로 혼합하여 소일시멘트(Soil Cement)화 하고 그 속에 H형강 등을 삽입하여 현장에서 말뚝을 조성하는 공법을 말한다.

② 흙과 모르타르를 혼합하여 소일 콘크리트말뚝(Soil Concrete Pile)을 형성하는 공법이다.

3) SCW 공법(Soil Cement Wall)

(1) 공법 개요

① MIP 공법과 같은 것으로서 흙막이벽 선을 따라 어스 오거(Earth Auger)로 천공하면서 흙과 시멘트경화제를 오거 등으로 혼합하여 소일시멘트(Soil Cement)화하고 그 속에 H형강과 철근 등을 압입하여 주열식 지하연속벽을 조성하는 공법을 말한다.

② SCW 공법 굴착 방식에는 연속방식, 엘리먼트방식, 선형방식이 있다.

(2) 특징

① 저소음, 저진동 공법이다.

② 깊은 도심까지 가능하여 도심 근접 시공이 가능하다.

③ 흙막이, 본구조체벽, 차수벽 역할을 한다.

④ 자유로운 형상, 치수가 가능하다.

⑤ 지반조건에 영향이 적다.

(3) 시공 순서

① 흙막이벽 배면 시공 라인 측량

② Guide Frame 설치

③ 오거 천공과 시멘트 밀크 혼합, 교반

④ H형강 등 응력 부담재 설치

⑤ 주열 연속벽체 조성

⑥ 흙막이 지지대 설치 후 단계별 굴착

그림 4-54 SCW 흙막이 공법 시공

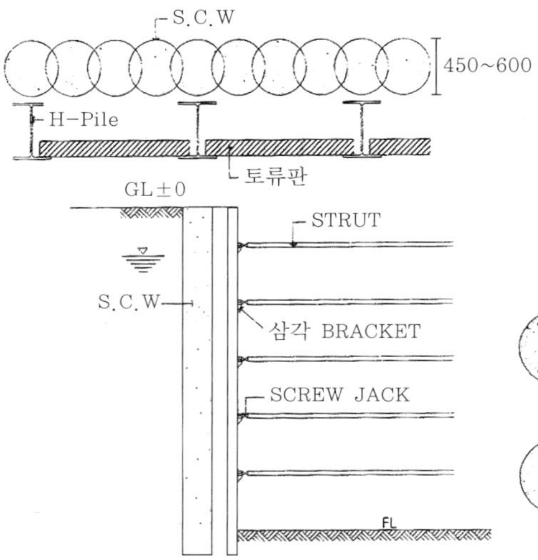

(b) S.C.W 공법 구체도

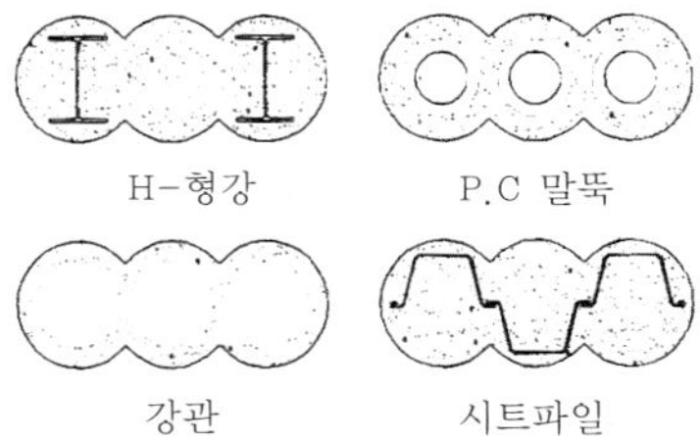

(c) 응력부담재 종류

(a) S.C.W 공법 센터말뚝 굴착 장면

그림 4-55 S.C.W 공법 시공

5.9 흙막이 공법별 특징 비교

구분	공법 개념도	시공순서	특징
H-pile 및 토류판 공법 (엄지말뚝공법)	공법 개요 : H-pile을 흙막이 벽기둥으로 박고 그 사이에 토류판을 끼워 흙막이 벽체를 형성하는 공법을 말한다. 	① 흙막이벽 기둥 천공 ② 엄지말뚝 박기 ③ 단계별 지하굴착 및 토류판 설치 ④ 차수벽 보강 ⑤ 흙막이벽 완성	① 차수보강이 필요하다. ② 지반침하 발생가능 ③ 흙막이 안전성이 적다.

구분	공법 개념도	시공순서	특징
주열식 흙막이공법	공법 개요 : 주열식으로 콘크리트 기둥을 연속 현장타설하여 흙막이 벽체를 형성하는 공법을 말한다. 	① 흙막이벽 기둥 천공 ② Cashing 또는 안정액 사용 공벽 붕괴 방지 ③ H-pile 및 철근 케이지 설치 ④ 주열식 흙막이 콘크리트 타설 ⑤ 흙막이벽 완성	① 차수보강이 필요 없다. ② 차수성은 보통이다. ③ 흙막이 안전성이 있다.
S.P.S공법	공법 개요 : 지하 본구조물 철골기둥과 보를 굴토공사 진행에 따라 선시공하여 굴토 중에는 흙막이 지보공으로 사용하고 굴토 완료 후에는 해체 과정없이 본 구조물로 사용하는 공법을 말한다. 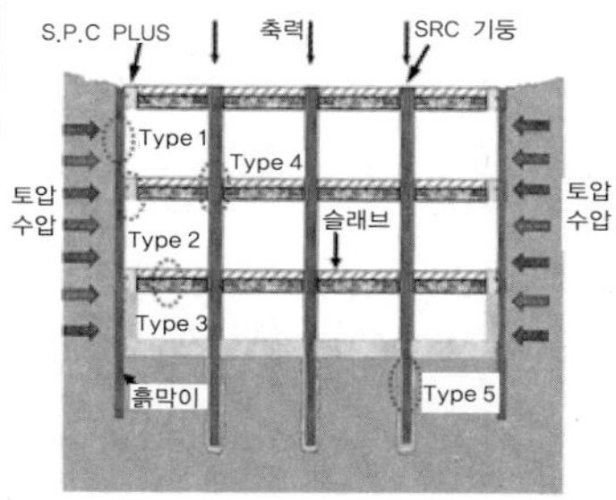	① 본 구조물 철골기둥 천공 ② 본구조 철골기둥과 보 설치 ③ 지하 흙막이 수평버팀대 설치 ④ 1층 바닥 슬래브 설치 ⑤ 지하 단계별 굴착 ⑥ 철골기둥 및 보 본구조물 사용 ⑦ 지하, 지상 동시 작업	① 영구 구조물의 지보공으로 사용하여 구조적 안전성이 크다. ② 토질상태에 관계 없이 사용 ③ 1층 바닥 선시공으로 작업공간 활용

5.10 슬러리 월 공법(Slurry wall)

1) 공법 개요

지하 흙막이벽 굴착시 케이싱 관을 사용하지 않고 벤토나이트 안정액을 넣어 차수벽을 형성하면서 지반을 굴착하고 그 속에 철근망을 삽입하고 콘크리트를 타설하여 지층에 콘크리트 연속벽체를 만들어 흙막이벽체를 형성하는 공법을 말하며, 흙막이 벽체가 본 구조 벽체로도 사용된다.

2) 공법 장 · 단점

① 장점

㉠ 인접건물에 근접시공이 가능하다.

㉡ 무소음 · 무진동공법, 차수성이 높다.

㉢ 벽체강성이 높아 본 구조체로 사용 가능하다.
㉣ 지반조건에 좌우되지 않는다.
㉤ 임의의 형상, 치수, 깊이 조절이 가능하다.

② 단점

㉠ 공사비가 고가이다.
㉡ 대형 장비로 이동이 어렵다.
㉢ 고도의 기술, 경험이 필요하다.
㉣ 콘크리트 타설시 품질관리에 유의해야 한다.
㉤ 안정액의 슬라임 처리 등의 환경 공해 문제가 발생한다.

3) 시공 순서

1. 가이드 월(Guide wall) 설치
↓
2. 굴착(Clamshell, hammer grab)
↓ ← 안정액 플랜트 설치
3. 굴착과 동시 안정액 투입
↓ ← 안정액 중 모래제거
4. 엔드 파이프(End pipe) 설치
↓ ← 철근망 조립
5. 철근망 삽입
↓
6. 트레미관 설치
↓
7. 콘크리트 타설
↓
8. 엔드 파이프(End pipe) 인발
↓
9. 양생

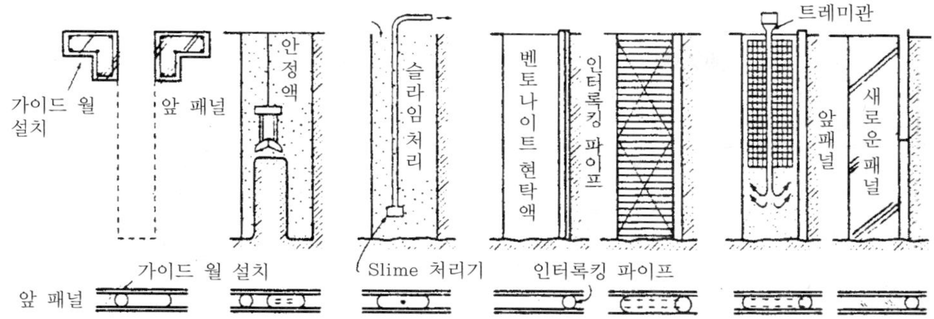

그림 4-56 slurry wall 시공 순서

가이드월 설치 / 선행굴착(해머그랩+서비스 크레인) / 본굴착(하이드로 프레이저)

철근망 제작 / 철근망 근입 / 콘크리트 타설

그림 4-57 slurry wall 현장 단계별 시공 순서

4) 단계별 시공 방법과 시공시 유의사항

(1) 가이드월(Guide wall, 안내벽) 설치

지하연속벽 굴착작업 시 흙막이 굴착구 양측에 설치하는 가이드벽으로 굴착구 인접지반의 붕괴를 방지하고 굴착기계의 수직도를 유도하며 철근망의 거치를 위해 설치하는 가설벽을 말한다.

※ 가이드월의 역할

㉠ 인접지반의 붕괴방지(자체 토류벽 가능)

㉡ 굴착기계의 진입유도(기준대 역할)

㉢ 철근망의 거치

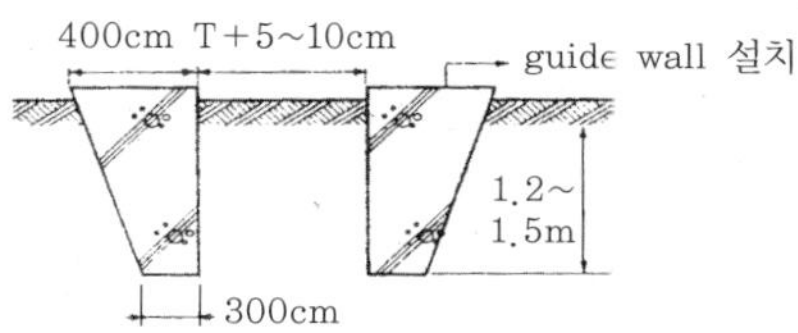

그림 4-58 guide wall 설치

(2) 굴착과 안정액 투입

① 지반굴착은 수직도가 유지되도록 해야 하며, 선단지반 교란이 되지 않도록 한다.

② 지하연속벽의 폭은 5~6m 정도, 두께는 80cm가 적당하다.

③ 안정액 수위는 지하수위보다 1.5m 정도 높게 유지하여 굴착시 공벽이 잘 유지되도록 해야 한다.

※ 안정액의 기능

㉠ 지반굴착시 토압에 의해 공벽이 무너지는 것을 방지하기 위해 주입하는 약액을 말한다.

㉡ 굴착시 공벽의 붕괴 방지

㉢ 지하수의 유입 방지를 막는 지수효과

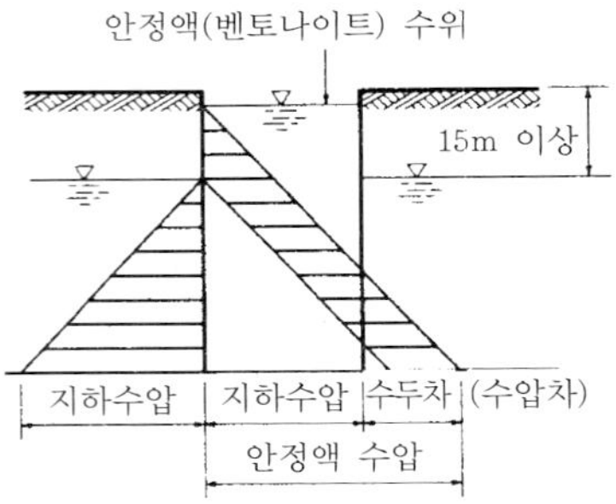

(a) 안정액 수위

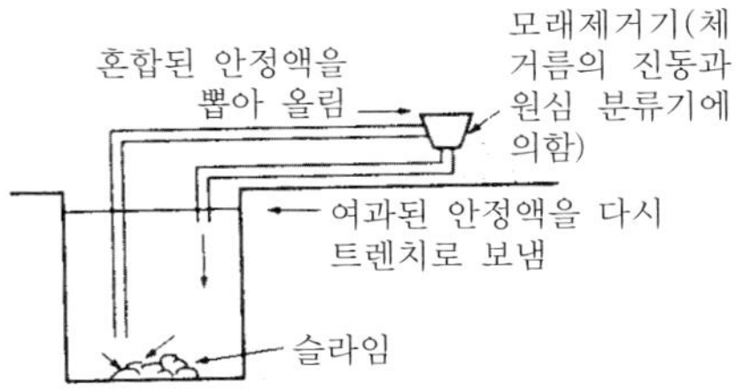

(b) 슬라임과 Desanding

그림 4-59 안정액 투입과 슬라임 처리

(3) 슬라임(Slime) 처리

① 굴착 후 3시간이 지나면 구멍 저면 지반의 안정액과 부유물질의 치환이 필요하다.

② 트렌치 내의 안정액은 모래 함유율이 3% 미만까지 Desanding 처리해야 한다.

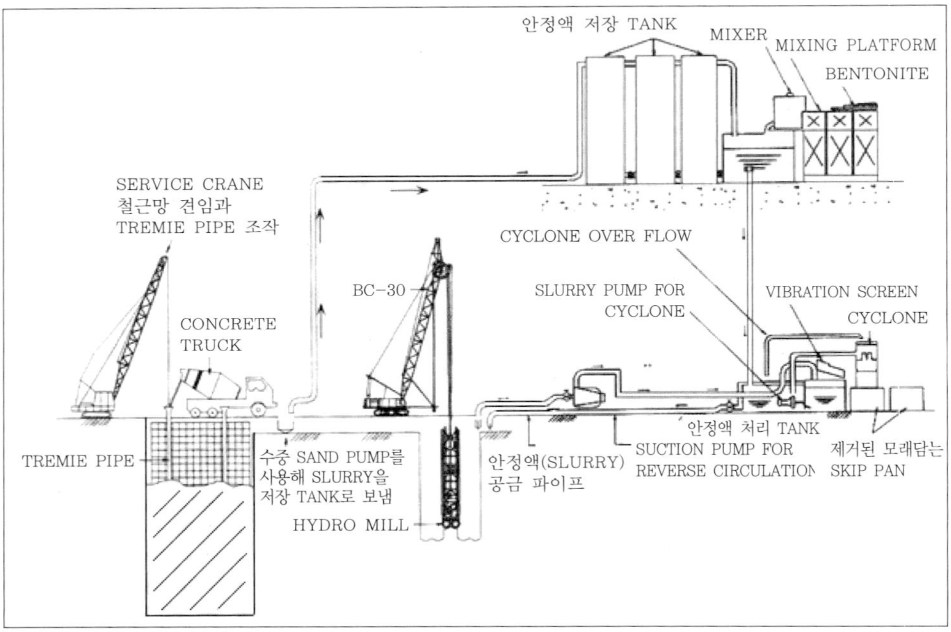

그림 4-60 안정액 저장 믹서와 슬라임 처리 과정

※ Slime과 Desanding 기능

㉠ Slime은 안정액과 부유물질이 구멍 저면 바닥에 가라앉은 찌꺼기를 말한다.

㉡ Desanding은 안정액이 부유물질과 혼합되어 콘크리트 타설시 치환능력이 떨어져 신선한 안정액으로 교체해 주는 작업을 말한다.

㉢ Slime 치환 방식 종류

-Suction pump 방식 : 펌프로 Slime을 흡입하여 퍼 올리는 방식

-Air Lift 방식 : Air hose로 Slime을 흡입해 내는 방식

-Sand pump 방식 : 수중펌프로 굴착저면에서 직접 퍼 올리는 방식

그림 4-61 slurry wall 시공 현장(굴착 및 안정액 저장 Mix)

(4) 엔드 파이프(End pipe) 설치

① 지중 연속벽체의 연결부에 설치하는 Inter Locking pipe를 말하는 것으로 벽체 상호간 물려 있게 하는 키 역할을 한다.

② 벽체 상호간 물려 있게 하여 지수, 차수 역할을 하게 한다.

③ End pipe는 벽두께 보다 적은 것을 사용한다.

(5) 철근망 삽입

① 수직으로 삽입하고 피복두께는 7cm 이상 유지시킨다.

② 철근망 제작은 공장에서 제작 크레인으로 설치한다.

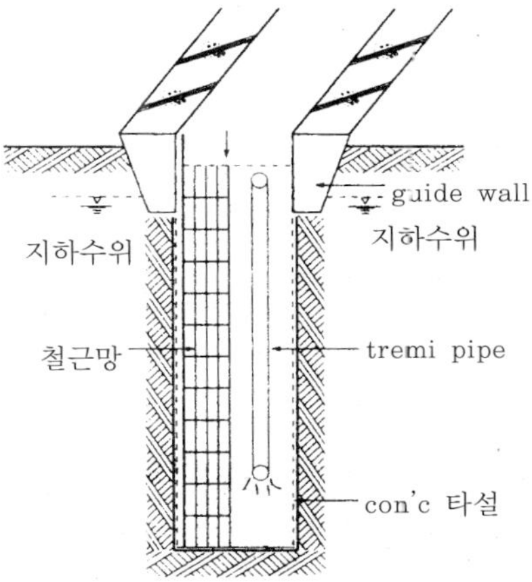

그림 4-62 slurry wall 굴착 상세도

③ 철근망이 변형되지 않도록 운반한다.

(6) 트레미관(Tremi pipe) 설치

① 트레미관은 콘크리트 타설용 파이프를 말한다.

② 굴착 저면에서 15cm 정도 높게 설치한다.

③ 트레미관 인발시에는 철근에 충격을 주지 않도록 한다.

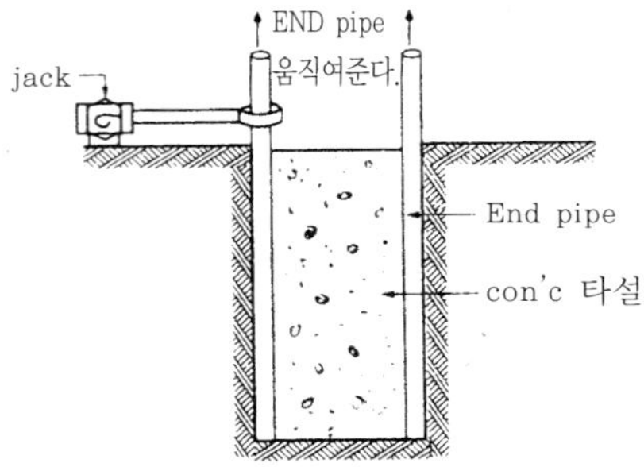

그림 4-63 End pipe 인발

(7) 콘크리트 타설

① Slime 제거 후 3시간 이내에 타설한다.

② 중단 없이 한 번에 끝까지 타설한다.

③ 트레미관은 항상 con'c 속에 1m 정도 묻혀서 상승한다.

④ 재료분리가 일어나지 않도록 한다.

(8) 엔드 파이프(End pipe) 인발

① 콘크리트 타설 2시간 정도 후 약간씩 움직여 놓는다.

② 초기 경화 후 인발을 시작하여 4~5시간 만에 인발을 완료한다.

③ con'c에 무리한 충격을 주지 않도록 주의한다.

6. 계측관리

6.1 계측 개요

계측관리란 흙막이공사시 설계시와 시공시의 불일치와 위험발생 가능 지점을 미리예측하기 위하여 주변 지반의 변형과 건물의 균열, 흙막이벽의 변형 등에 대한 문제점을 조기에 발견하기 위한 계측장비를 활용한 정보화 시공을 말한다.

6.2 계측관리의 목적

① 시공 전후의 안전성 확보

② 위험 징후에 대한 대처

③ 시공법 개선 및 유지보수에 대한 정보 획득

④ 설계보완 및 검토자료 축적

⑤ 민원 대비를 위한 계측자료 수집

6.3 계측관리 항목 및 기기

표 4-4 계측관리 항목과 측정기기 종류

관리항목	관리내용	측정기기
지반	토질, 지반의 구성	육안
지하수 침하	지하수위 측정	Water Level Meter(지하수위계)
	간극수압 측정	Piezometer(간극수압계)
	보일링, 파이핑	육안
주변 변위	도로, 매설관, 주변지반, 주변 건물의 침하	Level and Staff(지표면 침하계)
	주변 건물의 기울기	Tiltmeter(건물 경사계)
	주변 지반의 수평이동	Transit(트랜싯)
흙막이벽 변형	측압, 수동토압	Earth(Soil) Pressure Gauge(토압계)
	두부변형, 침하	Transit(트랜싯) Level and Staff(지표면 침하계)
	지중 수평변위	Inclinometer(지중 경사면)
	지중 수직변위	Extension Meter
	응력	Strain Gauge(변형계)
지보공 변위	버팀대 축력 및 하중	Load Cell(축력계)
	버팀대 온도	온도계
	버팀대 변형	Strain Gauge
	버팀대, 띠장의 변형, 지지말뚝의 침하	Level and Staff(지표면 침하계)

(주) 간격수압 : 지하수 중의 수압이다.

6.4 계측기기의 배치

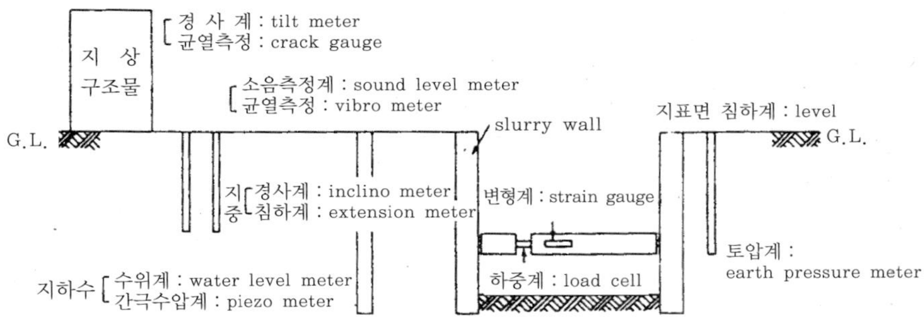

그림 4-64 현장 계측기기 배치도

6.5 계측 결과 분석 및 관리

표 4-5 계측 결과 분석과 측정 빈도

계측기	허용오차	기간	측정빈도
지반경사계	±0.02mm	설치 후 1주일간	1일 1회
침하계	±0.01mm	설치 후 2~4주간	주 2~3회
건물 경사계	±0.002mm	5주 이상, 변형 수렴시까지	주 1회
crack gauge	±0.01mm	설치 후 주 1회	
변형계	±0.5%	설치 후 1일 3회	
piezo meter	±1cm	설치 후 1일 1회	
tilt meter	±0.02mm	설치 후 2일 1회	

7. 흙막이 주변 침하 원인과 방지대책

7.1 개요

지하흙막이 공사시 주변지반과 주변구조물의 침하는 시공자에게 많은 피해를 줄 수 있을 뿐만 아니라 사회문제화되어 사회 전체에 불안감을 조성하게 된다.

지하 흙막이벽의 하자 발생 유형에는 인접지반과 구조물의 침하, heaving현상, boiling 현상, piping현상, strut 변형 등을 들 수 있다.

그러므로 흙막이 벽체의 하자 발생 방지를 위해서는 지반의 성상조사와 지하수, 주변여건 등을 충분히 사전 검토하여 흙막이 공법을 선정해야 한다.

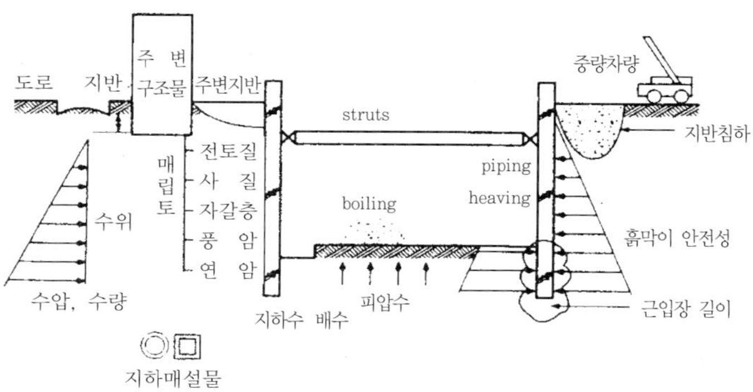

그림 4-65 흙막이 주변 침하 사전 검토사항

7.2 흙막이 주변 침하 원인

① 사전조사 미흡 설계
② 흙막이벽 Strut의 변형
③ 토압 증가
④ 지하수 배수가 불량
⑤ 지표면 과대 재하 하중
⑥ Heaving 현상
⑦ Boiling 현상
⑧ Piping 현상
⑨ 뒤채움재 불량 등

그림 4-66 흙막이 붕괴와 주변지반 침하 현장

1) 흙막이 안전성 미흡 하자

① 흙막이 측압에 대한 안전성 미흡
② 흙막이 근입장 깊이 부족에 따른 안전성 미흡

$$P_B + R_A \geqq P_A$$

$$F_S = \frac{P_B}{R_A} \geqq 1.5 \text{ : 인정}$$

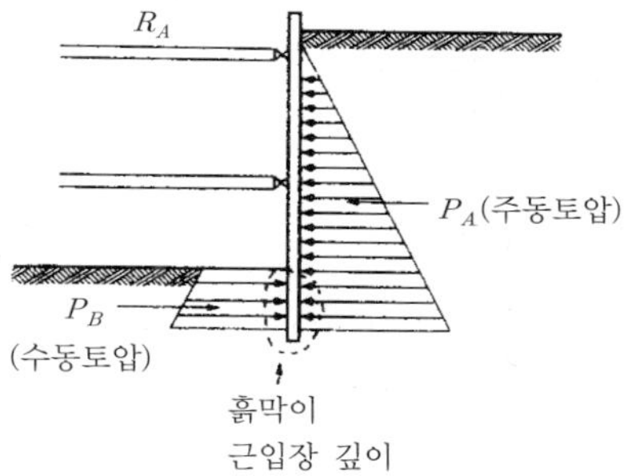

그림 4-67 흙막이 토압분포도

2) heaving 현상

① 발생 원인

점토질지반에서 흙막이 밖의 흙이 지표하중을 못이겨 흙막이 내부 저면바닥으로 흙이 불룩하게 솟아올라 흙막이벽이 붕괴에 이르는 현상을 말한다.

② 방지대책

㉠ 강성이 큰 흙막이 벽체를 설치한다. (slurry wall)
㉡ 흙막이 근입장 깊이를 충분히 확보한다.
㉢ 아일랜드 흙파기 공법을 채용한다.
㉣ 지반개량으로 지반강도를 증가시킨다.

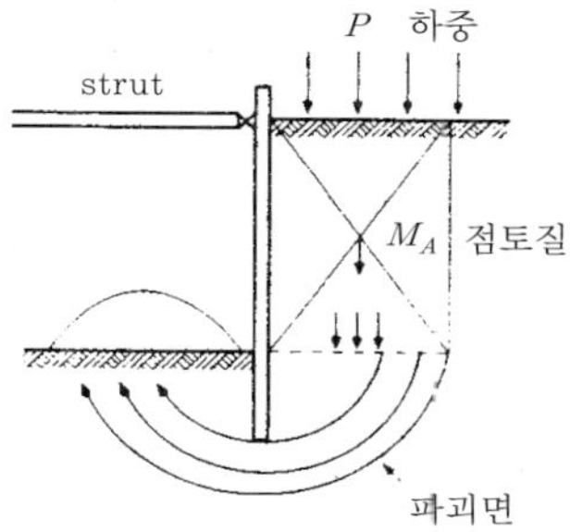

그림 4-68 heaving 현상

3) boiling 현상

① 발생원인

흙막이 바깥의 지하수위가 흙막이 내부 저면바닥 지하수위보다 높아 수위차에 따라 흙막이 내부 저면바닥으로 지하수가 솟아올라 흙막이가 붕괴되는 현상을 말한다.

② 방지대책

㉠ 흙막이벽을 비투수층까지 박는다.
㉡ 차수 흙막이 공법을 선정한다.
㉢ well point에 의한 배수공법을 적용하여 지하수위차를 없앤다.

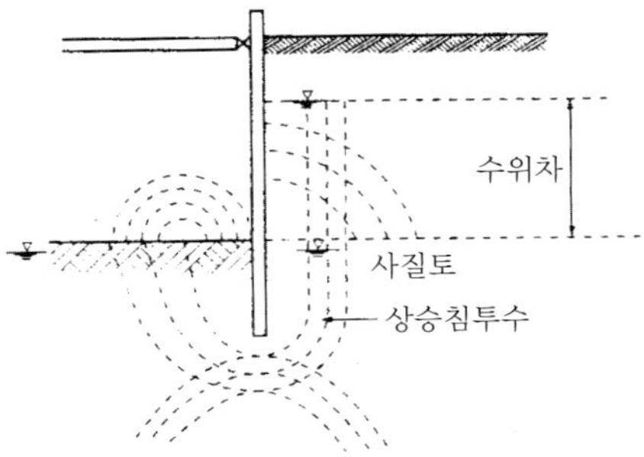

그림 4-69 boiling 현상

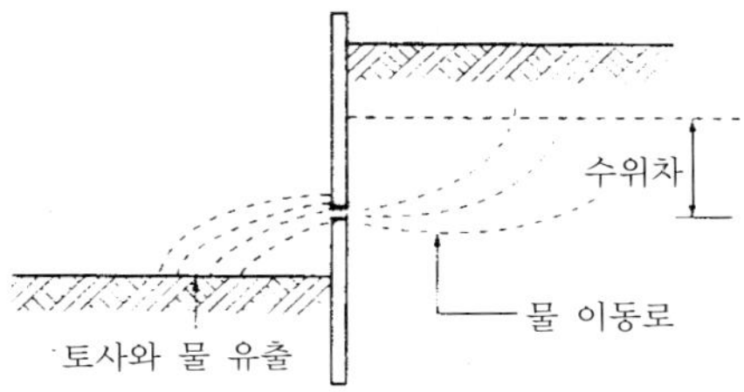

그림 4-70 흙막이벽체 부실(piping 현상)

4) piping 현상

① 발생 원인

사질지반의 흙막이 배면토의 흙이 흙막이 벽체의 누수로 함몰되어 토류판을 파손과 함께 흙막이벽에 붕괴하자가 발생하는 현상을 말한다.

② 방지대책

㉠ 차수성이 높은 흙막이를 선정한다.
㉡ 흙막이 근입장을 깊게 한다.
㉢ 토류벽판재의 밀실성, 안전성이 필요하다.

5) strut의 변형

① 띠장 및 버팀대의 부실에 의한 흙막이 변형
② 띠장의 휨응력에 의한 변형
③ 버팀대의 좌굴에 의한 변형

7.3 침하방지 대책

1) 충분한 지반조사

① 예비조사
지반, 지형, 인접구조물 상태, 주변환경 등

② 본 조사
지반조사, 지하수위, 공법 적정 설계 등

2) 흙막이 설계 및 공법 설정 검토

① 지반에 맞는 공법 선정
㉠ 지반의 성상, 지하수 상태, 토압 등을 종합적으로 고려한 공법 설계
㉡ 경제성, 시공성, 안전성을 고려한 공법 선정
② 흙막이 안전성 검토

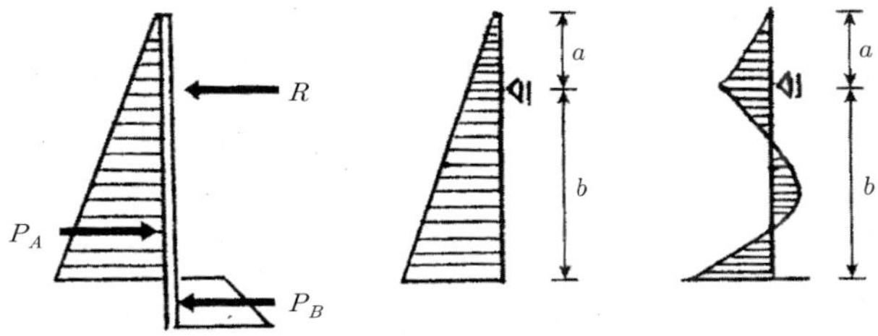

R : 띠장 반력
P_A : 주동 토압
P_B : 수동 토압

$R + P_B \geq P_A$: 안전성

그림 4-71 수평버팀대에 작용하는 응력도

3) 주변구조물 안전성 대책

① 주변지반 침하 방지
② 주변 구조물 균열 방지
③ underpining 대책

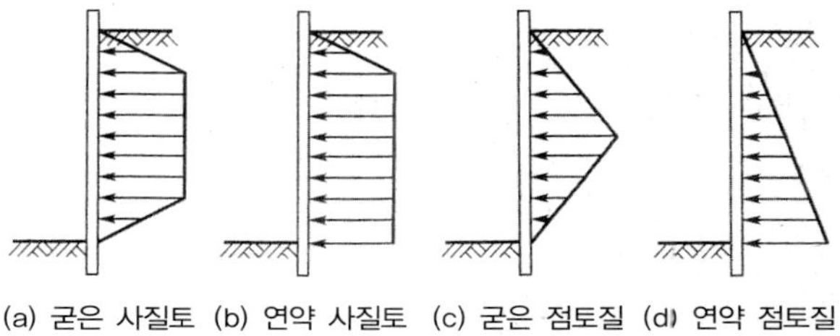

그림 4-72 주동토압의 분포도

4) 지하수 차수 및 배수대책

(1) 차수공법

지하수 차수는 Surry well 공법이나 주열식 흙막이 공법 등을 통한 차수를 말하며,

H-pipe 및 토류판 공법시 차수를 위한 시멘트 주입 공법이나 Lw 공법 등을 말한다.

그림 4-73 deep well 공법

(2) 배수공법

① 집수정 공법

터파기 저면 구석에 집수통을 설치하여 지하수가 고이면 펌프로 강제 배수하는 공법을 말한다.

② Deep well 공법

터파기 내에 직경 0.3~1.5m의 깊은 우물을 파고 필터를 부착한 케이싱을 삽입하여 펌프로 강제 배수시키는 공법을 말한다.

③ Well point 공법

지중에 1~2m 간격으로 집수관을 다단계식으로 박고 진공펌프로 강제 배수시켜 지하 수위를 저하시키는 공법을 말한다.

7.4 언더피닝(underpining) 공법

1) 공법 개요

① 기존 건물에 근접하여 흙막이 시공 시 기존 건물의 침하를 방지하기 위해 기초지반과 기초를 보강하기 위한 공법을 말한다.

② 공법의 종류에는 이중널말뚝 공법, 현장타설말뚝 공법, 약액주입 공법 등이 있다.

2) 공법의 종류

(1) 약액주입 공법

① 보강하고자 하는 위치에 주입관을 설치하고 약액을 주입하여 주변 기초지반을 고결시키는 방법을 말한다.

② LW, 시멘트 등의 약액을 사용한다.

③ 시공이 간단하고, 효과가 우수하다.

(2) 현장타설말뚝 공법

① 기존 건축물의 기초 밑을 굴착하여 현장 con'c pile을 직접 시공하여 보강하는 공법을 말한다.

② 기초 하부시공이 어려운 경우 기초판을 확대하여 보강한다.

③ 시공이 어렵고 복잡하다.

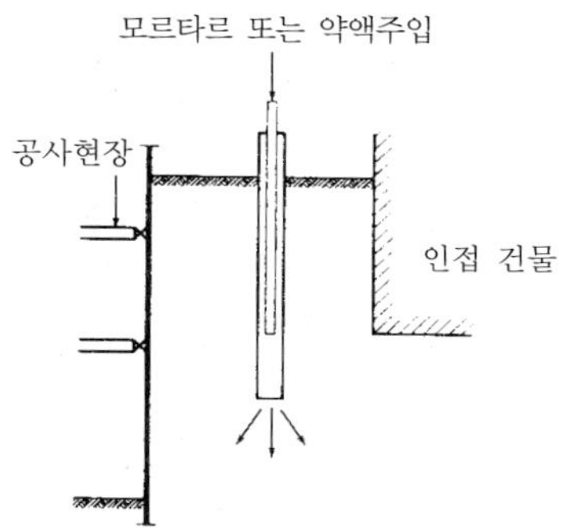

그림 4-74 약액주입공법

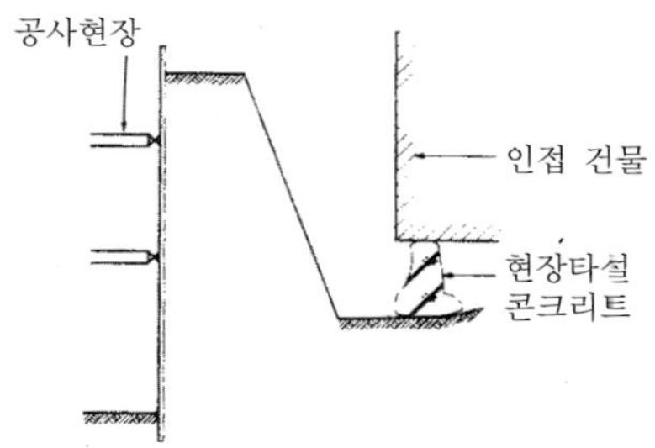

그림 4-75 현장 Con'c pile 공법

(3) 차단벽 설치 공법

① 인접 건물과의 일정거리에 차단벽을 설치하는 공법을 말한다.

② 인접 건물과의 거리가 있는 경우에 시공한다.

③ 인접 건물과 흙막이벽 사이에 설치하여 토사의 이동을 막는다.

(4) 이중널말뚝 공법

① 흙막이벽과 인접 구조물 사이에 2중으로 널말뚝을 박아 기초 토사의 이동을 방지하기 위한 공법을 말한다.

② 연약지반에 많이 시공한다.

③ 지하수위가 안정되게 유지되는 장점이 있다.

④ 인접건물과의 여유가 있는 경우에 적당하다.

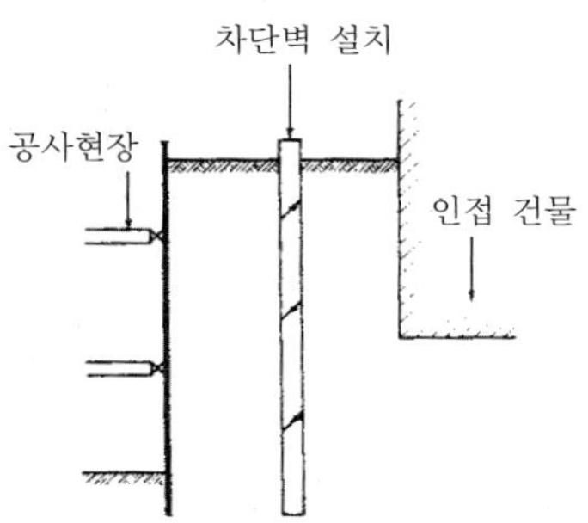

그림 4-76 차단벽 설치 공법

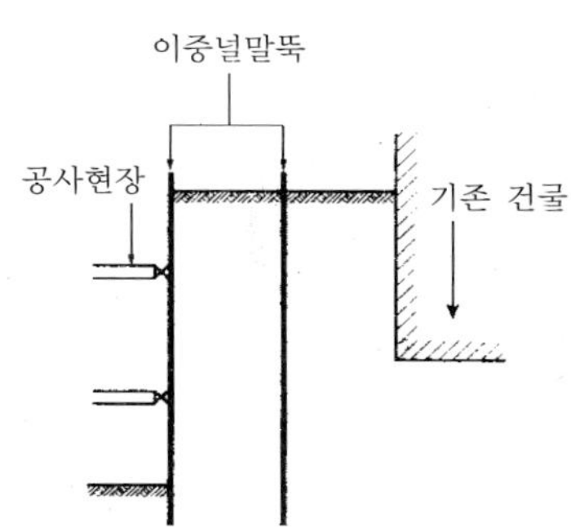

그림 4-77 이중널말뚝 공법

제2절 토공사 및 흙막이공사 시공계획 NCS 적용 "사례현장" 실무

1. 사례현장 토공사 및 흙막이 공사 개요

1.1 사례현장 공사 개요

구분	공 사 내 용
1) 공사명	○○종합의료 복합단지 공사
2) 공사 위치	서울시 광진구 ○○동 ○○번지
3) 공종명	토공사 및 흙막이 공사(시공계획서 작성)
4) 공사규모	· 지하 3층~지상 12층 · 굴착깊이 : GL(-) 6.4m~GL(-) 9.21m · 지하수위 : GL(-) 4m~GL(-) 8.81m · 지반상태 : 풍화암(-8.5m), 풍화토(-4.2m), 매립층 · 터파기량 : 66,900m^2
5) 공사기간	2013. 8~2013. 10
6) 시공업체	○○건설

1.2 사례현장 흙막이 공법 개요

사례현장 터파기 및 흙막이 공법 검토는 기본적으로 굴착면의 붕괴 및 과대한 변형을 방지하기 위한 흙막이벽체 공법과 이를 지지하는 지지공법으로 나눌 수 있다. 또한 흙막이벽체 배면의 지하수위가 높거나 지반이 연약한 경우에는 보조공법으로 보완하여 대책을 세워야 한다. 흙막이 공법은 안전성, 시공성, 경제성, 공사기간 등을 고려하여 가장 적합한 공법을 선정하는 것이 중요하다.

사례현장의 토공사 및 흙막이공사는 3가지 공법이 검토되었으며, H-pipe 및 토류판공법, 어스앵커 공법, CIP 공법이 적용되었다.

터파기 깊이는 지하 3층으로 깊지는 않으나 일부 지반이 연약하여 파일공사로 인해 소음, 진동으로 인한 주변 민원 대책에 대한 검토가 필요하다.

2. 사례현장 굴착 시공 도면 검토

2.1 사례현장 주변 배치도

– 사례현장 터파기 주변현황은 28m 도로에 접해 있고 지하철역과 일부 주택지가 접해 있다.

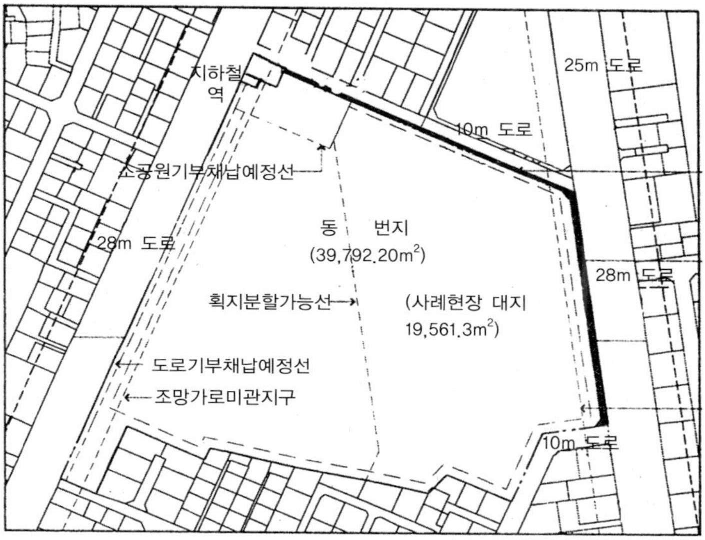

그림 4-78 사례현장 주변 배치도

2.2 사례현장 굴착 단면 깊이 검토

–사례현장의 지하굴착 깊이는 지하 3층 깊이로 9.21m이다.

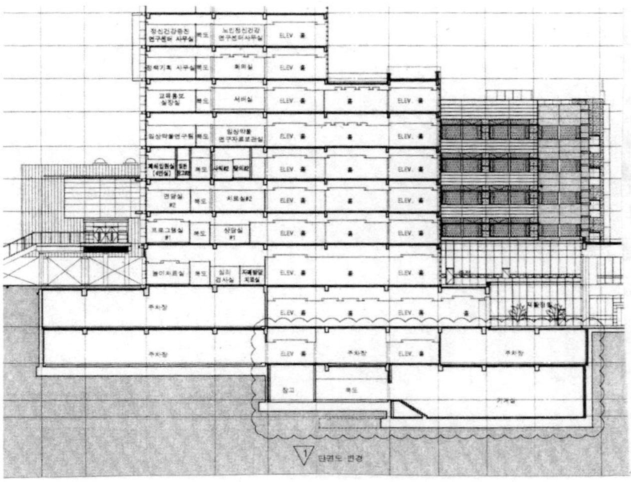

그림 4-79 사례현장 굴착 단면도 검토(굴착깊이 검토)

3. 사례현장 터파기 및 흙막이 시공계획

3.1 사례현장 지반조건 검토

사례현장 부지에 총 12개소의 지반조사 결과(2008년 01월－성은지질)에 따르면 상부로부터 매립층, 붕적층, 풍화토층, 풍화암층 순으로 분포되어 있다.

지하수위는 위치에 따라 －4.00～－8.80m에 존재하는 것으로 조사되었다.

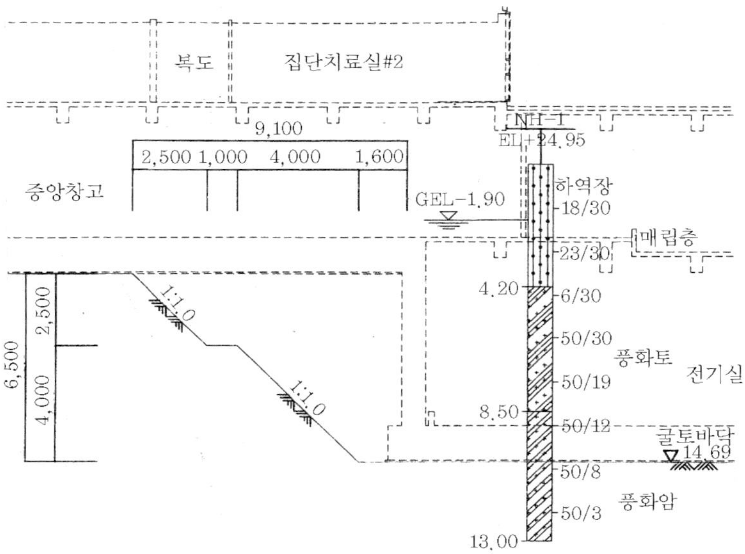

그림 4-80 사례현장 지질 조사서 검토

3.2 사례현장 여건분석

① 현장 주변으로 도로와 인접 건물이 있어 민원 발생이 가능한 현장여건이다.

② 굴착심도 약 H＝－6.41m~9.21m의 굴착으로 굴착심도까지 매립층－붕적층－풍화암층이 존재하고 있는 지반 상태이다.

③ 지하수위는 위치에 따라 GL－4.00m～－8.80m에 존재하고 있는 것으로 조사되었다.

④ 본 가시설 벽체의 변형 발생시 인접 도로 및 인접 건물에 침하 가능성이 있는 것으로 조사되었다.

3.3 흙막이 공법 선정 검토

C.I.P+H-pipe 및 토류판 공법, C.I.P 공법은 공사비보다 벽체 강성이 더 중요시 될 때, S.C.W 공법은 여러 가지 장점에 비해 기존 지반 토질이 불량할 때는 그 효과가 문제시되고, 시트 파일 공법은 연약지반이거나 수위차가 큰 경우에 예상되는 히빙 및 파이핑에 대한 대책으로 유리하다. 따라서 사례현장의 가시설 1, 3호선 주변에 인접건물 및 도로가 있어 벽체강성이 우수한 C.I.P 공법을 계획하였고, 가시설 2호선은 인접부지와 이격거리가 충분하며 소규모 흙막이가 이루어지는 부분으로 H-pipe+토류판 공법을 적용하였다.

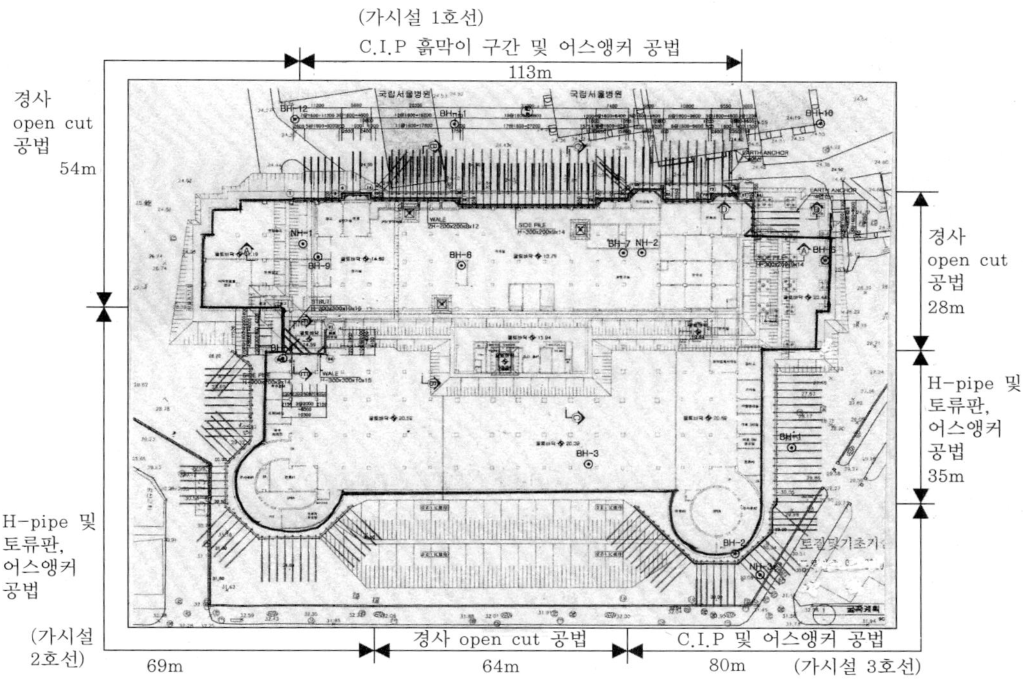

그림 4-81 사례현장 굴착 흙막이 적용 구간 배치도

3.4 지지공법 선정 사유

사례현장의 경우에는 토질조건 및 지반고, 굴토 바닥면을 고려하여 어스앵커 공법을 적용하였고, 건축지의 천공 부분과 간섭이 예상되는 부분을 스트럿 지지 공법을 반영하였다.

기타 부지 여유가 충분한 부분은 토질 여건을 고려하여 오픈 컷 공법을 적용하였다.

사례현장에서는 코너 스트럿, 수질 스트럿, 어스앵커 공법을 사용함으로써 지하굴착공사를 위한 작업공간을 확보하고 시공이 안전하도록 하였다.

4. 사례현장 흙막이 공법 선정

4.1 흙막이 공법 적용 검토

C.I.P 공법(가시설 1, 3호선 적용)+H-pipe 및 토류판 공법(가시설 2호선 적용)

1) C.I.P 공법

−C.I.P 설치구간 : 지하주차장 진 · 출입구간 및 기존 건물 근접 구간에 설치

−C.I.P 설치규격 : ϕ400 C.T.C 1600, H−300×200×9×14

−C.I.P 설치심도 : H-pipe 근입깊이까지

−C.I.P 콘크리트 : σ_{ck}=210kg/cm^2

2) H-pipe 및 토류판 공법

−H-pipe+토류판 설치규격 : C.T.C 1800, H−300×200×9×14

−토류판 설치심도 : 굴토면 바닥까지

−H−300×200×9×14

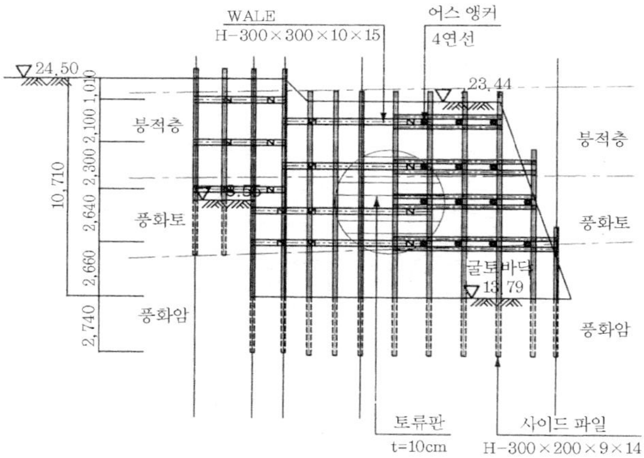

그림 4-82 사례현장 흙막이 가시설 도면 검토

4.2 굴착 심도 및 지지 공법

1) 굴착 심도(깊이)

GL(−) 6.40m ~ GL(−) 9.21m

2) 지지 공법

스트럿 / 어스 앵커 공법

4.3 가시설 재료 종류

WALE : H－300×200×10×15

SIDE PILE : H－300×200×9×1

POST PILE : H－300×200×9×14(중간 PILE)

STRUT : H－300×300×10×15

CHANNEL : ㄷ－300×90×9×13

BOLT : F10T M22

P.C강선 : ϕ12.7 4연선

5. 사례현장 흙막이 및 흙파기 공법 계획

5.1 흙막이 공법 시공 순서

① 가시설 설계 → ② 어스앵커 보강 → ③ C.I.P 시공 → ④ 어스앵커 천공 및 띠장 설치

5.2 흙막이 작업 구간

1) 흙막이 작업 범위 계획

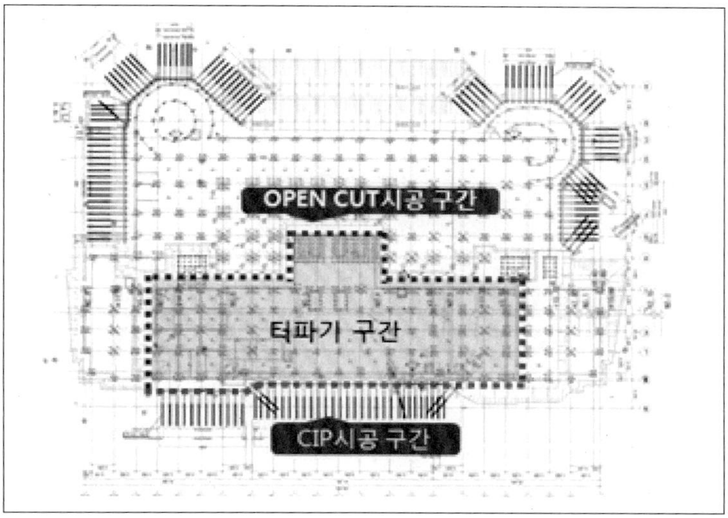

사례현장 흙막이 작업 구간 범위

사례현장 CIP 및 H-pile 토류판 공법 시공 현황

2) 흙막이 단면도 검토

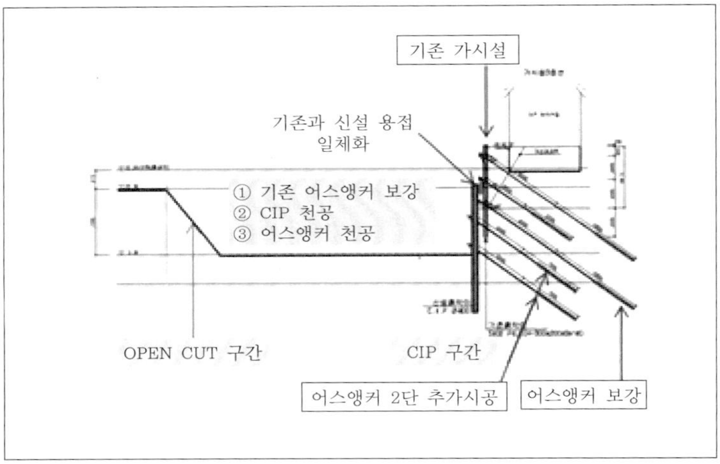

사례현장 H-pile 및 토류판 공법과 어스앵커 공법 단면도

사례현장 어스앵커 공법 시공 현황

5.3 터파기 시공 순서

① 터파기 작업 → ② 암조사 및 판정 → ③ 암판정시 발파 → ④ 터파기 및 정리

5.4 터파기 작업 구간 구획

1) 터파기 작업 범위

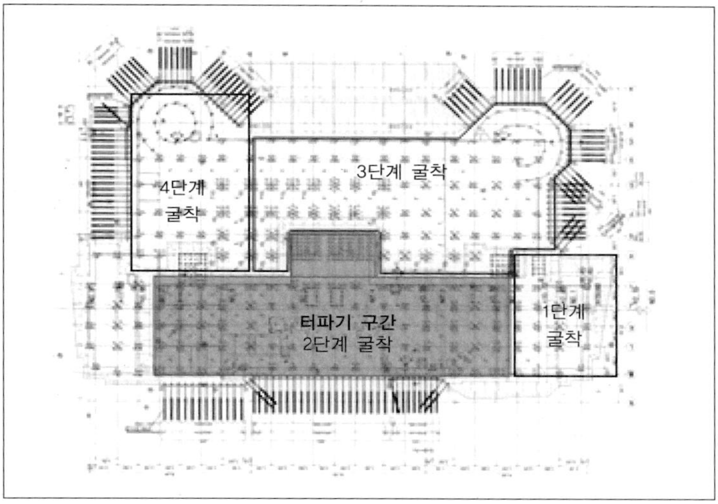

사례현장 단계별 굴착 순서

2) 터파기 단면도

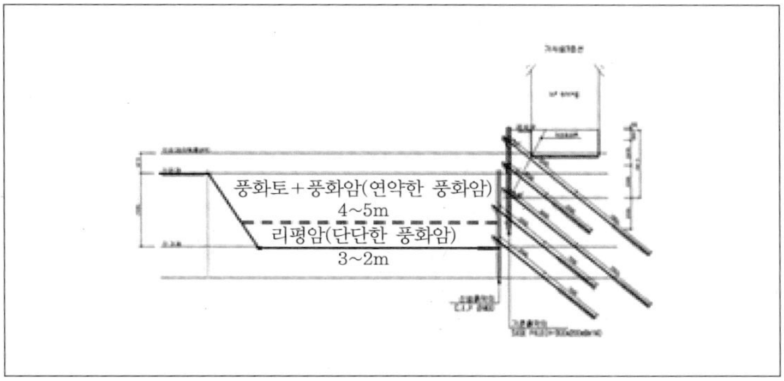

사례현장 굴착 단면도

3) 사례현장 터파기 시공

사례현장 터파기공사는 경사 open cut 공법과 흙막이 open cut 공법을 복합해서 시공하였다.

사례현장 경사 open cut과 흙막이 open cut 공법 사례

5.5 터파기 및 흙막이 가시설 수량 산출

사례현장 터파기 및 흙막이 가시설 벽체 수량 산출

공 통		규격	단위	수량
토공사	1) 터파기(6~10m)	기계	m^3	66,900
	2) 흙쌓기/토사	다짐 95% 이상	m^3	17,600
	3) 되메우기/다짐(인력 10%)	다짐	m^3	19,590
	4) 잔토처리(L=45cm 김포)	B/M : 1 DT : 24	m^3	66,900
	5) 성토재반입(L=45cm 김포)	토사 / 풍화암	m^3	37,200
가시설 흙막이공사	1) H-pile 천공	토사 / 풍화암	m	1,810
	2) Cip 천공	H=300×300 ℓ =3m 이하	m	3,970
	3) H-pile 항타(진동식)	H=300-500	본	131
	4) Wale 설치 및 철거		M	1,230
	5) Wale Bracket 설치	H-300×300	개소	540
	6) Strut 설치 및 철거		본	30
	7) 어스앵커 천공		m	6,340
	8) PC 강선 설치		공	170
	9) 토류판 설치 및 철거	300×200×14	m^2	2,990
	10) H-pile 사장		ton	78,600
	11) H-pile 손료		ton	184,000
Lw 그라우팅	1) 천공		m	2,460
	2) 그라우팅		m^3	85
	3) 멘섹튜브 설치 철거		m	2,460

6. 사례현장 터파기 및 흙막이 공정 계획

6.1 공정계획표 작성

사례현장 터파기 및 흙막이 공정표

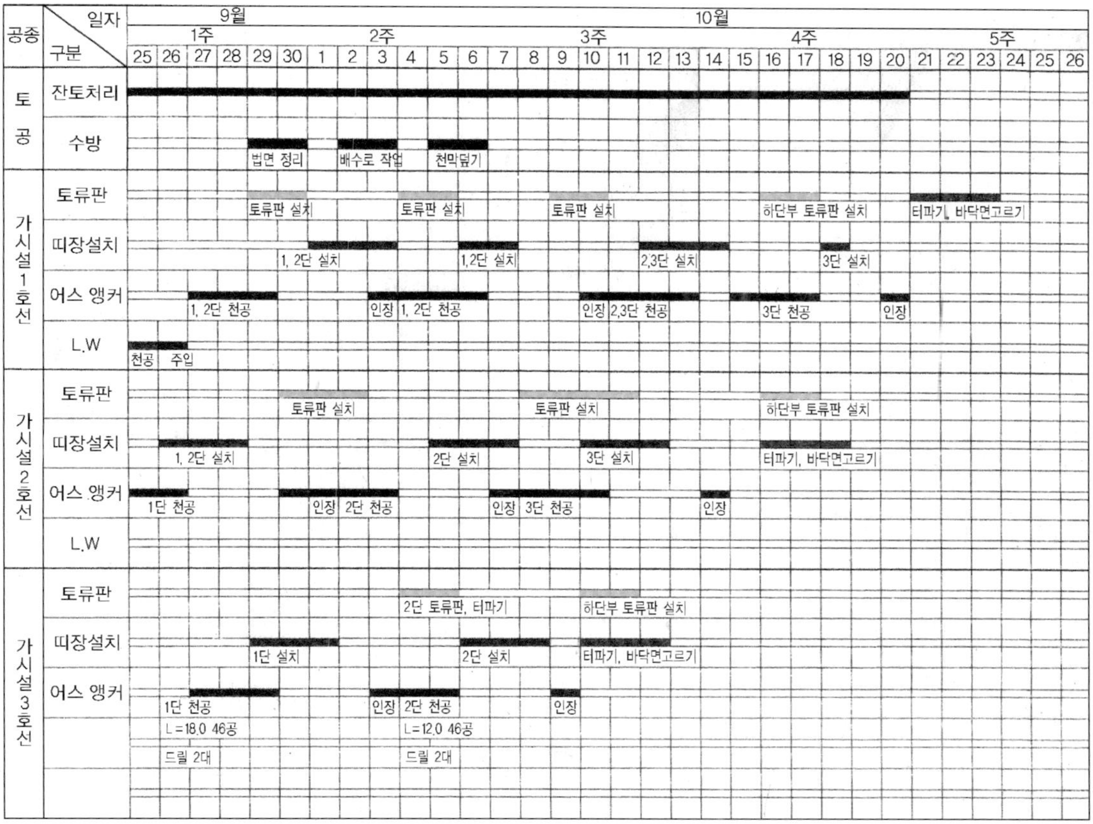

6.2 인력 및 장비투입 계획

1) 현장 조직 구성

구 분	구 성	인원(명)
현장관리자		1명
토목반장		1명
토공팀	1조 : 2명	2명
가시설팀	· 천공 1조 : 2명 · 설치해체 1조 : 5명	7명
그라우팅팀	· 천공 : 1명 · 주입 1조 : 4명	5명

2) 토공사 장비 및 인력 투입계획

구분	2013					2014			
	8	9	10	11	12	1	2	3	4
Back Hoe(1m^3)	45	45	15						
Back Hoe(0.6m^3)	24	19	10	24					20
Back Hoe(0.3m^3)				14	14				
덤프(25ton)	540	220	120						
보통인부	62	41	10	50	60				30

3) 흙막이 공사 장비 및 인력 투입계획

구분		2013.8	2013.9	
		15~30일	1~15일	15~30일
가시설 공사	3단계 (84m)	–		
	2단계 (77m)		–	
	1단계 (128m)			–
천공기		11	5	5
Comp+Drill(600)		7	3	3
용접공		20	5	5
토류공		36	6	6
보통인부		124	41	41

6.3 계측관리계획

계측기명	투입계획량	비 고
inclinometer	3개소	배면 지반의 변위를 계측 굴착 전-1회 이상, 굴착 진행시-2회/주 굴착 완료 후-1회/주, 되메움까지-1회/월
water level	3개소	지하수위 및 간극수압 변동 측정 굴착 전-1회 이상, 굴착 진행시-2회/주 굴착 완료 후-1회/주, 되메움까지-1회/월
strain gauge	2개소	스트럿에 가해지는 응력상태를 계측 굴착진행시-2회/주, 굴착 완료 후-1회/주
지표침하계	3개소	지층의 탄성 및 압밀침하량 측정 굴착 전-1회 이상, 굴착 진행시-2회/주 굴착 완료 후-1회/주, 되메움까지-1회/월
tilt meter	1개소	구조물의 침하, 균열, 경사, 이동, 변형 측정 굴착 진행시-2회/주, 굴착 완료 후-1회/주
load cell	4개소	어스 앵커의 가시설 벽체고정/지지효과 및 인장도 파악 굴착진행시-2회/주, 굴착 완료 후-1회/주
소음 및 진동 측정기		PILE 항타인발, 중장비 주행시

-모든 계측은 이상 발생 시 수시 계측을 한다.

7. 사례현장 흙파기 현장 안전관리계획

7.1 중장비 작업 시 안전관리

1) 장비반입 전 보험증, 면허증, 장비등록증 확인
2) 작업 전 장비 작업계획 시 작성 및 승인 후 공사 시행
3) 장비 사용 허가증 스티커 발부 및 확인
4) 장비 작업 시 통제 요원 배치 및 관리
5) 굴착작업 시 사전 지장물 유무 확인
6) 굴착 작업 전 버킷 안전핀 고정 확인
7) 작업 전 운전자의 상태 확인
   ⇒장비협착 및 장비전도 등 장비사고 방지
   ⇒재해율 'Zero화' 및 '무재해 현장을 구축'

7.2 흙파기 작업 시 안전관리

1) 흙막이 분리 안전대책

－주변 지반 및 건물 침하 대책　　　－흙막이 자체 붕괴 대책

2) 지하수 배수 및 차수대책

－지하수위 변화 체크　　　－우수시 배수대책

7.3 주변환경관리 대책

1) 토사 반출입시 세륜기 설치

2) 소음의 최소화 방안

① 소음측정 및 데이터 기록을 통한 민원분쟁의 최소화
② 상차작업시 08 : 00 이전에는 주택가에서 최대한 원거리에서 실시
③ 백호버킷 연결부 정비를 실시하여 유격최소화 소음방지

3) 비산, 먼지, 분진의 최소화 방안

살수인원 별도 배치

4) 폐기물 발생 최소화 방안

－폐기물 발생 시 즉시 처리

5
Chapter

지정 및 기초공사

제1절 지정 및 기초공사 시공 기본 지식 이해

제2절 지정 및 기초공사 시공계획 NCS 적용 “사례현장” 실무

제1절 지정 및 기초공사 시공 기본 지식 이해

1. 공법 개요

1.1 기초와 지정

기초란 건물의 각종 하중을 받아 이를 지반에 안전하게 전달시키는 구조 부분을 말한다.

지정이란 기초 밑면을 보강하거나 지반의 지내력을 보강해 주기 위한 부분을 말한다.

따라서 기초의 기능은 상부 구조물을 안전하게 지지하고 침하 등에 의한 변형이 생기지 않도록 구성해야 한다.

지정의 종류에는 잡석지정, 자갈지정 등의 보통지정과 말뚝지정이 있다.

1.2 기초의 구조

기초의 구조는 지정과 기초판을 총칭한 것을 말하며, 지정은 기초판을 지지하기 위한 것으로서 잡석지정과 말뚝지정이 있다. 기초판은 상부구조의 응력을 지반 또는 지정에 전달하는 구조 부분을 말한다.

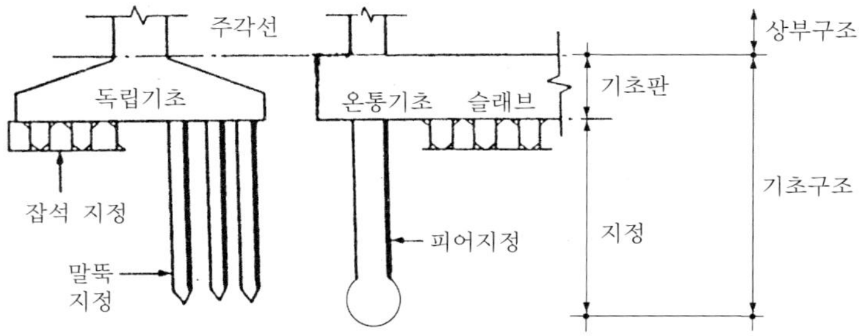

그림 5-1 기초 구조 구성

2. 기초의 종류

- 기초
  - 직접기초(보통지정)
    - 모래지정
    - 자갈지정
    - 잡석지정
    - 밑창 Con'c지정
    - 긴주춧돌지정
  - 말뚝기초
    - 기능상 분류
      - 지지말뚝
      - 마찰말뚝
      - 다짐말뚝
    - 재료상 분류
      - 나무말뚝
      - 기성 Con'c 말뚝
      - 제자리 Con'c 말뚝
      - 강재말뚝
  - 깊은기초
    - 피어(pier)기초
    - 잠함기초(케이슨 기초)

2.1 기초판 형식에 의한 분류

1) 독립기초

① 기둥 하나에 기초판이 한 개인 기초를 말한다.

② 부동침하에 대비하기 위해 지중보를 설치하거나 슬래브 두께를 두껍게 한다.

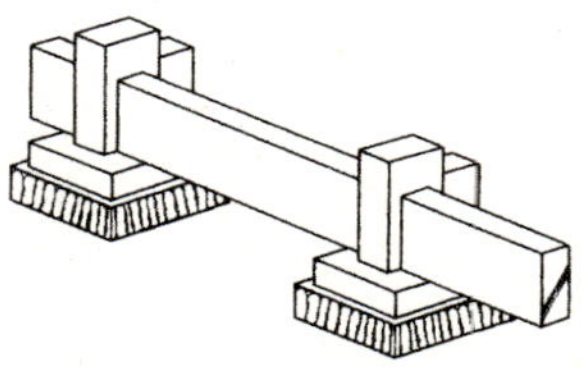

독립기초

그림 5-2 독립기초 시공 예

2) 복합기초

① 2개 이상의 기둥을 1개의 기초판에 받치게 한 기초를 말한다.

② 외부기둥의 외곽에 기초판을 내밀 수 없을 경우에 내부기둥과 연결시켜 만든 기초형식이다.

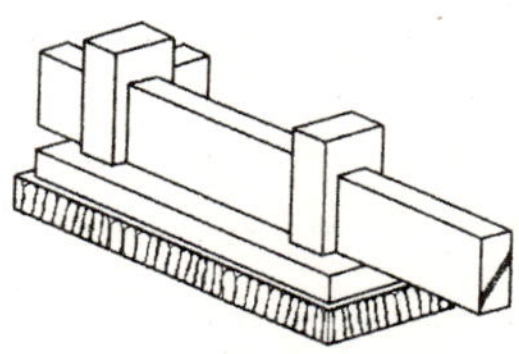

그림 5-3 복합기초

3) 연속기초(줄기초)

① 벽 또는 일렬의 기둥을 연속된 기초판 위에 받치게 한 기초를 말한다.

② 조적조의 벽기초 또는 철근콘크리트조의 연결기초가 있다.

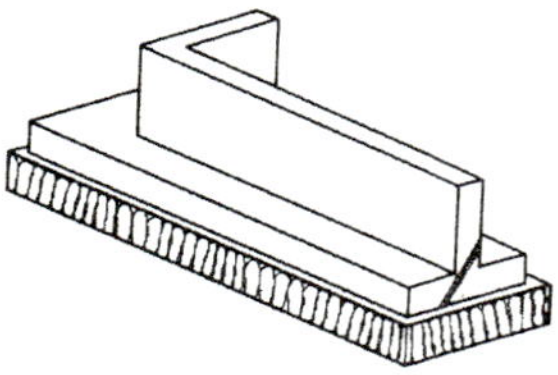

연속기초

그림 5-4 연속기초 시공 예

4) 온통기초(매트기초)

① 건물 하부 전체 또는 지하층 전체를 기초판으로 구성한 기초를 말한다.

② 전체 바닥면적 대비 기초판의 구성비율이 클 때 적용한다.

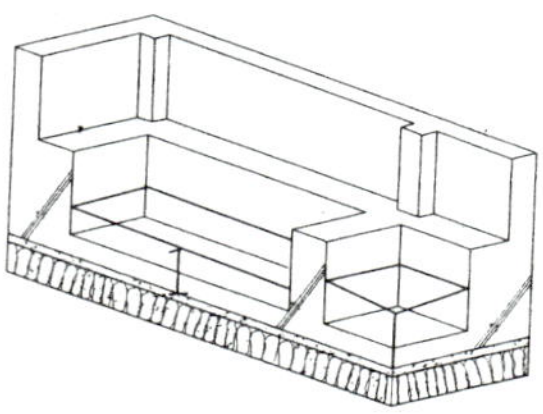

온통기초

그림 5-5 온통(매트)기초 시공 "예"

2.2 지정형식에 의한 분류

1) 직접기초

기초판의 하부에 잡석다짐, 모래다짐의 지정을 하든가 또는 기초판을 직접 지반에 올려 놓은 구조를 말한다.

2) 독립기초

기초판의 하부에 말뚝(나무, 콘크리트, 철재 등)을 박아 상부의 하중을 지반에 전달하는 기초형식(종류 : 지지말뚝, 마찰말뚝)을 말한다.

3) 피어기초

기초판의 하부에 기둥모양으로 만든 피어를 설치하여 하중을 전달시키는 구조형식을 말한다.

4) 케이슨기초

지상에서 원형통 · 사각형통의 밑 없는 상자를 만들고 그 속에서 토사를 파내어 상자를 내리 앉히고 저면부에 콘크리트를 부어 기초로 하는 것을 말한다.

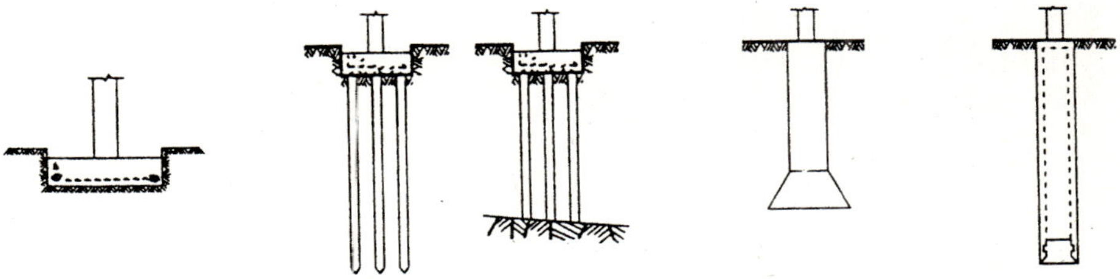

(a) 직접기초 (b) 말뚝기초 (c) 피어기초 (d) 잠함기초

그림 5-6 기초지정형식에 의한 분류

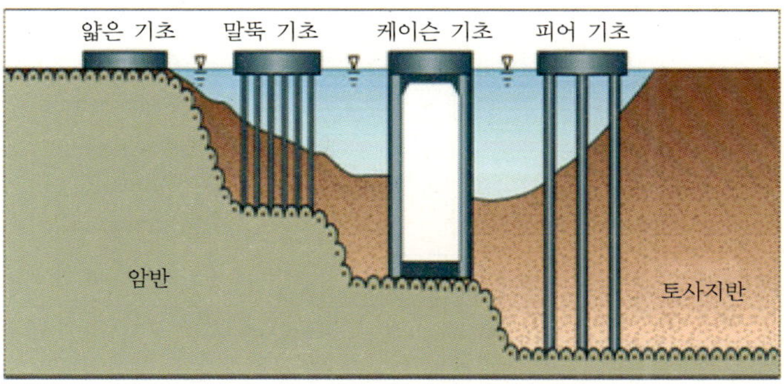

그림 5-7 기초지정형식에 의한 분류

3. 기초지정 공법

3.1 공법 개요

1) 지정의 정의

① 지정이란 기초판을 지지할 목적으로 지반의 지내력을 증진시키기 위한 구조 부분을 말한다.

② 기초지정의 종류에는 크게 얕은기초지정과 말뚝기초지정이 있다.

2) 기초지정의 종류

- 지정
  - 얕은기초 지정
    - 잡석지정
    - 모래지정
    - 자갈지정
    - 긴 주춧돌 지정
    - 밑창콘크리트 지정
  - 말뚝기초 지정
    - 나무말뚝지정
    - 강재말뚝지정
      - 강관말뚝(steel pipe pile)
      - H형강말뚝(H-steel pile)
    - 기성 콘크리트말뚝
      - 원심력 RC 말뚝
      - PS 말뚝
      - PHC 말뚝
    - 제자리콘크리트 말뚝
      - 관입공법
        - Compress pile
        - Franky pile
        - Simplex pile
        - Pedestal pile
        - Raymond pile
      - 프리팩트 파일공법
        - C.I.P 공법
        - P.I.P 공법
        - M.I.P 공법
      - 현장타설 말뚝공법
        - Earth Drill 공법
        - Benoto 공법
        - R.C.D 공법

3) 말뚝지지 기능상 분류

(1) 지지말뚝

연약지반을 관통하여 굳은 지반에 도달시켜 말뚝선단(끝)의 지지력에 의해 지지되는 말뚝을 말한다.

(2) 마찰말뚝(무리말뚝)

① 연약층이 깊어 굳은 지반에 지지할 수 없을 때 말뚝과 지반의 마찰력에 의허 지지되는 말뚝을 말하며 사질지반에 적당하며 시공은 가장자리에서 중앙으로 박는다.

② 시공순서
표토 걷어내기 → 수평규준틀 설치 → 말뚝 중심 잡기 → 가장자리 말뚝박기 → 중앙부 말뚝박기 → 두부정리 순이다.

3.2 기초지정의 분류

1) 얕은 기초지정

(1) 잡석지정

① 지름 10~25cm 정도의 막 생긴 화강암이나 안산암을 한 켜로 세워 깔고 틈막이 자갈(잡석 부피의 30%)을 채워 다지는 이완된 지표면용의 지정을 말한다.

② 밀실한 굳은 지층에는 잡석지정효과가 없다. 기초판의 배수 · 방습 역할을 한다.

③ 시공순서 : 기초굴착 → 잡석 깔기 → 틈막이 자갈 채우기 → 진동다짐(Rammer 적합) → 밑창콘크리트 순이다.

(a) 잡석다짐

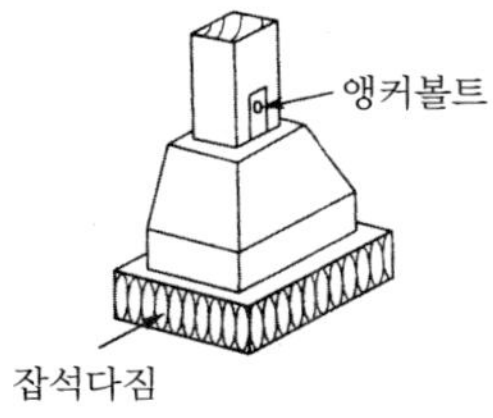

(b) 잡석지정

그림 5-8 잡석지정

(2) 모래지정

① 지반 밑 2m 이내에 경질지층이 있어 말뚝지정이 곤란할 때 경질지층까지 파내고 모래를 펴 깔아 물다짐하는 지정으로서 다짐에는 진동 콤팩터가 적합하다.

② 지하유출수나 인접지 지하공사 등으로 지정모래의 유동성 우려가 있을 경우는 지정 주위에 흙막이를 설치한다.

(3) 자갈지정

① 경질토량 위에 45mm 내외의 막자갈 또는 모래가 반 섞인 경질의 자갈을 펴 깔고 다지는 지정을 말한다.

② 이때 자갈에는 풀뿌리나 나뭇조각이 섞이지 않아야 하며, 래머(rammer, 30~120kg)다짐이 적합하다.

(4) 긴 주춧돌지정

① 경미한 건축물에 지름 30cm 정도의 토관에 콘크리트를 채워 세운 지정을 말한다.

② 한옥건축 등에서는 대부분 화강석을 긴 주춧돌로 다듬어 세운 지정을 말한다.

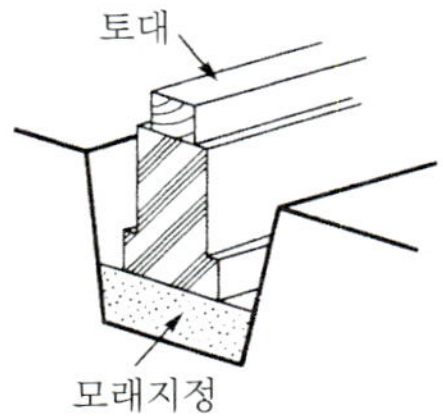

(a) 모래지정

(b) 자갈지정 다지기 예

그림 5-9

(5) 밑창콘크리트지정

① 모래, 자갈, 잡석지정 혹은 경질지반 위에 18MPa(슬럼프 15~18cm) 정도의 보통콘크리트를 6~10cm 두께로 타설하는 지정을 말한다.

② 먹매김 및 거푸집 설치, 철근배근이 용이하고 방수바탕이 되는 지정이다.

③ 밑창콘크리트 상단에는 습기의 투과를 막기 위해 폴리에틸렌필름을 깔아 방습층을 조성하기도 한다.

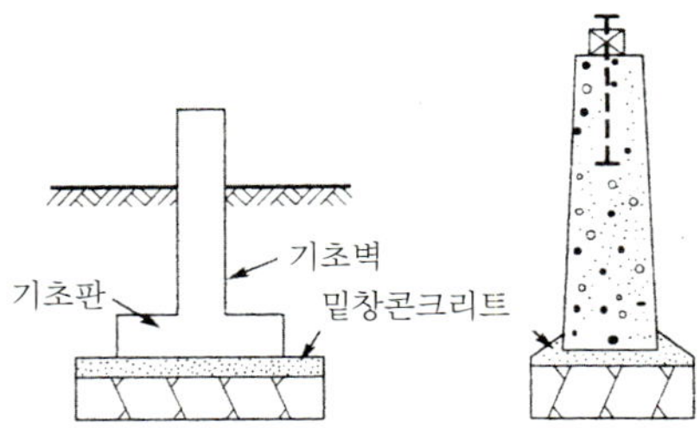

(a) 밑창콘크리트 지정 (b) 긴주춧돌 지정

그림 5-10 밑창콘크리트 및 긴주춧돌 지정

2) 말뚝기초지정

(1) 나무말뚝

허용압축강도는 5MPa 정도 생나무 말뚝기초를 말하는 것으로서 현재는 거의 사용하지 않는다.

(2) 강재말뚝

① 인장, 압축, 휨강성이 큰 강재말뚝을 말하는 것으로서 지지층 깊이에 따라 변화가 큰 수평력이 작용하는 구조물 기초에 유리하다.

② 건축공사에는 잘 사용되지 않는다.

(3) 기성콘크리트말뚝

① 최근에는 R.C, PC말뚝은 거의 생산되지 않는다.

② PHC말뚝

- 프리텐션방식에 의해 원심력을 이용하여 제작된 고강도콘크리트 말뚝을 말하며, 압축강도는 40~100MPa, 말뚝지름 45cm, 말뚝길이 7~15m, 선단부 구조는 폐쇄형과 개방형이 있다.
- 최근에는 PHC 말뚝이 대부분 사용되고 있다.

(4) 제자리 콘크리트말뚝

① 관입공법

② 굴착공법

③ 특수공법

4. 기성 콘크리트말뚝 공법

4.1 말뚝박기 공법 분류

1) 타격 공법

항타기로 말뚝 두부를 타격하여 박는 공법을 말하며 소음 · 진동으로 최근에는 거의 사용하지 않고 있다.

2) 진동 공법

말뚝의 상하에 진동을 주어 압입으로 박는 공법으로 소음은 저감되거나 진동이 심하다.

3) 중공 굴삭 공법

선단이 개방된 중공형 말뚝에 오거를 달아 굴삭하면서 말뚝을 침하시키는 공법을 말한다.

4) 프리보링 공법(pre-boring)

① 굴착장비로 미리 구멍을 뚫어 굴착한 후에 말뚝을 삽입하고 최종 타격 관입 후 말뚝 밑면에 시멘트 밀크를 주입하여 지지력을 얻는 공법을 말한다.

② 최근에 많이 사용하는 공법이다.

③ 시공순서

어스 오거 드릴로 굴착→소정의 지지층 확인→시멘트액 주입과 오거 인발→말뚝 세워넣기 및 삽입→최종 말뚝타격 관입→말뚝지지력 확보 순이다.

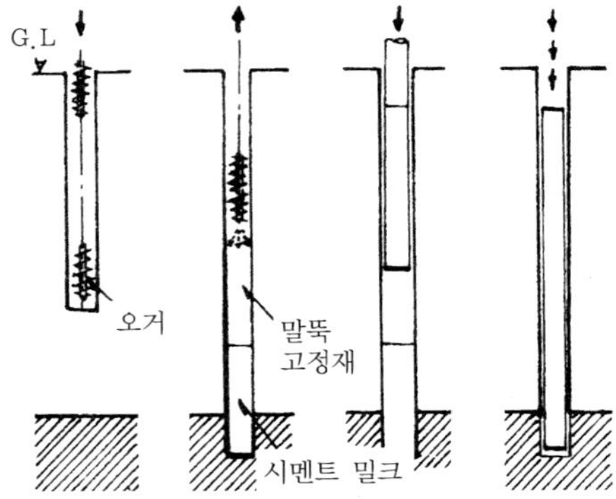

그림 5-11 프리보링 공법 시공 순서

4.2 프리보링(pre-Boring) 공법의 종류

1) SIP(Soil cement Injected Precast Pile) 공법

(1) 공법 개요

–스크루 오거(Screw Auger) 장비를 사용하여 지지층까지 굴착한 후 시멘트 밀크를 주입하고 스크루 오거를 인발한 후 말뚝을 자중에 의해 삽입 고정하고 경타하여 지지력을 확인하는 공법을 말한다.

–천공시 케이싱 없이 굴착한다.

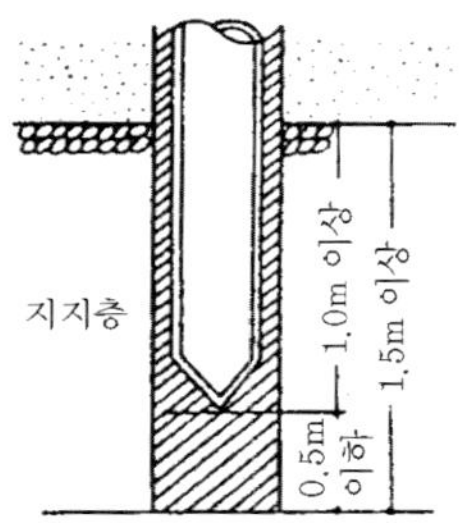

그림 5-12 파일 삽입 후 경타 깊이

(2) 장 · 단점

① 저소음, 저진동 공법이다.

② 선굴착이므로 지지층 확인이 용이하다.

③ 말뚝 주변을 고결시키므로 주면마찰력 및 횡방향 저항에 유리하다.

④ 자갈, 전석이 있는 층에는 시공성의 저하 우려가 있다.

⑤ 굴착 배토시 지반응력 이완, 굴착공벽 붕괴로 말뚝지지력이 감소된다.

⑥ 말뚝관입 후 두부까지 그라우팅 충진의 후속작업이 필요하다.

(3) 시공 순서

① 준비 작업

② 항타기 설치

③ 스크루 리더의 수직도 확인

④ 시험 천공 및 항타

⑤ 굴착액 혼합

⑥ 오거에 의한 굴착

⑦ 밑둥 고정용 용액 혼합

⑧ 밀크 충전액 주입
⑨ 파일 세우기 후 경타
⑩ 지지력 확인

(a) 스크루 오거 굴착 천공

(b) 파일 항타

그림 5-13 SiP 공법 시공 현장

(3) 시공

① 시멘트페이스트는 물, 벤토나이트, 시멘트 순으로 믹서에 혼합한다.
② 천공은 Auger Bit+중 · 고압 공기압축기를 사용한다.
③ 드롭해머로 경타시 최종 관입량은 5~6mm가 적당하다.
④ 천공심도는 풍화암까지이다.
⑤ 장비의 조립은 2일, 해체는 1일 정도 소요된다.

2) DRA(Double Rod Auger) 공법

(1) 공법 개요

- 스크루 오거와 케이싱(철관)을 동시에 지지층까지 천공한 후 말뚝선단에 밀크(그라우팅)를 주입하고 소정의 깊이까지 말뚝을 삽입한 후 경타하여 지지력을 확보하는 공법을 말한다.
- 천공시 케이싱을 사용하여 굴착한다.

(2) 시공 순서

① 오거 케이싱 설치
② 오거 굴착
③ 선단 시멘트페이스트 믹싱

④ 오거 인발 후 그라우팅
⑤ 말뚝 삽입
⑥ 케이싱 인발
⑦ 마무리 경타
⑧ 파일 관입길이 측정

(a) 파일 삽입

(b) 시멘트페이스트 그라우팅

(c) 파일 마무리 경타

(d) 파일 관입 길이 측정 확인

그림 5-14 DRA 공법 시공 현장

(3) 시공 시 유의사항

① 케이싱의 수직도를 확인하고 말뚝시공 중심을 일치시킨다.
② 천공은 Auger Bit+중 · 고압 공기압축기를 사용한다.
③ 케이싱 천공 직경은 말뚝 직경보다 10cm 크게 한다.
④ 천공심도는 풍화암까지이다.
⑤ 장비조립은 2.5일, 해체는 1일 정도 소요된다.

3) 프리보링 공법 시공 시 유의사항

(1) 천공시

① 천공 위치를 미리 정확히 표시해 놓는다.
② 천공은 말뚝지름보다 10cm 정도 크게 한다.
③ 수직도 유지
㉠ 굴착속도가 빠르면 수직도 유지가 어렵다.
㉡ 굴착 도중 수시로 점검하고 조정한다.
④ 설계심도까지 굴착하고 미달하면 재굴착한다.
⑤ 주입용 paste의 점도가 너무 낮거나 높지 않도록 한다.

(2) 오거 인발시

① 인발속도가 너무 빠르지 않도록 한다.
② 인발시에도 수직도를 유지하여 벽면 손상이 없도록 한다.
③ pre-boring시 지반이 연약하면 안정액을 사용한다.

(3) pile 삽입과 설치시

① 기성 pile 삽입시에는 무리한 타격이나 압입을 하지 않는다.
② 삽입이 완료되면 압입이나 타격을 한다.
③ 선단 지지력이 확보되어야 한다.
④ 타격시에는 말뚝 손상방지 조치를 한다.

(4) 말뚝손상 방지 및 두부정리

① 말뚝머리 절단을 커터기나 충격을 주지 않는 기구를 사용한다.
② 정리완료된 말뚝은 이음부의 오염을 방지한다.

그림 5-15 프리보링 파일 항타 현장 예

그림 5-16 프리보링 파일 항타시공 완료 현장

그림 5-17 파일 두부 정리 현장

그림 5-18 파일 용접 접합 이음 현장

4.3 파일 이음 및 두부 정리

1) 기성콘크리트 PHC 파일 이음

① 기성 말뚝 이음공법에는 충전식, 볼트식, 용접식 이음이 있다.

② PHC 말뚝 이음은 대부분 용접이음으로 하고 있다.

2) 기성콘크리트 PHC 파일 두부 정리

① PHC 파일 두부 정리는 30cm 이상 길게 남겨 두어 기초에 정착시킨다.

② 말뚝의 철근경사는 30~45° 정도로 경사지게 구부려서 정착시킨다.

③ 말뚝 두부가 손상되어 짧을 경우에는 용접한 후 콘크리트로 보강해야 한다.

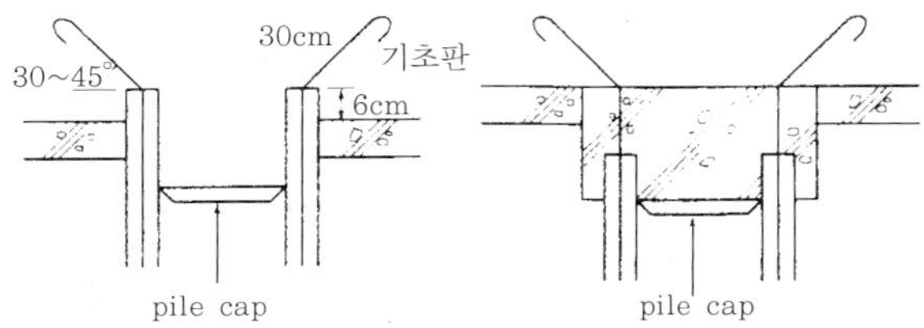

(a) 말뚝두부가 길 때　　(b) 말뚝두부가 짧을 때

그림 5-19 파일 두부 정리

그림 5-20 파일 두부 정리 시공 사례

4.4 말뚝 재하시험

1) 동재하 시험(Dynamic Load test)

(1) 개요

시험말뚝에 직접 변형률계(strain gauge)와 가속도계(accelermeter)를 부착하여 말뚝 항타에 의해 말뚝지지력을 구하는 시험을 말한다.

(2) 시험 순서

말뚝에 게이지 부착 → 시험장비 프로그램 설치 → 데이터 입력 → 항타 실시 → 데이터 저장 → 해석 결론

그림 5-21 동재하시험 준비 (관입눈금 표시) 현장

그림 5-22 파일 동재하시험 현장

2) 정재하시험

(1) 개요

① 말뚝에 직접 정적하중을 가하여 말뚝의 지지력을 구하는 시험을 말한다.

② 말뚝 설계 하중의 2.5배 이상 실물 하중을 가하여 시험하는 것을 말한다.

(2) 시험 순서

말뚝 두부 정리→재하대 및 유압 잭 설치→침하 측정 게이지 설치→지지력 판정

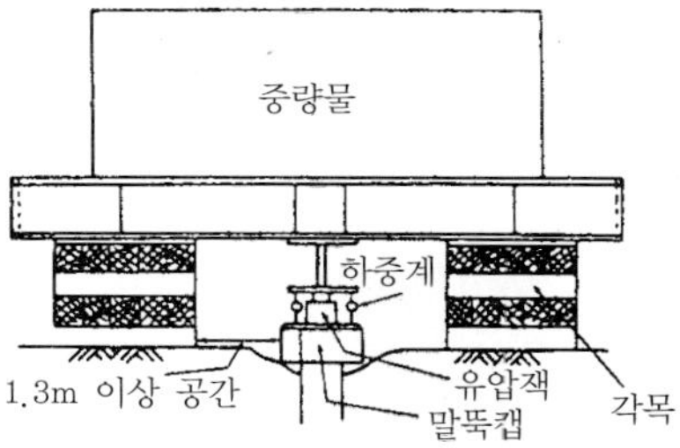

그림 5-23 정재하시험 준비

그림 5-24 파일 정재하시험 예

5. 제자리콘크리트 말뚝 공법

5.1 제자리콘크리트 말뚝 종류

1) 어스드릴(Earth Drill) 공법

(1) 개요

① 회전식 드릴링 버킷(Drilling Bucket)에 의해 지중에 필요한 깊이까지 굴착하고, 그 굴착공에 철근을 삽입하여 콘크리트를 타설하여 말뚝을 조성하는 공법이다.

② 기계가 간단하고, 기동성이 있다.

③ 어스드릴 공법을 칼웰드 공법이라고도 한다.

(2) 시공순서

① 케이싱 튜브(스탠드 파이프) 설치

② 굴착

③ 철근망 삽입

④ 트레미관 설치

⑤ 콘크리트 타설

⑥ 케이싱 튜브(스탠드 파이프) 인발

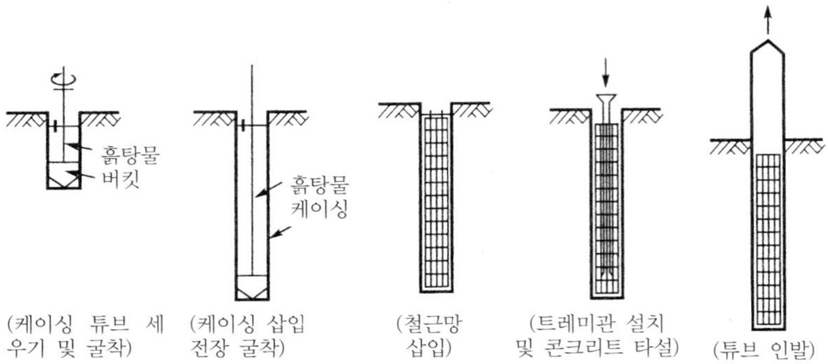

(a) 어스드릴 공법 시공 순서

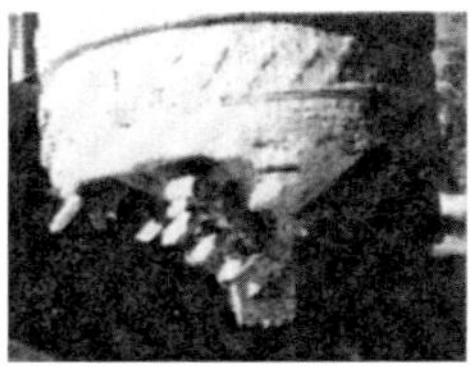

(b) 어스드릴 공법용 버킷

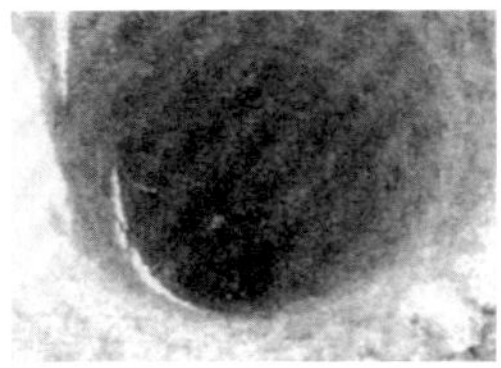

(c) 어스드릴 공법의 굴착완료

그림 5-25 어스드릴 공법

2) 베노토(Benoto) 공법(All Casing 공법)

(1) 개요

특수 고안된 케이싱 튜브를 좌회전과 우회전 운동의 반복에 의해 요동시키면서 유압잭으로 압입하면서 공벽 파괴를 방지하고 해머 그랩(Hammer Grab)으로 굴착 후 철근을 삽입하고 콘크리트를 충전하면서 케이싱 튜브를 빼내어 말뚝을 조성하는 공법이다.

(2) 시공순서

① 케이싱 튜브 세우기

② 해머 그랩으로 굴착

③ 철근망 넣기

④ 트레미관 삽입

⑤ 콘크리트 타설

⑥ 케이싱 튜브 인발

그림 5-26 굴착 해머 그랩

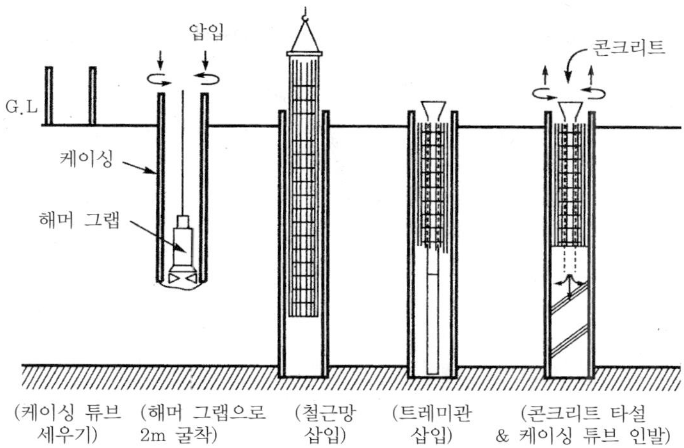

그림 5-27 베노토 공법 시공 순서

3) 리버스 서큘레이션 드릴(Reverse Circulation Drill) 공법

(1) 개요

굴착구멍 내에서 지하수위보다 2m 이상 높게 물을 채우고 $2tf/m^2$의 압력에 의해 붕괴를 방지할 수 있으며, 파낸 흙과 물을 배출하며 말뚝을 구축하는 공법이다.

(2) 시공 순서

특수 비트의 회전으로 굴착된 토사를 드릴 로드(Drill Rod) 내의 물과 함께 공외로 배출하여 침전지에 토사를 침전시킨 후 물을 다시 공내에 환류시키면서 굴착한 후 철근망을 삽입하고 트레미관에 의해 콘크리트를 타설하면서 말뚝을 조성하는 공법이다.

(a) 리버스 서큘레이션 비트 (Fkat style)

(b) 리버스 서큘레이션 비트 (Wall style)

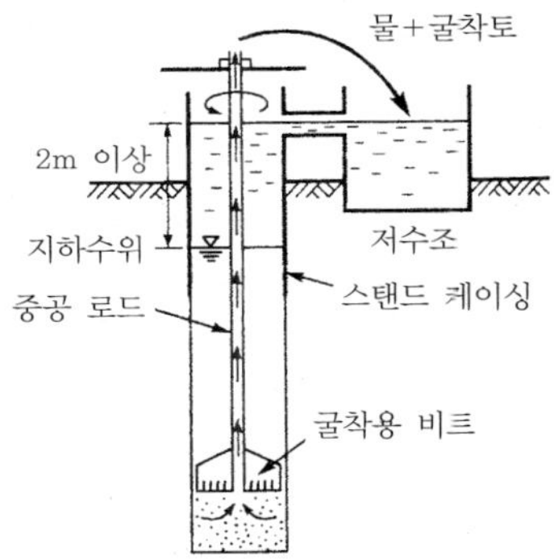

(c) 리버스 서큘레이션 공법

그림 5-28 리버스 서큘레이션 공법

(3) 제자리콘크리트말뚝 공법의 비교

표 5-1 제자리콘크리트말뚝 공법의 특징 비교

공법	굴착기계	공벽 보호	적용지반
earth drill 공법	drilling bucket	bentonite	점포
benoto 공법	hammer grab	casing	자갈
RCD 공법	특수 bit+suction pump	정수압(0.2kg/cm^2)	사질암

5.2 제자리콘크리트말뚝 시공 시 품질 관리

1) 말뚝수직도 관리

굴착공사시 현장 타설 con'c pile이 수직도를 유지할 수 있도록 경사계를 부착하여 지속적으로 관리한다.

2) 말뚝선단지반의 연약화

① 굴착시 발생하는 진동과 충격으로 선단 지반의 지지력이 감소한다.
② 공벽 내부의 수위를 지하수 수위보다 높게 유지한다.
③ 저진동 공법의 채택하고 굴착속도를 너무 빠르지 않게 한다.

3) 말뚝공벽 붕괴방지

① earth drill시 벤토나이트 안정액 수위를 유지한다.
② RCD 사용시 정수압 0.2kg/cm^2 유지한다.
③ 표층부는 Casing을 사용한다.

4) 현장타설 콘크리트 말뚝품질 관리

① 타설시 발생하는 재료분리는 벽체 약화와 누수의 원인이 된다.
② 슬럼프치를 18cm 정도로 유지한다.
③ 철근망을 삽입한 콘크리트 타설시 유동이 없도록 고정한다.
④ CIP나 PIP는 토사제거를 확실히 한다.

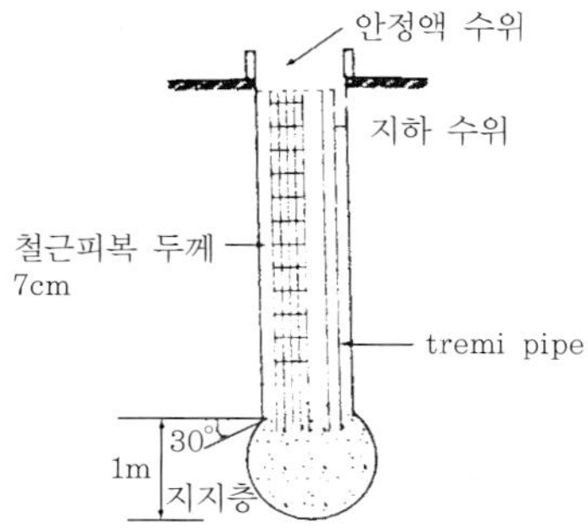

그림 5-29 말뚝타설시 품질관리

5) pile 단면과 규격 확보

① 말뚝의 소요직경과 길이를 충분히 확보하도록 한다.

② 지지층에 1m 이상 정착되어 지지력을 확보하도록 한다.

③ 말뚝선단 확대각도는 30° 이내로 유지한다.

6) 말뚝머리 산정

① 밑창 con'c보다 0.5~1m 이상 높게 타설한다.

② 말뚝 두부에 형성된 이물질 및 slime 부유물질을 제거한다.

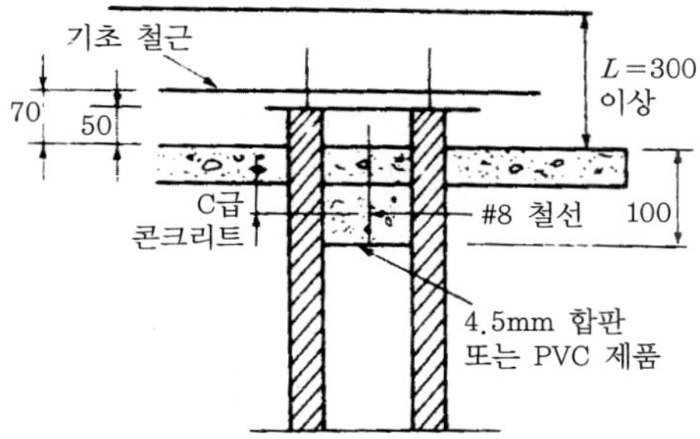

그림 5-30 현장타설 말뚝 두부 정리

7) 공해관리

① 소음과 진동을 최소화한다.

② 지반 연약화로 인한 인근 지반 및 도로 등의 침하를 방지한다.

③ 폐안정액은 산업폐기물로 처리한다.

제2절 지정 및 기초공사 시공계획 NCS 적용 “사례현장” 실무

1. 사례현장 기초공사 개요

사례현장 기초공사는 파일 지정 위에 기초판을 설치하는 구조로 파일 두부 정리 후 버림 콘크리트를 타설한다. 그 다음 기초 먹매김과 함께 기초 거푸집을 설치한 후 기초 콘크리트를 타설하는 구조이다.

사례현장 기초 종류는 독립기초, 매트(온통)기초가 혼재되어 있는 기초구조이다.

2. 사례현장 기초공사 설계 도면 검토

– 사례현장 지하 기초공사 파일 주심도와 기초공사 설계 도면이다.

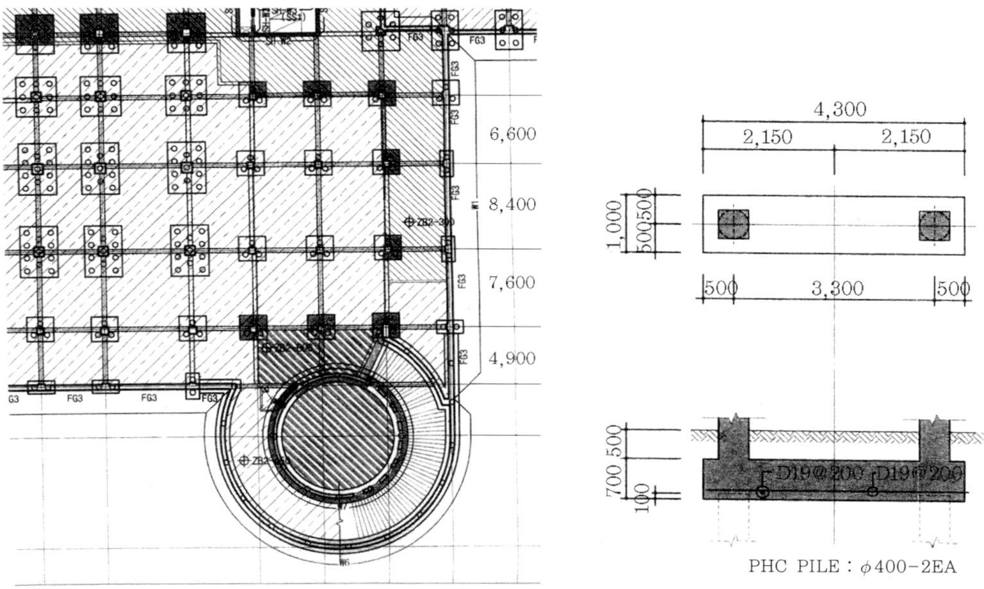

(a) 사례현장 지정 및 기초판 구조 도면

(b) 사례현장 파일 지정 위 복합기초 도면

그림 5-31 사례현장 기초 지정 및 기초판 구조 도면 검토

3. 사례현장 파일공사 시공계획

3.1 사례현장 파일공사 개요

사례현장 파일 항타 지정공사는 SIP 공법으로 소음에 따른 주변 민원을 고려하여 선정하였다. 파일 크기는 ϕ500, 길이는 6~15m, 총수량은 1,499본이며, 공사기간은 2개월이다.

SIP 공법은 Auger Screw를 사용하여 지지층까지 선굴착한 후 시멘트 고결액을 주입한 후 말뚝 자중에 의해 관입한 후 해머에 의해 최종 경타 처리 시공한다.

3.2 파일 항타 도면 검토

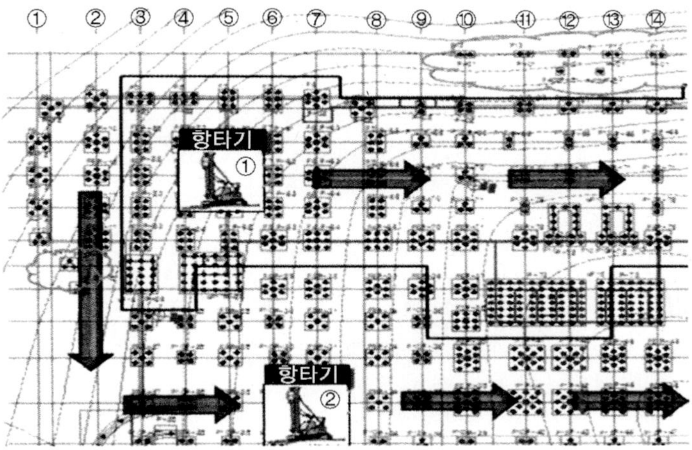

그림 5-32 파일 항타 도면 검토(주심도)

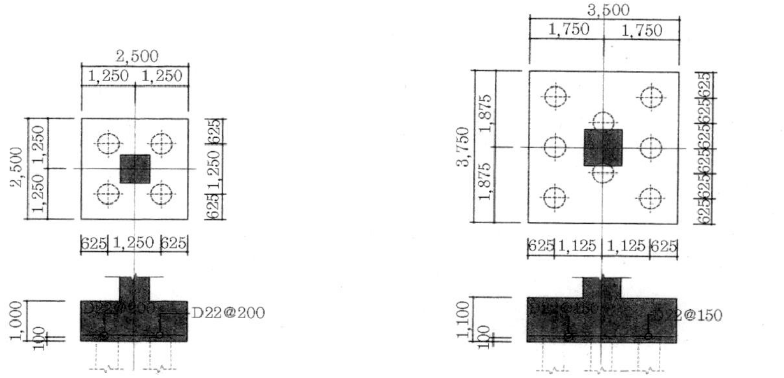

(a) 사례현장 파일 지정 위 독립기초 도면(F1)　　(b) 사례현장 파일 지정 위 독립기초 도면(F2)

그림 5-33 사례현장 독립기초 파일 지정 도면 검토

3.3 파일 항타 공정 계획

1) 파일 항타 공정표

		9월				10월																비고
공종	세부공종	23	25	27	29	1	3	5	7	9	11	13	15	17	19	21	23	25	27	29	31	
파일 항타	장비반입 및 조립		장비반입 및 조립작업																			
	파일천공 및 항타작업									파일천공 및 파일 항타 작업												
	두부정리									두부 컷팅 및 폐기물 정리												
	동재하시험									1회차										2회차		

2) 파일 총수량 확인

(1) 파일 종류

PHC 파일 ϕ500, 파일길이 4~15m

(2) 파일 총수량

파일 공수 : 1,451공, 파일 본수 : 1,499본

3.4 파일 항타 인원 투입계획

No.	작업공종	인원
1	현장소장	1인
2	항타기 기사	2인
3	장비 기사	6인
4	작업 반장	2인
5	보통 인부	2인
6	플랜트공	2인
합계		15인

3.5 파일 항타 시공법(SIP공법)

1) 파일 항타 시공 순서

① 항심 확인 및 항타 준비 → ② 천공 → ③ 파일 근입 및 그라우팅 → ④ 최종 경타

⑤ 파일 두부 커팅 표시 → ⑥ 파일 두부 커팅 → ⑦ 두부 정리

① 항심 확인 및 항타 준비

② 천공

③ 파일 근입 및 그라우팅

④ 최종 경타

⑤ 파일 두부 커팅 표시

⑥ 파일 두부 커팅

⑦ 파일 두부 정리

그림 5-34 사례현장 기초 파일 항타 시공 순서

4. 사례현장 기초공사 시공계획

4.1 기초공사 시공 순서

① 파일기초 두부 정리 → ② 기초 버림콘크리트 타설 → ③ 기초 먹매김

④ 기초 거푸집 설치 → ⑤ 기초 콘크리트 타설

4.2 사례현장 기초공사 시공

사례현장 기초공사는 파일지정 위 매트기초와 독립기초로 구분되어 있으나 기초의 대부분은 매트복합기초로서 매트기초판 위에 기둥이나 벽체가 올라가는 기초구조이다.

1) 기초 거푸집 설치 및 해체

– 사례현장 매트 거푸집 설치 및 해체 사례는 다음과 같다.

(a) 매트기초 거푸집 시공

(b) 매트기초 거푸집 해체

그림 5-35 매트기초 거푸집시공 및 콘크리트 타설

2) 사례현장 전체 기초 콘크리트 타설 시공 현황

– 사례현장 전체 매트기초 및 기둥 거푸집 시공 사례는 다음과 같다.

그림 5-36 사례현장 매트 복합기초 및 기둥 시공 현황

6
Chapter

거푸집 공사

제1절 거푸집 공사 시공 기본 지식 이해

1. 거푸집 공사 개요

1) 거푸집 공사 정의

거푸집 공사는 거푸집 패널과 그것을 지지하는 지지틀을 조립하는 공사를 말하는 것으로서 철근콘크리트 공사에서 가장 중요한 공정이다.

2) 거푸집 공사의 중요성

거푸집 공사는 일반적으로 공기 측면에서 전체 골조공사의 20~30%를 차지하며, 공사비 측면에서는 전체 골조공사의 30~40%를 차지하고, 건물 전체 공사의 비중에서도 10% 정도를 차지한다.

앞으로 거푸집 공사는 거푸집 자재 및 노동력 부족에 따른 거푸집 공법 개선과 합리화 방안의 필요성이 대두되고 있다. 특히 거푸집 공사는 구조체의 형태화 품질을 좌우하는 중요한 공사로 거푸집 공사가 제대로 되어야 철근 및 콘크리트 공사의 품질을 유지할 수 있기 때문이다.

3) 거푸집 조립 및 해체 시 안전대책

① 거푸집 공사는 사고가 한 번 나면 큰 사고로 이어지므로 조립 및 해체 시 품질과 안전에 대한 대책이 매우 중요한 공사이다.

② 콘크리트 타설시 거푸집 안전과 거푸집 존치기간 준수에 대한 확인이 필요한 공사이다.

4) 거푸집 공사 계획의 Flow

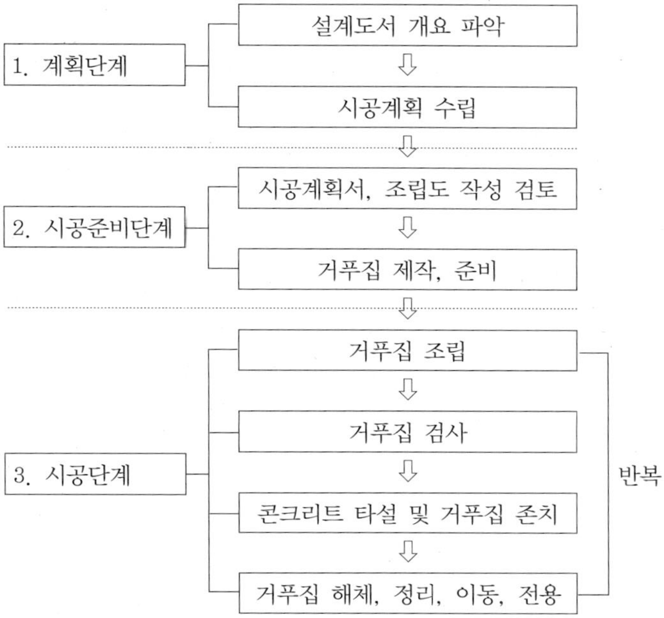

2. 거푸집 재료 분류

2.1 거푸집 재료의 종류

거푸집이란 콘크리트에 직접 접하는 거푸집널과 이를 지탱하기 위한 장선, 동바리(support), 긴결재 등의 지지틀을 구성한 것을 말한다.

거푸집 재료의 종류에는 목재널, 합판널, 패널, 대형거푸집 등이 있다.

1) 목재널

목재를 사용하여 거푸집널을 만든 것을 말한다.

2) 합판널

박판을 접착제로 붙여 제조된 합판으로 거푸집널을 만든 것을 말한다.

3) 패널

① 합판이나 금속판에 강재틀을 붙여 만든 규격화된 거푸집을 말하며, 패널의 종류에는 합판패널과 유로폼패널 등이 많이 사용되고 있다.

② 패널의 종류

㉠ 목재패널

㉡ 합판패널

㉢ 유로폼(Euro form)

㉣ 강재패널(steel form)

㉤ 알루미늄 패널

㉥ 플라스틱 패널 등이 있다.

그림 6-1 유로폼 자재 보관

4) 대형 거푸집(System 거푸집)

① 거푸집 패널과 비계지보공이 일체화된 대형 거푸집으로 현장에서는 조립설치만 하면 되는 시스템화 거푸집을 말하며, 국내에서 내벽은 유로폼, 외벽은 갱폼으로 조합하여 많이 사용되고 있다.

② 대형거푸집 종류

㉠ Gang Form　　㉡ Flying form

㉢ Sliding Form　　㉣ Tunnel Form 등이 있다.

2.2 거푸집 재료별 특징 비교

표 6-1 거푸집의 재질별 종류와 특징

재질별 종류	재료 내용	장점	단점	전용횟수
목재 거푸집	목재로 만든 거푸집널을 말함	· 가공이 용이하다. · 보온성, 흡수성을 갖는다.	· 강도, 강성이 작다. · 내구성이 적다. · 시멘트페이스트가 누출되기 쉽다.	3~4회
합판 거푸집	합판널 또는 합판으로 만든 패널거푸집을 말함	· 콘크리트의 마무리면이 깨끗하다. · 메탈폼보다 가공성이 좋다. · 경제적이다.	· 강재 거푸집에 비하면 전용횟수가 적다.	4~8회
강재 거푸집 (메탈폼)	강재로 만든 패널거푸집을 말함	· 전용횟수가 많다. · 조립해체가 용이하다. · 강도가 크다.	· 가공성이 없다. · 보온성이 나쁘다. · 녹슬기 쉽다.	40회 이상
알루미늄 합금 거푸집	알루미늄으로 만든 패널거푸집을 말함	· 메탈폼에 비하여 가볍다. · 전용횟수가 많다. · 적갈색의 녹이 생기지 않는다.	· 고가이다. · 메탈폼에 비하여 강성이 작다. · 콘크리트가 부착되기 쉽다.	100회 이상
플라스틱 거푸집	플라스틱재로 만든 패널거푸집을 말함	· 가볍다. · 복잡한 형상의 것도 생산이 가능하다. · 투명한 것도 만든다.	· 충격에 약하다. · 비교적 비싸다. · 열, 태양광선에 대해서 약하다.	30회 이상

표 6-2 AL/System/재래식 합성 Form 특징 비교

	AL-form		System form	재래식 합성 form
구성	slab	AL-form	Table+Multifiex	AL+합판
	외부	AL-Gang form	ACS+Steel Gang form	AL-Gang form
	wall	AL-form+Steel form	AL-form	
장점	 ① 조립, 해체, 운반 용이 (공기 7일/1층, 인력으로 운반) ② 슬래브, 벽, 계단 모두 적용 (APT, 오피스텔 모두 적용 가능) ③ 마감치수 정확, 품질 균일 ④ 폐기물 배출 거의 없음 ⑤ Pre-shoring 가능(품질 확보)		 ① 대형 폼으로 장비를 이용 (노동력 절감, 공기 단축) ② 추가 외부 안전발판 불필요 (끝단에 작업, 안전 발판용 여유) ③ 넓은 Support 간격 (작업 용이) ④ Pre-shoring 가능 (품질 확보)	 ① 기둥 단면에 유연하게 대치 (폼 비용 절감)
단점	① 자재 운반용 개구부 설치 필요 ② 상대적으로 많은 인원 필요 ③ 콘크리트 잔재물 처리 및 정리 비용 발생 ④ 부자재 및 S/P가 증가하므로 철저한 형틀 관리가 필요 ⑤ 기둥 변화에 따라 새로운 폼 제작, 반입으로 비용 증가		① T/C의 효율적 관리가 필요 ② 조립 시 공간 확보가 필요하다.(형틀 면적의 70%) ③ 평면이 단순하고, plat slab일 때 효과적이다.(당현장 적용 어려움) ④ 조립기간이 길다. (평균 2개월) ⑤ 추가비용(동바리, filler용 목재, 합판, 앵커 등)이 많이 발생한다. ⑥ 아파트에는 사용하지 못한다.	① 공정이 비교적 느림 (8~9월/1층) ② 합판 전용, 품질 확보 어려움 ③ 작업인원 증가 ④ 폐기물 발생 과다
비고	-동일 시스템의 거푸집 보다는 품질, 원가 작업성이 우수하다고 판단됨 AL-form을 중심으로 검토		-독일 PERI사의 form을 중심으로 검토	

2.3 거푸집 지지틀 및 부속재

1) 지주(Support, 동바리)

거푸집의 자중과 콘크리트 중량, 작업하중 등을 지지하며, 바닥구조물이 안전하고 정확하게 시공되도록 지지하는 부재를 말하며, 강관 파이프 서포트 또는 동바리라고도 한다.

그림 6-2 철재지주/목재 멍에/목재 및 파이프 장선 시공

2) 멍에(Steel Batter)

- 장선의 하중을 받침기둥 또는 긴결재에 전달하는 부재를 말한다.
- 멍에 재료로는 주로 철재 각형관과 각형 목재를 사용한다.

3) 장선(Steel pipe)

거푸집널을 직접 지지하고 콘크리트의 압력을 멍에에 전달시키는 부재를 말하며 주로 강관 파이프를 장선으로 많이 사용한다.

4) 거푸집 긴결 부속재

① 폼타이(Form tie)

거푸집이 콘크리트 측압 등에 의해 벌어지는 것을 방지하기 위한 긴결철물을 말한다.

거푸집 Form tie는 콘크리트 매입형과 제거가 가능한 관통형이 있다.

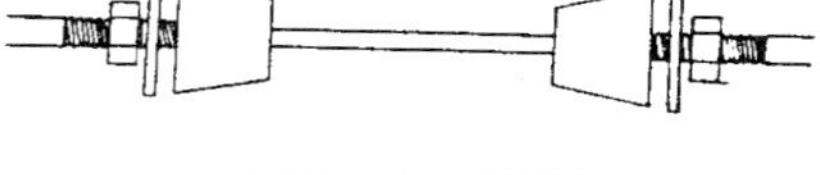

그림 6-3 매입형

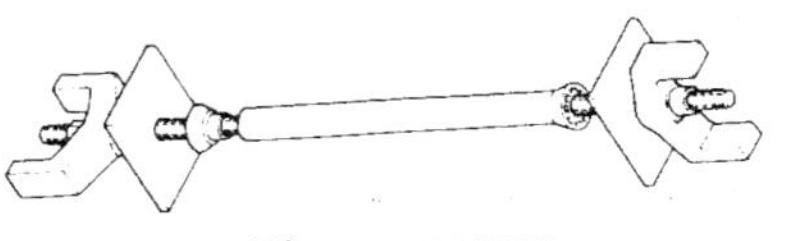

그림 6-4 관통형

그림 6-5 매입형 Form Tie

② Flat tie

유로폼과 철제 패널폼에 주로 사용하는 폼타이로서 긴결을 웨지핀(wedge pin)으로 패널폼을 고정시킨다.

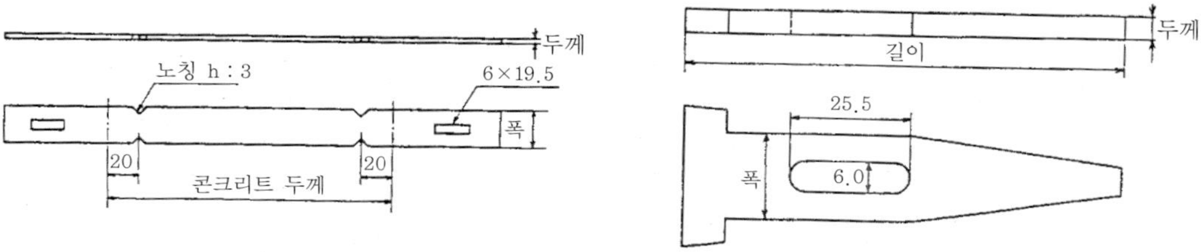

(a) Flat tie (b) 웨지핀(조립핀)

그림 6-6 Flat Tie와 웨지핀 규격

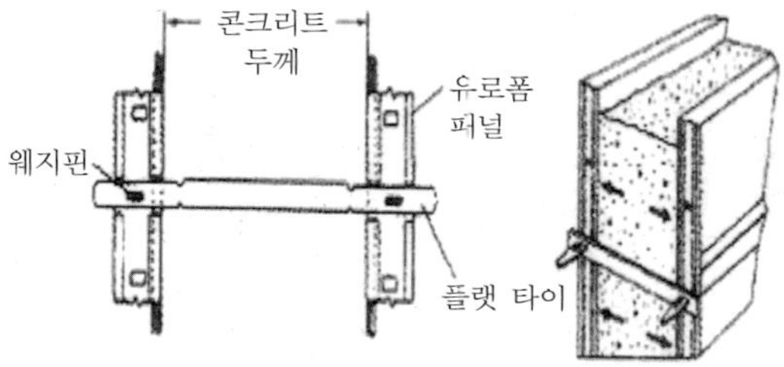

그림 6-7 Flat Tie 규격(길이)

그림 6-8 유로폼 Flat Tie 체결

그림 6-9 Flat Tie 콘크리트 매입 후

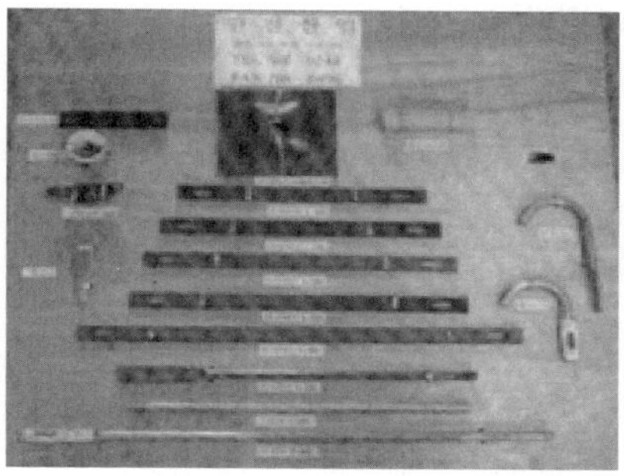

그림 6-10 거푸집 Form Tie 자재 종류

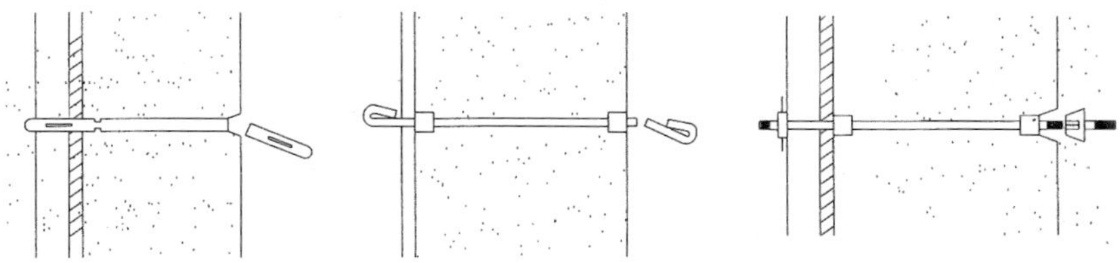

(a) 일반 Flat Tie (b) 관통형 Flat Tie (c) 매입형 Flat Tie

그림 6-11 Flat Tie 종류

③ 격리재(Separater)

거푸집의 간격 유지와 오그라드는 것을 방지하기 위한 것을 말한다.

격리재의 종류에는 철제, 파이프재, 모르타르재 등이 있다.

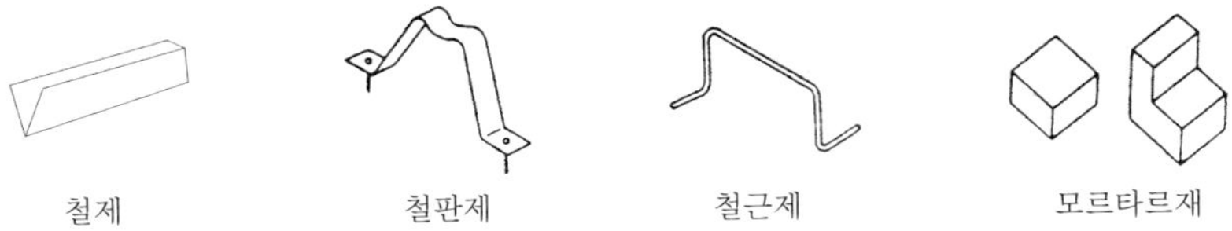

그림 6–12 간격재(spacer) 종류

④ 칼럼 밴드(Column band)

기둥 거푸집의 고정 및 측압 버팀용으로 사용하는 것으로서 주로 합판거푸집 패널에 사용한다.

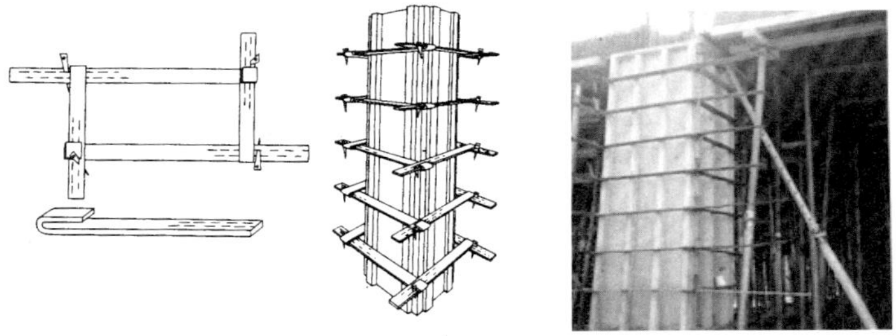

그림 6–13 기둥 칼럼 밴드

⑤ 박리재(Form oil)

거푸집에 콘크리트가 부착되지 않게 거푸집 표면에 바르는 기름을 말한다.

박리재의 종류에는 동 · 식물유, 중유, 아마유, 합성수지유 등이 있다.

5) 철제거푸집 패널 조립도 예

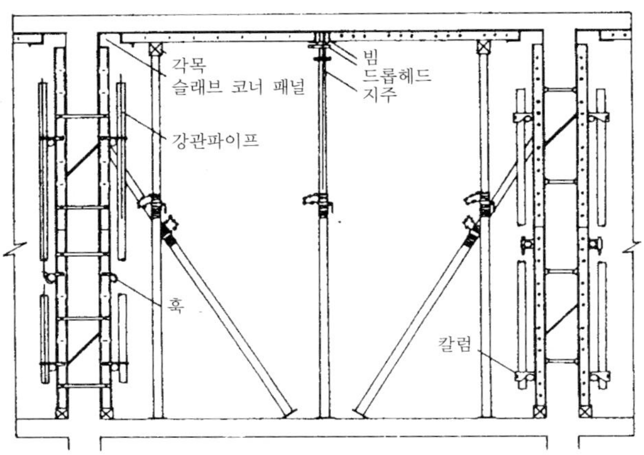

그림 6–14 철제거푸집 패널폼의 조립도

3. 거푸집 공법의 분류

거푸집 공법의 분류는 크게 일반거푸집 공법과 대형거푸집 공법으로 나눌 수 있다.

- 일반거푸집 공법
  - 목재거푸집 공법
  - 합판거푸집 공법
  - 금속거푸집 공법
  - 합성수지판 공법
  - 유로 폼(Euro Form) 공법
- 대형거푸집 공법
  - 벽전용 거푸집
    - gang form(대형 panel form)
    - climbing form : gang form+비계
    - shuttering form : gang form+비계+shuttering beam
  - 바닥전용 거푸집
    - table form : 수평이동
    - flying shore form : 수평이동+수직이동
  - 벽+바닥 거푸집
    - tunnel form
      - mono shell form
      - twin shell form
  - 연속공법
    - sliding form : 단면 폭이 일정 ┐ 수직이동 공법
    - slip form : 단면 폭이 다름 ┘
    - traveling form-수평이동 공법
  - 무지주공법
    - bow beam : span 일정
    - pecco beam : span 조정이 가능
  - 바닥판 공법
    - deck plate
    - half slab
    - waffle form
    - W식

3.1 일반 거푸집 공법 종류

1) 유로폼(Euro form)

(1) 공법 개요

일정 규격의 철제 프레임에 코팅 합판을 부착하여 전용성을 높인 거푸집패널로 인력 운반이 가능하고 조립해체가 쉬운 공법이다.

일반 거푸집으로 국내에서 가장 많이 사용하고 있는 거푸집 폼이다.

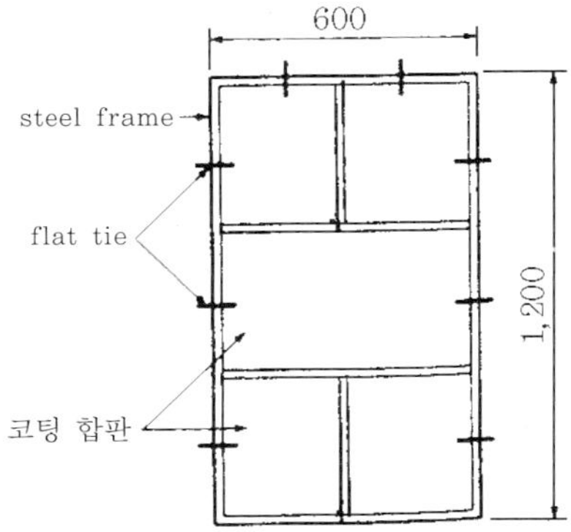

그림 6-15 Euro Form 규격

그림 6-16 Euro Form 실물

(2) 제작 방법

① 기본 패널 모듈은 600×1,200mm으로 제작된다.

② 거푸집 패널 두께는 70mm와 63.5mm 두 가지가 있는데, 63.5mm 패널이 주로 사용된다.

③ 공장제작하여 일정 횟수 사용 후 합판교체 및 프레임 교정 등 보수작업은 현장에서도 가능하다.

(3) 전용횟수

패널폼은 60회 정도 가능하며 15회 정도 사용 후에는 합판교체, 프레임 교정 및 도장을 한다.

(4) 장점

① 일반 합판 거푸집에 비하여 시공상의 정밀도가 높다.

② 다른 거푸집과 조합이 쉽다.

③ 초기 투자비가 적고 거푸집은 손료가 싸다.

(5) 단점

① 부재조립, 해체, 운반을 인력에 의존하므로 인력소모가 많고 시공속도는 늦다.

② 곡면 시공이 어렵고, 높은 측압에 약하다.

③ 인력에 의존해 재래식 공법에서 크게 벗어나지 못한다.

(6) 적용 분야

패널폼은 모든 구조물에 폭넓게 적용한다. 그러나 패널폼이 가장 많이 적용되는 곳은 국내 아파트 벽체이다.

(7) 유로폼 규격 및 중량

규격	중량
600×1,200	19kg
400×1,200	16.6kg
300×1,200	12.8kg

그림 6-17 유로폼 벽체 조립 시공

3.2 대형거푸집 공법의 종류

1) gang form

(1) 공법 개요

① gang form은 steel 거푸집 panel에 장선, 멍에를 일체화시켜 조립·분해를 하지 않고 시스템화한 전용 수직거푸집을 말한다.

② gang form은 외부 벽체 거푸집에 설치·해체 작업 발판 비계와 미장, 견출 마감 작업용 발판을 일체화시켜 게이지(Gage)화한 대형 거푸집을 말한다.

> ※ 케이지(Cage)란 외부 벽체 거푸집에 설치·해체 및 견출, 미장 마감 작업용 발판까지를 일체화하여 안전하게 작업할 수 있도록 한 설비를 말하며, 상부 케이지란 거푸집 설치, 해체 작업용 구성 부분을 말하고, 하부 케이지란 견출, 미장 마감 작업용 구성 부분을 말한다.

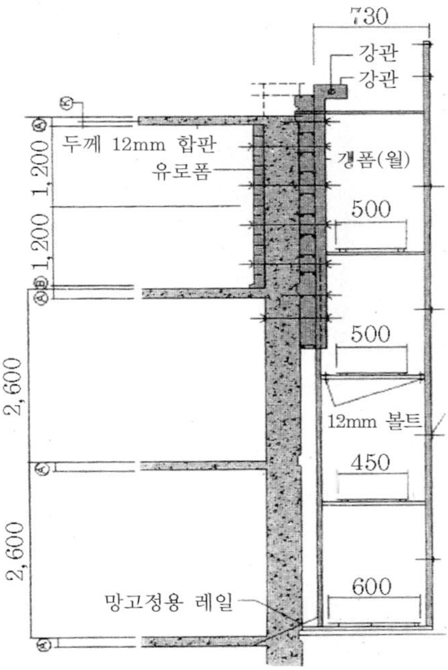

그림 6-18 아파트 측벽 갱폼 기본도

(2) 제작 방법

① Gang form은 공장에서 제작하고 현장에서는 대형 장비로 인양하여 조립·설치한다.

② 현장반입된 Gang form은 휨이나 파손 등의 변형이 없는지 검수한 후 설계도에 맞게 조립·설치하며, 이때 허용오차는 ±2mm/m 이내로 한다.

③ 케이지 설치 시 간격과 연결부 볼트 및 너트의 조임상태 점검이 중요하다.

(3) 안전설비 기준

① 인양 고리(Lifting Bar)는 갱폼의 전 하중을 안전하게 인양할 수 있는 부재를 사용하여 갱폼이 변형되지 않도록 해야 한다.

② 안전난간대는 작업용 발판이 설치되는 지점의 상부 케이지 외측과 하부 케이지 내·외측에는 작업용 발판 바닥면으로부터 각각 45~60cm 높이에 중간난간대를 설치하고 60~120cm 높이에 상부난간대를 설치한다.

③ 추락방호대는 외측수직재는 거푸집 상단 높이 보다 1.2m 이상 높게 설치하고 그 상단과 중앙에는 2줄로 안전난간대를 설치한다.

④ 케이지 코너는 갱폼과 벽체거푸집이 직각으로 만나는 건물 코너 부위에는 45° 각도로 길게 제작하여 공간이 많이 생기지 않도록 해야 한다.

그림 6-19 아파트 측벽 Gang form 설치

⑤ 작업 발판과 연결통로 상부 3단은 50cm 폭으로, 하부 1단은 60cm 폭으로 설치한다.

(4) 미장, 견출 작업 비계

거푸집 설치, 해체작업 공정에 맞추어 미장, 견출 등의 작업을 마무리해야 한다.

(5) 공법의 특성

① 거푸집의 조립 및 분해가 생략되어 성력화가 가능하다.

② 기능공의 영향을 받지 않는다.

③ 연속 반복작업으로 전용성 향상, 공기단축이 가능하다.

④ 대형 양중장비를 사용해야 한다.

그림 6-20 아파트 측벽 Gang form 안전설비 설치

(6) 현장 적용조건

① 경제적인 전용횟수 30~40회

② 현장 및 공장제작 가능

③ 대형 양중장비 사용

④ 고층 벽식 APT, 병원, 사무소 등

2) climbing form 공법

(1) 공법 개요

벽체 전용 거푸집으로 거푸집 panel과 비계를 일체화시켜 마감작업도 동시에 할 수 있도록 한 수직 벽체 전용 거푸집이다.

(2) 공법의 특징

① 마감용 비계설치가 필요 없다.

② 시공속도가 빠르다.

③ 고소작업시 안전성이 크다.

④ 콘크리트면의 품질이 양호하다.

(3) 현장 적용조건

① 수직적으로 반복되거나 높이가 높은 건축물에 적용한다.

② 1회 거푸집 크기 3×3.5m 정도, 700kg 정도이다.

③ 벽식 건축물 core, 사일로(silo) 구조물 등에 사용된다.

(a) (b)

그림 6-21 climbing form 설치

3) slip form 공법

(1) 공법 개요

수평 또는 수직적으로 반복된 구조물을 시공이음 없이 연속적으로 이동시키면서 콘크리트를 타설할 수 있게 한 거푸집을 말한다.

(2) 공법 분류

① sliding form : 단면의 변화가 없는 수직 · 수평거푸집(사일로 등)에 사용한다.

② slip form : 단면의 변화가 있는 수직 · 수평거푸집(굴뚝 등)에 사용한다.

(3) 공법의 특성

① 외부비계 생략이 가능하다.

② 시공이음이 없으므로 일체성 확보가 가능하다.

③ 시공속도가 빨라 공기단축이 가능하다.

④ 유압상승 잭이 필요하다.

⑤ 1회 타설 거푸집 높이는 1~1.2m 정도이다.

(4) 현장 적용조건

① 단면의 변화가 적고, 반복 가능한 구조물에 적용된다.

② 콘크리트의 일체성을 요구하는 구조물에 적용된다.

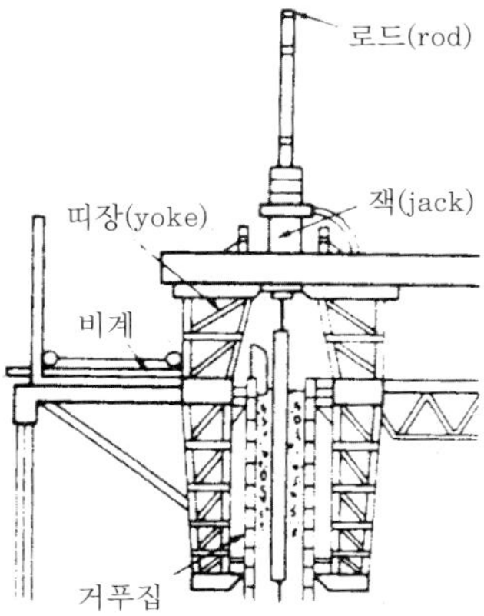

(a)

(b)

그림 6-22 sliding form 설치

4) tunnel form

(1) 공법 개요

벽체와 바닥 거푸집을 일체화시켜 한꺼번에 타설할 수 있도록 한 연속 거푸집을 말한다.

그림 6-23 twin shell form

(2) 공법의 종류

① mono shell form : 건물의 unit에 맞춰 1EA의 폼으로 제작된다.

② twin shell form : ㄱ자형의 2EA 폼으로 제작된다.

(3) 공법의 특성

① 보가 없는 연속벽식 구조에 적당하다.

② tunnel form에 적당하다.

③ 시공성 용이로 공기단축, 원가절감이 가능하다.

④ 중량으로 양중, 운반이 곤란하다.

⑤ 거푸집 전용횟수가 적은 곳은 곤란하다.

(4) 현장 적용조건

① tunnel과 같은 연속 굴착 form

② 보가 없는 연속벽식 구조

③ 맨홀 등에도 적당

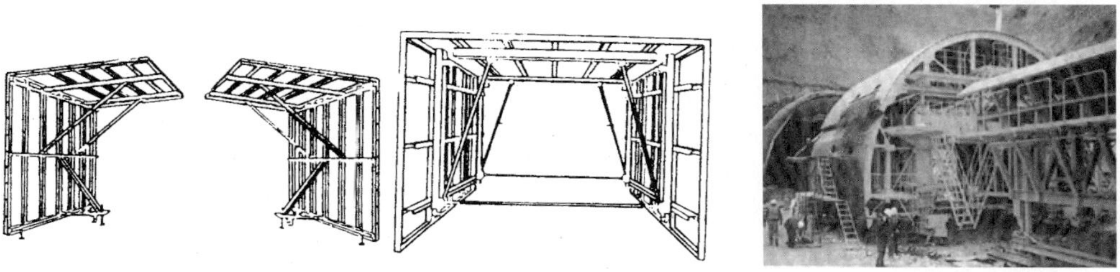

(a) twin shell form (b) mono shell form (c) mono shell form

그림 6-24 tunnel form 종류

5) Flying shore 공법

(1) 공법 개요

① Flying shore 공법은 종래의 슬래브 합판(거푸집+장선+멍에)과 지주(support)를 기계적 요소로 일체화한 공법으로 거푸집을 수평 · 수직으로 이동이 가능한 대형 바닥판 거푸집 공법을 말한다.

② 거푸집 설치 및 해체에 있어서 다른 공법에 비해 원가절감이 큰 공법이다.

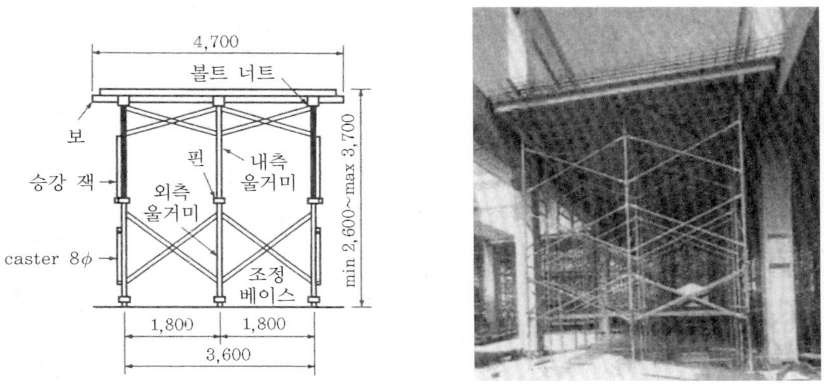

그림 6-25 Flying shore form 설치

(2) 특성

① 작업의 단순화와 공기단축

② 거푸집 공사의 성력화

③ 시공의 합리화 및 원가절감

④ 거푸집 전용성의 향상

6) traveling form 공법

(1) 공법 개요

① traveling form은 벽과 슬래브 거푸집을 일체화하고 자동으로 움직이거나 이동할 수 있는 시스템화된 수평 이동 대형 거푸집을 말한다.

② 이 공법은 기계적인 자동 비계 레일을 통해 이동할 수 있는 거푸집이다.

(2) 특성

① 거푸집 전용성의 최대화

② 공기단축 가능

③ 기계화에 의한 대형 system 공법이 가능

④ 안전성과 관리의 용이성

(3) 적용 분야

① 건축공사에는 shell, arch, dome 등의 구조

② 토목공사에는 터널공사, 대형 수로공사, 지하철공사 등

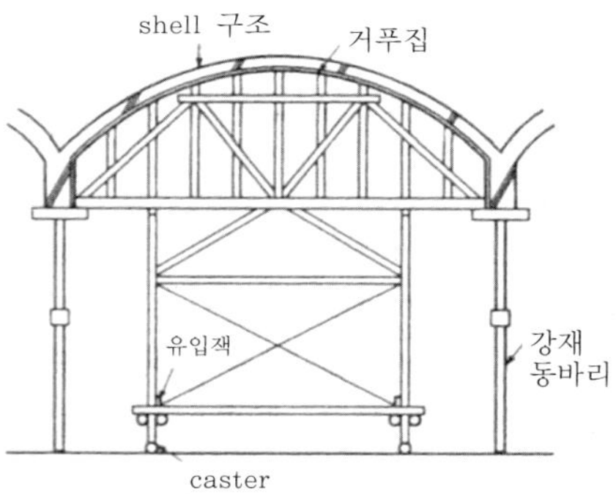

그림 6-26 traveling form 공법 설치

7) 워플 폼(Waffle Form)

(1) 공법 개요

워플 폼은 슬래브의 장선을 직교하여 우물반자 형태로 된 2방향 장선 슬래브구조의 격자모양 기성재 거푸집을 말한다.

(2) 특징

① 보통 합성수지나 철판으로 제작되며 큰 스팬을 확보할 수 있다.

② 층고를 낮출 수도 있으며, 미관상 유리한 장점이 있다.

③ 워플 폼의 사이즈는 가로 세로 800~1,200mm, 깊이 200~500mm가 주로 사용된다.

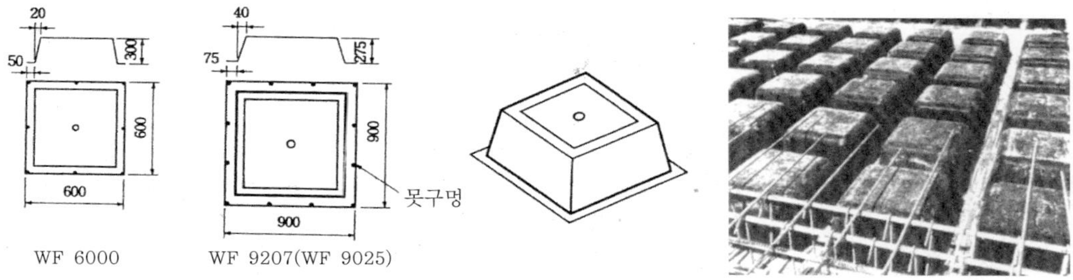

(a) 워플 폼 치수도 (b) 워플 폼 형태

그림 6-27 워플 폼 제작 및 순서

4. 거푸집 공법 계획

4.1 거푸집 공법 개요

거푸집 계획은 구조도면 검토, 공사기간(공정), 작업의 안전성, 경제성, 효율성 등의 완성된 구조물에서 요구하는 모든 조건을 사전에 충분히 검토한 후 계획해야 한다.

거푸집 공법 계획에 있어서 검토해야 할 중요사항은 구조물의 특성, 시공 제약조건, 작업자 능력 등을 고려하여 거푸집 공법 선정, 사용자재 선정, 시공순서 결정 등을 충분히 검토한 후 거푸집 조립계획과 전용계획을 세워야 한다.

1) 거푸집 공법계획 순서

1. 구조물의 시공 정도 구분	→	2. 시공순서 결정	→	3. 거푸집 공법 선정
4. 사용 재료 선정	→	5. 거푸집 조립계획	→	6. 거푸집 전용계획

2) 거푸집의 공법 정도 분석

① 구조물의 중요도 분석
지하층 구체도, 기준층 구체도, 지붕층 구체도 등을 검토한다.

② 설계상 제약조건과 입지조건을 분석한다.

③ 전체 공정에 거푸집 공정(작업기간)을 분석한다.

④ 콘크리트 공급능력과 타설능력을 분석한다.

⑤ 구조물 시공 정도를 구분한다.

⑥ 거푸집 시공순서를 결정한다.

그림 6-28 거푸집 조립 현황도

4.2 거푸집 공법 선정 계획

1) 사전 검토 사항

① 구조물에 적용될 거푸집 공법의 종류를 비교·검토한다.

② 기타 특수 신기술공법 등도 같이 검토해 본다.

③ 시공조건에 맞는 최적의 거푸집 공법을 선정한다.

(예) 벽체 공법 선정
- 외부 : Gang Form
- 내부 : Euro Form

슬래브 공법 선정
- 동바리 위 합판깔기 공법
- half PC 공법

2) 사용재료 선정 계획

① 구조물에 요구되는 마무리 조건을 검토한다.

② 시공조건 및 양생조건을 검토한다.

③ 작업효율성과 전용횟수를 검토한다.

④ 상기 검토 결과에 따라 사용 재료를 선정한다.

3) 거푸집 제작 세부계획

① 구조도면의 검토와 단위거푸집 크기를 분석한다.

② 거푸집 제작 장소를 고려한다(현장 또는 공장).

③ 안전성 및 작업성을 고려한 조립 해체 공법에 대한 검토를 한다.

④ 상기 검토 결과를 토대로 거푸집 제작 세부계획을 짠다.

4) 거푸집 전용계획

거푸집널, 지지재 등의 전용계획은 콘크리트의 경화 일수, 거푸집 존치기간, 해체, 정리, 보수작업과 운반일수를 조사하여 검토한다. 또한 거푸집 공사 공정표와 대조하여 자재 전용 계획표를 작성하고, 각 층마다 거푸집 조립계획에 지장이 없도록 한다.

① 공사비 절감을 위한 거푸집 전용계획을 검토한다.

② 공사기간, 구조물 형태조건, 콘크리트 강도 등을 검토한다.

③ 작업성, 해체시기 등을 고려하여 세부 전용계획을 수립한다.

④ 일반적으로 거푸집재의 6~8%는 자재 Loss로 보고 있다.

⑤ 거푸집을 전용시에는 해체시 파손으로 20~30% 정도가 재사용이 불가능한 것으로 보고 전용수량은 약 70~80%로 계획한다.

⑥ 다른 장소로 운반에 따른 파손도 고려해야 한다.

표 6-3 거푸집재 전용계획표의 예

층수	거푸집 면적(m^2)	전용 계획	전용 거푸집		신품거푸집 사용		다른 장소에 전용 가능한 거푸집		비고
			전용수량(m^2)	%	주문수량(m^2)	%	대체수량(m^2)	%	
기초	1,500				1,590	106			
지층	6,500				6,890	106			
1층	7,000		1,200	80	6,150	106			
2층	7,000		5,200	80	1,910	106			
3층	7,000		5,600	80	1,490	106			
4층	5,000		5,600	80	0				
5층	5,000		5,600	80	0				
6층	5,000		4,400	80	640	106	1,760	35	
옥상	500		4,400	80	0		1,540	35	
합계	44,500		32,000		18,670		3,300		

4.3 거푸집 공법 선정 방법

거푸집 공법은 종류에 따라 제각기 고유의 장단점을 지니고 있으므로 구조물의 구조, 마감, 공사기간, 공사비, 사용 장소 등을 고려하여 사용 조건에 맞는 공법을 선정한다.

단, 여러 가지 공법과 재료를 너무 과다하게 조합시킨 공법은 현장 작업관리를 복잡하게 할 뿐 아니라 거푸집 전용에도 혼란을 초래할 우려가 있으므로 주의한다.

1) 공법, 재료 선정시 검토사항

공법, 재료를 선정하는 데 제약이 되는 제 조건은 다음의 순서로 검토한다.

① 전체 시공계획 중에서 거푸집 공사가 차지하는 비중을 검토한다.
(품질, 원가, 공기, 안전측면)

② 구조물의 규모, 모양, 구조형식, 설비 등에서 우선 고려사항을 검토한다.

③ 건물 각 부위에 대한 거푸집 공법의 적합성 수준 정도를 검토한다.

④ 부지 및 인접지 조건에 대한 거푸집 공법의 적합성 여부를 조사한다.

⑤ 이상의 검토 결과를 바탕으로 공법의 경제성 여부를 결정한다.

2) 공법의 선정 Flow

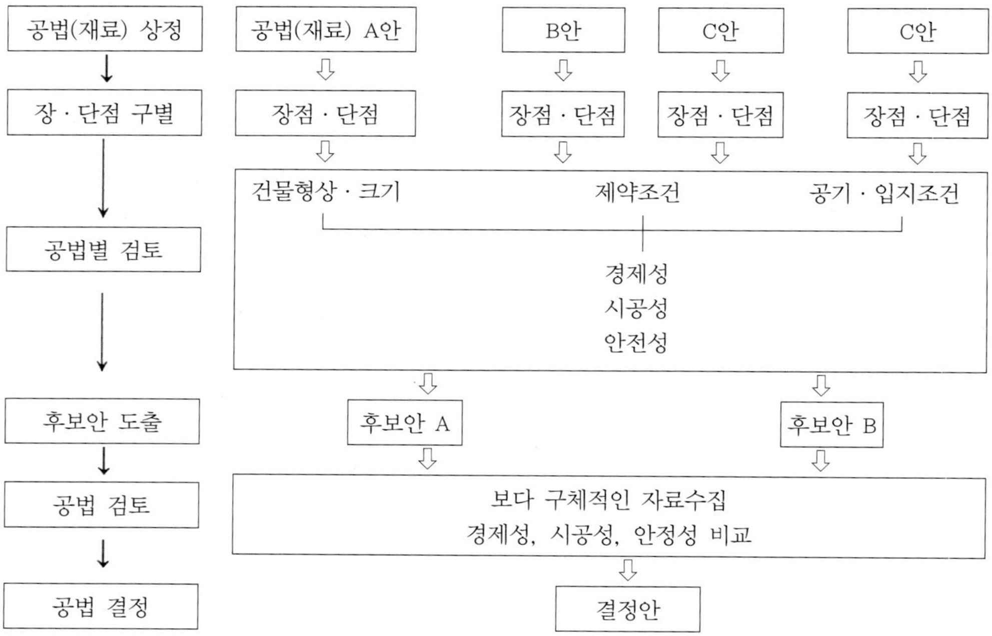

3) 거푸집 공법별(공기, 품질, 원가, 안전성) 비교 검토

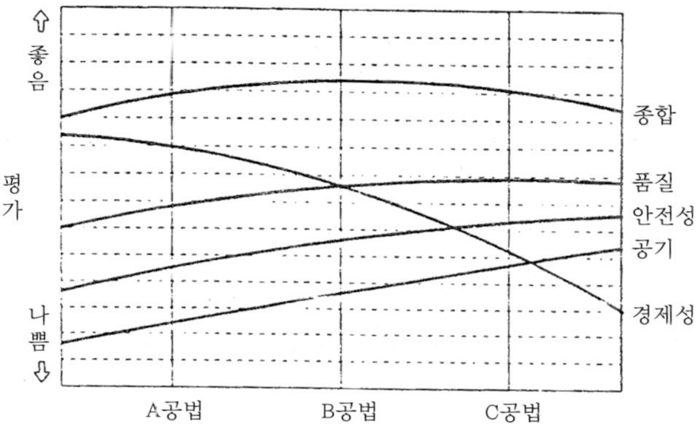

그림 6-29 거푸집 공법 선택 개념도

4) 거푸집 공법별 선택 기준표

표 6-4 거푸집 공법 선택 기준표 예

○○빌딩 사옥 신축공사(사무동 · 슬래브)			A 공법	B 공법	C 공법	D 공법	E 공법
설계조건	구조형식	R.C조 보통 포틀랜드 C, 240kg/cm^2	○	○	○	△	○
	스팬	큰보 9×12m, 작은보 3열	○	◎	△	△	○
	부재치수	180mm(S3, S6, S9 : 200mm)	○	○	×	△	○
	층고/천장고	4,800mm, 천장 GIP2 마감	△	○	◎	○	◎
	특기시방 등	슬래브의 진동, 결로, 녹, 기타	○	△	△	○	○
시공조건	가설용지 면적	부지협소, 작업장 불가	×	△	△	○	×
	양중기 배치	크레인 420TM 1대	○	○	○	○	○
	공기	표준 사이클 : 12일/층	×	△	△	○	◎
	노무 확보	거푸집공, 철근공 숙소	×	×	△	○	◎
	시스템 공법	VH분리 타설 공법, 4공구, 무비계	△	○	○	◎	◎
협력업체	FF건설(주)	공법 경험의 유무, 작업자 수	◎	○	◎	×	×
	(주)GG산업	공법 경험의 유무, 작업자 수	◎	○	○	○	○
	HH리스(주)	공법 자재의 수배~납입 일수	○	○	○	○	
담당자	설계 · 기술팀	설계 · 기술 · 특허정보 등	○	○	○	○	○
	기술 · 작업소	경험자, 품셈, 기타	○	○	○	△	×

◎ 최적, ○ 적합, △ 보통, × 부적합

5. 거푸집 제작 및 가공

5.1 거푸집 제작공장 선정

거푸집 가공공장은 현장 내에 설치하는 경우와 현장 외부에 설치하는 경우가 있는데, 현장 내에 설치할 경우는 제한된 장소에 설치해야 하므로 넓은 장소를 확보하기가 어렵다.

가공장 선정 시 주의점은 다음과 같다.

① 작업자가 작업할 수 있는 충분한 공간이 있을 것

② 실척도를 그릴 수 있는 장소일 것

③ 우천시 재료 보관에 지장이 없을 것

④ 기타 동력의 인입, 조명, 방한, 방화, 통풍 등을 고려할 것

5.2 기둥 거푸집 제작 가공

1) 기둥 거푸집 제작 방법

① 합판을 사용할 경우 통상적으로 세워서 사용하며, 가능한 한 절단하지 않고 정척대로 사용한다.

② 폭은 기둥의 단면 때문에 현장에서 절단하는 경우가 많이 있는데, 상층부의 전용을 고려하여 절단하는 것이 바람직하다.

2) 기둥 거푸집 제작 가공도

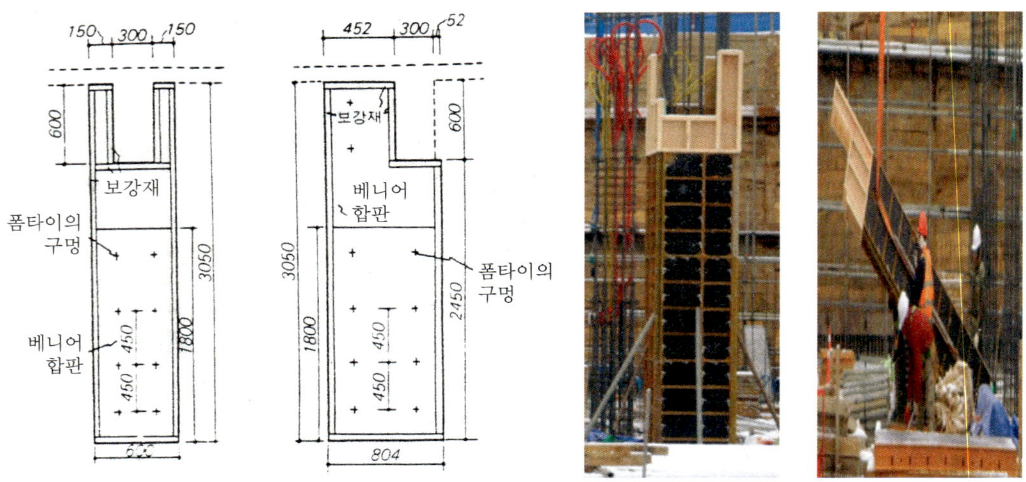

그림 6-30 사례현장 기둥 거푸집 조립가공도

기둥거푸집의 길이는 슬래브 두께와 슬래브용 거푸집판의 두께를 제외한 치수에 슬래브의 표면 상태를 고려하여 1~2cm 짧게 제작 · 건립하고 현장의 상황에 따라 받침목으로 높이를 조절하여 조립한다.

5.3 보 거푸집 제작 가공

1) 보 거푸집 제작 방법

① 합판패널은 가능한 한 정척물을 절단하지 않고 사용한다.
② 패널의 나누기는 스팬(span)의 양단에서 할당하여 중앙에서 보조패널을 사용한다.
③ 큰보(girder)의 길이는 기둥과 기둥의 콘크리트 내측치수로 하여 양단을 기둥패널 위에 놓는다.
④ 작은보(beam)의 길이는 큰보와 큰보의 콘크리트 내측치수로 하여 큰보의 패널 위에 설치한다.

(a) 보 거푸집 조립도

2) 보 거푸집 제작 가공도

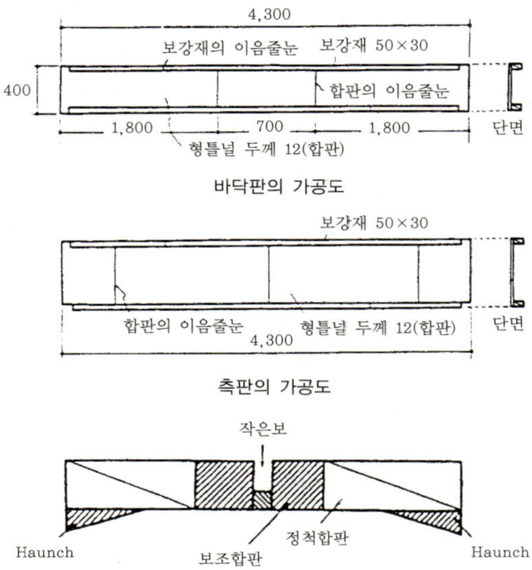

(b) 거푸집 제작도

(c) 보 거푸집 현장 조립 설치

그림 6-31 보 거푸집 가공 및 설치 현장

5.4 벽체 거푸집 제작 가공

1) 벽체 대형 거푸집 제작 방법

① 벽체 대형 패널은 제시된 도면에 의하여 제작함을 원칙으로 하나 차후의 사용 등을 고려하여 가능한 한 가볍게 제작한다.

② 사방 직각 상태의 확인은 ㄱ자를 만들어 확인한다.

③ 높이는 층고 보다 크게 한다.

④ 강도에 지장이 없는 경우 개구부를 개방하면 통풍에 좋고 재료의 반출에 편리하다.

⑤ 거푸집의 손상을 적게 하고 해체작업의 편리를 도모하기 위해 필요한 곳에 박리제를 도포한다.

2) 벽체 대형 거푸집 제작 가공도

(a) 벽체 거푸집 제작

(b) 벽체 거푸집 세우기

그림 6-32 벽체 거푸집 제작 및 조립

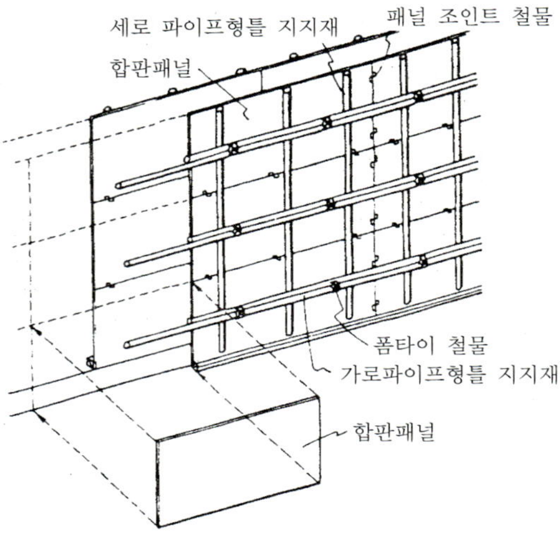

그림 6-33 합판공법(합판패널을 지지파이프와 짜맞춘다)

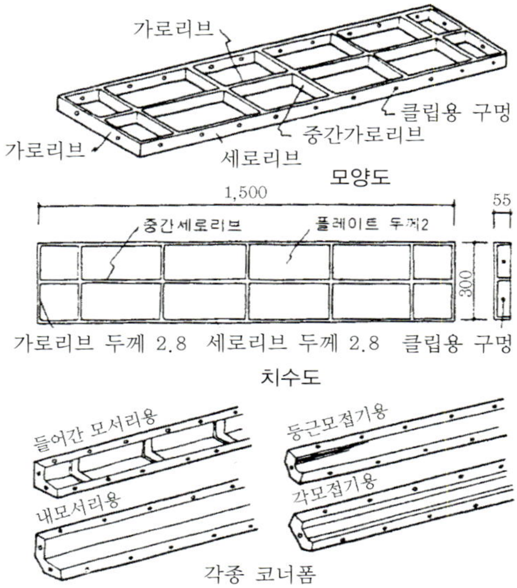

그림 6-34 메탈폼의 규격

그림 6-35 벽체 패널 거푸집 조립 설치 현황

5.5 계단 거푸집 제작 가공

1) 계단 거푸집 제작 방법

① 계단 거푸집 제작은 계단높이와 실측도를 기준으로 하여 운반을 고려한 크기로 측판을 가공한다.

② 계단 디딤면 덮판을 설치할 경우에는 가공 마무리 상태를 확인하여 들뜸이 없도록 제작한다.

2) 계단 거푸집 제작 가공도

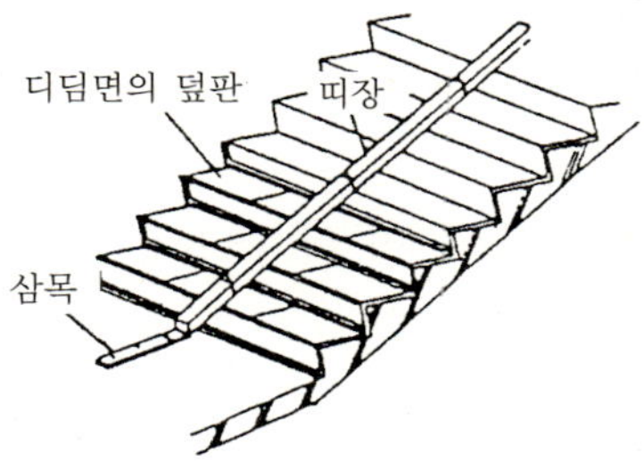

(a) 계단 거푸집 가공도

(b) 계단 거푸집 제작 조립 시공 현황

그림 6-36 계단 거푸집 제작 및 조립

5.6 개구부 및 정착물 위치 표시

거푸집 제작시에는 각종 개구부의 위치는 철근콘크리트 구체 도면에 기입하거나 또는 별도의 도면에 상세하게 표현하여 시공단계에서 작업에 차질이 없도록 해야 한다.

1) 각종 개구부 위치

① 가설용 : 먹매김용 개구부, 양중용 개구부
각종 관통구(흙막이, 가설 엘리베이터, 급수관, 전선 등)

② 마감용 : 커튼월 설치 앵커볼트, 새시/셔터박스, 셔터레일 설치용, 옥상/계단 난간설치용, 국기봉/트랩 설치용, 플로어힌지/피봇힌지 설치용

③ 설비용 : 엘리베이터 문틀, 표시등 스위치 박스, 각종 기계기초 앵커볼트, 맨홀용, 배관용

그림 6-37 벽체 개구부 BOX

그림 6-38 슬래브 각종 매설물 설치 확인

2) 각종 정착물

① 가설용 : 비계연결철물, 기계양중 후크, 거푸집 수정용 후크 등

② 마감용 : 인서트, 새시앵커, 앵커볼트, 석재고정 철근

③ 설비용 : 인서트, 앵커볼트, 슬리브

위 사항을 콘크리트 구체도에 기입하거나 별도의 도면에 상세하게 표현하여 시공단계에서 용이하게 할 수 있도록 한다.

6. 거푸집 동바리 시공계획 (No 1403020808-14V2)

6.1 동바리 설치 계획 개요(No 1403020808-14V2.1)

1) 동바리 설치 개요

① 동바리 설치 계획은 구조물의 형상, 규모, 층고, 기초지반, 지형조건, 공기 및 동바리공 조립능력 등의 시공조건을 충분히 검토한 후 계획한다.

② 동바리 설치계획에 있어서 검토해야 할 중요사항을 열거해 보면 동바리 구조형식 결정, 동바리 재료 선정, 동바리 설치 세부계획, 동바리 전용 계획 등을 고려하여 계획해야 한다.

2) 동바리 구조형식 결정

① 구조물의 규모와 형태, 지하층 및 기준층, 지붕층 층고를 먼저 면밀히 분석한다.
② 구조물의 형상, 치수에 따라 평면식으로 할 것인가, 보유식으로 할 것인가를 검토한다.
③ 현장 기초 지반이나 지형조건에 따라 점유면적 또는 구조형식을 결정한다.
④ 동바리 가설지점의 자재운반이나 조립기계의 설치조건에 따라 동바리 부재의 조립 및 해체의 최대하중이 제한되므로 그에 맞는 구조형식 검토가 필요하다.

그림 6-39 거푸집 동바리 설치 사례

3) 동바리 재료 선정

동바리 재료는 목재와 강재가 있으나 대부분 강재 동바리를 사용하고 있으므로 강재 동바리에 대한 재료 강도, 단면성능 중량, 시공 정도, 전용성 및 경제성 등의 재료 선정에 있어서 사용 검토가 필요하다.

6.2 동바리 설치 공정계획(No 1403020808-14V2.2)

1) 동바리 설치 공정계획

① 동바리 설치 공정은 조립 순서, 안전성 및 작업성 등을 고려하여 조립 및 해체의 방법 등에 대한 세부 사항을 검토한 후 공정계획을 세워야 한다.
② 동바리 설치 공정은 본 공사 거푸집 공정과 콘크리트 타설 공정에 맞추어 계획하되 본 공사에 지장을 주지 않도록 계획한다.

2) 동바리의 전용계획

동바리의 전용계획은 공사비를 줄일 수 있는 요소가 되므로 전용하는 경우 작업성을 충분히 검토하여 세부 전용계획을 세워야 한다.

동바리 전용계획은 거푸집 전용계획에 따라 전용의 효율성이 결정된다.

3) 동바리 해체하기

① 동바리 해체는 본 공사 일정에 많은 영향을 주게 되므로 시방서에 제시된 동바리 해체 기준을 충분히 파악한 후 계획을 세워야 한다.

② 동바리 해체 기간은 보나 슬래브의 경우에는 충분한 존치기간 후 해체해야 한다.

6.3 품질, 안전, 관리계획(No 1403020808-14V2.3)

1) 동바리 품질관리계획

(1) 가설자재 품질관리

① 가설자재는 운반이나 사용 후 보관관리가 매우 중요하다. 다음 공사에 다시 사용되기 때문에 해체시 파손이나 변형되지 않도록 해야 한다.

② 가설자재의 부속철물도 파손되거나 녹이 쓸지 않도록 관리해야 한다.

(2) 가설장비 품질관리

① 가설장비 사용 후 반납시에 고장난 것은 수리한 후 반납되어야 한다.

② 노후화된 가설장비는 교체해야 된다.

2) 동바리 안전관리계획

① 가설동바리는 수직 · 수평으로 전도되거나 변형되지 않는지 수시로 검토한다.

② 가설동바리는 재료의 하중, 작업 충격 등에 안전하고 흔들리지 않도록 고정하고 항상 점검해야 한다.

③ 가설설비의 공사 중 작업하중의 과대 여부와 시일 경과로 인한 이완, 변형 등의 우려가 없는지 수시로 점검해야 한다.

④ 가설동바리의 노후화와 변형된 것은 교체하거나 수리 후 사용해야 한다.

⑤ 가설장비는 장비의 고장 여부와 사용시 안전사고 방지를 위해 숙련공 또는 전담자가 관리해야 한다.

3) 환경관리계획

① 공사 중 타인이 근접하지 않도록 울타리 또는 줄을 쳐서 위험표시를 해야 주변 주민에게 피해를 주지 않는다.

② 특히 야간에는 빨간 전등으로 표시하고 감시원을 배치해야 한다.

③ 공사 중 또는 끝난 후에는 주변 오염, 손상 등에 대한 대책을 충분히 세워야 한다.

7. 거푸집 동바리 설치 및 검사(No 1403020809-14V2)

7.1 거푸집 동바리 기자재 검수(No 1403020809-14V2.1)

1) 거푸집 동바리 설치 장비는 망치와 지렛대 빠루가 있다.

2) 동바리 수평가새는 철선으로 단단하게 고정한다.

3) 동바리 밑부분이 수평과 수직이 안 될 경우에는 육각형 지렛대 빠루로 수정한다.

그림 6-40 거푸집 동바리 설치하기

7.2 거푸집 동바리 받침철물 설치 (No 1403020809-14V2.3)

1) 강관 파이프 동바리 잭받침(jack base) 설치

강관은 틀지주(beatty)에 비하여 재료의 강도가 낮으므로 강도계산을 검토한 후에 잭받침을 안전하게 고정한 후 조립해야 한다.

① 단관의 건립 위치에 합판, 각재 등을 배치한다.

② 각부의 받침판(base plate)은 정확한 위치에 고정시킨다.

③ 지주용 단관의 연결은 2본까지로 제한한다.

그림 6-41 강관파이프비계 잭받침 설치

2) 강관틀 지주 잭받침(jack base) 설치

강관틀 지주 밑에는 틀비계 길이의 긴 합판을 평평하게 깔아서 틀비계가 수평이 되도록 잭받침을 설치한다.

7.3 수직 동바리(지주) 및 수평가새 설치(No 1403020809-14V2.4)

1) 강관 파이프 동바리(pipe support)

① 파이프 서포트의 높이가 3.5m를 초과하는 경우는 수평연결 보강을 실시한다.

② 수평연결재의 설치는 높이 3.5m 이상 시 높이 2m 이내마다 직각 2방향(x, y)으로

직교 클램프를 사용하여 확실하게 연결하여 설치한다.

③ 두부의 잭받침은 멍에에 못 등으로 확실히 고정한다.

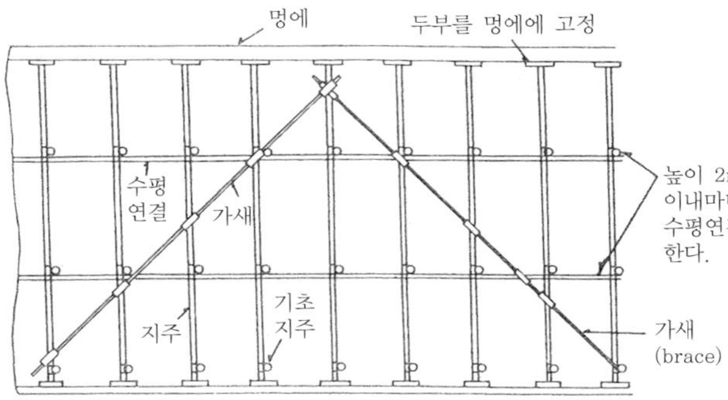

그림 6-42 단관 파이프 지주 설치

그림 6-43 강관 파이프 수평가새 설치 예

2) 강관틀 지주(steel beatty)

① 조립상태가 중요하므로 숙련자가 작업을 행하도록 한다.

② 5단 이내마다 최상단에 직각 2방향으로 수평연결재를 설치하여 변위를 방지한다.

7.4 동바리 설치 시 유의사항

1) 깔목의 사용, 콘크리트 타설, 말뚝박기 등 지주의 침하를 방지하기 위한 조치를 할 것

2) 개구부 상부에 지주를 설치할 때는 상부하중을 견딜 수 있는 견고한 받침대를 설치할 것

3) 지주의 상하고정 및 미끄러짐 방지조치를 하고, 하중의 지지상태를 유지할 것

4) 지주의 이음은 맞댄이음 또는 장부이음으로 하고 동질의 재료를 사용할 것

5) 강재와 강재와의 접속부 및 교차부는 볼트 · 클램프 등 전용 철물을 사용하여 단단히 연결할 것

6) 거푸집이 곡면인 때에는 버팀대의 부착 등 당해 거푸집의 부상을 방지하기 위한 조치를 할 것

7.5 동바리(지주) 설치 검사(No 14030208010-14V2.1)

콘크리트를 타설할 때 동바리(지주)에는 적재하중 및 작업하중, 콘크리트 측압, 콘크리트 타설시 발생하는 각종 수평력과 부상 등의 각종 외력이 작용하기 때문에 거푸집 조립시 이

와 같은 외력이 작용해도 거푸집이나 동바리 강도상 충분히 견딜 수 있어야 하며, 일정 허용한도를 초과하지 않도록 설치해야 한다.

1) 동바리 지주의 좌굴

지주에 허용하중 이상이 작용하면 동바리 지주가 변형되며 이때 지주의 파괴강도는 변형되기 전보다 상당히 저하된다. 또 지주가 받는 하중이 클수록, 지주의 길이가 길수록 좌굴이 일어나기 쉽다.

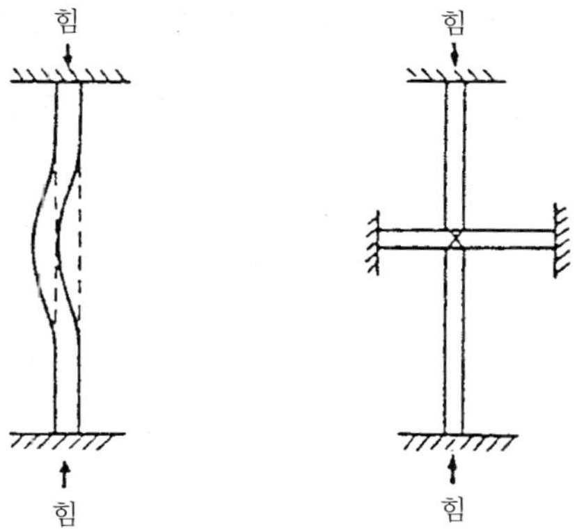

그림 6-44 지주의 좌굴

2) 지주 밑 지반의 지지력

지주에 하중이 작용했을 때 지반이 그 하중을 견디지 못하고 침하되어 도괴(倒壞)할 우려가 있으므로 지주 밑에 각재 등을 설치하고 기초를 하는 등 필요에 따라 적당한 대비책을 마련하여 하중을 분산시킨다.

3) 지주 편심하중

지주의 중심축과 하중을 받는 방향이 일치하지 않을 경우 지주에 편심하중이 발생하여 지주의 지지력이 상당히 저하된다.

따라서 지주는 하중방향과 중심축을 일치시켜야 하며, 지주 양단이 다음 그림과 같을 경우 쐐기를 설치한다.

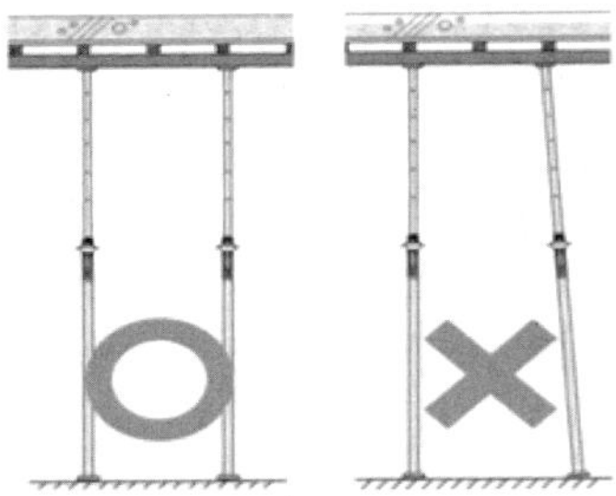

(a) 동바리 수직도 검측

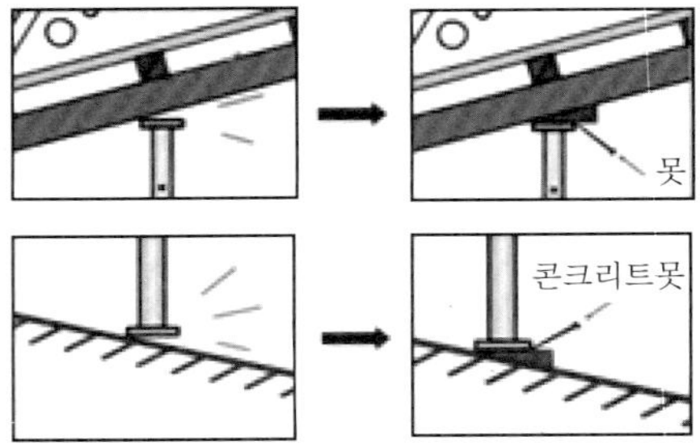

(b) 동바리 상부 및 밑받침 경사목 설치

그림 6-45 동바리 편심하중 방지 경사면 처리

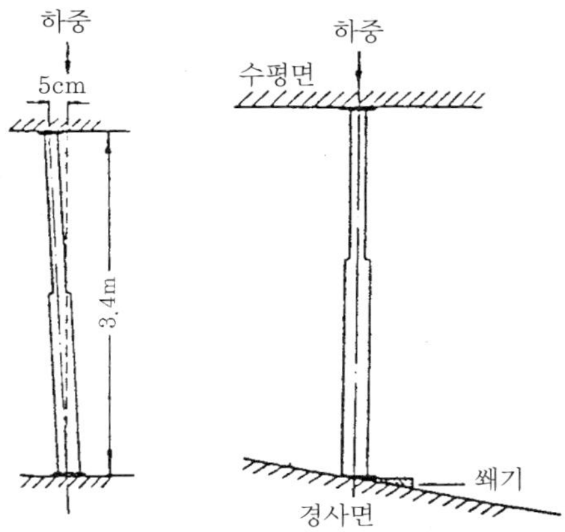

그림 6-46 동바리(지주)의 편심 하중 발생

그림 6-47 보 동바리 설치

8. 거푸집 존치 및 해체 정리(No 14030208011-14V2)

8.1 동바리(지주) 존치기간 시방기준(No 14030208011-14V2.1)

1) 동바리(지주) 존치기간 시방기준

① 바닥 슬래브, 지붕 슬래브, 보 밑, 아치 밑의 거푸집널은 원칙적으로 받침기둥(동바리)을 해체한 후 떼어낸다.

② 동바리(받침기둥)의 존치기간은 슬래브 밑, 보 밑 모두 설계기준강도의 100% 이상 콘크리트 압축강도가 얻어진 것이 확인될 때까지로 한다.

③ 동바리(받침기둥)의 존치기간(콘크리트 시방서기준 내용)

슬래브 밑, 보 밑	설계 기준강도의 2/3 이상
해체 가능한 최저 압축강도	14MPa 이상
받침기둥 바꾸어 세우기 순서	① 큰보→② 작은보→③ 바닥판(슬래브)

8.2 동바리 해체시 보강재 설치(No 14030208011-14V2.2)

1) 일반건물의 경우

동바리는 해체기간이 끝나더라도 시공시 작업 하중이 올라 갈 우려가 있을 경우에는 동바리 보강재를 설치해야 한다.

2) 공동주택의 경우

공동주택 슬래브 거푸집 설계가 filler 거푸집으로 되어 있을 경우에는 콘크리트를 10℃ 이상 온도에서 4일 이상 양생한 후 Filler 거푸집 밑 부분만 동바리를 보강 설치하고 사전에 책임감리원의 승인을 받아 떼어 낼 수 있다.

3) 동바리 바꾸어 세우기

(1) 동바리 교체 시방기준

동바리(받침기둥) 바꾸어 세우기는 원칙적으로 하지 않는다. 부득이 바꾸어 세우기를 할 필요가 발생한 경우에도 그 범위와 방법을 안전하게 수립한 후에 동시에 작업하지 말고 큰 보, 작은 보, 바닥판 순서로 바꾸어 세워야 한다.

(2) 동바리 바꾸어 세우기 유의사항

① 지주는 먼저 큰 보의 일부에서부터 거푸집을 제거하여 바꾸어 세운 다음 다른 부분으로 옮기고 순차적으로 작은 보, 바닥 슬래브 순으로 시행한다.

② 지주를 바꾸어 세우는 동안 그 상부는 작업을 제한하여 하중을 적게 하고 집중하중을 받는 지주는 그대로 두어야 한다.

③ 바꾸어 세운 지주는 쐐기, 기타 자재로 튼튼히 받쳐 그 전의 지주와 같은 지지력이 작용하도록 한다.

④ 지주는 콘크리트 타설 후 4주가 경과하면 제거할 수 있다.

8.3 거푸집 동바리 해체 및 정리(No 14030208011-14V2.4)

1) 동바리 해체작업을 하는 구역에는 관계 근로자 외의 출입을 금지시켜야 한다.

2) 폭풍 · 폭우 및 폭설 등의 악천후 작업에 있어서 근로자에게 위험을 미칠 우려가 있는 때에는 당해 작업을 중지시킨다.

3) 재료 · 기구 또는 공구 등을 올리거나 내릴 때에는 근로자로 하여금 달줄 · 달포대 등을 사용하도록 한다.

4) 보 · 슬래브 등의 거푸집 동바리 등을 해체할 때에는 낙하 · 충격에 의한 돌발적 재해를 방지하기 위해 버팀목을 설치하는 등 필요한 조치를 한다.

5) 작업 위치의 높이가 2m 이상인 경우에는 작업발판을 설치하거나 안전대를 착용하게 하는 등 위험방지를 위하여 필요한 조치를 한다.

그림 6-48 거푸집 동바리 해체

제2절 거푸집 공사 시공 NCS 적용 실무 이해

1. 거푸집 시공도면 파악(No 1403020603-14V2)

1.1 설계도면 검토(No 1403020603-14V2.1)

거푸집공사의 설계도면 검토는 먼저 전체 건축물의 설계 개요를 파악하고 건축물의 규모와 구조물의 형태, 층높이 등을 파악한다.

설계 개요에 나타난 각 구조물의 위치별, 부위별 기능과 용도를 먼저 이해하고 주요부위는 층별 상세도를 검토한다.

거푸집공사 설계도면은 구조물에 대한 의장도면, 구조도면, 마감도면, 설비도면, 시방서 및 구조계산서 등에 대한 검토가 중요하다.

1) 전체 구조 설계도면 검토

(1) 구조물 전체 의장도의 검토

구조물 의장도는 전체 구조물의 규모, 형상, 마무리 각 부분의 상세 아물림(containing), 치수 등을 모두 나타낸 것이다. 따라서 각 공사의 시공계획은 이것이 기준이 된다.

(2) 구조도면의 검토

구조도는 구체 거푸집 공사와 가장 관련이 있으며 의장도와 비교하면서 검토한다.

① 구체 각 부분(기둥, 보, 벽, 바닥 등)의 상세 치수

② 철골과 철근의 아물림과 거푸집 아물림의 관련 검토

③ 구체공사의 공정과 순서 등을 검토

(3) 설비도면의 검토

전기, 급배수 · 위생, 공조설비 등의 설비관계는 구체시공도와 밀접한 관련이 있다. 설비용 매립 배관과 구체 관통의 파이프, 덕트 치수, 배치 관계는 의장도와 비교하면서 검토한다.

2) 시방서, 구조 계산서의 검토

시방서(표준시방서, 특기시방서)는 사용재료나 시공방법 등의 지시사항을 상세하게 나타낸 것이다.

1.2 전체 거푸집 시공 도면 검토

1) 거푸집 시공도면은 건축 구조 도면을 검토하여 전체 건물 구조 형태와 층고 등을 파악한다.

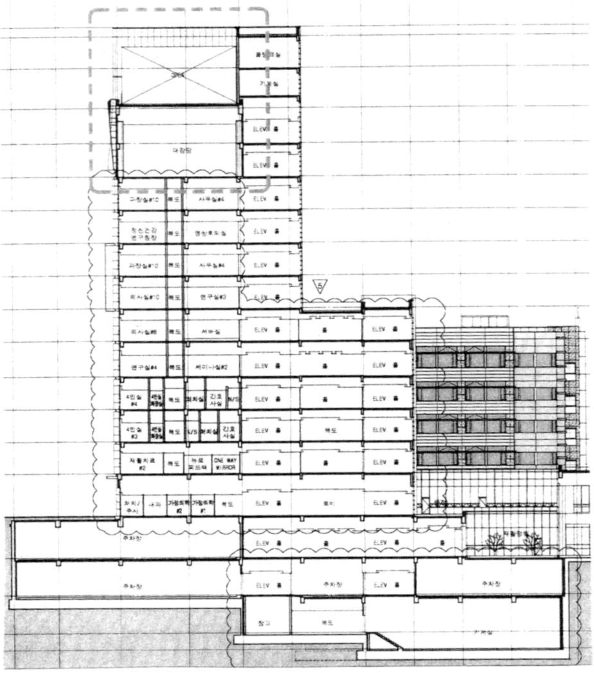

그림 6-49 사례현장 전체 건축 구조도면 검토

2) 부위별 거푸집 시고도면은 층별, 부위별 구조 도면을 검토하여 기둥과 보의 거푸집 크기 등을 파악한다.

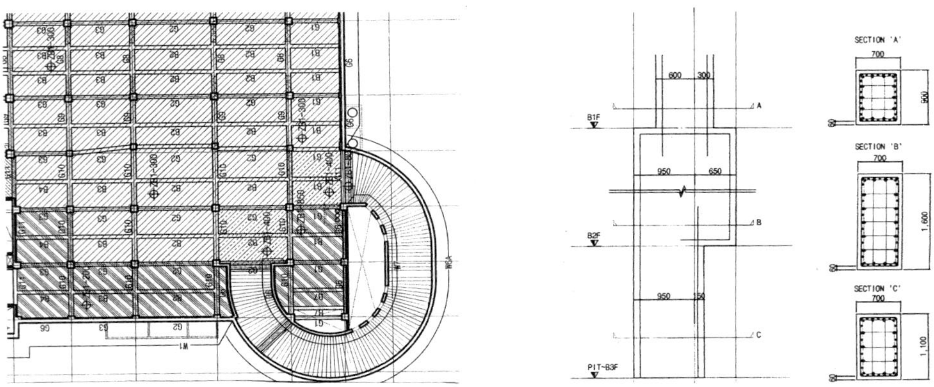

그림 6-50 사례현장 1층 구조도면과 기둥 단면 상세도 검토

3) 설계도서 문제점과 시방서 일치 검토

① 설계도서의 문제점과 개선 방안 검토
- ㉠ 설계도서와 현장 부재가 일치하는지 여부 검토
- ㉡ 설계도서 문제점 발견 시는 설계변경 도면작성 승인 후 작업을 한다.

② 설계도면과 시방서의 일치 여부 검토
- ㉠ 설계도면과 시방서가 차이 날 경우에는 현장감리와 협의 후 작업한다.
- ㉡ 설계사무소와 발주자 측의 승인을 득한 후 작업한다.
- ㉢ 특별한 경우가 아니면 설계도면을 기준으로 검토한다.

2. 거푸집공사 시공계획 수립(No 1403020603-14V2)

2.1 거푸집 공정계획(No 1403020603-14V2.3)

1) 거푸집 공정계획 수립

거푸집공사의 공정계획은 구조체공사의 공정상 매우 중요한 부분을 차지하고 있으며, 그 진척도가 전체공정에 상당한 영향을 미치므로 타 작업 등과의 연계도 고려하여 신중하게 공정계획을 수립한다.

① 철근콘크리트공사 전체 기본 공정 계획 Flow

① 기초 먹매김 → ② 기초옆 거푸집 → ③ 기초 철근배근 → ④ 기둥철근 기초에 정착

⑤ 기초 콘크리트 타설 → ⑥ 기둥철근 배근 → ⑦ 기둥 및 벽체 한편 거푸집 → ⑧ 벽철근 배근

⑨ 벽체 딴편 거푸집 → ⑩ 보 밑과 바닥판 거푸집 → ⑪ 보 밑과 바닥판 철근 배근

⑫ 설비 · 전기배관 → ⑬ 콘크리트 타설

② 철근콘크리트 골조공사 전체 시공순서

① 지하층 공사 → ② 1층 공사 → ③ 기준층 공사 → ④ 지붕층 공사

2) 구조체 전체 공정표 작성

건축공사의 공정은 원도급자의 시공기술자가 다음 착공에서 준공까지 각 공사별 상세공정표를 작성한다. 건축 공정표는 건물의 규모, 시공의 난이도, 하도급 시공기술자의 능력, 공사기간 동안의 기후, 각 공사의 자재 제작, 자재반입 등의 사정에 따라 시공의 효율성과 경제성을 고려하여 작성한다. 특히 거푸집공사는 전체 공사에서 중요한 역할을 차지하므로

공정에 있어서 다음 사항에 주의하여 작성해야 한다.

① 거푸집과 관련된 공사를 파악(가설공사, 철근공사, 콘크리트공사, 전기설비공사, 급배수·위생설비공사, 공조설비공사 등)한 후 공정순서를 검토한다.

② 거푸집공사를 담당하는 기능공의 시공능력, 인력 수, 동원 능력 등을 검토한다.

③ 거푸집공사와 협조하여 작업하는 철근공, 콘크리트공, 설비공의 시공능력을 검토한다.

④ 거푸집 자재와 준비, 운반, 제작, 반입시기를 조사한다.

⑤ 거푸집 공법을 검토(시공의 난이도, 공사기간의 단축, 공사비의 증감과 관련된다)한다.

다음은 서울시 중구 ○○오피스텔 신축공사 전체 공정표 사례이다.

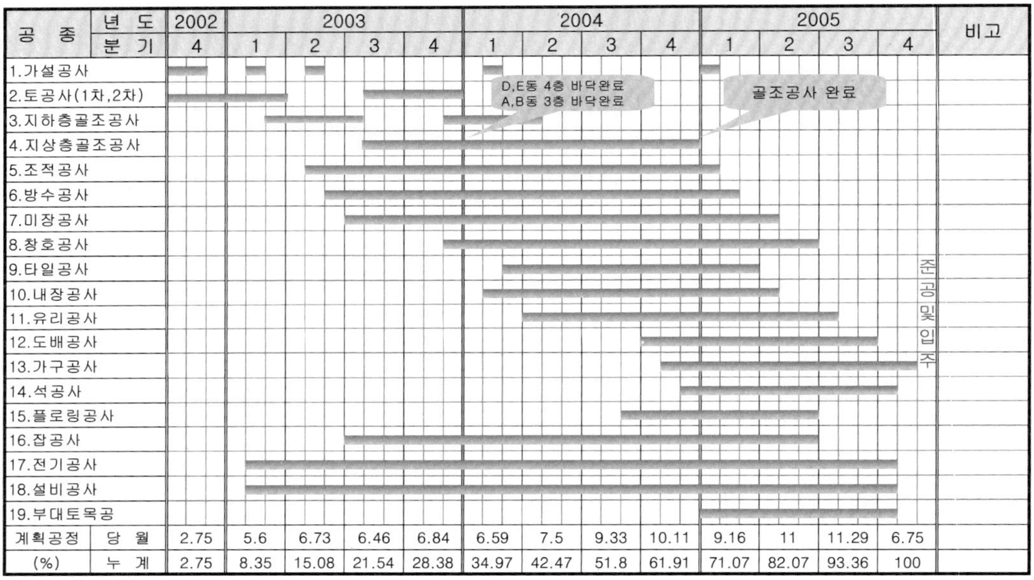

그림 6-51 서울시 중구 ○○오피스텔 신축 전체 공정표 예

3) 부분 공정표 작성

전체 공사의 공정표에 따라 구체공사, 마무리공사, 설비공사 등 각 공사의 주간, 월간의 부분 공정표가 작성된다. 구체공사 중에서도 가장 중요한 공정을 차지하는 거푸집공사는 다른 공사와 관련된 상세한 공정과 연결되므로 공사 순서에 따라 세심한 배려가 필요하다.

① 시공도(거푸집, 철근, 콘크리트 구체, 전기설비, 급배수·위생설비, 마무리의 각 공사)의 작성 시기, 검사 승인 시기, 시공 기술자에게 인도 시기 등을 검토한다.

② 거푸집의 자재 발주, 가공, 운반, 조립 시기를 검토한다.

③ 목공의 인원 수배, 관련 공사(철근공, 콘크리트공, 설비공 등)의 인력 수배, 능력, 순서 등의 관계를 검토한다.

④ 부분 공정(주간, 월간)의 재검토와 조정을 검토한다.

⑤ 예를 들어 철근공사가 늦어지고 콘크리트 타설이 예정보다 어려운 경우는 목공수를 증원하는 등 긴급사태에 대처하는 방법을 검토한다.

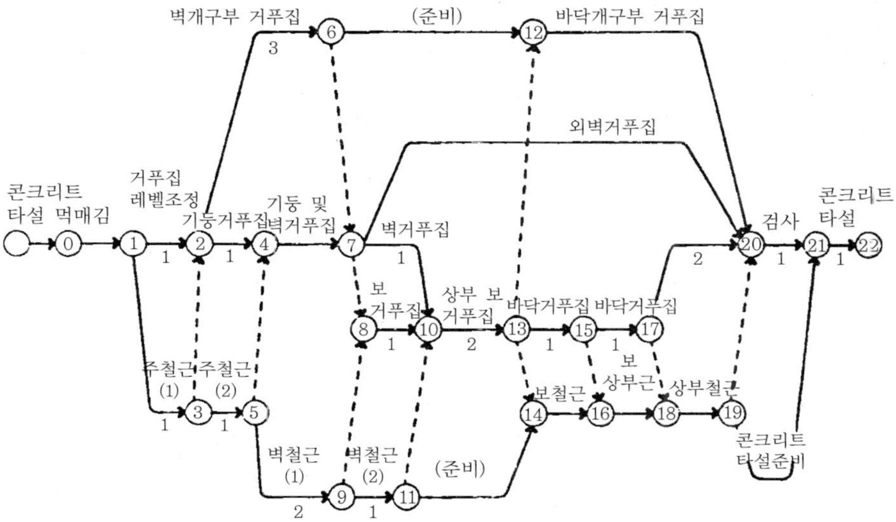

그림 6-52 기준층 1개 층 분의 상세 공정표 예

4) 기준층 1층당 작업공정 예

1층당 작업소요 인원을 먼저 산출한 다음 그에 따른 전체 작업공정을 계획한다.

(예 : 거푸집 조립-4일, 철근배근-2일, 콘크리트 타설-1일, 총 7일)

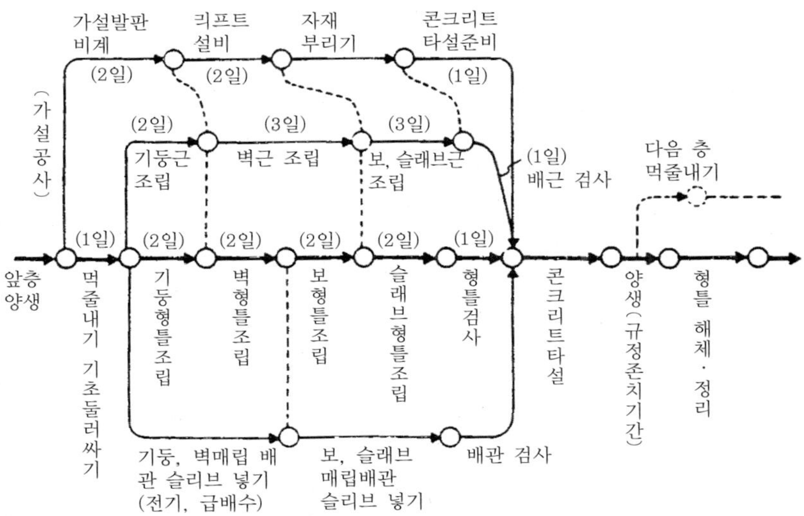

그림 6-53 거푸집공사를 주체로 한 부분 공정(네트워크)의 예

5) 사례현장 골조공사 공정계획표 작성 예

(1) 사례현장 공사개요

공 사 명	서울시 중구 ○○오피스텔 신축공사	대지면적	1,947m^2
공사기간	2012. 01~2012. 10.(10개월)	연면적	20,705m^2
공사규모	지하 5층, 지상 15층, 오피스텔 325실	구조형식	철근콘크리트구조 (기준층 flat slab)

(2) 구조형식 및 주요 공법

내역	단위	수량	비고
기초형식	기초	MAT기초(THK 1,500mm)	
	Down 기초	Down 기초 2개소(THK 1,700mm)	
주요공법	거푸집	지하층 유로폼 및 데크슬래브/외부 갱폼/내부 AL폼	
	철근가공	공장 가공	
	레미콘 타설	지하층~지상 4층 콘크리트 펌프카 지상 5층 이상 콘크리트 분배기(Concrete Distributor) VH(Vertical Horizontal) 분리타설 공법	

(3) 콘크리트 강도

구분		지하~ 1층 바닥 슬래브	1층 벽체~ 6층 바닥 슬래브	6층 벽체~ 11층 바닥 슬래브	6층 벽체~ ROOF
설계기준강도 (MPa)	슬래브, 보, 지하 외벽, 기초	35	27	24	24
	기둥, 코어벽체	45	35	30	24

(4) 전체 골조공사 공정계획도

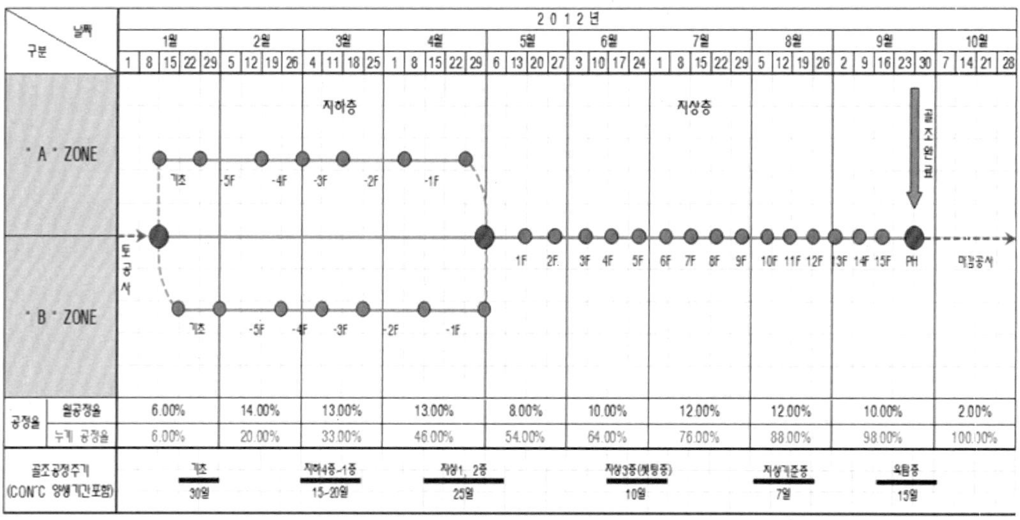

(5) 지하층 골조공사 공정계획도(2 Zone 기준)

구분		일차																		비고
구분	공종	1 일차	2 일차	3 일차	4 일차	5 일차	6 일차	7 일차	8 일차	9 일차	10 일차	11 일차	12 일차	13 일차	14 일차	15 일차	16 일차	17 일차	18 일차	
지하층 (B4~B1층) 각층 1개 zone	콘크리트양생															콘크리트양생/띠장 해체				
	CON'C타설													콘크리트타설						
	형틀공사	먹매김				옹벽 및 보거푸집 설치							마감 및 검축				거푸집 해체 및 인양			
	DECK공사									DECK 깔기										
	철근공사		수직재 철근 배근									보 및 슬래브 철근 배근								
	소요공정일	약 18일																		

(6) 지상 기준층 1개층 골조공사 공정계획도

구분		일차							비고
구분	공종	1일차	2일차	3일차	4일차	5일차	6일차	7일차	
지상층 (1층~ 지붕층)	CON'C타설							콘크리트타설	
	형틀공사	먹매김	GANG FORM	옹벽/보/슬래브 거푸집 설치			마감 및 검축		
	철근공사		수직재 철근 조립			보 및 슬래브 철근 조립			
	소요공정일	약 7일							

(7) 전체 골조공사 Mile stone 공정계획도

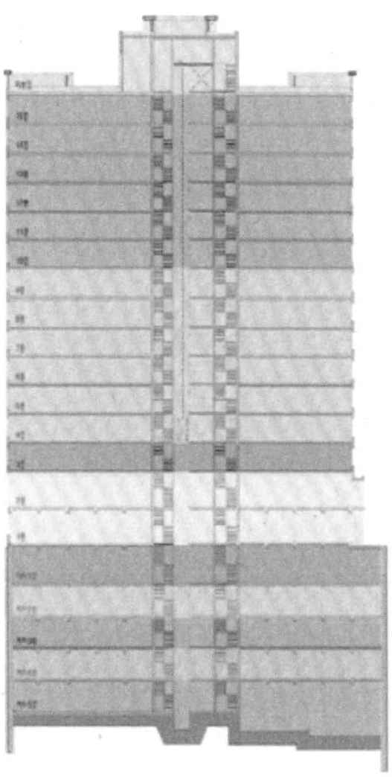

층	Working Day		Calendar Day	비고
	실 작업일	총 작업일	공휴일+Loss포함	
옥탑층	12 Day	13(+1)	2012. 09. 30	
11~15층	7.2 Day	43(+7)	2012. 09. 17	
4~10층	7 Day	61(+12)	2012. 08. 05	
3층	9 Day	11(+2)	2012. 06. 05	
1~2층	24 Day	25(+1)	2012. 05. 25	
B1층	18 Day	18	2012. 04. 30	
B2층	15 Day	15	2012. 04. 12	
B3층	20 Day	20	2012. 03. 29	
B4층	18 Day	18	2012. 03. 08	
B5층	18 Day	18	2012. 02. 20	
기초	25 Day	29(+3)	2012. 02. 04	
합계		271		

2.2 인원 및 장비투입계획

1) 인원 투입계획

① 작업 소요인원 산출

㉠ 공사 착수 전에 전체 공정표와 구조체공사 공정표를 기준으로 거푸집공사의 연간 투입소요인원, 공정별 소요인원, 1일 소요인원 등을 산출한다.

㉡ 공사 연소요인원 $= \dfrac{\text{거푸집 총량}(\text{m}^2)}{\text{1일 1일 평균 거푸집 조립량}}$

㉢ 공정별 소요인원 $= \dfrac{\text{공정별 거푸집 수량}(\text{m}^2)}{\text{1일 1일 평균 거푸집 조립량}}$

㉣ 1일 소요인원 $= \dfrac{\text{공정별 소요인원}}{\text{공정별 거푸집 조립일수}}$

② 작업 인원 계획

㉠ 거푸집공사에는 목공, 지보공, 보조 인부, 해체공 등이 필요하며, 이들의 작업기간, 고용경로(전속 하청업자를 쓰느냐, 지방업자를 일시 채용하느냐의 선택) 등을 사전에 조사한다.

㉡ 또한 다른 공사와의 관련과 이에 필요한 가설건물(막사, 작업장, 직원/작업원 숙소 등)의 규모, 노무비 예산을 검토한 후 계획을 세운다.

㉢ 기후나 그 밖의 이유로 인하여 출근하는 작업원에게 예상 외의 변경이 생길 수도 있으므로 영향이 없는 범위 내에서 여유를 둔다.

2) 장비 투입계획

현장 내에 설치된 타워크레인이 타공정과 간섭이 일어나지 않도록 장비작업계획을 세운다.

2.3 품질, 안전, 환경관리계획(No 1403020603-14V2.5)

1) 품질관리계획

콘크리트 부어넣기에 앞서 거푸집의 재료, 조립, 해체에 있어서 품질관리 및 검사방법은 다음과 같이 해야 한다.

표 6-5 거푸집의 재료, 조립, 해체의 품질관리, 검사 기준

항목	시공방법	시기, 횟수	판정기준
거푸집널, 받침기둥, 긴결철물의 재료	육안검사, 치수측정, 품질표시의 확인	현장반입 시, 조립 중 수시	규정에 적합
받침기둥의 배치	육안검사 및 자 등에 따른 측정	조립 중 수시 및 조립 후	거푸집 시공도에 일치 느슨함 등이 없음
긴결철물의 위치, 정밀도	육안검사 및 자 등에 따른 측정	조립 중 수시 및 조립 후	거푸집시공도에 일치
세우기는 위치, 정밀도	자, 트랜싯 및 레벨 등에 따른 측정	조립 중 수시 및 조립 후	거푸집시공도에 일치
거푸집널의 최외측 철근과의 간격	자에 따른 측정	조립 중 수시 및 조립 후	소정의 피복두께 확보
거푸집널, 받침기둥 해체를 위한 콘크리트의 압축강도	KASS 5T-602(구조체 콘크리트의 강도추정을 위한 압축강도 시험방법)	거푸집널, 받침기둥 해체 전 필요에 따라	강도시험의 결과가 소정의 값을 만족

2) **안전관리계획**(No 1403020603-14V2.6)

① 거푸집공사에서 안전사고는 설계결함보다는 담당기술자와 기능공의 사소한 실수와 점검 부족으로 발생되므로 거푸집을 설계하거나 조립할 때는 지속적인 관찰과 검사를 실시하여 안전사고를 방지해야 한다.

② 콘크리트 타설 후에는 강도발현이 서서히 진행되므로 거푸집공사는 설계, 가공, 조립, 해체의 모든 과정에서 안전성을 확보해야 한다.

③ 거푸집 조립시 안전관리 작업 지침

㉠ 거푸집을 조립할 때에는 작업책임자를 선임해야 하고, 거푸집의 운반, 설치작업에 필요한 작업장 내의 통로와 비계가 충분한가를 확인해야 한다.

㉡ 거푸집 조립 작업장 주위에는 작업자 이외의 통행을 제한하고 슬래브 거푸집을 조립할 때에는 많은 인원이 한 곳에 집중되지 않도록 넓은 지역으로 고루 분산시켜야 한다.

㉢ 강관받침기둥은 3본 이상 이어서 사용하지 말고, 높이가 3.5m 이상의 경우에는 높이 2m 이내마다 수평연결재를 2개 방향으로 만들고 수평연결재의 변위가 일어나지 않도록 이음 부분을 견고하게 연결하고 좌굴을 방지하도록 해야 한다.

3) 환경관리계획(No 1403020603-14V2.7)

① 거푸집 작업 및 해체시 소음, 분진대책을 세우고 작업을 실시해야 한다.

② 인근 주변 건물에 대한 위해, 위험이 없는지 사전조사를 해야 한다.

③ 작업 부산물로 인한 환경공해에 대한 대책을 세워야 한다.

④ 주변 학교 등에 의해 작업시간 제한은 없는지도 조사해야 한다.

3. 거푸집 시공 전 준비(No 1403020604-14V2)

3.1 거푸집 조립도 작성(No 1403020604-14V2.1)

1) 구체시공 상세도 작성

콘크리트 구체도는 기존 설계도서에 근거하여 구조체, 마감, 설비, 가설 등을 고려한 콘크리트 구조물의 거푸집 도면을 작성한 시공도로서 거푸집공사의 기본이 된다. 콘크리트 구체도 작성에는 다음 사항에 대한 내용을 명기한다.

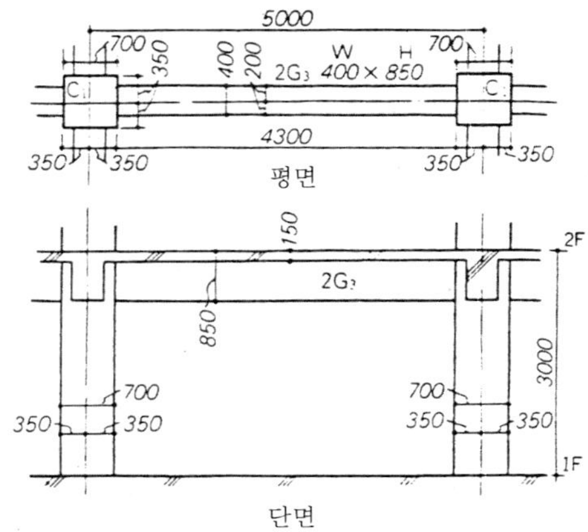

그림 6-54 기둥과 보 구조시공도

① 중앙선을 기준으로 한 각부의 크기

② 마감두께를 제외한 콘크리트 단면의 크기

③ 창호, 기타 개구부 치수

④ 주요 부분 단면상세도(section detail)

⑤ 각종 삽입물, 정착물, 관입구멍 등의 위치 및 크기

⑥ 마감 관련사항(쇠흙손 등)

⑦ 설비 관련사항

⑧ 가설 관련사항

⑨ 기타 특이사항

2) 거푸집 조립도 작성

콘크리트 구체도가 작성되면 이에 따라 거푸집 조립도를 만든다. 거푸집 조립도는 현장에서 거푸집 시공을 지시하는 도면이므로 규격 단면상세도와 대조하여 전용계획이 이루어지도록 작성한다. 거푸집 조립도에는 다음 사항을 명기한다.

① 거푸집 각 부재의 재료 종류, 단면치수, 설치간격
② 조임철물의 종류, 치수, 설치 위치
③ 지주의 형식, 재료 종류, 치수, 위치, 밑부분 보강
④ 거푸집의 구성과 각 부재 설치순서, 기둥, 보 등은 부호를 붙여서 정리한다.

그림 6-55 사례현장 기둥 거푸집 조립 설치 예

3) 거푸집 제작도 작성

거푸집 일람표에는 형상, 치수, 수량 등을 기입하고 이를 기본으로 하여 전용계획을 고려하여 거푸집 제작도를 작성한다.

3.2 거푸집 가공도 및 실적도 작성

1) 거푸집 가공도 작성

콘크리트 구조체를 기본으로 하여 기둥, 보 등의 거푸집 가공이 필요한 부분은 가공도를 작성한다.

① 기둥은 거푸집 가공도 작성 전에 작업순서를 정하고 기호를 통일한다.
② 각 치수는 구체적으로 명시한다.
③ 거푸집 가공도는 상 · 하 표시를 해둔다.
④ 각각 고유번호를 명기하며 거푸집 제작 장수를 기입한다.
⑤ 거푸집 가공 작업시 수정할 부분을 즉시 발견할 수 있게 해야 하며, 재료절단은 가능한 한 적게 한다.
⑥ 대형보와 같은 큰 부재는 거푸집의 운반, 설치, 해체, 전용문제 등을 고려하여 상 · 하, 좌 · 우로 분할, 시공할 수 있다.

2) 거푸집 실적도 작성

거푸집의 마무리 작업을 명확히 할 필요가 있는 부분은 다음과 같이 작성한다.

① 계단, 계단난간 부분
② 기둥, 보, 벽 및 천장의 연결부 마무리 상태 부분
③ 개구부 내측치수와 각종 장식물의 마무리 상태 부분
④ 기둥 단면치수와 철골, 철근의 마무리 상태 부분

⑤ 슬래브의 경사 정도와 벽 및 지붕 부분

⑥ 기타 특수한 부분

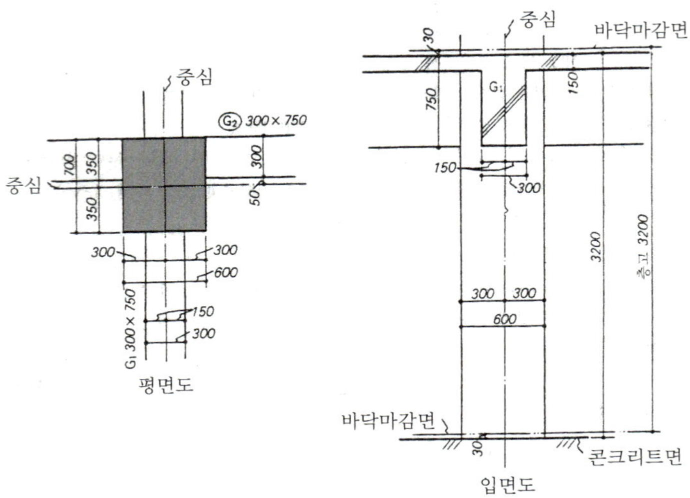

사례현장 기둥 거푸집 조립 시공

그림 6-56 기둥 거푸집 구체시공도 "예"

3.3 거푸집 조립계획 순서(No 1403020604-14V2.2)

1) 거푸집의 조립 절차

거푸집의 조립은 시공정밀도와 콘크리트강도를 충분히 유지할 수 있도록 하되 최소의 비용으로 콘크리트 타설 후 해체가 용이하도록 조립계획을 세운다. 따라서 작업책임자는 사전에 사용재료, 조립방법 등을 검토하고 관련 작업 책임자와 충분히 협의한 후 작업을 실시해야 한다.

2) 거푸집의 조립 순서

거푸집의 조립순서는 건축물의 구조에 따라 약간씩 상이할 수 있지만 일반적으로 RC조 1개층 골조거푸집 조립순서는 다음과 같다.

① 기초 옆(기초보) 거푸집
↓
② 기초판, 기초보 철근 배근
↓
③ 기둥철근 기초에 정착
↓
④ 기초판 콘크리트 타설
↓
⑤ 기둥 철근 배근
↓
⑥ 기둥 거푸집 및 벽 한편 거푸집 조립
↓
⑦ 벽체 철근 배근
↓
⑧ 벽의 딴편 거푸집 조립
↓
⑨ 보 및 바닥판 거푸집 조립
↓
⑩ 보 및 바닥판 철근 배근
↓
⑪ 계단 철근 배근
↓
⑫ 콘크리트 타설

(⑤~⑫: 기준층 반복 시공)

RC조 거푸집 조립 순서

그림 6-57 보 및 슬래브 거푸집 조립 순서

그림 6-58 RC조 거푸집 조립 순서 예

3.4 콘크리트 타설 전 거푸집 점검

1) 거푸집 측압 검토

콘크리트 펌프 타설시 높은 독립기둥, 벽체 등은 콘크리트 측압이 높게 작용하므로 거푸집 지주의 보강이 더 필요하다.

2) 수평력, 부상(浮上)

콘크리트 타설방법에 따라 거푸집 또는 지주에 수평력이 작용하고 그 결과 지주가 부상하는 현상이 발생할 경우 지주를 증설하는 등 보강하여야 한다.

그림 6-59 강관비계 수평가새 설치

3) 거푸집 동바리 간격 검토 보정

거푸집 동바리 설치간격을 콘크리트 타설 전에 재점검하고 동바리의 수직도와 고정받침 철물 등을 다시 확인한다.

4) 거푸집 동바리 수평가새 검토 보정

① 거푸집 지주는 수평가새를 규정 이상 보강하는 것이 필요하다.

② 콘크리트 타설 방법 등에 따라 콘크리트가 한쪽으로 쏠릴 경우 횡력에 대비하여 수평가새는 충분히 설치하는 것이 좋다.

4. 거푸집 자재관리 계획(No 1403020605-14V2)

4.1 자재관리 계획

거푸집 자재관리 계획은 먼저 시공법, 공사순서, 사용자재 등을 조사한 후 그 공사의 특성에 적합한 자재관리 계획을 수립한다.

전체 공사계획과 공정표가 작성되면 구조체공사 작업공정에 따라 필요한 자재의 종류, 수량, 현장반입 시기, 자재 사용 시기, 예산 등을 고려하여 품질과 시공성뿐만 아니라 거푸집 전용성 등을 고려하여 계획한다.

1) 거푸집 자재관리 계획 Flow

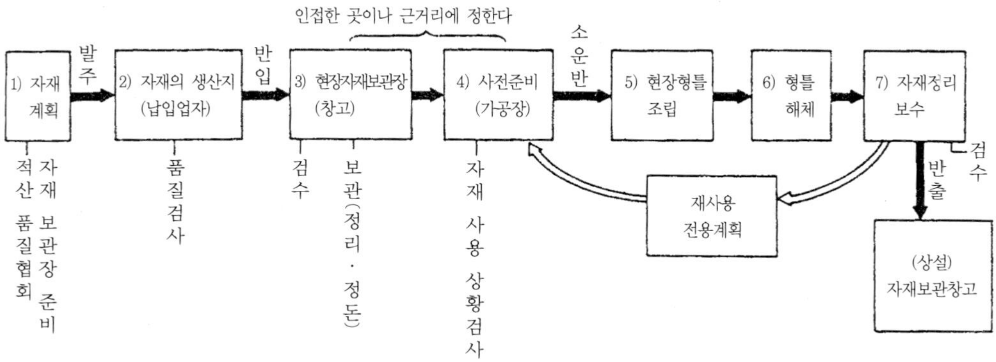

그림 6-60 거푸집 자재관리 계획의 Flow

2) 사전조사

설계도나 시방서를 조사하고, 거푸집재가 특별히 지정(메탈폼 등)되어 있는 곳은 없는지 확인한다. 또한 마감의 종류(타설 마무리 등)에 따라 거푸집재의 종류 · 재질 · 공법을 검토하고, 그 개소 수와 자재 수량, 시공순서 등을 미리 조사해 둔다.

3) 거푸집 공정과 자재 사용 시기 검토

거푸집공사에 있어서 자재 계획부터 발주 · 반입 · 가공 · 조립 · 해체 · 반출에 이르기까지 자재의 흐름과 그 업무 내용을 충분히 파악해 둔다.

4.2 자재의 반입 및 보관(No 1403020605-14V2.1)

1) 자재의 반출입 검토

① 현장 내에서는 거푸집 이외의 공사 자재도 대량으로 반입 · 반출되므로 적절한 관리를 하지 못할 경우 작업의 흐름이 순조롭지 못하다.

② 전체 공정에도 많은 영향을 미치므로 사전조사와 협의가 중요하다.

③ 거푸집재의 재질과 성능, 규격 치수는 물론 거푸집널과 지지재 등의 재고 수를 확인하고, 신구 자재의 사용 비율을 파악한다.

2) 자재의 저장과 보관관리

공사현장 내에서는 가설, 구체, 마감 등의 공사가 복잡하게 연관되어 있으므로 공사의 공정에 따라 모든 자재가 정확히 유통되도록 관리한다. 따라서 자재의 반입, 가공, 조립의 작업 흐름이 순조롭지 못하면 곧 공정에 많은 영향을 미치게 되기 때문이다. 거푸집 자재의 관리 요점을 살펴보면 다음과 같다.

① 자재를 두는 곳이나 가공장 등을 적절하게 배치한다.

② 자재의 발주와 보관을 적절하게 한다.

③ 자재의 사용상황과 재고 수를 확인한다.

그림 6-61 거푸집 자재 저장과 보관

그림 6-62 사례현장 거푸집 자재 현장 관리 현황

④ 해체한 거푸집재는 자재 계획에 맞추어 구별한다.

4.3 자재 운반계획

거푸집 자재의 발주와 준비가 끝나면 현장에 반입하는데, 공정에 맞추어 순조롭게 작업을 진행하려면 필요한 시기에 현장반입, 장내 운반, 하역작업 등이 이루어져야 한다.

따라서 운반설비의 완비도 공정을 좌우하는 요인 중 하나이다.

현장 내에 거푸집 재료의 이동, 운반, 계획 플로우는 다음과 같다.

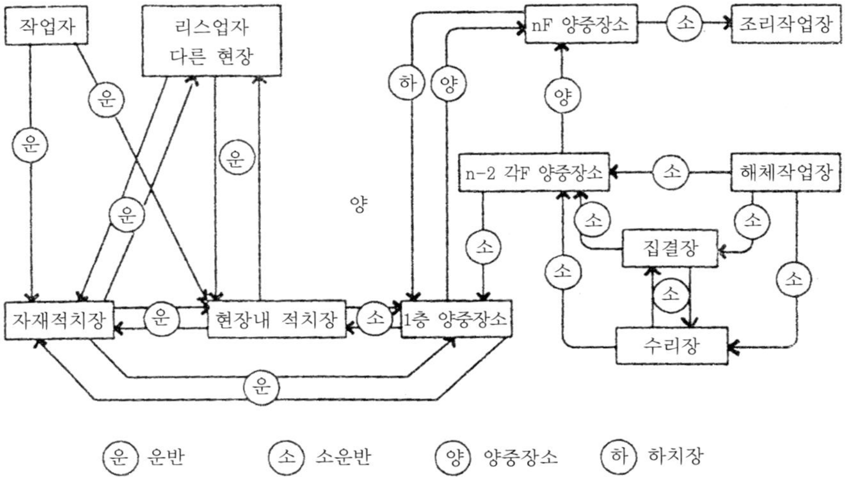

그림 6-63 현장 내에서 거푸집 재료의 이동 Flow

1) 일반적인 운반기계 종류

① 트럭 : 디젤 차량, 가솔린 차량

② 크레인 : 고정식(지브 크레인, 타워 크레인)과 이동식(데커, 크롤러 크레인, 트럭 크레인)이 있다.

③ 엘리베이터 : 인화물용 엘리베이터, 롱 스팬 리프트 등

④ 건설용 리프트 : 1개구, 2개구 리프트 등

2) 최적 운반 기종 선정 시 유의사항

① 현장 내나 주변에 특수조건과 제약이 없는지 살펴본다.

② 운반자재의 종류, 형상, 중량을 조사한다.

③ 운반 동선(평면 이동, 상하 이동), 작업반경, 거리, 높이 등을 조사한다.

④ 운반로의 폭 · 경사 · 고저, 포장의 유무, 장애물의 유무 등을 조사한다.

5. 거푸집 조립설치 계획(No 1403020606-14V2)

5.1 기준 먹매김 작업(No 1403020606-14V2.1)

먹매김은 거푸집을 설치하기 위해 위치를 정하는 작업으로 시공도를 기초로 하여 구체공사부터 마무리공사에 이르기까지 각 공사의 시공에 앞서 항상 선행되는 작업이다.

또한 기준이 되는 중심, 기둥심, 벽심과 각 부분의 위치와 레벨 등을 측량하고 표시하는 것으로서 이 작업의 정밀도가 떨어지거나 지연될 경우 시공이 잘못되고 공사기간이 늦어지는 등 전체 공사의 경제성에 많은 영향을 미치므로 항상 정확성과 신속함이 요구되는 작업이다.

1) 먹매김 기준도의 작성 순서

먹매김 기준도는 건물위치를 결정하기 위해 작성하는 것을 말하며, 먹매김 작업 순서는 다음과 같다.

① 먼저 부지경계선을 확인한다.

② 부지의 고저와 건물의 1층 FL(플로어 라인) 및 전면도로의 레벨 관계를 확인한다.

③ BM(기준점…건물의 높이를 정하는 기준점)을 설정한다.

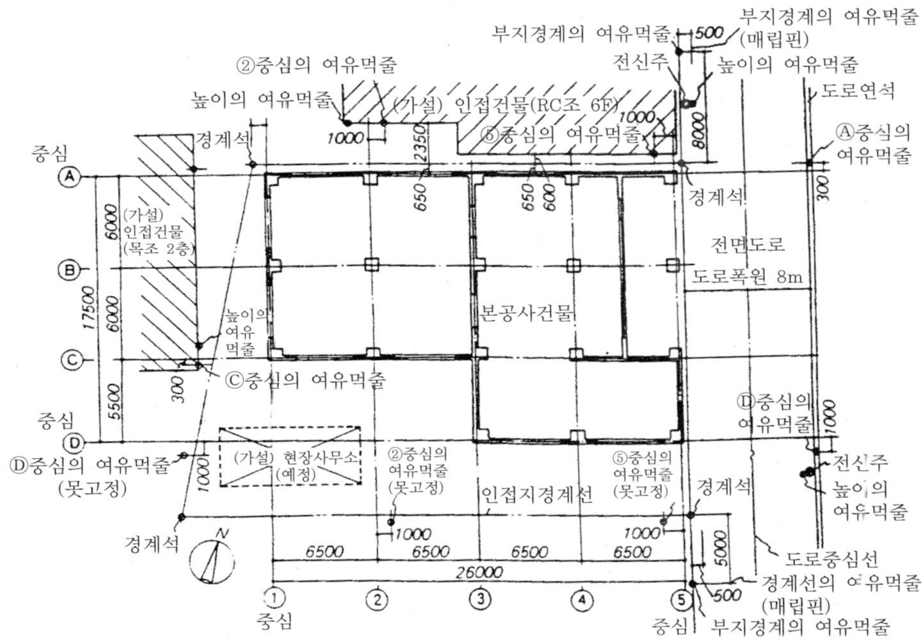

(a) 먹매김 기준도 작성과 명시 사항

(b) 사례현장 골조 기준 먹매김 넣기

그림 6-64 먹매김 기준도의 예

2) 먹매김 기준도에 표시되어야 할 사항

① 대지경계선, 도로경계선, 여유 먹줄의 위치와 치수 관계

② 인접하는 기존 건물의 배치, 고저차 관계의 치수

③ 본 공사 건물의 기준선(중심, 기둥심, 벽심) 위치/치수와 이들 기준선의 여유 먹줄의 위치

④ 가설건물(현장사무소, 작업 막사, 창고 등)의 배치

⑤ 기타 장애물(잔존 옹벽과 옛 건물의 매설기초, 옛 우물 등)의 위치

3) 먹매김 작업조 편성

① 먹매김 작업 책임자를 선임한다.

② 트랜싯, 레벨 사용 가능한 자로 2인 1조로 편성한다.

③ 먹매김 작업만을 전담하도록 운영한다.

4) 기준점(B.M) 설정

① 기준점(Bench Mark)은 대지경계점, 건물중심선(주심, 벽심), 고저기준점을 따오기 위한 점으로 공사완료시까지 이동하지 않는 장소에 설치해야 한다.

② 이는 기존 구조물의 벽면을 빌린다든지 전선주, 도로면에 핀(pin)을 꽂아 표시하는 등 현장의 상황에

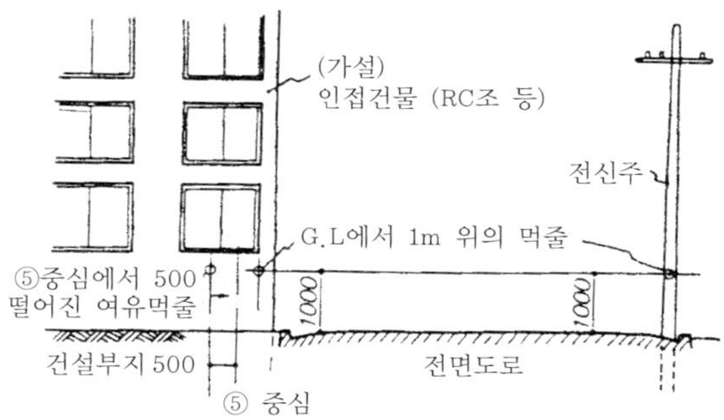

그림 6-65 건물 높이, 중심선의 여유먹줄 예

따라 확실한 방법으로 설정한다.

③ 부득이하게 흙면에 세울 때는 나무말뚝을 박아 콘크리트로 둘러싸 고정시키고, 나무말뚝 상부에 핀을 꽂아 표시한다. 또한 공사 중 가설기계나 자재의 운반시 변동되지 않도록 주의한다.

5) 규준틀 설치

기준점(B.M) 설정이 끝나면 터파기작업을 위해 규준틀을 설치하고 땅줄치기를 하기 위해 설치하는 것을 말한다. 또한 가설 배수구나 배수용 펌프 웅덩이를 설치하여 먹줄내기 작업에 지장이 없도록 준비한다.

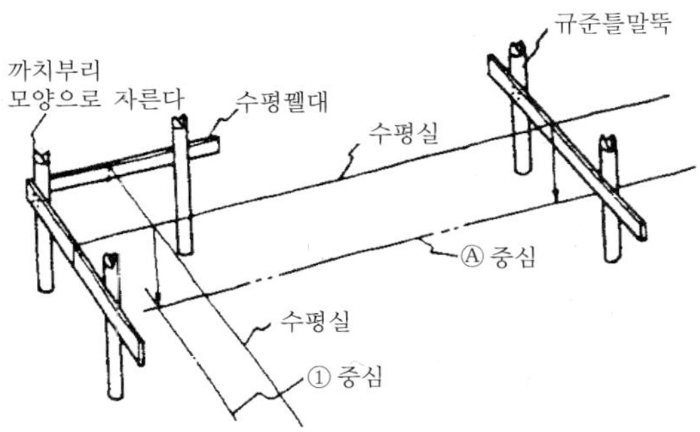

그림 6-66 규준틀의 설치 예

6) 먹매김 작업방법

① 수평기준(평먹줄) 먹매김 작업 방법

기초의 버림 콘크리트 상단의 레벨을 정하기 위하여 기준점을 이용하여 먹매김하는 것을 말한다.

② 기준선(주심, 통심, 벽심 등) 내는 방법

건물 각각의 주심(통심) 등은 각 기준점에 트랜싯을 설치하여 버림콘크리트 위에 각 점을 이용하여 정한다.

③ 기준먹줄, 표시먹줄(반환먹) 등을 내는 방법

일반층의 기준 먹줄은 표시먹줄 중심에서 1m 거리에 내고 이를 기준으로 하여 각 부분(기둥, 벽, 출입구 등)의 먹줄을 시공도에 따라 정확히 친다.

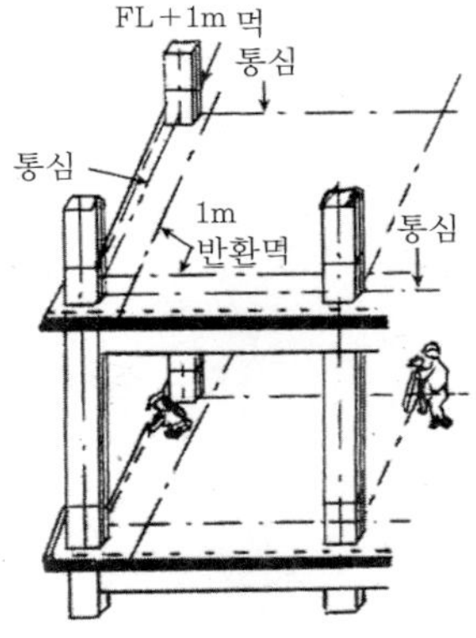

그림 6-67 골조기준선 중심 먹매김

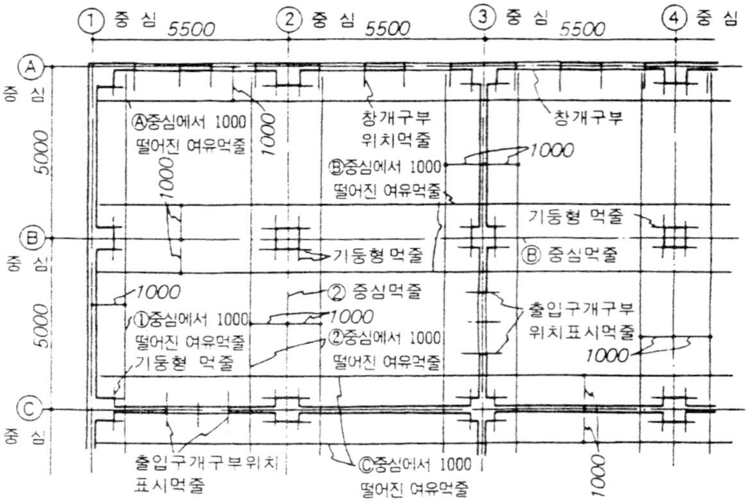

(a) 기준층 중심 먹줄넣기 예

(b) 골조 슬래브 기준선 먹매김

그림 6-68 기준먹줄, 주형 먹줄 등을 내는 방법

④ 기준먹줄 슬래브 구멍뚫기

밑층의 기준먹줄을 위층으로 옮기기 위하여 표시먹줄과 일치하는 위치의 상부 슬래브 바닥에 10~15cm 각 정도의 구멍을 내놓을 필요가 있다.

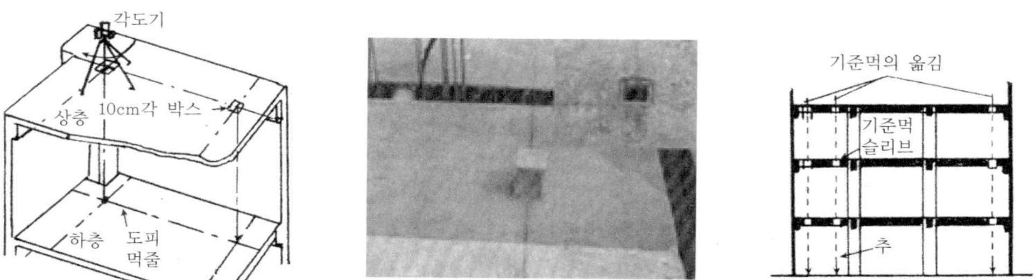

기준먹줄 슬래브 구멍 뚫기

그림 6-69 슬래브 위 · 아래층의 구멍을 통한 기준먹의 옮김도

⑤ 각 부분의 먹매김(기초, 기둥, 지중보)

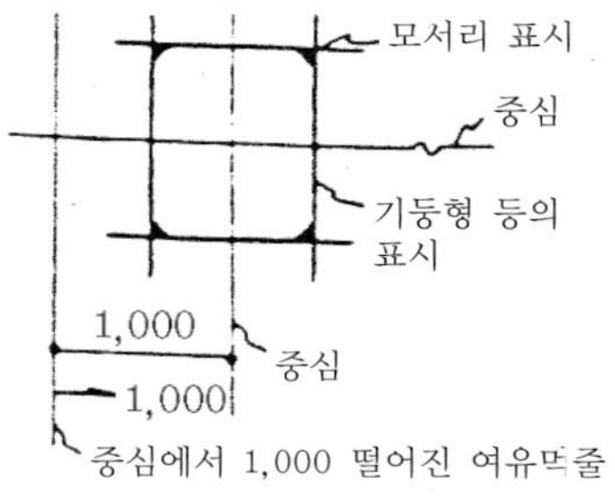

(a) 기둥 먹줄내기 예

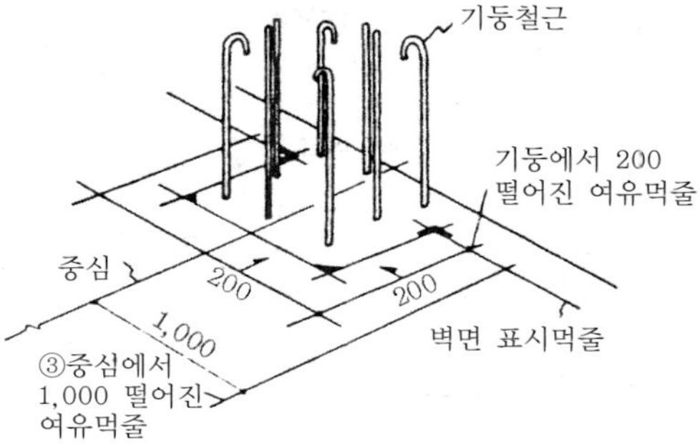

(b) 기준층 기둥먹줄 내기 상세 예

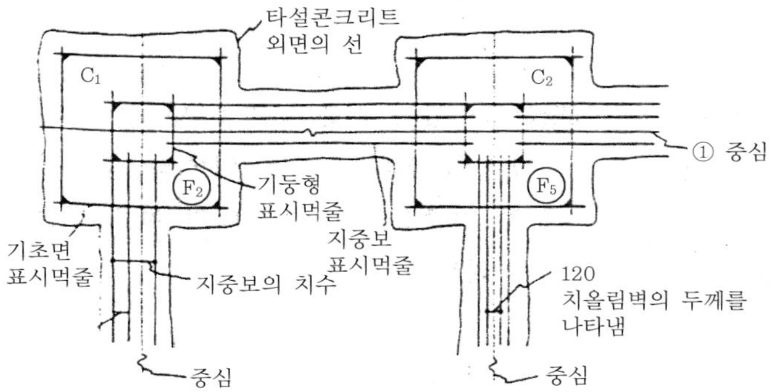

(c) 독립기초의 기둥 먹줄내기 예

그림 6-70 기초 및 기둥 먹매김

5.2 기초 및 기둥 거푸집 조립 계획

1) 기초, 지중보 거푸집 조립 설치

① 기초 옆은 패널 또는 두꺼운 널을 사용하여 버림 콘크리트 윗면의 먹매김에 따라 설치하고 기초측면과 흙표면의 방축널 사이에 버팀대(brace)를 두어 고정한다.

② 지중보 거푸집을 조립 후에는 철근배근의 수정이 곤란하므로 배근상태를 검사한 후에 거푸집을 조립하도록 한다.

2) 기둥 거푸집 조립 설치

① 기둥 거푸집을 세울 때는 충격 등으로 인해 위치가 이동되지 않게 하고, 기둥 밑잡이를 설치하여 바닥 슬래브에 고정한다.

② 거푸집널을 4면에 세워대고 띠장은 모서리에서 상하로 교차시켜 내밀고 여기에 기둥

멍에를 세워댄 후 볼트조임 또는 긴장철선을 두 줄로 감고 조인다.

③ 기둥 거푸집의 수직 정밀도는 거푸집 전체에 영향을 미치므로 보거푸집이나 벽거푸집을 설치하기 전에 수직상태를 정확히 유지할 수 있도록 확인한다.

④ 기둥의 비틀림을 방지하기 위해 기둥 속에 세퍼레이터를 설치한다.

⑤ 기둥 클램프를 사용하는 경우에는 클램프가 뒤틀리거나 밀리지 않도록 다른 보조물로 확실히 고정해 둔다.

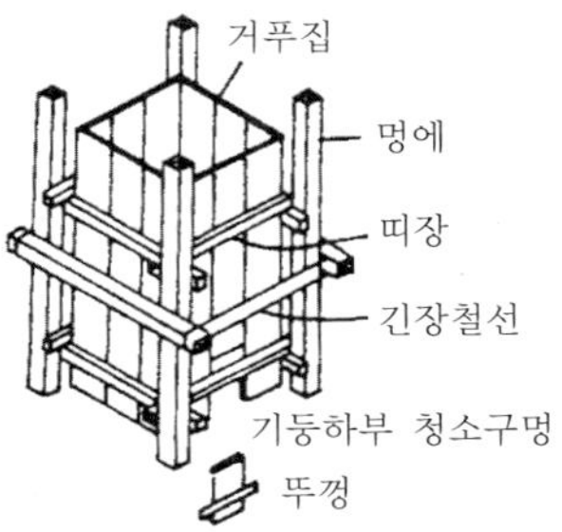

사례현장 기둥 밑둥잡이 설치 시공

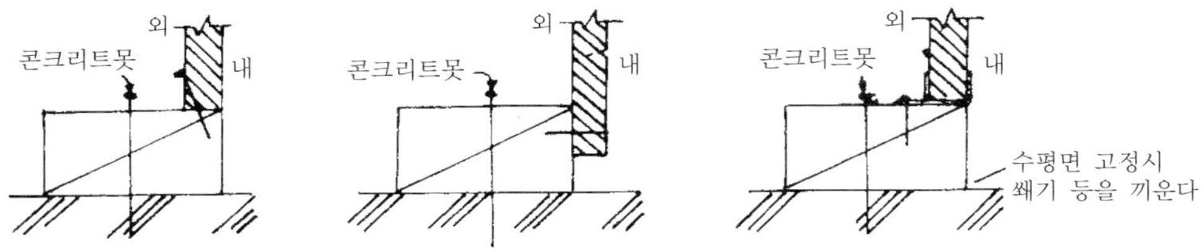

고정못식 고정레벨조정식 베이스철물식

그림 6-71 기둥 거푸집 밑잡이 설치 방법

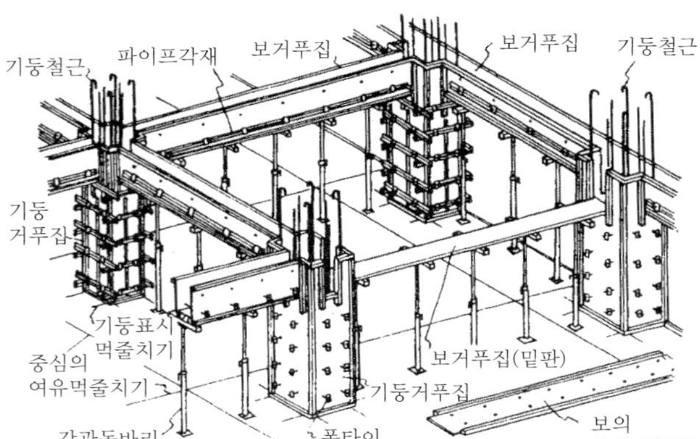

(기둥 · 보 거푸집의 조립)

그림 6-72 기둥 · 보 거푸집의 조립 예

5.3 보 거푸집의 조립 계획

① 보 거푸집은 일반적으로 밑판과 옆판을 따로 짜서 조립하거나 함께 짜서 거는 경우도 있다.

② 보 밑판을 먼저 받침기둥, 깔대, 보 밑 멍에로 짠 다음 옆판을 댄다. 옆판은 밑판보다 먼저 떼어낼 수 있게 하며 밑판과 옆판의 연결부에서 시멘트페이스트(cement paste)가 누출되지 않도록 견고하게 밀착시킨다.

③ 장스팬(long span)의 보 거푸집은 진동방지용 스티프너(stiffener)를 설치하여 보강한다.

④ 보의 철근을 조립한 후에는 세퍼레이터를 설치하도록 한다.

그림 6-73 사례현장 보 거푸집 제작

(a) 사례현장 보 거푸집 조립 예

(b) 사례현장 보 거푸집 밑 멍에, 장선 조립 예

그림 6-74 사례현장 보 거푸집 조립 시공 현황

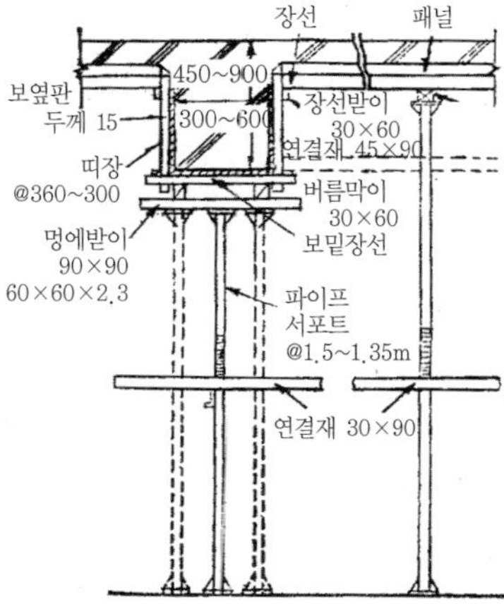

그림 6-75 목재 패널보 조립도

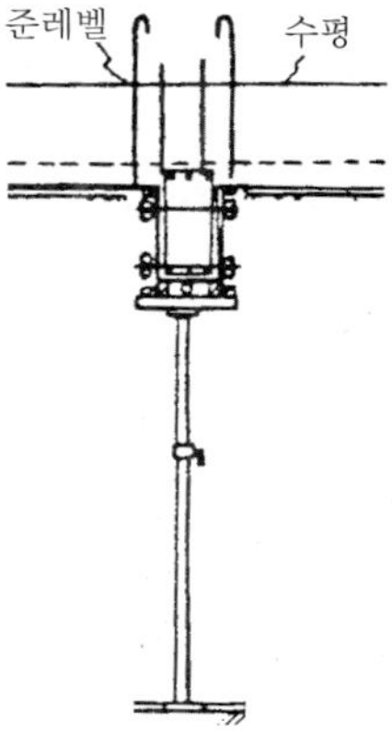

그림 6-76 철재 패널보 조립도

5.4 슬래브 거푸집의 조립 계획

① 슬래브 거푸집은 먼저 받침기둥 위에 멍에를 걸고, 벽 옆, 보 옆에는 장선받이를 대고 여기에 장선을 패널 크기에 맞추어 대고 패널을 깐다. 합판을 사용하는 경우에는 가능한 한 정척을 사용할 수 있도록 조립하고 마무리 부분은 보조판으로 마무리한다.

② 슬래브 거푸집 설치 전에 기둥, 보와 슬래브가 직각이 되는지 여부를 검사하고 슬래브 바닥에 요철 부분이 없도록 한다.

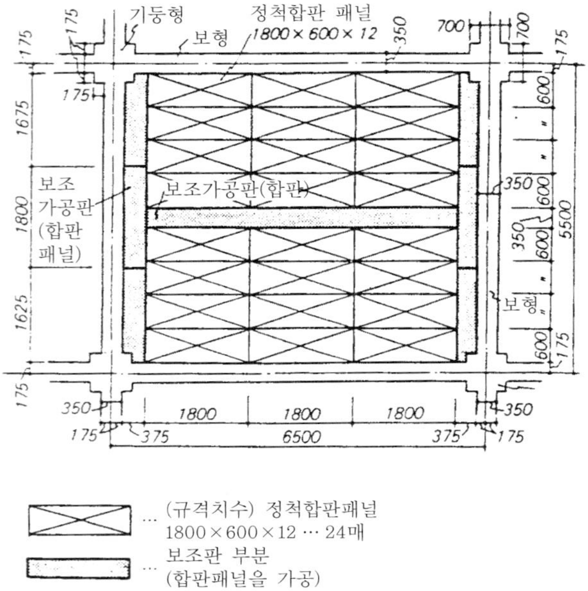

사례현장 슬래브 거푸집 완료 예

그림 6-77 슬래브 거푸집의 패널 조립

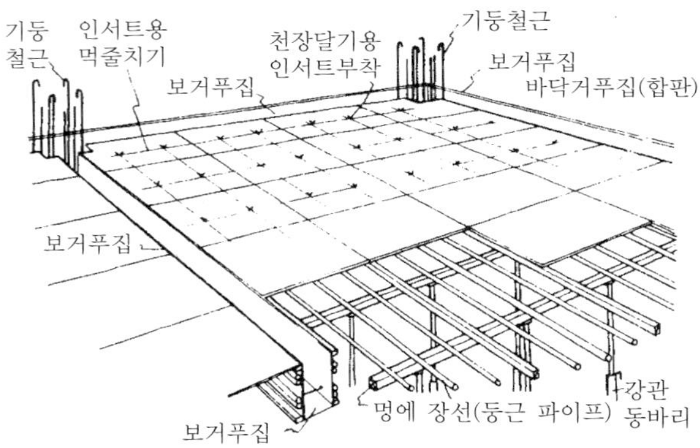

(a) 슬래브 거푸집 조립도

(b) 현장 슬래브 거푸집 합판깔기 작업 예

그림 6-78 거푸집의 조립 시공(일반 예)

5.5 벽체 거푸집의 조립 계획

① 벽 거푸집은 먼저 벽 한쪽에 패널을 먼저 짜대고 철근배근을 병행하며 보, 바닥판의 거푸집을 그 위에 접속시키고 철근배근 및 설비작업이 완료되면 검사를 받고 맞은편 거푸집을 짜댄다.

② 벽 거푸집의 멍에 설치 간격은 일반적으로 하부에서 75cm 정도, 위에서 90~110cm 정도, 철선 조임 간격은 하부 75cm 정도, 위에서 90cm 정도, 100~110cm 정도로 배치한다.

③ 벽 하부에는 청소구멍을 내고, 개구부는 벽의 한쪽 거푸집을 짠 다음 소요치수로 가설문틀 또는 거푸집을 짜대고 개구부 둘레를 막고 가새를 대어 변형을 방지한다.

④ 창문 밑은 콘크리트가 위로 밀려 올라올 우려가 있을 경우 정지판을 대어야 한다.

⑤ 세퍼레이터, 폼타이의 간격은 층고, 재료의 종류, 콘크리트의 타설방법에 따라 다르므로 충분히 검토하여 설치한다.

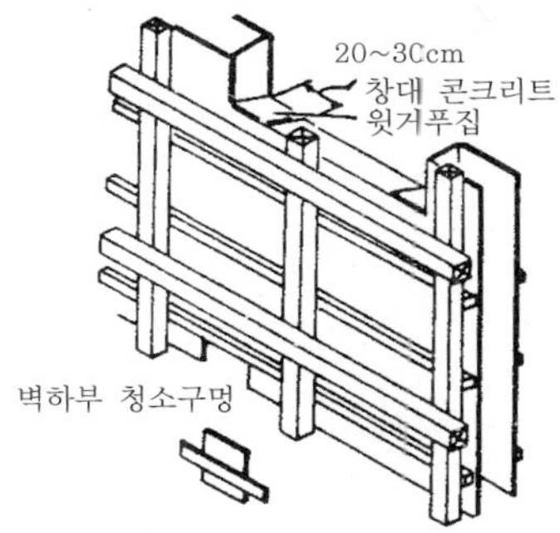

그림 6-79 벽 거푸집 조립도 예

(a) 기준층(2층) 벽체 거푸집 및 바닥 수평목재 대기

(b) 기준층(2층) 벽체 유로폼 거푸집 단면상세도 예

(c) 유로폼 벽체 거푸집 조립 작업 예

그림 6-80 현장 벽 거푸집 조립 작업 현황

5.6 계단, 차양 거푸집 조립 계획

계단, 차양 거푸집 조립은 숙련공으로 작업배치하여 미리 공작도 또는 원척도를 작성하고 그에 따라 가공·조립한다.

그림 6-81 계단 거푸집 조립 설치

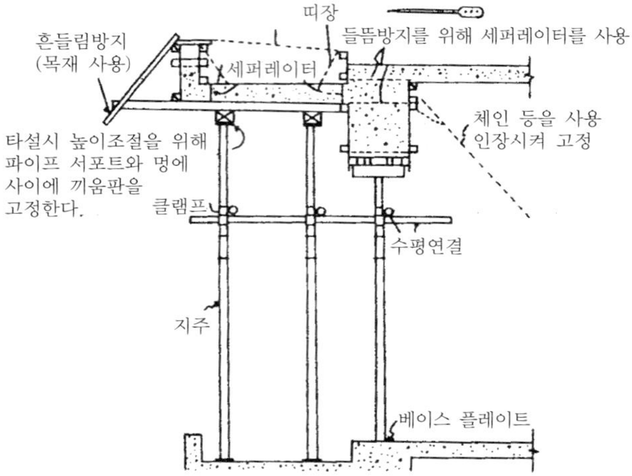

그림 6-82 차양 부분의 거푸집 조립 예

6. 거푸집 조립 및 동바리 설치 검사

6.1 거푸집 동바리(지주) 설치 검사(No 1403020606-14V2.2)

1) 강관 파이프 서포트(pipe support) 조립 설치

① 조립 전에 미리 높이를 맞추어 길이를 조정해 둔다.

② 파이프 서포트의 연결은 2본까지로 제한한다.

③ 스팬이 긴 경우는 스팬의 양단부 및 중앙부에 서포트를 먼저 세워 대략의 높이를 정한다.

④ 파이프 서포트의 높이가 3.5m를 초과하는 경우는 수평연결 보강을 실시한다.

2) 단관 및 잭받침(jack base) 조립 설치

단관은 틀지주(beatty)에 비하여 재료의 강도가 낮으므로 강도계산을 검토한 후 주의하여 조립한다.

(a) 단관 파이프 지주 설치 예 (b) 수평연결 가새 설치 예

그림 6-83 단관 파이프 지주 설치

① 단관의 건립 위치에 합판, 각재 등을 배치한다.
② 각부의 받침판(base plate)은 정확한 위치에 고정시킨다.
③ 지주용 단관의 연결은 2본까지로 제한한다.

3) 강관틀 지주(steel beatty) 조립 설치
① 조립상태가 중요하므로 숙련자가 작업을 행하도록 한다.
② 바닥과 접하는 부분은 책받침을 합판 및 각목 등에 견고하게 고정한다.
④ 수평연결 가새는 높이 2m 이내마다 직각 2방향으로 클램프를 사용하여 확실하게 연결하여 설치한다.
⑤ 두부의 잭받침은 멍에에 못 등으로 확실히 고정시킨다.
③ 첫 단을 조립한 후 레벨로 설치물의 수평상태를 검사하고 잭받침으로 수평을 조절한 다음 계속 1단씩 짜 올린다.
④ 5단 이내마다 최상단에 직각 2방향으로 수평연결을 한다.

6.2 거푸집 조립 설치 검사(No 1403020606-14V2.3)

거푸집 조립검사는 거푸집 시공계획도서와 시공요령서에 의거하여 조립작업을 시행했는지 그 결과에 따른 검사를 실시한다.

1) 거푸집 조립검사 항목
① 먹매김의 정확성
② 거푸집 가공재의 치수, 모양
③ 거푸집 조립 정밀도
④ 조임철물 위치, 수량, 방법
⑤ 지주나누기, 방법
⑥ 거푸집 이동방지 처리
⑦ 거푸집 틈사이 막기
⑧ 정착물의 위치
⑨ 타 공사와의 관계

2) 거푸집 조립검사 순서
거푸집 조립검사는 사전검사를 실시하여 치수의 착오방지, 정밀도 유지, 거푸집 사고방지 등을 해야 한다.

거푸집 작업은 조립 중간단계에서부터 정밀도 확보가 되지 않으면 최종 검사단계에서 수정하기가 어렵기 때문에 주의해야 한다. 따라서 거푸집 조립 완료 후 검사는 조립 중간 단계에서 사전 준비와 최종 작업에서 조립 결과를 확인하는 데 있으므로 그 검사순서는 다음과 같다.

① 수직도 검사

㉠ 기둥, 벽의 경우 검사 대상에서 조금 떨어져 다림추(수직추)를 내리고 거푸집의 상단과 하단에서 거리를 측정하여 수직허용오차 범위 내에 들어 있는지 조사한다.

㉡ 허용오차 범위 이상일 때는 체인이나 지주 등으로 수정하고 고정한다.

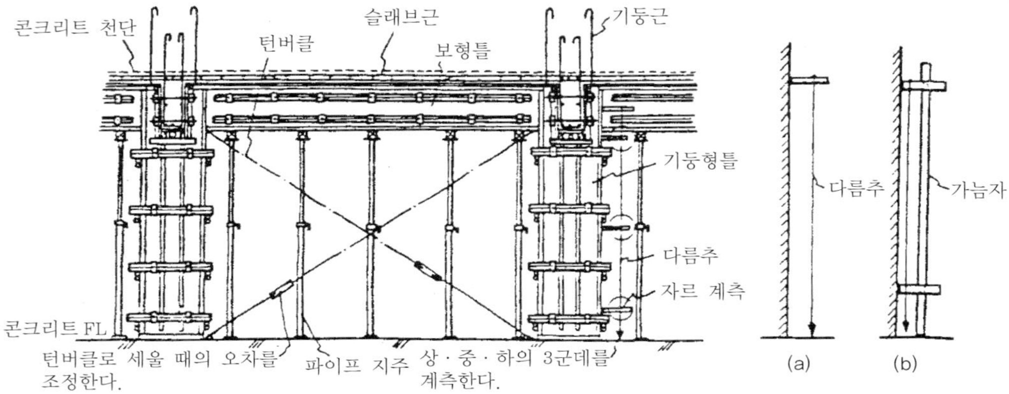

(a) 기둥 거푸집, 보 거푸집 세우기의 검사

(b) 기둥 · 보 거푸집 세우기 검사 예

(c) 기둥 거푸집 세우기 검사 예

그림 6-84 기둥 · 보의 수직 · 수평도 조사

② 수평 및 높이의 검사

㉠ 슬래브 및 보의 수평과 높이를 검사한다.

㉡ 거푸집 위 기둥과 기둥 사이에 30~40cm 높이에 수평실을 띄우고 수평 및 슬래브 두께를 조사하거나 레벨로 검사한다.

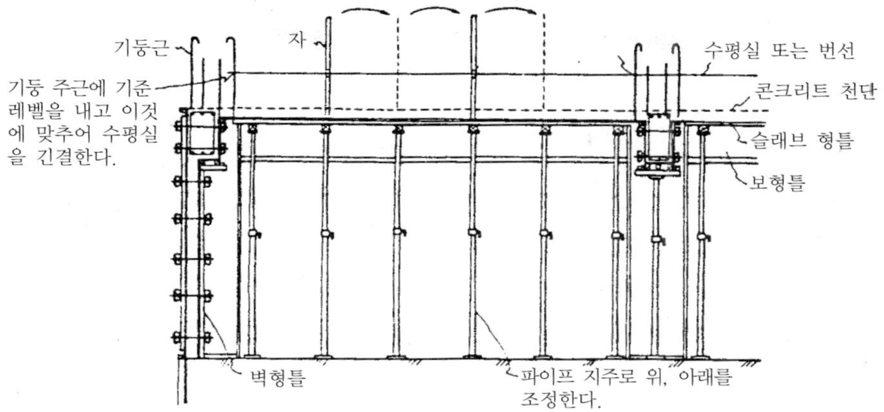

그림 6-85 슬래브 거푸집의 수평 및 높이 검사

③ 관통구멍, 매설물 확인
  ㉠ 설비, 전기배관 슬리브 매입
  ㉡ 각종 인서트 매설 확인

그림 6-86 설비배관 슬리브 매입

④ 서포트(support) 등 지주검사
  ㉠ 수직 여부 및 수량, 간격
  ㉡ 수평이음부

⑤ 연결철물 검사
  ㉠ 폼타이 등의 조임상태
  ㉡ 수량 및 간격

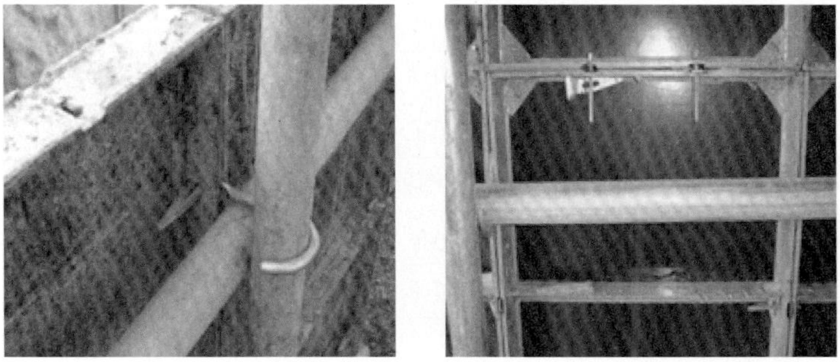

(a) 거푸집 지지틀비계 조임 설치 예 (b) 유로폼 플랫타이 고정 예

그림 6-87 거푸집 부속 철물 고정시공 예

⑥ 기타 청소 상태

이상을 체크리스트로 준비하여 검사하고 기록으로 남겨둔다.

3) 조립시공 정밀도 검사

거푸집은 타설된 콘크리트의 모양을 만들기 위한 주형이기 때문에 콘크리트 구조물의 수직, 수평, 각부 단면치수, 개구부 수치, 각종 매설물 등이 사전에 계획되어 있는 완성 정밀도(허용오차) 범위 내에서 시공되어야 한다.

상기한 콘크리트의 완성정밀도를 확보하기 위한 거푸집의 조립시공정밀도(허용오차)는 콘크리트 타설시의 변형, 휨, 이동을 고려하여 규준상의 수치보다 엄격하게 적용한다.

① 콘크리트 부재의 위치 및 단면치수의 허용오차 표준값(건축공사표준시방서)

항 목		허용차(mm)
위치	설계도에 표시된 위치에 대한 각 부분의 위치	±20
단면치수 크기	기둥, 보, 벽의 단면치수 및 바닥슬래브, 지붕슬래브의 두께	−5 +20
	기초의 단면치수	−10

② 구조물 완성치수의 시공정밀도(건축공사표준시방서)

항 목	허용차(mm)
① 수직부재의 길이치수	설계치수의 ±1% 또는 ±30mm 중에서 작은 값
② 수평부재의 길이치수	설계치수의 ±1% 또는 ±30mm 중에서 작은 값
③ 기둥 및 보의 단면치수	설계치수의 ±1% 또는 ±20mm 중에서 작은 값
④ 바닥판의 두께	+20∼−10mm

③ 세우기 조립 정밀도 기준값

검사항목	기준값	측정방법
① 바심질 정밀도	±3mm 이내	완성품 치수와 계획과의 차
② 외벽세우기	1/750 이내	1스팬에 대하여 2군데
③ 슬래브 레벨	±10mm 이내	기둥과 각 슬래브, 보 중앙
④ 내벽, 기둥세우기	1/500 이내	외주부 이외
⑤ 내벽 개구 위치	±3mm 이내	지묵(地墨)과 대조 확인

6.3 거푸집 존치기간 및 해체 정리(No 1403020606-14V2.4)

1) 거푸집 존치기간

(1) 개념

- 콘크리트 타설 후 거푸집을 떼어낼 때까지 최소한의 시간을 말하는 것으로서 그 시간은 시멘트의 종류, 기온, 하중, 보양상태 등에 따라 다르다.
- 콘크리트 사이로 구조물의 슬라이딩 거푸집 상승을 위한 최소한의 거푸집 존치기간은 실험결과 양생온도 10℃ 이상의 경우 최소 9~12시간 정도로 추정한다.

(2) 거푸집 존치기간 시방기준(건축표준시방서 2013기준)

① 콘크리트 압축강도 시험을 할 경우

㉠ 기초 보 옆, 기둥 및 벽의 거푸집판재 존치기간은 콘크리트의 압축강도 50kgf/cm^2 (약 5MPa) 이상에 도달한 것이 확인될 때까지로 한다.(내구성을 고려할 때는 10MPa 이상)

㉡ ACI 규준은 10℃ 이상에서 타설 후 12시간 이상이면 해체할 수 있도록 규정하고 있다.

표 6-6 콘크리트의 압축강도를 시험할 경우 거푸집 존치기간 적용 표

부 재		콘크리트 압축강도(f_{ck}) (2013 건축공사표준시방서)
기초, 보, 기둥, 벽 등의 측면		5MPa 이상(50kg/cm^2)
슬래브 및 보의 밑면, 아치 내면	단층구조	설계기준강도의 2/3배 이상 또한 최소 14MPa 이상
	다층구조	설계기준 압축강도 이상(필러 동바리 구조를 이용할 경우는 구조계산에 의해 기간을 단축할 수 있음. 단, 이 경우라도 최소 강도는 14MPa 이상으로 함)

② 콘크리트 압축강도 시험을 하지 않을 경우(기초, 보옆, 기둥, 벽 등의 측벽)

거푸집 존치기간 중의 평균기온이 10℃ 이상인 경우는 콘크리트의 재령이 다음 표에 나타난 날(day)수 이상을 경과하면 압축강도시험을 하지 않고도 떼어낼 수 있다.

표 6-7 압축강도 시험을 하지 않을 경우 적용 표

평균기온	조강포틀랜드 시멘트	보통포틀랜드시멘트 고로슬래그 시멘트(1종) 포틀랜드포졸란시멘트(A종) 플라이애시시멘트(1종)	고로슬래그시멘트(2종) 포틀랜드포졸란시멘트(B종) 플라이애시시멘트(2종)
20℃ 이상	2일	3일	4일
20℃ 미만 10℃ 이상	3일	4일	6일

주) 보, 슬래브(Slab) 및 아치 밑의 거푸집널은 원칙적으로 동바리를 해체한 후 떼어낸다. 그러나 충분한 양의 동바리를 현 상태대로 유지하도록 설계시공된, 즉 필러(Filler 거푸집)의 경우에는 콘크리트를 10℃ 이상 온도에서 4일 이상 양생한 후 사전에 책임감리원의 승인을 받아 떼어낼 수 있다.

그림 6-88 필러 거푸집 동바리 구조 설치 사례

2) 거푸집 해체 시방 기준

거푸집은 콘크리트 양생 보양을 위해 변형의 우려가 없고 충분한 강도가 날 때까지 존치해야 한다.

거푸집 존치기간이 콘크리트 강도에 큰 영향을 미치므로 규정된 양생기간을 지켜야 한다.

거푸집 존치기간은 시멘트 종류, 기상 조건, 하중, 보양 등의 상태에 따라 다르므로 그 경과기간 중 이들 조건을 정확하게 조사해야 한다.

그림 6-89 타설 부위 현장 존치 공시체 압축강도 시험(50kg/cm) 예

3) 거푸집 해체 작업 순서

① 기둥, 벽의 폼타이 및 기타 보강재 제거	→	② 기둥 패널 제거	→	③ 슬래브, 작은보 지주 및 보강재 제거
④ 슬래브, 작은 보 패널 제거	→	⑤ 큰보 지주 및 보강재 제거	→	⑥ 큰보 패널 제거

4) 거푸집 해체 시 안전관리 사항

① 거푸집 해체에 있어서 그 해체 시기를 엄수하고 해체할 범위 등을 인부 등에게 주지시켜 지정한 것 이외에는 해체하지 않도록 구체적으로 지시하고 특히 지주 바꾸어 세우기는 철저히 감독한다.

② 거푸집 및 동바리 해체는 순서에 의해 실시해야 하며, 안전담당자를 배치해야 한다.

③ 거푸집을 해체할 때에는 안전보호구를 착용해야 하며, 해체 작업장 주위에는 관계자를 제외하고는 출입을 금지시켜야 한다.

④ 거푸집을 해체할 때에는 구조체에 무리한 충격이나 큰 힘에 의한 지렛대 사용은 금지해야 하고, 거푸집의 낙하충격으로 인한 작업자의 돌발적 재해를 방지해야 한다.

⑤ 해체된 거푸집이나 각재 등에 박혀 있는 못 또는 날카로운 돌출물은 즉시 제거해야 하며, 해체된 거푸집이나 각재는 재사용이 가능한 것과 보수해야 할 것을 선별 분리하여 적치하고 정리정돈을 해야 한다.

그림 6-90 기준층(2층) 거푸집 해체 후 보강 서포트 설치 예

7. 거푸집 제작 및 조립 품질 기준과 검사방법

표 6-8 거푸집 제작 및 품질관리 기준과 검사방법

범례 : ○ 관리실시 ● 관리책입 ◎ 확인 · 지시

작업 단계	관리항목	중요도	관리기준	관리 · 검사방법			이상시 조치사항	관리분담			감리자
				시기	빈도 회수	관리 · 검사 방법		협력 업체	담당	소장	
1. 준비 계획	설계도서 검토		시공계획서와 조합	공사 착수 전		도면/시방서 검토	설계자와 협의				
	시공계획도 작성										
	· 콘크리트 구체도		· 치수, 형상 · 마무리 확인	계획 시		· 도면 검토	· 검토 후 수정				
	· 거푸집 가공도		· 구체도와의 조합	계획 시		· 도면 검토	· 검토 후 수정				
	· 거푸집 조립도		· 구체도와의 조합	계획 시		· 도면 검토	· 검토 후 수정				
	재료 선정										
	· 바닥판 종류, 강도		· 강도 확인	계획 시		· 도면 및 강도 · 계산서 검토					
	· 보강재/지주종류, 강도		· 강도 확인	계획 시		· 도면 및 강도 · 계산서 검토					
	· 긴결철물 종류, 강도		· 강도 확인	계획 시		· 도면 및 강도 · 계산서 검토					
2. 재료 반입	재료 검수 · 패널규격, 치수 · 보강재/지주규격, 치수 · 긴결 철물, 부속 재료		· 휨, 왜곡, 파손이 없는 것	반입 시	전량	· 품질 표시 확인, 스케일/육안으로 규격, 치수 측정	반송				
	재료 보관 · 재료보관 상태		· 휨, 왜곡, 파손이 없는 것	반입 시	전량	· 품질 표시 확인, 스케일/육안으로 규격, 치수 측정	반송				
			· 휨, 왜곡, 파손이 없는 것	반입 시	전량	· 납품시 확인	반송				
			· 콘크리트에 영향을 주지 않는 것	반입 시	전량	· 납품시 확인	반송				
				반입 후 계획 시	전량	· 육안검사 · 도면 및 강도계산서 검토	· 교체 및 재보관				
3. 가공	슬래브/벽거푸집 가공										
	· 패널 가공정밀도 · 박리제 도포		· ±3mm 혹은 특기시방	가공 후	전량	· 가공도 참조하여 스케일로 측정	· 수정 및 재가공				
			· 도포량 확인	도포 시	전량	· 육안검사	· 도포량 수정				
	기둥거푸집 가공										
	· 단면치수 정밀도		· ±3mm 혹은 특기시방	가공 후	전량	· 가공도 참조하여 스케일로 측정	· 수정 및 재가공				
	· 단면 대각선 치수 정밀도		· ±5mm 혹은 특기시방	가공 후	전량	· 가공도 참조하여 스케일로 측정	· 수정 및 재가공				
	· 긴결 철물		· 거푸집 가공도	가공 후	전량	· 육안 및 스케일로 측정	· 수정 및 재가공				
	보거푸집 가공										
	· 단면치수 정밀도		· ±3mm 혹은 특기시방	가공 후		· 가공도 참조하여 스케일로 측정	· 수정 및 재가공				

범례 : ○ 관리실시 ● 관리책입 ◎ 확인 · 지시

작업 단계	관리항목	중요도	관리기준	관리 · 검사방법			이상시 조치사항	관리분담			감리자
				시기	빈도 회수	관리 · 검사 방법		협력업체	담당	소장	
	· 단면 대각선 치수 정밀도 · 긴결 철물		· ±5mm 혹은 특기시방 · 거푸집 가공도	가공 후 가공 후	전량 전량	· 가공도 참조하여 스케일로 측정 · 육안 및 스케일로 측정	· 수정 및 재가공 · 수정 및 재가공				
3. 먹매김	먹매김 · 세우기 정밀도		· 아래층 먹매김과 ±2mm 이내 · 수직도 ±2mm 이내	먹매김 후	전부	다림추, 트랜싯 및 줄자로 측정	· 먹매김 수정				
4. 조립, 세우기	기둥/벽 거푸집 세우기 · 세우기 정밀도 · 위치 정밀도 슬래브, 보거푸집 조립 · 수평 정밀도 · 위치 정밀도		· ±5mm 혹은 특기시방 · ±5mm 혹은 특기시방 · ±5mm 혹은 특기시방 · ±5mm 혹은 특기시방	세우기 후 세우기 후 조립 후 조립 후	전부 전부 전부 전부	다림추, 트랜싯 및 줄자로 측정 스케일로 측정 레벨로 측정 스케일로 측정	· 허용오차한도 이내로 수정 · 허용오차한도 이내로 수정 · 허용오차한도 이내로 수정 · 허용오차한도 이내로 수정				
5. 검사	콘크리트 타설 전 검사 · 긴결철물 위치 · 긴결철물 상태 · 보강재 · 지주 상태 · 거푸집 청소상태 · 거푸집 접합부 상태		· 계획도상의 배치 이완, 느슨함이 없을 것 · 계획도상의 배치 이완, 느슨함이 없을 것 · 이물질이 없을 것 간격이 없을 것	타설 전 타설 전 타설 전 타설 전	전부 전부 전부 전부	육안 및 스케일로 검사 육안검사 육안검사 육안검사	수정 수정 청소, 제거 수정				
6. 콘크리트 타설	타설 중 검사 · 거푸집 변형 · 보강재, 지주 상태 · 긴결철물 상태 · 콘크리트 누출		· 휨, 부풀음이 없을 것 · 느슨함, 이완이 없을 것 · 느슨함, 이완이 없을 것 · 콘크리트가 새지 않을 것	타설 중 타설 중 타설 중 타설 중	계속 계속 계속 계속	육안검사 육안검사 육안검사 육안검사	· 타설 중단, 보강 수정 · 타설 중단, 보강 수정 · 타설 중단, 보강 수정 · 타설 중단, 보강 수정				
7. 거푸집 해체	거푸집 해체시의 콘크리트 압축강도		설계강도의 50% 이상	해체 시	전량	압축강도시험	해체시기, 연기, 재시험				
8. 거푸집 전용	거푸집 재점검 · 패널 · 보강재, 지주 · 긴결철물		· 파손, 휨 등이 없을 것 · 시멘트페이스트가 없을 것 · 파손, 변형이 없을 것 · 이완, 느슨함이 없을 것	정리 시 정리 시 정리 시	전량 전량 전량	육안검사 육안검사 육안검사	교체, 박리제 도포 시멘트 청소 교체 긴결상태 수정				

제3절 거푸집 공사 시공계획 NCS 적용 "사례현장" 실무

1. 사례현장 거푸집 공사 개요

구분	공 사 내 용
1. 공사명	○○ 종합의료 복합단지 공사
2. 공사 위치	서울시 ○○구 ○○동 ○○번지
3. 공종명	거푸집공사(시공계획서)
4. 거푸집공사 규모	· 지하 3층~지상 12층, 철근콘크리트 구조(RC조) · 총 거푸집 면적 : 152,139m^2 (일반 거푸집 : 110,309m^2, Deck 거푸집 : 41,810m^2) · 지하층 1층 면적 : 61,523m^2, 지상 기준층 면적 : 90,616m^2
5. 거푸집공사 내용	· 층고 : 지하층 : 4.8m, 지상층 : 4.2m~5.4m · 기초 크기 : 3,500×3,750×1,100(H) 외 각종 · 기둥 크기 : 700×700 외 각종 · 보 크기 : 6m×6m, 보 높이 : 500×900 외 각종 · 벽두께 : 800, 500, 400, 300
6. 공사기간	2014.3~2015.2
7. 시공업체	(주) ○○건설

그림 6-91 사례현장 매트기초, 기둥/보 거푸집 조립 현황

2. 사례현장 전체 거푸집 시공도면 검토

2.1 기초 및 지하층 구조도면 검토

1) 사례현장 기초 및 지하층 도면은 파일 지정 위 매트기초로 지하층은 층고가 높은 편이다.

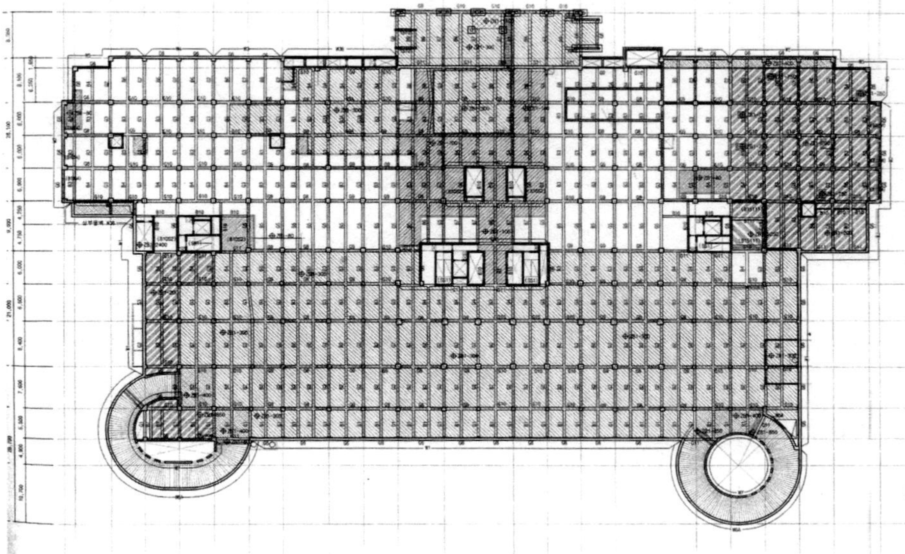

그림 6-92 사례현장 지하층 구조도면 검토

2) 사례현장 파일 지정 위 독립기초로 그 위에 기둥이 배치되는 도면이다.

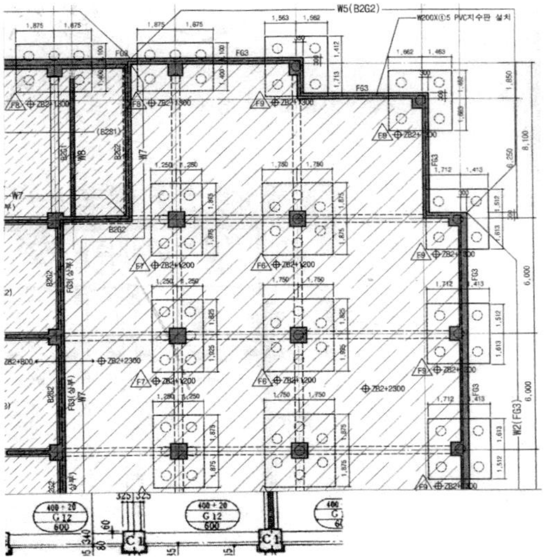

그림 6-93 사례현장 파일 및 기초 상세도면 검토

2.2 기둥 및 기준층 구조 도면 검토

1) 사례현장 기둥은 각형 기둥과 원형 기둥이 섞여 있는 도면상세도이다.

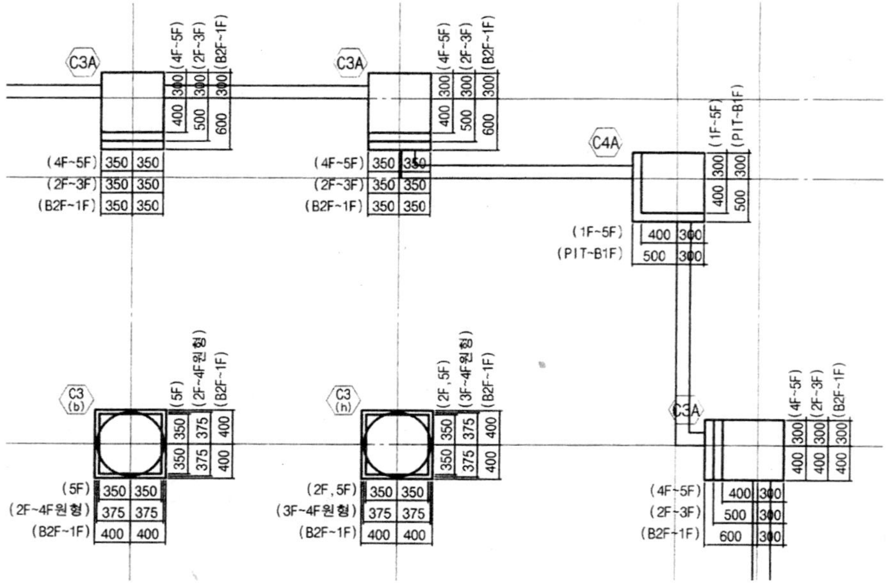

그림 6-94 사례현장 기둥 구조도 상세도 검토

2) 사례현장 기준층 도면은 2층부터 11층까지이다.

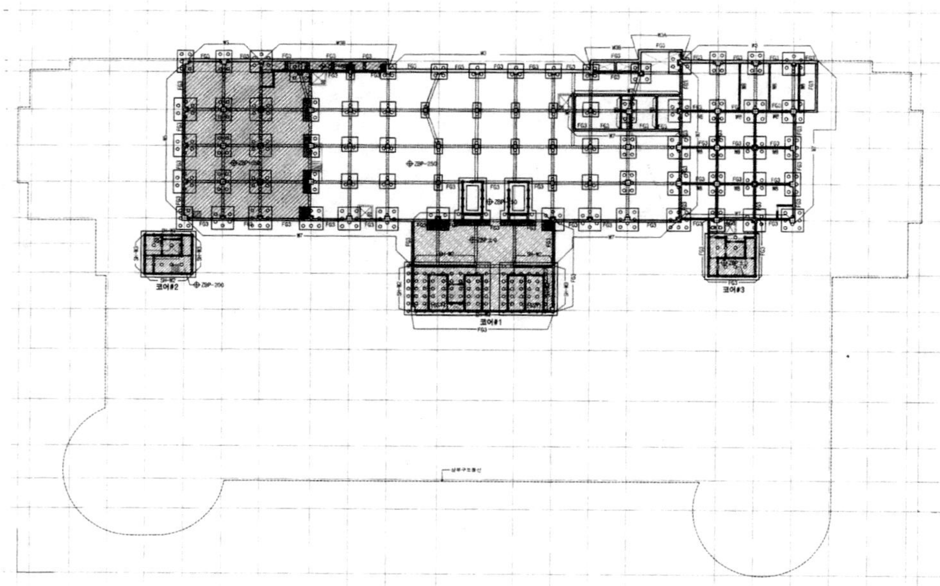

그림 6-95 지상 기준층 구조도면 검토

2.3 전체 구조 단면도 검토

1) 사례현장 구조체 단면도는 6층까지 저층부와 12층까지 고층부가 연결되어 있다.

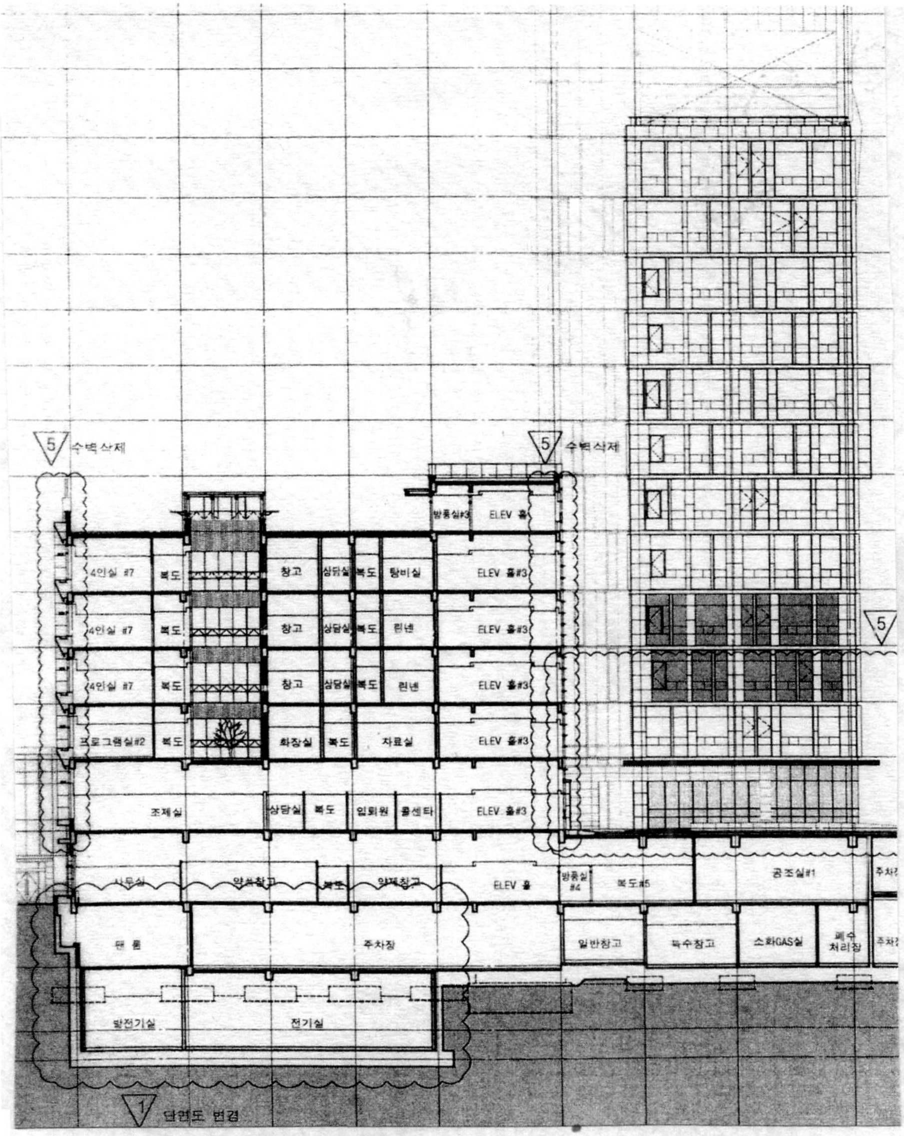

그림 6-96 사례현장 전체 구조단면도 검토

2) 사례현장 주단면도를 검토해 보면 층고가 4.2~5.4m로 높은 편이다.

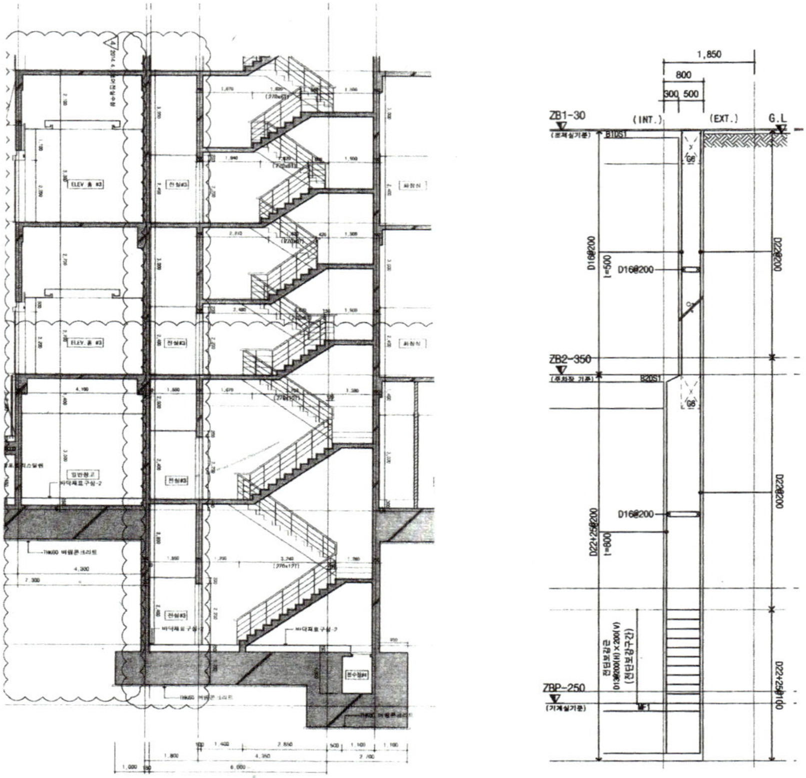

그림 6-97 사례현장 구조 주단면도 검토

2.4 사례현장 골조공사 시공 현황도

-사례현장 외부 시스템 비계 설치 현황도와 1층 기둥 거푸집 시공 현황이다.

(a) 골조공사 비계 및 거푸집 현황 (b) 골조공사 거푸집 시공 현황

그림 6-98 사례현장 골조공사 시공 현황도

3. 사례현장 부위별 구조도면 검토

3.1 사례현장 기초 도면 검토

−사례현장 기초 도면은 독립기초와 복합기초로 구성되어 있다.

사례현장 기초 크기 도면 검토

구분	크기(단위 : mm)
기초 크기	4,750×4,750, 3,500×3,750, 2,500×2,750
기초 두께	1,200, 1,000, 700

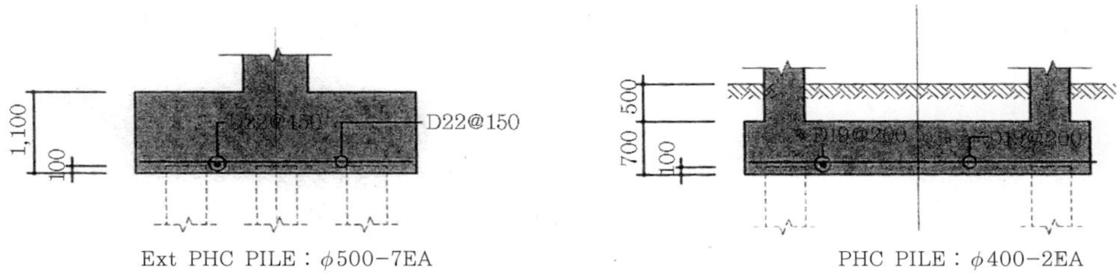

(a) 기초 도면 상세도　　(b) 기초 도면 상세도

그림 6-99 사례현장 기초 도면 상세도

3.2 사례현장 기둥 거푸집 도면 검토

−사례현장 기초 철근 배근과 구조 도면은 각형과 원형 2가지 형태로 되어 있다.

구분	크기(단위 : mm)
기초 크기	1,000×1,000, 900×900, 700×700
층고	지하층 : 4.8m, 지상층 : 5.4m×4.2m
벽두께	800, 500, 400, 300

C1	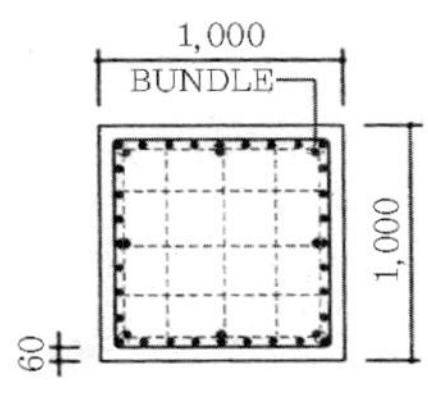	C3(d)	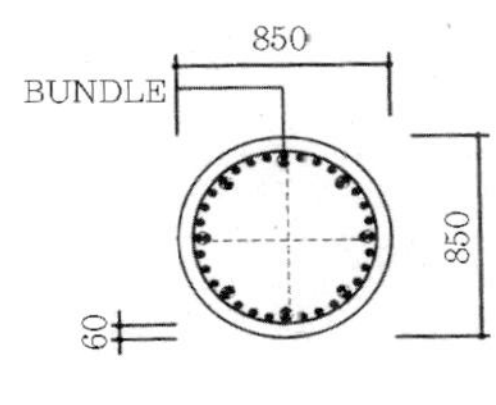
주 근	40−D25	주 근	40−D25
대 근	D10@250	대 근	D10@200
부대근		부대근	

그림 6-100 사례현장 기둥 크기 도면 검토

3.3 사례현장 보 거푸집 도면 검토

– 사례현장의 보는 경사헌치를 두고 있으므로 거푸집 제작 시 상세시공도를 작성해야 한다.

사례현장 보 크기 도면 검토

구분	크기(단위 : mm)
보 길이	6m×6m
보 높이	600×1,200, 500×900, 450×700

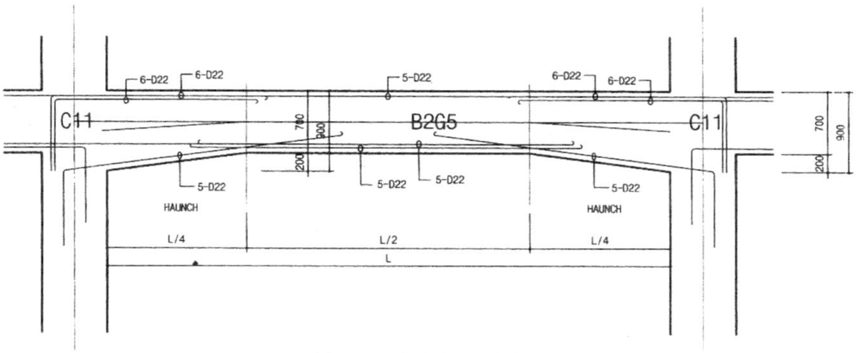

(a) 보 길이와 헌치 상세도

	단부	중앙부
부호		1G10
형태	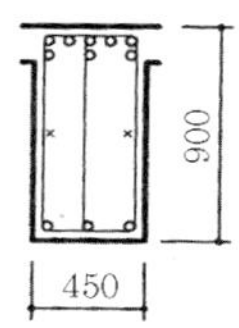 END	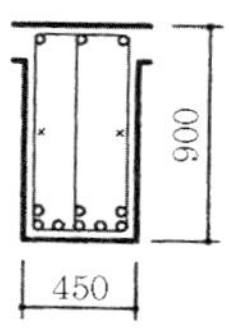 CTR
상부근	8–D25	3–D25
하부근	3–D25	8–D25
늑 근	3–D13@150	3–D13@150
보조근	2–D10	2–D10

(b) 보 단면도

그림 6–101 사례현장 보 크기 도면 상세도

4. 사례현장 거푸집 공정계획

사례현장의 거푸집공사 공정계획은 지하 3층~지상 12층 규모로 고층공사는 아니지만 지하층은 층고가 4.5m이고 지상층 층고는 1층~3층까지 5.4m, 4층~12층까지 4.2m~4.5m로 층고가 높아 동바리 시공 계획에 유의해야 한다.

거푸집 조립 시공계획은 기둥과 보의 경우에는 합판패널 거푸집과 유로폼 거푸집을 사용하고 슬래브 거푸집은 일부는 Deck Form으로 사용한다. 거푸집 공정계획은 거푸집 제작기간과 조립계획을 감안하여 계획을 세워야 하며, 지하층 공정계획과 지상층은 기준층 공정계획을 먼저 세운 후 전체 골조공사 공기를 감안하여 거푸집 공정계획을 세워야 한다.

4.1 골조공사 전체 공정 계획표

−골조공사 전체 공사기간은 2014.10~2016.3까지로 1년 6개월 정도이다.

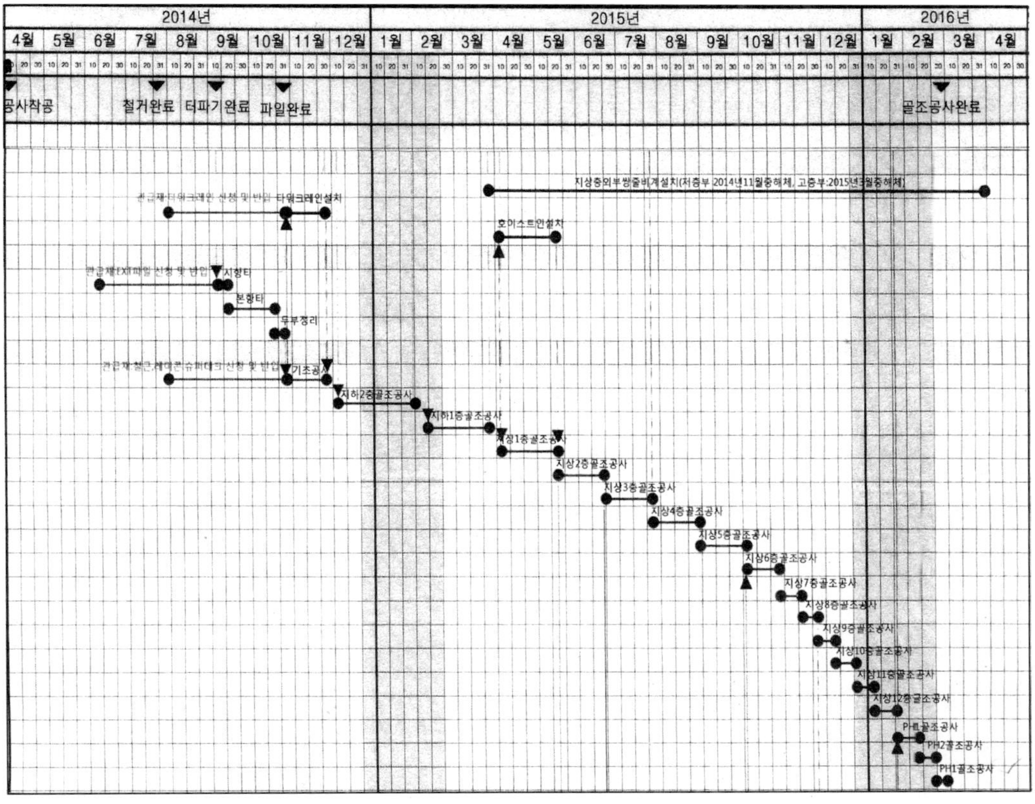

그림 6-102 사례현장 골조공사 전체 공정계획표

4.2 지하층(B1~B2) 공정계획표

지하층 거푸집 공정계획은 1일 평균 투입인원은 35명으로 1개 층당 거푸집 조립 기간은 약 24~35일 정도가 소요되는 것으로 계획한다.

표 6-9 사례현장 지하층 골조 기준층(거푸집/철근/콘크리트) 공정계획표

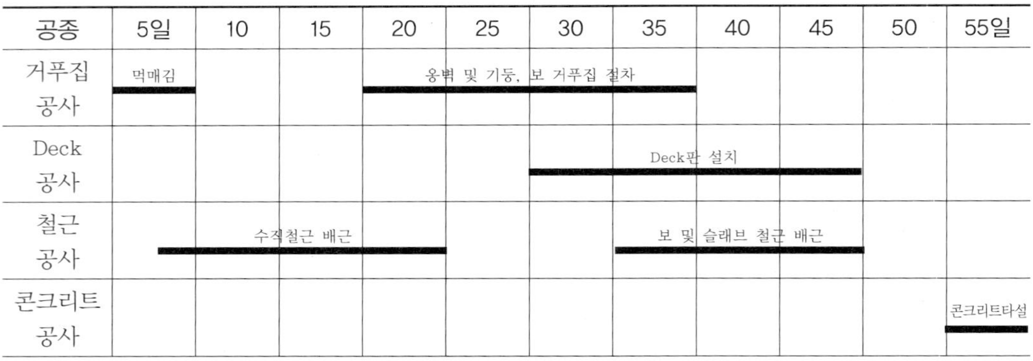

－거푸집공 1인 ; 20~23m^2 시공, 지하 1층 거푸집 ; 24~27일, 지하 2층 거푸집 ; 30~34일

4.3 지상 1~6층 기준층 골조 공정계획표

지상층은 1~6층까지는 층고가 높아 기준층 1개 층당 거푸집 조립 기간은 25일 정도가 소요되는 것으로 계획하여 슬래브 거푸집은 Deck Form을 사용하는 것으로 계획한다.

표 6-10 사례현장 지상 1~6층 기준층 골조(거푸집/철근/콘크리트) 공정계획표

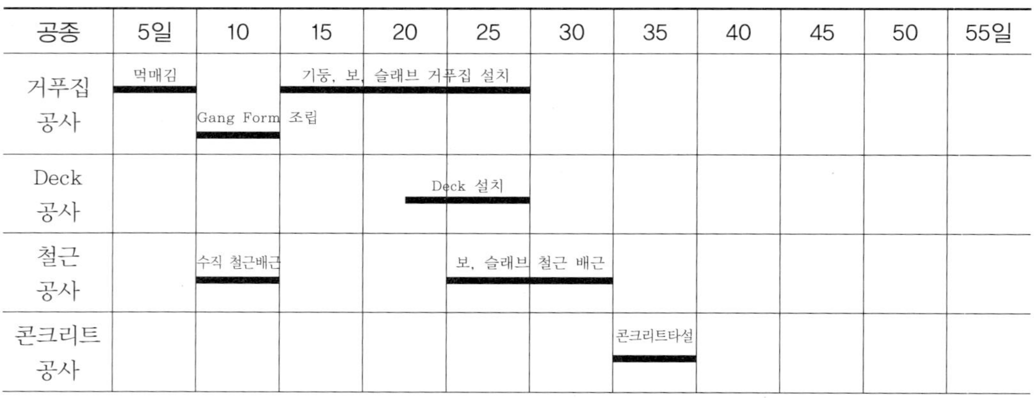

－거푸집공 1인 ; 20m^2, 지상 1층 거푸집 ; 15~18일, 지상 2~6층 ; 12~13일/층당

4.4 지상 7~12층 기준층 골조 공정계획표

지상 7~12층까지는 기준층 1개당 거푸집 존치기간은 10일 정도가 소요되는 것으로 계획하여 슬래브 거푸집은 Deck Form을 같이 사용하는 것으로 계획한다.

표 6-11 사례현장 지상 7~12층 기준층 골조(거푸집/철근/콘크리트) 공정계획표

공종	5일	10	15	20	25	30	35	40	45	50	55일
거푸집 공사	먹매김 Gang Form 올리기	기둥, 보, 슬래브 거푸집 설치									
Deck 공사		Deck 설치									
철근 공사	수직철근배근		보 슬래브 철근 배근								
콘크리트 공사				콘크리트 타설							

－거푸집공 1인 ; $20m^2$ 시공, 지상 7~12층 ; 12일/층당

5. 사례현장 거푸집 수량 산출

5.1 전체 거푸집 수량 산출

① 일반 거푸집 수량 : $110,309m^2$
② Deck 거푸집 수량 : $41,830m^2$
→ 합계 $151,139m^2$

5.2 층별 거푸집 수량 산출(단위 : m^2)

표 6-12 거푸집 층별 수량 산출표

층별	거푸집	DECK	층별	거푸집	DECK	층별	거푸집	DECK
기초	4,153		3층	8,353	3,478	8층	1,718	813
B2	23,340	7,718	4층	7,873	3,987	9층	1,725	812
B2	18,876	7,433	5층	7,989	3,916	10층	1,727	812
1층	12,179	5,132	6층	4,563	1,213	11층	1,969	458
2층	8,403	3,526	7층	2,030	813	12층	2,435	939

6. 사례현장 거푸집 인력 투입계획

사례현장 인력 투입계획은 현장관리자와 거푸집 조립공, 철근배근공, 콘크리트 타설공에 대한 인력 투입계획을 종합하여 계획한다.

거푸집 조립과 철근배근, 콘크리트 타설 인력은 상호 공정이 연관되어 있으므로 거푸집공은 1일 평균 25명, 철근배근공 10명, 콘크리트 타설공은 7인으로 계획한다.

표 6-13 사례현장 거푸집/철근/콘크리트 인력 투입계획표

직종	작업내용	평균 인원	13년	2014년												15년		계
			12	1	2	3	4	5	6	7	8	9	10	11	12	1	2	
1. 현장관리																		
현장소장	현장관리	1	30	30	30	30	30	30	30	30	30	30	30	30	30	30		420
공사, 공부	공사/공무	2	60	60	60	60	60	60	60	60	60	60	60	60	60	60		840
소계		3	90	90	90	90	90	90	90	90	90	90	90	90	90	90		1260
2. 거푸집공사																		
반장	먹매김, 수평보기	2	60	60	60	60	60	60	60	60	60	60	60	60	60	60	60	840
																		0
거푸집시공	설치	25	650	650	650	650	650	650	650	650	650	650	650	650	650	650	650	9,100
	해체	15			390	390	390	390	390	390	390							2,730
철근시공	가공/조립	10	250	250	250	250	250	250	250	250	250	250	250	250	250	250		3,500
Con'c	레미콘 타설	7	20	20	20	20	20	20	20	20	20	20	20	20	20	20		280
비계	가설	10		12	12	12	12	12	12	12	12	12	12	12		20		152
	모양	6	20	20	20										20	20		100
소계		75	1,000	1,012	1,402	1,382	1,382	1,382	1,382	1,382	1,382	992	992	992	1,000	1,020	0	16,702
																		0
3. 직영공사	보통인부																	0
직영반장	현장정리, 청소	1	30	30	30	30	30	30	30	30	30	30	30	30	30	30		420
직영	현장정리, 청소	5	150	150	150	150	150	150	150	150	150	150	150	150	150	150		2,100
																		0
소계		6	180	180	180	180	180	180	180	180	180	180	180	180	180	180	0	2,520
계	계	84	1,270	1,282	1,672	1,652	1,652	1,652	1,652	1,652	1,652	1,262	1,262	1,262	1,270	1,290	0	20,482

7. 사례현장 거푸집 조립 시공

거푸집 시공 계획은 최우선 공정으로 후속공정인 철근공사 전기, 설비공사 공정 등에 의한 지연이 되지 않도록 사전에 충분히 협의해서 시공계획을 세워야 한다.

7.1 거푸집 조립 시공 Flow

1) 먹매김 → 2) 기초 → 3) 기둥 → 4) 벽체 → 5) 보 → 6) 슬래브

7.2 기준 먹매김 작업

① 기준 먹매김은 건축물의 수직, 수평 등 기타 매설물에 대한 정위치를 정하기 위한 기준선이다.

② 기준 먹선의 위치는 기준 먹선에서부터 시공도면은 작성할 때 간단하게 치수 등을 산정할 수 있는 곳에 설치한다.

③ 기준 먹선에서 모든 개구부, 옹벽 끝단, 슬래브 위치, PD 크기, 매설물들의 위치 등을 표시한다.

④ 건축 공사용 시공도면이 작성되면 기계 및 전기공사에 필요한 골조시공도면을 작성한다.

(a) 사례현장 거푸집 기준 먹매김 실측

(b) 사례현장 거푸집 기준 먹매김

그림 6-103 사례현장 거푸집 기준 먹매김

7.3 기초 거푸집 조립 설치

① 사례현장 기초 거푸집공사는 시공사 또는 토목 공정에서 사용한 건물 기점을 시공사 관리자로부터 득한 후 공사의 마무리 단계까지 관리 · 사용한다.
② 형틀 반장은 바닥 먹줄내기 시 시공도면을 정확히 숙지 후 후속 작업자가 알기 쉽도록 정확히 한다.

7.4 기둥 거푸집 조립 설치

① 사례현장 기둥 거푸집은 유로폼, 합판거푸집 등으로 시공을 하되 마감재료에 부합되게 한다.
② 기둥 거푸집 외부 보강대는 슬래브 하중, 타설시 내부 콘크리트 압력, 측압 등을 견딜 수 있게 견고히 한다.
③ 거푸집 조립 후, 전체 기둥의 수직도를 점검한다.
④ 기둥 수직 보강대는 그 높이에 따라 2~3단 사선 보강한다.
⑤ ○○종합의료 복합단지 공사에 가장 적합한 자재를 선택 사용승인을 받고 시공에 임한다.
⑥ 기둥 마감을 감안하여 거푸집은 판갈이 유로폼을 사용하며, 외부 보강재로는 기둥밴드를 사용한다.

(a) 사례현장 기둥 거푸집 밴드 설치 예

(b) 사례현장 기둥 거푸집 조립 설치 예

그림 6-104 사례현장 기둥 거푸집 조립 시공

(c) 사례현장 전체 기둥 거푸집 설치 현황

(d) 사례현장 기둥 및 램프 거푸집 설치 현황

그림 6-105 사례현장 기둥 거푸집 조립 시공 현황

7.5 벽체 거푸집 조립 설치

① 사례현장의 벽체 거푸집은 지하층의 경우에는 벽체 두께가 두꺼워 콘크리트 타설 시 측압을 많이 받게 되므로 거푸집 및 비계가 견고하게 조립되어야 한다.

② 각부 옹벽은 유로폼 또는 규격 합판을 사용 조립한다.

③ 조인트 부위는 꺾임방지 및 수직, 수평면 유지를 위해 파이프를 수평간격 300~900mm, 수직간격 1,200mm으로 훅을 사용하여 고정한다.

④ 바닥 먹의 확인 및 이미 타설된 콘크리트와 먹이 상이할 때는 원인을 분석하여 수정한다.

⑤ 옹벽의 배부름 및 터짐을 방지하기 위해 긴결재(플랫타이)를 사용해 고정한다.

(a) 사례현장 벽체 거푸집 조립 인양

(b) 사례현장 벽체 거푸집 조립 순서

그림 6-106 사례현장 벽거푸집 조립 시공 현황

7.6 보 거푸집 조립 설치

① 사례현장의 보거푸집 조립은 합판패널 거푸집 제작과 유로폼 거푸집을 조립하여 시공하는 것으로 계획되어 있다.

② 보거푸집은 큰보(Girder)와 작은보(Beam)의 규격이 다양하여 거푸집 제작 · 조립시 충분한 도면검토 후 시공되어야 한다.

③ 보거푸집 조립의 대부분은 타워크레인 장비에 의해 시공되므로 운반시 파손되거나 변형이 되지 않도록 해야 한다.

(a) 사례현장 보거푸집 조립 예 (b) 사례현장 보거푸집 조립 완료

그림 6-107 사례현장 보거푸집 조립 설치 시공 현황

7.7 슬래브 거푸집 조립 설치

① 사례현장의 슬래브 거푸집은 Deck Form으로 보거푸집과의 접합부에 틈이 생기지 않도록 조립해야 한다.

② 이음 부위의 턱 발생 여부와 수평면 유지 및 처짐을 방지한다.

③ 보 측면 배부름을 방지한다.

④ 동바리 간격은 시공부위 하중, 위치에 따라 차등 설치한다.(세부내용 별도 명시)

⑤ 4.2m 이상은 시스템 동바리 시공을 한다.(시스템 동바리 세부내용 별도 명시)

(a) 사례현장 합판거푸집 설치

(b) 사례현장 슬래브 Deck 거푸집 설치 예

그림 6-108 사례현장 슬래브 합판거푸집 시공 현황

7.8 거푸집 동바리 설치

1) 강관 동바리 설치

① 파이프 서포트 설치계획–슬래브, 보의 시공 시 높이 4m 이하로 한다.
(단, 시공여건을 감안하여 관리감독자의 승인을 득한 후 조정)

② 수평연결재의 설치는 높이 3.5m 이상 시 2m 높이마다 2개 방향(X, Y)으로 하며 체결은 직교 클램프로 견고히 한다.

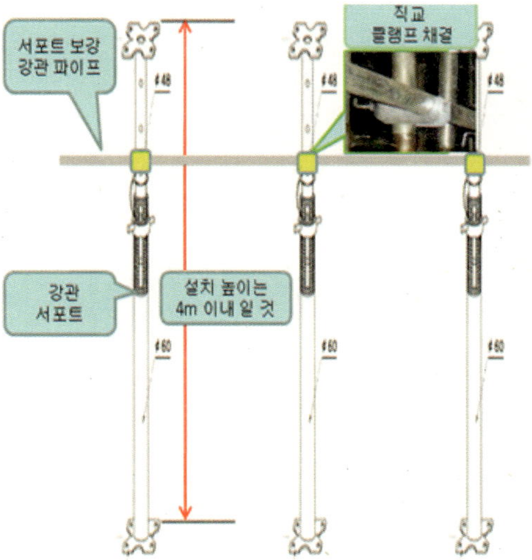

(a) 강관 동바리 설치 조립 조정

(b) 강관 동비리 수평가새 설치

그림 6-109 사례현장 강관 동바리 및 수평가새 설치 시공

(c) 사례현장 보 동바리 서포트 설치 (d) 사례현장 슬래브 동바리 서포트 설치

그림 6-110 사례현장 강관 동바리 설치 시공 현황

③ 경사면에 서포트 설치 시 상·하부는 쐐기목 등으로 고정하여 서포트 이탈을 방지한다.

④ 서포트는 항상 수직을 유지하여 설치한다.

⑤ 서포트 핀은 탄소강으로 제작된 규격품을 사용하다.

2) 시스템 동바리 설치

일반적으로 시스템 동바리는 보설치 시 6m 이상에 주로 적용한다.

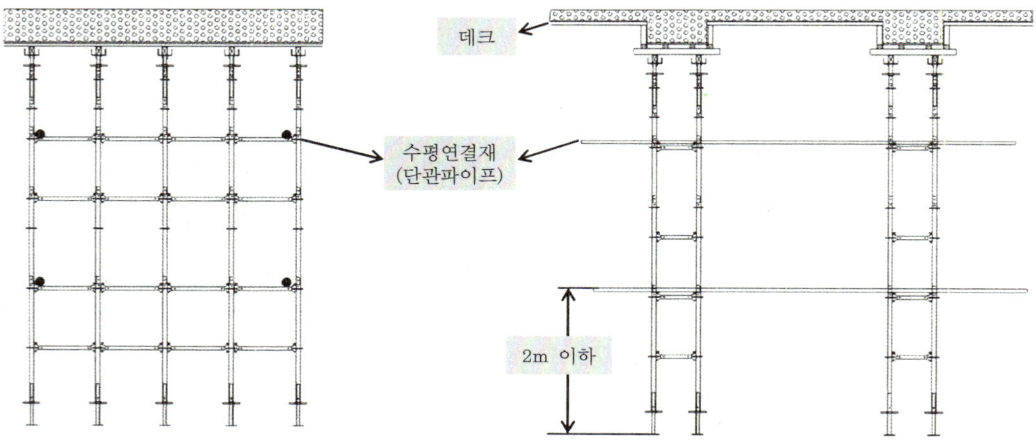

(a) 슬래브 시스템 동바리 설치도 (b) 보 시스템 동바리 설치도

그림 6-111 사례현장 슬래브 및 보 시스템 동바리 설치도

(c) 사례현장 슬래브 시스템 동바리 설치 시공

그림 6-112 사례현장 시스템 동바리 설치 시공 현황

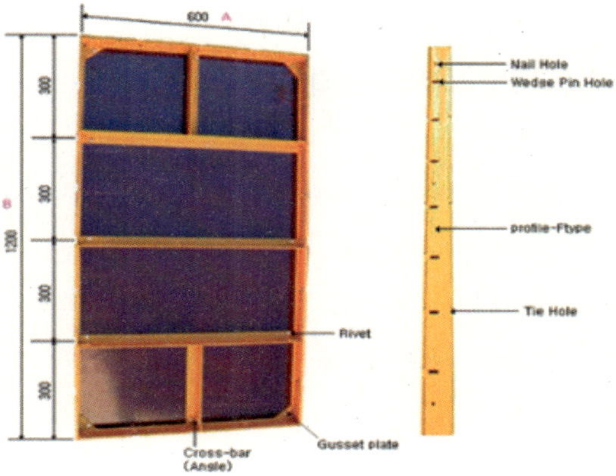

그림 6-113 유로폼 자재

8. 사례현장 거푸집 자재관리

8.1 거푸집 자재관리

1) 합판재

① 형틀용 합판은 접착성, 자재의 품질, 겉모양 및 시험방법은 KSF 3001에 따른다.

② 준내수합판 또는 1급, 2급, 3급 합판 등으로 구분한다.

2) 일반 거푸집 검사

① 거푸집 검사는 거푸집 제작 조립 책임자와 현장관리 책임자가 검사한다.

② 설계상 전용횟수 이내 사용을 원칙으로 하고 흠집이 많은 거푸집은 사용하지 않는다.

③ 강재 거푸집의 경우는 변형되거나 녹슨 것은 사용하지 않는다.

3) 유로폼

① 유로폼의 규격별 치수를 확인한다.

② 유로폼의 검사

- 프레임 절단 및 용접 가공방법
- 코팅합판의 강도, 내구성, 마모성 확인
- 프레임과 코팅합판의 접합 상태

–패널 전체의 변형 상태

8.2 동바리 자재관리

1) 동바리

① 강관 받침기둥은 휘거나 부식되지 않을 것을 사용한다.

② 외관과 내관의 유동이 심하지 않도록 한다.

③ 강관 받침기둥의 허용지내력 확인을 한다.

그림 6-114 사례현장 거푸집 자재관리 현황

2) 멍에, 장선, 자재관리

① 거푸집을 설치하기 위한 멍에와 장선은 변형되지 않도록 보관한다.

② 슬래브용 각형 강관이나 목재 멍에는 파손되지 않도록 운반하여 사용한다.

3) 자재 인양 슬래브 opening

① 사례현장의 자재 인양구는 지하 3곳, 지상 2곳에 설치한다(단, 현장관리자의 승인을 득한 후 시공).

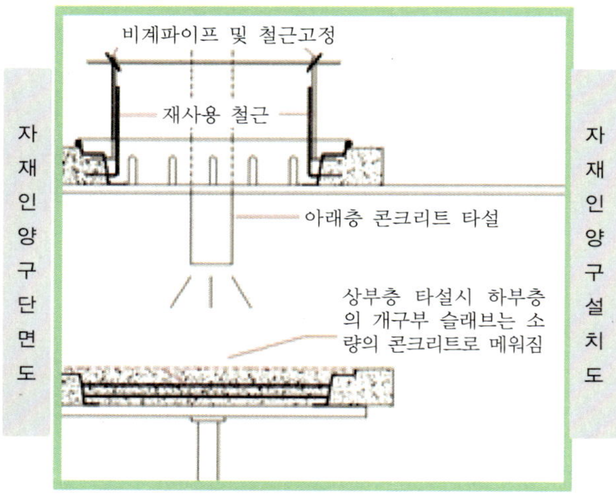

그림 6-115 거푸집 자재 인양구 슬래브 opening

② 자재 인양구 임시 안전조치는 현장관리자와 상의하여 규격폼 사용시 시공사가 지급하는 자재 인양구 틀을 사용 · 시공한다.
③ 자재 인양구 콘크리트 타설계획도

4) 박리재와 긴결재
① 합판 거푸집은 수용성제품 사용을 사용한다.
② 철재 거푸집은 유성용제품 사용을 사용한다.
③ 폼타이/조립핀은 충분한 강도를 확인한다.

9. 사례현장 거푸집 설치 시 안전관리

① 거푸집 동바리 서포트의 수평가새 고정을 확인한다.
② 거푸집 비계는 반드시 쌍줄비계로 매고 발판은 수평되게 한다.
③ 거푸집 작업장의 작업공구 등의 관리는 안전덮개를 부착하여 관리한다.
④ 거푸집 받침용 Support와 핀은 검정품인지를 확인 후 사용한다.
⑤ 타워크레인 신호수는 거푸집 설치 시 전담자를 배치한 후 작업한다.
⑥ 콘크리트 타설 시 거푸집공은 거푸집 Support의 수평 변위를 반드시 체크한다.
⑦ 모든 거푸집 작업자는 안전교육을 받고 작업을 실시한다.

(a) 거푸집 동바리 수평가새 고정

(b) 거푸집 조립 안전 쌍줄비계 매기 점검

그림 6-116 거푸집 조립 비계 설치 안전

7
Chapter

철근공사

제1절 철근공사 시공 기본 지식 이해

제2절 철근공사 시공 NCS 적용 실무 이해

제3절 철근공사 시공계획 NCS 적용 “사례현장” 실무

제1절 철근공사 시공 기본 지식 이해

1. 철근공사 개요

철근공사는 콘크리트의 인장력을 보완하여 철근콘크리트구조의 내력을 보강하기 위한 공사를 말하며, 철근은 항상 단독으로 사용되는 일은 없으며, 콘크리트와 함께 사용된다.

철근의 종류에는 이형철근과 용접철망이 주로 사용되고 있으며 철근의 가공 · 이음 · 정착 · 조립 등의 품질관리가 중요하다.

철근공사는 중량이고 위험성이 큰 작업이므로 특히 도심공사에서는 작업공간이 협소하여 안전사고의 위험에 대한 대비가 중요한 공사이다.

2. 철근의 종류와 규격

2.1 철근의 종류별 분류

건축공사에 사용되는 철근은 KS D 3504 일반구조용 압연강재 또는 KS D 3527 재생강재의 규격에 합격한 것으로서 하위 항복점 240MPa(2.4tf/cm^2) 이상의 원형철근과 이형철근이 사용된다.

표 7-1 철근의 종류별 분류

구분	종류	내용	
철근	원형철근(Round steel bar)	① 마디의 리브가 없는 보통 철근 ② 지름은 ϕ로 표시(ϕ9, ϕ12 등) ③ 종류 : SR 240, SR 300	부착력의 차이
	이형철근(Deformed steel bar)	① 마디와 리브가 있는 철근 ② 지름은 D로 표시(D10, D22 등) ③ 종류 : SD300, SD350, SD400, SD500, SD400W, SD500W ④ 부착력이 원형철근보다 40% 이상 크다.	
	고장력 이형철근 (High-Tensile Deformed bar)	고장력강을 사용하여 보통철근보다 인장력이 크다.	

기타	피아노선	프리스트레스트콘크리트에 사용되는 강선이다.
	용접철망	철선을 15cm 정도의 간격으로 직교하여 배치한 철망으로 넓은 바닥용 또는 도로포장용으로 사용된다.

(주) ① SR : 원형철근
② SD : 이형철근(Deformed steel bar)
③ SR400 및 SD400의 400은 하위 항복강도가 400MPa(4,000kgf/cm^2) 이상임을 의미한다.

1) 원형철근

원형철근은 리브와 마디가 없는 철근으로 현재는 거의 사용되지 않고 있다.

2) 이형철근(Deformed steel bar)

이형철근은 리브와 마디가 있는 철근으로 콘크리트와 접착력을 향상시킬 수 있어 현재 거의 모든 현장에서 사용되고 있는 철근이다.

이형철근의 공칭지름은 D로 표시하며 KS D 3504에 규정되어 있다.

철근정착물의 표준길이는 6, 7, 8, 9, 10m로 생산되고 있으며 이음을 적게 하기 위하여 10m 이상의 철근은 주문할 수 있으나 운반관계로 9m 정도까지가 많이 사용되고 있다.

표 7-2 이형철근의 지름 · 단면적 · 중량

철근지름			단면적(cm^2)										주장 (cm)	중량 (kg/m)
호칭	공칭 지름 (mm)	속칭 (푼)	1D	2D	3D	4D	5D	6D	7D	8D	9D	10D		
D6	6.35	2	0.32	0.63	0.95	1.27	1.27	1.90	2.22	2.53	2.85	3.17	2	0.249
D10	9.53	3	0.71	1.48	2.14	2.85	3.57	4.28	4.99	5.71	6.42	7.13	3	0.560
D13	12.7	4	1.27	2.53	3.80	5.07	6.07	7.60	8.87	10.14	11.40	12.67	4	0.995
D16	15.9	5	1.99	3.97	5.96	7.94	9.93	11.92	13.90	15.89	17.87	19.86	5	1.56
D19	19.1	6	2.87	5.73	8.60	11.46	14.33	17.19	20.06	22.92	25.79	28.65	6	2.25
D22	22.2	7	3.87	7.74	11.61	15.48	19.36	23.23	27.10	30.97	34.84	38.71	7	3.04
D25	25.4	8	5.07	10.13	115.20	20.27	25.34	30.40	35.47	40.54	45.60	50.67	8	3.98
D29	28.6	9	6.42	12.85	19.27	25.70	32.12	38.54	44.97	51.39	57.82	64.24	9	5.04
D32	31.8	10	7.94	15.88	23.83	31.77	39.71	47.65	55.59	63.54	71.42	79.42	10	6.23

3) 고장력 이형철근(High tensile deformed bar)

고장력철근은 보통 하이바(high tensile bar)라고도 하며, 특수강을 재료로 한 고강도철근이기 때문에 보통 철근보다 인장력이 큰 것이 특징이고, 이것을 쓸 때에는 콘크리트의 강도도 큰 것으로 하는 등의 주의가 필요하다.

표 7-3 고장력 철근의 지름 · 단면적 · 중량

호칭		단위중량 (kg/m)	공칭중량 (mm)	단면적 (cm²)	공칭주장 (cm)	마디의 치수(mm)			리브의 최대너비 (mm)
KS	ASTM(in.)					최소간격	최소높이	최대높이	
D10	3/8	0.559	9.53	0.713	3.0	6.6	0.4	0.8	3.6
D13	1/2	0.994	12.7	1.27	4.0	8.8	0.6	1.2	4.8
D16	5/8	1.55	15.9	1.98	5.0	11.1	0.8	1.6	6.0
D19	3/4	2.24	19.1	2.85	6.0	13.3	0.1	2.0	7.2
D22	7/8	3.05	22.2	3.88	7.0	15.5	1.2	2.4	8.5
D25	1	3.98	25.4	5.07	8.0	17.7	1.3	2.6	9.7
D29	$1^{1/8}$	5.03	28.6	6.41	9.0	20.2	1.5	3.0	10.9

그림 7-1 일반철근과 고장력 철근 구분

4) 용접철망(Welding wire fabric)

용접철망은 철근을 미리 공장에서 적정 간격으로 용접하여 정사각형 또는 직사각형 형태의 용접철망으로 제작한 철근으로 현장에서는 조립만 할 수 있도록 한 철근을 말한다.

표 7-4 용접 철선의 지름 · 단면적 및 주장

SWG # No.		4	5	6	8	10	12	14	16	18	20	22
지름	in.	0.33	0.212	0.193	0.16	0.128	0.104	0.080	0.064	0.048	0.036	0.028
	mm	5.9	5.4	4.9	4.1	8.3	2.3	2.0	1.6	1.2	0.9	0.7
단면적	mm²	27.3	22.9	18.9	13.2	8.5	5.5	3.2	2.	1.1	0.6	0.4
주장	mm	18.5	17.0	15.4	12.9	10.4	8.4	6.3	5.0	3.8	2.8	2.2
중량	g/m	213	192	164	108	71	47	27	12	9.5	4.8	3.1

2.2 철근의 용도별 분류

표 7-5 철근 용도별 분류

용도별 종류	용 도 내 용
주철근	① 설계하중에 의하여 그 단면적이 정해지는 철근을 말한다. ② 정철근과 부철근이 있다. ③ 정철근은 슬래브 또는 보에서 정(+)의 휨모멘트에 의한 응력을 받고 부철근은 부(−)모멘트에 의해서 발생되는 인장응력을 받도록 배치한 주철근을 말한다.
온도조절철근 (배력철근)	① 건조수축과 온도변화에 따른 콘크리트의 균열을 방지와 응력을 분산시킬 목적으로 주철근과 직각방향으로 배치한 보조적인 철근을 말한다. ② 온도조절 철근의 목적(역할)은 균열방지, 응력분산, 주철근간격 유지, 콘크리트 수축 감소 등이다.
절곡철근 (Bent Bar)	철근콘크리트 보철근 배근에서 정철근 또는 부철근을 경사지게 구부려 올리거나 또는 구부려 내린 철근을 말한다.
사인장 철근 (전단철근)	① 사인장 응력을 받는 철근을 말하며, 전단보강철근이라고도 한다. ② 사인장 철근의 종류는 기둥의 나선철근, 보의 경사철근과 늑근, 직각배치 용접 철망 등이 있다.
늑근(Stirrup)	① 보의 주철근(정철근 또는 부철근)에 직각으로 둘러 감은 전단철근을 말한다. ② 보의 철근 배근에서 전단력을 부담한다.
띠철근, 대근 (Tie Bar, Hoop)	철근콘크리트 기둥의 주근에 일정의 간격으로 둘러싼 수평방향의 보조적인 철근을 말하며, 주근의 좌굴방지(가장 중요)와 위치 고정, 기둥의 전단보강, 피복두께 유지 등의 역할을 하는 철근을 말한다.
용접 철망	① 고강도 철선을 사용하여 세로근과 가로근을 직각으로 배근하여 교차점을 용접한 격자형의 철근 용접철망을 말한다. ② 철근 조립화 공법의 슬래브와 벽체 철근의 배근에 주로 사용하는 철근이다.

2.3 철근 재료 시험 및 부속자재

1) 철근의 반입 저장

① 철근 및 용접철망 자재의 반입은 미리 소요계획을 작성하여 부위별 또는 가공조립순서에 따라 순차적으로 현장에 반입해야 한다.

② 철근의 저장장소는 종류, 직경, 길이별로 분류하여 재고관리가 용이하도록 하며, 불합격품은 구별하여 처리해야 한다.

③ 철근은 지상에 직접 놓지 않고 각목 등을 깔고 그 위에 놓고 방청을 위해 풍우에 노출되지 않게 하여 진흙, 기름, 먼지 등이 묻지 않도록 지정한다.

2) 철근의 재료시험 및 검사

(1) 재료의 시험

① 반입된 철근은 규정에 따라 시험편을 채취하여 인장강도시험과 휨시험을 해야 한다.

② 시험을 실시할 때는 공인된 검사기관에 정해진 절차대로 시험을 행하여 품질의 적정성 여부를 판단해야 한다.

그림 7-2 철근 재료 반입 및 보관

(2) 재료의 검사

① 시험검사

건축공사표준시방서에 나타난 철근의 시험검사는 KS D 3501과 3504에 따른다.

② 현장검수

육안검사하여 과다한 녹 및 굴곡된 것은 적하장 외로 반출하여야 하며, 이론중량과 실제중량을 비교하여 13mm 이하는 ±6%, 16mm 이상은 ±5% 범위 내에서 허용한다.

표 7-6 철근의 시험검사 기준과 방법

항목	판정기준	시험검사방법	시기 및 회수
형상, 치수, 중량, 화학성분	KS D 3501 KS D 3504	담당원이 정하는 방법	각 지름 및 각 종류별 무게 20t 또는 그 단수마다 1회(시험편 3개의 평균)
인장강도, 항복점 또는 내력, 연신율	KS D 3501 KS D 3504	KS B 0802(금속재료 인장시험방법)	
휨	KS D 3501 KS D 3504	KS B 0804(금속재료 굽힘시험방법)	

(주) KS 규격품에 대하여는 담당원의 승인에 따라 강재검사 증명서의 확인으로 대신할 수 있다.

3) 철근 조립 부속 자재

(1) 철근 고임대와 간격재

① 철근 고임대와 간격재는 기둥 · 벽 · 보 · 슬래브에 배근된 철근이 콘크리트 부어넣기를 완료할 때까지 이동하지 않고 피복두께를 유지할 수 있도록 하기 위한 고임철물을 말하며 대부분 기성제품을 사용한다.

② 고임대(Bar-support)와 간격재(Bar-separator), 버팀대(Bar spacer)의 재질은 철재, 콘크리트재, 플라스틱재 등이 사용되고 있다.

(2) 철근 spacer의 종류

철근 spacer의 종류별 모양과 규격은 사용 부위에 따라 다르다. 기둥 · 보 · 벽체의 옆면에 사용하는 스페이서의 치수는 최소 피복두께에 의해 결정되고 슬래브 등의 거푸집 밑바닥면에 사용하는 스페이서의 치수는 설계 피복두께에 따라 결정한다.

그림 7-3 기둥 철근 스페이서 설치

표 7-7 철근 스페이서의 종류와 사용 장소

명칭과 형상		사용 장소	치수(mm)
철근의 간격 유지 사각 모르타르 블록	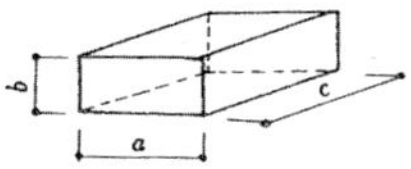	· 기초보 하단, 주각 · 보 하단	a×b×c=50×70×100 a×b×c=40×40×40
뒤벨식 콘크리트 바 서포트	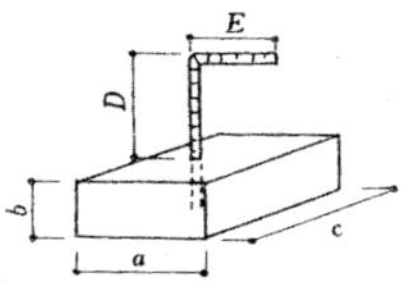	· 내압판 상단과 하단 (내압판 두께 500mm)	a×b×c=50×70×100 D×E=310×80
플라스틱 도넛형 스페이서		· 보측 · 기초보 보측 · 기둥 · 지하 외벽 · 지하 내벽, 지상벽	D25×30, D19×30 D25×30, 40 D25×30, 40 D19×50 D10×20, 30 D13×20, 30 D19×20, 30
강제 연속 스페이서	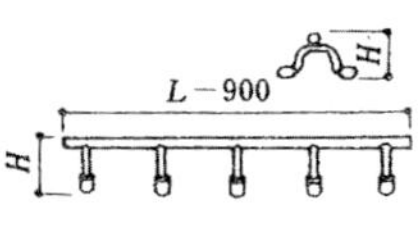	· 바닥슬래브 상부 철근용 (S_1 슬래브 두께 150 마무리 없음) (S_2, S_3 슬래브 두께 130 마무리 있음)	H-105 L-900 H-75 L-900
강제 스페이서	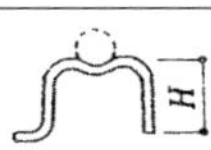	· 바닥슬래브 하부 철근용	H-35
큰보 속의 달철근 유지 스페이서	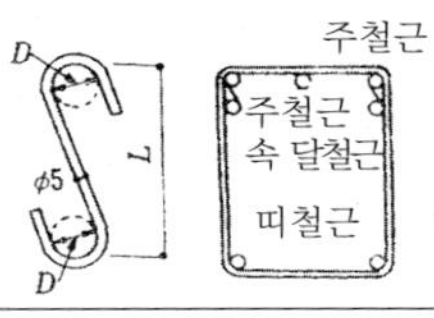	· 큰보 속 달철근용	D25, L-100

그림 7-4 철근 스페이서 종류

그림 7-5 기둥, 벽체 철근 스페이서 설치 현황

(3) 철근 spacer의 수량 및 배치표준

표 7-8 철근 스페이서 수량 배치 기준

부위	수량 및 배치	제조 종류
기초	· 면적 $4m^2$ 정도-8개, $16m^3$ 정도 20개(간격은 1.2m 이내) · 기둥, 벽체철근 하부를 잘 고임	
지중보	· 간격은 1.5m 정도, 단부는 1.5m 이내 · 상단 또는 하단과 측면에 설치	
기둥	· 상단은 보밑에서 0.5m 정도, 중단은 주각과 상단의 중간 · 기둥폭 1.0m까지는 2개, 1.0m 이상은 3개	
슬래브	· 상부철근, 하부철근 · 각각 가로 세로 1.3m마다 1개	강재 콘크리트재
보	· 간격은 1.5m 정도, 단부는 1.5m 이내 · 측보는 측면에도 설치 · 측보 이외의 보는 상단 또는 하단에 설치	
벽체 지하외벽	· 상단은 보 밑에서 0.5m 정도 · 중단은 상단에서 1.5m 간격 정도 · 수평간격은 1.5m 정도, 단부는 1.5m 이내	

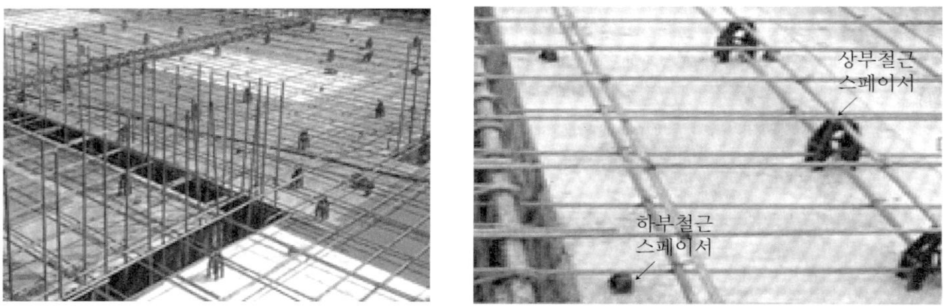

(a) 슬래브 철근 스페이서 설치 현황 (b) 슬래브 하부 철근과 상부 철근 스페이서 설치 예

그림 7-6 슬래브 스페이서 시공 현장

(4) 결속선

① 결속선은 배근된 철근을 고정할 수 있도록 묶는 철선을 말하며, spacer와 함께 철근 배근 조립에서는 없어서는 안 될 재료 중 하나이며, 보통 0.9mm 이상의 철선을 사용한다.

② 철근이음의 결속선은 이음 1개소마다 최소 2군데 이상을 결속해야 하며, 중요한 부분은 3군데 이상 묶는다.

③ 철근 결속방법

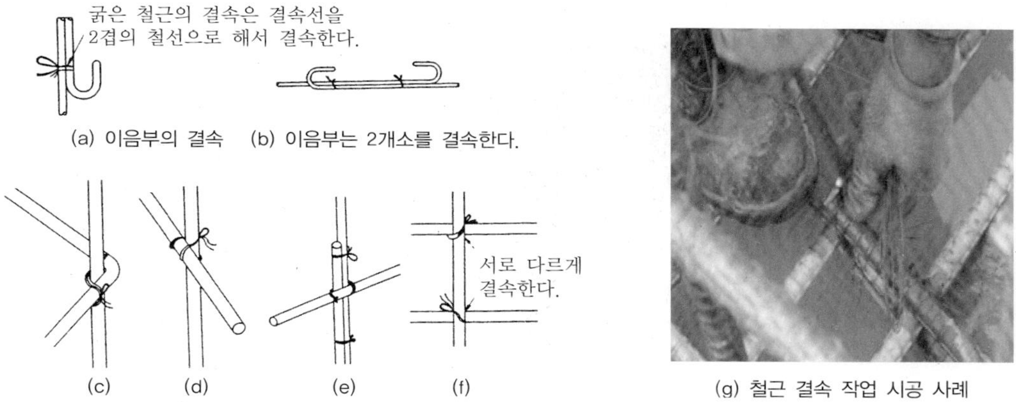

그림 7-7 철근의 결속방법

3. 철근 자재관리(No 1403020605-14V2)

3.1 철근 반입 및 보관(No 1403020605-14V2.2)

1) 철근 반입

철근 자재는 가공 공장에서 현장 시공 공정에 맞게 가공을 하게 되며, 반입 드는 현장작업 일정에 맞게 입고되게 해야 한다.

현장건설업체는 공사 관련 입고 자재에 대한 검수 및 보관의 책임을 지며 검수시 부적합 자재는 즉각 반출시켜야 한다.

2) 포장 및 보관

① 각 묶음별 현장명, 반입위치, 가공치수, 수량, 납품일자 등을 명시한 꼬리표를 부착한다.

② 가공 및 포장이 완료된 가공품은 출고 일자별, 현장별로 구분하여 식별이 용이하도록 보관한다.

그림 7-8 철근 자재 검수 및 현장 보관

3.2 철근 자재 운영관리

1) 자재 Loss 관리

① 철근 자재는 Loss 관리 측면에서 보면, 현장에서 단품가공기에 의해 철근 가공작업을 진행하게 될 경우 효율적인 Loss관리가 어렵게 되어 예상물량보다 많은 Loss가 발생하게 된다.

② 일원화된 '공장가공 시스템'을 이용한 경우 집중적인 생산관리가 가능하므로 Loss를 줄일 수 있다.

③ 현장가공시 발생되는 철근 자재 Loss는 입고자재를 기준으로 일반적으로 약 8% 정도 예상되나 현장작업자의 자재관리가 어려워 실제현장 가공 Loss는 10% 정도될 것으로 예상한다.

2) 자재운영관리

'공장가공시스템'을 이용하면 원자재(철근) 및 철근 가공품들이 공장 내부에 보관되므로 녹과 같은 자재훼손이 거의 전무하게 된다. 또한 건설사(현장)측에서는 별도의 자재관리가 불필요하므로 잉여관리인력을 시공관리에 투입시킬 수 있다.

그림 7-9 철근 자재 보관 관리

3.3 현장 내 자재 운반관리

현장 내 철근 운반은 철근 배근 장소까지 운반으로 타워크레인이나 이동식 크레인으로 운반한다. 조립 위치까지 철근 장내 운반은 인력으로 하므로 안전사고에 유의해야 한다.

1) 철근재 양중의 일반사항

① 지하층용 철근 자재의 양중은 유압식 트럭크레인으로 한다. 크레인은 전문공사업자 담당한다.

② 지하층용 철근 자재의 양중은 지브 크레인 E-60 등으로 한다.
③ 짐받는 장소에는 크레인 능력표와 제원을 원도급자가 제시한다.

2) 지하층용 철근자재의 운반

① 지하층 철근 자재는 타워크레인으로 바닥슬래브 위 혹은 바닥슬래브 거푸집 위로 분산하여 짐부리기를 한다.
② 철골 위 짐받는 장소에는 적재하중을 명시한다.

그림 7-10 현장 내 철근 자재 운반 및 관리

3) 지상용 철근자재 운반

주철근 자재는 슬래브나 보 위에 1차 양중하고 그 이후는 인력으로 배근 장소까지 운반한다.

4. 철근 공장 가공 및 시공도 작성

4.1 철근 공장 가공

1) 철근 공장 가공 개념

① 현장에서 필요한 철근을 현장에서 가공하는 것이 아니라 공장에서 미리 대량으로 가공하여 현장에서는 조립만 하는 것을 말한다.
② 도심지 공사의 경우 현장 내 협소한 장소와 현장철근 가공의 로스(Loss)율을 줄이기 위해 철근 공장 가공 방식을 많이 사용하고 있다.
③ 철근 가공 로스(Loss)는 공장 가공은 3% 정도이며, 현장가공은 8~10% 정도로 크다.

2) 철근 공장 가공 작업 순서

① 계약	→	② 철근 입고 / 적재	→	③ 가공 의뢰	→	④ 작업지시 및 검측
⑤ 상차	→	⑥ 포장 및 납품				

3) 철근 공장 가공 작업 내용

① Shop Drawing에 의한 규격별, 길이별 수량 입고
② Bar-List 작성
③ 골조업체에서 3~7일 전 가공 의뢰

④ 현장의뢰서 검토와 납품일자 확인
⑤ 생산계획에 의한 작업
⑥ 가공철근 상차 및 포장 납품

그림 7-11 철근 공장 제작 가공

4.2 부위별 철근 배근도 작성

1) 기초 철근 상세도(Foundation detail) 작성

① 벽 · 바닥판 · 기초보 등이 접속되는 부위의 철근의 정착 상세도를 작성한다.
② 기둥 주근의 주각부 정착 상세와 철골조일 경우에는 앵커볼트의 위치, 정착 방법 등을 상세하게 작도한다.

2) 기둥 및 벽 철근 상세도(Column and wall detail) 작성

① 기둥과 벽체 철근은 층높이에 맞추어 적절한 이음 위치를 정한다.
② 층수가 정해지고 나면 기둥단면이 줄어드는 곳의 철근 구부림과 대근의 지름, 굵기, 형상, 길이, 배치간격, 기호 등을 명확히 기입하여 둔다.

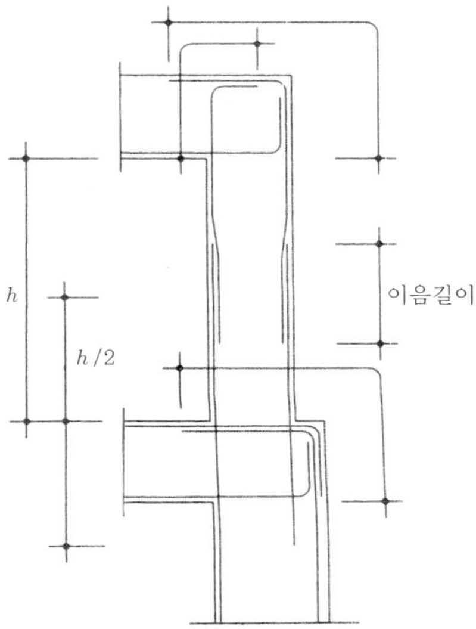

그림 7-12 기둥 철근 배근상세도

3) 보철근 상세도(Beam detail) 작성

① 큰보(Girder)는 보의 수량, 주근, 늑근의 지름, 형상, 길이, 배치간격, 수량 기호 등을 기입한다.

② 굽힌 철근(Bend up bar)은 철근의 구부림 높이, 수정 부분, 경사 부분의 길이, 양끝 마구리 길이 등을 기입하여야 한다.

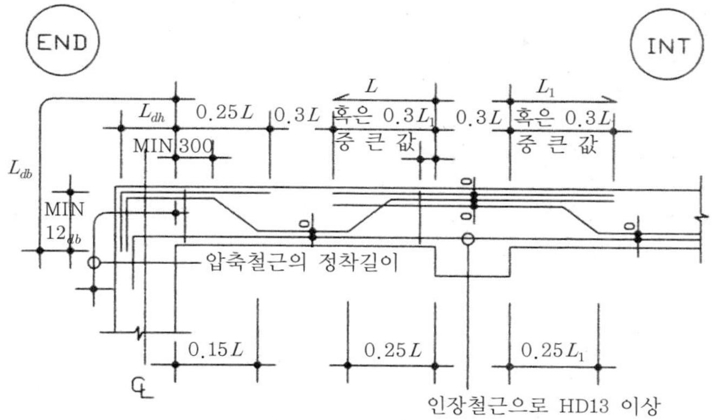

그림 7-13 보철근 배근 상세도

4) 바닥판 철근상세도(Slab detail) 작성

① 바닥판 철근상세도는 기호, 판의 두께, 주근의 방향, 지름, 길이, 구부림 위치, 배근 간격, 철근의 개수 등을 명시하고 배치치수는 판의 중앙에서 시작하는 것이 편리하다.

② 바닥판 평면에는 기둥 중심선을 기준으로 하여 작은 보, 큰 보의 중심선 및 끝선, 콘크리트 벽의 위치, 계단의 시작부분 및 돌림부분, 개구부, 배관, 칸막이벽의 위치와 천장을 달아맬 고정철물 등의 배치도 중요하다.

5. 철근 절단, 가공, 이음 및 정착

5.1 철근의 절단 및 가공하기(No 1403020607)

1) 철근 가공하기

① 철근 가공은 철근 가공 조립도 · 현치도(full size drawing)에 따른다.

② 철근 가공 및 조립, 정착, 이음 등이 제대로 되지 않으면 강도를 발휘할 수 없다.

③ D29 미만은 상온에서 가공하며, 그 이상은 가열 가공한다.

④ 반입된 철근은 일반적으로 휨이나 굽음 등을 바로잡아 놓는다.

⑤ 철근의 끝부분은 원칙적으로 hook로 가공한다.

그림 7-14 철근 절단 및 가공 예

그림 7-15 철근 가공하기

⑥ 대형 공사장에서는 기계를 사용해서 cutting 및 bending을 하기도 하며, 그 개략적인 내용은 다음과 같다.

⑦ 철근가공은 공장가공으로 하고, 현장에는 가공재를 반입한다.

그림 7-16 늑근 철근 가공 예

2) 철근 절단기 및 절곡기

(1) 절단기

① 철근 가공작업의 기준이 재료의 절단이며, 정확한 가공치수는 정확한 절단 치수가 기본이므로 기계 조작에 오차가 발생하지 않도록 한다.

② 절단기의 허용 용량을 초과하는 작업은 금지한다.

(a) 철근 절단기

(b) 철근 절곡기(벤딩기)

그림 7-17 철근 절단기 작업 현장

(2) 절곡기

① 절곡기는 절곡 형상의 특성 및 철근 지름에 따라 다양하므로 허용 용량에 맞는 장비를 사용한다.

② 정확한 가공을 위해 철근 지름에 맞는 지점축 롤러를 교체 사용한다.

3) 철근 절단방법

(1) 절단방법

① 철근의 절단은 인력으로 하는 경우와 동력기계로 하는 경우가 있는데 현장에서는 보통 인력으로 한다.

② 인력절단은 철제 바탕에 철근을 올려 놓고 절단할 곳에 절단 정을 댄 뒤 쇠메로 쳐서 절단하거나 절단기로 절단한다.

(2) 절단기구

① 철근 절단 : Bar-cutter, 쇠메치기, 쇠톱

② 철선 절단 : 와이어 클리퍼(wire-clipper)

(a) 와이어 클리퍼　(b) 철근굽힘기(전동식)　(c) 철근절단(전동식, 소형)

그림 7-18 현장 철근 절단기구

4) 철근 구부리기 방법

철근 말단부에는 원칙적으로 갈고리(hook)를 내야 하는데, 도면 또는 특기시방서에 지정되어 있지 않을 경우에는 다음과 같이 가공한다.

표 7-9 구부림 가공치수의 허용오차

<table>
<tr><th colspan="3">항 목</th><th>허용오차(mm)</th></tr>
<tr><td rowspan="3">가공치수*</td><td colspan="2">스터럽, 띠철근, 나선철근</td><td>±5</td></tr>
<tr><td rowspan="2">주근</td><td>D25 이하</td><td>±15</td></tr>
<tr><td>D29 이상
D41 이하</td><td>±20</td></tr>
<tr><td colspan="3">가공 후의 전길이</td><td>±20</td></tr>
</table>

(주) *가공치수 및 가공 후의 전 길이를 재는 법의 예를 그림에 제시한다.

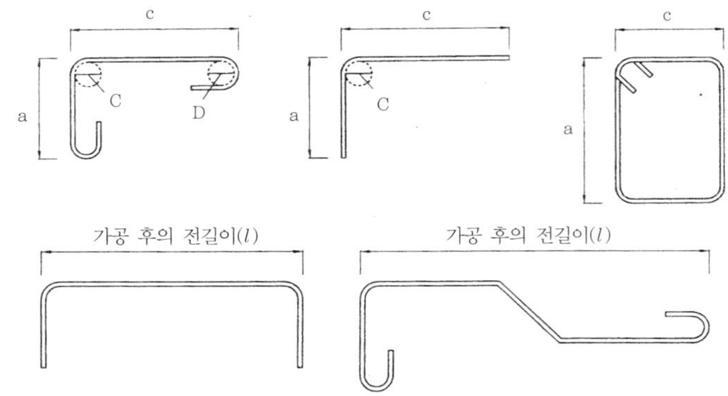

(a) 철근가공 선반

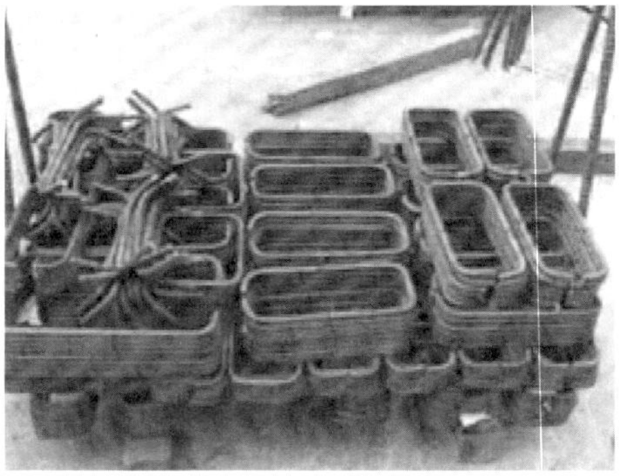

(b) 늑근 가공

그림 7–19 철근 절단 및 구부리기

표 7–10 철근 단부의 구부림 형상 및 치수

<table>
<tr><th>구부림
각도</th><th>그림</th><th>종류</th><th>지름</th><th>구부림
안치수(D)</th></tr>
<tr><td rowspan="5">180°
135°
90°</td><td rowspan="5">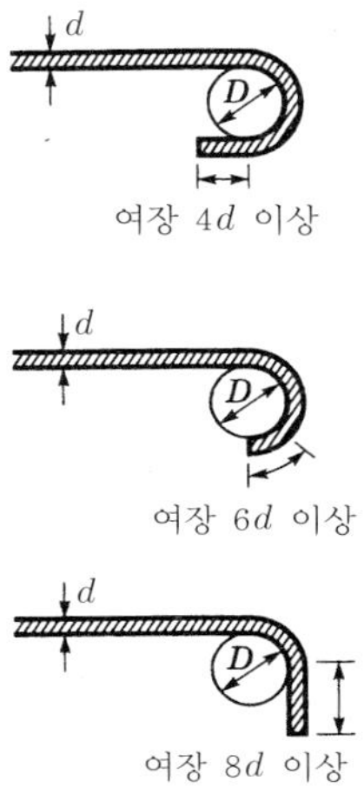</td><td>SR 240</td><td>16mm 이하</td><td>3d 이상</td></tr>
<tr><td rowspan="3">SR 300
SD 300
SD 350</td><td>16mm 이하
D16 이하</td><td>3d 이상</td></tr>
<tr><td>19mm 이하
D19~D38</td><td>4d 이상</td></tr>
<tr><td>D41</td><td>5d 이상</td></tr>
<tr><td>SD 400
SD 500</td><td></td><td>5d 이상</td></tr>
</table>

그림 7-20 철근 단부 갈고리

5) 갈고리(Hook)의 설치 위치

① 원형철근의 단부

② 스터럽 단부

③ 띠철근 단부

④ 기둥 및 보의 돌출부 철근의 단부(지중보 제외)

⑤ 굴뚝 철근의 단부

5.2 철근 간격, 정착, 이음, 피복두께

1) 철근 간격

(1) 철근의 간격은 극한 강도설계법을 중심으로 한다.

(2) 철근의 순간격 기준

① 철근 지름(주근)의 1.5배 이상으로 한다.

② 25mm 이상

③ 굵은골재 최대치수의 1.25배 이상으로 한다.

2) 철근의 정착

철근의 정착(steel bar anchor)이란 철근이 콘크리트 속에서 뽑혀 나오지 않게 할 수 있는 길이를 말한다.

(1) 철근 정착길이

철근의 정착길이는 철근의 종류, 콘크리트 품질과 강도에 따라 다르며, 다음과 같이 규정하고 있다.(구조물의 구조기능 등에 관한 규칙 제40조)

표 7-11 철근의 정착 및 이음길이

위치	보통 콘크리트	경량콘크리트
압축력 또는 인장력이 적은 곳	$25d$	$30d$
기타 부분	$40d$	$50d$

(2) 철근의 정착 위치

① 기둥 주근은 기초에 정착한다.

② 보의 주근은 기초에 정착한다.

③ 벽 철근은 기둥 · 보 · 바닥에 정착한다.

④ 바닥철근은 보 · 벽체에 정착한다.

⑤ 지중보의 주근은 기초 또는 기둥에 정착한다.

(a) 기둥 지중보 기초 정착

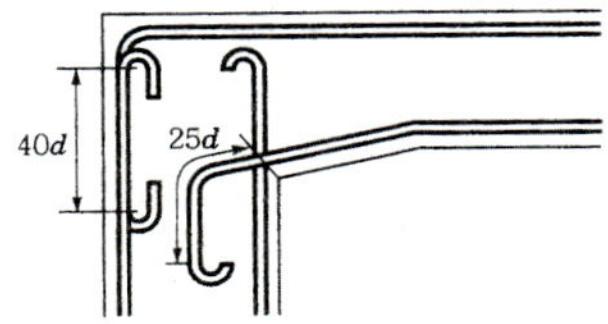

(a) 지붕층 보철근 정착길이 상세

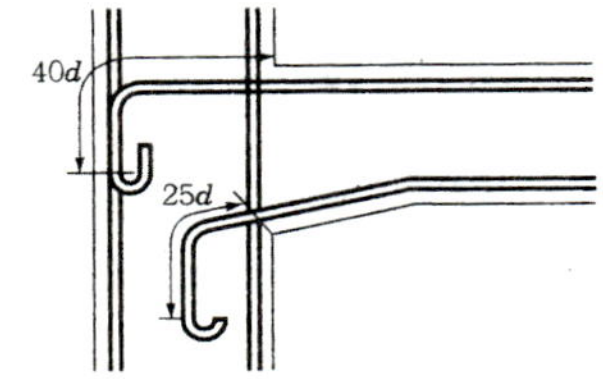

(b) 중간층 보의 철근 정착길이 상세

(c) 보 철근 정착길이 시공 예

그림 7-21 보철근 정착길이 시공 사례

3) 철근의 이음

철근이음이란 철근을 적당한 길이로 겹쳐 잇거나 아니면 압접·용접 등으로 잇는 것을 말하며, 응력이 작은 곳에서 이음을 한다.

(1) 철근 이음길이

철근 이음길이는 철근의 종류, 콘크리트 강도 등에 따라 다르나 용접이음을 제외하고는 일반적으로 압축력 또는 인장력이 적은 곳의 이음길이는 주근지름의 25d, 인장력을 크게 받는 곳은 $40d$ 이상으로 한다.

(2) 이음기준

① 이음위치는 응력이 큰 곳을 피하고 엇갈리게 잇는다.

② 이음의 겹친 길이는 갈고리 중심거리로 한다.

③ 한 곳에서 철근의 과반수 이상을 이어서는 안 된다.

④ D29mm 이상 철근은 겹친 이음을 하지 않는다.

⑤ 철근 지름이 다른 철근의 겹침이음은 가는 쪽 철근 지름을 기준으로 한다.

⑥ 철근 이음길이는 일반적으로 압

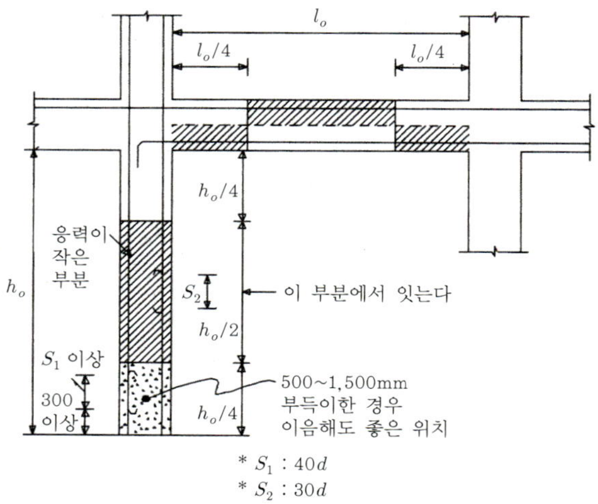

그림 7-22 기둥 철근의 이음위치

축력을 받는 곳을 $25d$ 이상, 인장력을 받는 곳은 $40d$ 이상으로 한다.

(3) 철근의 이음 위치

① 기초 지중보 철근 이음은 중앙부에 둔다.

② 매트 기초의 이음은 중앙 하부와 단부 상부에 잇는다.

③ 기둥 철근 이음은 기둥 순높이의 3/4 이하, 바닥 위 50cm 이상에 둔다.

④ 보철근 이음은 보단부 하단이나 중앙부 상단에서 잇는다.

⑤ 벽체 철근은 슬래브 바닥판 위에는 바로 잇는다.

⑥ 슬래브 철근이음은 상단근은 벤트업 부분에서 하단근은 단부 하부에서 잇는다.

4) 철근이음의 종류

철근 이음의 종류에는 겹침이음, 가스압접이음, 용접이음, 기계적 이음 등이 있다.

표 7-12 각 철근이음 종류별 특징 비교

항목 \ 종류	겹침이음	용접이음	가스용접	기계적 이음		
				나사이음	강관압착이음	모르타르 충전이음
이음방법	철근을 나란히 겹쳐있는 이음	철근을 용접하여 잇는 이음	고압가스를 이용하여 잇는 이음	나사형의 이음 철물로 잇는 이음	강관 속에 끼워 넣어 잇는 이음	강관 속에 충전재를 넣어 잇는 이음
적용 부위	전부위	기둥, 보	기둥, 보	보	기둥	보
시공품질의 균일성 확보	어려움	용이	용이	용이	용이	용이
허용시공오차	5mm	3mm	3mm	3mm	3mm	3mm
이음부 신축	없음	없음	압접시 철근 수축	없음	압착시 다소 신장	없음
기존 이형철근의 사용 여부		사용 가능	사용 가능	나선철근 생산 필요	사용 가능	사용 가능
필요 기능공	철근공	용접공	압접공	없음	없음	없음
필요 기계	없음	용접기	가스압접기	토크렌치	압착용 유압잭	모르타르 주입건
실용회사의 전체조건		· 압접공의 양성 · 압접기의 개발	· 압접공이 필요 · 용접기의 소형화 필요	· 나선철근의 생산이 전제 · 슬리브, 너트의 개발 필요	· 강관압착용 유압잭 개발 필요 · 슬리브, 너트의 개발 필요	· 직경 큰 슬리브 개발 필요 · 무수축모르타르 개발 필요

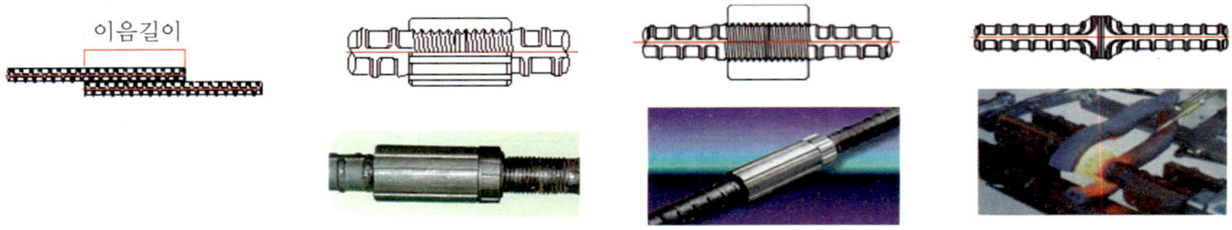

겹침이음 나사이음 나사 압착이음 압접이음

그림 7-23 철근이음의 종류별 형상

(1) 겹침이음

① 철근을 나란히 옆으로 대어 1개소당 두 군데 이상 서로 겹쳐 잇는 이음을 말한다.

② 겹친이음부가 충분한 강도를 발휘하기 위해서는 이음길이와 철근간격 및 피복두께 등이 중요하다. 단, D29 이상은 겹침이음은 하지 않는다.

③ 겹침이음 길이는 구조계산에 따르고, 철근이음 위치의 상호간격은 철근공칭지름의 1.5d 이상 또는 25mm 이상이 필요하고, 철근결속선은 #18 ~20철선을 불에 달구어 누그린 것을 사용한다.

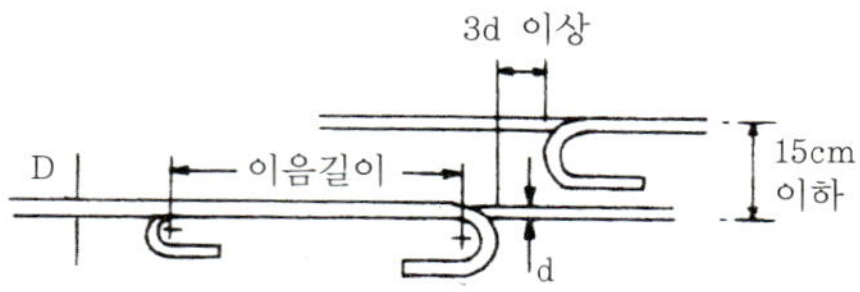

그림 7-24 철근의 겹친이음 길이 산정

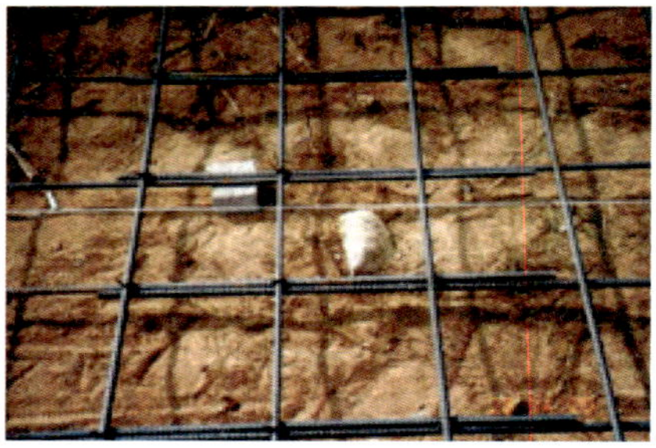

그림 7-25 철근 겹침이음 현장 시공 예

(2) 가스압접이음

① 철근 단면의 맞댄 부분을 산소-아세틸렌 염으로 가열하여 적열상태에서 부풀려 가압 · 접합하는 일종의 고상용접(solid phase welding)이음을 말한다.

② 자동 가스압접이음은 확실한 이음이 가능하며, 보통 D19 이상 D51까지 가능하다. 철근이음 위치의 상호간격은 25d 이상 또는 400mm 이상으로 한다.

③ 가스압접 품질 기준

㉠ 용접 돌출부 지름은 1.4d 이상

㉡ 용접 돌출부 길이는 1.2d 이상

㉢ 철근 중심축의 편심량은 철근지름의 1/4 이하

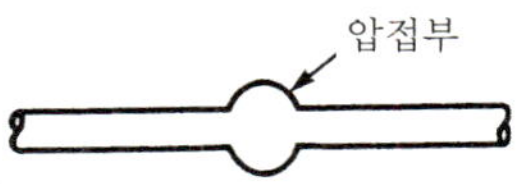

그림 7-26 가스압접 이음 형상

④ 압접검사

압접검사에는 초음파탐상시험이 많이 쓰인다. 또는 압접부의 부풀음 직경 · 길이, 비뚤어짐, 압접부에서 철근 중심 편심량 등의 검사는 SY게이지 또는 취급이 간단한 디지털노기스 등이 사용된다.

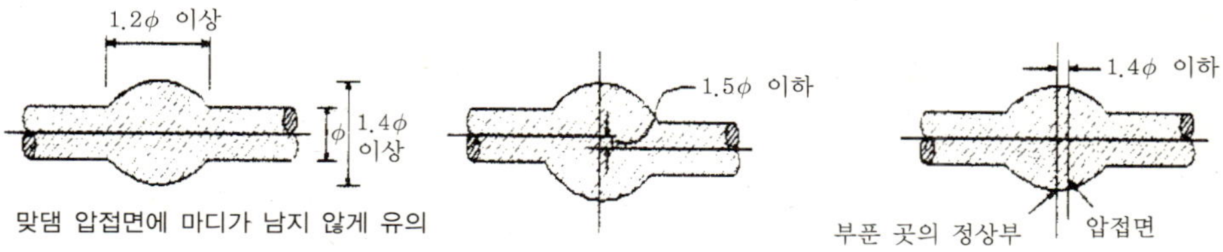

그림 7-27 압접부의 형상 기준

(a) 철근 가스압접 1단계　(b) 철근 가스압접 2단계　(c) 철근 가스압접 완료

그림 7-28 사례현장 철근 가스압접 시공

(3) 용접이음

① 강재에 열을 가하여 철의 조직을 연성화시키거나 완전히 녹여 접합하는 이음을 말하며, 아크용접이음이 대부분 사용된다.

② 용접이음 종류에는 겹친이음, 맞댄이음, 덧댄용접이음 등이 있다.

(4) 기타 이음

나사이음, 슬리브 압착이음, 슬리브 충전이음이 있다.

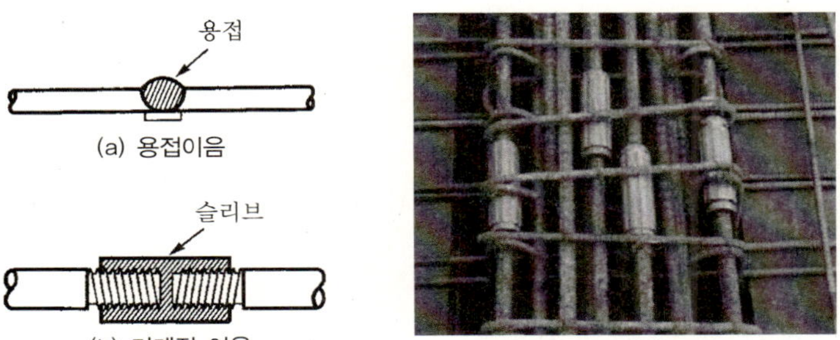

(a) 용접이음　(b) 기계적 이음　(c) 나사압착 이음

그림 7-29 나사압착 이음 시공 사례

5) 피복두께

① 철근 피복두께란 철근 바깥 표면으로부터 콘크리트 표면까지의 거리를 말하며, 스페이서로 피복간격을 유지한다.

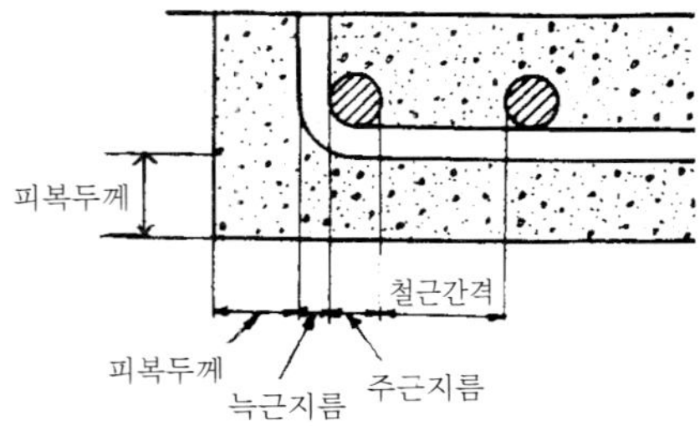

그림 7-30 철근의 간격 및 피복두께

② 피복두께 역할

㉠ 철근이 부식되지 않도록 하는 역할

㉡ 내화구조 성능을 갖기 위한 역할

㉢ 부착응력 확보 역할

③ 철근 피복두께 최소값(건축표준시방기준, 2013년 개정)

표 7-13 철근 피복두께 최소 기준(2013년 개정)

<table>
<tr><th colspan="3">종 류</th><th>피복두께</th></tr>
<tr><td colspan="3">① 수중에서 타설하는 콘크리트</td><td>100mm</td></tr>
<tr><td colspan="3">② 흙에 접하여 콘크리트를 친 후 영구히 흙에 있는 콘크리트</td><td>80mm</td></tr>
<tr><td rowspan="3">③ 흙에 접하거나 옥외의 공기에 직접 노출되는 콘크리트</td><td colspan="2">D29 이상 철근</td><td>60mm</td></tr>
<tr><td colspan="2">D25 이하 철근</td><td>50mm</td></tr>
<tr><td colspan="2">D16 이하 철근, 지름 16mm 이하 철선</td><td>40mm</td></tr>
<tr><td rowspan="4">④ 옥외의 공기나 흙에 직접 접하지 않는 콘크리트</td><td rowspan="2">슬래브, 벽체, 장선</td><td>D35 초과 철근</td><td>40mm</td></tr>
<tr><td>D35 이하 철근</td><td>20mm</td></tr>
<tr><td colspan="2">보, 기둥(모든 철근)</td><td>40mm</td></tr>
<tr><td colspan="2">쉘, 철판부재(모든 철근)</td><td>20mm</td></tr>
</table>

※ 단, 보 또는 기둥의 경우 $f_{ck} \geq 40$MPa일 때 피복두께 10mm 저감 가능하다.

④ 철근 피복두께 확보

철근 피복두께는 기초, 기둥, 보, 벽체, 슬래브용 스페이서를 사용하여 확보한다.

6. 철근 배근조립 계획

6.1 철근 배근조립 순서

(1) 기초 철근 배근조립 작업 순서

① 거푸집 위치 먹물치기 → ② 철근 간격 표시 → ③ 직교 철근 배근 → ④ 대각선 철근 배근

⑤ 바닥 스페이서 설치 → ⑥ 기둥 주근 배근 → ⑦ 띠철근 끼우기

(2) 철근콘크리트조 철근 조립 작업 순서

① 기초 → ② 기둥철근 → ③ 띠철근(hoop) → ④ 기둥과 벽의 한쪽 거푸집

⑤ 벽 철근 → ⑦ 벽의 다른 쪽 거푸집 → ⑧ 보 · 바닥의 거푸집 → ⑨ 보철근

⑩ 스터럽(stirrup) → ⑪ 바닥 철근

6.2 기초 철근 배근 조립 계획

기초 철근 배근 조립에는 ① 독립기초 철근 배근, ② 연속기초 철근 배근, ③ 말뚝기초 철근 배근, ④ 온통(매트)기초 철근 배근 방법이 있다.

1) 독립기초 철근 배근 조립

① 버림콘크리트 위에 기둥 중심 먹매김을 한 후에 가로, 세로 철근 간격을 표시하고 기초바닥 피복 스페이서(피복 7cm)를 설치하고 기초 바닥 철근을 배근한다.

② 바닥 베이스 주근 위에 직교한 배력근을 결속한 후 기둥 주근을 세우고 넘어지지 않도록 밑창 띠철근을 사용한다.

③ 기초에 철골기둥을 세울 때에는 전단보강근을 배치한다.

④ 기둥 주근은 기초에 보통 40cm 이상 정착시킨다.

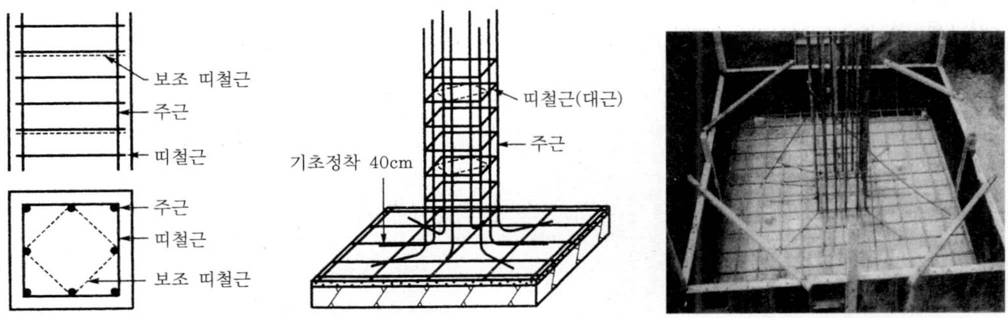

(a) 독립기초 철근 배근 조립도

(b) 독립기초 철근 배근 조립 예

그림 7-31 독립기초 및 기둥철근 배근 조립 시공

2) 연속기초 철근 배근 조립

① 연속기초(줄기초) 철근 배근은 기초벽의 수평근과 수직근, 기초판의 단변근과 장변근을 구분하여 배근 조립한다.

② 연속기초 철근 배근도 독립기초와 같은 방법으로 배근한다.

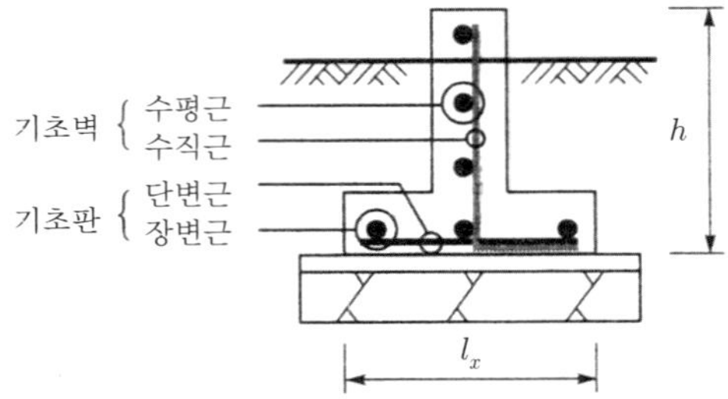

그림 7-32 연속기초의 철근 배근도

그림 7-33 연속기초 철근 배근 조립 예

3) 매트(온통)기초 철근 배근 조립

① 기초 전체를 하나의 매트로 하여 철근 배근 조립하는 기초를 말하는 것으로서 온통기초 철근 배근 조립이라고도 한다.

② 고층 아파트와 같은 기초인 경우에는 기초를 온통 터파기하여 매트기초 철근 배근으로 기초를 형성한다.

그림 7-34 매트(온통)기초 철근 배근 조립 예

4) 기초보 철근 배근 조립

① 기초보 철근 배근은 상하단 주근 끝부분에는 모두 훅(Hook)을 두어 푸팅기초 또는 기둥에 상향 또는 하향시켜 정착시킨다.

② 주근의 이음은 응력이 작은 부분에 배치하고 한 곳에 집중하지 않도록 한다.

③ 기초보 피복두께는 7cm 정도가 적당하다.

그림 7-35 기초보 철근 배근 조립 예

5) 기초 철근의 이음 위치

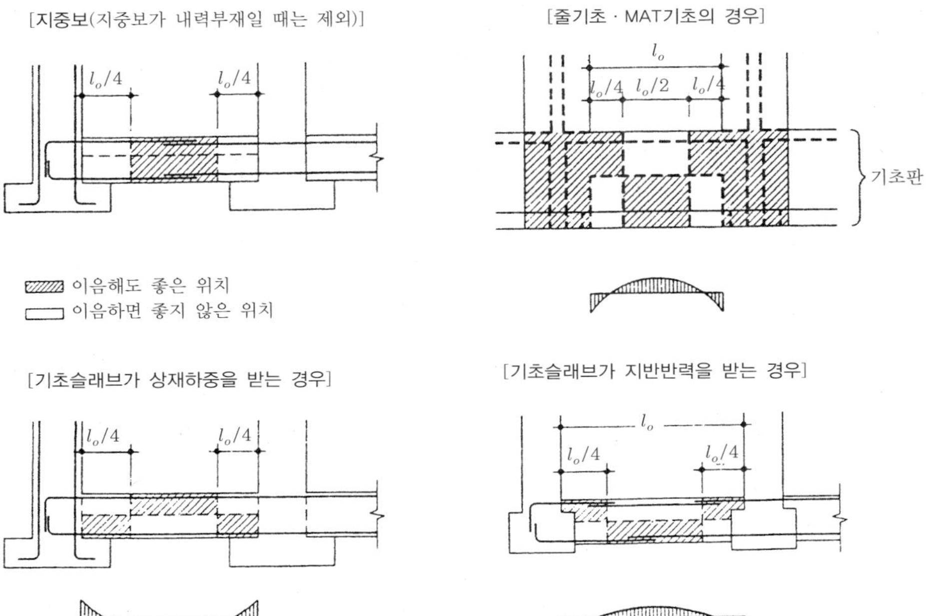

그림 7-36 기초 철근 이음위치

6.3 기둥철근 배근 조립계획

1) 주근 배근 조립

① 기둥철근 배근은 세로 철근이 주근이므로 재축에 대칭으로 배근한다.

② 기둥철근은 윗층 높이의 1/3 지점 정도까지 뽑아 올려 배근한다.

③ 기둥의 주근 철근은 D13 이상, 개수는 4개 이상, 철근 단면적은 콘크리트 단면적의 0.8% 이상으로 배근한다.

④ 기둥 철근의 이음위치는 기둥 안목 높이의 3/4 이하에 두고 바닥 위 50cm 이상 범위에 둔다.

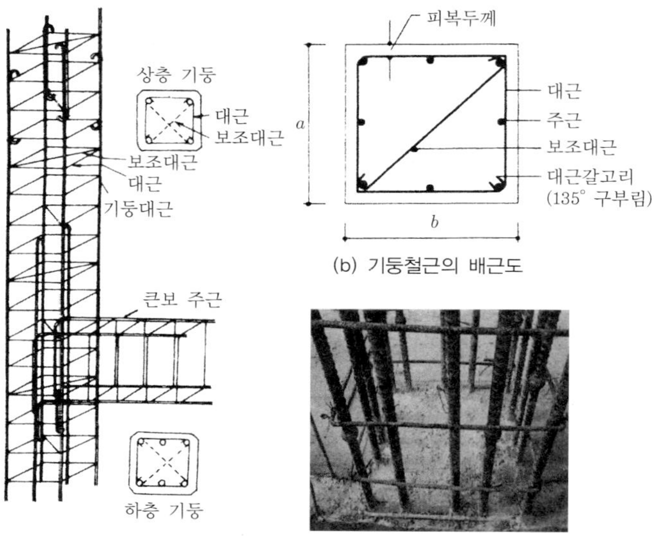

(a) 기둥 주근 배근 조립

(b) 기둥철근의 배근도

(c) 현장 기둥철근 배근 조립 예

그림 7-37 기둥철근 배근 조립 시공

2) 띠철근 배근 조립

① 띠철근의 직경은 D10 이상, 간격은 기둥의 상 · 하단부에서는 기둥 안목 높이의 1/4 범위 내에서 10~15cm, 중앙부에서는 30cm로 한다.

② 띠철근의 끝부분은 135° 이상의 훅(Hook)을 두어 정착시킨다.

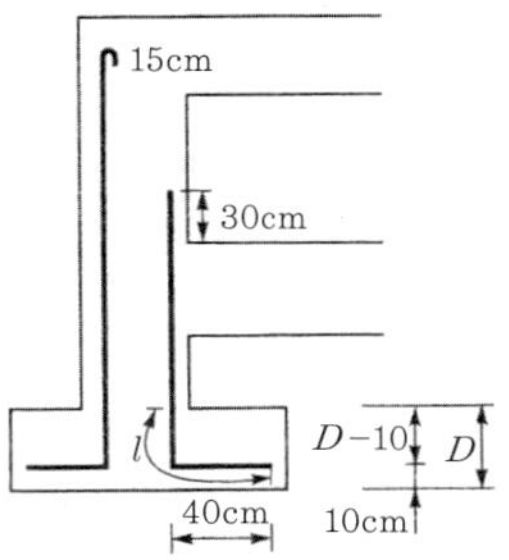

(a) 기둥철근 배근 조립 기준

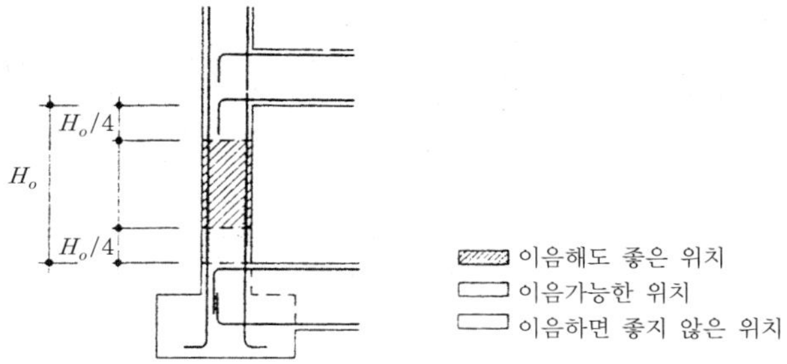

(b) 기둥철근 배근 이음 위치

(c) 사례현장 기둥철근 배근 조립

(d) 기둥 주근 배근 조립 시공 예

그림 7-38 사례현장 기둥철근 조립

6.4 보철근 배근 조립계획

1) 주근 배근 조립

① 보 주근은 D16 이상, 배근 개수는 4개 이상, 보 철근비는 0.5% 이상으로 배근한다.

② 보 주근의 상호 간격은 25cm 이상으로 하고 이어쓰지 않는 것을 원칙으로 한다.

③ 기둥에 접속되는 보의 상하 주근은 기둥 중심선을 지나 수직으로 깊숙이 정착시킨다.

④ 중간 기둥에 접속되는 보의 상부근은 통과 배근하고 하부근 기둥에 정착시킨다.

⑤ 보철근의 이음은 단부는 하부에서 중앙부는 상부에서 잇는다.

2) 늑근 배근 조립

① 늑근은 D10 이상, 늑근의 간격은 중앙부에서 할당하고 나머지는 단부에서 조정한다. (45cm 이내)

② 제1늑근의 배치는 기둥 주근에서 50mm 이내에 배치한다.

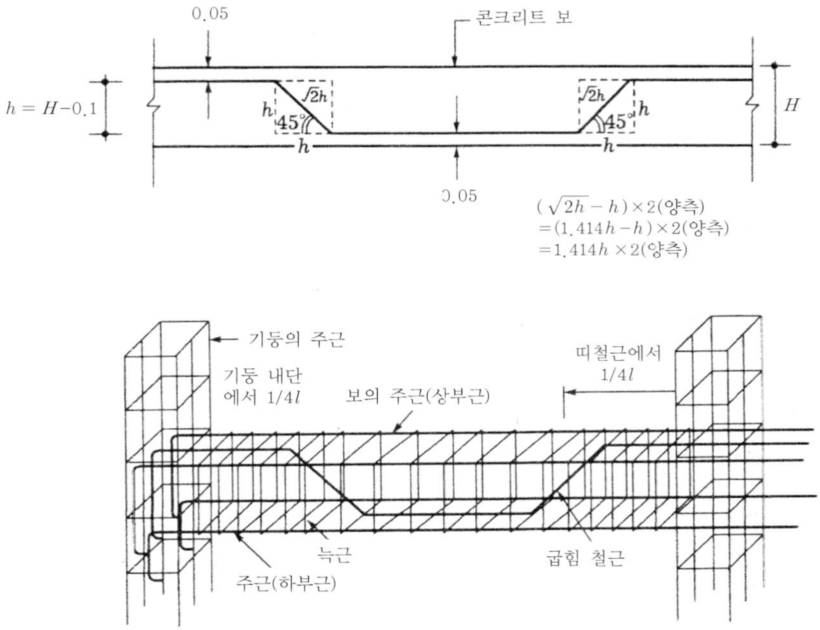

그림 7-39 보철근 배근 조립도

3) 경사철근(Bent Bar) 배근 조립

① 전단력에 대한 보강으로 유효하다.

② 주철근을 절단하지 않고 사용하여 경제적이다.

③ 굽힘철근과 재축과의 각도는 30~15° 로 한다.

④ 보나 Slab 길이(l)의 내단에서 $\frac{l}{4}$ 지점에서 꺾어 올리거나 내린다.

(a) Gider 보 배근 사례

(b) Beam 보 배근 사례

그림 7-40 사례현장 보철근 배근 사례

4) 보의 주근 조립 단면 상세도

보의 주근 배근 조립 위치와 보의 중앙부 배근 단면도와 단부 보의 배근 단면 상세도는 다음과 같다.

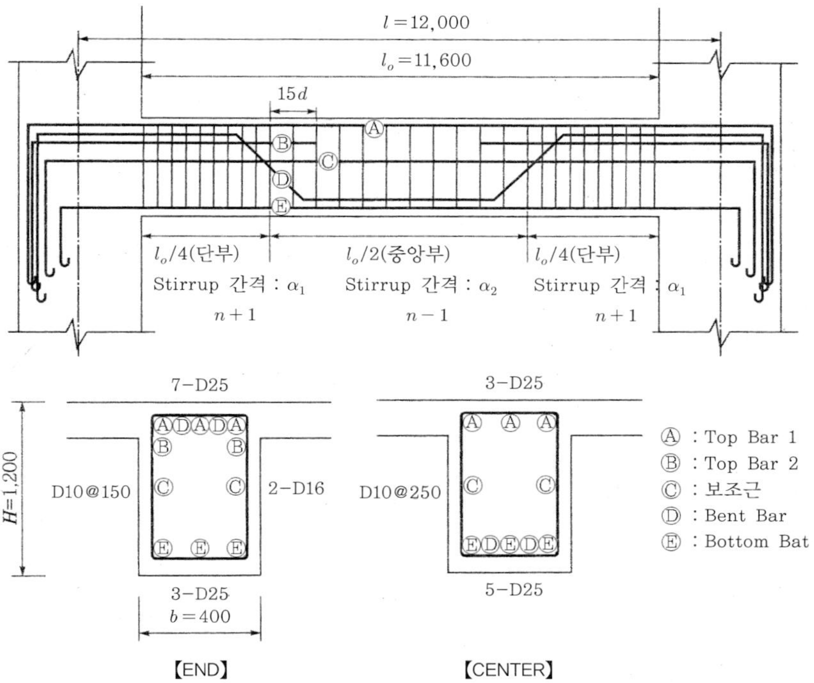

그림 7-41 보철근 배근 조립 단면상세도(자료 : 건축기사 실기, 건기원. p.729)

5) 보철근 이음 위치

보철근의 이음 위치는 중앙부는 상부에서, 단부에서는 하부에서 이음한다.

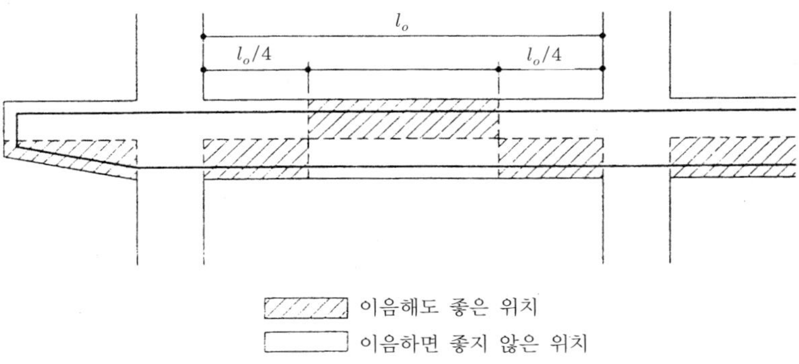

그림 7-42 보철근 배근 이음 위치도

6.5 바닥(Slab)철근 배근 조립계획

1) 주열대와 주간대 철근 배근

슬래브의 단부는 주열대로 빗금친 부분을 말하고, 중앙부는 주간대 부분으로 말하며, 슬래브 단부의 폭은 단변 및 장변 모두 동일하게 단변길이의 $L_x/4$이다.

2) 주근과 부근 배근

① 바닥철근의 주근은 단변방향으로 배근하고 부근을 장변방향으로 배근한다.

► 주근 배근배치(단변방향)	► 부근 배근배치(장변방향)
① 상부 상단근	①′ 상부 상단근
② 상부 굽힌철근	②′ 상부 굽힌철근
③ 하부 중앙 부근	③′ 하부 중앙 부근
④ 상부 단부근	④′ 상부 단부근
⑤ 하부 단부근	⑤′ 하부 단부근

② 장변방향의 철근은 부근, 배력근이라고도 한다.

③ 주근은 바깥쪽으로 부근은 안쪽으로 배근한다.

④ 바닥 철근의 최대간격은 주근은 20cm 이하, 부근은 30cm 이하 또는 바닥판 두께의 3배 이내로 한다.

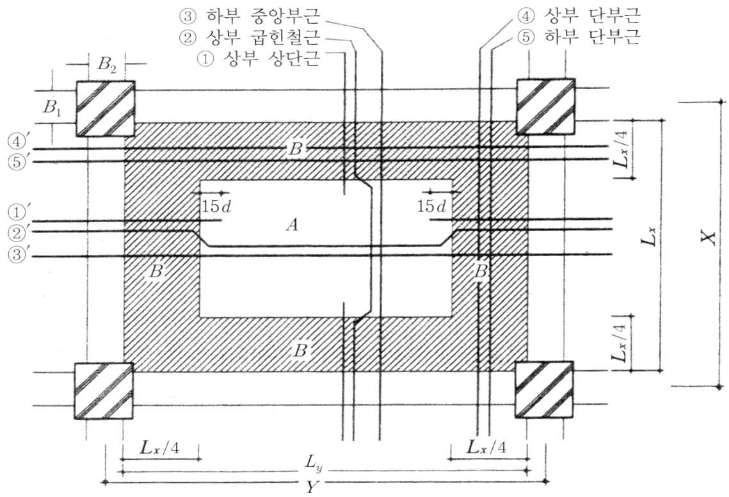

주 : 1. 단부(주열대)는 빗금친 부분인 B를 말하고 중앙부(주간대)는 A부분을 말한다.
2. 단부의 폭은 단변 및 장변 모두 동일하게 $L_x/4$이다.

그림 7-43 바닥판(슬래브) 철근의 배근도(A)

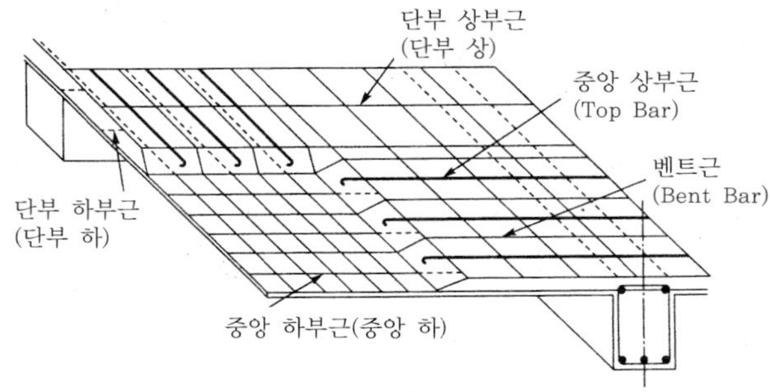

그림 7-44 바닥판(slab) 철근 배근상세도(B)

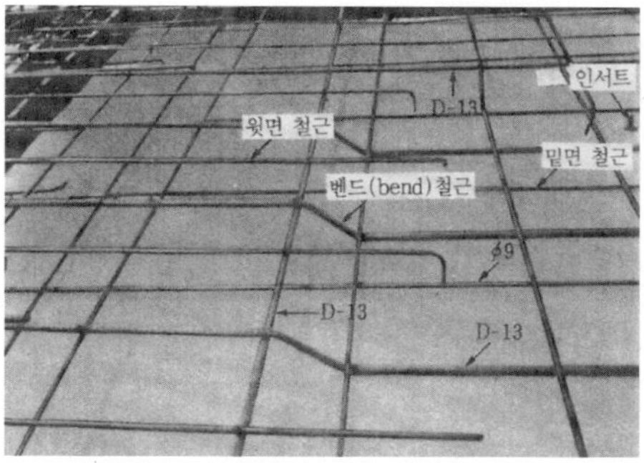

그림 7-45 천장슬래브 철근 배근 조립 예

6.6 벽체 철근 배근 조립계획

1) 벽체 주근 배근 조립

① 내력벽의 수직철근비는 0.15% 이상, 수평철근비 0.25% 이상으로 배근한다.

② 수직, 수평철근 배근간격은 벽두께의 3배 이내 또는 45cm 이하로 한다.

③ 벽식구조에서 내력벽의 정착 및 이음은 보통 25d 이상, 수평철근은 40d 이상으로 배근한다.

④ 벽체 철근의 정착은 하부 세로근은 기초판, 지중보, 바닥판에 정착시키고 상부근은 보에 깊이 정착하고 가로근은 기둥에 통과 또는 깊숙이 정착시킨다.

그림 7-46 벽체 철근 배근 조립 시공

2) 벽체 철근의 이음 위치

원칙적으로 보, 기둥 내에는 배근의 이음을 피하고, 수평철근의 경우는 1스팬마다 기둥에 정착하는 것은 지장없다.(* 표시)

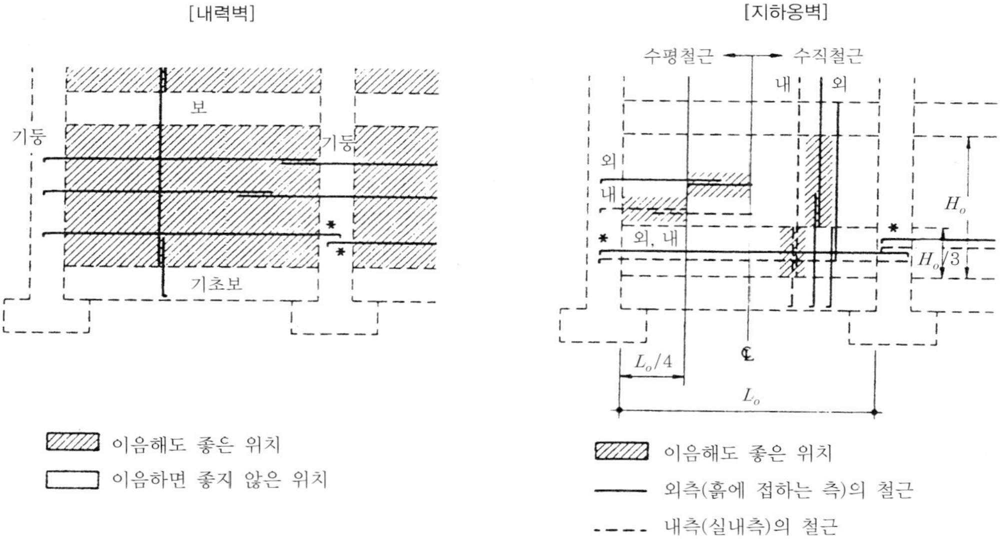

그림 7-47 벽체 철근 이음 위치

6.7 철근 가공 및 조립 검사

1) 철근 가공조립 품질검사

철근의 가공, 조립에 관한 품질관리 기준 및 검사는 건축공사표준시방서를 참조한다.

표 7-14 철근의 가공, 조립에 관한 품질관리 및 검사 기준

항목	검사방법	시기, 횟수	판정기준	시험기관 및 책임자
1) 철근 종류, 지름	강재검사증명서, 납품서 등에 의한 확인, 육안검사, 지름의 측정	철근 반입시	설계도서에 규정된 것	· 시공자 · 입회 또는 기록 확인
2) 가공치수	자 등에 의한 측정	가공철근 투입시 또는 현장가공 후 공종별마다 샘플링 검사		〃
3) 수량, 조립정밀도, 위치의 정밀도, 이음 및 정착위치, 길이	자 등에 의한 측정 및 육안검사	조립 중 또는 조립 후 수시	설계도서 또는 시공도에 규정된 것	〃
4) 철근간격	자 등에 의한 측정 및 육안검사	조립 중 또는 조립 후 수시		〃
5) 철근 고임대 및 간격재의 배치, 수량	육안검사	조립 후 수시		〃
6) 철근의 고정도	육안검사	조립 중, 조립 후 수시	콘크리트 부어넣을 때 변형, 이동의 위험이 없는 것	〃

2) 피복두께의 검사 기준

표 7-15 피복두께 검사 기준

항목	시험방법	판정기준	시험 기관	책임자의 관리항목	시기 · 횟수
1) 타설 중의 거푸집 판과 최외측 철근 사이의 간격	감리자의 승인을 받는 방법	다음 (1), (2)에 적합한 것 (1) 거푸집 검사에서 합격된 거푸집판과 최외측 철근 사이의 간격이 콘크리트 타설 중에 유지될 것 (2) 2005.3.5에 정한 최소 피복두께에 적합한 것	시공자	입회 또는 기록 확인	콘크리트 타설중
2) 외관검사	육안		시공자	입회 또는 기록 확인	거푸집판 또는 받침기둥 제거 후에 검사가 가능하게 된 시기

6.8 철근 조립화 공법

1) 공법 개요

철근 조립화 공법은 기둥, 보, 슬래브, 벽체 철근을 부위별로 공장에서 먼저 제작하여 현장에는 조립 · 설치만 할 수 있게 기계화, 성력화한 공법을 말한다.

철근 조립화 공법의 종류에는 기둥, 보, 철근은 선조립 공법과 후조립 공법이 있고, 벽체와 바닥 철근의 조립화 공법은 용접철망 공법을 들 수 있다.

조립화 공법의 특징으로는 굵은철근 사용이 가능하고, 피복두께 정확성, 시공정밀도 향상, 공사기간의 단축, 재료 손실이 적고 숙련공이 불필요한 장점이 있다.

2) 공법의 종류

(1) 기둥 · 보철근 선조립 공법

① 개요

㉠ 거푸집을 설치하기 전에 철근을 먼저 배근 · 조립하는 방식을 말한다.

㉡ 정밀도 확보와 공정면에서 유리하다.

㉢ 넓은 건물에 주로 사용한다.

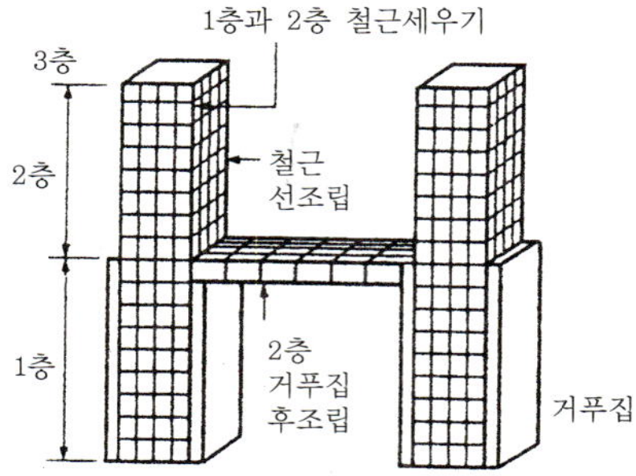

(a) 기둥, 보철근 선조립화 공법

(b) 기둥 철근 선조립 시공 예

그림 7-48

② 시공순서

1층 기둥, 2층 보 설치 → 2층 거푸집 설치 → 3층 보 설치 → 2층 바닥 콘크리트 타설

(2) 기둥 · 보철근 후 조립 공법

① 개요

㉠ 거푸집을 설치한 후에 철근을 배근 조립하는 방식을 말한다.

㉡ 정밀도 확보와 공정면에서 불리하다.

㉢ 대규모 공사에 적용한다.

② 시공

㉠ 기둥 세우기

㉡ 거푸집 설치

㉢ 보 설치

㉣ 바닥 타설

그림 7-49 보철근 선조립 시공 예

(3) 벽, 바닥철근의 per-fab 공법

벽과 바닥철근 조립은 용접철망을 사용한다.

① 규격은 1m×1m, 2m×4m이고, 용접철망의 겹침길이는 20cm 정도이다.

② 고강도 철근조립은 용접으로 하고, 특수한 경우에는 결속선으로 한다.

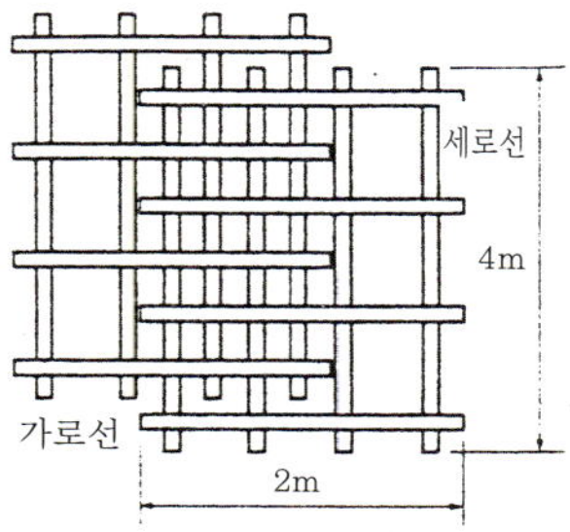

그림 7-50 벽 및 바닥 용접 철망 조립도

3) 공법의 특징

(1) 장점

① 공사기간 단축, 정밀도가 높다.

② 피복두께 정확-품질 확보가 유리하다.

③ 고강도 con'c 적용에 유리하다.

④ 작업이 지속적으로 이루어져 con'c의 연속 타설이 가능하다.

(2) 단점

① 부피 증대로 운반 및 양중에 어려움이 있다.

② 시공순서의 혼란이 올 수 있다.

(3) 재래식 공법과의 비교

그림 7-51 벽체철근 선조립 시공 예

표 7-16 철근 기존 공법과 조립화 공법 비교

항목	기존 재래식 공법	조립화 공법
적용 부위	철근공사의 모든 부위	기둥, 보, 슬래브와 벽체
기능 정도	숙련공, 비숙련공 필요	비숙련공 위주
시공 품질	균일 품질 확보가 어려움	품질 확보 용이
소요 인력	많은 소요 인력	인력 절감
장비 사용	불필요	양중기 등 필요

4) 향후 전망

① 설계 시 구조부재의 표준화 가능

② 시공정밀도 향상

③ 작업의 단순화

④ 철근 공장 제작과 현장 조립화 가능 기대

7. 철근의 부식 발생과 국제시방기준(ASTM)

7.1 철근 부식 발생 원인과 시방 허용기준

1) 철근부식의 발생 원인

철의 원래 성분은 돌 속에서 부식된 상태로 존재했으나 부식된 원철을 일시적으로 부식되지 못하도록 열처리하여 만든 것이 철근이고 철골이다.

따라서 철은 항상 대기 중에 있는 물(H_2O)과 산소(O_2)를 만나 자기 원래의 성질인 부식된 상태로 환원하려고 하는 것이 철의 부식현상이라고 한다.

철은 반드시 물과 산소가 동시에 공급될 때만 부식되며, 철은 물과 산소 중 어느 하나만 차단하게 되면 부식이 진행되지 않는다. 철의 부식 과정의 화학반응식은 다음과 같다.

$$Fe + H_2O + O_2 \longrightarrow Fe(OH)_2 \text{(수산화제일철)}$$

$$Fe(OH)_2 + 1/2H_2O + 1/4O_2 \longrightarrow Fe(OH)_3 \text{(수산화제이철)}$$

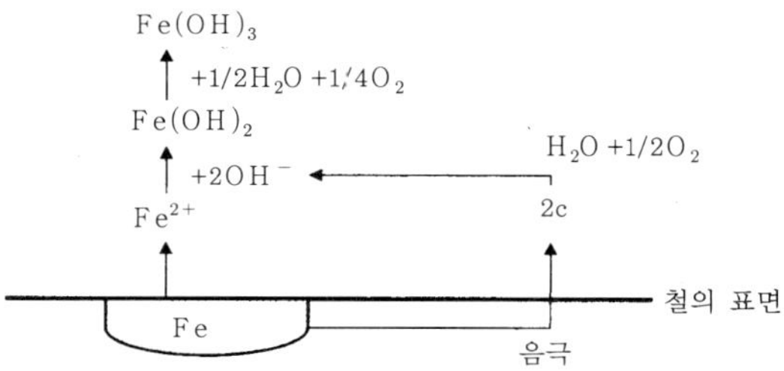

그림 7-52 철근부식 발생 과정

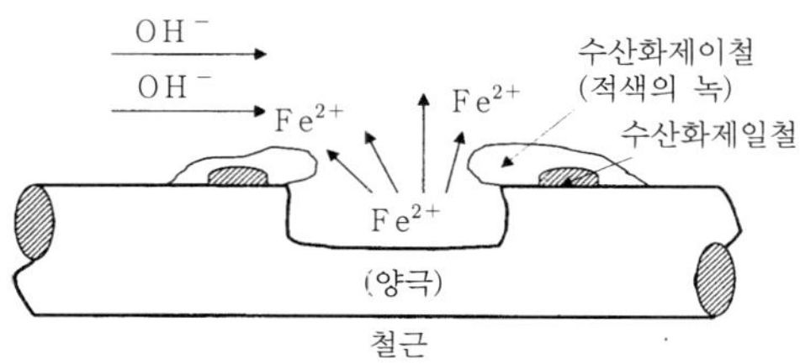

그림 7-53 철근의 녹 발생

(1) 철근부식과 체적 팽창

철은 부식되면 그 체적이 2.5~7배까지 팽창하게 되어 콘크리트 균열이 발생하고 그 틈 사이로 수분, 탄산가스 등이 침투하여 부식을 더욱 촉진하게 된다.

(2) 철근부식과 부착력

철근은 부식되지 않는 것이 좋으나 어느 정도(1% 정도 중량비 손실)의 부식은 부착력을 증가시키는 효과를 가져오는 긍정적인 측면도 있다.

표 7-17 철근 표면 단면 상태에 따른 부착력의 비교

철근의 표면, 단면 형태	원형 철근	보통 철근	녹슨 철근 (1% 중량비 손실시)	비고
부착력비	0.45	1.00	1.44	

표 7-18 철근부식 레미콘의 최저 염화물 함량 기준(0.3~0.6kg/m^3)

구분	구성비(kg/mg)
시멘트	0.014~0.063
물	0.027
혼화제	0.0039
잔골재	0.194
계	0.2379 ≒ 0.3kg/mg

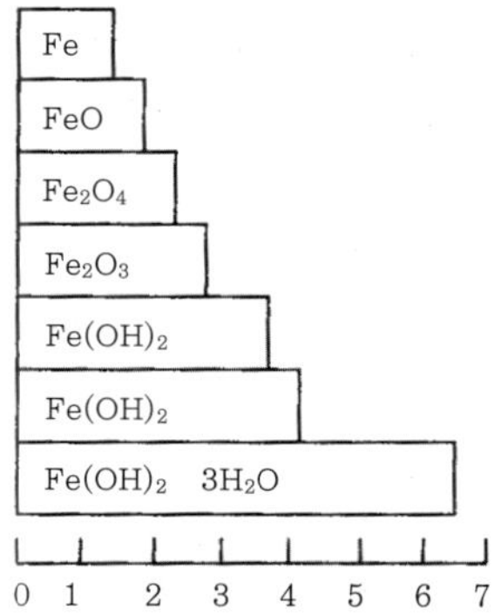

그림 7-54 철근부식 시 체적 팽창

2) 현장 철근의 부식 허용 시방기준

(1) ASTM A615. 11항 1 규정

① 미국 ASTM의 철근 부식 허용 시방기준은 '부식으로 인한 철근의 중량 손실이 6% 미만 시는 구조적으로 큰 문제가 없는 것으로 본다'고 명시되어 있다.

② The permissible Variation shall not exceed 6% under nominal weight (ASTM A615. 11항 1)

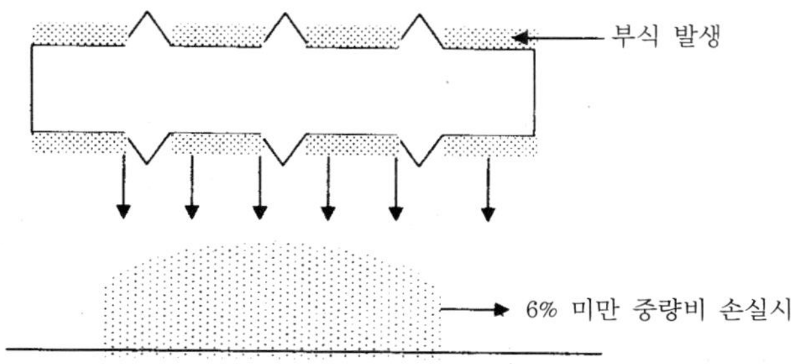

그림 7-55 ASTM 기준 부식철근 중량 6% 손실 시험

(2) 국내 기준

국내 철근부식 허용 시방기준은 A.S.T.M 규정을 준용하고 있으나 국내 별도의 특별한 허용 시방 규정은 없다.

► 미국 ASTM 철근부식 허용 시방기준

10.2.2 Unrestricted movement of the specimen at points of contact with the apparatus and bending around a pin free to rotate.

10.2.3 Close wrapping of the specimen around the pin during the bending operation.

10.3 Other acceptable more severe methods of bend testing, such as placing a specimen across two pins free to rotate and applying the bending force with a fixed pin, may be used. When failures occur under more severe methods, retests shall be permitted under the bend test method prescribed in 10.2.

11. Permissible Variation in Weight

11.1 The permissible variation shall not exceed 6 % under nominal weight, except for bars smaller than ⅜ in. [10 mm] round, the permissible variation in weight shall be computed upon the basis of the permissible variation in diameter in Specification A 510 [Specification A 510M]. Reinforcing bars are evaluated on the basis of nominal weights. In no case shall the overweight of any bar be the cause for rejection.

11.2 The specified limit of variation shall be evaluated in accordance with Practice E 29 (rounding method).

12. Finish

12.1 The bars shall be free of detrimental surface imperfections.

12.2 Rust, seams, surface irregularities, or mill scale shall not be cause for rejection, provided the weight, dimensions, cross-sectional area, and tensile properties of a hand wire brushed test specimen are not less than the requirements of this specification.

12.3 Surface imperfections other than those specified in 12.2 shall be considered detrimental when specimens containing such imperfections fail to conform to either tensile or bending requirements.

13. Test Specimens

13.1 Tension test specimens shall be the full section of the bar as rolled. The unit stress determination shall be based on the nominal bar area.

13.2 The bend-test specimens shall be the full section of the bar as rolled.

14. Number of Tests

14.1 For bar sizes No. 3 to 11 [10 to 35], inclusive, one tension test and one bend test shall be made of the largest size rolled from each heat. If, however, material from one heat differs by three or more designation numbers, one tension and one bend test shall be made from both the highest and lowest designation number of the deformed bars rolled.

14.2 For bar sizes Nos. 14 and 18 [45 and 55], one tension test and one bend test shall be made of each size rolled from each heat.

15. Retests

15.1 If any tensile property of any tension test specimen is less than that specified, and any part of the fracture is outside the middle third of the gage length, as indicated by scribe scratches marked on the specimen before testing, a retest shall be allowed.

15.2 If the results of an original tension specimen fail to meet the specified minimum requirements and are within 2000 psi [14 MPa] of the required tensile strength, within 1000 psi [7 MPa] of the required yield point, or within two percentage units of the required elongation, a retest shall be permitted on two random specimens for each original tension specimen failure from the lot. Both retest specimens shall meet the requirements of this specification.

15.3 If a bend test fails for reasons other than mechanical reasons or flaws in the specimen as described in 15.5 and 15.6, a retest shall be permitted on two random specimens from the same lot. Both retest specimens shall meet the requirements of this specification. The retest shall be performed on test specimens that are at air temperature but not less than 60°F [16°C].

15.4 If a weight [mass] test fails for reasons other than flaws in the specimen as described in 15.6, a retest shall be permitted on two random specimens from the same lot. Both retest specimens shall meet the requirements of this specification.

15.5 If any test specimen fails because of mechanical reasons such as failure of testing equipment or improper specimen preparation, it may be discarded and another specimen taken.

15.6 If any test specimen develops flaws, it may be discarded and another specimen of the same size bar from the same heat substituted.

16. Inspection

16.1 The inspector representing the purchaser shall have free entry, at all times while work on the contract of the purchaser is being performed, to all parts of the manufacturer's works that concern the manufacture of the material ordered. The manufacturer shall afford the inspector all reasonable facilities to satisfy him that the material is being furnished in accordance with this specification. All tests (except product analysis) and inspection, shall be made at the place of manufacture prior to shipment, unless otherwise specified, and shall be so conducted as not to interfere unnecessarily with the operation of the works.

16.2 *For Government Procurement Only*—Except as otherwise specified in the contract, the contractor is responsible for the performance of all inspection and test requirements specified herein and may use his own or any other suitable facilities for the performance of the inspection and test requirements specified herein, unless disapproved by the purchaser at the time of purchase. The purchaser shall have the right to perform any of the inspections and tests at the same frequency as set forth in this specification, where such inspections are deemed necessary to assure that material conforms to prescribed requirements.

17. Rejection

17.1 Unless otherwise specified, any rejection based on tests made in accordance with 6.2, shall be reported to the manufacturer within 5 working days from the receipt of samples by the purchaser.

17.2 Material that shows injurious defects subsequent to its acceptance at the manufacturer's works will be rejected, and the manufacturer shall be notified.

(3) ACI Code(Concete Inspection) 시방 규정

–얇은 박판형태의 녹이나 Mill scale은 부착력에 지장을 주지 않는다.

(4) ACI Code(Good Painting Practice) 318–95 규정

–가볍게 녹슨 철재는 콘크리트 속에 들어갈 때에는 유해하지 않다.

(5) CEB–FIP Model Code(1990) 시방 규정

–철근 부식도가 철근지름의 1% 이하 또는 철근단면의 3~5% 이하이면 인장력에 영향을 주지 않는다.

(6) Building Design And Construction Handbook

–심하게 녹슨 철근의 경우 공칭중량 6% 이하의 부식도는 사용시 문제가 되지 않는다.

3) 철근 부식의 국내 허용 시방기준

(1) 건축공사표준시방서

–철근 및 용접망은 조립 전에 청소하고 들뜬 녹, 기름류, 먼지, 흙 등 콘크리트와의 부착력을 감소시킬 우려가 있는 것은 제거한다.

(2) 한국도로공사(철근의 부식 정도와 부착강도에 대한 연구)

① 철근의 녹은 부착응력에 대한 순기능은 철근 표면 거칠기를 증가시켜 일부 부착력이 증가될 수 있으며, 역기능은 녹의 경계면에서 녹의 파쇄가 선행됨에 따라 부착응력을 감소시키기는 두 가지 기능을 동시에 가지고 있다.

② 철근의 부식도가 2~4% 이하인 경우 철근 부식이 부착응력에 대한 역기능보다 순기능이 더 크게 작용한다.

(3) 철근부식도 측정방법

–녹이 없는 철근의 단위길이당 중량(철근단중표 참조)과 녹을 제거한 철근의 단위길이당 중량의 비율로 측정한다.

예

녹슨 D25 철근을 절단하여(절단 길이가 길수록 정확) 녹을 제거하고 정확하게 측정한 길이와 중량이 1.08m, 4.19kgf이었을 때 이 철근의 부식도를 산정해 보자.

답 D25 철근의 단위중량은 3.98kgf/m이다(철근단중표 참조).

$$\frac{(1.08 \times 3.98 - 4.19)}{(1.08 \times 3.98)} \times 100 = 2.52\% < 5\% \qquad \text{O.K}$$

7.2 국내 철근부식 현장 '시공 사례'

1) 철근 부식 현장 공사 개요

· 위치 : 서울시 강북구 번동 ○○아파트 공사
· 공사 규모 : 지하 3층, 지상 20층, 5개동(아파트 430세대)
· 공사중단기간 : 1997.11~1998.12 (철근부식 방치기간 ; 1년)
· 착공 : 1998.12월
· 준공 : 2000.12월

그림 7-56 철근 부식 처리 전 ○○현장 전경

그림 7-57 철근 부식 현장 벽체 철근 제거

· 상기 현장은 1년 동안 방치되어 있던 부식된 철근 샘플을 채취하여 부식량을 측정해 본 결과 약 3% 정도의 중량비 손실이 되었으며, 이 부식된 철근으로 콘크리트 부재를 만들어 부재의 인장력과 부착력 실험을 하였다.

2) 부식철근 사용 실험체 제작

(1) 부식철근 사용 실험체 부재 제작 기준

표 7-19 부식철근 사용 실험체 부재 제작 기준

철근 종류	철근부식도		콘크리트 강도			Slip
부식되지 않은 철근	0%		150	240	430	240
현장 지연 부식 철근	2.98%	부식 철근부재	150	240	430	240
		녹막이 철근부재	150	240	430	240
인공 부식 철근	3%	부식 철근부재	150	240	430	240
		녹막이 철근부재	150	240	430	240
	6%	부식 철근부재	150	240	430	240
		녹막이 철근부재	150	240	430	240
	9%	부식 철근부재	150	240	430	240
		녹막이 철근부재	100	240	430	240

(2) 기준 실험체 부재 제작 규격

· 부재규격 : 125×150mm

· 사용철근 : 주근 : D16, 부근 : D10, 늑근 : D6

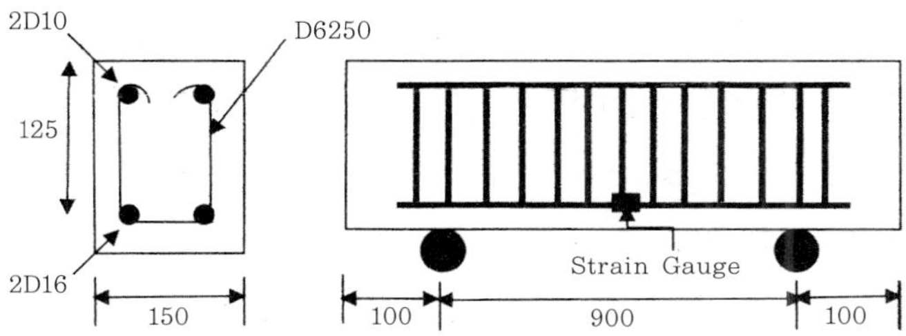

그림 7-58 기준 실험체 부재 제작

(3) 부재실험 변수

㉠ 철근 부식에 따른 영향

-부식 철근 시

-녹제거 철근 시

-부식에 따른 slip 특성

㉡ 콘크리트 강도에 따른 영향

$-150kg/m^2$

$-240kg/m^2$

$-430kg/m^2$

그림 7-59 천장 부식 철근을 사용한 콘크리트 부재 제작

3) 부식 철근 사용 실험 부재 수

① 자연 부식 철근 사용 부재

-상기 현장 1년 정도 자연 부식 철근 사용

-중량비 손실량 : 2.98%

② 인공 부식 철근 사용(Nacl에 담가 부식) 부재

-소금물에 담가서 인공 부식 철근 만듦

-3%, 6%, 12% 부식 철근 만듦

③ 부식 철근 사용 실험 부재 수

-2.98%, 3%, 6%, 12% 총 4개 부재 사용

4) 인공 철근 부식 방법

① 철근을 소금물(NaCl)에 담그고 일정 시간 동안 전류를 흘러서 인공으로 철근을 부식시키는 방법을 말한다.

② NaCl 용액 희석비

－희석비 ; 물 1,000L에 NaCl 50kg 희석

－1회 부식시 NaCl 소요량 : 50kg

－NaCl 총량 : 3,500×600원=210만 원 소요

③ 인공철근 부식시간 계산(페리데이법칙)

표 7-20 인공철근 부식 실험 기준(페러데이 법칙)

<table>
<tr><th>철근
종류</th><th>철근
부식도</th><th>부식에
걸리는 시간</th><td rowspan="7">· 페리데이 법칙
$W=\frac{It \cdot M}{nF} \rightarrow t=\frac{WnF}{I \cdot M}$
여기서, F : 페리데이 상수
I : 전류
W : 1시간 동안 부식되는 중량 손실(g)
t : 전류시간
M : 원자질량
n : 전자수
(예) D10 부식량 산정(D10=0.56kg/M)
부식철근 길이 : 950mm, 철근 중량 : 532g
－예상부식량 산정
$3\% = \frac{\text{예상부식량(g)} \times 100\%}{532\text{g}} = 15.96\text{g}$
－부식시간 계산(t)
$t=\frac{15.96\text{g} \times 2 \times 96{,}500A \cdot S/\text{mol}}{44 \times 55.85\text{g/mol}}$=3시간 50분</td></tr>
<tr><td rowspan="3">D10</td><td>3% 부식</td><td>3시간 50분</td></tr>
<tr><td>6% 부식</td><td>7시간 40분</td></tr>
<tr><td>12% 부식</td><td>15시간 20분</td></tr>
<tr><td rowspan="3">D16</td><td>3% 부식</td><td>10시간 40분</td></tr>
<tr><td>6% 부식</td><td>21시간 20분</td></tr>
<tr><td>12% 부식</td><td>42시간 20분</td></tr>
</table>

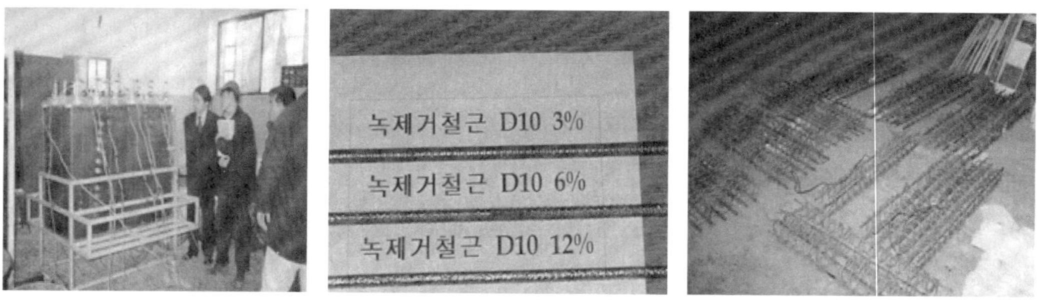

(a) 인공철근 부식 기계장치 (b) 부식 중량비 손실(3%, 6%, 12%)별 표면상태 (c) 현장부식 철근 배근 조립 형태

그림 7-60

5) 부식철근 사용 부재파괴시험 결과

① 부식철근과 녹제거 철근 사용 부재 인장력 파괴시험

표 7-21 부식철근 사용 부재 인장력 실험 결과 분석표

시험체 구분		부식된 철근을 사용한 부재파괴시험			녹제거 철근을 사용한 부재파괴시험		
		150kg/cm^2	300kg/cm^2	430kg/cm^2	150kg/cm^2	300kg/cm^2	430kg/cm^2
부식되지 않은 철근	공장생산된 철근 (G.P.T)	9.11t	11.73t	12.28t	9.11t	11.73t	12.28t
자연부식 철근	현장에서 1년 자연 부식된 철근(2.99%)	8.7t	10.37t	11.64t	8.85t	10.67t	11.64t
Nacl용액에 인공부식 시킨 철근	3% 인공부식철근	8.92t	11.04t	11.74t	9.01t	11.24t	11.85t
	6% 인공부식철근	8.54t	9.83t	10.97t	8.62t	10.16t	11.19t
	12% 인공부식철근	7.63t	9.43t	10.24t	7.99t	9.60t	10.42t

② 부식철근과 녹제거 철근 사용 부재 부착력 파괴시험

표 7-22 부식철근 사용 부재 부착력 실험 결과분석표

시험체 구분		SLIP 영향 300kg/cm	
		부식철근	녹제거 철근
부식되지 않은 철근	공장생산된 철근(G.P.T)		
자연부식 철근	현장에서 1년 자연부식된 철근(2.99%)		
NaCl용액에 인공부식 시킨 철근	3% 인공부식 철근	2.9mm/11t	2.6mm/11.5t
	6% 인공부식 철근	3mm/10t	2.9mm/10.25t
	12% 인공부식 철근	4.6mm/9.3t	4.1mm/9.5t

6) 부식 철근 사용 부재 파괴시험 결과 분석

① 위의 실험결과에서 보듯이 철근부식으로 인한 중량비 손실이 3% 미만 시 녹은 인장에는 큰 문제가 없는 것으로 나타났으며 녹발생으로 인해 부착력은 조금 더 양호한 것으로 나타났다.

② 철근의 녹발생 허용기준을 판단할 수 있는 특별한 기준이 없으므로 미국 ASTM A615

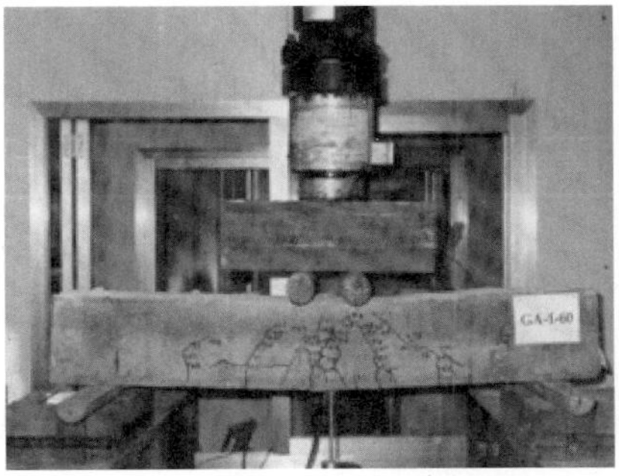

그림 7-61 현장 자연 부식철근 부재 파괴시험(ϕ240kg/cm^2)

규정에서 제시하고 있는 녹으로 인한 중량비 손실 6% 미만 시는 구조적으로 문제가 없다는 시방기준을 적용한다.

③ 미국 A.S.T.M A615에서 규정하는 녹으로 인한 중량비 손실 6% 미만 철근의 기준은 리브 손상으로 인한 부착력이 저항에 따른 기준으로 한계를 정하고 있는 것이다.

④ 녹으로 인한 12% 중량비 손실의 철근 경우는 리브 마모도는 50% 정도 손상되는 것으로 나타났으며 이것은 부식으로 인한 단면 손실보다는 리브파괴에 의한 부착력 손실에 문제가 있다고 볼 수 있다.

제2절 철근공사 시공 NCS 적용 실무 이해

1. 철근공사 시공도면 파악(No 1403020603-14V2)

1.1 철근시공도면 검토

① 철근에 대한 설계도는 구조설계도를 바탕으로 철근배근도가 작성되므로 먼저 구조설계도면을 정확히 검토해야 한다.

② 구조설계도면 검토에서 기초, 지중보, 기둥, 벽, 보, 슬래브에 관한 철근도면은 물론 지하층, 1층, 기준층, 지붕층에 이르기까지 자세히 검토한다.

③ 구조설계도는 기초지정과의 관계와 설비, 전기도면과의 관계도 충분히 검토해야 한다.

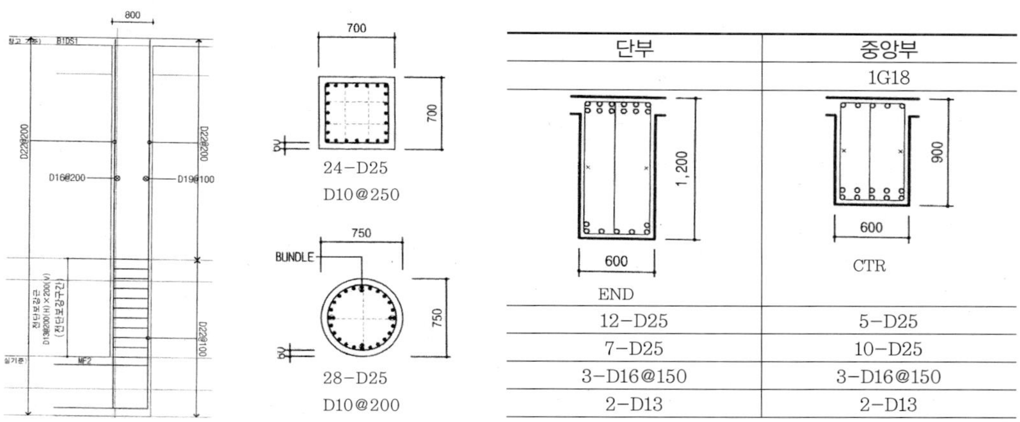

(a) 기초 및 기둥 철근 배근도 (b) 기둥 철근 단면도 (c) 보 철근 단면도

그림 7-62 사례현장 철근 배근 시공도면 검토

1.2 설계 내역 및 수량 검토

① 철근공사의 내역은 먼저 전체 수량이 적합한지를 먼저 검토한 다음 부위별, 세부 내역을 검토한다.

② 철근공사에 있어서 부위별, 층별 수량의 확인이 중요하며 기초, 지하층, 1층, 기준층, 지붕층의 수량은 물론이고 각 층별 수량 산출과 확인도 중요하다.

2. 철근공사 시공계획(No 1403020604-14V2.3)

2.1 철근공사 공정계획

1) 공정표 작성

(1) 철근공사의 공정계획

① 철근공사의 공정계획은 철근 가공 공정과 현장조립 설치계획으로 나눌 수 있다.

② 철근 가공 공정 준비는 가공 조립반을 구성하여 바리스트를 작성하고 시공담당자의 승인을 받은 후 작업하여 현장반입 일정에 차질이 없도록 한다.

③ 현장 조립 세우기 공정은 철근 운반 장비와 투입 인원 계획에 따라 각 부위별 작업 공정을 검토한 후 전체 현장 조립세우기 작업공정을 계획한다.

④ 철근공사 전체 공정계획표 작성 Flow는 다음과 같다.

2) 철근공사 공정계획 Flow

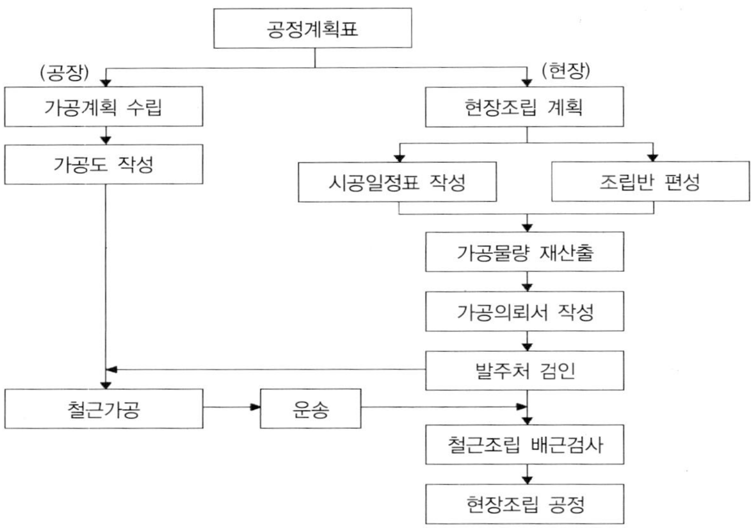

3) 현장 철근조립 공정계획 순서

① 기초 먹매김 → ② 기초옆 거푸집 → ③ 기초 철근배근 → ④ 기둥 철근 기초에 정착

⑤ 기초 콘크리트 타설 → ⑥ 기둥 철근 배근 → ⑦ 기둥 및 벽체 한편 거푸집 → ⑧ 벽 철근배근

⑨ 벽체 딴편 거푸집 → ⑩ 보 밑과 바닥판 거푸집 → ⑪ 보 및 바닥판 철근배근

⑫ 설비 전기 배근 → ⑬ 콘크리트 타설

2.2 인원 및 장비 투입계획

1) 인원 투입계획

인원 투입계획은 1일에 몇 명의 작업인원을 투입하느냐에 따라 공정계획이 달라질 수 있기 때문에 전체 공정 일정과 타공정과의 관계를 고려하여 인원 투입계획을 세운다.

표 7-23 사례현장 1일 작업인원 투입계획 예(1일 기준)

구분 / 작업별	인원	비고
Bar-List 검토/작업 감독 · 검사	1	( )의 인원은 일일 작업 물량이 많을 경우 추가 투입 인원임
절단 작업	3(2)	
절곡 작업	8(2)	
자재 입 · 출고시 하역 작업	2	
운반	5(3)	
입 · 출고 자재 기록/정리	2	
계	21(7)	

주) 거푸집공사 인원투입계획 참조

2) 장비 투입계획

장비 투입계획은 철근은 중량물이므로 먼저 대형장비로 가공된 철근을 조립할 현장에 운반하는 것이 중요하다. 그 다음은 철근공이 소운반을 하여 철근을 조립설치하게 되므로 장비투입계획은 타 공정과의 관계를 정확히 검토한 후 공정계획을 세워야 한다.

표 7-24 운반 및 가공장비 투입계획(1일 기준)

장비면		규격	수량	비고
타워크레인		· 고정식 · 이동식	1 1	가공철근 현장 운반용 장비
자동 절단기		절단능력 52mm, 42mm	5	절단 가공용
절곡기	자동	5head, 3head	4	스터럽, 띠철근 가공용
		Robomaster	1	토목용 전자동 가공기
		Coil 철근 가공기	2	Coil-Bar 연속 자동 가공기
	수동	절곡능력 42mm, 32mm	13	기둥/보 등의 절곡 가공용
원곡기		원곡능력 32mm	1	원형기둥의 나선철근 가공용
호이스트		7.5ton,3ton	3	자재 입 · 출고시 하역 작업용
지게차		4ton	2	자재 입 · 출고시 하역 작업용
카고트럭		11ton, 18ton	5	철근 가공품 현장 운반용

2.3 품질, 안전, 환경관리계획

1) 품질관리계획

① 가공조립 품질 검사 개요

시공자는 설계도서 및 담당원의 지시에 따라 콘크리트 및 구조물의 품질을 확보하기 위하여 공사 전반에 걸친 품질관리계획을 수립하고, 담당원의 승인을 받아야 한다.

② 가공조립 품질검사 방법

가공조립 품질관리를 위한 시험검사의 항목, 방법이나 횟수는 특기시방에 의하여 정해진 경우를 제외하고는 '건축공사 표준시방서'의 규정에 따른다. 다만, 품질관리상 지장이 없는 경우는 담당원의 승인을 얻어 시험검사를 생략할 수 있고, 항목이나 횟수를 변경할 수 있다. 위의 항에 관계없이 담당원의 지시가 있는 경우에는 시험검사를 하여야 한다.

2) 안전관리계획

① 공사 착수 바로 전에 작업자 명단을 반드시 ○○○ 감리자에게 제출한다.

② 기계 · 기기류는 가지고 들어갈 때 ○○○ 감리자 검사를 받아 검사필증을 검사받고 사용한다.

③ 새로 들어온 사람은 전원 신규 입장자 교육을 ○○○ 감리자에게 받는다.

④ 고정식 타워크레인과 이동식 타워크레인의 재해 방지에 대해서는 특히 주의하고 다음의 항목을 중점 관리한다.

㉠ 작업반경 내의 출입금지 조치

㉡ 신호 철저

㉢ 사업점검에 힘쓸 것

㉣ 앵커, 와이어 등 공구류 점검

⑤ 비계다리, 짐받는 장소 위에 최대 적재하중의 제한을 초과해 집중적으로 두는 방식을 취해서는 안 되며, 동시에 짐의 붕괴로 인한 비래 낙하방지에 노력한다.

3) 환경관리계획

① 주변에 소음공해가 일어나지 않도록 한다.

② 철근 조립 후 폐철근에 대한 대책을 세운다.

③ 대형 장비 진입에 따른 인근 주변 공해대책을 세운다.

3. 철근시공 전 준비(No 1403020604-14V2)

3.1 철근 배근 시공도 작성

철근 배근 시공도는 철근 가공도와 조립도로 구분할 수 있다.

1) 철근 배근 가공도 작성

① 철근 배근 가공도는 일반적으로 철근 전문업자가 설계도서를 바탕으로 철근의 강도별, 사이즈별, 길이별로 작성하며 철근공사 담당자는 가공도를 바탕으로 철근가공공장에 철근재료를 발주하게 된다.

② 가공도는 철근을 가공하기 위한 목적으로 작성되며, 철근의 형태와 치수, 개수, 중량을 표현하고 있다.

2) 철근 배근 조립도 작성

① 철근 배근 조립도는 기둥, 대들보 접합부, 기초부 등 철근이 복잡하게 교차하는 부분에 대해 철근공사 담당자가 작성한다.

② 조립도 검토 실시 후 가공도와의 조정을 실시하게 된다.

③ 철근 배근 시공도 배치 기준은 다음과 같다.

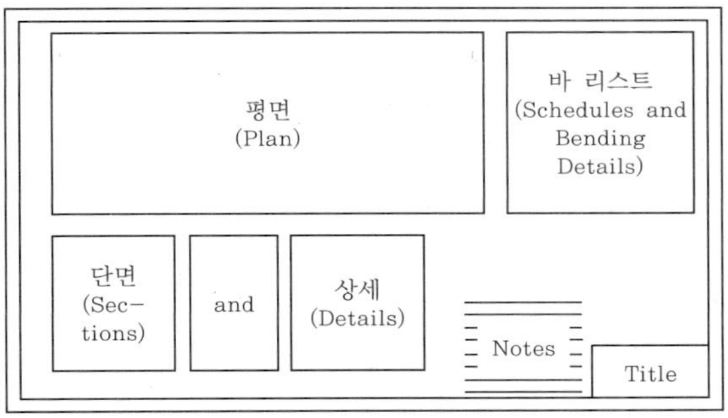

그림 7-63 철근 배근 시공도의 배치기준 도면(ACI)

3.2 철근 바-리스트 작성

1) 철근 바-리스트 작성 내용

철근 바-리스트는 철근의 가공·조립을 위해 전문작성자에 의해 작성되는 것으로서 재료에 관한 준비서류라고 볼 수 있으며, 철근의 가공·조립 및 물량산출에 종사하는 기능공,

계약자, 검수자, 철근가공 종사자들이 사용한다. 바-리스트의 내용은 대략 다음과 같다.

① 철근의 가공형상 및 치수
② 부재별 기호 및 바-스케줄
③ 철근의 지름, 개수, 간격
④ 철근의 소요길이 및 정착 · 이음길이
⑤ 이음할증 및 소요철근량
⑥ Key plan
⑦ 지시번호 및 기타

철근 바-리스트는 철근공사에 있어서 매우 중요한 부분으로 철근의 지름, 가공형상, 치수 및 소요철근량 등이 배근도면으로부터 바-리스트에 정확히 옮겨져야 하며, 이를 바탕으로 가공된 철근을 가지고 각 부재별, 부위별 배근을 하게 한다.

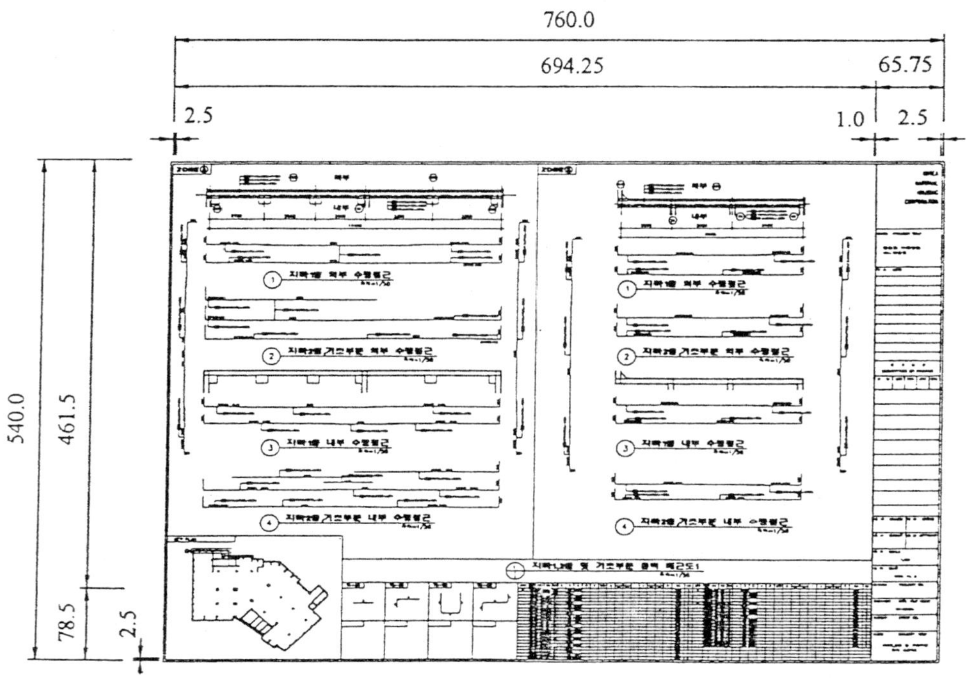

그림 7-64 표준 바-리스트의 도면 형태 예

2) 철근 바-리스트 작성 기준

① 설계도면의 앞뒤가 맞지 않거나 애매한 설계도면 및 공법 등은 반드시 설계자와 충분히 협의하여 설계도면을 정확하게 수정 · 보완한 후 바-리스트를 작성하여야 한다.

② 작성자가 여러 명인 경우에는 작성범위의 착오로 누락 및 중복되는 부분이 없도록 하여야 한다.

③ 상호조합이 가능하도록 바-리스트를 작성하되, 바-리스트의 양식과 순서를 정하여 일정한 방법으로 작성하고, 각 부재별 바-리스트 작성순서는 각 층별로 기초, 기둥, 보, 슬래브, 벽체, 기타 부재순으로 구분하여 각 부분의 중복이 없도록 작성한다.

㉠ 수평방향에서 수직방향으로

㉡ 시공순서대로

㉢ 내부에서 외부로

㉣ 단위세대에서 전체세대로

㉤ 큰 곳에서 작은 곳으로 하는 것을 원칙으로 한다.

표 7-25 각 부재별 · 부위별 바-리스트 작성기준

부재(부위)별	작성기준 및 작성순서
공통사항	• 기호 첨자 부여는 배근순서를 기준으로 하며, 도면상의 하부에서 상부로 왼쪽에서 오른쪽으로 한다. • 기타 치수표시가 불명확한 경우는 도면치수에 의거하여 산정한다.
기초	하부근(x, y축 방향) → 상부근(x, y축 방향) → 보강근 → 기타
기둥	기둥근(주근) → 띠철근 → 보조띠철근 → 기타
보	스터럽 → 하부근 → 절곡근 → 상부근 → 기타
슬래브	하부근 → 절곡근 → 상부근 → 절단근 → 보강근 → 기타
벽체	수직철근 → 단부휨보강근 → 수평철근 → 코너보강근 → 폭고정근

3) 철근 배근 시공도 작성시 사전 검토사항

① 철근 배근 시공도는 구조물이 되어가는 시공 순서에 따라 작성하는데 버림콘크리트 타설 후 기초, 기둥, 벽체, 보, 슬래브 등의 순서로 작성한다.

② 철근 배근 시공도는 구조설계도를 바탕으로 철근 배근과 조립에 필요한 철근 개수, 크기, 길이, 위치를 나타내는 것으로 평면, 입면, 상세, 스케줄, 철근 가공 목록, 구부림 상세 등을 컴퓨터 캐드로 작성한다.

③ 철근 배근 시공도는 철근배근도(Shop-Drawing)와 철근도(Bar List)로 나누어지며, 전자는 주로 현장에서 철근의 조립, 배근을 위한 것이고 후자는 철근의 가공 굽힘, 절단 명세를 정리한 일람표이다.

3.3 기초 철근 배근도 작성

1) 철근 배근 시공도 작성

기초 배근 시공도는 철근 정척길이 8m를 기준으로 부재의 치수, 이음 및 정착길이 현장의 시공성 등을 고려하여 작성하며 그 내용은 다음과 같다.

① 철근 직경 및 길이

② 철근 간격

③ 배근 위치 등을 상세하게 작성

2) 독립기초 배근도

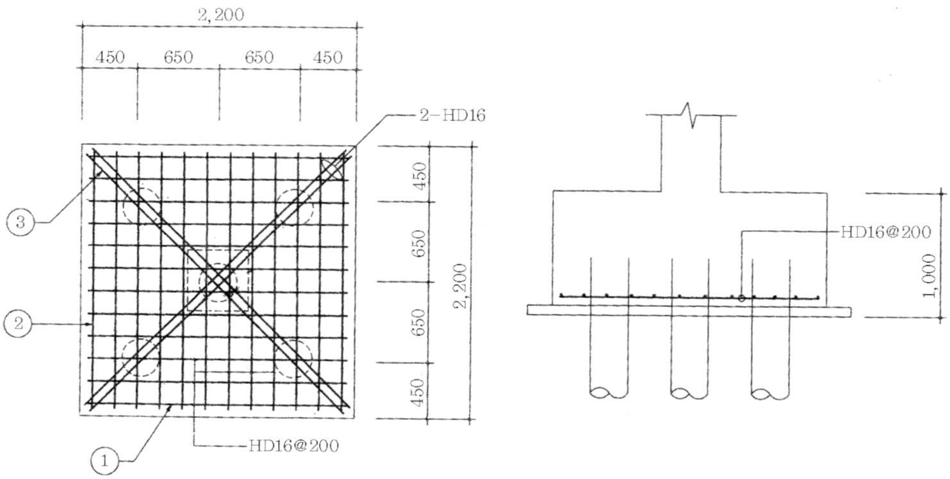

그림 7-65 독립기초 철근 배근도 작성

그림 7-66 매트기초 철근 배근도

① 도면 주요사항 주기

㉠ 철근 호칭별 강도

㉡ 구조체 층별 콘크리트 강도

㉢ 층별 철근 피복두께

② 바 스케줄과 리스트

모든 철근을 각 위치별, 지름별, 형상별로 구분하고 철근의 총길이 및 총물량을 나타낸다.

3.4 기둥 철근 배근도 작성

1) 철근 배근 시공도 작성

① 기둥 철근 배근도는 각 층마다 평면도에 기둥을 배치하고 기둥 단면도는 도면 축척 1/40~1/50로 확대해 작성하고 기둥배치도는 1/300~1/400로 작성한다.

② 기둥 배근도는 반드시 피복두께와 철근 가공 형상에 따른 기준 및 치수에 대한 규정을 고려하여 작성한다.

③ 일반사항은 기초 배근도 작성과 같다.

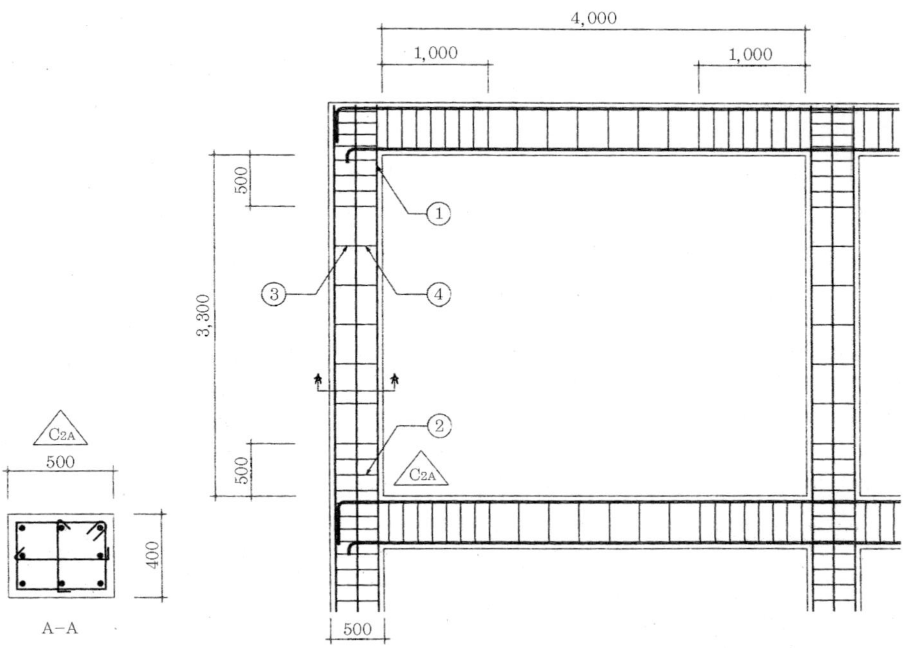

그림 7-67 기둥 철근 배근도 작성

2) 바-스케줄과 리스트

Bar mark	Req' No.	Bar size	Demension in milimeter		Total length meter	
			Bar type	Bar length	HD10	HD16
1	8	HD16	3923	3,923		31.38
2	18	HD10	420 320 135 135 420 320	1,750	31.50	
3	6	HD10	99 420 99	654	3.92	
4	6	HD10	99 320 135	554	3.32	
Total length(m)					38.74	31.38
Total weight(kgf)					21.69	48.95

그림 7-68 기둥 바-스케줄과 리스트 작성

3.5 보 철근 배근도 작성

1) 철근 배근 시공도 작성

① 보철근 배근도는 보폭, 보춤 치수를 기입하고 절곡근이 있는 경우에는 절곡근을 중심으로 철근배치도를 그린다.

② 늑근은 큰보 내의 중심선에서 좌우대칭으로 배근한다.

2) 도면 주요사항 주기

① 철근 배근시 피복두께, 이음 및 정착길이 등을 나타낸다.

② 기둥, 보의 구조체 강도를 나타낸다.

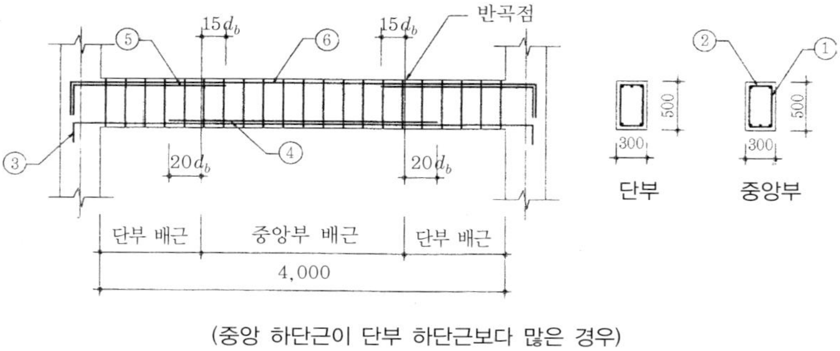

(중앙 하단근이 단부 하단근보다 많은 경우)

그림 7-69 보 철근 배근도 작성

3) 바-스케줄과 리스트

Bar mark	Req' No.	Bar size	Demension in milimeter		Total length meter	
			Bar type	Bar length	HD10	HD16
1	42	HD10	420 135 135 420 220	1,330	55.86	
2	42	HD10	99 220 99	418	17.56	
3	4	HD16	191 4,540 1	4,922		19.68
4	1	HD16	2,636	2,636		2.64
5	4	HD16	323 4,600 3	5,246		20.98
6	4	HD16	323 1,539	1,862		7.44
7	2	HD16	191 1,509	1,700		3.40
Total length(m)					73.42	54.14
Total weight(kgf)					41.12	84.46

그림 7-70 보 바-스케줄과 리스트 작성 "예"

3.6 슬래브 철근배근도 작성

1) 철근배근 시공도 작성

① 슬래브 철근 배근도 작성이 가장 까다로우며 일반적으로 단변방향과 장변방향으로 구분하여 작성한다.

② 주근은 단변방향에 배치되며 부재에 작용하는 모든 하중을 부담하며 부근의 외측에 위치한다.

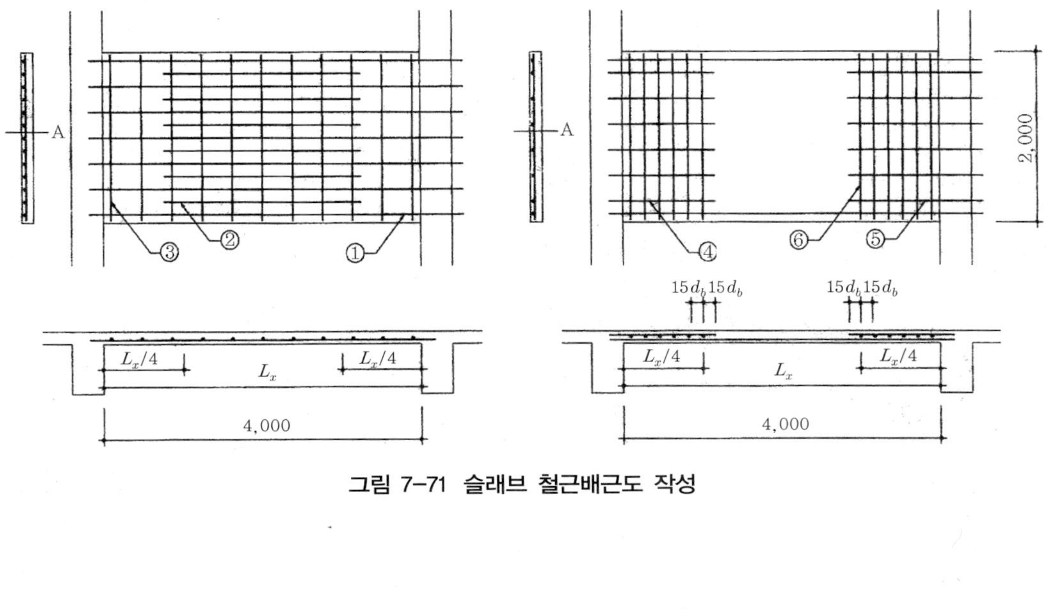

그림 7-71 슬래브 철근배근도 작성

③ 슬래브 철근은 단변의 주근을 먼저 배치하고 장변의 부근을 나중에 배치한다.

2) 바-스케줄과 리스트

일반사항은 보철근과 같이 위치별, 지름별, 형상별로 나타낸다.

표 7-26 슬래브의 바-리스트

고유기호명	개수	호칭명	치수(mm)		호칭별 길이 합계(m)
			형상	길이	HD10
1	7	HD10	Ty-1 4,748	4,748	33.24
2	6	HD10	Ty-2 2,286	2,286	13.72
3	11	HD10	Ty-3 1,960	1,960	21.56
4	6	HD10	Ty-4 1,571	1,571	9.10
5	6	HD10	Ty-4 1,571	1,571	9.10
6	12	HD10	Ty-3 1,960	1,960	23.52
총길이 (m)					110.24
총중량 (kgf)					61.73

3.7 벽체 철근 배근도 작성

1) 철근 배근 시공도 작성

① 벽체 철근 배근도는 모두 수직, 수평으로 배근되며 내진벽의 경우는 기둥과 보에 충분히 정착되도록 배근한다.

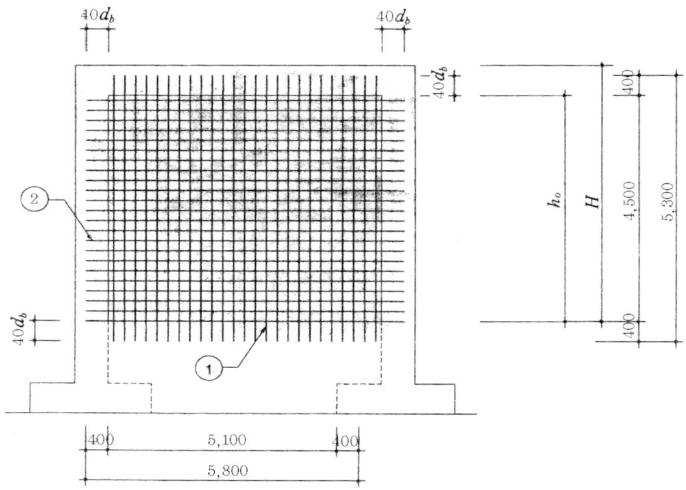

그림 7-72 벽체 철근 배근도 작성

② 벽체 철근 배근도는 철근의 피복두께, 철근의 간격과 틈새 등을 정확히 표현해야 한다.

2) 바-스케줄과 리스트

일반사항은 슬래브 배근도와 같이 위치별, 지름별, 형상별로 나타낸다.

표 7-27 라멘구조 벽체의 바-리스트 작성

고유기호명	개수	호칭명	치수(mm)		호칭별 길이 합계(m)
			형상	길이	HD10
1	26	HD10	Ty-1 5,248	5,248	136.45
2	23	HD10	Ty-2 5,848	5,248	134.50
총길이(m)					286.43
총중량(kgf)					160.40

3.8 계단 철근 배근도 작성

① 계단 철근 배근도는 캔틸레버보 계단과 슬래브 계단보로 나누어서 작성한다.

② 계단 철근 배근도는 벽과 직교되는 철근배근도가 복잡하므로 상세도를 작성한다.

4. 부위별 철근 배근 조립시공 및 검사

4.1 철근 배근 조립 시공 순서

1) 현장철근 배근 조립의 Flow

① 현장철근 조립계획은 철근전문업체에서 현장 전체 공정에 맞추어 선공정인 거푸집 작업 공정과 함께 철근 조립계획을 세워야 한다.

② 철근전문업체의 철근 조립작업계획 Flow는 다음과 같다.

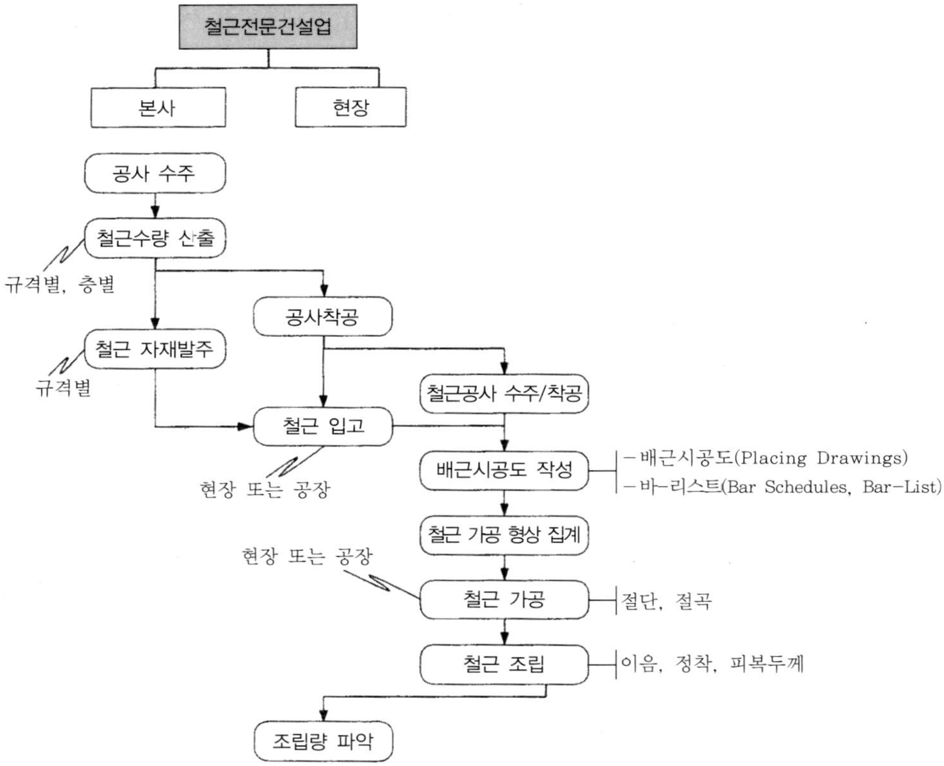

그림 7-73 철근공사 조립 작업흐름도

2) 현장 철근 배근작업 조립순서

현장 철근 배근 조립순서는 기초철근 배근과 함께 기둥철근, 벽체철근을 먼저 배근 조립한 다음 보철근과 슬래브철근을 배근 조립한 후 1개 층을 콘크리트 타설한다.

3) 지상층용 철근자재의 운반

① 주철근 자재는 슬래브 위에 1차 양중하고 그 이후는 인력으로 배근 장소까지 운반한다.

② 부철근인 띠철근, 늑근 등은 타워크레인의 와이어로프로 안전하게 매달아 배근 장소까지 운반한다.

4.2 기초 철근 배근 조립 시공

기초 철근 배근 조립에는 독립기초 철근 배근과 연속기초 철근 배근, 매트 철근 배근 조립에 따라 배근 방법이 다르다.

1) 독립기초 철근 배근 조립 시공

① 밑창콘크리트 위에 중심먹을 놓고 중심벽에서부터 철근 간격을 표시한 다음 기초 바닥 철근을 배근한다.

② 기초판의 대각선 방향으로 2~3대의 철근을 배근한다.

③ 기초기둥 철근은 지지재를 고정시켜 세운 후 기둥 주근을 세운다.

④ 기초에 접속되는 기초보, 바닥판, 벽철근을 배근한다.

⑤ 바닥철근은 7cm 각 벽돌을 스페이서로 대어 피복이 되도록 한다.

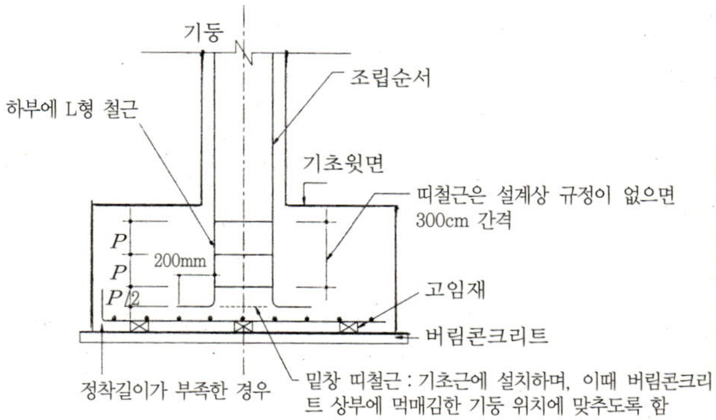

(a) 독립기초 철근 배근 조립

(b) 독립기초 철근 배근 조립 예

그림 7-74 독립기초 철근 배근 조립

2) 매트기초 철근 배근 조립 시공

고층 아파트 매트기초 철근 배근 조립은 그림과 같이 기초 매트 전체에 철근을 배근한다.

(a) 아파트 매트기초 철근 배근 조립 예

(b) 일반 건물 매트기초 철근 배근

그림 7-75 매트기초 철근 배근 조립 현황

3) 말뚝기초 철근 배근 조립 시공

① 기초 철근 배근 요령은 독립기초 철근 배근과 같으나 기초파일 두부 철선이 30~40cm 이상 노출되고 기초에 45° 로 정착되어야 한다.

② 파일 말뚝머리는 기초판에 10cm 이상 묻히도록 정착시킨다.

③ 파일 말뚝 중심위치가 기초판에서 가능한 벗어나지 않도록 해야 한다.

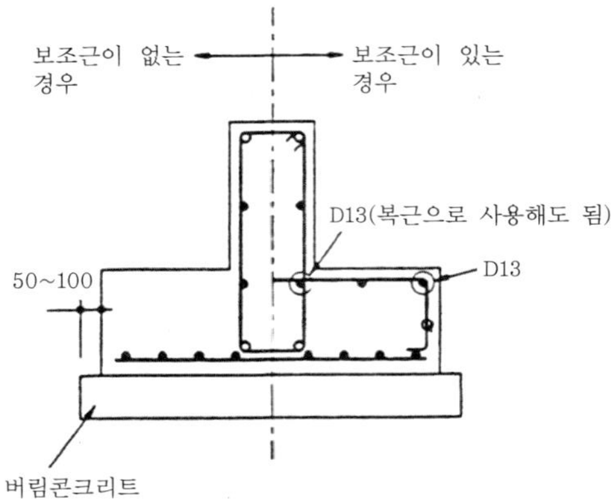

그림 7-76 연속기초 철근 배근도

그림 7-77 말뚝기초 철근 배근 조립 예

4.3 기둥 철근 배근 조립 시공

1) 기둥 주근 배근

① 기둥 주근 철근은 윗층 높이의 1/3 지점 정도로 뽑아 올리고 기둥 주근을 반 정도는 엇갈리게 배근한다.

② 기둥 주근의 이음은 층높이의 2/3 하부에 두고 인접철근과 이음거리는 3d 또는 25mm 이상 떨어지게 배근한다.

2) 띠철근(대근) 배근

띠철근의 간격은 30cm 이하, 작은 주근 지름의 15배 이내로 하고 거푸집을 세우기 전에 배근한다.

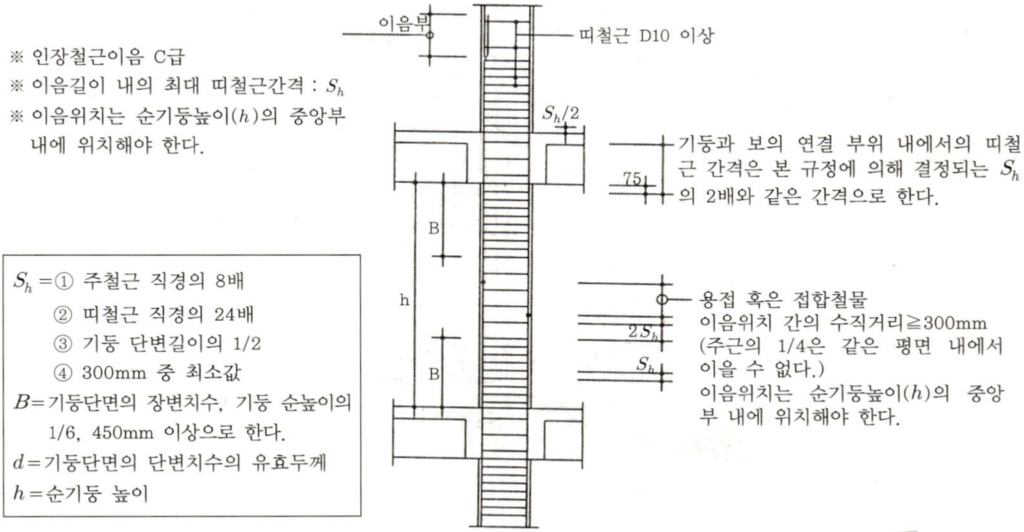

(a) 기둥 주근 및 띠철근 배근도

(b) 기둥 띠철근 배근 조립 예

그림 7-78 기둥 철근 배근 조립 시공

4.4 보철근 배근 조립 시공

1) 보주근 배근 조립 시공

① 보주근은 중간기둥에서는 보의 상부주근을 건너지르고 하부주근은 기둥에 정착시킨다.

② 보의 주근의 이음은 압축부에 두고, 굽힌철근은 굽힌면에 둔다.

③ 끝의 기둥에 접합되는 보의 주근은 기둥 속에 정착시킨다.

2) 늑근 배근 시공

늑근(stirrup)의 간격은 보 춤의 3/4 이하, 45cm 이하로 한다.

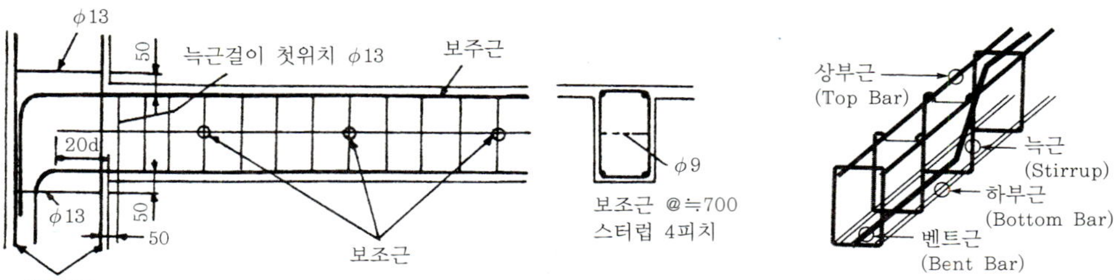

(a) 보철근 배근 조립도

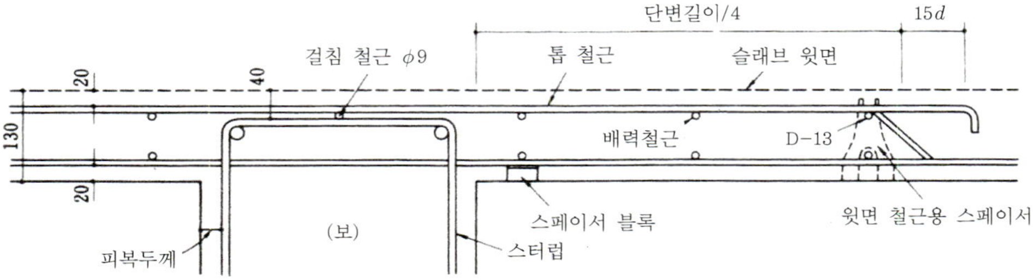

(b) 보철근 배근 단면도 예

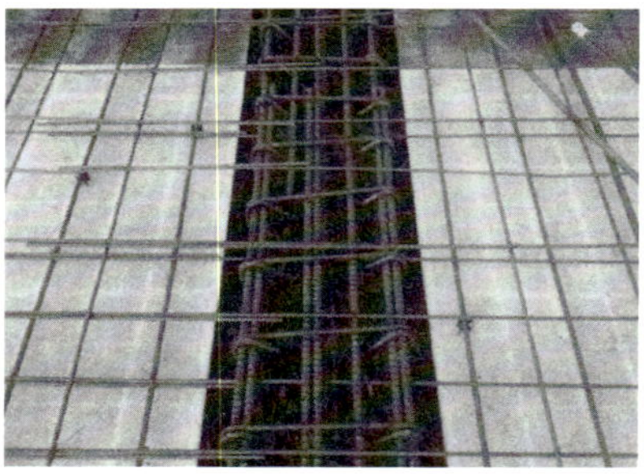

(c) 보철근 주근 및 늑근 배근 조립 예

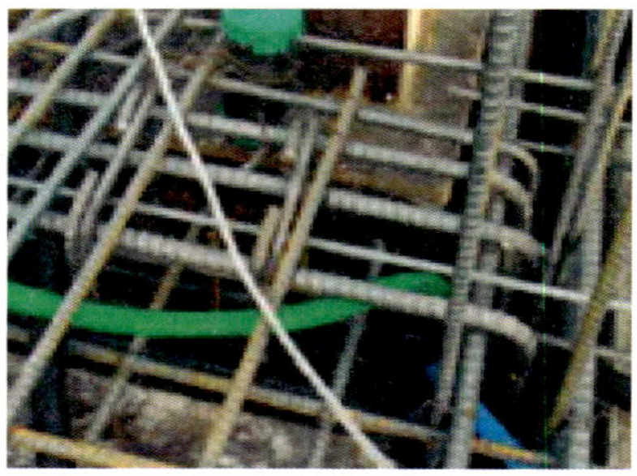

(d) 보철근의 벽체에 정착 예

그림 7-79 보철근 배근 조립 시공도

4.5 벽철근 배근 조립 시공

1) 벽체 주근 배근 조립 시공

① 벽철근은 먼저 한편 거푸집을 먼저 설치한 후 철근을 배근하고, 다른 편 거푸집을 설치한다.

② 벽의 세로철근은 하부는 기초판, 기초보, 바닥판에 정착하고, 벽의 가로철근은 기둥에 깊이 정착시킨다.

③ 벽철근의 이음은 휨, 인장응력을 적게 받는 곳에 두고 서로 엇갈리게 한다.

④ 벽체 수직철근의 제1수직철근 위치는 기둥면에서 50~75cm 이내에 둔다.

2) 벽체 철근 조립 순서

① 바닥에 벽체 먹매김을 친 후 제1수직철근의 위치를 정한다.

② 기존 벽체 철근은 곧게 펴고 겹쳐서 수직철근을 이음한다.

③ 벽체의 수평철근에 수직철근을 결속한다.

④ 벽체 수직, 수평철근 배근조립도 완료한다.

그림 7-80 벽체 철근 배근 조립 (1)

그림 7-81 지하 1층 벽체 철근 배근 조립 (2)

3) 벽체 철근 배근 조립도

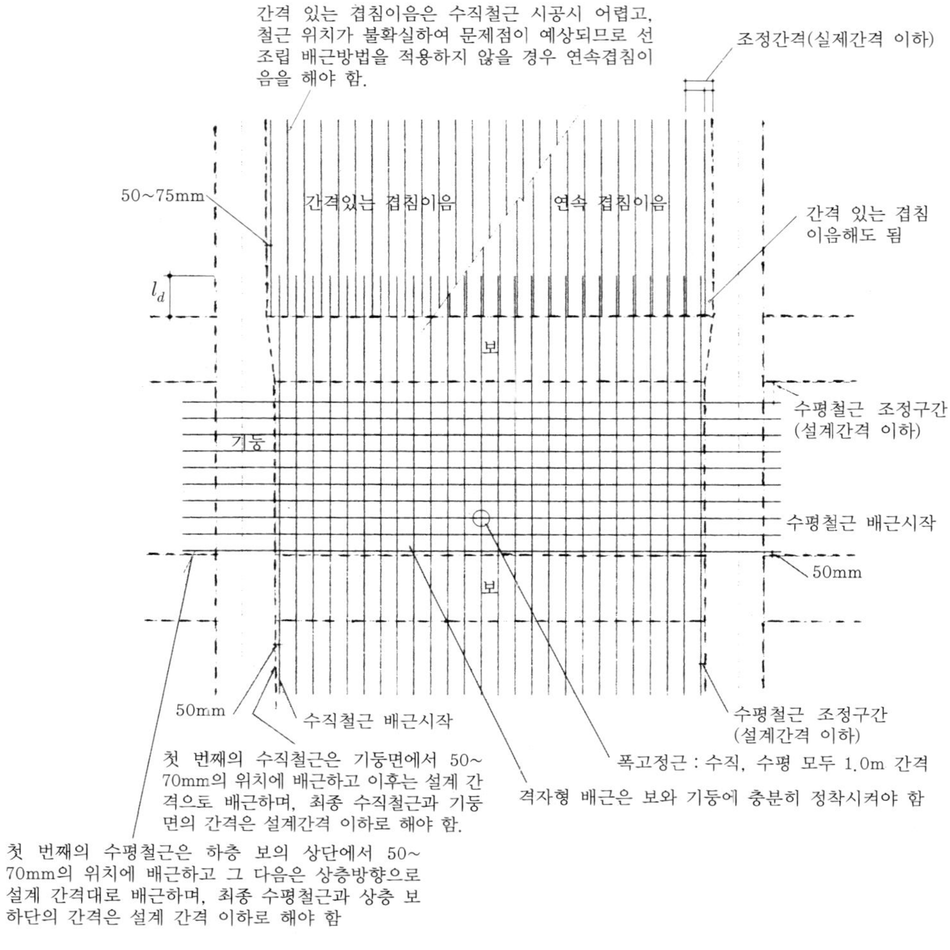

그림 7-82 일반 라멘구조의 벽체 철근배근도

(자료 : 철근 배근 시공도 작성실무, 기문당, p.62, 67 참조)

4) 단계별 벽체 철근 배근 조립 순서

① 벽체 먹매김 후 제1수직철근을 배근한다.

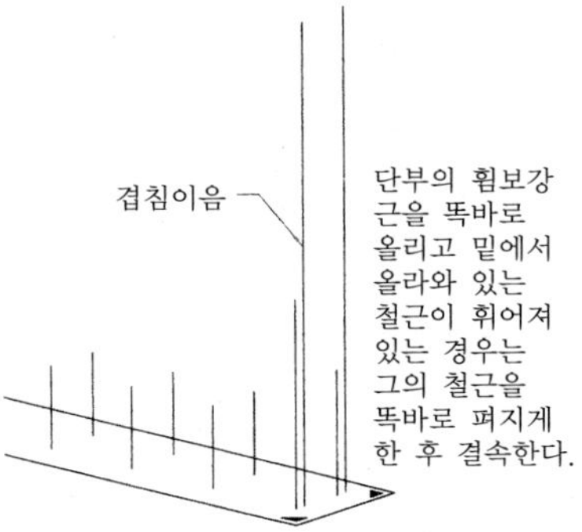

② 수평철근을 수직철근에 결속한다.

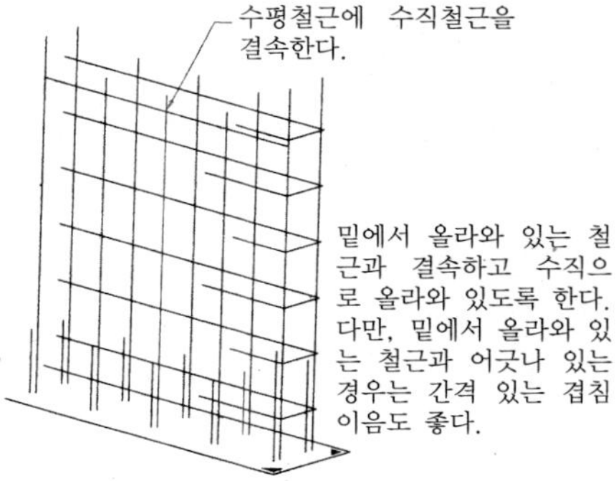

③ 수직, 수평철근 배근조립을 완료한다.

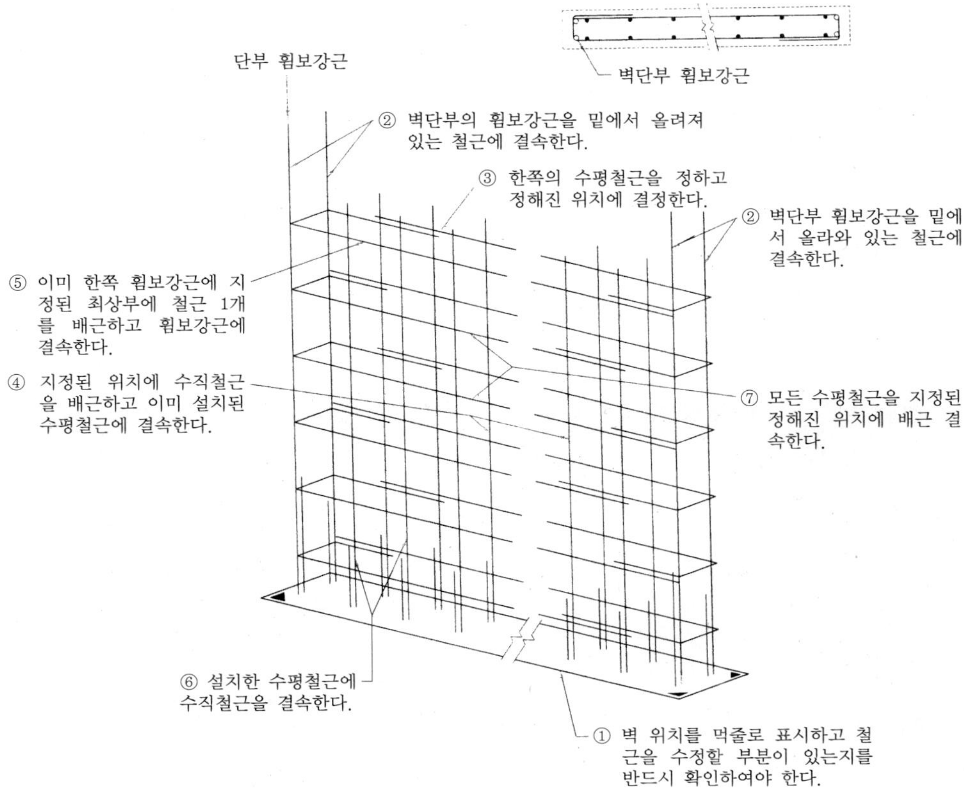

(자료 : 철근 배근 시공도 작성실무, 기문당, p.62, 67 참조)

4.6 슬래브 철근 배근 조립 시공

1) 슬래브 주근의 배근과 간격

① 바닥 철근 배근에 주근은 단변방향으로 하되 바깥쪽으로 배근하고, 부근(배력근)은 장변방향으로 하되 안쪽으로 배근한다.

② 바닥판이 4변 고정일 때 배근 간격은 단변방향의 주근은 20cm 이내, 장변방향의 부근은 30cm 이내 또는 바닥판 두께의 3배 이내로 배근한다.

③ 벤트 철근은 단변부의 1/4 지점에서 구부리되, 45° 정도가 적합하다.

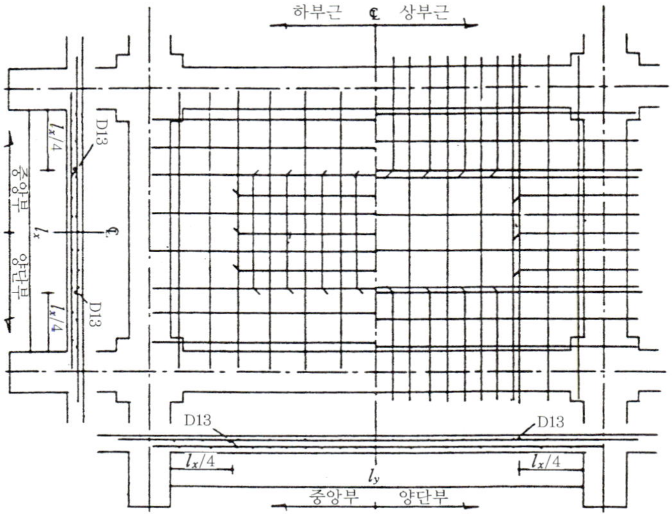

그림 7-83 바닥판(slab) 주근 철근 배근도 예

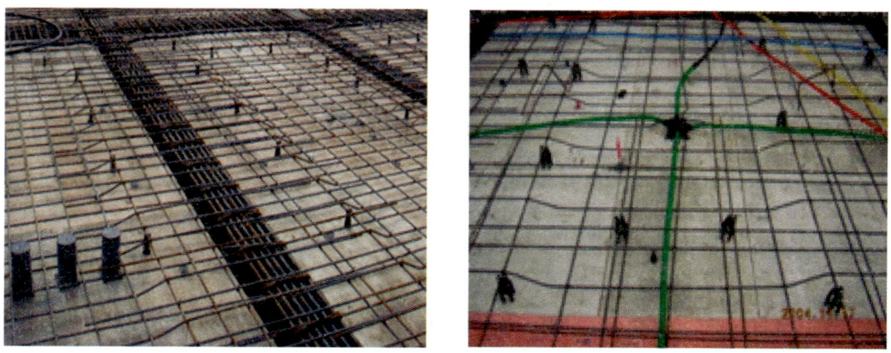

(a) 보와 슬래브 철근 배근도 (b) 슬래브 철근 배근도

그림 7-84 슬래브 철근 배근 시공 예

④ 바닥판의 4변이 고정일 때는 단변방향이 1/4 지점에서 사방굽힘으로 배근하고 이때 단부 바닥판의 상부근은 보상부근의 위로, 하부근은 보상부근의 밑으로 건너질러 배근한다(그림 7-83).

⑤ 슬래브 제1주근은 보의 측면에서 단변, 장변 모두 70~100mm 이내 위치에 배근한다.

2) 슬래브 부근의 배근과 이음 위치

① 상단부 절단근의 내민길이는 단부 1/4 지점에서 15d 이상 나오도록 배근한다.

② 슬래브 철근의 이음 위치는 상단근은 벤트업 부분에서 하단근은 단부 하부에서 잇는다.

③ 절곡근과 관통철근이 있는 슬래브 배근의 경우는 다음 그림과 같다.

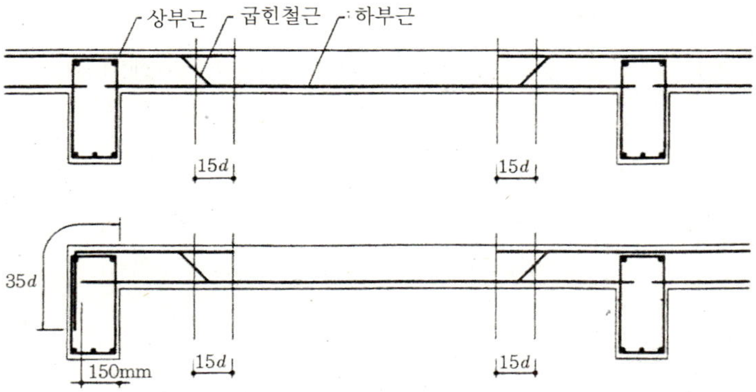

비고 : 15d인 길이를 여장길이라고 한다.

(a) 바닥판 주근 및 부근 철근 배근단면도

(b) 보 및 슬래브 철근 배근 조립 예

(c) Deck plate 슬래브 철근 배근 조립 예

그림 7-85 보 및 슬래브 철근 배근 조립 시공 사례

4.7 계단철근 배근 조립 시공

1) 계단 주근 배근 방식

① 계단 바닥판 철근은 상하층의 지지보 또는 계단옆 보에 지지시키는 두 가지 방식이 있다.

② 지지보 방식의 계단 주근 배근은 계단방향으로 하고, 수평바닥이 경사진 것으로 보고 배근한다.

2) 계단 철근 배근과 정착

① 계단옆 보 방식의 주근 배근은 보에 직각방향으로 하고 계단보에 깊이 정착시킨다.

② 계단철근 배근은 상하층 지지보 방식이 많이 사용되고 있으며, 지지보 방식의 계단 주근은 계단방향으로 하고 수평바닥이 경사진 것으로 보고 배근한다.

③ 계단 지지보 방식의 배근도는 다음과 같다.

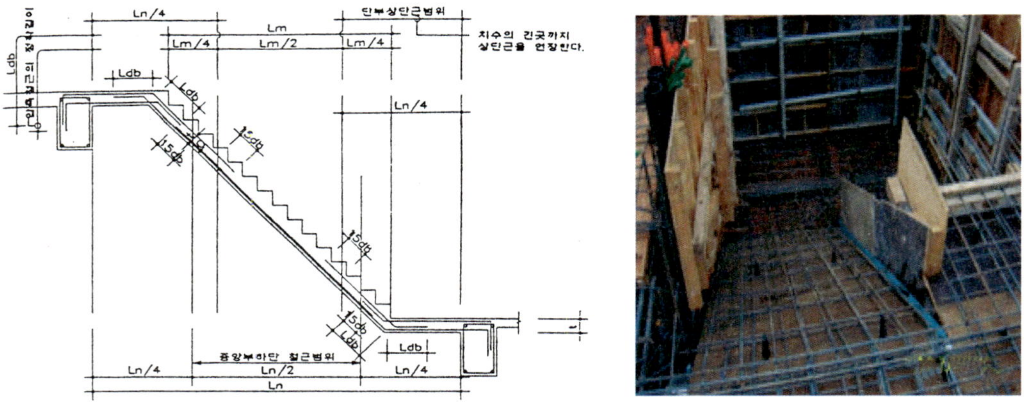

(a) 계단철근 배근 단면도 (b) 계단철근 배근 시공 예

그림 7-86 계단철근 배근 조립 시공

4.8 부위별 철근 배근 조립 검사(No 1403020607-14V2.3)

철근 조립에 대한 검사는 철근의 가공치수, 수량, 조립정밀도, 허용오차, 이음 및 정착위치, 철근간격, 철근 스페이서 설치 등에 대한 검사를 한다.

철근 조립 검사는 기초 · 기둥 · 벽체 · 보 · 슬래브 순으로 검사한다.

1) 기둥 철근 배근 조립 검사

① 기둥 철근 조립 검사는 주근의 위치, 대근의 배치간격, 정착길이, 스페이서 설치, 기둥철근의 수직도와 기울기 등에 대한 조립상태를 검사한다.

② 기둥 주근의 수직도와 대근 간격 조립 검사

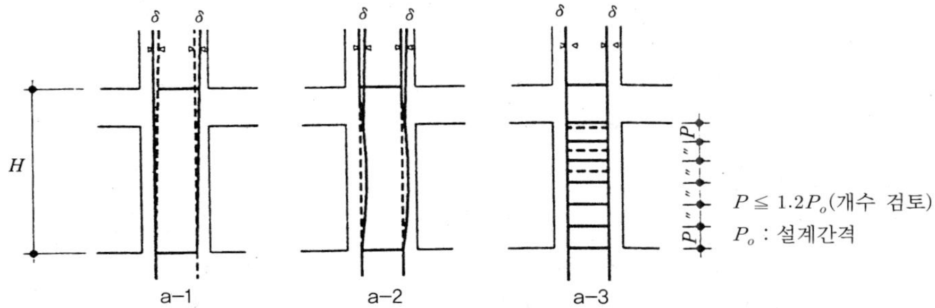

그림 7-87 기둥 철근 배근의 수직도 검사

표 7-28 기둥 철근 배근 수직도 허용 오차

부호	항 목	허용값(δ, P)
a-1	기둥 수직철근의 상하 끝간의 기울	10mm
a-2	기둥 수직철근의 상하 끝간의 굽음	20mm
a-3	띠철근 간격	소정간격의 20% 내외

2) 보철근 배근 조립 검사

① 보철근 조립 검사는 주근의 위치, 늑근간격, 정착길이, 스페이서 설치 보철근의 상하 굽음 등에 대한 조립 상태를 검사한다.

② 보주근의 굽음 상태와 늑근간격의 조립 상태를 검사한다.

표 7-29 보철근 배근 허용오차

부호	항 목	허용값(δ, P)
b-1	보철근의 기둥 내 상하, 좌우방향의 이동량	10mm
b-2	보철근의 기둥 내 상하, 좌우방향의 굽음	20mm
b-3	스터럽 간격	소정간격의 20% 내외

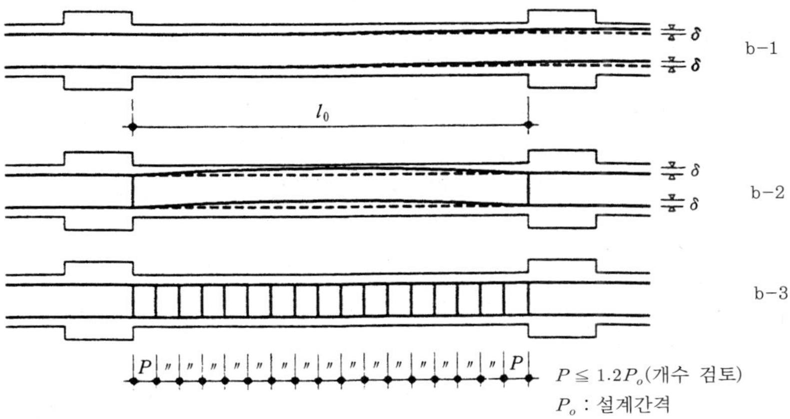

그림 7-88 보철근 배근 간격과 수평도 검사

3) 벽철근 배근 조립 검사

① 벽철근 조립 검사는 주근의 간격과 굽음, 벽두께, 스페이서 설치 등에 대한 조립 상태를 검사한다.

② 벽철근 주근 간격과 위치 상태를 검사한다.

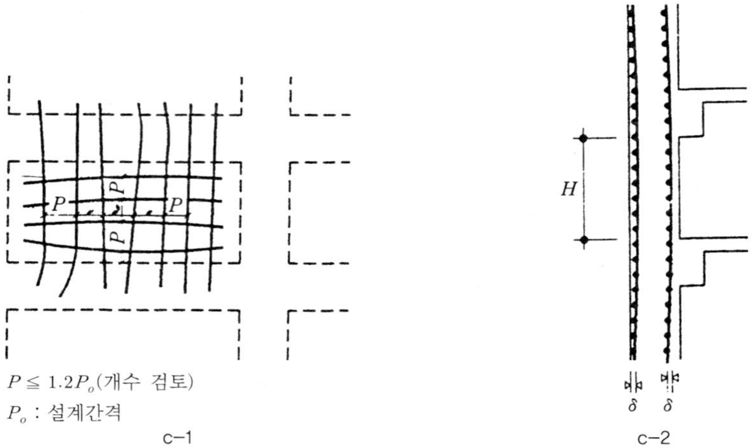

그림 7-89 벽철근 배근 간격과 수직도 검사

표 7-30 벽철근 배근 허용 오차

부호	항 목	허용값(δ, P)
c-1	벽의 철근 간격	소정간격의 20% 내외
c-2	벽의 두께 방향의 철근 위치 · 건물의 내부측 · 건물의 외부측	소정위치에서 10mm 30mm

4) 슬래브 철근 배근 조립 검사

① 슬래브 철근 조립 검사는 주근과 배력근의 간격, 슬래브 두께 확보, 스페이서 설치 등의 상태를 확인하다.

② 슬래브 철근 간격과 철근 위치 상태를 검사한다.

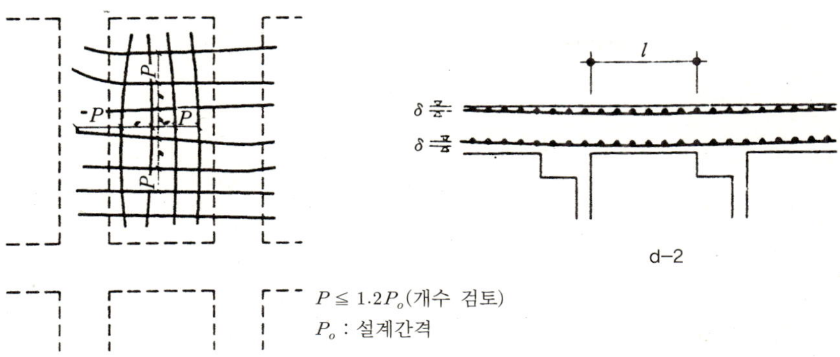

(a) 슬래브 철근 배근 간격과 수평도 검사

(b) 천장 슬래브 철근 배근 검측 예

그림 7-90 슬래브 철근 배근 조립검사

표 7-31 슬래브 철근 배근 허용 오차

부호	항 목	허용값(δ, P)
d-1	슬래브의 철근 간격	소정간격의 20% 내외
d-2	슬래브의 철근 위치 · 두께 30cm 미만의 경우 · 두께 30cm 이상의 경우	소정위치에서 10mm 30mm

제3절 철근공사 시공계획 NCS 적용 "사례현장" 실무

1. 사례현장 철근공사 개요

구 분	내 용
1. 공사명	○○ 종합의료 복합단지 신축공사
2. 공사 위치	서울시 광진구 ○○동 ○○번지
3. 공종명	철근공사(시공계획서)
4. 공사규모	지하 3층~지상 12층, 철근콘크리트(RC조)
5. 철근공사 내용	1) 철근 시공 수량 : 4,336ton · 기초철근 : 620ton · 지하층 철근 : 1,762ton · 지상층 철근 : 2,346ton 2) 층고 : 지하층 ; 4.8m, 지상층 ; 4.2m~54m
4. 공사기간	2014.3~2015.2
5. 시공업체	(주) ○○건설

그림 7-91 사례현장 기둥 철근 배근 현장

2. 사례현장 철근 시공도면 검토

2.1 철근 시공도면 검토

① 주근의 길이 결정
② 기둥 · 보 고정근 및 보강근 현상
③ 대근 및 늑근 형상 결정
④ 기둥, 벽체, 보철근의 접합상태
⑤ 철근 정착 및 이음
⑥ 철근피복두께

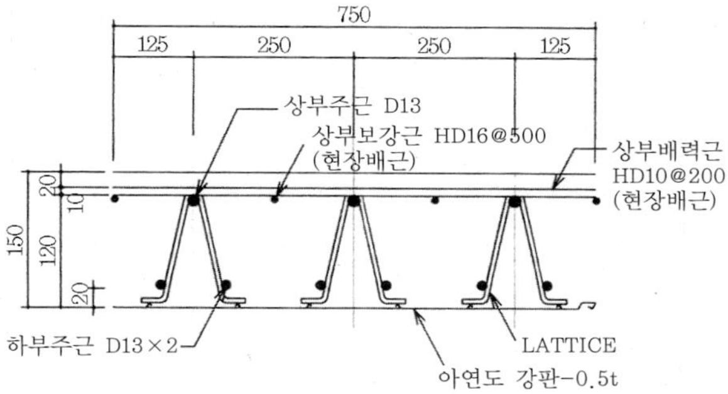

그림 7-92 사례현장 데크 슬래브 철근 배근도

2.2 부위별 철근 배근 도면 검토

1) 사례현장 기초 철근 배근상세도

– 사례현장 독립기초 철근 배근상세 도면이다.

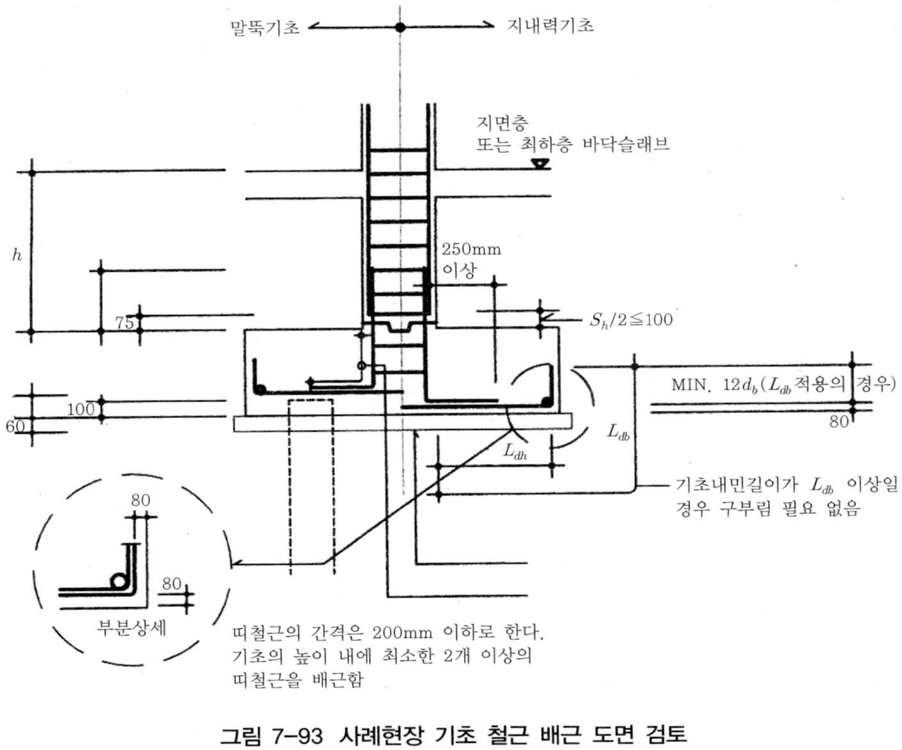

그림 7-93 사례현장 기초 철근 배근 도면 검토

2) 사례현장 기둥 철근 배근상세도

– 사례현장 기둥 철근 배근상세 도면이다.

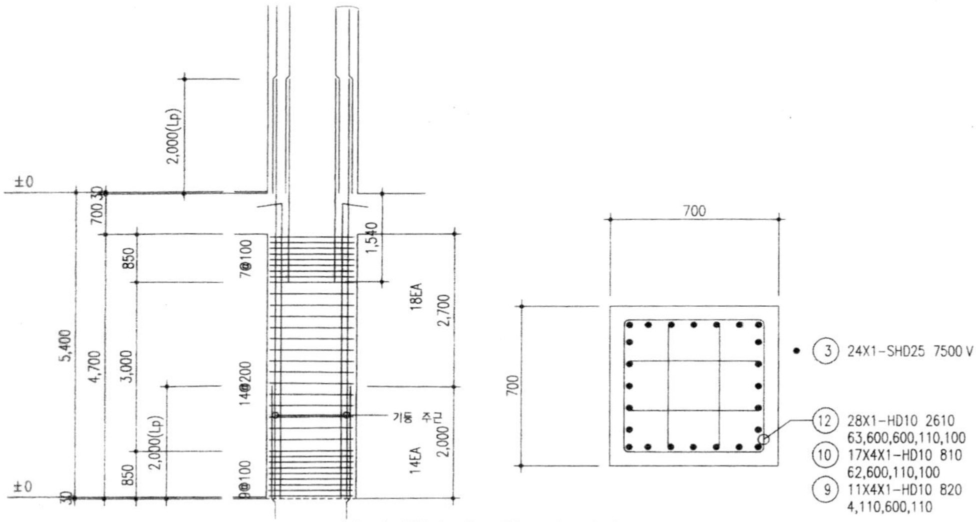

(a) 사례현장 기둥 철근 배근상세도

– 사례현장 기둥 주근 및 대근 배근상세 도면이다.

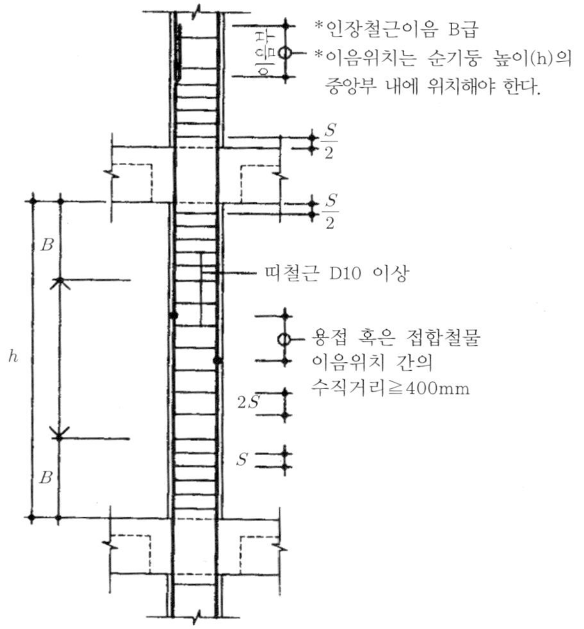

- h : 기둥의 순높이
- S : 띠철근 보강구간의 띠철근 간격
  - ① 주철근의 8배
    - D19 : 152mm → 150mm
    - D22 : 176mm → 175mm
    - D25 : 200mm
  - ② 기둥 단변의 1/2
  - ③ 띠철근 직경의 1/2
  - ④ 300mm
  - ⑤ 도면에 표기된 간격 중 최소값임
- B : 띠근 보강구간
  - ① 기둥의 장변치수
  - ② 기둥 순높이의 1/6
  - ③ 도면에 표기된 간격 중 최소값임

*기둥 일람표에 표기된 HOOP의 간격은 S_h임.

(b) 사례현장 기둥 주근 및 대근 배근상세도

그림 7-94 사례현장 기둥 주근 및 대근 배근 도면 검토

3) 사례현장 보(Beam/Girder) 철근배근도

− 사례현장 보 주근 및 늑근 배근상세 도면 검토사항이다.

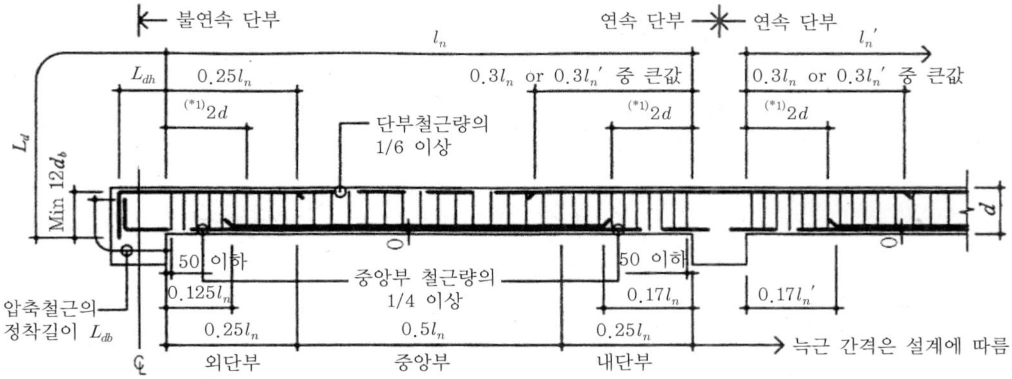

(a) 사례현장 보(Beam) 철근 배근도

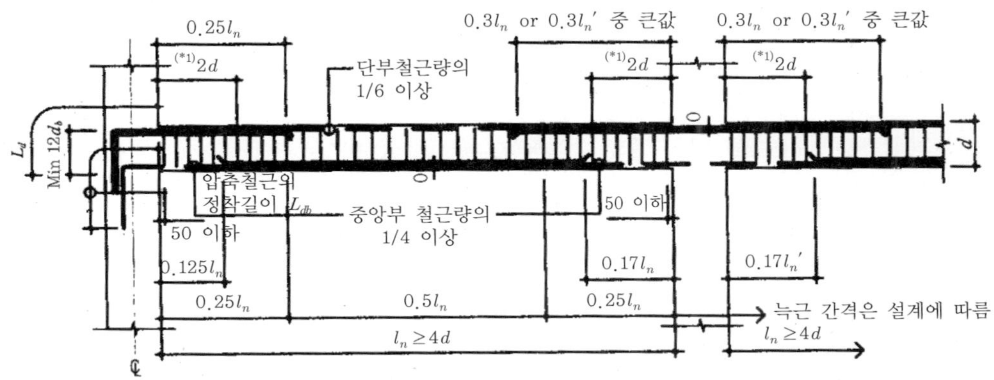

(b) 사례현장 보(Girder) 철근 배근도

그림 7-95 사례현장 보(Beam / Girder) 철근 배근 도면 검토

4) 기둥 및 보 철근 배근 단면 상세도

− 기둥 및 보 철근 배근 단면 상세도에 대한 도면 검토 사항은 다음과 같다.

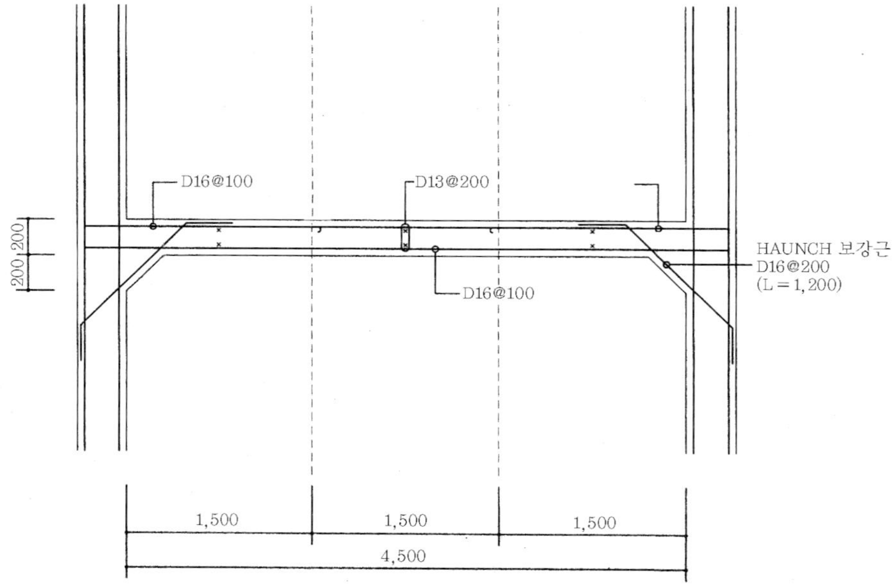

(a) 보 및 슬래브 철근 배근상세도

	단부	중앙부	단부	중앙부
부호		1G10		1G16
형태	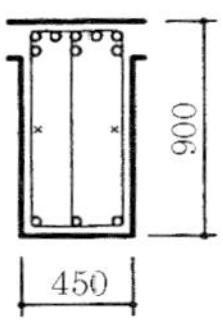 END	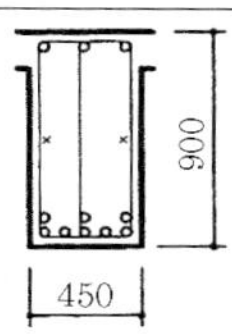 CTR	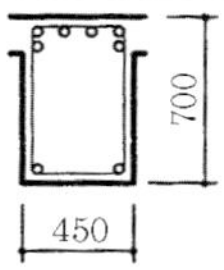 END	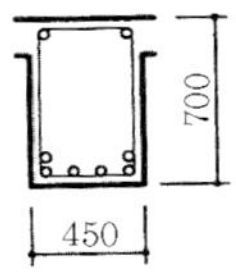 CTR
상부근	8-D25	3-D25	6-D25	2-D25
하부근	3-D25	8-D25	2-D25	6-D25
늑 근	3-D13@150	3-D13@150	3-D13@200	3-D13@200
보조근	2-D10	2-D10	2-D10	2-D10

(b) 사례현장 보 단면 철근 배근상세도

그림 7-96 사례현장 기둥 및 보 철근 배근 단면도 검토

5) 사례현장 벽체 철근 배근상세도

(1) 벽체 배근 일반사항

① Wall 두께가 150mm 이상인 외부벽은 복배근으로 한다.

② 최상층 전 · 후면, 측면, 옥탑층 외벽의 수직근은 D10@300 이하로 복배근하고 수평근은 D10@350 이하로 복배근한다.(도면에 표기 없는 경우 혹은 비내력벽)

③ 간격이 450mm 이상이면 교호로 배근한다.

(2) 내력벽과 슬래브 상세도

(보강근은 D13 이상으로 한다.)

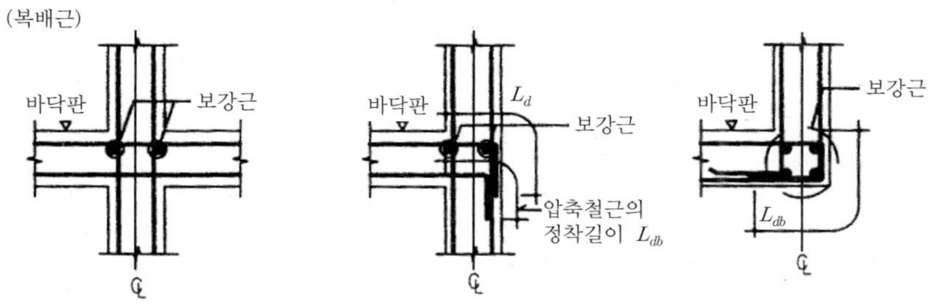

사례현장 벽 슬래브 배근도

6) 슬래브 배근상세도

– 사례현장 슬래브 철근 배근 상세도면 검토사항이다.

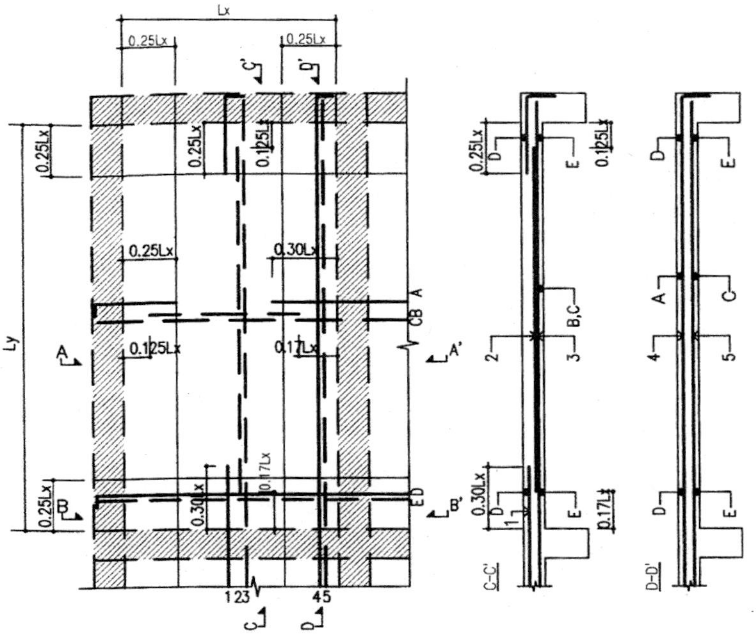

(a) 사례현장 슬래브 철근 배근도

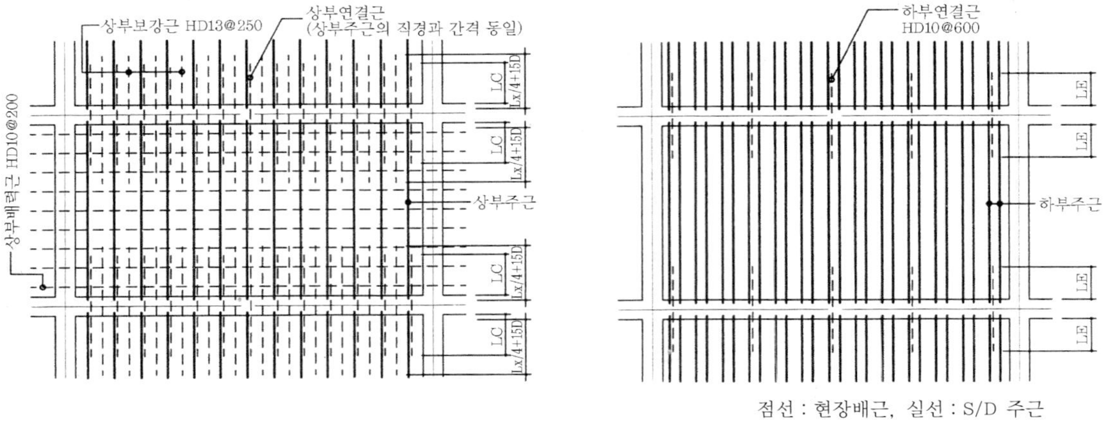

(b) 슬래브 상부 철근 배근상세도 (c) 슬래브 하부 철근 상세도

그림 7-97 사례현장 슬래브 철근 배근 도면 검토

3. 사례현장 철근 공정관리 계획

철근공사 공정계획은 전 공정인 거푸집 공사 공정에 맞추어 계획은 세워야 하며 수시로 협의하여 후속 공정에 지장이 없도록 공정관리 계획을 세워야 한다.

3.1 철근 배근 공정계획

1) 기초 철근 배근 공정계획

기초 철근 배근의 작업공정은 7일 정도가 소요된다.

2) 지하층 철근 배근 공정계획

지하층 철근 배근의 작업공정은 1층당 벽체 철근 3일, 보 및 슬래브철근 7일 약 10일 정도가 소요되어 지하 2개층 공정은 20일 정도가 소요된다.

3) 기준층 철근 배근 공정계획

기준층 철근 배근의 작업공정은 기둥철근 1일, 보 및 슬래브 철근 2일로 약 3일 정도가 소요된다.

4) 철근 배근 공정표

"거푸집 공사편"의 골조공사 공정표 내용에 있는 철근 배근 공정표를 참조한다.

5) 철근 수량 산출

(1) 철근 총수량 : 4,336ton

(2) 1일 배근량 : 1인당 0.7ton

사례현장 부위별 철근 수량 산출표

층	기초	지하층	1층	2층~5층	6층~12층	PH층	계
철근량(ton)	620	1,762	392	1,460	431	63	4,336

3.2 인원 및 장비투입계획

1) 철근공 투입계획

철근 배근공사 인원투입계획은 선공정인 거푸집공사 인원투입계획에 따라 철근공 인원투입계획을 세워야 한다. 1일 최대 인원투입계획은 21~27명 정도로 계획한다.

사례현장 철근 1일 작업인원 투입계획 예(1일 기준)

작업별 \ 구분	인원	비고
Bar-List 검토/작업 감독 · 검사	1	(　)의 인원은 일일 작업 물량이 많을 경우 추가 투입 인원임
절단 작업	3(2)	
절곡 작업	8(2)	
자재 입 · 출고시 하역 작업	2	
운반	5(3)	
입 · 축고 자재 기록/정리	2	
계	21(7)	

주) 거푸집공사 인원투입계획 참조

2) 철근 장비투입계획

철근 운반은 대부분 타워크레인으로 조립층까지 운반하고 조립층 내에서 소운반은 인력으로 한다.

철근 가공 장비는 자동절단기, 절곡기 등을 사용한다.

사례현장 철근 운반 및 가공장비 투입계획(1일 기준)

장비면		규격	수량	비고
타워크레인		· 고정식 · 이동식	1 1	가공철근 현장 운반용 장비
자동 절단기		절단능력 52mm, 42mm	5	철단 가공용
절곡기	자동	5head, 3head	4	스터럽, 띠철근 가공용
		Robomaster	1	토목용 전자동 가공기
		Coil 철근 가공기	2	Coil-Bar 연속 자동 가공기
	수동	절곡능력 42mm, 32mm	13	기둥/보 등의 절곡가공용
원곡기		원곡능력 32mm	1	원형기둥의 나선철근 가공용
호이스트		7.5ton, 3ton	3	자재 입·출고시 하역 작업용
지게차		4ton	2	자재 입·출고시 하역 작업용
타고트럭		11ton, 18ton	5	철근 가공품 현장 운반용

4. 사례현장 철근 배근 조립 시공계획

4.1 철근 배근 시공 Flow

1) 철근 공장 가공 → 2) 자재 반입 → 3) 기둥 철근 배근 → 4) 벽체 철근 배근

5) 보철근 배근 → 5) 슬래브 철근 배근 → 6) 콘크리트 타설

4.2 기초 및 기둥 철근 배근 조립 시공

1) 기초 및 기둥 철근 조립 계획

① 기초철근 배근은 파일 지정 위 매트기초 철근 배근으로 기초철근 배근과 동시에 기둥 철근 배근조립을 해야 한다.

② 기둥철근 배근은 층고가 4.5m~5.4m로 높기 때문에 강재 가설틀비계를 설치한 후 철근 배근을 해야 한다.

③ 기둥철근 주근은 D25 철근이 사용되었으며 띠철근은 D10 철근을 사용하였다.

2) 기초 및 기둥 철근 조립 설치

(a) 사례현장 매트기초 및 기둥 철근 배근 조립 시공 현장

(b) 사례현장 매트기초 및 기둥철근 배근 정착 조립 상세도 현장

(c) 사례현장 기둥 철근 조립 시공

(d) 사례현장 기둥 철근 조립 안전가설 틀비계 설치

그림 7-98 사례현장 기둥 철근 배근 및 안전가설 틀비계 설치

4.3 벽체 철근 배근 조립 시공

1) 벽체 철근 배근 조립 계획

① 벽체 철근 조립은 지하층의 경우는 기둥 철근 배근 후 바로 벽체 철근에 배근되어 접속부의 철근 정착이 중요하다.

② 벽체의 주근과 부근의 간격 유지가 정확히 되도록 시공한다.

2) 벽체 철근 배근 조립 설치

(a) 사례현장 기둥과 벽체 접합부 철근 조립 시공 (b) 사례현장 벽체 철근 배근 조립 시공

그림 7-99 사례현장 벽체 철근 배근 조립 설치

4.4 보 철근 배근 조립 시공

1) 보 철근 배근 조립 계획

① 보 철근 조립은 Girder와 Beam 배근에 따른 확인이 필요하다.

② 보의 주근과 늑근의 결속 상태를 확인한다.

2) 보 철근 배근 조립 설치

(a) 사례현장 일반 거푸집 보철근 조립 시공 (b) 사례현장 Deck Form 슬래브 보철근 조립 시공

그림 7-100 사례현장 보 및 슬래브 철근 배근 조립 설치

4.5 슬래브 철근 배근 조립 시공

1) 슬래브 철근 배근 조립 계획

① 슬래브는 일반거푸집 슬래브와 Deck Form 슬래브 철근 배근이 다르다.

② 슬래브 배근시 철근이 흐트러지지 않도록 하고 스페이서 고임상태를 확인한다.

2) 슬래브 철근 배근 조립 설치

(a) 사례현장 보 및 슬래브 기둥 철근 배근간격시공

(b) 사례현장 Deck Form 슬래브 철근 배근 조립 시공

그림 7-101 사례현장 슬래브 철근 배근 조립 설치

4.6 부위별 철근 배근 조립 검사

1) 기둥 및 벽체 철근 조립 검사

① 기둥 주근의 수직도와 피복두께를 검사한다.

② 벽체 수직 수평철근의 배근간격을 검사한다.

(a) 사례현장 기둥 철근 배근 간격 검사

(b) 사례현장 벽체 철근 배근 간격 검사

그림 7-102 사례현장 기둥 및 벽체 철근 배근 조립 검사

2) 보 및 슬래브 철근 조립검사

보와 슬래브 철근은 주근의 간격과 늑근의 배치간격을 검사한다.

(a) 사례현장 슬래브 철근 배근 간격 검사

(b) 사례현장 Deck 슬래브 철근 배근 검사

그림 7-103 사례현장 보 및 데크 슬래브 철근 배근 조립 검사

5. 사례현장 철근 배근 시 안전관리 유의사항

① 철근 가공장 및 야적장을 정리정돈한다.
② 철근 작업자는 반드시 안전교육 후 작업에 투입한다.
③ 철근 배근 조립용 작업발판은 규격품을 사용하고 배근된 철근에 각재 등을 걸쳐서 사용해서는 안 된다.
④ 철근 가공 기계 조작 스위치는 반드시 안전 덮개를 부착한 후 사용한다.
⑤ 현장에 노출된 철근 단부는 안전캡을 씌운다.

(a) 사례현장 기둥 철근 배근 안전 틀비계

(b) 사례현장 벽체 철근 배근 안전 틀비계

그림 7-104 사례현장 철근 배근시 안전가설 틀비계 설치

8
Chapter

콘크리트공사

제1절 콘크리트공사 시공 기본 지식 이해

제2절 철근콘크리트공사 시공 NCS 적용 실무 이해

제3절 콘크리트공사 시공계획 NCS 적용 "사례현장" 실무

제1절 콘크리트공사 시공 기본 지식 이해

1. 콘크리트공사 개요

1) 콘크리트 정의

콘크리트는 시멘트, 물, 모래, 자갈 등을 혼합하여 경화시킨 것을 말하며, 콘크리트에 요구되는 기본적인 요소로 시공연도(workability), 강도, 내구성, 수밀성, 균열 저항성 등을 필요로 한다. 콘크리트에 요구되는 강도와 내구성을 갖기 위해서는 사용재료, 배합설계, 양생 등의 시공관리가 요구된다.

2) 콘크리트 재료 구성

콘크리트는 시멘트, 물, 모래, 자갈, 공기량의 5가지 재료로 구성된다.

콘크리트 강도는 시멘트(10%)와 물(15%)이 전체의 강도를 지배하고 있으며 골재(모래/자갈)는 강도에 직접적인 영향을 미치지 않고 콘크리트 부재 단면을 채우기 위한 충전재로서의 역할을 하게 된다(물시멘트 강도설 이론).

표 8-1 콘크리트 재료 구성 비율

공기량	시멘트	물	골재	
			모래	자갈
5%	10%	15%	30%	40%
수화반응재(W/C비)			충전재	

2. 콘크리트 재료 종류

2.1 시멘트

시멘트란 석회석(CaO), 점토 또는 유사한 원료 혼합물을 1,450℃로 소성(가열)하여 얻은 클링커(clinker)에 약 3% 정도의 석고를 첨가한 다음 분쇄하여 가루로 만든 것이 시멘트이다.

1) 시멘트 생산 과정

CaO SiO_2 원석 → 굵게 부순 후 다시 혼합 → 1,450℃로 소성 → 냉각 → 3% 응결제 혼입(석고) → 분쇄

2) 시멘트 구성

① 시멘트 주성분은 생석회(CaO)와 실리카(SiO_2)이다.

표 8-2 시멘트의 주성분

구분	구성비	비고
생석회(CaO)	63~66%	
실리카(SiO_2)	21~23%	
알루미나(Al_2 O_3)	2~4%	

② 시멘트 적정 분말도(g당 비표면적 시험)는 보통포틀랜드시멘트는 3,000~3,600cm^2/g 정도이고, 조강포틀랜드시멘트는 4,300~6,000cm^2/g 정도이다.

③ 시멘트 입자 모양은 구상화 시멘트로 둥근 모양의 입자가 좋다.

3) 시멘트 종류

① 시멘트는 현재 KS 규정에 보통 포틀랜드 시멘트를 말하지만 그 외에도 중용열, 조강, 저열 및 황산염 시멘트 등이 있고, 혼합시멘트로는 고로슬래그, 플라이애시, 포졸란 시멘트 등이 있다.

② 각종 시멘트의 종류별 특징과 용도는 다음과 같다.

(a) 보통 포틀랜드시멘트(국내산)

(b) 보통 포틀랜드시멘트(외국산)

그림 8-1 보통 포틀랜드시멘트 종류

표 8-3 시멘트 종류와 특성

종류		특 성
포틀랜트시멘트(P.C)	보통 P.C(1종)	석회석과 점토(clay), 그리고 규석산화철을 혼합하여 제조한 시멘트로서, 전 시멘트 생산량의 80%를 차지하는 대표적인 표준타입의 시멘트, 일반 건축·토목 콘크리트공사에 활용된다. 비중 3.05 이상, 단위용적중량 1,500kg/m^3, 비표면적 2,800cm^2/g.
	조강 P.C(3종)	경화속도가 빨라 재령 7일이면 보통포틀랜드시멘트의 28일 강도를 나타내는 시멘트로서, 긴급을 요하는 한중콘크리트나 수중콘크리트에 적합하다. 분말도(fineness)가 커서 수화열의 영향을 받는 매스콘크리트에는 부적합하다.
	중용열 P.C(2종)	원료 중의 석회, 알루미나, 마그네시아(magnesia)의 양을 제한하고 실리카(SiO_2)의 산화철을 많게 한 시멘트로서, 수화열의 건조수축이 작아 댐(dam)이나 수밀성 구조물 및 방사능차폐용 콘크리트에 적합하다.
	백색 P.C	산화철(Fe_2O_3)을 포함하지 않은 천연점토와 철분과 점토분이 적은 백색의 석회석으로 만든 시멘트를 말한다. 건축물의 실내장식이나 인조석, 테라초(terrazzo), 타일줄눈 등의 표면 마무리용으로 사용된다.
혼합 시멘트	고로시멘트	제철소의 용광로로부터 나온 슬래그(slag)를 포틀랜드시멘트 클링커(clinker)에 적당량 혼합하고, 소량의 석고(gypsum)를 가하여 미분쇄한 시멘트로 하천, 항만, 해안 및 댐공사 등에 적합하다. 고로수쇄 슬래그시멘트는 해수, 황산염, 공장폐수 등의 구조물에 적합하다.
	플라이애시 시멘트	포졸란을 포틀랜드시멘트 클링커에 혼합하고 적당량의 석고를 가해 만든 시멘트를 말한다. 댐과 같이 매시브한 구조물, 화학공장, 지하철공사, 해수관련 공사에 적합하다.
	실리카(포졸란) 시멘트	포틀랜드시멘트 클링커에 실리카질 혼합재와 석고를 가해 미분쇄한 것을 말한다. 블리딩, 건조수축 및 수화열을 감소시키고 화학저항성 및 장기강도, 수밀성, 내구성이 우수하다. 보통 시멘트콘크리트·매스콘크리트·수중콘크리트에 활용된다.
특수 시멘트	알루미나시멘트	수경성의 칼슘 알루미네이트를 주성분으로 한 클링커를 미세하게 분쇄하여 만든 시멘트, 클링커란 시멘트의 원료인 실리카(silica) 시멘트를 말한다. 재령 1일에 보통시멘트의 28일 강도를 발현하는 시멘트로서 댐, 해수공사, 긴급을 요하는 한중공사에 적합하다.
	초조강시멘트	재령 3일에 보통시멘트의 28일 강도를 발현하는 시멘트로서, 한중공사에 유용하게 사용되지만 수화열 때문에 매스콘크리트(mass concrete)에는 부적합하다.
	팽창시멘트	콘크리트 응결경화 시에 팽창을 일으켜 수축성을 개선하는 시멘트를 말한다. 건조수축균열의 결점을 방지할 목적으로 만든 시멘트로서, 장대스팬의 건축물 및 그라우트(grout), 균열보수공사 등에 이용된다.

4) 시멘트 시험

시멘트 시험에는 비중시험, 분말도시험, 안정성 시험, 강도시험 등이 있다.

2.2 골재(모래/자갈)

1) 골재의 규격

① 콘크리트 골재란 모래, 자갈, 깬자갈, 기타 이와 유사한 재료를 총칭하는 말이며, KS F 2523에 잔골재와 굵은골재를 규정하고 있다.

② 잔골재에는 5mm체에 중량으로 75% 이상 통과하는 골재를 말하고, 굵은골재는 5mm 체에 중량으로 85% 이상 남는 골재로 규정하고 있다.

2) 골재의 재질 및 입도

① 골재는 콘크리트 전체 용적의 70%를 차지하고 있어 그 종류와 품질은 콘크리트 성질에 커다란 영향을 미칠 수 있다.

② 골재는 깨끗하고 견고하며 내구성과 내화성이 있어야 하고 모양은 구형으로 대소의 입도가 좋은 것을 사용해야 한다.

3) 골재의 품질

표 8-4 보통골재의 품질

종류	절건비중	흡수율(%)	점토량(%)	유기불순물	염화물(NaCl)(%)
굵은골재	2.5 이상	3.0 이하	0.25 이하	–	–
잔골재	2.5 이상	3.0 이하	1.0 이하	표준색보다 진하지 않는 것	0.04 이하

4) 굵은골재의 최대치수

표 8-5 부재 종류에 따른 굵은골재의 최대치수

부재 종류	굵은골재의 최대치수	
	자갈	부순자갈, 고로슬래그 부순자갈
기둥, 보, 슬래브, 벽	20, 25	20, 25
기초	20, 25, 40	20, 25, 40

5) 골재의 함수율

골재의 함수율은 표면건조 내부포수상태로 골재의 비중을 나타내고 콘크리트 배합 설계의 기준이 된다. 잔골재율이 크게 되면 단위수량, 시멘트량이 증가되고 부피도 증가한다.

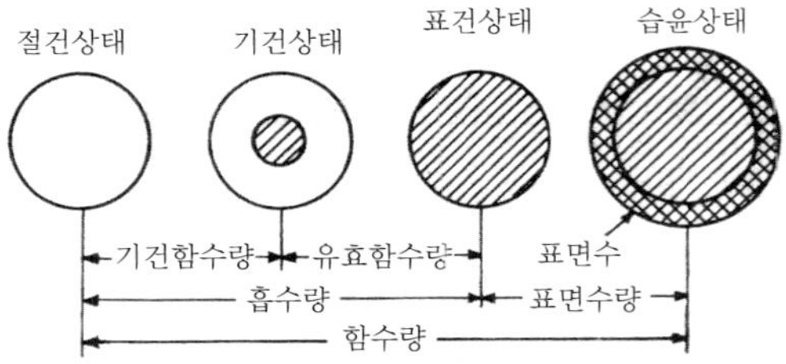

그림 8-2 골재의 함수율

6) 골재의 염화물 함유량

해사를 세척하여 사용 시에는 반드시 염화물 규제치 이하가 되도록 하여 사용한다.

표 8-6 골재의 염화물 함량 기준

해사가 콘크리트에 미치는 영향	㉮ 이상응결(급결) ㉯ 철근부식 촉진 ㉰ 균열 발생 증가 ㉱ 누수 ㉲ 내구성 약화
염화물(Cl^-) 규정	㉮ 잔골재의 염분 함유량 : 0.04% 이하(NaCl 기준) ※ 염소이온(Cl^-) 기준시 0.02% 이하 ㉯ 콘크리트 내부의 염소이온량 : 0.3kg/m^3 이하

2.3 물 및 혼화재

1) 물(사용수)

① 물은 유해한 불순물인 기름, 산, 알칼리, 염류, 유기물 등을 포함하지 않은 청정한 것이어야 하며, 상수도 규정에 적합한 것으로 한다.

② 해수는 철근, PS강선 등을 부식시키므로 철근콘크리트의 혼합수로 사용하면 안 된다.

2) 혼화재료

(1) 혼화제

① 콘크리트 성질을 개선하기 위해 소량의 첨가제로 사용하는 것을 말한다.

② 혼화제 종류

AE제, 분산제, AE감수제, 유동화제, 응결촉진제, 응결지연제, 방청제, 방동제 등이 있다.

(2) 혼화재

① 콘크리트 물성을 개선시키기 위하여 다량으로 사용하여 콘크리트 배합계산에도 관계되는 혼화재를 말한다.

② 혼화제 종류

포졸란, 고로슬래그, 플라이애시, 실리카흄, 착색제, 팽창제 등이 있다.

(3) 공기량의 종류

① 엔트랩트 에어(entrapped air)

일반 콘크리트 속에 자연적으로 발생되는 공기 기포를 말하는 것으로 일반적으로 1~2% 정도가 함유되어 있다.

② 엔트레인 에어(entrain air)

AE제 등에 의해 인공적으로 발생되는 기포로서 볼베어링 역할을 하여 콘크리트 시공연도를 좋게 한다.

(4) AE제(Air entraining agent)

① 인공적인 공기연행제도로서 콘크리트 내부에 미세한 기포를 분포시키는 혼화제를 말한다.

② AE제량이 증가하면 공기량이 증가한다.

③ 콘크리트 시공연도가 좋아진다.

④ 단위수량을 감소할 수 있다.

⑤ 재료분리 저항성이 커진다.

(5) 포졸란재

① 실리카가 콘크리트 중의 수산화칼슘과 반응하여 불용성 화합물을 만드는 재료를 말한다.

② 실리카질(SiO_2) 재료로 해수에 대한 저항성이 크다.

③ 시공연도가 좋아지고 재료 분리가 감소된다.

3. 콘크리트 배합

3.1 콘크리트 배합과 수화작용

1) 콘크리트 배합 이론

콘크리트 배합은 시멘트, 물, 골재의 적정 배합으로 이루어지며, 콘크리트 배합에 관한 학설은 ① 시멘트 공극론 ② 물시멘트비설 ③ 조골재 틈채우기법 ④ 최대밀도이론 ⑤ 표면적 이론 ⑥ 최소 틈새 채우기법 등이 있다. 그러나 물시멘트비설에 의한 콘크리트 배합을 하고 있으며 콘크리트 강도는 물과 시멘트의 중량비에 의해 결정된다는 것이다.

주1) 물시멘트비 강도설이란?

물시멘트비 강도설이란 시멘트(10%)와 물(15%)이 콘크리트 강도의 전체를 지배한다는 이론을 말한다. 즉 시멘트 10%, 물 15%, 즉 25%가 콘크리트 전체의 강도를 지배하고 있으며 자갈과 모래 70%는 강도에 직접적인 영향은 주지 않으며 부재의 단면 체적을 채워주기 위한 충전제 역할을 한다는 이론이다. 단, 골재는 강도에 간접적인 영향을 끼치므로 강도가 부족하거나 모가 난 자갈을 사용해서는 안 된다.

2) 콘크리트 배합과 수화작용

콘크리트 배합에서 수화작용이란 시멘트와 물이 접촉하여 수화반응에 의해 응결, 경화가 진행되어 콘크리트가 생성되는 현상을 말한다.

① 수화반응

$$CaO + H_2O \xrightarrow{\text{수화작용}} \underset{\text{PH : 12~13}}{Ca(OH)_2} + \text{수화열(125cal/g)}$$

· 중용열 시멘트
· 매스 콘크리트

② 수화반응에 필요한 물(W/C비)

· 화학적 결합수 : 25%
· 겔(Gel) 수 : 15%
(합계 40%)

③ 수화반응에 영향을 미치는 요소

· 수산화 칼슘 양
· 화학작용에 필요한 물의 양
· 수화시 발열량
· 수화하지 않은 시멘트의 양

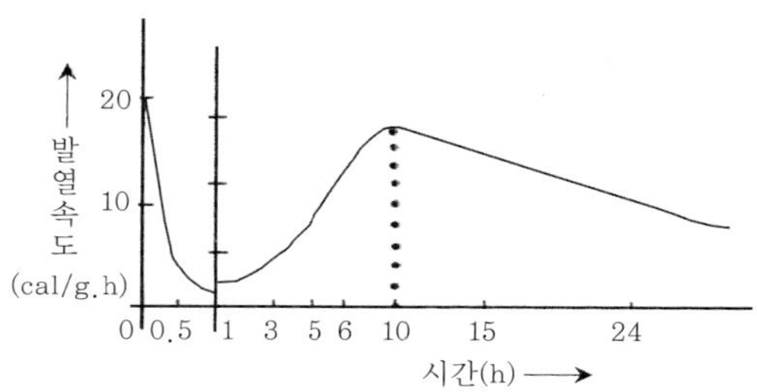

그림 8-3 포틀랜드시멘트의 수화열 속도

3.2 콘크리트 수화열

1) 수화열 개념

수화열이란 물과 시멘트가 수화반응 시 생성되는 열로서 g당 125cal의 에너지를 생산한다. 따라서 수화열에 대한 적절한 관리를 하지 않고 콘크리트를 타설하게 되면 콘크리트는 균열이 발생하여 품질에 많은 문제가 발생하게 된다.

수화열 → 중용열시멘트 → MASS CON'C → 댐 CON'C

2) 각종 시멘트의 수화열(125cal/g)

표 8-7 시멘트 종류별 수화열

구분	7일	28일
보통 포틀랜드시멘트	70~80	60~90
조강 시멘트	75~85	90~100
중용열 시멘트	55~65	70~80
고로 시멘트	55~70	75~85

3) MASS 콘크리트와 수화열

(1) 정의

① Mass 콘크리트란 콘크리트 부재 두께가 80cm 이상이거나

② 콘크리트 내·외부 온도차가 25℃ 이상일 때 타설되는 콘크리트를 말하는 것으로서 수화열이 높아질 경우에는 콘크리트 타설시 수화열 냉각방식을 사용해야 한다.

(2) MASS 콘크리트 문제점

매스콘크리트는 부재가 두꺼우므로(80cm 이상 부재) 단위면적당 시멘트량이 많아져서 콘크리트 수화열이 증가하게 되므로 수화열을 낮추지 않으면 콘크리트에 균열이 발생하게 된다. 따라서 콘크리트 수화열을 낮추기 위해서는 pre-cooling 방식이나 pipe-cooling 방식으로 냉각하여 수화열을 낮게 해야 한다.

(3) 수화열 저하를 위한 냉각 방식

① pre-cooling 방법

물과 골재를 냉각하여 수화열을 저하시키는 방법을 말한다.

② pipe-cooling 방법

콘크리트 내부에 pipe를 배관하여 수화열을 저하시키는 방법을 말한다.

(예) ㉠ 기초 매스콘크리트 타설시

㉡ 댐 콘크리트 타설시

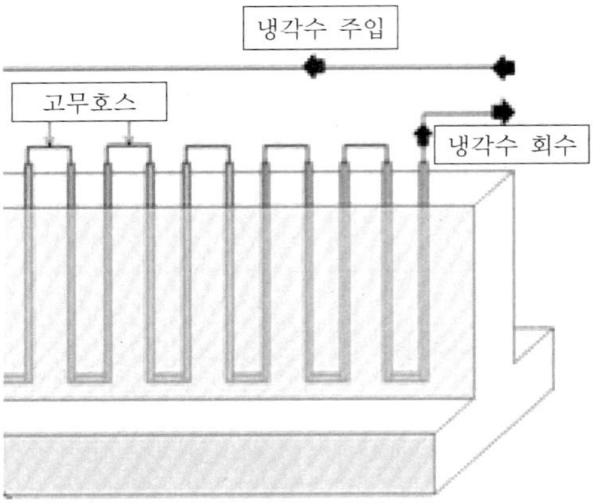

(a) pipe-cooling 시스템

(b) pipe-cooling 시스템 콘크리트 타설

그림 8-4 수화열 저하 냉각 방식 사례

3.3 콘크리트 표준 배합 순서

① 설계기준강도(f_{ck})
↓
② 배합강도(f_{cr})
↓
③ 시멘트강도(K) 결정 → 물 · 시멘트비 산정
↓
④ 물 · 시멘트비 결정
↓
⑤ 슬럼프의 결정 → ⑦ 표준배합비 ← ⑥ 굵은골재 최대치수 결정 (잔골재율, 단위수량 결정)
↓
⑧ 시험비빔
↓
⑨ 계획(시방)배합의 결정
↓
⑩ 현장배합의 결정

1) 설계기준강도와 배합강도

① 설계기준강도(소요강도, MPa = N/mm^2)

소요강도란 콘크리트에 요구되는 설계기준 강도를 말하는 것으로서 콘크리트 허용응력도에 일정 안전율을 곱한 것을 소요강도(F_c)로 한다.

F_c =3×장기허용응력도=1.5×단기허용응력도

예) · F_c =15MPa(150kg/cm^2), 21MPa(210kg/cm^2), 24MPa(240kg/cm^2)

· 50층 RC조 건축물 설계기준강도 "예" ; 기초~20층까지(50MPa)
21~36층까지(35MPa)
37~50층까지(30MPa) 정도

② 배합강도(F)

배합강도란 현장에서 여러 요인에 의해 콘크리트 품질이 달라질 것을 고려한 강도의 표준편차를 감안한 강도를 말한다.

$F \geqq F_c$ + 강도표준편차(σ) + 온도표준편차(τ)

③ 시멘트강도(k)

시멘트강도는 KS L 5105 규정한 시멘트 시험을 시행하고, 그 시험에 의해 시멘트 28 압축강도를 정한다.

표 8-8 시멘트 종류별 강도 최대값

시멘트 종류	k 최대값(kg/cm^2)	7일 강도(k_7)에서 28일 강도(k_{28})을 추정할 때
조강포틀랜드시멘트	400	$k_{28}=0.4k_7+30$
보통포틀랜드시멘트	370	$k_{28}=0.8k_7+170$
중용열시멘트	350	
고도, 실리카 시멘트	320	

2) 물 · 시멘트비(W/C) 결정

① 물 · 시멘트비는 부어넣기 직후의 모르타르 또는 콘크리트에 포함된 시멘트 페이스트 속의 시멘트에 대한 물의 중량 백분율을 말한다.

② 공식(보통 포틀랜드시멘트의 경우)

$$W/C = \frac{215}{f_{28}+210}(\%), \quad W/C = \frac{61}{f_{28}/k+0.34}(\%) \quad \text{중 작은 값}$$

(단, f_{28} : 28일 압축강도, k : 시멘트 강도)

③ 물 · 시멘트비 최대값

시멘트 종류와 콘크리트 종류별 물 · 시멘트비 최대값은 다음과 같다.

표 8-9 물시멘트비 최대값

시멘트 종류		콘크리트 종류		
고로 슬래그 1급 포졸란 B종 플라이애시 B종	보통포틀랜드 고로특급 포졸란 A종 플라이애시 A종	고강도 수중, 수밀 동결융해 차폐용	제치장 프리캐스트 중성화 저항성	한중콘크리트 경량콘크리트
60% 이하	65% 이하	50% 이하	55% 이하	60% 이하

3) 슬럼프(slump)값 결정

① 슬럼프 테스트는 콘크리트 반죽의 질기, 즉 시공연도(workability)를 측정하기 위한 실험을 말한다.

② slump 표준값은 다음과 같다.

표 8-10 slump 표준값

종 류		슬럼프 값(cm)
철근콘크리트	일반적인 경우	8~15
	단면이 큰 경우	6~12

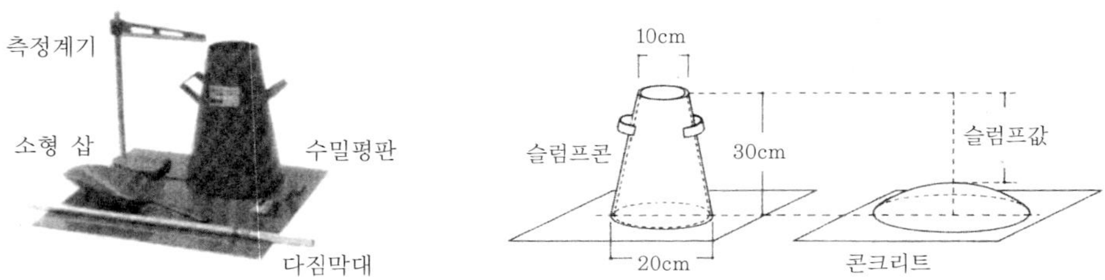

(a) 슬럼프시험 기구 (b) 슬럼프시험 방법

그림 8-5 슬럼프 테스트 방법

그림 8-6 현장 슬럼프 테스트

4) 잔골재율(s/a) 결정

① 골재 전체 용적에서 잔골재가 차지하는 절대용적 백분율을 말한다.

② 잔골재율의 적정범위는 33~45% 정도 범위이다.

③ 잔골재율을 적게 하면 단위수량이 감소하고 시멘트량도 감소된다.

④ 잔골재율을 적게 하면 워커빌리티가 저하되고 재료분리가 발생된다.

4. 콘크리트 제조, 발주, 운반

4.1 레디믹스트 콘크리트 제조, 발주

레미콘은 KS F 4009 규격품으로 사용할 수 있다.

레미콘 공장에서는 한국표준협회에서 KS 인증을 받아 규격품으로 생산하여 납품하고 있다.

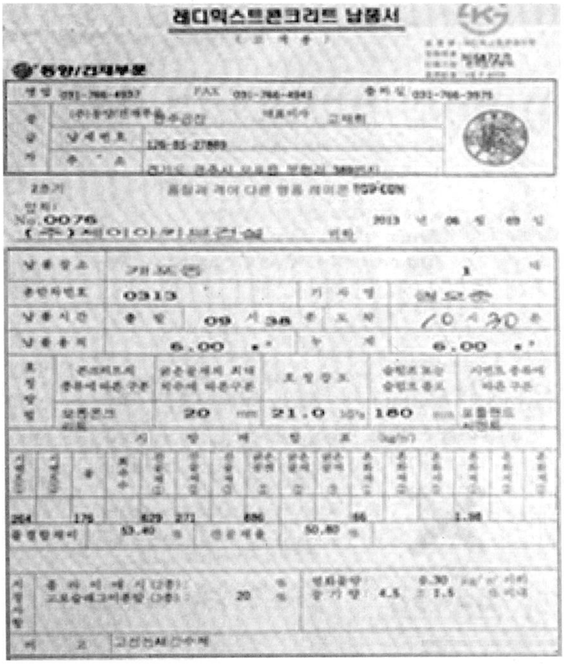

레디믹스트콘크리트 납품서

레미콘 납품 송장 예

2) 레디믹스트 콘크리트 발주

레디믹스트 콘크리트는 현장과 가까운 레미콘 공장을 선정하여 주문을 한다.

3) 레디믹스트 콘크리트 호칭강도 표시방법

레디믹스트 콘크리트는 레미콘의 종류에 따라 일반적으로 굵은골재 최대치수, 슬럼프, 호칭강도로 규격을 표시하게 된다.

국내에서 레미콘의 호칭강도 표시방법은 "25-28-150"은 굵은골재 최대치수 25mm, 호칭강도 28MPa, 슬럼프 150mm를 의미한다.

표 8-11 레디믹스트 콘크리트 호칭강도 표시 방법

콘크리트 종류	골재의 최대치수 (mm)	슬러프 또는 슬럼프 플로 (mm)	18	21	24	27	30	35	40	45	50	55	60	휨 4.0	휨 4.5
보통	20, 25	80, 120, 150, 180	○	○	○	○	○	○	–	–	–	–	–	–	–
		210	–	○	○	○	○	○	–	–	–	–	–	–	–
		500, 600	–	–	–	○	○	○	–	–	–	–	–	–	–
	40	50, 80, 120, 150	○	○	○	○	○	○	–	–	–	–	–	–	–
경량	15, 20	80, 120, 150, 180, 210	○	○	○	○	○	○	○	–	–	–	–	–	–
포장	20, 25, 40	25, 65	–	–	–	–	–	–	–	–	–	–	–	○	○
고강도	15, 20, 25	120, 150, 180, 210	–	–	–	–	–	–	○	○	○	–	–	–	–
		500, 600, 700	–	–	–	–	–	–	○	○	○	○	○	–	–

4.2 레미콘 종류와 운반 트럭

1) 레미콘 운반 트럭 종류

① central mixed concrete

레미콘 공장에서 완전히 믹서된 콘크리트를 애지테이터 트럭 또는 트럭 믹서로 현장까지 운반하여 타설하는 콘크리트를 말한다.

② shrink mixed concrete

레미콘 공장에서 반 정도 비빈 것을 믹서 트럭으로 운반 도중에 완전히 비벼서 현장까지 운반하여 타설하는 콘크리트를 말한다.

③ transit mixed concrete

레미콘 공장에서 계량된 재료만을 트럭 믹서에 넣어 운반 도중에 비벼서 현장까지 운반하여 타설하는 콘크리트로 원거리 수송용 콘크리트이다.

그림 8-7 배처 플랜트

그림 8-8 레미콘 트럭

2) 레미콘 운반 과정

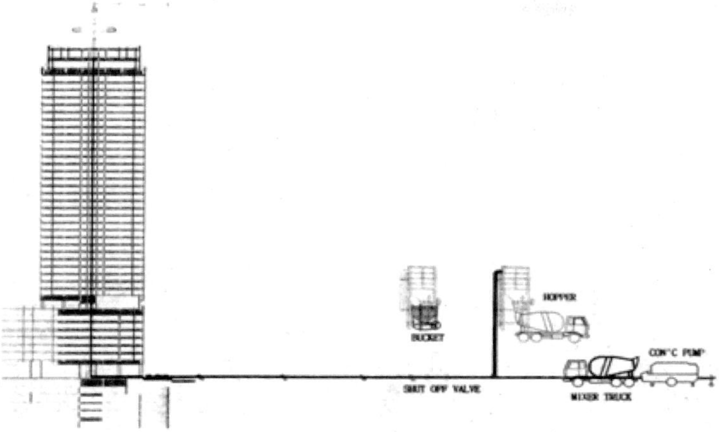

그림 8-9 배처 플랜트에서 타설 현장까지 운반

3) 비빔에서 타설까지 운반시간

비빔에서 타설 종료까지 운반시간		이어치기 한계시간
외부기온 25℃ 미만 시	120분	150분(2.5시간)
외부기온 25℃ 이상 시	90분	120분(2시간)

5. 콘크리트 타설 계획 수립

5.1 타설 계획 수립 준비

1) 사전 준비

① 콘크리트 타설 개시 전에는 운반, 치기 등에 대한 충분한 계획을 세워야 한다.

② 레미콘 공장의 선정, 1일 타설 콘크리트량, 타설장비 점검 등

③ 거푸집 청소, 박리제 바르기를 점검한다.

2) 타설 계획

① 전체 공정에서 콘크리트 작업 공정 파악

② 1일 총 타설량에 맞춘 장비 선정 및 인원 투입계획

③ 레미콘 운반거리와 현장 내 운반로 정비

④ 타설 구획, 이어치기 위치, 이음부 처리 방법

⑤ 콘크리트 타설 순서

1. 레미콘 공장 출하 → 2. 트럭 운반 → 3. 현장 품질시험

4. 콘크리트 압송 → 5. 부어 넣기 → 6. 표면 마무리 → 7. 양생(보양)

3) 타설 전 인원준비 및 체크 항목

표 8-12 콘크리트 타설 전 직종별 인원준비 및 체크 항목

구분	직종	내역
공통 준비 사항	레미콘 공장	· 배합비/콘크리트 반입량 · 치기 시간/배차 간격/치기 속도 · 검사 항목과 수량 배차 · 연락원 파견
	감리원	· 관련업자에 대한 준비(레미콘 공장/골조업체) · 도로 사용 허가증/관청검사 · 근린에 대한 연락과 허가 · 설계자 입회 검사 · 남은 콘크리트 이용 방법 준비
	가설 전기공	· 바이브레이터용 가설 전기 · 바이브레이터 시운전 · 슬래브 아래 가설 조명 · 연락용 마이크, 트랜스시버 준비 · 살수를 위한 누전방지
콘크리트 타설작업 준비 사항	콘크리트 타설공	· 치기 장소의 사전 청소 및 주변 정리 · 거푸집 바닥 주위의 틈 모르타르 채우기 점검 · 콘크리트 비계(전날) 점검 · 치기 용구 : 수기, 호루라기, 완장, 호스 등(전날) · 거푸집 물씻기 및 청소 · 콘크리트 부착 방지를 위한 보양(당일) · 보온, 살수 등 양생용 자재 준비
	비계공	· 외부비계와 보양 시트치기(외주 보양)
	펌프공	· 사전 펌프 배관 점검 · 비계 보강 상황 점검

구분	직종	내역
콘크리트 타설작업 준비 사항	목공	· 윗면 레벨 체크 · 거푸집 세우기, 수직도 검사 · 서포트 긴결 상태 확인 · 거푸집 구멍메우기 · 계단, 창, 차양 등의 덮개 거푸집 확인 · 잔재 처분(비계 위의 모든 것) · 이어치기용 재료 점검 · 삽입근 구멍뚫기, 묻힘 앵커 점검
	철근공	· 각 곳 스페이서 넣기 확인 · 삽입근(원칙으로 먼저 조립) 확인 · 잔재 철거
	설비공	· 묻힘 배관, 묻힘 철물(훅, 앵커 등), 슬래브 박스 넣기 · 플로어덕트, 스위치 박스 위치 점검 · 배관류와 콘크리트 피복두께 확인 · 기기류, 앵커 볼트 등의 보양

5.2 콘크리트 타설이음(joint) 종류

1) 개요

콘크리트 이음은 콘크리트 타설시 먼저 친 콘크리트와 나중 친 콘크리트 사이에 시공 중에 생기는 조인트(joint)를 말한다.

콘크리트 이음 방법에는 수평이음과 수직이음이 있다.

콘크리트 이음의 종류에는 콜드 조인트(cold joint), 시공줄눈(construction joint), 신축줄눈(expansion joint), 조절줄눈(contral joint), 딜레이 조인트(delay joint), 슬라이딩 조인트(sliding joint), 슬립 조인트(slip joint) 등이 있다.

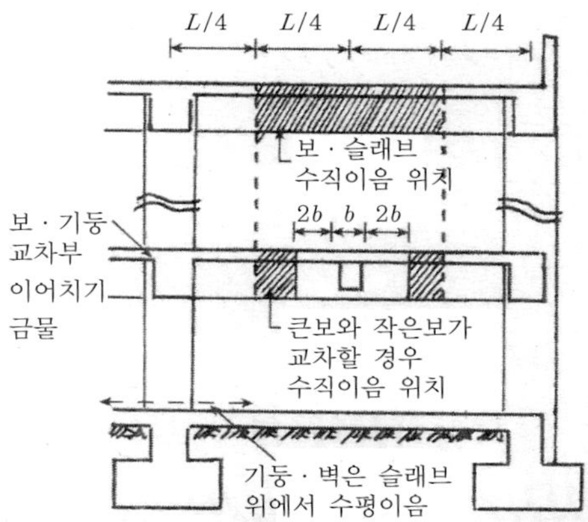

그림 8-10 구조물의 이어치기 위치

2) 콘크리트 수평이음과 수직이음 방법

(1) 수평이음부

① 콘크리트 이어치기시 수평으로 잇는 이음을 말하는 것으로서 기둥, 벽체의 경우 슬래브 상단 또는 기초의 상단, 보의 하단부에서 수평으로 이어치기하는 경우에 주로 발생하는 이음이다.

② 수평이음부는 가능한 두지 않는 것이 좋다.
③ 수평이음부의 처리는 이음면의 레이턴스나 찌꺼기를 칩핑하여 청소한 후 이어치기한다.

(2) 수직이음부

① 콘크리트 이어치기시 수직으로 잇는 이음을 말하는 것으로서 긴 슬래브판의 경우 중간에 잘라서 이어치기할 경우에 주로 발생한다.
② 수직이음부는 슬래브의 경우는 1/4 지점 또는 중앙부, 슬래브 중앙에 작은보가 있을 경우에는 작은보 너비의 2배 떨어진 위치에 이음부를 한다.

그림 8-11 슬래브 끊어치기 수직이음부 처리

③ 벽체, 보, 슬래브 등에는 가능할 수직이음부를 두지 않는 것이 좋다.
④ 수직이음부의 처리는 이음면에서 콘크리트가 흘러내리지 않도록 하고 큰 접착력이 필요한 이음인 경우에는 촉이나 홈을 만들어 준다.

(3) 시공이음부 처리 방법

① 이음 부위는 구조물의 강도에 영향이 적은 곳에 두고 응력에 직각방향으로 처리한다.
② 수평이음부재는 적은 스팬의 중앙부에 수직으로 줄눈을 설치한다.
③ 수직이음부재는 바닥판 상부 또는 기초 상부에 수평이 되도록 설치한다.
④ 이음부위 처리는 접합부위를 좋게 하여 일체가 되도록 하고 밀실 타결로 누수가 발생하지 않도록 한다.

3) 골드 조인트(cold joint)

(1) 정의

현장에서 콘크리트를 연속해서 타설할 때 먼저 친 콘크리트와 나중 친 콘크리트 사이에 시공상 생기는 조인트를 말한다.(갑자기 발생)

(2) 발생 원인

① 자연적 현상에 의해 갑자기 발생(비, 강우, 사고 등)
② 콘크리트 타설 중 레미콘 공장의 문제 또는 펌프 장비 등의 문제로 발생
③ 펌프 압송관의 폐색 사고 시 발생
④ 장시간 레미콘 반입 지연 시 발생

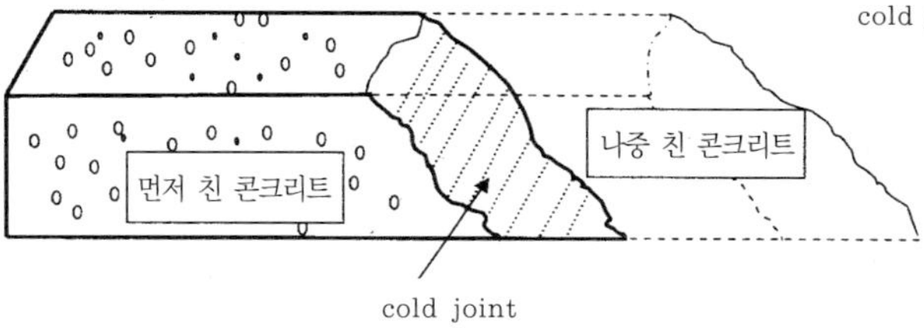

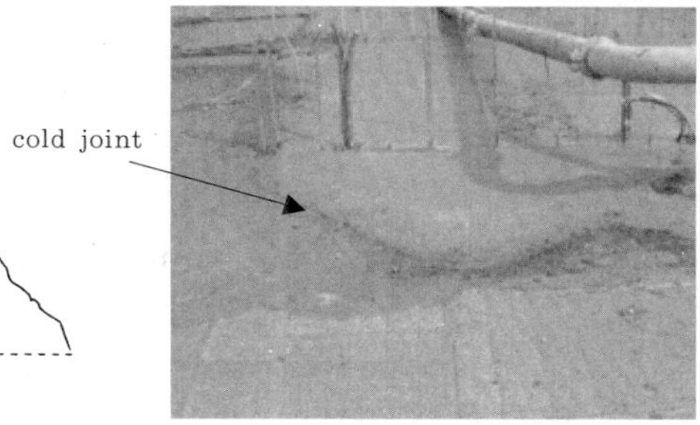

슬래브 cold joint 사례

그림 8-12 cold joint 이음부

(3) cold joint 한계시간

① 온도 25℃ 미만 시 : 2.5시간 이내 연결 타설

② 온도 25℃ 이상 시 : 2시간 이내 연결 타설

(4) 방지대책

① 시공이음의 위치 선정

㉠ 1일 작업이 마무리되는 지점에 압축력의 방향과 직각이 되게 설치한다.

㉡ 응력이 적은 곳을 선정한다.

그림 8-13 벽체 cold joint 사례

② 시공 방법

㉠ 콘크리트 이음면을 chipping하고 물로 흡습시킨 후 연결 타설한다.

㉡ Cold joint 한계 시간 내에 타설한다.

③ 시공시 유의사항

㉠ 레미콘 조달, 장비, 인원 계획의 적절한 수립이 필요하다.

㉡ 비상 강우 시를 대비하여 콘크리트 타설 대책 수립이 필요하다.

㉢ 레미콘 수급 계획의 철저한 준비가 필요하다(운반로/진입로/운반거리 등).

㉣ 응결지연제 등의 혼화제 첨가가 필요하다.

4) 시공 조인트(construction joint)

(1) 정의

① 먼저 친 콘크리트와 나중 친 콘크리트 사이에 시공상 생기는 조인트를 말한다.(인위적 계획에 의해 발생)

② 구조물을 한 번에 전체 타설하기 어려울 때 발생하는 것이다.

(2) 발생 원인

① 인위적 시공 이음 계획에 의해 발생하는 joint를 말한다.

② 1일 공정 계획상 타설 양이 너무 많아 잘라서 타설 시 발생한다.

(3) 이음 한계시간 없음

수직이음부는 한계시간에 대한 시방기준이 없으며, 이음부 처리를 잘해서 이어치면 된다.

(4) 이음 위치

① 구조물의 강도에 영향이 없는 곳에 설치한다.

② 이음 부위는 응력에 직각방향으로 설치한다.

③ 보, 슬래브는 간사이의 중앙에 수직으로 둔다.

④ 기둥은 바닥판 위에서 수직으로 둔다.

⑤ 아치는 축에 직각으로 둔다.

⑥ 제치장 콘크리트는 홈을 만들어 설치한다.

(5) 방지 대책

① 1일 작업이 끝나는 지점에 설치한다.

② 이음 부위는 응력에 직각으로 설치한다.

③ 수직이음 시 지수판을 사용한다.

④ 수직이음은 가능한 피한다.

⑤ 시공 방법 : 이음면의 chipping → 물로 흡수 → 지수판 설치 → 콘크리트 타설

그림 8-14 슬래브 수직이음부 처리 방법

5) 신축줄눈(expansion joint)

(1) 정의

콘크리트 구조물의 수축 · 팽창에 의해 균열이 생길 것에 대비하여 구조물을 미리 끊어주

어 콘크리트의 균열을 방지하기 위해 설치한 줄눈을 말한다.

(2) 발생 원인

① 건물의 길이가 길거나 증축하거나 또는 부등침하 등에 따른 균열을 방지하기 위해 구조물을 미리 끊어주는 이음을 말한다.

② 콘크리트는 온도가 상승되어 10℃ 이상 온도차가 나게 되면 팽창하고 온도가 내려가게 되면 수축하게 되어 균열이 발생하기 때문에 미리 이음을 설치하여야 균열을 방지할 수 있다.

(3) 설치 위치

① 건물의 길이가 긴 경우(60m 이상 시)

② 기존 건축물에 증축 시

③ 기초가 서로 다른 건축물 경우(이질 지정 시)

④ 건축물의 중량 배분이 다를 시

⑤ 아파트의 지하 주차장벽이 서로 만나는 지점

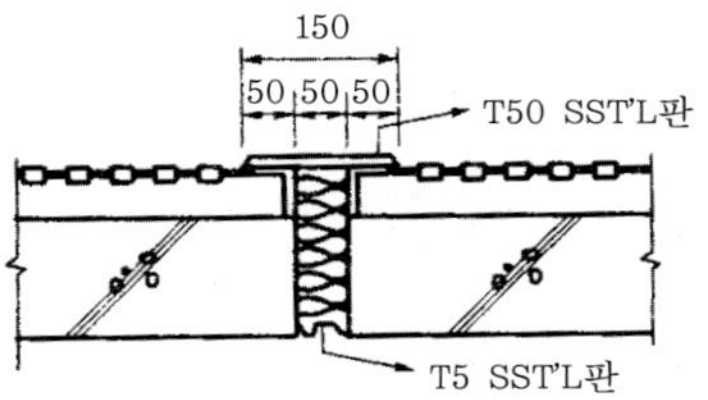

(a) 지붕 슬래브 신축조인트

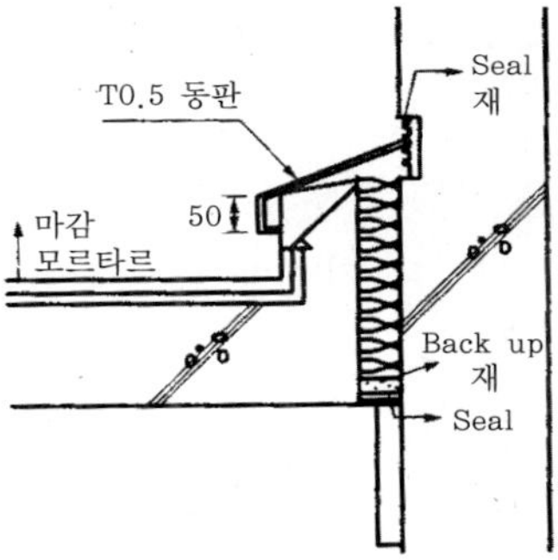

(b) 주차장 슬래브와 아파트 벽체 신축조인트

그림 8-15 Expansion joint 시공 사례

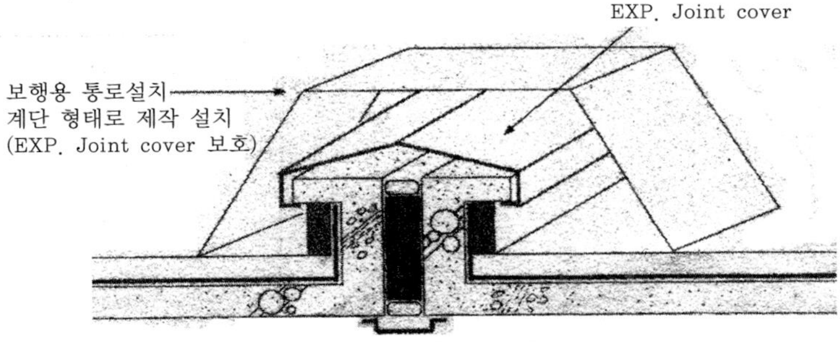

그림 8-16 지붕 슬래브 신축조인트 커버 설치

철로와 교량 상판을 띄어 놓는 이유는 무엇일까?

일교차가 15℃ 이상일 때는 늘어나거나 줄어들기 때문에 미리 띄어 놓은 것이며, 띄어놓지 않으면 균열이 생기거나 터져서 파괴되기 때문이다.

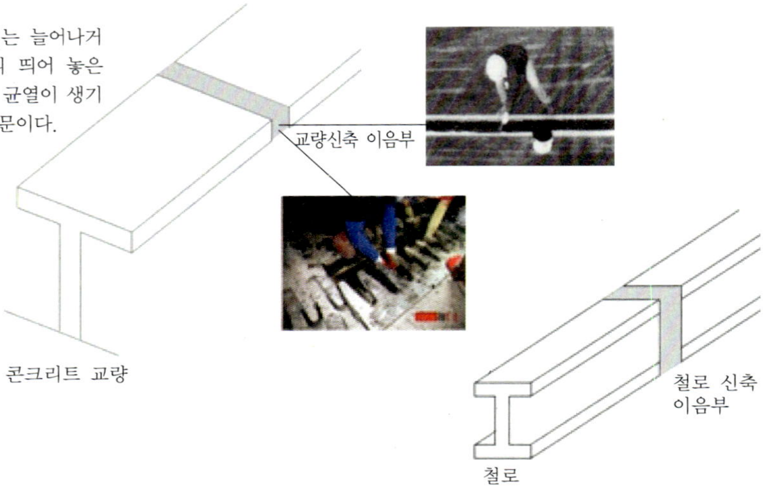

그림 8-17 Expansion joint 예

(4) 시공 시 대책

① 건물의 길이가 긴 경우는 50~60m마다 신축줄눈을 설치한다.

② 이음 부위는 확실하게 절단되도록 시공한다.

③ 이음 부위는 유지관리가 용이한 재료 및 공법을 사용한다.

④ 고층아파트 지하벽체와 지하주차장의 연결 부위에는 신축줄눈을 반드시 설치한다.

6) 조절줄눈(control joint)

(1) 정의

콘크리트 건조수축에 의해 콘크리트의 표면에 균열이 생길 것에 대비하여 콘크리트 표면을 미리 잘라주는 joint를 말한다.

(2) 기능

① 콘크리트 표면에서 생기는 균열을 방지하기 위한 줄눈이다.

② 지하주차장 바닥의 무근콘크리트 마감 부위에 cutting 시공한다.

③ 콘크리트 경화 후 2~3일 이내에 cutting하여 설치한다.

(3) 시공 대책

① 먼저 줄눈 나누기를 한다.

② 콘크리트 표면의 경도를 확인한다(타설 후 2~3일 이내).

③ cutting 톱날은 약 3mm 정도, 슬래브 두께의 1/4 정도 saw cutting을 사용한다.

④ 물청소 후 코킹작업으로 마감한다.

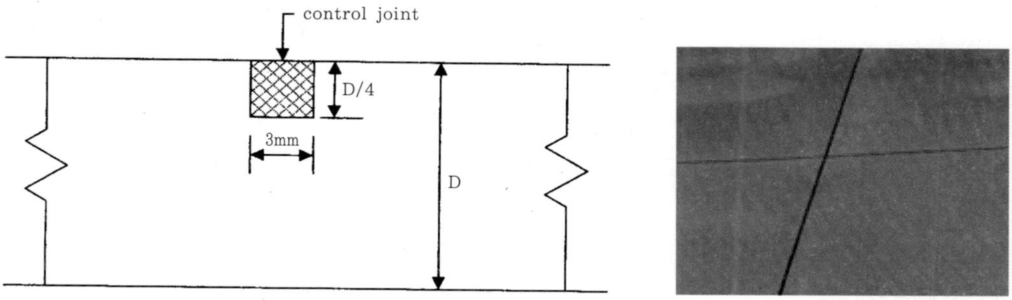

(a) 바닥 조절 줄눈 상세도　　(b) 주차장 바닥 조절줄눈 시공 사례

그림 8-18 바닥 조절 줄눈 시공

7) 지연 조인트(delay joint)

(1) 개요

① 미경화콘크리트의 건조수축에 의한 Crack을 극소화시키기 위해 콘크리트 타설시 타설면의 중간 부분을 남겨 놓고 타설한 후 나머지 부분을 나중에 타설하게 되는데, 이때 발생하는 임시 joint를 말한다.

② joint는 설계시부터 설치 위치를 고려한 것이 좋으며, 균열의 크기와 방향, 구조물 형태, 외부 환경 등을 감안하여 계획한다.

(2) 설치 위치

① 부재가 큰 기초 매트 콘크리트

② 100m 이상의 장스팬 구조물

③ 스팬과 스팬, 부재와 부재 사이가 넓은 경우

(3) 시공 방법

① 타설 계획도를 작성한다.

② 1차 타설 부위, 2차 타설 부위를 선정한다.

③ 조인트 폭은 약 60~90cm 정도로 설치한다.

④ 타설면이 건조수축에 대응하도록 신축공간 블록을 둔 후 타설한다.

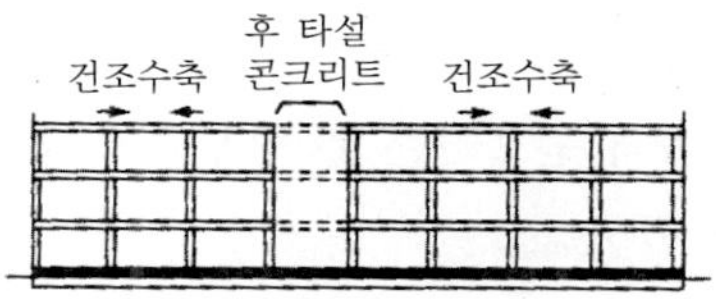

그림 8-19 Shrinkage joint

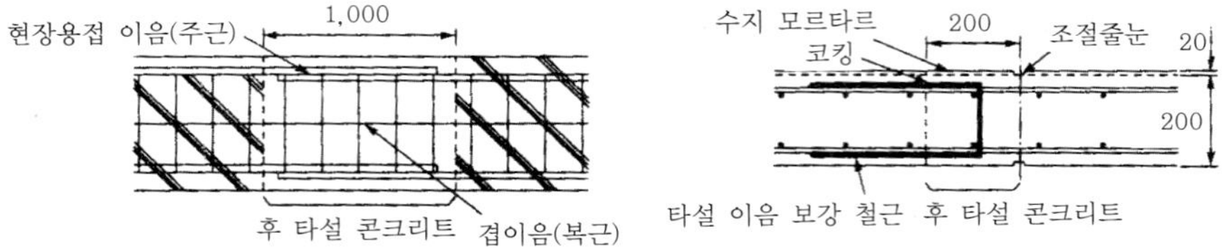

(a) Slab 시공 (b) 벽 및 보 시공

그림 8-20 joint 부위 타설 방법

8) 기타 조인트

(1) 미끄럼 조인트(sliding joint)

① 바닥판 또는 보의 지지를 단순지지로 작용시키기 위해 미끄럼판을 설치하여 슬라이딩 되게 한 조인트를 말한다.

② 시공은 기둥타설 → 베어링 패드 필러 설치 → 걸침보 타설 → 코킹

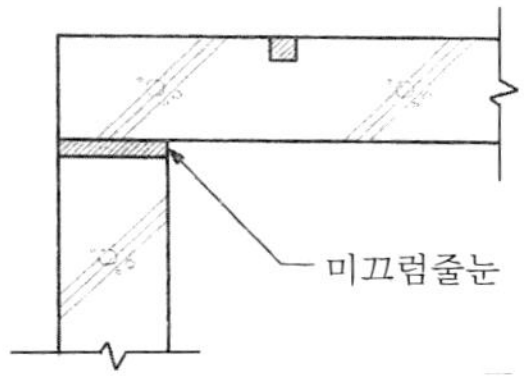

그림 8-21 sliding joint

(2) 슬립 조인트(slip joint)

① 콘크리트와 벽돌 등 이질재 접합부에 설치하는 조인트를 말한다.

② 부재의 뒤틀림 및 온도변화에 따른 수축 · 팽창 및 균열방지 목적의 조인트를 말한다.

5.3 콘크리트 타설 장비 종류

콘크리트 타설장비는 운반방법에 따라 이동식 콘크리트 펌프카, 콘크리트 버킷, 콘크리트 타워, 포터블 콘크리트 펌프카, 벨트 컨베이어 및 슈트 등으로 나눌 수 있다.

1) 이동식 펌프카 타설(concrete pump)

(1) 개요

이동식 펌프카는 트럭에 콘크리트 압송펌프, 압송배관이 일체형으로 탑재된 이동식 펌프카를 말한다.

(2) 특징

① 기동성이 뛰어나 현장 사용 시 큰 장점이 있다.

② 현재 가장 많이 사용하고 있으나 콘크리트 압송거리에 한계가 있다.

③ 일반적으로 수직높이 10층 이하에 한해 많이 사용하고 있다.

그림 8-22 현장 이동식 펌프카 타설 예

2) 정치식 펌프카 타설 트럭 견인형(포터블 펌프카)

(1) 개요

정치식 펌프카는 운반 트럭으로 현장까지 펌프카를 이동하여 고정시키고 별도의 압송배관을 설치하여 콘크리트를 타설하는 펌프카를 말한다.

(2) 특징

① 현장에서 콘크리트 압송배관을 설치해야 하는 번거로움이 있다.

② 콘크리트 압송관의 지름은 콘크리트 종류, 품질, 굵은골재 최대치수에 따라 정하고 있으나 일반적으로 100~150mm 관을 많이 사용하고 있다.

③ 특히 수직의 초고층 높이의 압송인 경우에는 사전 압송배관 현장시험을 실시한 후 사용하는 것이 바람직하다.

④ 콘크리트 압송배관 길이를 길게 할 수 있어 높은 층의 압송이나 수평 장거리 압송이 가능하다.

(a) 현장 압송관 수평배관 타설 예

(b) 정치식 포터블 펌프카

그림 8-23 정치식 포터블 펌프카 타설 현장

3) 버킷 타설(bucket)

(1) 개요

콘크리트 버킷에 콘크리트를 담아 타워크레인으로 콘크리트를 타설 장소까지 운반하여 타설하는 방법을 말한다.

그림 8-24 버킷 타설

(2) 특징

① 건축규모가 큰 공사인 경우에 주로 많이 사용한다.

② 수직, 수평 어느 방향으로나 운반이 용이하다.

③ 면적이 크거나 장스팬 구조물에 용이하다.

4) 주름 호스관 타설

(1) 개요

주름 호스관을 인력으로 이동시키면서 타설하는 방법으로 한 구간 타설이 끝나면 주름 호스관을 끌고 이동시키면서 다음 구간을 타설하는 방식으로 현재 가장 보편적인 타설 방법이다.

그림 8-25 현장 주름 호스관 타설 예

(2) 특징

① 초기 투자비용이 적고 사용이 간편하다.

② 인력에 의한 주름 호스관 이동으로 작업효율이 떨어진다.

③ 주름 호스관을 끌고 이동하므로 철근배근이 흐트러지고 철근 스페이서(고임재)가 이동하거나 파손되는 경우가 많다.

5) 압송배관 분배기 타설(concrete distribute)

(1) 개요

콘크리트 타설 부위에 철제로 된 레일을 깔고 그 위로 압송배관 분배기를 따로 설치하여 콘크리트를 타설하는 방식을 말한다.

그림 8-26 압송배관 분배기 타설

(2) 특징

① 작업 반경이 넓고 빠르게 진행할 수 있어 효

율성이 높다.

② 철제 레일을 바닥에서 20~30cm 높게 설치하여 철근배근 등이 흐트러지지 않는다.

③ 압송배관 분배기 설치 비용 등의 투자비가 필요하다.

6) 플레이싱 붐 타설(concrete placing boom)

(1) 개요

콘크리트 타설 위치에 콘크리트 타설 플레이싱 마스트(mast) 붐을 설치하여 소형 타워로 이동시키면서 콘크리트를 타설하는 방식을 말한다.

(2) 특징

① 규모가 큰 초고층 빌딩에서 주로 적용한다.

② 플레이싱 마스터 붐의 수평거리는 약 20~50m 정도이다.

③ 건물 전체의 중심이 되는 곳에 플레이싱 마스터 붐을 설치해야 한다.

Concrete Placing Boom의 설치(Slab Open Type)

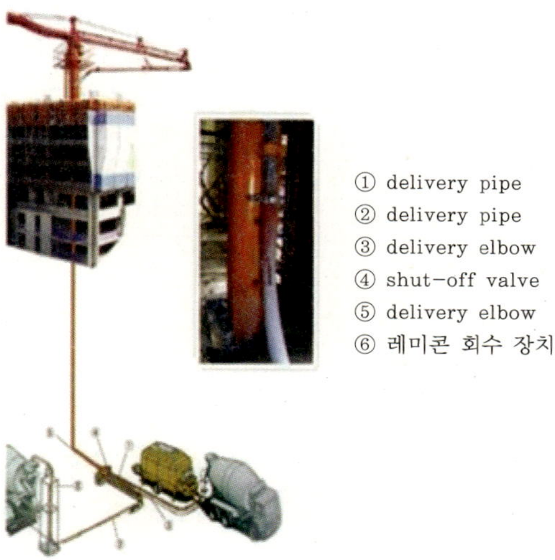

그림 8-27 플레이싱 붐 타설 예

7) 콘크리트 타설 장비 종류별 특징 비교

표 8-13 콘크리트 타설 장비 종류별 운반거리와 운반량 비교

운반기계	운반 방법	운반거리(m)	운반량(m^2)	동력	적용범위	비고
콘크리트 버킷	수평 수직	10~50	0.5~1.0	크레인	일반적임	재료분리가 적어 현장 내 운반에 적합
콘크리트 타워	수직	50~120	0.2~0.6	전등	높은 장소	수평방향은 손수레, 펌프, 벨트 컨베이어 등을 조합하여 사용
손수레	수평	10~60	0.05~0.2	인력	소규모 공사 특수공사	진동하지 않는 통행로가 필요하다.
콘크리트 펌프	수평	80~600	20~90/h	기관	높은 장소	
	수직	20~140				
벨트 컨베이어	거의 수평	50~100	10~50/h	전등	된 반죽용	재료분리가 생기기 쉽다.
슈트	수직 경사	5~30	10~50/h	중력	지하구조물 보조수단	묽은반죽에 사용하면 좋지만 재료분리를 일으키기 쉽다.

8) 콘크리트 타설 장비 1일 타설 용량 비교

(1) MIXER 타설(현장 비빔콘크리트)

MIXER의 종류		1일 타설용량(8~10시간)
$0.43m^3$	14절	$65\sim89m^3$
$0.45m^3$	16절	$75\sim95m^3$
$0.6m^3$	21절	$90\sim120m^3$

(2) 펌프 타설(레미콘)

$12\sim24m^3$/HR

※ 국산 PUMP CAR 제원

- 최대능력 : $80m^3$/HR
- 최대수평거리 410m($30m^3$/HR)
- 최대수직거리 80m($30m^3$/HR)

(3) hopper＋tower＋카트차(레미콘)

$20\sim30m^3$/hr

(4) bucket＋crane(레미콘)

$5\sim15m^3$/hr

(5) pump car

$28\sim45m^3$/HR

그림 8-28 이동식 트럭 펌프카 예

5.4 콘크리트 다짐, 양생

1) 진동다짐

(1) 진동다짐 방법

① 타설된 콘크리트는 바로 충분히 다져서 철근, 매설물 등과 잘 밀착되어 거푸집 구석 구석까지 채워질 수 있도록 다짐해야 한다.

② 진동다짐은 진동기를 수직으로 콘크리트 속에 10cm 이상 삽입하고 삽입간격은 50cm, 진동시간은 15초 정도로 다짐한다.

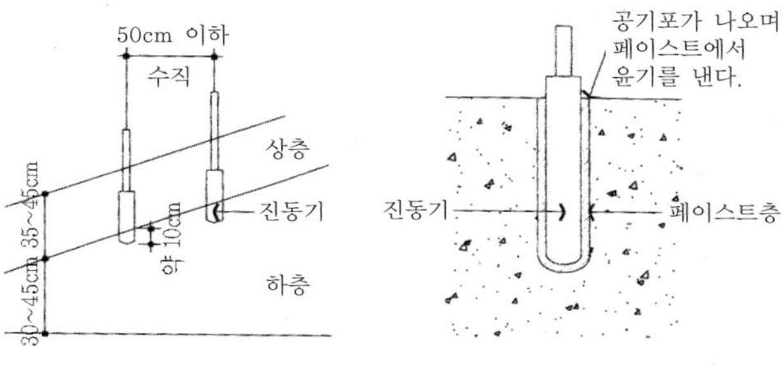

(a) 진동기 사용 방법 (b) 다짐의 확인 방법

그림 8-29 콘크리트 타설 진동다짐 방법

그림 8-30 봉형 진동기

(2) 진동기의 종류

① 봉형 진동기

- 일반적으로 가장 많이 사용하는 내부 진동기로 봉형의 직경은 ϕ65mm가 가장 효과적이다.
- 봉형 진동기는 1일 콘크리트 작업량 $20m^3$마다 1대가 적당하다.

② 고주파 진동기

높은 주파수의 진동기로서 제치장콘크리트 다짐에 좋다.

③ 표면 진동기

도로공사 등에서 콘크리트 상부면 진동다짐에 사용한다.

2) 콘크리트 양생(보양)

(1) 콘크리트 양생 목적

콘크리트 양생(curing)의 목적은 콘크리트 강도, 내구성, 수밀성 등의 소요품질을 확보하기 위해 콘크리트가 경화되기까지 필요한 온도, 습도 조건 유지와 진동, 충격 등의 영향을 받지 않도록 하기 위한 것을 말한다.

(2) 콘크리트 양생방법 종류

콘크리트 양생방법은 구조물의 종류, 시공조건, 입지환경 등을 고려하여 현장상황에 맞게 적용하는 것이 필요하다.

콘크리트의 응결 시작은 1~2시간 후부터 시작하여 10시간 이내에 경화를 완료한다.

- 양생
  - 습윤양생
    - 수중양생
    - 담수양생
    - 살수양생
    - 젖은 포(양생 매트, 가마니 등) 양생
    - 젖은 모래 양생
    - 막양생
      - 유지계(용제형, 유제형)
      - 수지계(용제형, 수지형)
  - 온도제어 양생
    - 매스콘크리트-파이프쿨링, 연속살수 등
    - 한중콘크리트-단열, 가열, 증기, 전열
    - 서중콘크리트-살수, 햇빛덮개 등
    - 촉진양생-증기, 급열 등
  - 유해한 작용에 대한 보호

(3) 습윤양생방법(wet curing)

① 콘크리트 타설 후 일정기간 동안 가마니, 부직포, 매트 등을 덮고 살수하여 습윤상태를 유지하기 위한 양생방법을 말한다.

표 8-14 습윤양생 기간의 표준

일평균 기온	보통포틀랜드시멘트	고로슬래그시메트 플라이애시시멘트 B종	조강포틀랜드시멘트
15℃ 이상	5일	7일	3일
10℃ 이상	7일	9일	4일
5℃ 이상	9일	12일	5일

② 양생시 유의사항

㉠ 양생용 매트, 모포 등을 물에 적셔서 덮거나 물을 계속 공급하여 수분이 증발하지 않도록 하는 방법이다.

㉡ 습윤 유지 방법에는 수중양생, 담수양생, 살수양생 방법 등이 있으나 수중양생이

가장 이상적인 방법이지만 현실적으로 어렵기 때문에 일반적으로 살수양생을 많이 적용하고 있다.

㉢ 조기 습윤양생 강도는 보통 $10N/mm^2$ (장기 $15N/mm^2$) 이상이 필요하다.

그림 8-31 부직포 습윤양생 예

(4) 담수양생방법

① 양생시 콘크리트 노출면이 물속에 완전히 잠기게 양생하는 방식을 말하는 것으로서 구조물 양생은 현실적으로 어려우며, 일반적으로 실험실에서 공시체 담수양생시 주로 사용한다.

② 양생시 유의사항

㉠ 수온과 콘크리트 온도와의 차이가 너무 크지 않도록 한다.

㉡ 콘크리트 공시체 담수양생에 주로 사용한다.

(5) 살수양생방법

① 콘크리트 노출면에 물을 살수하여 양생하는 것을 말하는 것으로 일반적으로 구조물 양생에 많이 사용하는 방식이다.

② 양생시 유의 사항

㉠ 노출면이 지속적으로 습윤상태가 되도록 호스로 계속 살수한다.

㉡ 스프링클러나 호스 등을 주로 이용한다.

㉢ 살수양생은 콘크리트치기 후 최저 7일 정도까지로 하며, 기온이 5℃ 이상인 경우는 1일 2회 살수한다.

(6) 피막양생(membranes curing)

① 콘크리트 노출면으로부터 수분, 증발을 막기 위해 가마니, 비닐시트 등으로 덮거나 또는 노출면에 액상의 피막양생제를 도포하여 양생하는 방법을 말한다.

② 양생시 유의 사항

㉠ 콘크리트 표면이 충분히 굳어졌다고 판단될 때 시행한다.

㉡ 보통 방수지나 플라스틱 시트를 많이 사용한다.

· KS F 4007 : 콘크리트 양생용 시트재

그림 8-32 비닐 피막 덮개 양생

(7) 보온양생(Insulation Curing)

① 가열 보온양생은 수일간 외부 기온이 0℃ 이하로 내려갈 우려가 있을 때, 공간가열 방법, 표면가열방법, 내부가열방법 등의 양생을 말한다.

② 고층공사의 경우에는 방풍막을 치고 내부에는 열풍기나 난로 등으로 온도저하를 방지하는 양생법이다.

③ 보온양생은 기온이 -10℃ 이하로 예상되면 콘크리트 온도변화를 측정하여 양생에 적용하는 관리가 필요하다.

(8) 촉진양생(Accelerated Curing)

① 콘크리트 주변에 습윤상태로 가열한 증기를 보내 콘크리트 경화를 촉진시키는 상압 증기양생으로 한중콘크리트나 프리캐스트 제품 제조시 주로 사용하는 양생법이다.

② 촉진양생은 현장의 콘크리트 양생에는 매우 불리하다.

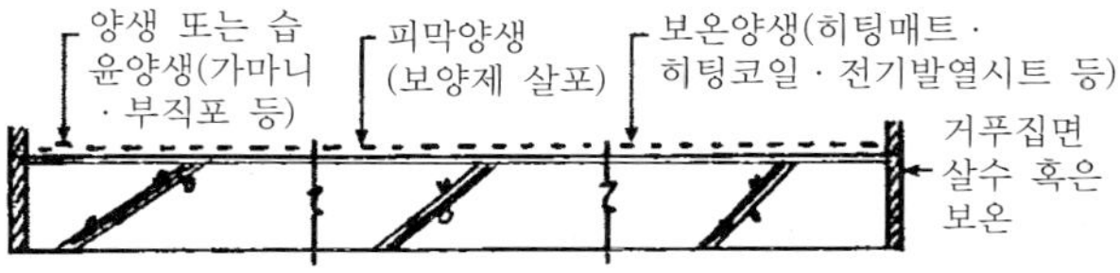

그림 8-33 콘크리트 양생방법

6. 미경화콘크리트 성질

6.1 미경화콘크리트란?

미경화콘크리트란 굳지 않은 콘크리트로서 비빔 직후부터 거푸집 내에 콘크리트를 타설하여 소정의 강도를 발휘할 때까지의 콘크리트 총칭이다.

굳지 않은 콘크리트가 갖추어야 할 조건으로는

① 운반, 치기, 다짐 및 표면 마무리 등 각 시공단계에 있어서 작업을 용이하게 행할 수 있어야 한다.

② 시공시 및 그 전후에 있어서 재료분리가 일어나지 않도록 하고 타설한 후 균열 등이 발생하지 않도록 해야 한다.

1) 반죽질기(consistency)

(1) 개념

반죽질기란 주로 물의 양이 적고 많음에 따른 반죽이 되거나 질기의 정도를 나타내는 굳지 않은 콘크리트의 성질을 말한다.

(2) 영향 요인

㉠ 반죽질기는 단위수량 3% 또는 공기량 1% 증감에 따라 슬럼프치가 약 2.5cm 증감된다.

㉡ 굵은골재의 최대치수가 클수록 유동성이 좋아진다.

㉢ 골재의 입도가 거칠고 구형에 가까울수록 유동성이 좋아진다.

㉣ 시멘트 분말도가 낮을수록 유동성이 좋아진다.

(3) 피니시빌리티(finishablity)

① 개념

피니시빌리티란 굵은골재의 최대치수, 잔골재율, 잔골재의 입도, 반죽질기 등에 따르는 마무리하기 쉬운 정도를 나타내는 굳지 않은 콘크리트의 성질을 말한다.

② 영향요인

㉠ 굵은골재의 최대치수

㉡ 잔골재율, 잔골재의 입도

㉢ 반죽질기 등

(4) 기타 성질

① Compactability(다짐성) : 콘크리트 묽기에 따른 다짐의 용이한 정도

② Plasticity(성형성) : 구조체에 타설된 콘크리트기 거푸집에 잘 채워질 수 있는지의 난이 정도

③ Pumpability(압송성) : 펌프에서 콘크리트가 잘 밀려가는지의 난이 정도

④ Stability(안정성) : 시멘트 제품에 팽창균열이나 솟음 등의 변형이 생기지 않아야 하는 성질의 정도

6.2 워커빌리티(workability)

1) 개념

워커빌리티란 반죽질기 여하에 따른 작업의 난이 정도 및 재료분리에 저항하는 정도를 나타내는 굳지 않은 콘크리트의 성질로서 시공연도를 말한다.

2) 영향 요인

㉠ 단위시멘트량이 많을수록 워커빌리티가 좋아진다.

㉡ 단위수량이 많을수록 워커빌리티가 좋아진다. 그러나 단위수량이 너무 많으면 재료분리가 생기기 쉽고, 워커빌리티가 나빠지는 경우도 있다.

㉢ AE제나 감수제를 사용하면 시공연도가 좋아진다.

6.3 재료분리(segregation)

1) 개념

재료분리란 굳지 않은 콘크리트에서 모르타르와 골재가 분리되어 불균일하게 존재하는 상태를 말한다.

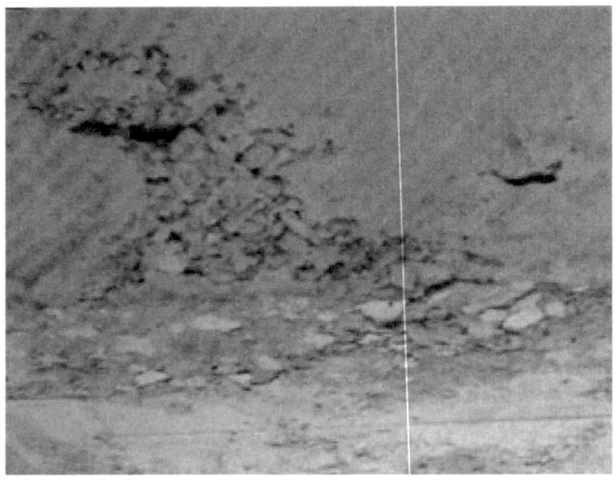

그림 8-34 벽체 콘크리트 재료분리 예

2) 영향 요인

① 단위수량이 크고 슬럼프가 큰 콘크리트가 재료 분리하기 쉽다.

② 굵은골재의 분리는 비중치에 기인하므로 비중차가 크면 분리를 촉진시킨다.

③ AE제를 사용하면 분리를 적게 할 수 있다.

④ 펌프, 슈트 등을 이용하면 분리를 줄일 수 있다.

3) 재료분리 방지대책

① AE제 등의 혼화제를 사용하여 단위수량이 적은 된비빔의 콘크리트로 하고 또한 시멘트량이 너무 적지 않도록 한다.

② 골재는 입도분포가 양호한 것으로 하고, 잔골재는 미립분이 너무 적지 않는 것을 사용한다.

③ 굵은골재의 최대치수는 피복두께나 철근의 배근 간격을 고려하여 너무 크지 않도록 한다.

④ 펌프나 슈트 등을 사용해서 타설할 때에는 먼저 용기에 받아 정지시킨 후 타설한다.

⑤ 바이브레이터로 충분한 다짐을 한다. 단, 과도한 다짐은 피한다.

4) 블리딩과 레이턴스

① 블리딩(bleeding)

재료분리 현상에 따라 콘크리트 표면에 물이 떠오르는 현상으로 철근과의 부착강도가 저하되고 수밀성이 떨어지는 현상을 말한다.

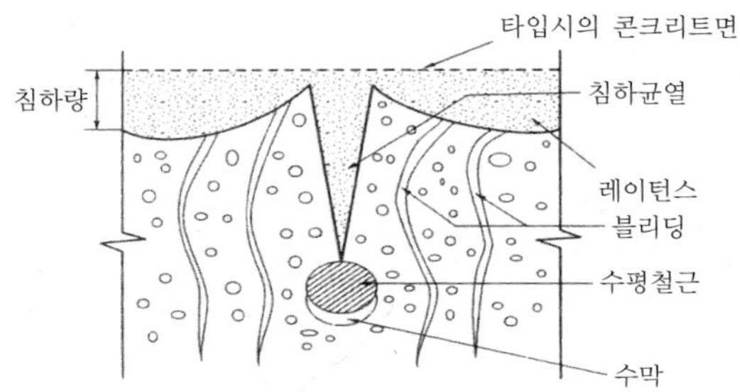

그림 8-35 블리딩과 레이턴스 과정

그림 8-36 바닥 콘크리트 블리딩과 레이턴스 예

② 레이턴스(laitance)

블리딩현상으로 콘크리트 표면에 떠오르는 흰가루분말을 말한다.

6.4 거푸집 측압 검토

1) 거푸집 측압이란

굳지 않은 콘크리트가 거푸집의 수직부재에 수평으로 작용하는 압력을 말한다. 콘크리트를 펌프로 타설할 때 높은 독립기둥, 벽체 등은 일반적인 타설보다 콘크리트 측압이 높은 편이므로 지주 등을 더욱 보강한다.

2) 거푸집 측압 산정

① 콘크리트 헤드(concrete head)

콘크리트를 연속타설하면 측압은 높이의 상승에 따라 증가하지만 시간의 경과에 따라 어느 일정한 높이 이상이 되면 증가하지 않는다. 이렇게 측압이 최대가 되는 점을 concrete head라 한다.

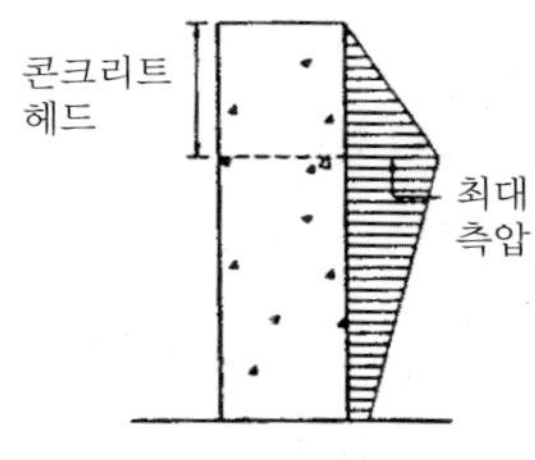

그림 8-37 거푸집 측압 분포

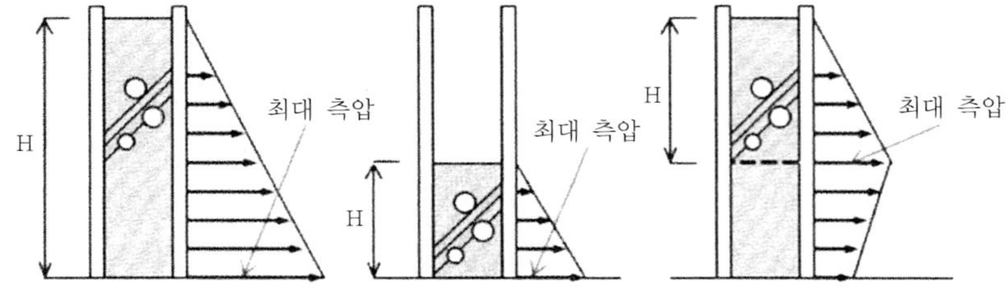

그림 8-38 단계별 거푸집 측압 분포

기둥	위에서부터 1m, 밑에서 측압은 2.5t/m^2
벽	위에서부터 0.5m, 밑에서 측압은 1t/m^2

② 거푸집 설계용 측압의 표준값(t/m^2)

분류	기둥	벽
진동기를 사용하지 않을 때 및 내부 진동기를 사용할 때	3	2
외부 진동기를 사용할 때	4	3

3) 콘크리트의 측압 산정

타설속도	타설높이	공식
10m/h 이하	1.5m 이하	$W_0 \times H$
	1.5m 초과~4.0m 이하	$1.5W_0 + 0.6W_0 \times (H-1.5)$
10~20m/h 이하	2.0m 이하	$W_0 \times H$
	2.0m 초과~4.0m 이하	$2W_0 + 0.8W_0 \times (H-2)$

W_0 : 생콘크리트의 단위체적중량(t/m^3)
H : 측압을 구하는 위치에서 그 상부의 콘크리트 타설 높이(m)

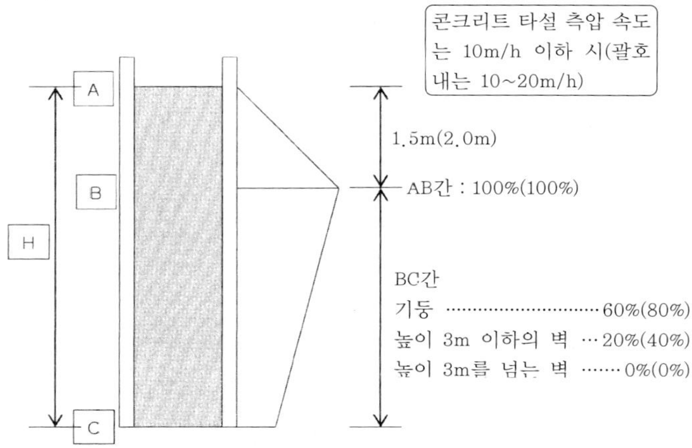

그림 8-39 거푸집 측압 산정

예

콘크리트 타설 속도가 10~20m/h이고, 높이=3.6m인 무근콘크리트 기둥의 측압은 얼마일까?(단, 무근콘크리트의 중량은 $2.3t/m^3$)

해설 콘크리트 타설속도가 10~20m/h이므로 상기 그림은 (   )를 적용해 보면, 기둥 C점에서 측압은 3.6m(AB 부분) 높이의 콘크리트 측압이 작용하는 반면, 상부 2m 부분의 콘크리트는 유동체이므로 100%의 콘크리트 측압이 작용한다고 볼 수 있고, 하부 BC부분(3.6−2=1.6m)은 중량의 80%가 측압으로 작용한다고 볼 수 있다.

$$\therefore \{2m\times 2.3t/m^2\} + \{0.8\times 2.3t/m^2\times(3.6m-2m)\} = 7.54t/m^2$$

4) 거푸집 측압에 영향을 주는 요소

영향요소	측압이 크게 걸리는 경우
① 슬럼프값(반죽질기)	슬럼프(slump)값이 클수록 측압은 크다.
② 벽두께(수평단면)	벽두께가 두꺼울수록 측압은 크다.
③ 대기중의 습도	습도가 높을수록 측압은 크다.
④ 부어넣기 속도(타설)	속도가 빠를수록 측압은 크다.
⑤ 콘크리트 배합(시멘트량)	부배합(富配合)일수록 측압은 크다.
⑥ 온도	온도가 낮을수록 경화가 늦으므로 측압은 크다.
⑦ 거푸집의 강성	강성이 클수록 측압은 크다.
⑧ 철골 또는 철근량	철골 또는 철근량이 적을수록 측압은 크다.

7. 특수콘크리트 종류

7.1 한중콘크리트

“제3절 사례 2. 한중콘크리트 타설과 특별 양생” 참조

1) 개요

① 정의

㉠ 콘크리트 타설 후 양생기간 동안 동결할 우려가 있는 경우(하루 평균기온이 4℃

이하)에 시공하는 콘크리트를 말한다.

㉡ 하루의 평균기온(최고기온과 최저기온의 평균치)이 4℃ 이하로 예상될 때는 한중 콘크리트 시방기준에 따라 시공하여야 한다.

② 구분

한냉기	콘크리트 타설 후 월 평균기온이 2~10℃인 기간
극한기	콘크리트 타설 후 월 평균기온이 2℃ 이하인 기간

2) 재료 배합

① 재료의 가열 및 보온

작업 중 온도	가열재료 및 보온
0~4℃	간단한 주의와 보온
−3~0℃	물 또는 물과 골재를 가열
−3℃ 이하	물과 골재의 가열 및 타설한 콘크리트의 적정온도 유지

② 가열한 재료의 믹서 투입순서

㉠ 골재

㉡ 물

㉢ 시멘트

③ 배합 시공시 유의사항

㉠ 시멘트는 기온이 0℃ 이하일 때는 보온시설이 된 창고에 저장한다.

㉡ 시멘트는 어떠한 경우라도 직접 가열해서는 안 된다.

㉢ 골재를 65℃ 이상 가열하면 다루기가 어려워지며, 시멘트를 급결시킬 우려가 있다.

㉣ 먼저 가열한 물과 굵은골재, 다음에 잔골재를 넣어서 믹서 안의 재료온도가 40℃ 이하가 된 후 최후에 시멘트를 넣는다.

㉤ 타설할 때의 콘크리트 온도는 구조물의 단면치수, 기상조건 등을 고려하여 10~20℃의 범위에서 정한다.

3) 문제점 및 대책

① 문제점

㉠ 수화반응이 지연되어 콘크리트의 응결 및 강도발현이 늦어진다.

㉡ 초기 동해시 장기강도가 저하(내구성, 수밀성 저하)된다.

㉢ 영하 3℃에서 완전 동결된다.

② 대책

대책	내 용
AE제 사용	AE제를 사용하여 동결융해 저항성을 높이는 것을 원칙으로 한다.
보온양생	보온양생을 실시하여 양생 중인 콘크리트의 온도는 5℃ 이상으로 유지한다.
물시멘트비를 60% 이하로 유지	초기 동해방지를 위해 소요 워커빌리티의 범위 내에서 단위수량을 작게 한다.

③ 적산온도 방식에 의한 양생

㉠ 적산온도 M이 210° D · D 이상인 경우 적용한다.

㉡ 구조체 콘크리트 강도 재령이 91일 이내에서 적산온도 M이 420° D · D 이하가 되는 재령으로 한다.

7.2 서중콘크리트

1) 개요

① 서중콘크리트란 건축공사표준시방서에 규정한 서중콘크리트의 온도규정은 하루 평균 기온이 25℃를 초과하는 경우에 시공되는 콘크리트를 말하며, 하루 최고 온도가 35℃ 이하이어야 한다.

② 서중콘크리트(Hot wether concrete)를 서열기 콘크리트, 하절기 콘크리트라고도 한다.

2) 재료 배합 및 시공

① 소요 슬럼프는 180mm 이하로 한다.

② 기온 10℃ 상승에 대해 단위수량은 2~5% 증가한다.

③ 콘크리트 운반이 끝난 시점 또는 타설시의 콘크리트 온도는 35℃ 이하여야 한다.

④ 타설시 거푸집 등은 습윤상태로 유지한다.

⑤ 콘크리트는 감수제를 사용하더라도 비빈 후 1.5시간(90분) 이내에 타설한다.

⑥ 콘크리트를 운반한 후 타설완료까지 소요시간은 보통 콘크리트의 경우 30분 이내, 유동화콘크리트의 경우 20분 이내로 한다.

⑦ 콘크리트 타설 후 24시간 이상 습윤상태를 유지하고 5일 이상 양생을 실시한다.

3) 서중콘크리트의 문제점 및 대책

① 문제점(콘크리트의 기온상승시 문제점)

㉠ 슬럼프 저하

㉡ 연행공기량 감소
㉢ 콜드조인트 발생
㉣ 표면수분 증발에 의한 균열 발생
㉤ 온도균열 발생
㉥ 장기강도 저하
㉦ 콘크리트 표층부의 밀실성 저하

② 대책
㉠ 콘크리트 운반 및 타설시간의 단축계획을 수립한다.
㉡ 골재는 사용 전에 충분한 습윤상태를 유지시킨다.
㉢ 기초지반을 적절한 습윤상태로 유지시킨다.
㉣ 골재냉각, 차양막 설치 등을 통해 타설온도를 낮춘다.

7.3 매스 콘크리트(mass concrete)

1) 개요

매스 콘크리트란 부재의 규모가 큰 매스구조에서 두께가 80cm 이상 또는 하단이 구속된 벽체에서 두께 50cm 이상이고, 콘크리트의 내부와 외부 온도차가 25℃ 이상으로 예상되는 콘크리트를 말한다. 부재의 규모가 큰 매스 콘크리트는 수화열이 내부에 축적되어 콘크리트 온도가 상승하고 균열발생이 쉽다.

2) 재료 배합 및 시공

① 재료 배합
㉠ 슬럼프 값은 15cm 이하로 한다.
㉡ 부어 넣는 콘크리트의 온도는 35℃ 이하로 한다.
㉢ 수화열이 낮은 시멘트(중용열 시멘트)를 사용한다.
㉣ 단위시멘트량을 적게 한다.
㉤ 단위수량을 적게 한다.
㉥ AE감수제 지연형, 감수제 지연형을 사용하여 수화반응을 억제한다.
㉦ 굵은골재의 최대치수를 크게 한다.

② 시공시 유의사항
㉠ 콘크리트 온도균열 발생 제어를 위해 수축이음이나 신축이음을 둘 수 있다.
㉡ 온도저하, 온도철근 배근에 의한 균일 제어를 할 수 있다.

㉢ 균열 유발줄눈은 구조물 길이방향으로 보통 4~5개 정도 기준으로 한다.
㉣ 부어넣는 콘크리트의 온도는 가능한 낮게 한다.
㉤ 블록을 분할하여 타설하고 이음 위치를 선정한다.
㉥ 콘크리트 타설의 시간 간격을 조절한다.
㉦ 팽창콘크리트를 사용한다.

3) 수화열 냉각방법과 양생

① 수화열 냉각방법

㉠ 프리 쿨링(Pre-Cooling) 방법

콘크리트 타설 내부온도를 낮추기 위한 방법으로 물과 골재 등의 재료를 미리 냉각시키는 방법을 말한다.

㉡ 파이프 쿨링(Pipe-Cooling) 방법

콘크리트 타설 내부온도를 낮추기 위한 방법으로 미리 콘크리트 속에 묻은 파이프 내부에 냉수 또는 찬공기를 보내 콘크리트를 냉각시키는 방법이다.

7.4 경량 콘크리트

1) 정의

① 경량골재를 사용한 기건비중 2.0 이하, 단위중량 1.4~2.0t/m^3의 경량콘크리트를 말한다.

② 자중을 가볍게 유지함으로써 구조물의 효율성을 높이는 동시에 단열, 방음 등의 부수적인 효과를 얻고자 개발된 콘크리트이다.

2) 종류

① 1종 및 2종 경량골재 콘크리트 구분

② 특징

- 비중이 적어 경량이다.
- 단열, 방음, 흡음성이 크다.
- 열전도율이 적다.
- 흡습성이 크다.

표 8-15 1종 및 2종 경량콘크리트 재료 사용 기준

사용 골재에 의한 콘크리트의 종류	사용골재		설계기준강도 (MPa)	기건단위 용적중량(kg/m³)
	굵은골재	잔골재		
경량골재 콘크리트 1종	경량골재	모래, 부순모래, 고로슬래그 잔골재	18 21 24	1,700~2,000
경량골재 콘크리트 2종	경량골재	경량골재나 혹은 경량골재의 일부를 모래, 부순모래, 고로슬래그 잔골재로 대치한 것	15 18 21	1,400~1,700

3) 배합 및 비비기

① 작업에 필요한 워커빌리티 내에서 단위수량을 가급적 작게 한다.

② 공기연행 콘크리트로 하는 것이 원칙이다.

③ 콘크리트의 수밀성을 기준으로 물-결합재비를 정할 경우 50% 이하를 표준으로 한다.

7.5 고강도콘크리트

1) 정의

설계기준강도가 일반콘크리트의 경우 40MPa(400kgf/cm^2) 이상, 경량콘크리트의 경우 27MPa(270kgf/cm^2) 이상인 콘크리트를 말하며, 초고층이면서도 기둥의 크기를 적게 할 수 있도록 하기 위하여 강도를 높인 콘크리트를 말한다.

2) 고강도화 방법

고강도화는 주로 결합재의 강도 개선, 골재의 강도 개선, 골재와 결합재의 부착력 개선, 콘크리트 구속에 의한 효과 등의 방법이 있다.

① 결합재의 강도개선 방안 : 물결합재비 50% 이하

㉠ 고성능감수제 사용, 단위수량을 가능한 한 작게 유지한다.

㉡ 실리카흄, 고로 Slag, Flyash 등 사용하여 고속교반 Mixing하는 방법을 사용한다.

㉢ 진동, 가압다짐, Polymer 함침 콘크리트화를 추구한다.

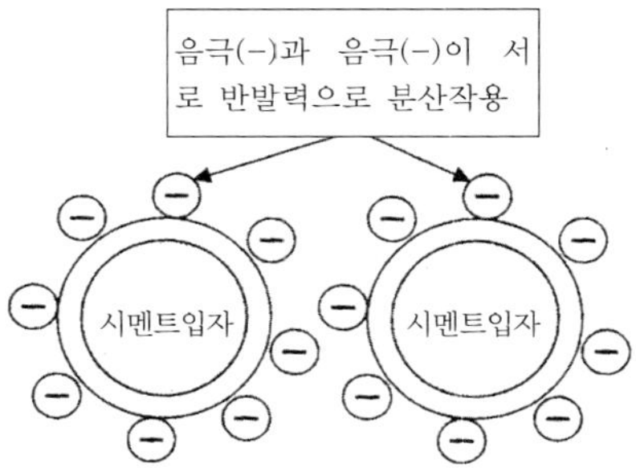

그림 8-40 고성능감수제

② 골재강도 개선

양질의 골재 사용, 가능한 잔골재율을 작게 유지시킨다.

③ 골재와 결합재의 부착성능 개선

골재코팅(SFC), 활성골재(클링커 골재) 등

3) 특징

표 8-16 고강도콘크리트의 장 · 단점

장 점	단 점
· 부재 경량화 · 부재단면 감소 · 시공능률 향상 · 크리프 현상 감소	· 취성파괴 우려(폭렬현상 우려) · 내화성 감소 · 품질변동 우려

4) 재료 배합

① 물결합재비

표 8-17 고강도콘크리트의 물결합재와 슬럼프 값

물결합재비	단위수량	슬럼프값
50% 이하	180kg/m^3 이하	15cm 이하(보통) 유동화콘크리트로 할 경우 플로우 값의 목표 값은 설계기준압축강도가 40MPa 이상 60MPa 이하인 경우 작업조건에 따라 500mm, 600mm, 700mm로 구분하여 정한다.

㉠ 단위수량, 단위시멘트량, 잔골재율은 가능한 작게 한다.

㉡ 소요공기량은 공기연행제를 사용하지 않는 것이 원칙이다. 다만, 기상변화가 심하거나 동결융해의 대책 필요시에만 사용이 가능하다.

㉢ concrete에 함유된 염화이온양으로 0.3kg/m^3 이하로 한다.

㉣ 콘크리트 양생기간 중 예상평균기온이 5℃ 미만인 경우 적절한 온도보정 값을 배합강도에 반영하여 담당원의 승인을 얻는다.

㉤ 일반적인 물결합재비 기준

표 8-18 고강도콘크리트의 물결합재 기준

강도기준	W/C비
40~50MPa(400~500kgf/cm^2)	33~38%
700MPa(700kgf/cm^2)	30% 이하

② 골재의 크기

골재의 최대 크기는 40mm 이하로서 가능한 한 25mm 이하를 사용하며, 철근 최소 수평간격의 3/4, 그리고 부재 최소치수의 1/5 이내에 크기를 사용(굵은골재의 입도분포는 굵고, 가는 골재들이 골고루 섞여 공극률을 줄임으로써 시멘트페이스트가 최소가 되도록 한다)

5) 시공시 유의사항

① 수화열 보존기간 : 12~16 시간 정도

㉠ 콘크리트 내 · 외부 온도차(수화열 온도차)가 15℃ 이상 나면 온도 균열이 발생할 수 있으므로 비닐 커버 등으로 덮어 양생 조치한다.

㉡ 시멘트 59kg/cm^2 증가 시 수화열 온도는 6~8℃ 정도 증가한다.

② 골재의 조립률과 단위시멘트량

㉠ 골재 조립률 : 2.7~3.2(모래, 세골재)

㉡ 단위시멘트량 : 520kg/cm^2

③ 거푸집 존치기간

㉠ 고강도콘크리트

압축강도 80kg/cm^2 확인 후 거푸집 해체

㉡ 일반콘크리트

압축강도 50kg/cm^2 확인 후 거푸집 해체

④ 공기량

㉠ 고강도콘크리트 : 4.5±1.5

㉡ 일반 콘크리트 : 3~4%

⑤ 레미콘 운반거리

㉠ 보통 경우 20~30분 이내로 운반한다.

㉡ 1시간 이상 운반시는 고성능감수제를 사용한다.

⑥ 폭렬방지를 위한 방안

콘크리트의 설계기준강도가 50MPa 이상인 고강도콘크리트에 대하여 섬유혼입 및 이와 동등 이상의 폭렬 방지를 할 수 있는 방안을 마련하여야 한다.

6) 타설시 유의사항

① Concrete 부어넣기 낙하고는 1m 이하로 유지하고, 재료분리가 생지지 않도록 한다.

② 콘크리트는 운반 후 신속하게 부어넣어야 한다.

③ 고강도콘크리트는 물시멘트비가 낮으므로 습윤양생해야 한다.

④ 부재두께가 0.8m 이상인 경우의 양생은 매스 콘크리트의 시방기준에 따른다.

⑤ 거푸집판이 건조할 우려가 있는 경우 살수를 하여야 한다.

⑥ 시험횟수는 부어넣기 공구마다, 부어넣기는 날마다 $100m^3$당 1회 이상 실시한다.

⑦ 수직부재와 수평부재의 콘크리트강도 차가 1.4배 이상인 경우에는 수직부재에서 수평부재쪽으로 60~100cm 정도 내밀어 이어치기를 한다.

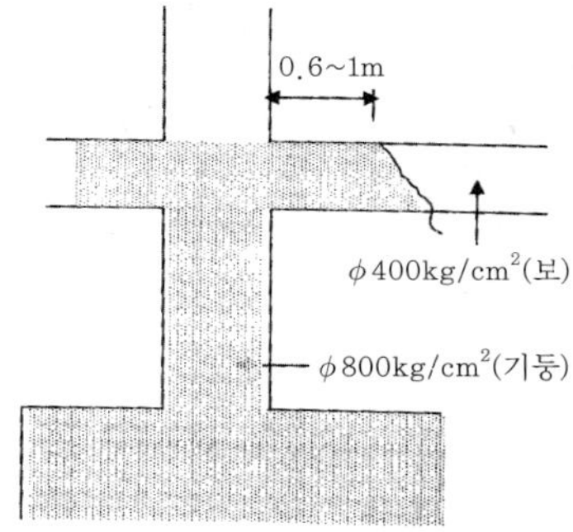

그림 8-41 V.H 분리타설 이어치기 위치

7.6 유동화콘크리트

1) 정의

① 콘크리트에 유동화제를 첨가시켜 콘크리트의 품질 변화없이 일시적으로 유동성을 개선한 콘크리트를 말한다(유동화시간은 약 60분 정도이다).

② 유동화제를 첨가하기 전의 콘크리트를 베이스콘크리트라고 한다.

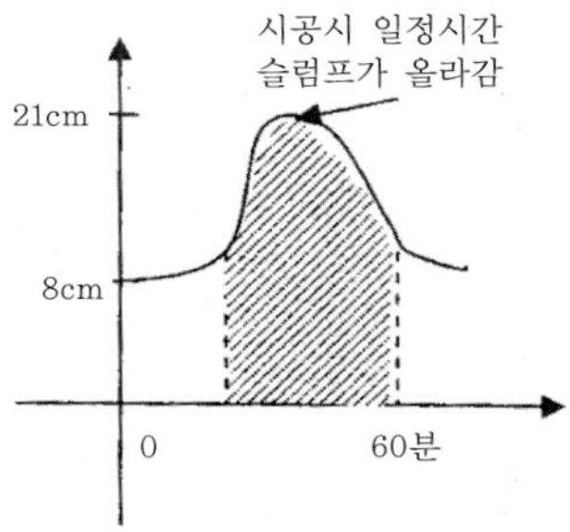

그림 8-42 유동화제

2) 배합

① 유동화콘크리트의 슬럼프 증가량은 100mm 이하를 원칙으로 하고 표준은 50~80mm이다.

② 베이스콘크리트 및 유동화콘크리트의 슬럼프 및 공기량 시험은 $50m^3$마다 1회씩 실시하는 것을 표준으로 한다.

표 8-19 유동화콘크리트의 슬럼프 (단위 : mm)

콘크리트의 종류	베이스콘크리트	유동화콘크리트
일반콘크리트	150 이하	210 이하
경량콘크리트	180 이하	210 이하

3) 시공(유동화방법)

① 배처 플랜트에서 운반한 콘크리트에 공사현장에서 유동화제를 첨가하여 균일하게 될 때까지 휘저어 유동화시킨다.

② 콘크리트 플랜트에서 트럭 교반기 내의 콘크리트에 유동화제를 첨가하여 즉시 저속으로 휘저으면서 운반하고 공사현장 도착 후에 고속으로 휘저어 유동화시킨다.

③ 유동화제 첨가 후 약 1시간 이내에는 타설을 완료해야 한다.

8. 경화콘크리트 성질

8.1 압축강도와 탄성변형

1) 압축강도

콘크리트구조물의 콘크리트강도는 압축강도 이외에 인장강도, 휨강도, 전단강도, 지압강도, 강재와의 부착강도 등이 있으나 콘크리트구조물은 주로 콘크리트의 압축강도를 이용해서 설계된다.

콘크리트의 압축강도는 설계도서에서 정해진 설계기준강도 및 품질기준강도를 만족해야 한다. 양호한 골재나 시멘트를 사용한 경우 콘크리트강도는 물시멘트(중량비)에 의해 결정되기 때문에 소요강도에 맞는 물시멘트비를 정한다. 보통 설계기준강도는 21~24MPa의 콘크리트가 많고 40MPa을 넘을 경우는 고강도콘크리트의 시방이 된다.

2) 탄성변형

콘크리트 탄성변형은 탄성한도 내에서 응력에 대한 변형을 말한다. 콘크리트는 압축강도의 30~40%에 이를 때까지는 탄성거동을 나타내지만 그 이상의 응력이 되면 비탄성거동이 되어 균열이 발생한다.

최대압축강도의 80~90%에 이르게 되면 파괴된다.

3) 콘크리트 구조물 변형 현상 비교

표 8-20 구조물과 사람 신체 변형 차이 비교

구 분	구조물 변형	사람의 신체 변형
1. 탄성변형	탄성변형은 탄성한도 내에서 구조물의 응력에 대한 변형을 나타내는 것이나 콘크리트는 압축강도의 30~40%에 이를 때까지는 탄성거동을 나타내지만 그 이상 응력에서 비탄성거동으로 균열이 발생된다.	젊은 사람이 허리를 구부릴 수 있는 한계까지의 변형을 말한다. 반면 늙은 사람은 탄성이 없어 허리를 많이 구부릴 수 없는 것과 같다.
2. 건조수축	구조물이 시간이 지나면서 수분이 빠져 나가서 콘크리트 부피가 줄어드는 현상을 말한다.	사람이 나이가 들면 수분이 빠져나가 피부가 수축되는 현상과 같은 것이다.
3. Creep 현상	구조물이 장기간 건물의 자체 하중으로 인해 콘크리트 모형(체적)이 변하는 현상을 말한다.	사람이 장기간 잘못된 습관이나 운동 등으로 피부와 신체구조가 변하는 것과 같은 것이다.
4. 기둥 축소 현상 (Colum Shortenering)	초고층 건물로 높이와 하중, 온도, 바람 등의 영향으로 시간이 지남에 따라 높이가 줄고 모양이 바뀌는 현상을 말한다.	나이가 들면 몸에서 수분이 빠져나가 키도 작아지고 얼굴 피부와 신체구조 전부가 변하는 현상과 같은 것이다.
5. 탄성변형/크리프/건조수축현상 예	(예) 말레이시아 KLCC빌딩을 준공 후 7년이 지나면서 건물 전체가 남쪽으로 120mm 이상 기울어지고 높이는 160mm 이상 줄어드는 것으로 예상설계되었다.	

8.2 콘크리트 내구성

콘크리트 내구성은 구조물이 성능 저하와 외력에 대하여 저항하며 역학적, 기능적 성능을 보유하기 위한 구조체의 내구력을 말한다.

(1) 내구성 저하 요인

① 외적 요인 : 외적 하중, 온도변화, 진동, 충격

② 내적 요인 : 중성화, 알칼리골재반응, 염해

(2) 내구성 향상 방안

콘크리트 내구성 향상 방안은 수밀성이 있고 중성화, 동결융해, 염해에 대한 저항성이 있고 균열 발생 가능성이 적어야 한다.

8.3 콘크리트 중성화와 내구연수(수명)

1) 중성화의 개념

① 중성화의 정의

콘크리트 중성화란 콘크리트 중의 알칼리($Ca(OH)_2$)와 대기 중의 탄산가스(CO_2)가 화학반응을 일으켜 콘크리트가 탄산칼슘($CaCO_3$)과 물(H_2O)로 분리되어 콘크리트강도가 떨어지고 철근의 부식으로 인해 균열이 발생하여 내구성이 저하되는 현상을 말한다.

$$\underline{Ca(OH)_2 + CO_2} \xrightarrow{\text{중성화}} CaCO_3 + H_2O$$

pH 12~13

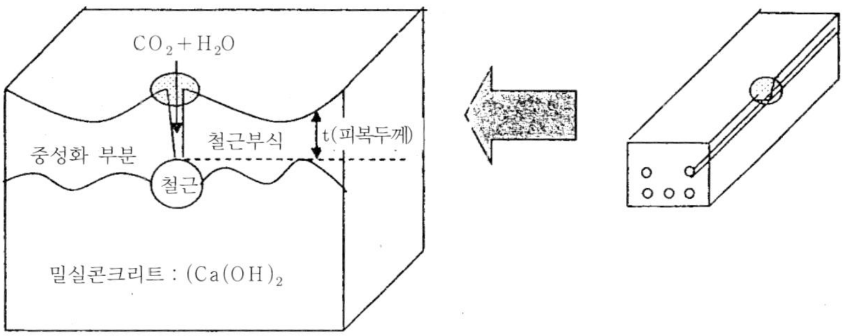

그림 8-43 중성화 과정

② 중성화에 의한 내구성 저하 단계

중성화 발생 → 철근 부식 → 체적팽창(2.5배) → 균열 발생 → 강도 저하 → 내구성 저하

2) 중성화에 의한 철근 부식과 산화연수(콘크리트 수명 기준)

대기 중에 노출된 철근은 산화속도가 매우 빠르게 진행되나 콘크리트 속에서는 강알칼리성으로 인해 철근 주위에 부동태피막을 형성하여 내식성이 매우 커 부식에 안전하다.

그러나 중성화가 진행되면 철근이 산화되어 부식되고 균열이 발생하여 콘크리트가 수명을 다하게 된다.

① 콘크리트로 피복되어 있는 때 철근의 산화연수(콘크리트중성화 연한)

$$X = 7.2t^2$$

여기서, X : 산화연수, t : 피복두께(cm), w/c비 : 60%

(예) 피복두께 3cm와 4cm 건축물의 수명은 몇 년일까?

· 피복두께 3cm 건물 : $X = 7.2 \times 3^2 \fallingdotseq 65$ 년

· 피복두께 4cm 건물 : $X = 7.2 \times 4^2 \fallingdotseq 112$ 년

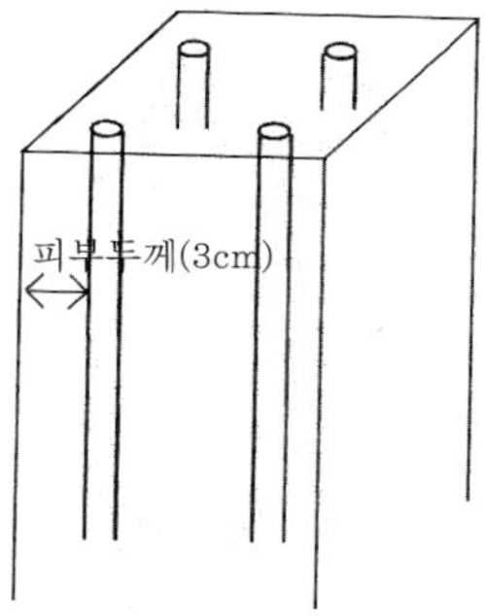

② 콘크리트 중성화 연수(경년) k값 계산(W/C 60% 이하 시)

$$t = kt^2$$

여기서, x : 콘크리트 중성화 깊이(mm), t : 경년(년)

$$k \text{ : 정수, } k = \frac{0.3(1.15 + 3w)}{(w - 0.25)^2}, \quad w = \text{W/C}$$

3) 중성화 시험 방법

페놀프탈레인 지시 용액 1%를 콘크리트면에 도포하여 지시액의 반응이 적색이면 정상이고 무색이면 중성화가 진행된 것이며 중성화 시험 방법은 다음과 같다.

① 따내기법 : 콘크리트 표면을 크기 10×10(cm), 깊이 5cm로 잘라내어 콘크리트 파단면에 1% 농도의 페놀프탈레인 알코올 용액을 분무하여 무색이면 중성화이고, 적색이면 정상이다.

② 코어채취법 : 코어의 길이는 철근의 피복두께 정도가 적합하다.

③ 드릴법 : 직경 10mm 정도의 전동드릴로 구멍을 뚫어 떨어진 가루를 페놀프탈레인 1% 용액이 함유된 종이에 받아 변색 상태로 중성화를 판정하는 방법이 있다.

그림 8-44 중성화 시험 사례

4) 중성화에 영향을 주는 요인

① 시멘트 종류

수산화칼슘을 다량 포함한 시멘트일수록 중성화가 어렵다.

② 물시멘트비(W/C)

중성화는 물시멘트비가 클수록 크다.

③ 혼화제 사용

AE제 또는 감수제를 사용하면 중성화가 느리다.

④ 피복두께 미확보

피복두께 미확보시 중성화 속도는 빠르다.

⑤ 콘크리트 균열 발생시

콘크리트 균열 발생시는 중성화 속도가 빠르다.

6) 중성화 방지 대책

① 피복두께 확보

㉠ 콘크리트 중성화에 의한 철근부식을 방지하기 위해 충분한 피복두께 확보가 필요하다.

㉡ 콘크리트 피복두께는 철근부식으로 인한 콘크리트 수명에 직접적인 영향을 미치므로 피복두께 확보는 콘크리트 품질관리에 있어서 가장 중요한 요소이다.

② 전작업 과정에서 품질관리를 철저하게 해야 한다.

㉠ Cold joint 발생시 품질관리를 철저하게 해야 한다.

㉡ 물시멘트비를 적게 한다.

㉢ AE제 또는 감수제를 사용한다.

㉣ 탄산가스의 영향이 적도록 한다.

㉤ 충분한 다짐과 양생을 한다.

㉥ 전 작업 과정에서 품질관리를 철저히 해야 한다.

8.4 라멘구조와 벽식구조의 내구수명

1) 콘크리트 구조물의 내수연수 분류

수명 구분	수명 내용	내구 수명	비고
1. 구조적 수명	구조적으로 견딜 수 있는 콘크리트 구조물의 수명	60~100년	콘크리트 라멘조 기준
2. 기능적 수명	· 사회적, 기능적으로 견딜 수 있는 콘크리트 구조물의 수명 · 설비 배관재나 건축 마감재가 견딜 수 있는 수명을 말함	15~25년	· 건축마감재 수명 (15년) · 건축 설비재 수명 (25년)
3. 경제적 수명	경제적 산출 가치로 산정될 수 있는 콘크리트 구조물의 수명	40년	법인세법 규정

2) 콘크리트 구조적 수명과 기능적 수명

(1) 콘크리트 구조적 수명이란?

– 콘크리트 구조물은 시간이 경과되면 대기 중의 탄산가스(CO_2)와 반응하여 알칼리성을 잃고 중성화되면 철근이 부식되고 균열이 발생하여 수명을 다하게 되는데, 즉 대기 중

의 CO_2가 콘크리트 피복두께 3cm를 통과하여 콘크리트 속의 철근이 부식시킬 때까지 의 수명기간을 말한다.

- 콘크리트 라멘구조의 수명은 콘크리트 피복두께가 3cm일 때는 60년, 4cm일 때는 100년으로 규정하고 있다.

(2) 기능적 수령이란?

- 시대의 변화에 따라 사회적 요구성능이 높아져 건축물의 내부 기능, 즉 전기설비, 마감재 등의 교체와 수선 주기의 수명을 말한다.
- 기능적 수명은 일반적으로 15~25년으로 규정하고 있으며, 이 시기가 바로 1단계 리모델링 시기로 볼 수 있다.

(3) 설비기기 및 마감재의 수명(수선) 주기(일본)

공종	수선 항목	최소 연수	최대 연수	평균 연수
1. 전기설비	간선(幹線)	8	30	16.5
	옥내배선	20	30	25.0
2. 급배수설비	옥내급수관	12	30	20.7
	옥외급수관	12	27	21.4
	옥내배수관	15	30	24.1
	옥외배수관	15	40	26.0
3. 외장	모르타르 바름	9	25	19.6
	타일붙임	9	60	40.3
	외벽마감도장재	7	25	15.4
4. 옥상 방수	아스팔트방수	10	30	18.3
	시트(sheet)방수	13	20	17.7

3) 콘크리트 라멘구조와 벽식구조의 차이

(1) 콘크리트 라멘구조란?

라멘(Rahmen)구조란 건축물이 기둥 위에 보와 슬래브가 얹혀지는 구조물을 말하는 것으로 대부분의 콘크리트 구조물은 라멘구조 형태의 건물이다.

(2) 콘크리트 벽식구조란?

벽식구조란 기둥과 보가 없이 벽체가 기둥역할을 하고 그 위에 바로 슬래브가 얹혀지는 구조를 말하며 일반적인 건물에는 잘 적용되지 않는 구조이다.

(3) 콘크리트 라멘구조와 벽식구조 비교

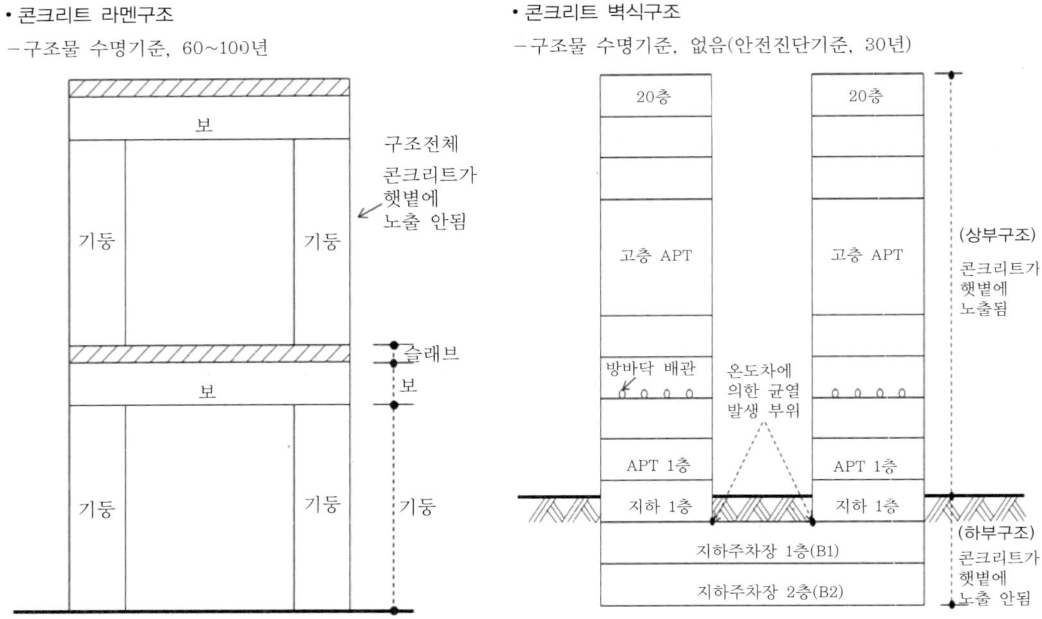

그림 8-45 콘크리트 라멘구조와 벽식구조 비교

4) 콘크리트 라멘구조와 벽식구조의 내구수명

(1) 콘크리트 라멘구조 내구수명

콘크리트 라멘구조의 내구수명은 일반적으로 60~100년으로 규정하고 있다. 그 근거는 콘크리트 구조물은 시간이 경과하게 되면 대기 중의 탄산가스(CO_2)와 반응하여 알칼리성을 잃고 중성화되어 철근을 부식시켜서 수명을 다하게 되는데 CO_2가 콘크리트 피복두께 3cm를 통과하여 철근까지 도달하는데 60년이 걸린다는 것을 말한다. 따라서 콘크리트 피복두께를 기준으로 3cm일 경우는 60년, 4cm일 경우는 100년으로 규정한 것이다.

(2) 콘크리트 벽식구조의 내구수명

콘크리트 벽식구조의 내구적 수명은 아직까지 정확하게 규정되어진 근거는 없다. 그러나 국내 아파트의 경우 노후화에 의한 재건축 안전진단 기준연한을 30년으로 규정하고 있는 것 정도이다. 국내 벽식구조 고층아파트 내구수명은 몇 년일까?

5) 왜 철근콘크리트 구조물은 라멘구조로 지어야 할까?

① 철근과 콘크리트는 똑같이 신축에 의해 늘어나거나 줄어들기 때문에 구조물의 중간에 신축이음을 두어야 구조물의 균열을 방지할 수 있다.

② 예를 들어 철로를 중간 중간을 끊어 신축이음을 두는 것이나 콘크리트 교량의 경우 다리 중간 중간을 끊어서 신축이음을 두는 것도 신축으로 인해 균열이 생기는 것을 방지하기 위한 것이기 때문이다.

③ 콘크리트와 철근은 햇볕에 그대로 노출시켜서는 안 되며, 만약 노출이 부득이할 경우에는 중간을 미리 끊어 주어 신축에 대비하거나 아니면 최대한 햇볕에 노출되지 않는 구조로 해야 한다. 그러나 수직구조물의 경우에는 중간을 미리 끊을 수가 없으므로 햇볕에 노출이 가장 적은 라멘구조로 시공하는 것이다.

④ 라멘구조 수직건축물은 햇볕에 거의 노출되지 않아 온도차에 의한 신축이 거의 없어 끊어 주지 않고도 건축이 가능할 수 있기 때문이다.

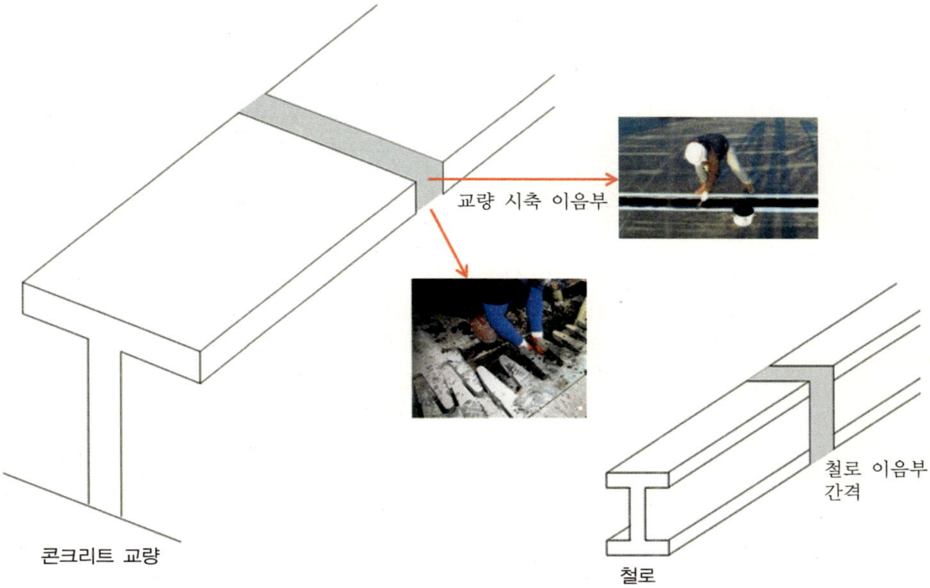

그림 8-46 철과 콘크리트 재료의 신축이음

5) 국내 벽식구조 고층아파트 내구수명은 몇 년일까?

(1) 국내 벽식구조 아파트 구조적 수명

① 국내 대부분의 고층아파트는 벽식구조로 되어 있으나 아직까지 정확하게 수명을 규정한 기준은 없다. 콘크리트 라멘구조의 수명은 60~100년으로 규정하고 있으나 국내 벽식구조 수명은 추정하기가 쉽지 않다.

② 국내 고층 벽식구조 아파트의 문제는 지하의 주차장과 지상의 아파트가 일체로 연결되어 있어 아파트 상부는 햇볕에 노출되어 팽창되고 있으나 지하층 부위는 팽창되지

않아 신축의 차이로 균열이 발생할 수 있는 구조가 문제이다. 따라서 국내 대부분 아파트는 지상아파트와 지하주차장 슬래브 부위에는 균열이 계속 발생될 수 있으며, 앞으로 시간이 경과하게 되면 더 문제가 될 수 있기 때문이다.

그러므로 외국에서는 주거용 구조물 경우 콘크리트 벽식구조로 짓는 경우가 거의 없다.

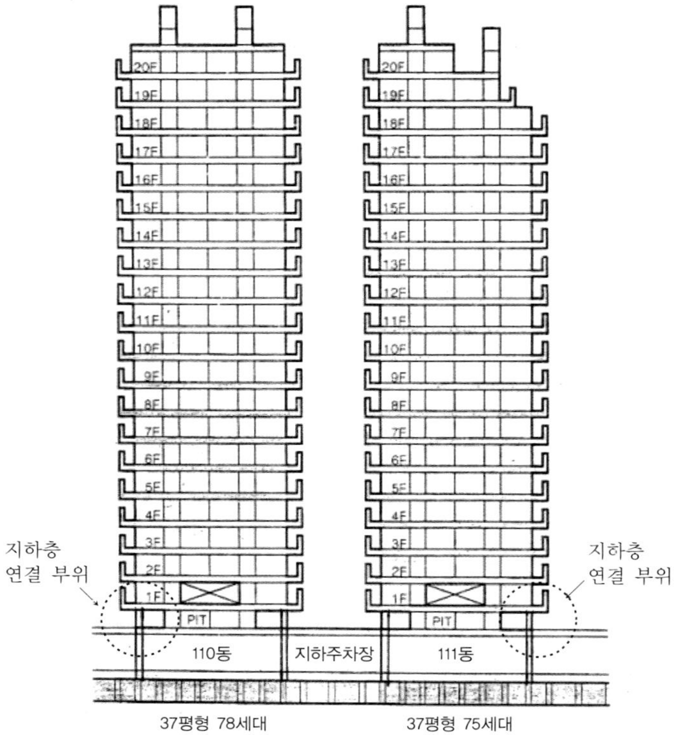

그림 8-47 국내 벽식구조 아파트 지상층과 지하층 연결 부위

(2) 국내 벽식구조 아파트 기능적(사회적) 수명

① 국내 벽식구조 고층아파트의 노후화에 따른 기능적 수명은 몇 년일까?
일반적으로 건축물의 설비 및 전기배관 자재와 건축마감재의 수명은 재질의 종류에 따라 약간의 차이는 있을 수 있지만 보통 수선주기를 15년~25년으로 규정하고 있다.

② 한국의 벽식구조 고층아파트는 방바닥에 난방배관을 하는데, 만약 방바닥 배관을 교체하게 되면 APT 내부의 벽체, 천장까지 전부를 교체해야 하므로 재건축과 같은 비용이 투입될 수 있는 문제점이 있다.

즉 국내 아파트는 구조적 수명이 남아 있다 하더라도 기능적 수명에 의해서도 문제가 발생할 수 있다는 것이다.

6) 국내 벽식구조 고층아파트가 많은 이유는 무엇일까?

국내 고층 벽식아파트가 많은 이유는 땅이 좁아서가 아니라 남향 배치 선호가 가장 영향이 크다고 볼 수 있다. 외국의 경우는 중정형 배치로 국내와 같이 고층(15층)으로 하지 않고 저층(5층)으로도 많은 세대수를 배치할 수 있다.

(1) 국내 벽식구조 아파트의 남향배치 선호에 따른 고층화

국내 아파트의 고층화는 땅이 좁기 때문이 아니라 남향배치에 따른 인동거리 확보 때문에 고층화가 될 수밖에 없었다. 남향 배치만 아니면 저층으로도 얼마든지 많은 세대수 배치가 가능하기 때문이다. 90년대 초에 집중적으로 건설된 국내 1기 신도시 고층 아파트 단지들은 대부분 용적률이 180~220% 정도로 10층 이하의 아파트로도 용적률 달성이 가능한데 남향배치를 선호로 인하여 15층 이상의 고층으로 밖에 지을 수 없었다는 것이다. 따라서 외국처럼 남향배치보다 평면기능성에 주안점을 두면 저층(5층)으로도 얼마든지 고밀도 개발이 가능한데 정부의 전략적 방치이다.

※ 국내 벽식구조 아파트 남향배치에 따른 고층화와 고밀화 관계를 그림으로 설명하면 다음과 같다.

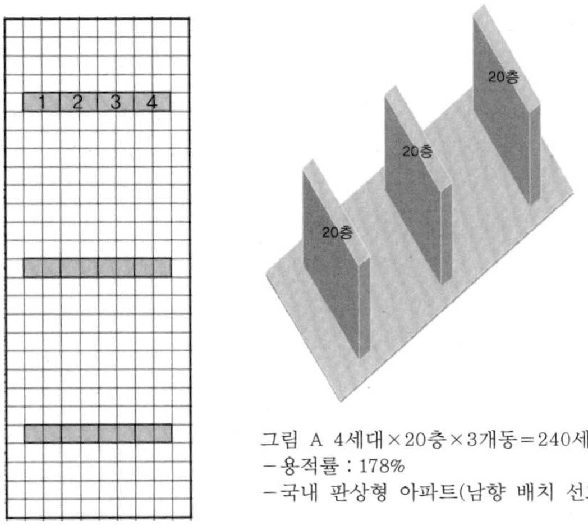

그림 A 4세대×20층×3개동=240세대,
－용적률 : 178%
－국내 판상형 아파트(남향 배치 선호)

그림 8-48 국내 아파트의 판상형 형태 남향 선호 배치도

(2) 외국 공동주택의 중정형 배치에 의한 저층화

외국의 공동주택 경우에는 남향배치가 선호가 없어 중정형태의 배치로 저층(5층)으로도 국내보다 10% 이상 많은 세대수를 배치할 수 있다는 것을 아래 그림으로 알 수 있다.

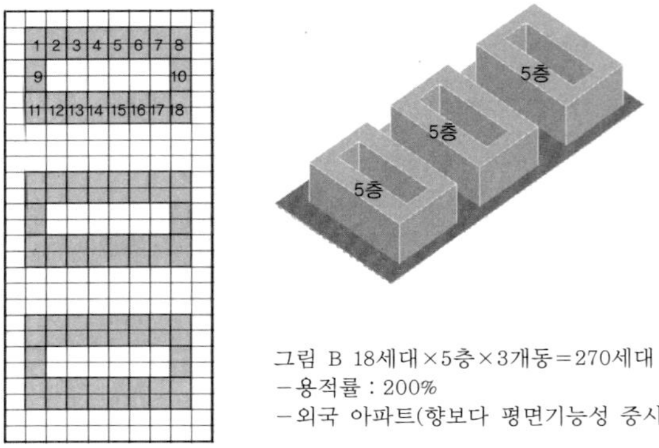

그림 8-49 외국 공동주택 중정형 형태 배치도

7) 국내 아파트 구조 형태의 시대적 변화

국내의 공동주택 구조형태는 시대별로 70년대, 80년대, 90년대로 나누어서 변화를 살펴 볼 수 있다.

(1) 70년대 아파트 구조 형태

70년대 아파트 구조 형태는 층수가 5층 이내로 대부분 구조형태는 라멘구조로 하고 아파트 내부 칸막이는 벽돌을 사용하여 거실, 방, 부엌 등을 구획하는 구조 형태였다.

(2) 80년대 아파트 구조 형태

80년대 아파트 구조 형태는 층수가 대부분 10~15층으로 벽식 구조가 처음 적용되었으며, 아파트 내부 주요 벽체는 대부분 콘크리트 벽식구조로 하고 일부 내부벽과 발코니 · 화장실 벽은 벽돌로 쌓는 구조 형태였다.

80년대 대표적인 아파트 단지로 과천, 목동, 상계동 아파트 등이다.

(3) 90년대 아파트 구조 형태

90년대 아파트 구조 형태는 층수가 대부분 15층 이상 고층으로 아파트 내부 벽식 칸막이는 콘크리트 연속벽구조 형태로 1기 신도시 아파트 대부분이 벽식구조 형태이다.

90년대 대표적인 국내 1기 신도시 아파트 분당, 일산, 평촌, 중동 등의 대부분의 아파트가 이 구조에 해당된다.

표 8-21 국내 아파트 년도별 구조 형태 비교

1. 70년대 아파트 구조형태	2. 80년대 아파트 구조형태	3. 90년대 아파트 구조형태
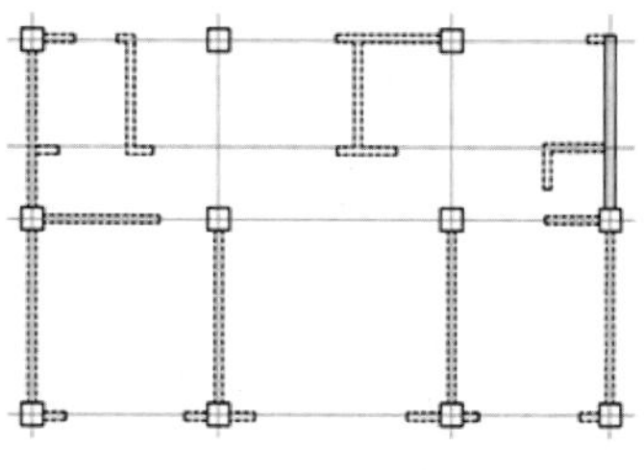	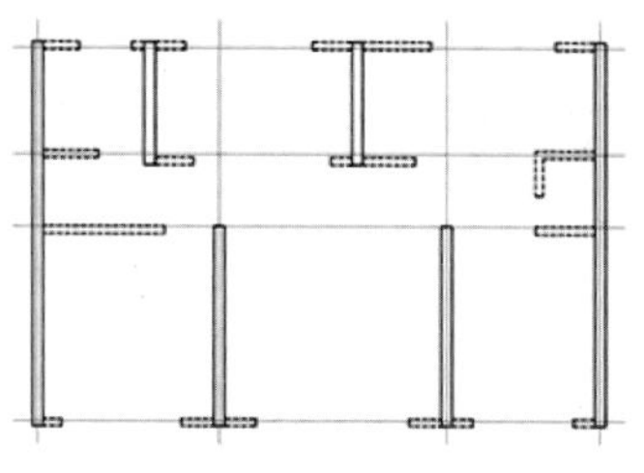	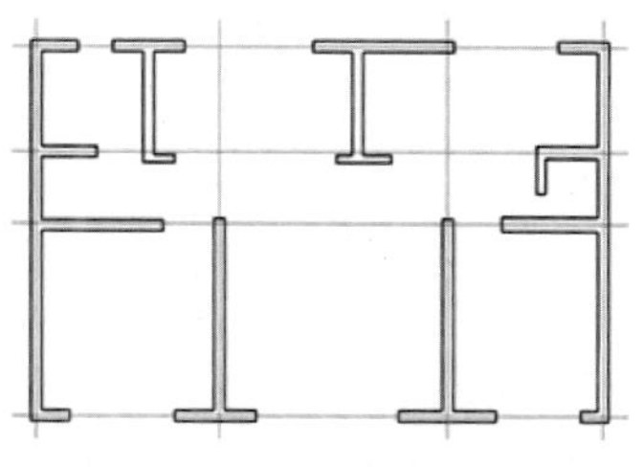
1. 구조형태 : 기둥, 보 구조형태 (층고 높음) 2. 리모델링 가능성 : 내부 칸막이 벽 해체 후 다양한 평면으로 리모델링 효과 大 3. 사업성 : 사업성 효과 大 4. 사례 : 방배동 구궁전아파트	1. 구조형태 : 세로벽식구조+내부 칸막이 구조형태 2. 리모델링 가능성 : 세로벽식구조이나 내부칸막이 해체로 리모델링 효과 中 3. 사업성 : 사업성 효과 中 4. 사례 : 서초동 삼호아파트	1. 구조형태 : 가로 세로 내력벽식 구조형태 2. 리모델링 가능성 : 가로 세로 내력벽으로 해체 불가하고 리모델링 어려움 3. 사업성 : 사업성 효과 小 4. 사례 : 없음, 내부 인테리어 수준

(4) 1기 신도시 아파트 용적률 비교표

1기 신도시 아파트는 대부분 15층 이상 고층으로 용적률은 170~225%로 높다는 것을 알 수 있다.

표 8-22 1기 신도시 아파트 개요 및 용적률 비교표

내용/신도시	전체	분당	일산	평촌	산본	중동
		성남시	고양시	안양시	군포시	부천시
1. 면적(천평)	15,167	5,941	4,760	1,544	1,272	1,100
2. 수용인구(만평)	116.8	39	27.6	16.8	16.8	16.6
3. 인구밀도(인/ha)	231	197	174	357	396	301
4. 개발밀도(인/ha)	672	610	520	864	920	876
5. 주택건설(천호)	281	94.6	63.1	41.4	41.4	40.5
6. 용적률(%)	−	184	169	204	205	225
7. 사업기간	−	89.8~96.12	90.3~95.12	89.8~95.12	89.8~95.1	90.2~96.1
8. 총사업비(천 억원)	106.6	41.6	27.3	12.3	9.0	16.4

8) 외국의 벽식구조 고층아파트 사례 조사

외국의 주거용 건물은 대부분 저층 주택 형태이며, 고층아파트 구조는 거의 없으며 국가에서 공급하는 일부 서민 임대 아파트가 조금 있는 정도이다.

국내 아파트와 비슷한 고층 아파트 주거 형태를 가지고 있는 국가는 유일하게 싱가포르와 홍콩 정도이다.

(1) 싱가포르 Toa Payoh 고층아파트 사례

① 싱가포르는 주거면에서 복지가 가장 잘 되어 있는 나라이며, 정부에서는 모든 국민에게 결혼 후 3년이 지나면 아파트를 지급하고 있다(정부 지원 80%, 개인 부담 20%).

② 정부가 지원하는 아파트는 18~20평 정도 소형 규모의 아파트가 제공되고 있다.

③ 싱가포르 고층아파트 구조 형태는 국내 아파트 구조 형태와는 많은 차이가 있다.

(2) 싱가포르와 국내 아파트 구조형태 분석

싱가포르 아파트와 국내아파트를 비교하면 어떤 차이가 있을까?

① 싱가포르 아파트 구조 형태는 그림 8-50과 같이 2세대의 중간에 있는 세대간벽과 양쪽 바깥 끝부분에 있는 2개의 벽체만 현장 콘크리트로 타설하고 나머지 내부 벽체는 대부분 공장제작 PC패널로 전부 조립하여 균열이 발생하지 않도록 한 것이 국내 아파트 다른 차이이다.

② 싱가포르 아파트는 소형이므로 다용도실 방 1개를 증축하는 구조를 보면 그림 8-50과 같이 공장에서 PC패널로 조립식으로 방을 만들어 와서 현장에서는 조립만 하는 구조 형태이다.

③ 싱가포르 아파트는 주요 벽체만 콘크리트 타설을 하고 대부분 내부 칸막이는 PC 조립식 패널로 이음을 두어 균열을 미리 방지하고 내구수명에 대비하였다.

④ 싱가포르 아파트의 경우는 일정 시간이 지나 내구수명이 다했을 경우에도 정부에서 공급한 아파트이므로 정부가 스스로 해결할 수 있는 대책이 있다는 것이다.
그러나 국내 아파트는 개인 소유 아파트로 이 모든 문제를 개인이 해결해야 된다는 점에 큰 차이가 있다.

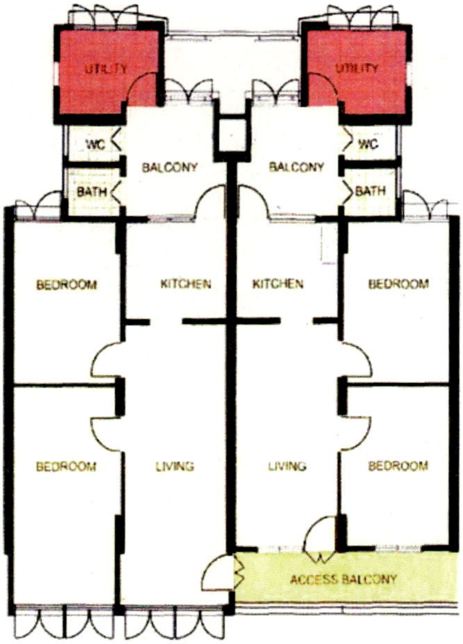

(a) 싱가포르 아파트 평면도

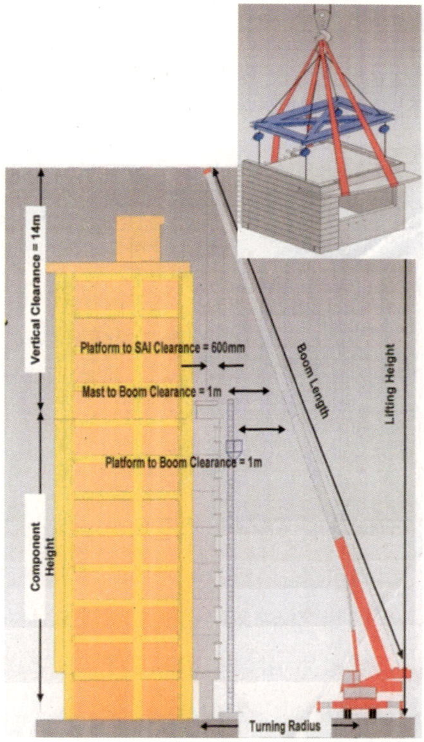

(b) 싱가포르 아파트 다용도실 증축 시공

그림 8-50 싱가포르 아파트 평면 구조도

8.5 코어 공시체 압축강도시험(KS 2422)

1) 개요

- 코어 공시체 압축강도시험은 콘크리트 구조체에 직접 코어를 채취하여 경화콘크리트의 강도를 시험하는 것을 말한다.
- 구조체 콘크리트는 같은 부재라도 위치에 따라 강도가 다르며, 기둥과 보는 슬래브와 벽체에 비해 강도가 높고, 기둥의 경우는 아래쪽이 위쪽에 비해 강도가 높다.

그림 8-51 코어채취 샘플

2) 시험 목적

① 시료에 의한 압축강도시험이 불합격된 경우

② 표준시험체가 없는 경우

③ 구조체에 큰 손상이나 결함의 징후가 있는 경우

④ 구조체의 내구진단 시

3) 코어 채취 부위 및 시기

그림 8-52 코어채취 현장

① 구조내력에 영향을 주지 않는 벽, 바닥판에서 채취하고 가능한 기둥이나 보에서는 채취하지 않는다.

② 벽체는 스팬 중앙부의 높이 1.0m 정도, 바닥은 스팬의 중앙부에서 채취한다.

③ 기둥의 경우 구조계산자의 지시에 따라 너비방향 중앙부의 높이 1.0m 정도, 보의 경우는 스팬 1/3개소의 지지부분 및 압축구역에서 채취한다.

코어 채취 시기는 재령 14일 이상된 경화콘크리트로 한다.

4) 코어채취 규격과 캡핑(capping)

① 코어직경은 ϕ10cm 이상, 길이는 150mm 또는 100mm가 표준, 만약 50mm 코어를 사용할 경우 200mm 코어강도보다 강도가 10% 정도 높게 나타난다.

② 양단면을 유황(sulphur)으로 캡핑하거나 연삭(연마)(코어공시체 측의 요철은 1.0~1.5mm 이내)한다.

5) 양생

① 채취된 코어에는 채취 위치, 번호를 기입한 뒤 담수한다(20±3℃의 물 속에서 40~48시간). 다만, 수중양생한 경우 강도가 낮게 나오므로 채취 후 1~2일 사이에 시험을 실시하고 수중양생하지 않고 시험할 경우 평균 10% 정도의 강도가 증가한다.

② 코어공시체가 습윤상태에서는 10~20% 정도 강도가 감소하고, 건조상태에서는 약 10% 정도 높게 나타난다.

6) 합격 판정 기준

① 코어공시체 3개의 평균값이 설계기준강도의 85%에 도달하고, 코어 각각의 강도가 기준설계기준강도의 75%보다 작지 않으면 합격으로 판정한다.

② 시료 및 코어공시체 강도시험 결과가 규정에 적합하지 않고 구조적으로 적합성이 의심되면 구조계산에 의한 분석 및 재하시험을 행하여 안전성을 판단한다.

9. 콘크리트 균열

9.1 콘크리트 균열 발생과 허용기준

1) 콘크리트 균열 발생 요인

(1) 철근과 콘크리트 선팽창계수

① 선팽창계수

· 콘크리트 : $1 \times 1.3 \times 10^{-5}/℃$

· 철근 : $1 - 1.1 \times 10^{-5}/℃$

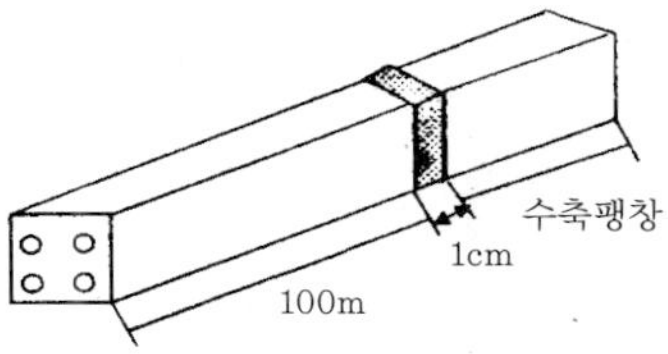

그림 8-53 콘크리트 선팽창 수축

② 콘크리트 건조 수축률 : 5×10

③ 온도 1℃ 상승시 선팽창계수가 1/100,000이므로 온도 10℃ 상승시 콘크리트는 100m에서 1cm 정도의 신축이 발생하므로 보통 신축 조인트는 50~60mm마다 설치한다.

④ 온도변화에 따른 콘크리트 팽창과 수축(10℃ 이상 온도 변화시)

· 온도 상승시 200~400kg/cm^2 팽창압력으로 균열 발생

· 온도 하강시 25~40kg/cm^2 수축인장으로 균열 발생

(2) 철근과 콘크리트 구조의 성립 이유

① 선팽창계수가 같음.

② 콘크리트가 철근을 열과 부식으로부터 보호함.

③ 철근과 콘크리트 부착강도가 큼.

(3) 콘크리트 균열에 대한 인식 전환

① 균열에 대한 사회적 인식

㉠ 콘크리트 균열은 무조건 부실이라고만 생각하는 인식에 문제가 있다.

㉡ 부실시공으로 인한 균열이 있어서는 안 된다.

㉢ 부실 시공이 없는 데도 발생하는 미세균열까지도 부실로 보는 것은 문제이다.

② 균열에 대한 인식전환과 기준 정리

㉠ 허용기준 내의 콘크리트 균열은 허용되어야 한다(공사자/감독자).

㉡ 각종 법에 정해진 균열에 대한 규정 등의 일관성 있는 정리가 필요하다.

2) 콘크리트 균열 허용폭 기준

(1) 균열에 대한 학술적 근거

콘크리트 공학 유명저서인 「Design of concrete structure」에서 'concrete member with in tension is usually cracked ; 철근콘크리트 부재의 인장측 콘크리트에는 인장력으로 인해 균열이 발생한다'라고 하여 어쩔 수 없이 일부 균열을 인정하고 있다.

① 종전의 허용응력설계법 기준
콘크리트 허용압축강도는 $0.3F_c$, $0.4F_c$로 30~40% 능력만 산정 · 계산하도록 되어 있다.

② 최근 극한강도설계법(국내 구조설계기준)
콘크리트 압축강도의 대부분을 저항능력으로 계산하여 부재의 크기가 작아지고 그 만큼의 균열발생 확률이 높다는 의미이다.

(2) 콘크리트 구조설계 기준시 균열의 한계기준

표 8-23 콘크리트 구조설계시 균열 적용 기준

환경조건	균열폭	균열 적용 기준
① 건물 내부환경 조건시	0.4mm	일반적인 환경에서는 0.3mm 또는 0.4mm까지는 균열이 발생하는 것을 허용하고 있다는 의미이며, 이 정도로 균열이 더 이상 진행되지 않고 제어된다면 구조물의 내구성능 발휘에는 이상이 없다는 의미인 동시에 실제로 휨에 저항하는 보나 슬래브는 균열이 있다는 것을 전제로 설계되고 있다는 것을 의미한다.
② 외부 노출이거나 습윤한 환경조건	0.3mm	

(3) 국토부 공동주택 하자 판정 및 보수기준

– 국토부에서는 2012년 11월 22일 공동주택 하자 판정 및 보수기준을 발표함으로써 균열의 범위에 대해 일반인들도 쉽게 이해할 수 있는 기준을 제시하였다.

표 8-24 공동주택 하자 판정 및 보수기준(국토부) (2012.11.22 국토부 기준 발표)

하자	판정기준	보수 방법
균열	· 습윤(건조)환경에서 철근콘크리트 균열폭이 0.3(0.4)mm 이상일 때	· 도장폭을 균열폭 주변 30cm로 가정하고 도장 처리
누수	· 상시든 일시든 물이 샐 때	· 보수재료가 탄성재료일 때는 결함 부위 사방으로 30cm 더한 면적에 방수 처리
결로	· 창호, 벽체 등의 실제 표면온도가 설계 표면온도보다 높을 때	· 단열 보완 시공

(4) 각국의 콘크리트 구조체 허용균열폭 기준

표 8-25 콘크리트 구조체에 대한 각국의 허용균열폭 (단위 : mm)

국명	종류별	허용균열폭	비고
한국	콘크리트 구조설계기준 : 건조환경[1]	0.4	건설교통부
	콘크리트 구조설계기준 : 습윤환경[2]	0.3	
일본	도로교 시방서 및 해설(합성보)	0.02	일본도로협회
	항만구조물	0.2	운수성
	원심력 철근콘크리트 말뚝(Poie)		JIS A 5309
	−설계하중시, 설계 휨모멘트 작용시	0.25	
	−설계하중, 설계 휨모멘트 개방시	0.25	
영국	BSi 규정		CP−110
	−일반 구조물	0.3	
	−특히 심한 침식성의 환경	0.004d	(d : 주철근의 피복)
스웨덴	−고정하중	0.3	도로교 규정
	−고정하중+적재하중의 0.5배	0.4	
미국	ACI 규정		ACI 318−71
	−건조한 대기 중 또는 보호층이 있는 경우	0.4	
	−습한 공기 중 또는 흙 속에 있는 경우	0.3	
	−동결방지용 약품에 접하는 경우	0.175	
	−하수, 해수비말에 의해 건습반복을 받는 경우	0.15	
	−수밀한 구조부재	0.1	

9.2 콘크리트 균열 종류별 원인과 대책

1) 콘크리트 균열의 종류

- 균열
  - 경화 전 균열
    - 초기동해 균열
    - 소성수축 균열
    - 침하 균열
    - 거푸집 변형
    - 지반 침하
  - 경화 후 균열
    - 물 리 적
      - 수축성 골재
      - 건조수축 균열
    - 화 학 적
      - 알칼리골재반응 균열
      - 철근부식 균열
    - 온도변화
      - 동결융해 균열
      - 초기온도 수축 균열
    - 구 조
      - 크리프 균열
      - 컬럼 쇼트링

2) 콘크리트 경화 시기별 균열 발생 유형

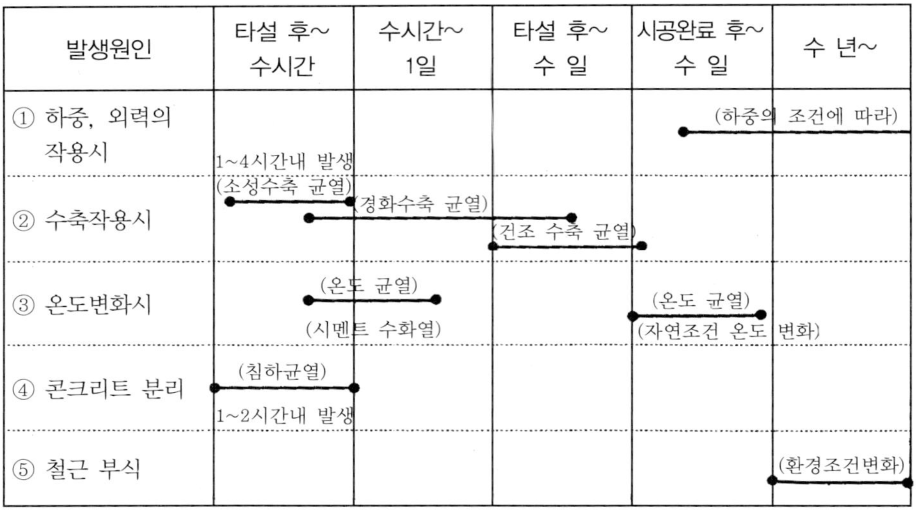

3) 미경화콘크리트시 균열

(1) 소성수축 균열

① 발생 원인

- 바닥, 슬래브 등 표면적이 넓은 부재에 타설된 콘크리트는 건조한 외기나 바람, 고온 등으로 블리딩보다 수분 증발률이 더 빠르게 일어나 발생하는 균열을 말한다. 이러한 균열의 폭은 콘크리트 표면에서 1~2mm 정도로 큰 편이나 슬래브의 두께방향으로 들어가면 급격히 줄어든다.
- 콘크리트 타설 후 1~4시간 이내에 발생한다.

② 방지대책

- 거푸집과 골재를 습윤상태로 한다.
- 바람과 햇볕을 막을 수 있는 차폐시설을 임시로 한다.
- 골재와 혼합수를 차게 하여 타설되는 콘크리트의 온도를 낮춘다.
- 콘크리트 타설 후 가급적 빨리 양생시킨다.

(2) 침하균열

① 발생 원인

- 타설 및 진동 후 블리딩현상에 의하여 시멘트나 골재 등 비중이 큰 물질은 침하하고, 비중이 작은 혼합수가 유리되어 윗면에 떠오르면서 균열하는 것을 말한다.

－콘크리트 타설 후 1~3시간 이내에 발생한다.

② 방지대책

－적절한 다짐 및 재진동을 한다.

－가능한 한 낮은 슬럼프의 콘크리트를 사용한다.

－철근 직경이 작은 철근을 사용한다.

(3) 수화열에 의한 균열

① 발생 원인

시멘트와 물이 배합하면서 수화열에 의하여 콘크리트 내부의 온도가 높아지면 대기중으로 열을 방출하면서 부재 중앙부와 표면부에 온도차가 생기면서 발생하는 균열을 말한다. 온도차에 의한 온도응력이 콘크리트의 인장강도보다 큰 경우에는 균열이 발생한다.

② 방지 대책

－발열량이 낮은 시멘트를 사용하고 단위시멘트량을 줄인다.

－골재의 혼합수를 차게 한다.

－부재 표면이 냉각되지 않도록 한다.

－직사일광이나 야간에 급랭되는 것을 피한다.

4) 경화콘크리트시 균열

(1) 건조수축에 의한 균열

① 발생 원인

－콘크리트의 건조수축은 수화된 시멘트에 흡착되었던 수분이 증발하여 콘크리트에 체적변형이 생기면서 발생하는 균열을 말한다. 건조수축은 주로 콘크리트와 주위의 상대습도의 차이에 기인하는 것으로 콘크리트의 경화가 시작된 초기에 많이 생기며, 시간의 경과에 따라 서서히 줄어든다.

－건조수축은 치수가 작은 부재의 경우 5년 정도, 큰 부재는 10년 이상 계속되나 콘크리트 타설 후 1개월 이내에 전체 수축량의 35~50%, 1년 이내에 60~80% 진행되는 것으로 알려져 있다.

② 균열 억제 방안

－굵은골재의 혼입량을 가능하면 크게 할 것

－물시멘트비를 작게 할 것

－철근을 적당한 간격으로 배근하고 온도보강용 철근을 추가 배근할 것

－적당한 간격으로 신축이음을 설치할 것
－필요한 경우에는 팽창시멘트를 사용할 것

(2) 철근의 부식으로 인한 균열

① 발생 원인
－콘크리트 속의 철근은 알칼리성의 콘크리트가 싸고 있기 때문에 녹이 잘 슬지 않으나 탄산화 등을 통하여 콘크리트의 알칼리 성분이 감소하게 되면서 발생하는 균열을 말한다.
－부식 → 철의 산화 → 체적증가 → 국부적균열 → 수분침투 → 부식촉진 → 균열증대

② 방지대책
－투수성이 낮은 콘크리트의 사용
－콘크리트 피복두께를 늘린다.
－추가 보호장치 사용
－코팅 철근 사용
－부식방지 혼화제 사용

(3) 시공 불량으로 인한 균열
① 콘크리트의 워커빌리티 증가를 위한 물을 추가 사용 시 → 강도 저하, 건조수축 증가로 균열이 발생한다.
② 양생 불량
③ 거푸집을 제대로 지지하지 못하는 경우
④ 다짐을 충분히 못하는 경우
⑤ 응력이 크게 발생하는 위치에 시공 조인트를 두는 경우
⑥ 줄눈시공 불량

(4) 시공시의 초과하중
① 현장타설 콘크리트의 시공 중 재료 과적, 건설장비 등 가동 시
② 동절기 시공에 따른 콘크리트의 온도 차이

(5) 설계 잘못으로 인한 균열
① 부재 코너 부분 → 응력집중현상
② 구조물 기초 → 부등침하
③ 수축 조인트 결여 등

제2절 콘크리트공사 시공 NCS 적용 실무 이해

1. 콘크리트공사 시공도면 파악

1.1 설계도서 검토

1) 설계기준 강도 확인

예) 설계기준 강도 24MPa(240kg/cm^2)

2) 구조 부위별 설계기준 강도 확인

기초, 지하층, 상부 기준층의 층별 강도 확인

예) 82층 RC조 건축물 설계기준 강도

· 기초~25층까지 : 60MPa(600kg/cm^2)

· 26층~45층까지 : 50MPa(500kg/cm^2)

· 45층~60층까지 : 40MPa(400kg/cm^2)

· 61층~82층까지 : 30MPa(300kg/cm^2)

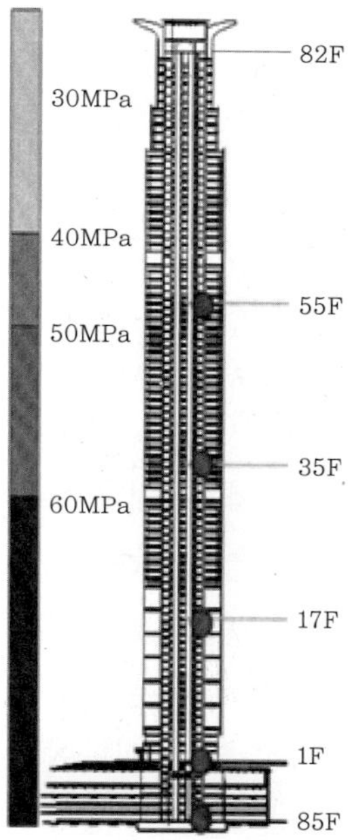

그림 8-54 82층 건축물 구조부위별 고강도콘크리트 강도 예

3) 현장작업 요구 품질(시방서 검토)

① 구조 부위별 벽 및 바닥두께 확인

② 소요강도 특별시방서 확인

③ 사용재료 시험검사

1.2 설계도면 및 내역 검토

1) 콘크리트 타설 수량 검토

전체 수량, 층별 수량, 부위별 수량, 강도별 수량 확인

(2) 부위별 콘크리트 타설 내역 검토

기초 타설/지하층 타설/저층부 타설/고층부 타설

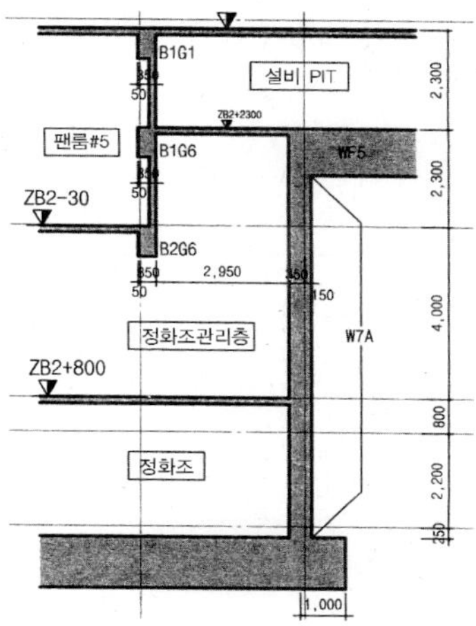

그림 8-55 사례현장 기초 및 벽체 타설부위 도면

2. 콘크리트공사 시공계획

2.1 현장타설 공정계획

1) 현장타설 준비

－콘크리트 타설 계획은 콘크리트 타설 수량과 현장 상황을 확인하고 콘크리트 타설 장비 배치와 펌프압송방식을 결정한다.

－타설 인원 투입계획은 1일 타설 작업량에 따라 투입인원을 결정하고 작업순서와 부위에 따른 인원 배치 계획을 한다.

기초와 지하층 부위는 콘크리트 타설 여건이 쉬운 편인데 반해 지상층은 고층으로 올라갈수록 타설 여건이 어렵다는 것을 반영해야 한다.

－타설 다짐용 바이브레이터와 가설전기, 양생방법 등에 따른 준비를 한다.

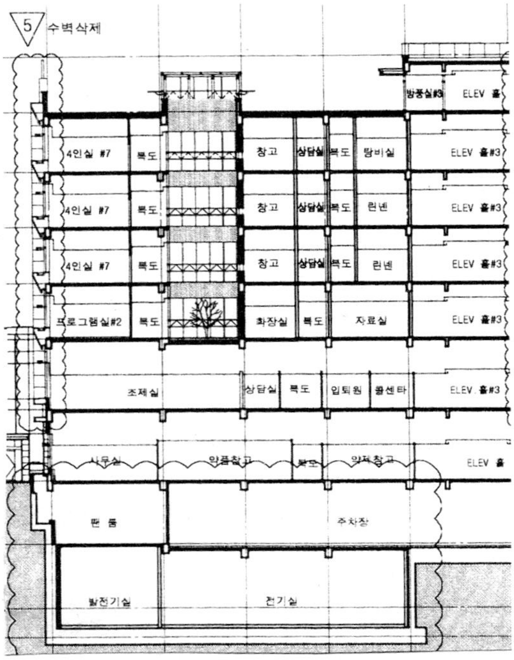

그림 8-56 사례현장 구조체 도면 검토(콘크리트 타설 계획)

2) 타설 수량 확인

－1일 총 타설량 확인

－부위별 타설량 확인

표 8-26 콘크리트 타설 부위와 타설 수량 산출 예

타설 부위	타설 수량	강도 및 슬럼프치	타설 방법
① 기초	○○○ m^3	F_c=200, SL=15cm	이동식 펌프카
② 지하층	○○○ m^3	F_c=200, SL=18cm	이동식 펌프카
③ 하부 지하층(1층~20층)	○○○ m^3	F_c=240, SL=19cm	이동식 펌프카
④ 상부 지상층(지층~30층)	○○○ m^3	F_c=300, SL=19cm	Tower crane
⑤ 옥상층	○○○ m^3	F_c=200, SL=18cm	Tower crane

3) 타설장비(펌프 차)의 계획

- 펌프차의 배치 계획은 레미콘차의 교대 동선을 원활하게 할 수 있는지 여부를 잘 파악하여 배치한다.
- 펌프차의 배치 시 고려사항은 다음과 같다.

① 레미콘차가 주행하는 방향과 현장 주변의 도로 규제 상황, 교통 상황 등의 관계가 중요하다.

② 레미콘차의 대기 등으로 인한 도로 사용 허가 관계 필요성 검토

③ 레미콘차 대기 장소 안전관리(바리케이트, 신호등)

④ 근린 이웃에 대한 소음 대책 등

4) 타설 인원 투입계획

- 콘크리트 타설 인원 투입계획은 지하층, 1층, 기준층 등의 타설 부위에 따라 다를 수 있으며, 특히 기초나 지하층 타설의 경우에는 타설량에 비해 지상의 기준층보다 인력이 상대적으로 많이 투입되지 않는다.
- 콘크리트 타설 투입 인원은 콘크리트 $1m^3$당 0.03~0.05인 정도로 여기에 1일 치기량, 치기 장소의 난이도, 치기 속도 등에 따라 인원을 조절한다.
- 타설 인원 배치계획은 크게 타설 슬래브 상부와 하부로 나누어서 계획한다. 그러나 작업자 배치는 고정되어 있는 것이 아니라 치기 순서와 크기에 따라 다르며 기준층 타설 시 투입인원 계획은 다음과 같다.

① 지상 기준층(2~15층) 타설 시 인원 투입계획

표 8-27 1일 치기량 $300m^3$ 기준 타설인원 계획

타설인원 위치	담당 역할	투입 인원		작업 내용
공통	· 작업 총괄자 · 품질시험자 · 유도원	· 작업 주임 · 시험담당 · 레미콘차 유도	1명 1명 1명	· 콘크리트 타설 전체 책임자 · 공시체, 슬럼프 시험, 염화물 시험 등 · 레미콘 장내 유도 및 청소
슬래브 위	· 치기 감독자	· 감리원	1명	· 치기계획에 의거하여 현장 총괄책임자
	· 직장(반장)	· 타설 반장	1명	· 치기 순서 지시, 슬럼프, 철근 배근 흐트러짐 교정 지시
	· 펌프타설공	· 타설 작업자	2명	· 콘크리트 타설 작업자
	· 다짐공 · 고르기공 · 청소공	· 바이브레이터 공 · 콘크리트 고르기공 · 청소 물뿌리기공	2명 4명 1명	· 바이브레터 다짐공(2인 1조) · 타설 콘크리트 고르기의 작업자 · 청소, 물뿌리기, 보양

슬래브 아래	· 두들기기 감독자 · 목수반장 · 두들김공	· 감리원 · 목공 · 작업자	1명 1명 2명	· 거푸집 이상 유무 감시자 · 레미콘 흘려 넣는 장소 파악 거푸집 변형 감시 · 레미콘 곰보 방지 두들기기
슬래브 외벽	· 목수반장 · 두들김공	· 목공 · 작업자	1명 1명	· 슬래브 타설 시는 슬래브 위를 도와줌 · 외벽 두들기기
계			20명	건설사 직원 : 3명, 감리원 : 2명 콘크리트 작업원 : 15명

② 지하층 타설 시 인원 투입계획

– 지하층 콘크리트 타설 인원 투입계획은 지상층 투입인원의 80% 정도 소요인원으로 산정하면 된다.

– 지하층은 벽체가 상대적으로 두껍고 콘크리트 타설량은 많으나 콘크리트 타설인원은 지상층 보다 적게 투입된다.

2.2 품질, 안전, 환경계획

1) 품질 관리계획

① 콘크리트 품질관리계획은 레미콘의 운반거리, 배합상태, 현장반입시 슬럼프, 구조체의 마감 및 두께, 구조체 강도 검사 등이 있다.

② 구조체 콘크리트의 마감 및 두께의 검사는 부재의 위치, 수치 및 마감, 외관, 두께 등에 있어서 실시한다.

③ 현장에 반입된 레미콘의 콘크리트 강도 검사는 호칭강도 확인을 위하여 실시하며, 구조체 강도 검사는 시험방법과 합부 판정기준에 따라 차이가 날 수 있으므로 각각 별개로 실시할 필요가 있다.

표 8-28 구조체 콘크리트의 압축강도 판정기준

강도관리재령	공시체 양생방법	판정기준
28일 강도	표준수준양생	$X \geq Fl + T$
	현장수준양생	$X \geq Fl$
28일 초과, 91일 이내의 n일	현장대기양생	$X_n \geq Fl$

다만, Fl : 콘크리트의 품질기준강고(MPa)

X : 재령 28일의 1회 시험에 있어서 3개 공시체의 압축강도 평균값(MPa)

X_n : 재령 n일의 1회 시험에 있어서 3개 공시체의 압축강도 평균값(MPa)

T : 구조체 콘크리트의 강도관리 재령을 28일로 할 경우 콘크리트의 타설일부터 28일까지의 예상평균기온에 따른 콘크리트 강도 보정값(MPa)

표 8-29 콘크리트 현장 반입 품질검사 계획

<table>
<tr><th colspan="2">항목</th><th>시험 · 검사방법</th><th>시기 및 횟수</th><th>판정기준</th></tr>
<tr><td colspan="2">① 굳지 않은 콘크리트의 상태</td><td>외관 관찰</td><td>콘크리트 타설 개시 및 타설 중 수시로 함</td><td>워커빌리티가 좋고 품질이 균질하며 안정할 것</td></tr>
<tr><td colspan="2">② 슬럼프</td><td>KS F 2402의 방법</td><td rowspan="4">압축강도 시험용 공시체 채취 시 및 타설 중에 품질변화가 안정될 때</td><td>50mm 이상 80mm 미만
: 허용오차±15mm
80mm 이상 180mm 이하
: 허용오차±25mm</td></tr>
<tr><td colspan="2">③ 공기량</td><td>KS F 2409의 방법
KS F 2421의 방법
KS F 2449의 방법</td><td>허용오차 : ±1.5%</td></tr>
<tr><td colspan="2">④ 온도</td><td>온도 측정</td><td>정해진 조건에 적합할 것</td></tr>
<tr><td colspan="2">⑤ 단위용적질량</td><td>KS F 2409의 방법</td><td>정해진 조건에 적합할 것</td></tr>
<tr><td colspan="2">⑥ 염화물이온량</td><td>KS F 4009의 방법
1의 방법</td><td>바닷모래를 사용할 경우 2회/일, 그 밖의 경우 1회/주</td><td>원칙적으로 0.3kg/m³ 이하</td></tr>
<tr><td rowspan="4">⑦ 배합</td><td>단위수량</td><td>골재의 표면수율과 단위수량의 계량치로부터 구하는 방법</td><td>내릴 때 전배치</td><td>허용치 내에 있을 것</td></tr>
<tr><td>단위시멘트량</td><td>시멘트의 계량치</td><td>내릴 때 전배치</td><td>허용치 내에 있을 것</td></tr>
<tr><td>물시멘트비</td><td>골재의 표면수율과 콘크리트 재료의 계량치로부터 구하는 방법</td><td>내릴 때 전배치</td><td>허용치 내에 있을 것</td></tr>
<tr><td>기타, 콘크리트 재료의 단위량</td><td>콘크리트 재료의 계량치</td><td>내릴 때 전배치</td><td>허용치 내에 있을 것</td></tr>
<tr><td colspan="2">⑧ 펌퍼빌리티</td><td>펌프에 걸리는 최대 압송 부하 확인</td><td>펌프압송 시</td><td>콘크리트 펌프의 최대 이론 토출압력에 대한 최대 압송 부하의 비율이 80% 이하</td></tr>
</table>

2) 안전관리계획

① 콘크리트 타설시 수반하는 근린 이웃, 보행자 등에 대한 피해방지 계획을 세운 후 타설한다.
  - 유도원 1명은 반드시 확보한다.
  - 외부 콘크리트 비산방지를 위한 보양을 한다.

② 현장반입 레미콘 차의 유도는 보행자의 통행을 우선으로 한다.

③ 레미콘 차로 인한 차도와 인도의 더러움은 신속히 청소한다.

④ 콘크리트 타설 중에 비계, 개구부 등에서 일어나는 추락방지를 위한 안전 대처를 한다.

⑤ 펌프카 운전자에 대한 타설장소에 대한 사전교육을 한다.

⑥ 거푸집 붕괴사고방지를 위한 거푸집비계 및 동바리 설치에 대한 점검을 철저히 확인하다.

3) 환경관리계획

① 콘크리트 타설 전날에 외부에 대한 콘크리트 비산 방지를 위한 보양을 한다.

② 레미콘 트럭 대기로 인한 주변 교통 혼잡에 대비해야 한다.

③ 레미콘 차와 타설 펌프카 소음 등에 대한 대비를 한다.

2.3 현장 콘크리트 치기 계획(No 1403020604-14V2)

1) 현장 콘크리트 치기 준비

콘크리트 타설계획은 타설 전 준비, 운반, 이음, 치기, 다짐, 양생 등에 대한 충분한 사전 검토와 그날의 기상, 온도 등을 고려하여 다음과 같은 타설준비 계획을 세워야 한다.

① 콘크리트 타설 총물량 파악

② 1일 타설량과 인원투입계획

③ 콘크리트 타설 작업 공정 파악

④ 타설장비 선정과 타설 방법

⑤ 콘크리트 차량 운반로 정비

2) 콘크리트 치기 순서와 구획

① 콘크리트 1일 타설량과 믹서용량, 타설속도, 투입인원 등을 감안하여 타설구획과 순서를 정한다.

② 콘크리트 이어치기 계획

③ 콘크리트 부위별 타설 구획

기초, 지하층, 1층, 기준층, 옥상층으로 구분하여 타설구획한다.

④ 콘크리트 타설 순서

기초 → 기둥 → 벽 → 계단 → 보 → 바닥판 → 패러핏

3) 지하층 콘크리트 타설 구획 사례

① 지하층 타설 평면 구획도

지하층 콘크리트 타설 구획은 A, B, C, D, E 5개의 Zone으로 나누어서 타설한 평면구획도이다.

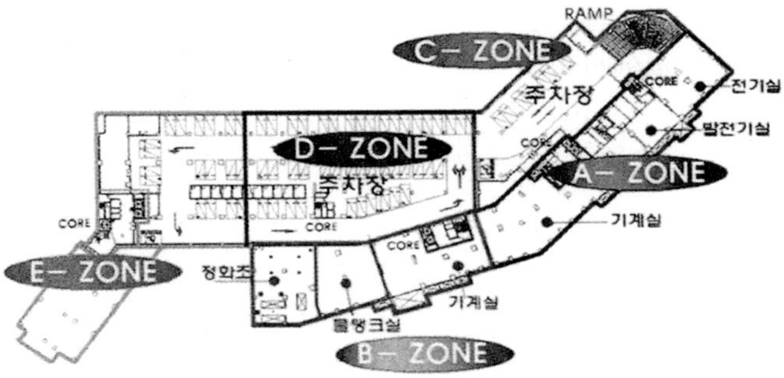

그림 8-57 지하층 콘크리트 타설 구획도 사례

② 지하층 타설 단계별 순서도

지하층 콘크리트 타설 구획을 단면도 측면에서 보면 8차에 걸쳐 구획하여 타설한 단면구획도이다.

콘크리트 타설 단계별 순서는 다음과 같다.

1차 : 버림콘크리트 타설
2차 : 기초콘크리트 타설
3차 : 단차부위 옹벽 타설
4차 : 주차장 덧살 콘크리트 타설
5차 : 주차장 바닥 콘크리트 타설
6차 : 지하1층 바닥 콘크리트 타설
7차 : 지하1층 옹벽 콘크리트 타설
8차 : 지하1층 슬래브 콘크리트 타설

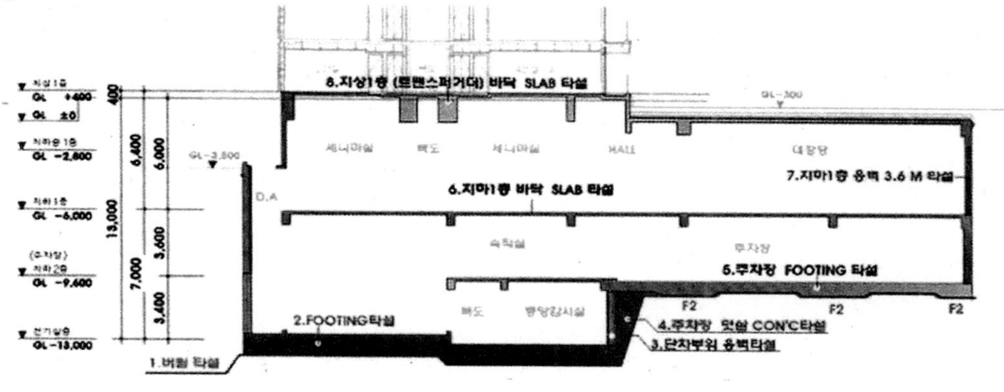

그림 8-58 지하층 콘크리트 타설 단면도 사례

2.4 콘크리트 타설 장비계획

1) 저층 타설 장비

-기초 및 지하층, 6층 이하 저층부 타설 장비는 일반적으로 이동식 펌프카의 붐대에 의한 타설로 한다.

- 저층부 이동식 펌프카 타설은 붐대가 닿지 않은 경우가 많아 이동하면서 타설이 되므로 타설장비 위치 선정이 중요하다.
- 저층부 타설은 고층부에 비해 타설양이 많고 타설 또한 쉽기 때문에 많은 타설을 할 수 있다.

2) 고층부 타설

- 6층 이상 고층부 콘크리트 타설은 1층당 타설량이 많지 않기 때문에 현장 내에 설치된 타워크레인에 의한 버켓 타설이나 압송배관에 의한 타설이 이루어진다.
- 고층부의 압송배관 타설 시에는 수직압송배관뿐만 아니라 수평압송배관 설치도 중요하며 최대한 단거리가 되도록 설치한다.

3) 타설장비 펌프 압송능력 점검

- 펌프 호퍼에 레미콘 트럭 2대를 동시에 댈 수 있는지에 따라 타설량에 큰 차이가 날 수 있다. 2대가 가능한 경우에는 $30m^3/Hr$, 1대만 가능할 경우에는 $15m^3/Hr$ 정도로 평균 타설량을 정하면 된다.
- 일반적으로 펌프카 1대당 약 $250m^3/1$일을 최대 타설량으로 계획한다.

2.5 콘크리트 이어치기 계획

콘크리트 이어붓기 구획은 콘크리트 1일 타설량과 믹서용량, 타설속도, 타설인원 등을 감안하여 1일 부어넣기, 구획 및 순서를 정한다.

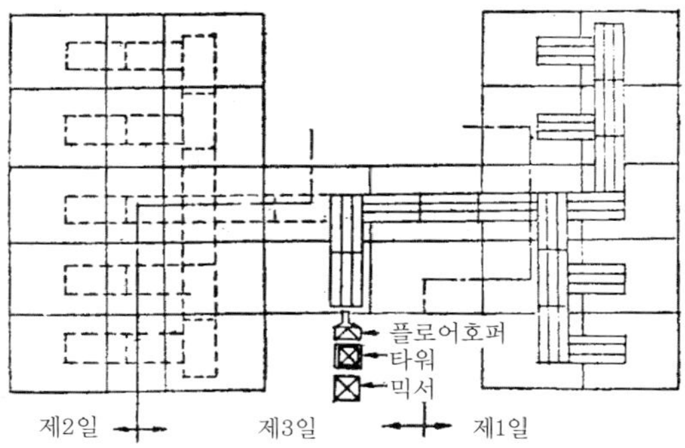

그림 8-59 콘크리트 이어붓기 계획도

1) 이어치기 구획

① 구조물의 강도에 영향이 적은 곳에 두고 시공순서에 무리가 없는 곳에 둔다.

② 이음길이도 최대한 짧게 되는 위치에서 구획한다.

③ 이어붓기 구획의 이음 위치가 부어넣기 이음(construction joint) 위치가 된다.

2) 이어치기 위치

① 이어치기 위치는 단면이 적은 곳에 두고 이어붓기면은 짧게 되게 하고 응력에 직각방

향으로 수직 · 수평이 되게 한다.

② 보 · 바닥판의 이음은 그 간사이의 중앙부에 수직으로 한다.

③ 바닥판 간사이의 중앙부에 작은보가 있을 때는 작은보 너비의 2배 정도 떨어진 곳에 둔다.

④ 기둥은 바닥판 위에서 수평으로 한다.

⑤ 벽은 문꼴이나 끊기 좋고 이음자리 막기와 떼어내기 쉬운 곳에 둔다.

⑥ 아치의 이음은 아치축에 직각으로 둔다.

⑦ 캔틸레버는 이어붓지 않는다.

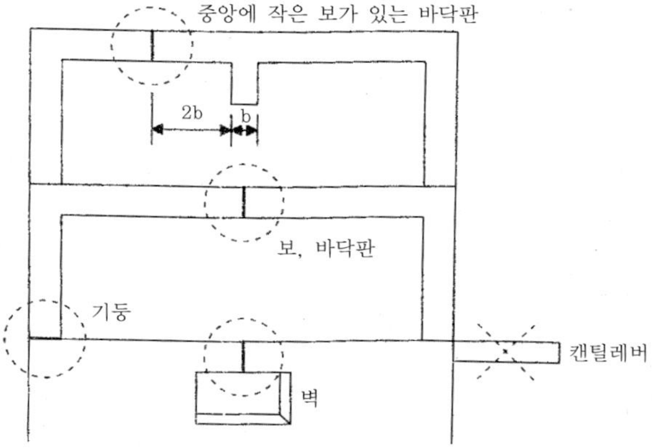

그림 8-60 각 부위별 이어치기 위치도

그림 8-61 바닥판 끊어치기 시공 사례

3) 이어붓기시 주의사항

① 전단력이 적은 곳에서 이어 붓는다.

② 이음길이는 되도록 짧게 한다.

③ 이음위치는 응력방향에 직각으로 수직 · 수평으로 둔다.

④ 시공순서에 무리가 없도록 한다.

⑤ 블라이딩, 레이턴스 등을 제거한다.

그림 8-62 이어치기 부위 콘크리트 타설

4) 이어붓기시 결함사항

① 누수우려

② 부착력 저하

③ 강도저하

④ 균열발생 증가

3. 현장 콘크리트 운반 및 품질시험계획(No 1403020608-14V2)

3.1 콘크리트 운반 시간(No 1403020605-14V2.3)

1) 레미콘 반입 소요시간

(1) 레미콘 운반시간 기준

표 8-30 운반시간의 한도

KS F 4009	콘크리트표준시방서		건축공사표준시방서		
90분(*)	기온 25℃ 초과	90분	기온	등급 1종	등급 2종
			25℃ 이상	60분	90분
	기온 25℃ 이하	120분	25℃ 미만	90분	120분

(2) 레미콘 배차부터 현장타설까지 소요시간

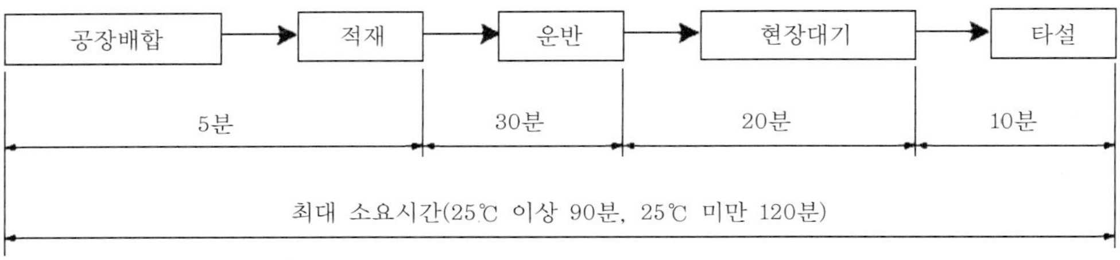

그림 8-63 레미콘 운반시간

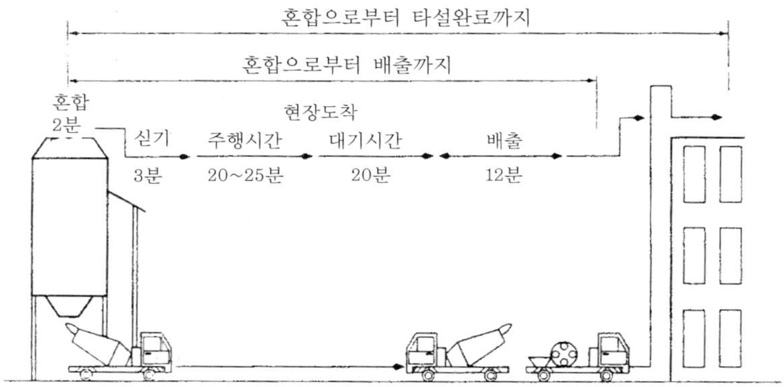

그림 8-64 레디믹스트 콘크리트의 운반거리 검토

3.2 현장 반입 레미콘 품질시험

1) slump test

① W/C비 확인과 소요 시공연도를 확인하기 위한 시험을 말한다.

② slump test의 순서는 시료를 cone에 다져 넣고→slump cone을 올린 후→slump값 측정→flow test값, 콘크리트의 온도 측정→시험결과로 판정

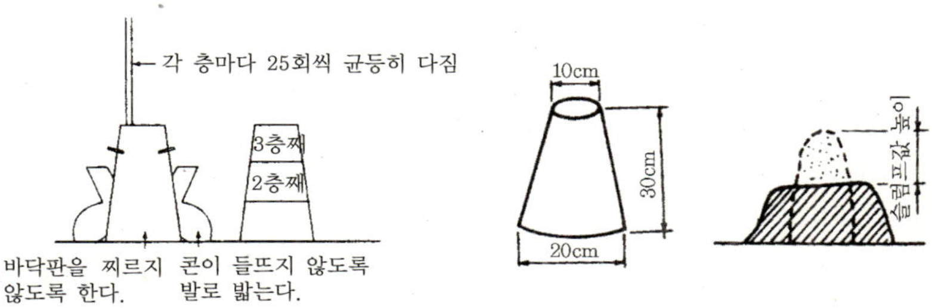

(a) slump test

(b) 현장 슬럼프 테스트 예

그림 8-65 현장 슬럼프 테스트

표 8-31 slump의 허용차 (단위 : cm)

slump	2.5	5~6.5	8~18	19 이상
slump의 허용도	±1	±1.5	±2.5	±1.5

2) 염화물량 시험

① 철근콘크리트의 염화물량 시험은 현장에서 굳지 않은 콘크리트에서 직접적인 염화물의 총량(염소이온의 중량)을 측정한다.

② 시험순서는 각 시료를 용기에 넣고→염소 이온농도 측정→측정값 계산→실험결과의 측정

③ 0.3kg/m^3를 초과하는 경우에는 콘크리트를 폐기 또는 반환한다.

3) 공시체 제작시험(압축강도 검사)

① 콘크리트의 압축강도 검사를 위한 공시체 제작은 150m^3당 3개 이상을 제작하여 1회에 3차례의 시험결과로 판정한다.

② 압축강도 순서는 공시체의 제작→공시체 양생→압축강도시험→시험결과 판정

③ 공시체의 양생은 20±3℃로 양생하며, 7일, 28일 압축강도시험을 한다.

④ 합격판정 기준

㉠ 재령 28일의 설계기준강도 이상

㉡ 재령 28일의 설계기준강도의 85% 이상이고, 재령 91일의 범위 내

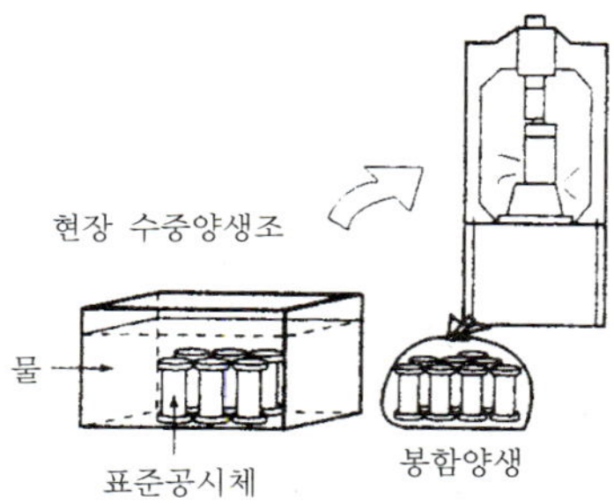

(a) 시험관리

(b) 현장 공시체 압축강도 시험 예

그림 8-66 현장 공시체 제작 시험

4) 공기량 시험

① AE제 등에 의해 콘크리트에 연행된 일정량의 공기는 동결융해 작용, 중성화, 워커빌리티에 유효하다.

② 공기량이 너무 많거나 너무 적은 것을 그냥 사용하면 강도 부족이나 내구성 문제가 야기되므로 보통 콘크리트의 표준품으로 3~5%의 범위로 한다.

표 8-32 공기량의 허용차

콘크리트 종류	허용차
보통 콘크리트	4±1.0(%)
경량 콘크리트	5±1.5(%)

그림 8-67 현장 공기량 시험 예

4. 콘크리트 치기 전 준비(점검)(No 1403020608-14V2.1)

4.1 거푸집 및 지주 점검 계획

1) 거푸집 상태 점검

① 콘크리트를 치기 전에 철근, 거푸집, 치기순서, 기타에 관해서는 시공상세도 및 철근 가공조립도에 정해진 대로 배치되었는지 확인해야 한다.

② 콘크리트를 시작하기 전에 운반 및 치기설비 등이 치기계획에 충분히 일치하는가를 확인해야 한다.

③ 콘크리트 치기 작업시 철근의 배근배치나 거푸집이 흐트러지지 않도록 해야 한다.

④ 거푸집 박리제 바르기가 잘 되었는지 확인한다.

2) 지주 동바리 점검(No 1403020608-14V2.2)

① 거푸집 지주 동바리의 수직도 점검과 수평가새 매기를 확인한다.

② 지주 동바리 종류에 따라 점검 방법을 달리한다.

③ 지주 동바리 붕괴 위험에 대한 안전대책을 점검한다.

3) 타설 부위 청소

① 콘크리트를 치기 전에 운반장치, 치기설비 및 거푸집 안을 청소하여 콘크리트 속에 잡물이 혼입되는 것을 방지해야 한다. 콘크리트가 닿았을 때 흡수할 우려가 있는 곳은 물론 습하게 해 두어야 한다.

그림 8-68 슬래브 거푸집 박리제 바르기 예

② 콘크리트 치기 전 철근배근, 배관, 거푸집 내부 등을 점검하고 청소, 물축이기를 한다.

③ 터파기 안의 물은 치기 전에 배제해야 하며, 터파기 안에 흘러들어온 물에 세로 친 콘크리트가 씻기지 않도록 적당한 조치를 강구해야 한다.

4.2 타설 장비 및 인원 점검 계획

1) 타설 장비 점검 및 배치(No 1403020608-14V2.3)

① 콘크리트 타설 장비의 위치를 사전 점검한다.

② 레미콘 트럭 운반로를 정비하며 빠지지 않도록 한다.

③ 콘크리트 펌프카는 시운전 등을 하여 사전 정비해 놓는다.

④ 콘크리트 타워 버킷 타설시에는 버킷의 사용 여부를 확인한다.

⑤ 고층부 타설시 수직펌프 압송배관의 이음부와 연결 부위를 사전점검한다.

2) 타설 인원 점검 및 배치

① 일반적으로 콘크리트 펌프카 1대로(타설속도 : $30m^3/Hr$) 약 $200m^3/1$일 정도 타설할 경우 인원은 일반적으로 다음과 같다.

② 타설 상부층 인원 배치(6명)

－펌프카 운전자 : 1명

－콘크리트 타설공 : 4명

－미장공 : 1명

③ 타설 하부층 인원 배치(3명)

－거푸집공 : 1명

－전기 · 설비공 : 1명

－청소공 : 1명

④ 레미콘 펌프카 위치(2명)

－레미콘 안내원 : 1명

－청소 인부 : 1명

(a) 현장 슬래브 타설공 예

(b) 현장 슬래브 콘크리트 수평고르기 예(4인/1팀)

그림 8-69 현장 콘크리트 타설 사례

5. 현장 콘크리트 치기, 다짐(No 1403020609-14V2)

5.1 현장 콘크리트 치기(부어넣기)(No 1403020609-14V2.1)

1) 콘크리트 부어넣기시 고려사항

① 콘크리트 치기는 원칙적으로 정해진 시공계획서에 따라 타설한다.

② 비빔장소나 플로어 호퍼(Floor hopper)에서 먼 곳부터 가까운 곳으로 타설하며 될 수 있는 한 가까이에서 수직 타설을 원칙으로 한다.

③ 콘크리트는 한 구역 내에서 수평이 되도록 하고 콘크리트 치기의 1층 높이는 다짐능력 등을 고려하여 40~50cm 이하가 되도록 한다.

④ 콘크리트를 2층 이상으로 나누어 칠 경우에는 하층이 콘크리트가 굳기 전에 상층과 하층이 일체가 되도록 타설해야 한다.

⑤ 콘크리트 치기 거푸집의 높이가 높을 경우에는 재료분리 방지를 위해 콘크리트 슈트, 펌프배관, 버킷, 호퍼 배출구와 치기면까지 높이는 1.5m 이하가 되도록 한다.

⑥ 콘크리트 치기 중 표면에 블리딩현상 발생 시에는 블리딩수를 제거한 후 콘크리트를 타설해야 한다.

⑦ 콘크리트 치기 낙하 높이는 보통 1.5m, 최대 2m 이하로 하고, 2m 이상일 때에는 플렉셔블 파이프 홈통이나 깔대기관 등을 사용하여 타설한다.

그림 8-70 현장 슬래브 콘크리트 타설 예

2) 각 부위별 부어넣기 방법

① 기둥과 벽체는 한 번에 부어넣지 말고 다지면서 보통 1시간에 2m 이하로 천천히 부어넣고 기둥의 부어넣기 속도는 2m/HR이다.

② 보는 양 끝에서부터 중앙으로 수평이 되게 부어넣는다.(1.5~1.8m 내외 간격)

그림 8-71 벽체 콘크리트 타설

③ 벽체는 기둥과 같이 높은 곳을 연속타설 시에는 재료분리가 생기지 않도록 반죽의 질기 및 타설해가는 속도를 조절해야 한다(1~1.5m/30분).

④ 보는 양단에서 중앙 부분으로 부어 넣는다.

⑤ 계단은 하단부터 상단으로 올라가면서 타설한다.

5.2 콘크리트 진동다짐 계획

1) 진동 다짐 목적

콘크리트 진동다짐의 목적은 콘크리트를 거푸집 구석구석까지 충진시키고 밀실한 콘크리트를 얻기 위한 것이다.

그림 8-72 현장 벽체 콘크리트 진동 다짐 예

2) 진동기 종류

① 내부용 봉상식 바이브레이터

콘크리트 속에 봉상형 진동기를 삽입하여 진동하는 것으로 가장 많이 사용하고 있다.

② 거푸집(hammer식) 바이브레이터

거푸집 외부에 접촉(기둥, 벽)을 통하여 진동다짐하는 진동기를 한다.

③ 표면진동기

슬래브 콘크리트 표면을 접촉(도로의 표면콘크리트)을 통하여 진동다짐하는 진동기를 한다.

그림 8-73 봉형 진동기

3) 진동다짐공법

① 진동다짐기계 사용 원칙

㉠ 콘크리트 슬럼프치 15cm 이하의 된비빔 콘크리트에 사용함을 원칙으로 한다.

㉡ 콘크리트 슬럼프치 15cm 이상의 콘크리트에 진동기 사용 시에는 재료분리 발생 우려가 있다.

㉢ 콘크리트 1회 붓기 높이는 30~60cm에 진동다짐 1회를 원칙으로 한다.

② 진동기 수

㉠ 봉상 바이브레이터는 콘크리트 작업량 $20m^2$마다 1대를 준비한다.

㉡ 진동기는 고장이 많으므로 3대에 1대꼴의 예비진동기를 준비해야 한다.

표 8-33 진동기 사용 시 진동 영향 범위

진동시간	영향범위	진동시간	영향범위
15초	20cm	60초	40cm
30초	30cm	120초	45cm

④ 진동다짐방법

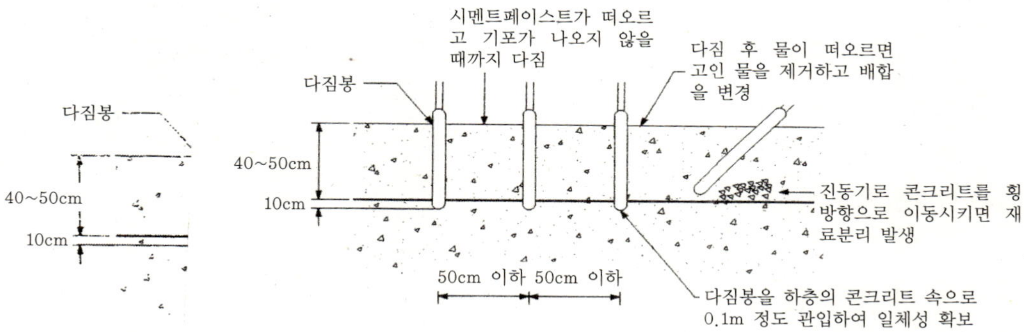

그림 8-74 진동기 사용 방법

5) 진동다짐 시 유의사항

① 봉상 바이브레이터는 가능한 한 수직으로 사용한다.

② 철근 · 철골에 직접 대지 않도록 한다.

③ 콘크리트 표면에 시멘트 페이스트가 떠오른 정도의 표준진동 시간은 30~40초이다.

④ 바이브레이터를 작용의 삽입간격은 약 60cm 정도가 좋다.

⑤ 바이브레이터를 천천히 빼어 콘크리트에 구멍을 남기지 않도록 한다.

⑥ 응결한 콘크리트에는 진동을 주어서는 안 된다.

그림 8-75 현장 슬래브 진동기 다짐 예

⑦ 개소당 진동시간은 보통 5~15초로 한다.
⑧ 내부진동기는 콘크리트로부터 천천히 빼내어 구멍이 남지 않도록 한다.

5.3 콘크리트 표면 마무리(No 1403020609-14V2.2)

1) 표면 마무리 작업 순서

① 규준대 고르기 → ② 탬핑 → ③ 흙손 고르기 → ④ 최종 흙손질

2) 콘크리트 표면의 마무리 상태 확인

① 제물치장 콘크리트의 마무리면은 기포나 얼룩이 없는 매끈한 표면을 유지하도록 하며 마무리 재료, 공법에 따라 콘크리트 표면의 마무리 상태를 정하고 담당원의 승인을 받는다.

② 콘크리트 마무리에 필요한 평탄하게 고르기는 특기시방서에 따른다. 특기시방서에 정한 바가 없을 때는 건축공사표준시방서를 따른다.

③ 콘크리트 벽체 마무리
벽체 콘크리트 타설, 양생 후 벽체 거푸집 해체 시 콘크리트 벽체에는 유로폼 플랫 타이 등을 제거하고 콘크리트 벽면 마무리를 해야 한다.

④ 콘크리트 바닥 마무리
콘크리트 슬래브는 콘크리트 타설 시 바닥면을 평평하게 고른 후 굳기 전에 나무 흙손 등으로 바탕 고름질을 하여 마무리해야 한다.

그림 8-76 현장 콘크리트 벽체 마무리 예

그림 8-77 현장 콘크리트 슬래브 표면마무리 예

표 8-34 콘크리트 마무리의 평탄하기 표준값(건축공사표준시방서, 1994)

콘크리트의 내외장 마무리	평탄하기 (mm)	참 고	
		기둥, 벽의 경우	바닥의 경우
· 마무리 두께가 7mm 이상인 경우 · 또는 바탕의 영향을 그다지 받지 않는 경우	1m당 10 이하	바름바탕 띠장바탕	바름바탕 이중마감바탕
· 마무리 두께가 7mm 미만인 경우 · 그 외 상당히 양호한 평탄함이 필요한 경우	3m당 10 이하	뿜칠바탕 타일압착바탕	타일바닥 융단깔기바탕 방수바탕
· 콘크리트가 제물치장마무리이거나 마무리 두께가 매우 얇을 때, · 그 외 양호한 표면상태가 필요한 때	3m당 7 이하	제물치장콘크리트 도장바탕 천붙임바탕	수직바름바탕 내마모마감바탕 쇠흙손마무리바탕

6. 현장 콘크리트 양생(No 1403020609-14V2.3)

※ 콘크리트 양생 방법-"제1절 철근콘크리트 공사 시공 기본 지식 이해편 참조"

6.1 콘크리트 양생 및 보양시 유의사항

1) 양생시 유의사항

① 콘크리트 시공이 끝나는 대로 굳기 정도를 살펴 바닥판 표면이 급격하게 건조되지 않도록 보호한다.

② 기온의 영향을 방지하기 위하여 거적, 포장 등으로 덮고 서열기에는 7일간(일반 : 5일간) 물을 뿌려 습윤케 하고 한랭기에는 보온해야 한다.

③ 콘크리트 시공완료 후 3일간은 그 위를 보행하거나 가설재 및 기계 공구를 쌓아두는 것을 금지해야 한다.

④ 콘크리트 재령 3일의 압축강도는 4주 압축강도의 30~40%이므로 콘크리트 자체뿐만 아니라 거푸집에서도 충격을 주거나 짐쌓기 재료의 운반 등은 절대 금해야 한다.

그림 8-78 현장 슬래브 콘크리트 표면처리 양생 "예"

2) 보양시 주의사항

① 일광의 직사, 풍우, 상설에 대해 노출면을 보호해야 한다.

② 콘크리트가 충분히 경화될 때까지 충격 및 하중을 가하지 않게 보호한다.

③ 5℃ 이상을 유지하여 경화를 도모하고 급격한 건조를 막을 수 있도록 한다.

④ 수화작용이 충분히 되도록 항상 습윤상태를 유지하도록 보호한다.

그림 8-79 콘크리트 비닐 덮개 양생 예

⑤ 거푸집의 제거기간, 방법 등에 주의하고 콘크리트에서 내밀어져 있는 철근에 진동을 주지 않게 한다.

6.2 콘크리트 양생 후 검사 보수(No 14030206010-14V2)

1) 콘크리트 표면 상태 확인(No 14030206010-14V2.1)

① 콘크리트 타설면이 외벽에 면하는 부분은 콘크리트 부분에서 누수할 우려가 있으므로 곰보 부분이나 콜드 조인트부의 보수방법을 확실히 정해 두어야 한다.

② 기둥이나 보, 내진벽과 같은 주요 구조부도 역학적인 결손이 적어도 보충 보수를 해야 한다.

③ 된비빔의 빈배합 모르타르를 손으로 밀어 넣어 끝내는 일이 있어서는 안 된다.

2) 콘크리트 균열상태 검사(No 14030206010-14V2.2)

① 기초 콘크리트 균열

부재가 두꺼운 매스 콘크리트 기초 위 부분의 수화열에 의한 균열 발생 여부를 확인한다.

② 지하 벽면 콘크리트 균열

지하 벽면 콘크리트 균열은 누수의 원인이 되므로 반드시 방수재료로 보수한다.

③ 기둥 콘크리트 균열

기둥 표면 균열은 철근부식과 강도에 영향을 주므로 즉각 보수한다.

④ 보 및 슬래브 균열

보나 슬래브는 균열 발생 시 균열 보수공법을 통해 표면을 완전히 보수한다.

3) 콘크리트 보수(No 14030206010-14V2.3)

① 콘크리트 표면의 곰보 정도 보수는 다음과 같이 한다.

표 8-35 콘크리트 표면 치수

정도	보수요령	담당
· 자갈은 보이지만 두들겨도 떨어지지 않는다. 표면적인 것(표면 곰보 상태)	① 표면을 와이어 브러시로 청소한다. ② 수지(樹脂) 넣은 시멘트페이스트를 바른다. ③ 수지 넣은 시멘트 모르타르를 손으로 세게 밀어 넣는다. ④ 쇠흙손으로 마무리한다.	콘크리트공
· 속빔으로 되지 않지만 표면뿐만 아니라 내부도 곰보로 된다. 자갈을 두들기면 떨어지는 것도 있다(곰보상태).	① 곰보 부분을 쪼아낸다. ② 위와 같은 순서로 모르타르를 보수한다.	콘크리트공
	(별도 방법) 에폭시를 주입한다.	전문업자
속빔으로 되어 있는 또는 생각되는 것	튼튼한 곳까지 쪼아내어 거푸집을 만들고 콘크리트를 친다. 또 전문업자가 주입하도록 한다.	콘크리트공 (또는 전문업자)

② 콜드 조인트의 보수는 다음과 같이 한다.

표 8-36 콜드 조인트 부위 보수

정도	보수요령	담당
· 색 차이는 나지만 끊어지지 않는 것	고치지 않는다.	콘크리트공
· 심한 콜드 조인트	U컷 탄성 실링 충전(전문업자)	콘크리트공

제3절 콘크리트공사 시공계획 NCS 적용 "사례현장" 실무

1. 사례 1 : ○○ 종합의료 복합단지 콘크리트 공사

1.1 사례현장 공사 개요

<table>
<tr><th>구 분</th><th colspan="3">내 용</th></tr>
<tr><td>1. 공사명</td><td colspan="3">○○ 종합의료 복합단지 신축공사</td></tr>
<tr><td>2. 공사위치</td><td colspan="3">서울시 ○○구 ○○동 ○○번지</td></tr>
<tr><td>3. 공종명</td><td colspan="3">콘크리트 타설공사(시공계획서)</td></tr>
<tr><td>4. 공사 내용</td><td colspan="3">1) 콘크리트 강도 및 수량
· 25~24MPa-15 : 27,110m³ : 본관 건물(지하 3~12층)
· 25~21MPa-12 : 79m³ : 기타 건물
· 25~18MPa-12 : 4,175m³ : 기타 건물
· 25~18MPa-8 : 608m³ : 기타 건물
2) 콘크리트 타설 방법
· 이동식 펌프카 : 지하층
· 고정식 포타블 펌프카 : 지상층</td></tr>
<tr><td>5. 공사기간</td><td>2013. 12~2015. 2</td><td>6. 시공업체</td><td>○○건설</td></tr>
</table>

1.2 사례현장 도로 및 장비계획

1) 가설도로(콘크리트 운반로)

콘크리트 차량이 빠지지 않도록 운반로를 확인한다.

2) 타설장비 배치계획

① 펌프카 위치 선정

② 압송배관 고정과 레미콘트럭 대기 장소 확보

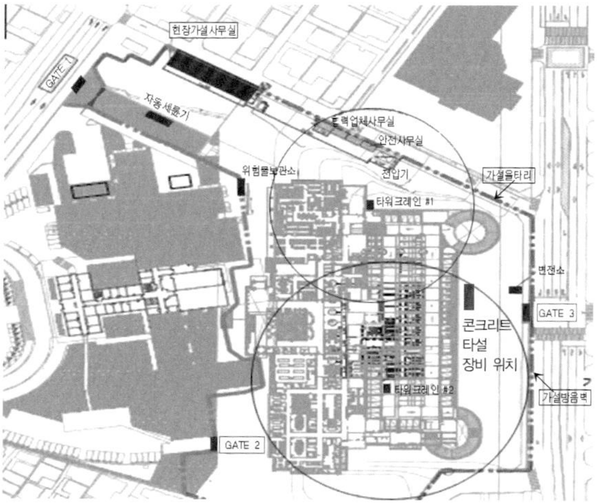

그림 8-80 사례현장 콘크리트 타설 장비 위치

1.3 사례현장 콘크리트 시공계획

1) 콘크리트 타설 Flow

① 버림 콘크리트	→	② 기초(Mat) 콘크리트	→	③ 벽체 콘크리트	→	④ 보 및 슬래브 콘크리트

2) 콘크리트 타설 전 준비 점검

(1) 준비 검사

① 타설 시공계획 승인 내용과 일치 여부 검사

② 철근 배근 상태, 매립 부품 등의 검사

③ 거푸집 내부 청소 상태와 물축을 확인

④ 거푸집 및 동바리 시공상태 검사

(2) 이어치기면의 처리

① 이어치기 구획과 위치 검사

② 이어치기면의 청소와 접착면 상태 확인

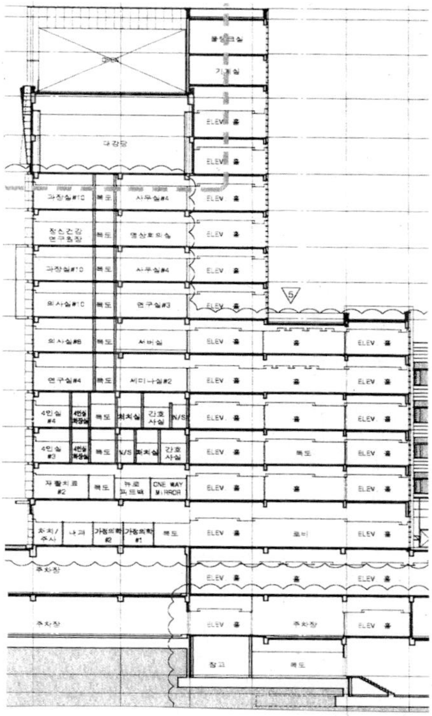

그림 8-81 사례현장 전체 구조체 도면과 콘크리트 타설계획

3) 콘크리트 타설 계획

(1) 콘크리트 타설 수량

① 전체 타설량 : 27,000m^3

② 1일 최대 타설량 : 기초/지하층/지상층별

③ 펌프카 2대

(2) 콘크리트 층별 타설 수량

층	기초	지하층	1층	2층~5층	6층~12층	PH층	계
콘크리트량(m^3)	5,385	9,576	2,358	6,548	2,806	428	27,101

(3) 콘크리트 타설 구획

－콘크리트 타설 구획은 기초, 지하층, 지상층으로 구분하여 구획한다.

① 기초 콘크리트 타설 구획

㉠ 기초 콘크리트 기계, 전기실을 먼저 타설한 후 기초콘크리트를 타설하며, 그 구획 순서는 다음과 같다.

㉡ 타설구획 순서 : A(기계 · 전기실) → B → C

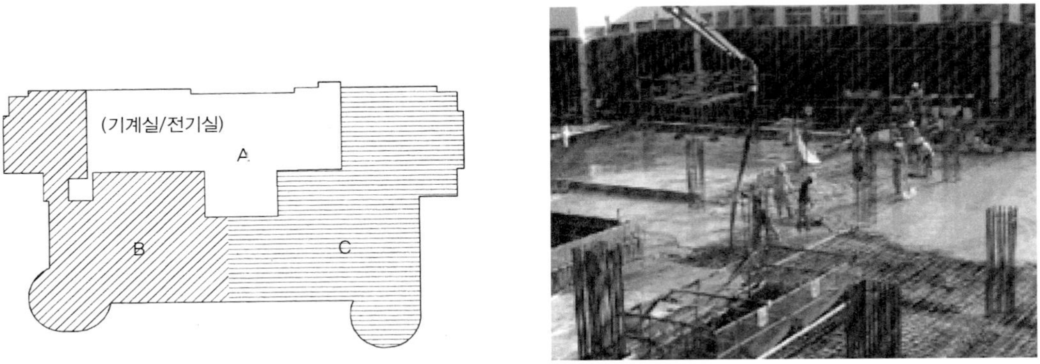

(a) 사례현장 기초 타설 순서도

(b) 사례현장 기초 콘크리트 타설 현장

그림 8-82 사례현장 기초 콘크리트 타설 구획도

② 지하층 타설 구획

㉠ 지하층 콘크리트는 3개 구역으로 구분하여 바깥쪽부터 타설하여 안쪽을 마지막에 타설한다.

㉡ 전체 타설구획 순서 : A → C → B

㉢ 부분 타설구획 순서 : A → D → C → B

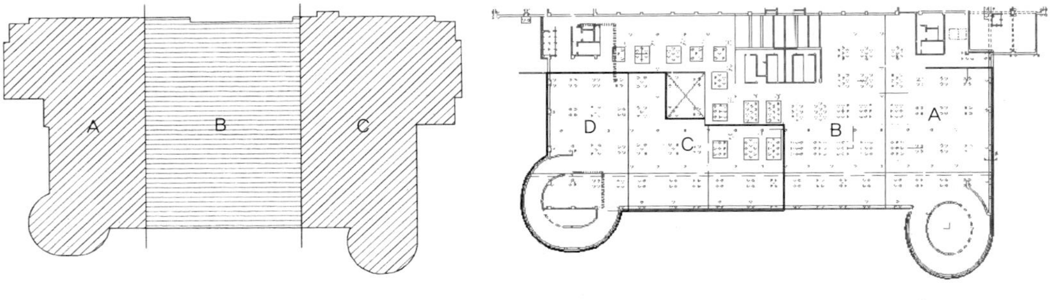

(a) 사례현장 지하 1~2층 타설 순서도

(b) 사례현장 지하층 콘크리트 타설 구획도

그림 8-83 사례현장 지하층 콘크리트 타설 구획도

③ 지상층 타설 구획

㉠ 지상층 콘크리트 타설 구획은 2개 구역으로 구분하여 먼 곳부터 타설하여 가까운 쪽을 마지막에 타설한다.

㉡ 타설구획 순서 : A → B

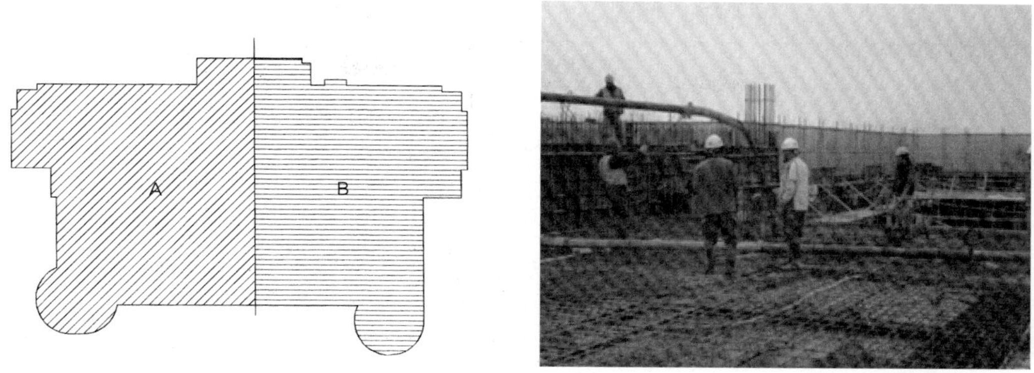

(a) 사례현장 지상 1~5층 타설 구획도

(b) 사례현장 지상층 콘크리트 타설 현장

그림 8-84 사례현장 지상층 콘크리트 타설 구획도

④ 기준층(6~12층) 타설 구획

 - 기준층 타설 구획은 양쪽 측면에서부터 중앙 부분으로 타설한다.

 - A → B → C

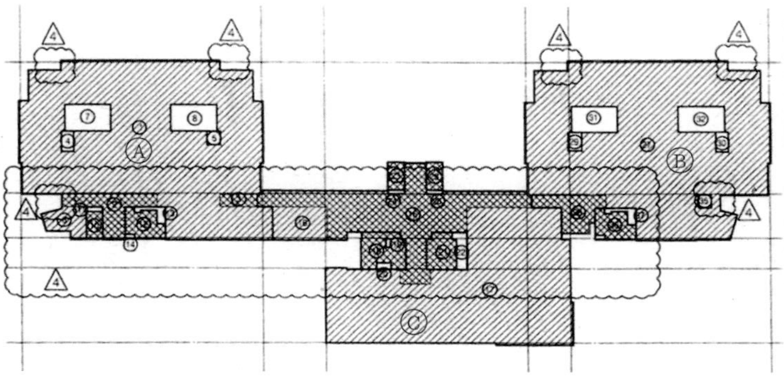

그림 8-85 사례현장 기준층(6~12층) 타설 구획도

(4) 타설 인원 계획

① 기초 타설시 : 기준층의 80% 정도

② 지하층 타설시 : 기준층의 80% 정도

③ 기준층 타설시(6~12층) 인원 계획

표 8-37 기준층(6~12층) 인원 투입 계획

구분	담당	투입인원
1) 공통	· 작업 주임 · 안내	1명 1명
2) 슬래브 위	· 펌프 압송 · 타설 팀	1명 5명
3) 슬래브 아래	· 거푸집공 · 전기, 설비공 · 청소	1명 1명 1명

※ 타설인원은 콘크리트 $1m^3$당 0.03~0.05인 정도

(5) 부어넣기 및 다지기

① 기초

㉠ 기초 콘크리트는 한 곳에 집중해서 타설해서는 안 된다.

㉡ 기초 콘크리트는 수평으로 여러 번 돌아가면서 타설한다.

② 기둥

㉠ 기둥 콘크리트 타설은 한 번에 집중해서 타설해서는 안 된다.

㉡ 기둥 콘크리트는 재료분리가 생기지 않도록 타설한다.

③ 벽체

㉠ 벽체 콘크리트는 1회에 높지 않게 타설하여 거푸집 변형이 발생하지 않도록 한다.

㉡ 벽체 콘크리트는 재료분리와 콜드 조인트가 생기지 않도록 타설한다.

④ 보 및 슬래브

㉠ 보는 일반적으로 그 밑바닥에서 윗면까지 한 번에 부어 넣는다.

㉡ 슬래브 콘크리트는 콜드 조인트가 발생하지 않도록 타설한다.

그림 8-86 사례현장 지상층 수직 콘크리트 펌프카 타설

그림 8-87 사례현장 지상층 슬래브 콘크리트 배관 타설

⑤ 진동, 다짐

㉠ 진동기는 콘크리트 속에 10cm 이상 삽입하고 1개소 사용시간은 15초 정도로 한다.

㉡ 진동기를 인발할 때에는 천천히 뽑아 콘크리트에 구멍이 남지 않도록 한다.

(6) 시공 조인트 설치

콘크리트 타설시 수평, 수직 조인트에는 지수판을 설치한다.

(a) 사례현장 기초 바닥판 지수판 (b) 사례현장 벽체용 지수판

그림 8-88 현장 지수판 시공 사례

1.4 콘크리트 타설 시 안전관리 사항

① 펌프카 세팅시 아웃트리거는 최대로 설치하고 하부에는 받침목을 설치한다.

② 펌프카 연결호스는 4m를 초과하지 않도록 한다.

③ 콘크리트 타설 장비의 가설전기 연결용 전선, 바이브레이터 등의 절연피복 상태를 확인한다.

④ 콘크리트 타설시는 한 곳에 집중하중이 걸리지 않도록 타설한다.

⑤ 레미콘 진출입시 유도신호수를 반드시 배치한다.

2. 사례 2 : 한중콘크리트 타설과 특별 양생

2.1 사례현장 공사 개요

구 분	공 사 내 용
1. 공사명	의정부 드림밸리 아파트 신축공사
2. 공사위치	경기도 의정부시 금오 택지개발지구
3. 공사 규모	· 연면적 : 47,409m^2, 지하 1층~지상 22층 · APT 12개동, 927세대, 주차장, 관리동 · 기준층 1개층 콘크리트량 : 210m^3 · 한중콘크리트 타설과 특별양생
5. 공사기간	2000. 7. 3~2001. 1. 30
6. 시공업체	ㅇㅇ건설

1) 한중콘크리트 특별 양생 개요

국내 현장 사례는 경기도 의정부시에 위치한 현장으로 현장 콘크리트 타설 시 온도는 4℃ 전후로써 겨울에는 가능한 콘크리트를 타설하지 않는 것이 바람직하지만 공기상 부득이 하여 한중콘크리트를 타설해야 하는 경우로 특별한 보온조치를 하여 한중콘크리트 특별 양생을 실시한 후 타설한 현장 사례이다.

2) 현장 타설 부위와 일시

타설 현장	의정부 ㅇㅇ아파트 현장	타설 부위	109동 11층 벽 및 바닥
타설 일자	2001년 12월 31일	타설 시간	09 : 00~16 : 00
타설 시 기온	최저 -8℃~최고 4℃(평균온도 : 7℃), 타설물량 : 230m^3		

3) 한중콘크리트 특별 보양(양생)계획

(1) 한중타설 외부 보양 현황(a)

(2) 한중타설 외부 보양 사례(b)

4) 거푸집 존치실험 현장 압축공시체 배치 현황

(1) 거푸집 존치실험 현장 압축공시체 배치 위치

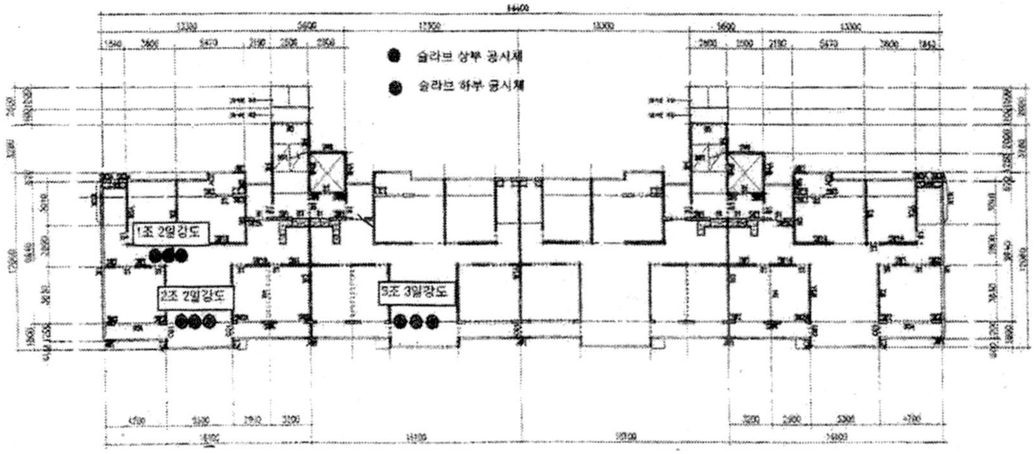

(2) 거푸집 존치실험 현장공시체 1일, 2일, 3일 양생 공시체 현황

(a) 1조 2일 강도

(b) 2조 2일 강도

(c) 3조 3일 강도

2.2 한중콘크리트 특별 양생 및 보양방법

(1) 타설 층 양생 난방기구 배치도 현황

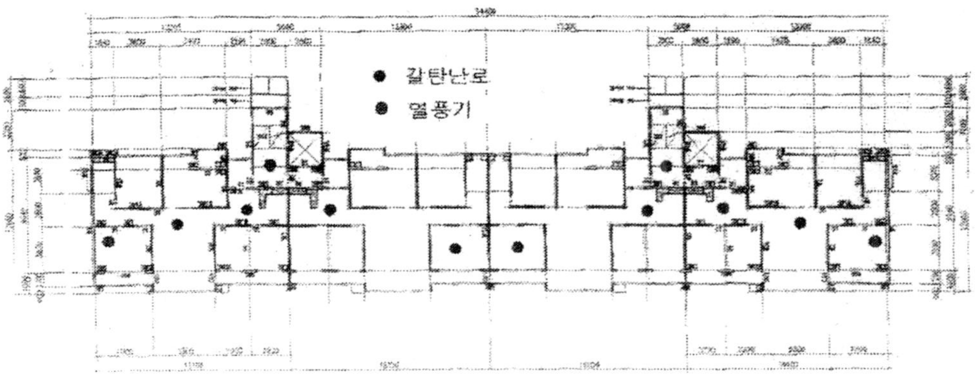

(2) 타설 하부층 양생 난방기구 배치도 현황

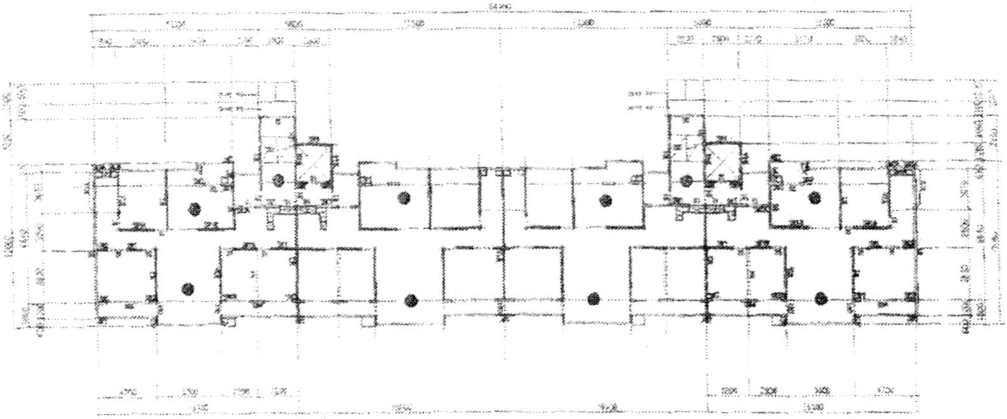

(a) 갈탄난로 양생

(b) 열풍기 양생

(3) 자기온도계 및 일반온도계 설치 위치(타설 층)

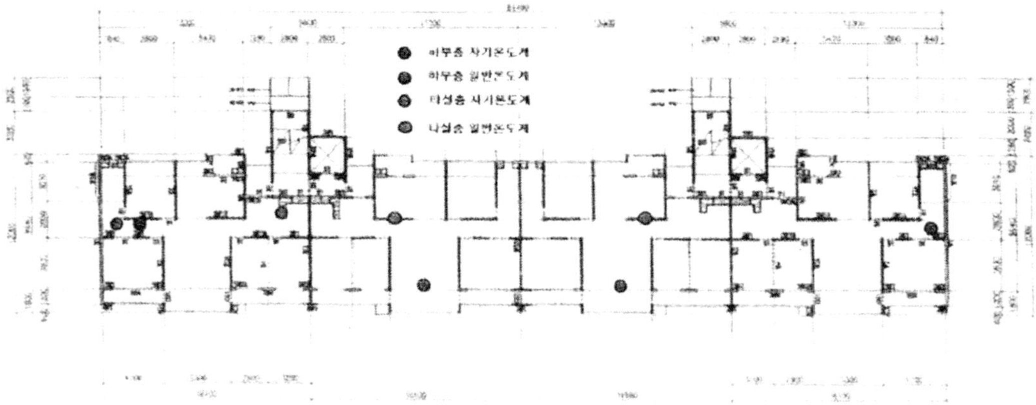

(5) 한중콘크리트 양생 시간별 온도변화 체크리스트 현황

표 8-38 한중콘크리트 시간대별 양생온도 현황

점검일시		열풍기	갈탄나로	보온 내부온도(℃)		외부온도(℃)	
일자	시간	(가동대수)	(가동대수)	중앙부	구석부	최고	최저
타설시간~ 1일차	16 : 00	2대	20기	8.2	7.8	4	2
	19 : 00	〃	〃	8.2	7.8	2	−2
	22 : 00	〃	〃	8.2	7.8	−2	−4
	04 : 00	〃	〃	8.2	7.8	−4	−8
1일차~ 2일차	08 : 00	〃	〃	6.5	6.0	−8	−10
	11 : 00	〃	〃	8.5	8.0	−2	−8
	16 : 00	〃	〃	8.0	7.5	0	0
	22 : 00	〃	〃	5.5	5.1	−2	−4
	04 : 00	〃	〃	5.0	4.6	−4	−8
2일차~ 3일차	08 : 00	〃	〃	6.5	5.9	−8	−11
	11 : 00	〃	〃	5.5	5.0	−1	−4
	16 : 00	〃	〃	7.8	7.3	0	−7
	22 : 00	〃	〃	4.0	3.8	−7	−8
	04 : 00	〃	〃	2.5	2.0	−8	−10

2.3 한중콘크리트 특별 양생 강도시험 결과

1) 한중콘크리트 특별 양생 압축 공시체 실험 결과

표 8-39 거푸집 존치실험 한중콘크리트 특별 양생 공시체 압축강도 시험 결과표

	강도 (kg/cm^2)	평균강도 (kg/cm^2)		강도 (kg/cm^2)	평균강도 (kg/cm^2)		강도 (kg/cm^2)	평균강도 (kg/cm^2)
1일차		양생되지 않은 실험불가	2일차	40.2	43	3일차	84	96.3
				42			87	
				35.6			96	
				45.8			102	
				50.9			100.5	
				43.2			92	

2) 한중콘크리트 특별 양생 강도시험 결과

한중콘크리트 특별 양생시험 결과 콘크리트 양생 평균온도는 7~8℃로 평균양생(10℃)온도보다 낮았으며, 타설 부위에 존치했던 1일차 압축공시체는 양생되지 않아 시험이 불가했으며, 2일차 공시체는 4.3MPa, 3일차 공시체는 9.6MPa로 한중콘크리트 특별 양생의 경우에도 초기강도 5MPa를 얻기 위해서는 10℃ 이상 양생온도에서 최소 3일 이상(72시간)은 양생한 후에 거푸집을 해체해야 하는 것으로 나타났다.

9 Chapter

철골공사

제1절 철골공사 시공 기본 지식 이해

제2절 철골공사(강구조) 시공 NCS 적용 "사례현장" 실무 이해

제1절 철골공사 시공 기본 지식 이해

1. 공사 개요

철골공사는 일반적으로 공장제작 작업과 현장세우기 작업으로 나눌 수 있다. 공장제작은 설계 단계에서 제시된 부재의 성능과 재질, 치수, 형상 등의 재료들을 면밀히 검토하여 생산계획을 수립해야 하며, 현장반입과 조립기간을 고려한 납품, 계획 등을 확인한 후 제작해야 한다.

현장 세우기 작업은 현장여건에 맞는 공사계획과 자재반입 및 적치계획, 양중계획 등을 고려하여 공정계획에 맞는 현장 조립계획을 세워야 한다.

그림 9-1 철골공사 조립 현장 예

2. 철골 재료 종류

2.1 철골 재료의 분류

1) 재료 성분에 따른 분류

① 순철 : 탄소함유량이 0.02% 미만, 불순물이 적은 철을 말한다.

② 선철 : 탄소함유량이 2.5~4.5%, 철광석을 제련하여 맨 처음 얻어지는 철을 말한다.
③ 강철 : 탄소함유량이 0.02~2.0%, 선철을 정련한 강철을 말한다.

2) 재료 용도에 따른 분류

① 일반강 : 일반 구조용강으로 C(0.1~0.9%) 이외에 소량의 Si, Mn, P, S 등을 함유한 강재를 말한다.
② 특수강 : 공구강, 기계 구조용강, 특수용도강으로 함유 원소(Cr, Ni, Mo, W) 등을 첨가시킨 강(합금강)을 말한다.

3) 규격품과 제작품

① 강재는 규격품(Rolled Beam)과 제작품(Built-up)으로 나눌 수 있다.
② Built-up 부재는 설계도서의 사양에 따라 특별히 공장에서 조립되어 제작되는 제품을 말한다.
③ 규격품에서도 시장이 적고 반주문적인 생산도 있어 특별히 제조사에 주문제작하지 않으면 안 되는 제품도 있다.

2.2 강재의 종류

1) 형상에 따른 분류

① 형강(形鋼) : 등변형강, 부등변형강, ㄷ형강, I형강, H형강, T형강, Z형강
② 강판(鋼板) : 박강판(두께 3mm 이하의 강판, 얇은 강판이라고도 함), 중강판(두께 3mm 초과 6mm 이하의 강판), 후강판(두께 6mm 이상의 강판, 두꺼운 강판이라고도 함)
③ 봉강(棒鋼) : 원형강, 반원형강, 각강, 6각강, 8각강
④ 평강(平鋼) 및 강관(鋼管)
⑤ 경량형강(輕量形鋼) : 경ㄷ형강, 경Z형강, 경ㄱ형강, 경C형강

2) 강재 단면형상과 표시방법

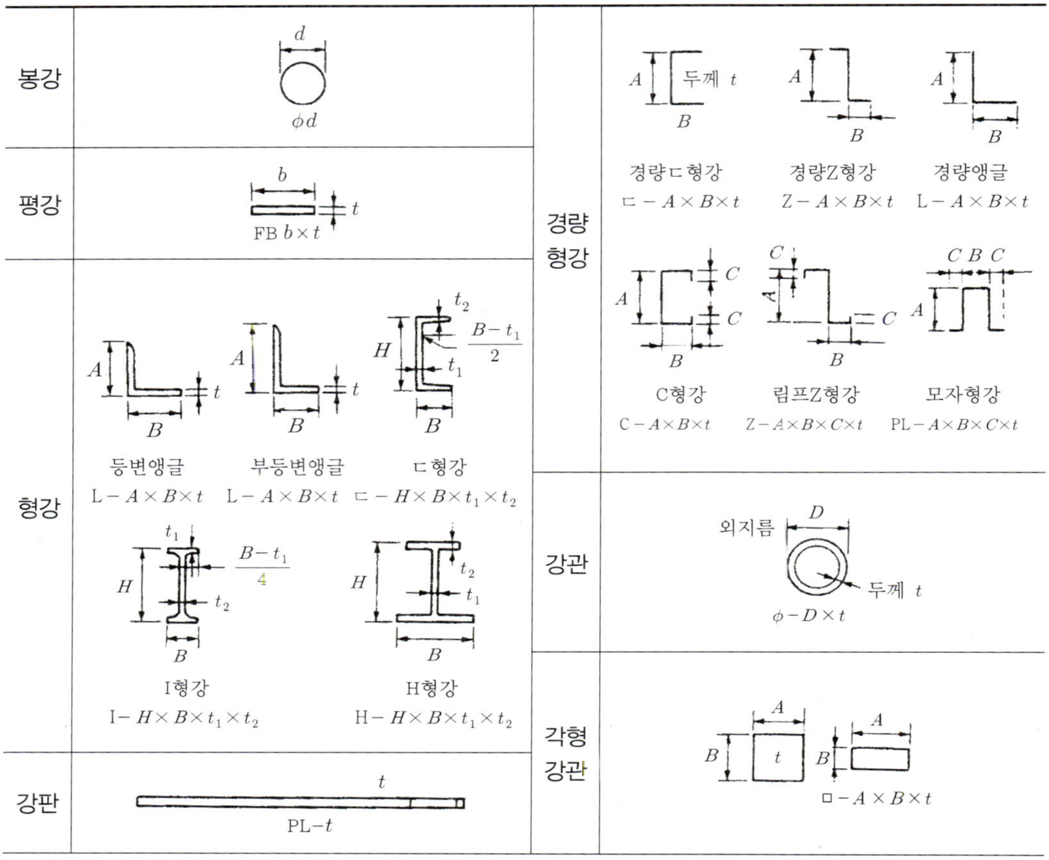

그림 9-2 강재 단면형상과 표시방법

I 형강류　　　찬넬 및 앵글류　　　강판류

그림 9-3 형상에 따른 강재 종류

3) 강재의 종류와 규격

표 9-1 구조용 강재의 종류와 규격

분류	종류	특징	용도
일반구조용 압연강재 (KS D 3503) (KS D 3502)	SS400	가장 많이 쓰임. 통상적으로 두께 25mm 이하는 용접성에 염려 없음	보, 기둥
	SS490	용접에 분리하여 순수 Bolt Pastner 형식에 사용됨	보, 기둥
	SS540	특정 구조물에 사용됨	철탑용
용접구조용 압연강재 (KS D 3515) (KS D 3508)	SM400A, B, C	SS강재에 비해 용접성이 우수함 통상적으로 두께 50mm까지 용접성 보증	400MPa급 용접접합의 경우
	SM490A, B, C	일반적으로 많이 쓰임 통상적으로 32mm 이상 용접 시 예열 요구	보, 기둥
건축구조용 열간압연 H형강 (KS D 3866)	SHN490 SHN520 SHN570	SN강재 준하는 내진성, 용접성, 소성변형 능력이 발휘되는 압연 H형강	내진성능이 요구되는 보나 기둥

– 구조용 강재의 종류와 규격표시는 다음과 같다.

SM 490 A – 충격 흡수에너지 시험값

490 – 인장강도(N/mm^2)

SM – 강재의 종류(SS : 일반구조용, SM : 용접구조용)

4) 철골재의 중량

철골재의 중량은 한국산업규격품(KS품)인 경우에는 한국산업규격(KS)에 의한 강재제원표에 의하여 산출하고, 한국산업규격품이 아닌 경우에는 생산자의 카탈로그(Catalogue)에 의하여 산출하거나 다음과 같은 강재중량 산출식으로 산출한다.

① 형강의 중량(kg) = 단면적(mm^2) × 길이(m) × 0.00785

② 원형강의 중량(kg) = [직경(mm)]^2 × 길이(m) × 0.00617

③ 각강의 중량(kg) = [1변(mm)]^2 × 길이(m) × 0.00785

④ 판류의 중량(kg) = [폭 × 길이](m)^2 × 두께(mm) × 7.85

판류 $1m^2$의 중량(kg) = [판두께(mm)] × 7.85

2.3 철골구조 각 부재의 명칭

철골구조 각 부재의 대부분은 외래어 명칭을 사용하여 설계도에 표기하는 경우가 많으며, 그것이 일반화되어 있다. 철골조 각 부재의 명칭을 예시하면 다음과 같다.

표 9-2 철골조 각 부재의 명칭

① 앵커볼트	Anchor bolt(A · B)	⑫ 필러플레이트	Filler plate(Fill · PL)
② 베이스플레이트	Base plate(B · PL)	⑬ 스티프너앵글	Stiffener angle(Sti-L)
③ 사이드앵글	Side angle(S · L)	⑭ 보 플랜지앵글	Flange angle(Fla-L)
④ 윙플레이트	Wing plate(W · PL)	⑮ 기둥 플랜지앵글	Flange angle(Fla-L)
⑤ 그리프앵글	Clip angle(C · L)	⑯ 기둥 플랜지플레이트	Flange plate(F · PL)
⑥ 웨브플레이트	Web plate(W · PL)	⑰ 기둥 웨브플레이트	Web plate(W · PL)
⑦ 래티스	Lattice(Lat)	⑱ 보 플랜지플레이트	Flange plate(F · PL)
⑧ 보 웨브플레이트	Web plate(W · PL)	⑲ 보 웨브플레이트	Web plate(W · PL)
⑨ 스플라이스플레이트 (플랜지, 웨브)	Splice plate(S · PL)	⑳ 고력볼트	Hightension bolt (H · T · B)
⑩ 거싯플레이트	Gusset plate(G · PL)	㉑ 큰보	Girder(G)
⑪ 타이플레이트	Tie plate(T · PL)	㉒ 작은보	Beam(B)

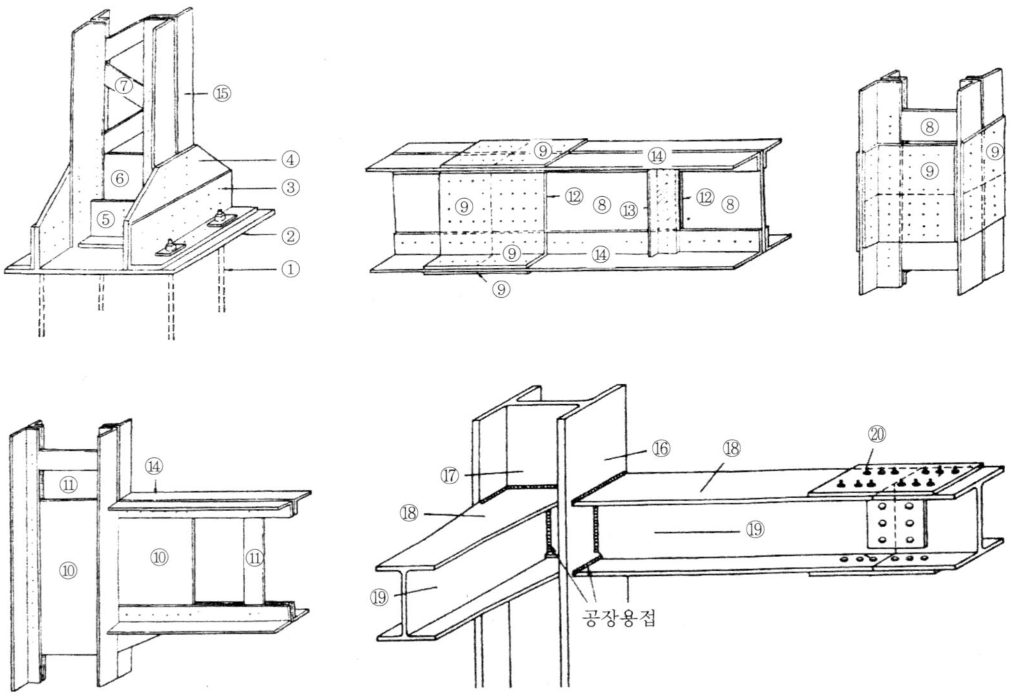

그림 9-4 철골조 각 부재의 명칭과 위치

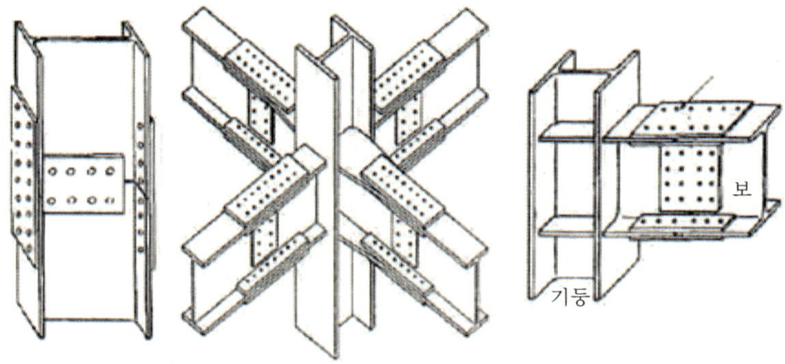

그림 9-5 H형강관 기둥과 보의 접합 형태

(a) 철골기둥의 기초 앵커볼트 시공

(b) 기둥과 보의 강접합 시공

그림 9-6 철골 기초 앵커와 기둥 · 보의 부재 접합 사례

3. 철골공사 계획 Flow

1) 개요

- 철골공사의 시공계획은 공장제작 작업과 현장세우기 작업의 과정으로 나누어 공정계획을 세워야 한다.
- 공장제작 작업은 설계도서 준비, 재료 확보, 원척도 작성, 제작 가공, 부분 조립, 변형 수정, 도장, 기호표시, 포장, 반출 등의 작업계획으로 이루어진다.

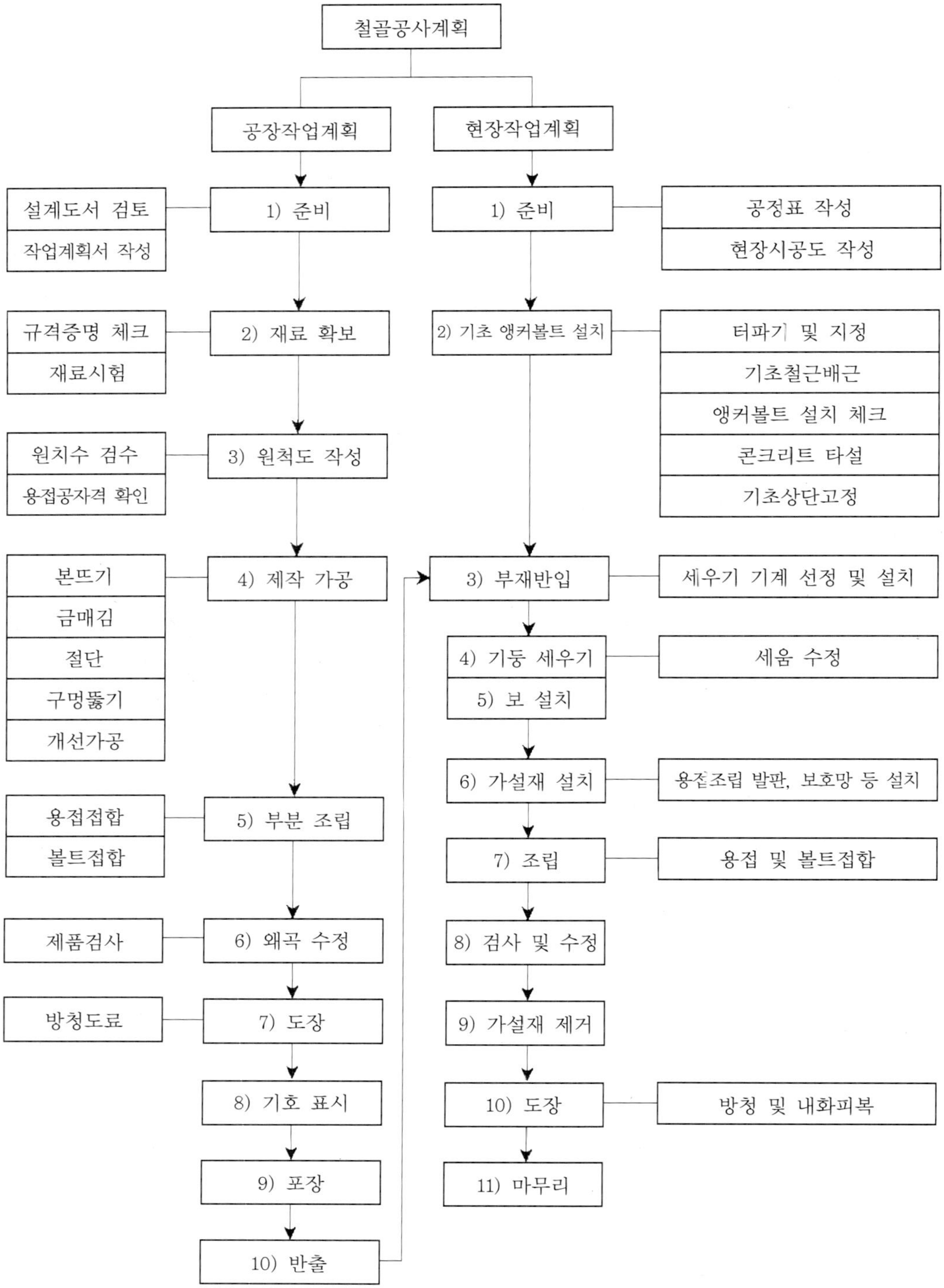

그림 9-7 철골공사 계획 Flow

－현장세우기 작업은 현장 준비, 기초앵커볼트 설치, 부재 반입, 기둥세우기 및 보설치, 가설비계설치, 현장조립, 검사 및 수정, 가설재 제거, 도장 등의 작업계획으로 이루어진다.

2) 공장제작과 현장조립 공정 순서

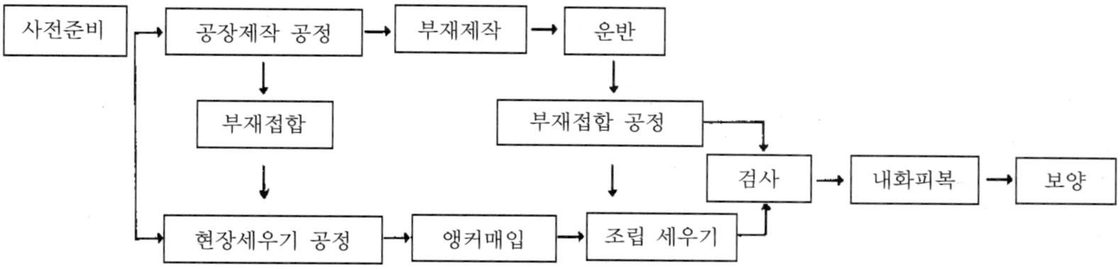

3.1 공장제작 계획

① 원척도 → ② 본뜨기 → ③ 변형 바로잡기 → ④ 금긋기 → ⑤ 절단 →
⑥ 구멍뚫기 → ⑦ 가조립 → ⑧ 본조립 → ⑨ 검사 → ⑩ 녹막이

"제2절, 4.2 공장제작 공정계획 내용 참조"

3.2 현장세우기 공정계획

현장세우기 공정계획은 현장사전조사와 기초 주각부 앵커볼트 매입, 기준층 공정 및 현장세우기 순서에 따라 공정계획을 세워야 한다.

1) 현장세우기 공정계획

① 기초 anchor bolt 매입
② 조립기계의 선정 및 배치
　㉠ 건물의 규모, 형상, 철골 총 중량
　㉡ 크레인 위치 선정
③ 고소 양중계획
　㉠ 수직양중, ㉡ 수평양중
④ 안전관리계획
　㉠ 철골 운반시 안전, ㉡ 기둥, 보, 건립시 안전
　㉢ 추락, 낙하, 비래

그림 9-8 철골공사 현장세우기 작업 예

⑤ 품질관리계획

㉠ 세우기 조립 품질검사

㉡ 접합부 품질검사

2) 현장세우기 순서

① 사전준비 → ② 앵커볼트 매입 → ③ 주각부 모르타르 시공

④ 세우기 → ⑤ 본조립 → ⑥ 검사 → ⑦ 도장

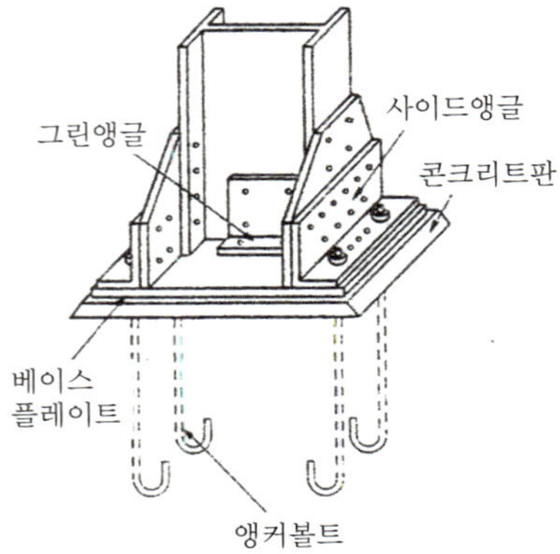

그림 9-9 기초 앵커볼트 매입 설치

3) 현장사전 조사

① 도면과 시방서 등 설계도서의 검토

② 자재반입 및 적치장소, 교통상황 등 현장여건

③ 자재의 양중장비 선정과 배치

④ 재해방지와 공해대책

⑤ 전체 공사내용 파악

그림 9-10 기초 주각부 앵커볼트 시공 예

4) 현장기초 주각부 고정

① 기초 anchor bolt 매입 계획

㉠ 기초 anchor bolt의 위치, 고정을 위한 계획을 세워야 한다.

㉡ 앵커볼트 매입방식에는 고정매입, 가동매입, 나중매입공법이 있다.

② 주각 모르타르 바름

–기초 주각부 Base plate 수평 고정을 위한 바름계획을 세워야 한다.

5) 기준층(1개 층) 조립 공정 계획

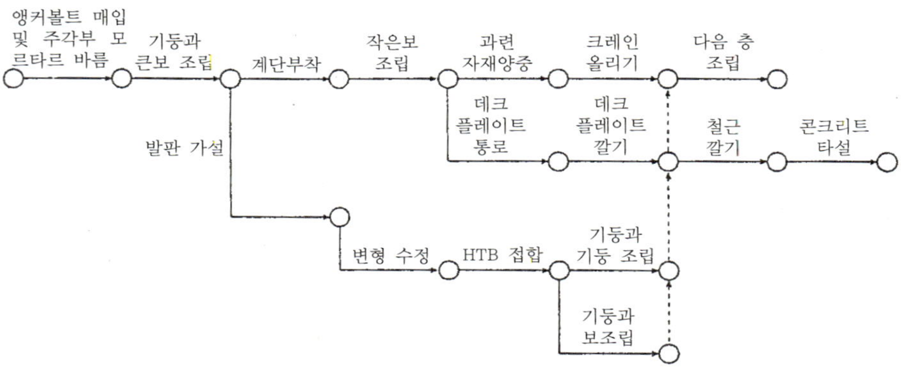

그림 9-11 기준층(1개 층) 철골 조립 공정표

3.3 공장제작 및 현장조립 시 품질계획

1) 공장제작 시 품질관리 계획

(1) 공장제작 시 품질관리 검사 항목

표 9-3 철골 공장제작 시 품질관리 항목(1)

항목	도시	건축공사표준시방서		
		관리허용차	한계허용차	측정기기
1. GAS 절단면의 거칠기	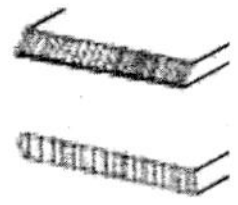	(개선면) 200S (노출면) 100S	(개선면) 200S (노출면) 100S	육안판단
2. 절단면의 직각도	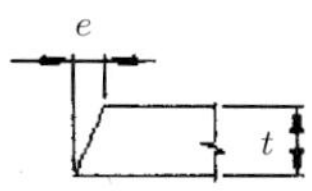	$t \leq 20$인 경우 $e \leq 1$ $t > 20$인 경우 $e < t/20$	$t \leq 20$인 경우 $e \leq 2$ $t > 20$인 경우 $e < t/20$	직각자 틈새 게이지 각도 게이지
3. 절단면의 슬래그	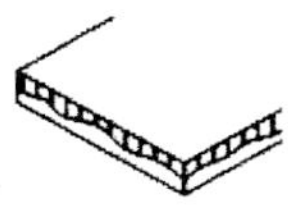	완전 제거	완전 제거	육안
4. 메탈 터치	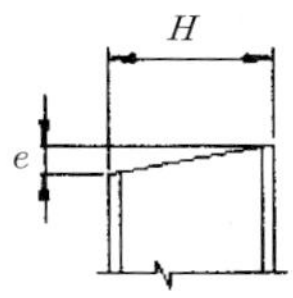	$e \leq 1.5H/1,000$	$e \leq 2.5H/1,000$	금속재 직각자 틈새 게이지 용접 게이지
5. 개선 각도	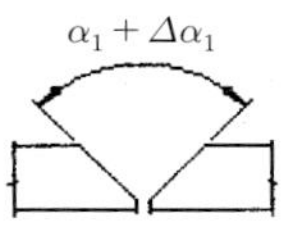	$-5°$ $-2.5°$	$-10°$ $-5°$	용접 게이지
6. 루트 간격	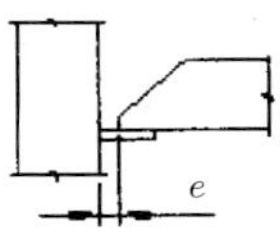	$e \leq 2$	$e \leq 3$	틈새 게이지 용접 게이지

(2) 공장제작 부재의 품질 검사

표 9-4 공장제작 부재의 품질 검사 항목(2)

	명칭	그림	허용차
1	길이 (L)	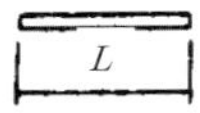	+3mm
2	휨 (C/L)	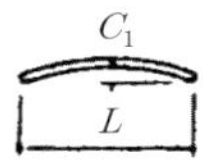	L/1,000
3	높이 (H)		H<400mm+2mm ; 400mm<1,000mm+H/200 H>1,000mm+5mm
4	폭 (B)		+3mm
5	플랜지 경사 (C)	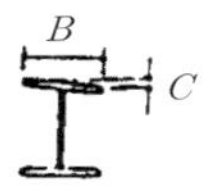	H<200mm B/100 B>1,200mm 2mm
6	접합부의 각도 (C_1/L) (C_2/L)	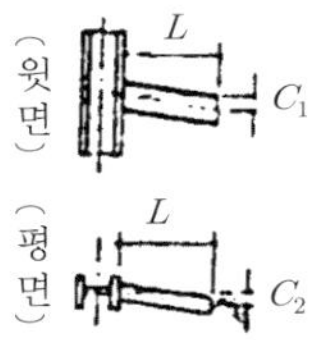	L/300 또는 C_1 및 C_2는 3mm

2) 현장세우기 조립 정밀도 계획

(1) 철골 조립 정밀도 검사

표 9-5 현장세우기 조립 단면도 검사 항목

명칭	그림	관리허용치	한계허용치	측정기기
건물의 기울기 e	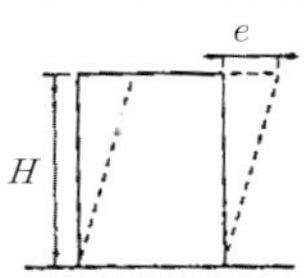	$e \le \frac{H}{4,000}+7\text{mm}$ 또한 $e \le 30\text{mm}$	$e \le \frac{H}{2,500}+10\text{mm}$ 또한 $e \le 50\text{mm}$	
건물의 굴곡 e	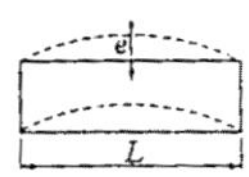	$e \le \frac{L}{4,000}$ 또한 $e \le 20\text{mm}$	$e \le \frac{L}{2,500}$ 또한 $e \le 25\text{mm}$	피아노선 또는 강제줄자 금속제 곧은자
공사현장 이음층의 층높이 ΔH	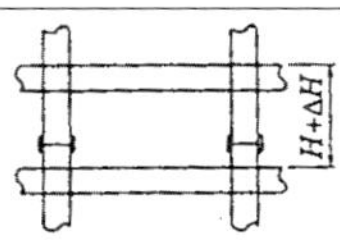	$-5\text{mm} \le H \le +5\text{mm}$	$-8\text{mm} \le H \le +8\text{mm}$	레벨 강제줄자

명칭	그림	관리허용치	한계허용치	측정기기
보의 수평도 ΔH	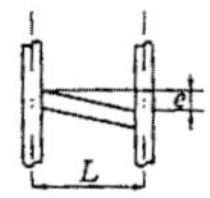	$e \leq \frac{L}{1,000} + 3\text{mm}$ 또한 $e \leq 10\text{mm}$	$e \leq \frac{L}{700} + 5\text{mm}$ 또한 $e \leq 15\text{mm}$	레벨 강제줄자 스태프
기둥의 수직도 e	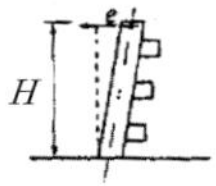	$e \leq \frac{H}{1,000}$ 또한 $e \leq 10\text{mm}$	$e \leq \frac{H}{700}$ 또한 $e \leq 15\text{mm}$	연직트렌싯 타켓 광학연직기

(2) 현장 용접부 검사

① 용접부 내력시험 검사

② 용접 결함검사−용접부 외관검사, 비파괴검사, 전단검사 실시

(3) 현장 고력볼트 접합검사

① 볼트조임 검사

② 볼트의 위치와 규격 확인

③ torque 검사 $T = k \cdot d \cdot n$

④ 6개 이하 시 1개 검사, 7개 이상은 2개 검사

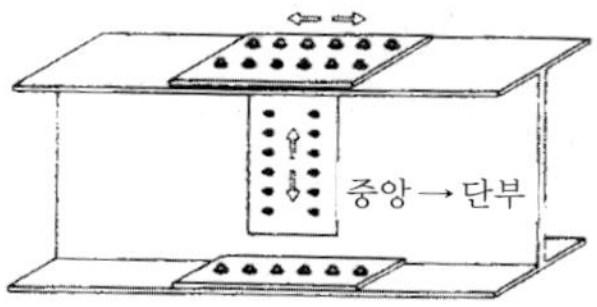

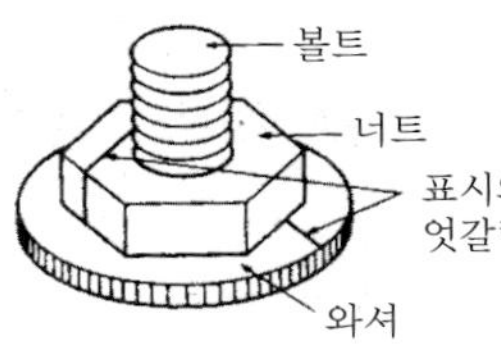

그림 9-12 고력볼트 접합검사

3) 용접 접합 시 품질관리 계획

(1) 용접 전 검사

① 개선정밀도 검사 : 루트간격, 루트면, 개선각도 및 깊이 검사

② 개선면의 오염 : 녹, 기름, 도료 등 불순물 청소도

③ 가부착 상태 및 가부착 후 제품의 치수 확인

④ 용접기 · 전류 · 운봉 · 기타 공구 점검

(2) 용접 중 검사

① 용접조건검사

용접순서, 용접전류, 전압, 용접봉, 용접속도, 예열 확인 등

② 용접결함검사

제품의 비틀림, 슬러그, 융합불량 검사 후 미비한 부분 재시공 등

(3) 용접 후 검사

① 외관검사
틈새, 용접길이, 비드(bead) 표면의 정부, 균열, 슬래그(slag), 엔드 탭(end tap), 피트(pit) 등의 결함 유무 등을 검사한다.

② 내부결함 검사법
방사선투과시험(radiographic testing) · 침투탐상검사(print testing) · 초음파탐상검사(ultrasonic testing) · 자분탐상검사(magnetic testing) 등이 있다.

③ MT와 PT는 표층부의 결함검사에서 UT와 RT는 내부결함검사에 주로 쓰인다. 초음파탐상검사(UT)는 초음파를 투사하여 초음파속도와 반사시간을 측정하여 내부결함을 검출한다. 30개의 추출된 표본 중에서 불합격 개소가 1개 이하인 경우에 합격이고, 2~3개인 경우에는 30개소를 다시 추출하여 재검사하고 60개소 중 불합격이 4개소 이하인 경우에 합격으로 한다.

4. 철골 부재 접합 종류

4.1 rivet 접합

미리 강재에 구멍을 뚫고 800~1,100℃ 정도 가열된 rivet을 joe rivecter나 pnematic rivecter로 충격을 주어 접합하는 방법을 말한다.

리벳의 종류에는 둥근머리, 평머리리벳, 민머리리벳, 둥근접시머리리벳이 있다.

인성이 크고 불량 리벳검사가 쉽지만 소음 발생, 화재 위험 등이 있어 최근에는 거의 사용하지 않고 있다.

4.2 일반 볼트 접합

강재에 구멍을 뚫고 볼트로 접합하여 볼트의 전단력에 의해 응력을 전달하는 접합방식으로 주요구조부에는 사용되지 않고 가설건물이나 지붕의 처마, 중도리 등의 가조립접합에 주로 사용한다.

4.3 고장력 볼트접합(high tension bolt)

고탄소강 또는 합금강을 열처리한 항복강도 $7t/cm^2$ 이상, 인장강도 $8t/cm^2$ 이상의 고력볼트를 조여서 부재간의 마찰력에 의해 응력을 전달하는 접합방식을 말한다.

① 종류

㉠ TS형 볼트(Torque Shear bolt)

㉡ TS형 너트

표 9-6 고장력 특수형 볼트 종류

종류	내 용
TC볼트(볼트측 전단형)	토크 컨트롤(Torque Control) 볼트로 일정한 조임토크치에서 볼트측 끝부분의 빈테일이 절단되는 방식이다.
PI너트(너트 전단형)	2겹의 특수 너트를 이용한 것으로 일정한 조임 토크치에서 너트(nut)가 절단되는 방식이다.
그립볼트	일반 고장력볼트를 개량한 것으로 일정한 조임 토크치에서 빈테일이 절단되며 조임이 확실한 방식이다.
지압형 볼트	직경보다 약간 작은 볼트구멍에 끼워 너트를 강하게 조이는 방법이다.

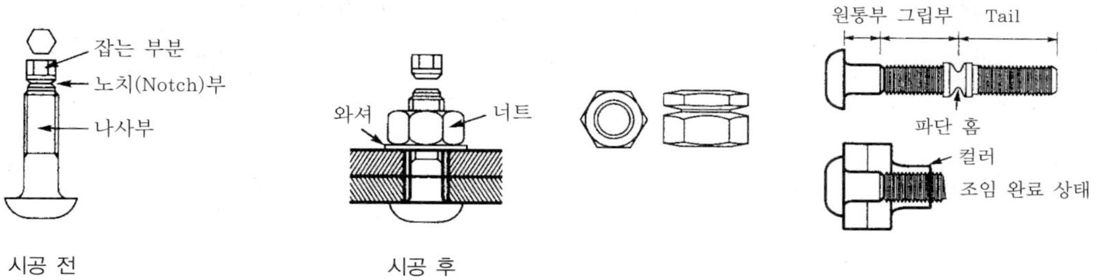

(a) TC 볼트 (b) PI 너트 (c) 그립볼트

그림 9-13 고장력 특수형 볼트 종류

(a) 고장력 볼트 종류

(b) 고장력 볼트 현장 설치 예

그림 9-14 고장력 볼트 종류와 현장조립

5. 철골 용접 접합

5.1 용접 접합 개요

① 철골 용접 접합은 2개 이상의 철강 모재를 용융시켜 접합하는 방식을 말하는 것으로서 고력볼트와 함께 가장 많이 쓰이는 접합방식이다.

② 특성

- 다른 접합에 비해 강재가 절약되고 단면 처리 및 이음이 쉽고 응력 전달이 확실한 장점이 있다.
- 접합면이 깨끗하고 공사비가 상대적으로 적다.
- 부재가 두꺼워도 접합이 가능하다.
- 용접공의 숙련도에 의해 품질이 좌우된다.
- 접합부 검사 및 확인 방법이 상대적으로 불확실하다.

그림 9-15 철골부재 용접 접합

5.2 용접 접합 순서

1. 용접작업 전 준비	설계도서, 시방서 검토 용접공 배치－시공요령서 작성
↓	
2. 용접재료 및 기기점검	모재의 재질 사용정압, 용접기기
↓	
3. 용접부 개선면 check	root 형태－I형, K형, V형, X형 root 각도－60°, 45°, 30°,
↓	
4. 용접 이음 검토	맞댄용접 모살용접
↓	
5. 예 열	연성 증가
↓	
6. 용접 접합	아크 손용접, 자동용접 반자동 용접, 전기 slag 용접
↓	
7. 용접 검사	외관검사, 절단검사, 비파괴검사

5.3 용접 접합 종류

1) 피복아크용접

① 모재의 전극 사이에 발생시킨 아크의 열에 의해 용접봉을 녹여 접합하는 용접방법을 말한다.

② 특징

－시공이 간편하고 가격이 저렴하다.

－용접상태를 눈으로 확인하며, 작업 가능하다.

－복잡하고 어려운 부분의 작업이 가능하다.

－비효율적이며, 기계화가 어렵다.

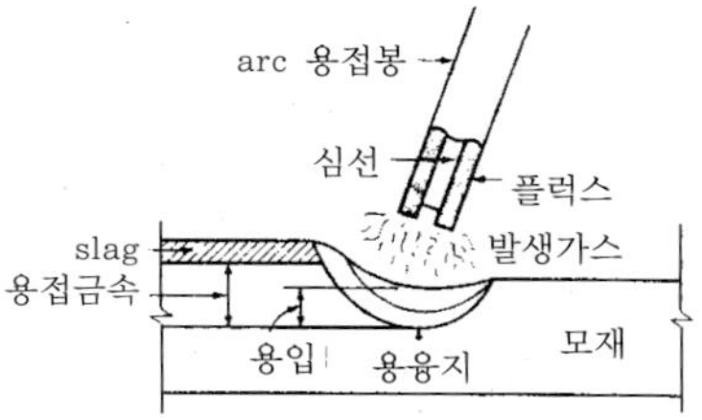

그림 9-16 아크 손용접

2) CO_2 아크반자동용접(gas shield)

① 플렉스를 사용하여 용접금속의 산화를 방지하는 대신 CO_2 가스를 뿌려줌으로써 용접금속의 변질을 방지하는 용접방법을 말한다.

② 특징

－기계설치가 간단하고 저가이다.

－용입깊이가 깊고, 용입속도가 빠르다.

－시공이 쉽고, 결함이 적다.

－비교적 능률적이다.

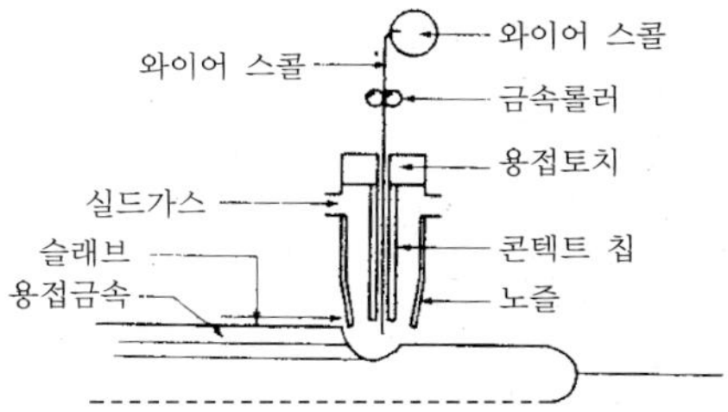

그림 9-17 반자동 용접(가스실드 아크용접)

3) 반자동아크용접(non gas shield)

① 플럭스를 속에 넣어 만든 특수 와이어를 사용하여 플럭스에서 발생하는 가스를 이용하여 쉴드하고 용접하는 방식을 말한다.

② 특징

－용접능률이 좋고, 용입도 깊다.

－숙련공이 아니라도 작업 가능하다.

4) 자동아크용접(submerged)

① 공장에서 기계화되어 자동적으로 용접방향과 속도를 결정하는 용접방법을 말한다.

② 특징

－용융속도가 높아 시공속도가 빠르다.

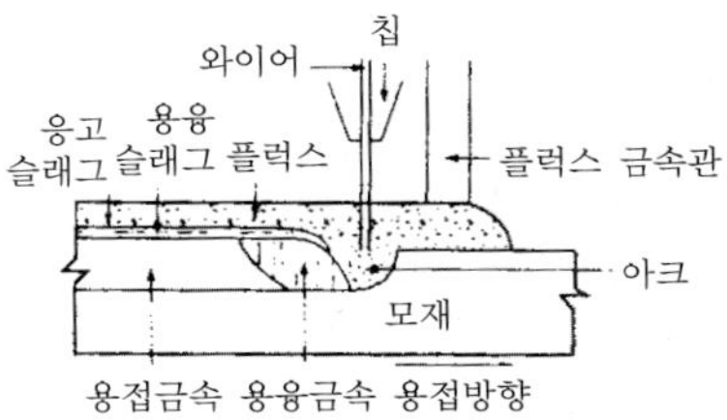

그림 9-18 자동 용접(서브머지 아크용접)

–품질이 균일하고 이음에 신뢰성이 높다.
–두꺼운 부재용접이 가능하고 대량 용접에 적합하다.
–설비투자비가 높고 상향 용접이 어렵다.

5) 전기 슬래그 용접

① 슬래그 속에 흐르는 전류의 저항열을 이용하여 접합하는 특수용접방법을 말한다.

② 특징

–아크가 발생하지 않으며, 저소음이다.
–모재가 광범위하게 가열되어 열효율이 높다.
–두꺼운 부재용접에 효과적이다.

6. 용접이음

6.1 맞댄용접(홈용접)이음

1) 개요

접합하는 두 부재 간의 사이를 트이게(홈, Groove)하여 그 홈 사이에 용착금속으로 채워 용접하는 것으로 홈용접 또는 맞댄용접이라 한다.

2) 종류

표 9-7 맞댄용접의 종류

종 류	내 용
완전용입 맞댄용접	맞대는 부재의 두께 전체에 걸쳐 완전하게 용접되는 것이다.
부분용입 맞댄용접	맞대는 부재 두께의 일부에서 용접되는 것이다.

(a) 완전용입 맞댄용접 (b) 부분용입 맞댄용접

그림 9-19 맞댄용접의 종류

3) 맞대용접의 모양과 앞벌림 형태

(1) 맞대용접의 모양에 대한 명칭

표 9-8 맞대용접 모양에 대한 명칭

맞대용접의 모양에 대한 명칭	개선형상의 각부 치수 기호	
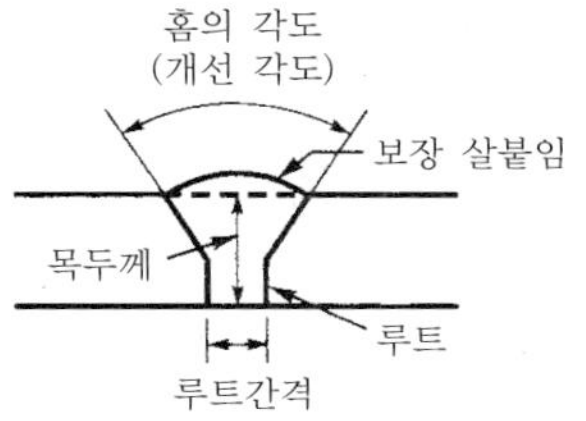	T	이음부 판두께(mm)
	D	개선 깊이(mm)
	R	루트면(mm)
	G	루트간격(mm)
	α	개선 각도(°)

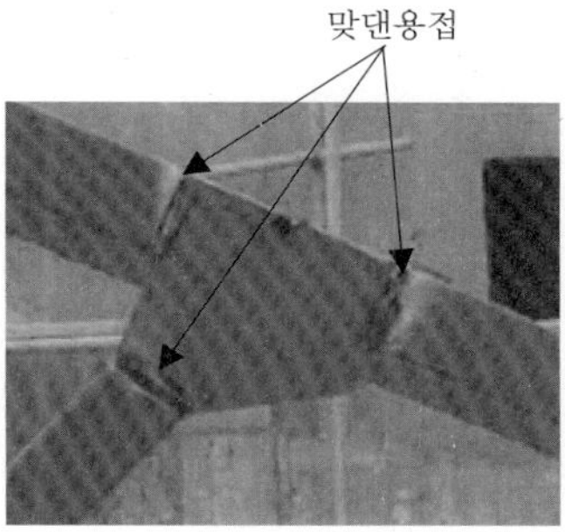

트러스 맞대용접

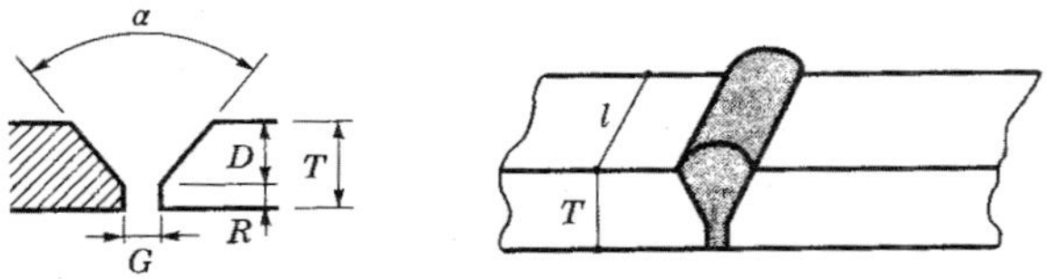

그림 9-20 개선형상의 각부 치수 기호 적용 예

(2) 맞대용접의 앞벌림 형태

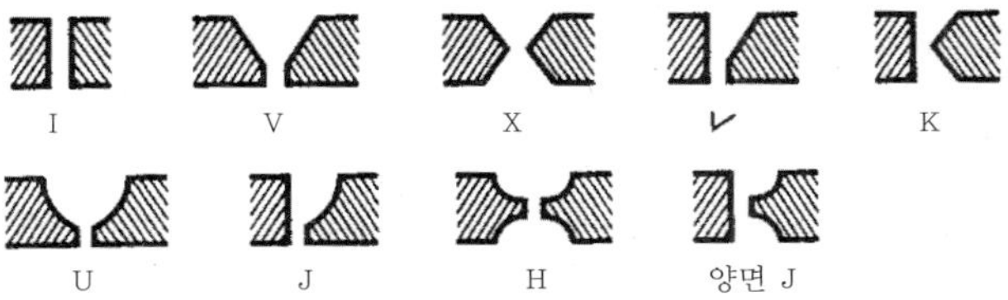

그림 9-21

(3) 용접 융합부 상세

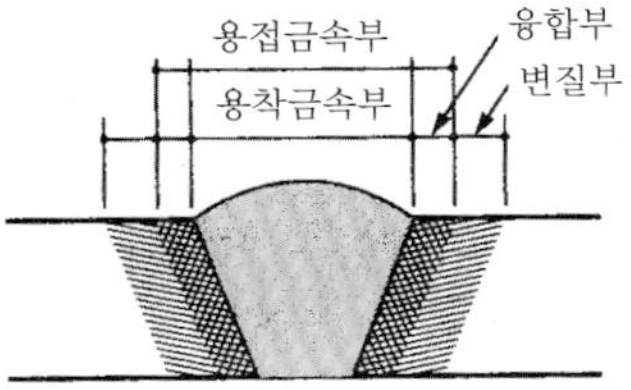

(a) 용접 융합부 상세도

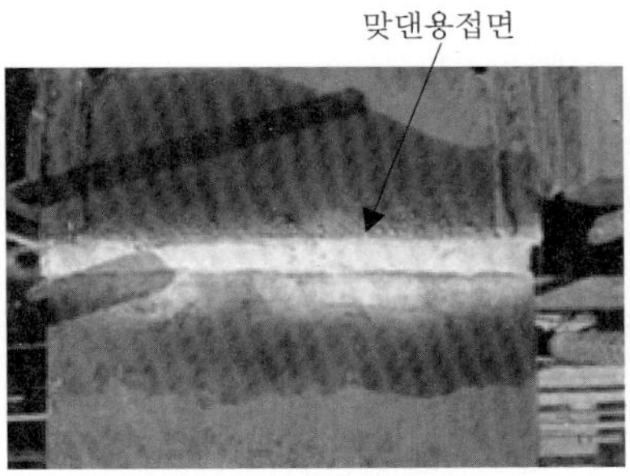

(b) 맞대용접 현장시공

그림 9-22 맞대용접 부위 현장시공

표 9-9 용접 부위의 융합부 상세도

구 분	내 용
변질부 (Affected Zone)	용접으로 인하여 열영향이나 변형을 받아서 모재의 조직이나 경도 등의 성질이 변화한 부분을 말한다.
융합부 (Fusion Zone)	용접에서 모재와 용착금속이 녹아 혼합된 부분을 말한다.
용접금속부 (Weld Metal Zone)	용접에 의해 녹아서 모재의 일부와 융합 · 응고된 금속 부분을 말한다.
융착금속부 (Deposited Metal Zone)	용접작업으로 용접봉이 녹아서 모재와 섞이지 않고 생긴 금속 부분을 말한다.

6.2 모살용접(필렛용접)

1) 개요

목두께의 방향이 모재의 면과 거의 45° 를 이루는 모살형태의 용접을 말한다.

그림 9-23 모살 현장용접

2) 종류

① 단속용접과 연속용접

② 병렬용접과 엇모용접

3) 모살용접의 모양에 대한 명칭

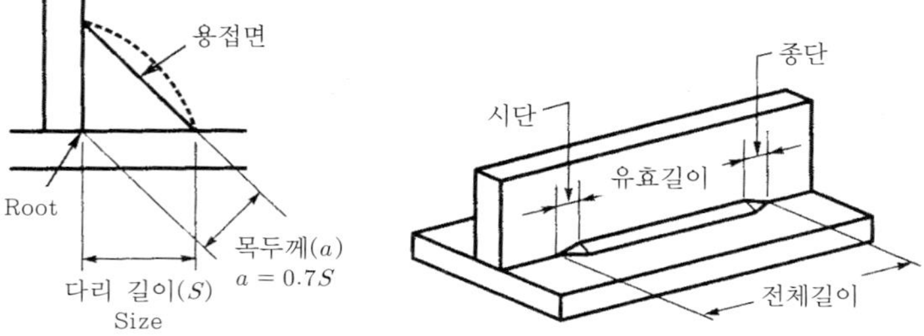

(a) 모살용접의 모양과 명칭

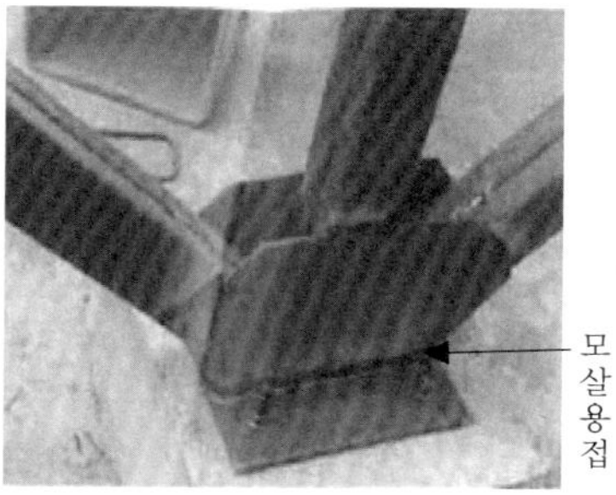

(b) 모살용접

그림 9-24 모살용접 모양과 현장 용접 사례

4) 모살용접시 기준 사항

표 9-10 모살용접시 기준 사항

구분	내 용
경사각의 허용값	용접 부분에서 두 부재에 대한 경사각의 허용값은 60~120° 이하
유효단면적	유효단면적=용접의 유효길이×유효목두께
응력을 전달하는 모살용접의 유효길이	응력을 전달하는 모살용접의 유효길이≥max(10S, 40mm) 여기서, S는 모살 사이즈(용접치수)이다.
모살용접의 유효길이	① 모살용접의 유효길이=용접전장(용접길이)−2×S ② 시단부와 종단부의 길이인 2S에서는 결함의 존재가 용이하다.
유효목두께	유효목두께는 모살치수(S)의 0.7배(a=0.7S)
살덧붙임	살덧붙임은 0.1S+1mm 이하

5) 맞댄용접과 모살용접 형태

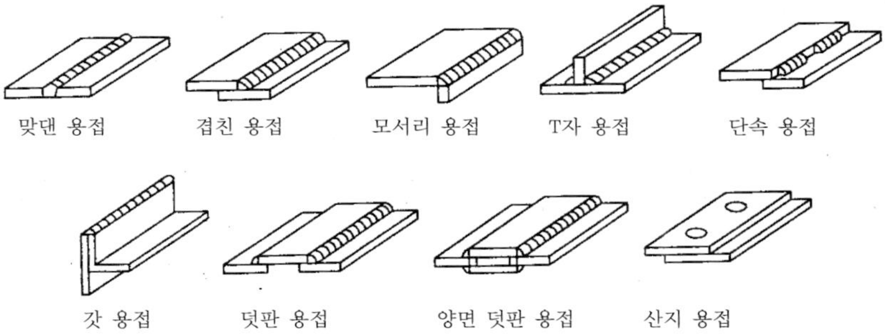

그림 9-25 맞댄용접과 모살용접 형태

6.3 용접자세와 방향

표 9-11 용접자세와 방향

구분	기호	내 용
하향용접(Flat)	F	용접금속이 빠르고 쉽게 용착되어 용접이 용이하고 그 결과도 좋으며, 가장 좋고, 가장 경제적인 용접을 할 수 있다.
상향용접(Overhead)	O	작업도 어렵고, 결과도 좋지 않을 수 있다.
수평용접(Horizontal)	H	공장용접에서 하향과 함께 수평용접이 유리하다.
수직용접(Vertical)	V	현장에서는 수직 혹은 상향 용접의 경우도 생긴다.

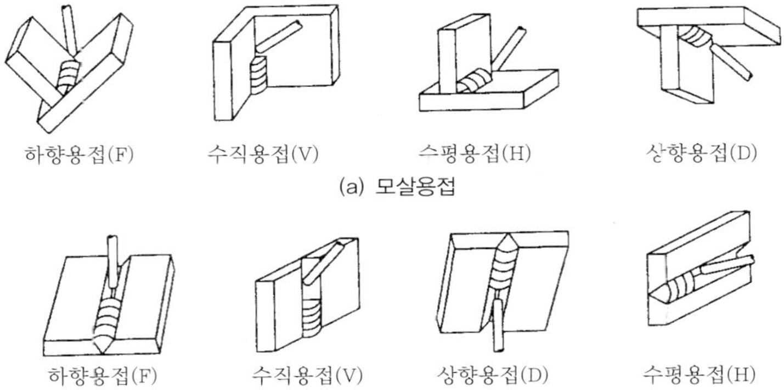

그림 9-26 용접자세와 방향

7. 용접 결함 원인과 대책

7.1 용접 결함 형태

1) 용접균열

① 용접부의 급속냉각에 의한 연성 상실로 갈라짐(crack)이 생기는 것으로 용착금속과 모재에 균열이 생기는 현상을 말한다.

② 비드(bead) 종 · 횡균열, 크레이터균열, 루트균열, 수축균열, 비드 밑 터짐, 토우 · 노치 · 경사균열 등이 있다.

③ 방지대책

－냉각속도를 천천히 한다.

－저수소저계 용접봉을 사용한다.

2) 표면 결함

① 언더 컷(under cut) : 용착금속이 덜 채워진 흠을 말한다.

② 오버 랩(over-lap) : 모재의 융합 불량으로 용착되지 않고 겹쳐진 것(모살용접 시)을 말한다.

③ 크레이터(crater) : 용접길이 끝부분에 우묵하게 팬 부분을 말한다.

④ 피트(pit) : 용접 표면에 생긴 작은 구멍을 말한다.

⑤ 공기구멍(blow hole) : 금속이 녹아들어 생기는 기포나 작은 틈을 말한다.

⑥ 슬래그(slag) 감싸들기 : 피복재의 용해물 회분이 용차금속 내에 혼입된 현상을 말한다.

⑦ 용입부족(incomplete penetration) : 용입깊이가 채워지지 않고 부족한 상태를 말한다.

⑧ 각장 부록 : 용착면의 다리길이가 부족한 결함 현상을 말한다.

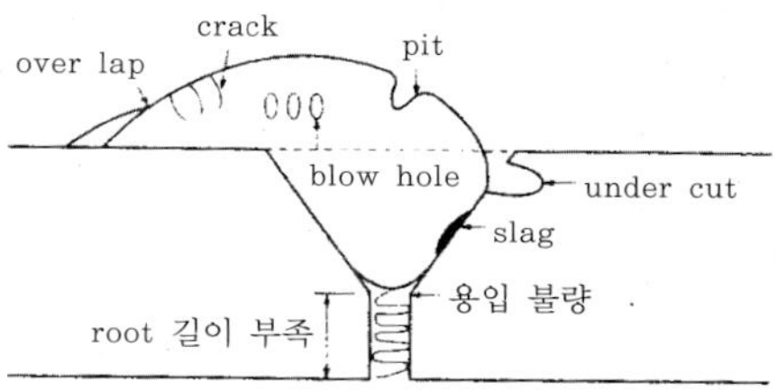

그림 9-27 용접결함 종류와 형태

3) 내부 결함

슬래그 섞임, 내부용입 불량, 루트용입 불량, 융합 불량, 블로홀(blow hole)

4) 기타 결함

기계적 · 화학적 · 물리적 성질 부족 등이 있다.

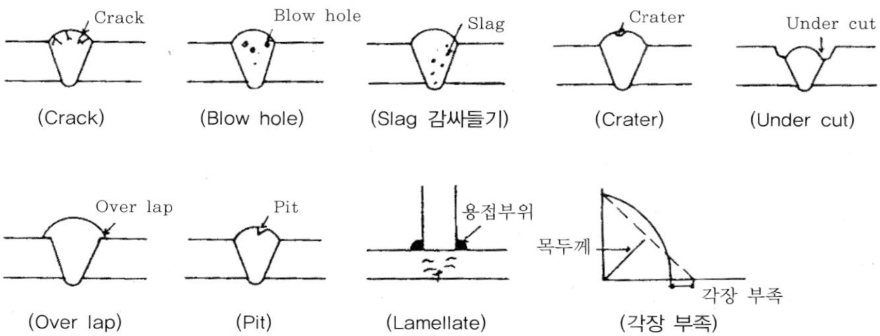

그림 9-28 용접결함 형태 종류

7.2 용접 결함 원인

① 습기를 함유한 용접봉 사용의 경우
② 용접전류 흐름이 높거나 낮은 경우(과전류방지기 설치)
③ 용접 후 급랭시킨 경우
④ 모재(base metal) 불량의 경우
⑤ 운봉부족 혹은 용접 속도(speed)가 빨라진 경우
⑥ 기능공의 숙련도 및 악조건에서 작업하는 경우(저온 · 강풍 · 야간작업 등)

7.3 용접 결함 대책

① 단면부족 : 보수용접을 한다.
② 단면과대 · 오버랩 : 그라인더 등으로 깎아 마감한다.
③ 피트 : 그라인더 등으로 제거한 후 보수용접한다.
④ 언더 컷 : 긴 비드(bead)를 보수용접한다.
⑤ 표면균열 : 양끝 50mm 이상의 범위로 깎아 내고 재용접한다.
⑥ 내부결함(슬래그 혼입 · 용입 불량 · 블로홀 · 내부균열 등) : 결함의 위치 양끝에서 20mm 정도 제거하여 오목한 형상으로 만들어 재용접하거나 균열의 경우에는 균열 끝부분에서 50mm 이상 깎아낸다.

8. 기타 접합

1) 스칼럽(Scallop)

철골부재의 용접시 이음 및 접합 부위의 용접선이 교차되어 재용접된 부위가 열방향을 받아 취약해지기 때문에 모재에 부채꼴 모양의 모따기를 한 것을 말한다.

2) 엔드탭(End Tab)

용접결함이 생기기 쉬운 용접비드(Bead)의 시작과 끝지점에 용접하기 위해 모재의 양단에 부착하는 보조철판을 말한다.

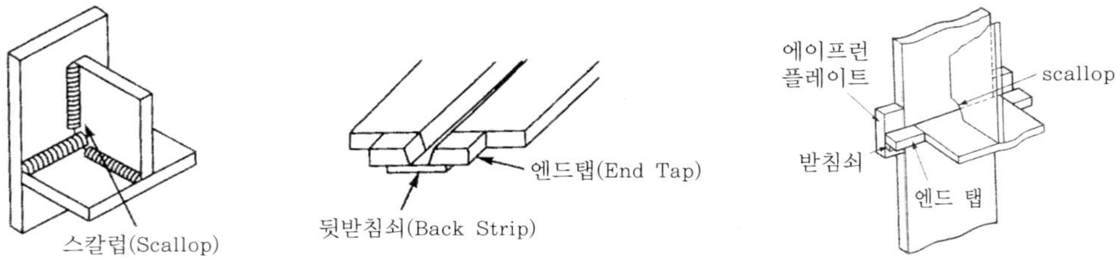

(a) 스칼럽과 엔드탭 (b) scallop과 엔드탭

그림 9-29 Scallop과 End Tab

3) 메탈터치(Metal Touch)

철골기둥의 이음부를 가공하여 상하부 기둥의 수평 밀착을 확실하게 하기 위하여 축력의 25%까지 하부기둥 밀착면에 직접 전달시키는 이음방법을 말한다.

관리허용오차	한계허용오차
$e \leqq \dfrac{1.5H}{1,000}$	$e \leqq \dfrac{2.5H}{1,000}$

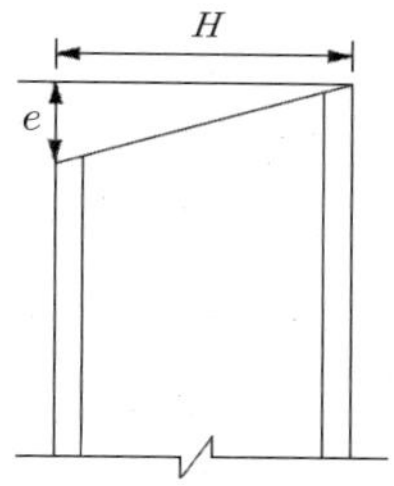

메탈터치 허용오차

4) 기둥 축소량(Column Shortening)

(1) 정의

건축물이 초고층화, 대형화됨에 따라 철골기둥의 높이 증가와 하중의 증가로 인해 수직하중이 증대되어 발생되는 기둥의 수축현상을 말한다.

(2) 원인

① 탄성 축소

② 크리프

③ 건조수축

(3) 영향

① 기둥의 심함 축소현상으로 기본설계와는 다른 층고가 발생할 수 있다.

② 기둥별 부담하중 차이로 슬래브나 보와 같은 수평부재의 초기 위치 변화가 발생한다.

③ 마감재(외장재), 파이프나 엘리베이터 레일과 같은 비구조재에 영향을 주어 균열, 비틀림 등의 사용성에 문제가 발생한다.

5) 콘크리트충전 각형 강관(CFT)구조

콘크리트충전 강관(Concrete Filled Tube, CFT)구조는 원형 또는 각형 강관 내부에 콘크리트를 충전한 구조이다.

6) 전단철물(shear connector)

(1) 정의

Shear connector란 철골보와 Deck 슬래브 구조체에 발생하는 응력 중에서 전단력에 저항할 목적으로 설치된 연결철물을 말한다.

(2) 적용

철골보와 데크 플레이트 바닥 콘크리트와의 일체성 확보를 위해 스터드 볼트가 쉐어 커넥터로 많이 사용되고 있다.

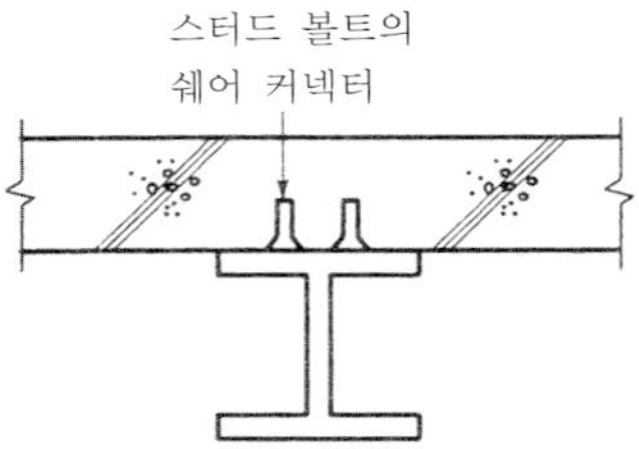

(a) 쉐어 커넥터

(b) 스터드 볼트

(c) Deck plate stud bolt 설치 예

(d) Stud Bolt 현장 설치 예

그림 9-30 Shear connector 설치

제2절 철골공사(강구조) 시공 NCS 적용 "사례현장" 실무 이해

1. 철골공사 시공도면 파악(No 1403021301-14V2)

1.1 기본도면 파악(No 1403021301-14V2.2)

1) 시공도면 파악

① 철골도면은 골조도면과 동시에 비교하여 검토해야 한다.

② 철골공사 도면은 구조체도면 뿐만아니라 각 부재의 접합부 상세도면에 대한 검토가 빠지지 않도록 체크한다.

③ 철골도면은 공장제작 도면과 현장 조립 도면을 전문가와 함께 상의하여 검토한다.

2) 설계 도면 파악

① 설계도서에 표시된 길이, 무게로 운반하는 도중이나 혹은 철골세우기시에 변형이 발생되지 않는가, 즉 운반 또는 철골세우기에 대한 보강이 필요한지를 검토한다.

② 공장에서 공사현장까지의 도로사정, 운반수단, 현장 주위의 상황을 살펴보고 철골의 부재가 설계도서에 표시된 길이, 무게로 운반이 가능한지를 검토한다.

③ 설계도서에 표시된 대로 이음, 맞춤으로 제작하면 공정적으로 합리적인가, 그리고 접합부를 늘리는 쪽이 혹은 줄이는 쪽이 효율적인가를 검토한다.

1.2 현장 파악(No 1403021301-14V2.3)

① 철골공사는 부재의 운반 및 현장 반입에 제약이 많으므로 현장여건을 충분히 파악해야 한다.

② 철골공사는 대형 양중장비가 필요하므로 양중장비 배치와 이동 등의 검토가 필요하다.

③ 현장 반입자재의 적치 장소와 현장시공공정과의 일정을 충분히 검토한 후 작업순서를 검토해야 한다.

2. 철골공사 시공 현장 안전(No 1403021302-14V2)

2.1 현장 안전관리계획

1) 철골공사 안전관리계획 수립 내용

① 설계도서 및 공작도 검토, 부재형상, 치수, 접합부위, 건물높이, 최대중량 검토
② 시공 협력업체와 사전협의 안전체계 수립
③ 강풍 등의 외압에 대한 구조안전 점검-높이 20m 이상 구조물 경우
④ 작업주변 여건, 환경조사-반입로, 적하장소 등
⑤ 철골재 반입시기와 반입 총물량 확인-1일 건립 시공량, 건립기간 확인
⑥ 기둥의 base plate 고정 확인
⑦ 양중을 위한 연결용 로프와 보호망 설치

2) 안전교육 과보호구 착용

① 작업 시작 전 안전교육
② 신규 작업자 안전교육
③ 안전대 및 개인보호구 착용

그림 9-31 철골안전 보호대 설치 예

2.2 안전관리 시설물 설치

1) 가설비계 및 작업 발판 설치

① 철골안전 보호대 설치
② 가설비계
  ㉠ 작업통로용 비계
    · 수직이동－철골계단, 트랩, 사다리
    · 수평이동－철골보, 데크 플레이트
  ㉡ 작업발판용 비계
    · 설치용－데크 플레이트, 틀, 삼각비계
    · 달비계－달대비계, 달틀비계

그림 9-32 철골안전 그물망 설치

2) 작업발판 설치

① 전면발판－특별한 구조, 입체구조
② 부분발판

㉠ 쌍줄, 외줄, 틀비계
㉡ 이동식 비계, 기계비계
㉢ 내민작업 발판

3) 안전그물망 및 작업발판 설치 시 안전

① 철골 안전 그물망 설치
② 철골접합 작업용 달대 고정 문제
③ 전면비계 – 건물 전면에 설치, 발판의 낙하와 안전
④ 부분비계 – 계단발판 시 안전, 용접발판의 안전

4) 철골 적치장소와 통로의 안전

① 작업장 설치
연면적 1,000m^2에 1개소, 50m^2 정도 확보한다.
② 작업장의 설치와 용도
㉠ 크레인의 선회범위 내에 설치한다.
㉡ 최대 적재하중과 공정 등을 검토한다.
③ steel deck 통로 설치
④ 돌출 작업장 설치
용접기, 기자재 – 타공정에 한함
⑤ 가설통로 설치
㉠ 통로쪽은 1인 경우 0.9m, 2인 경우 1.8m
㉡ 철골보 이용 가설에 난간지주 사용
⑥ 잔교, 트랩 설치

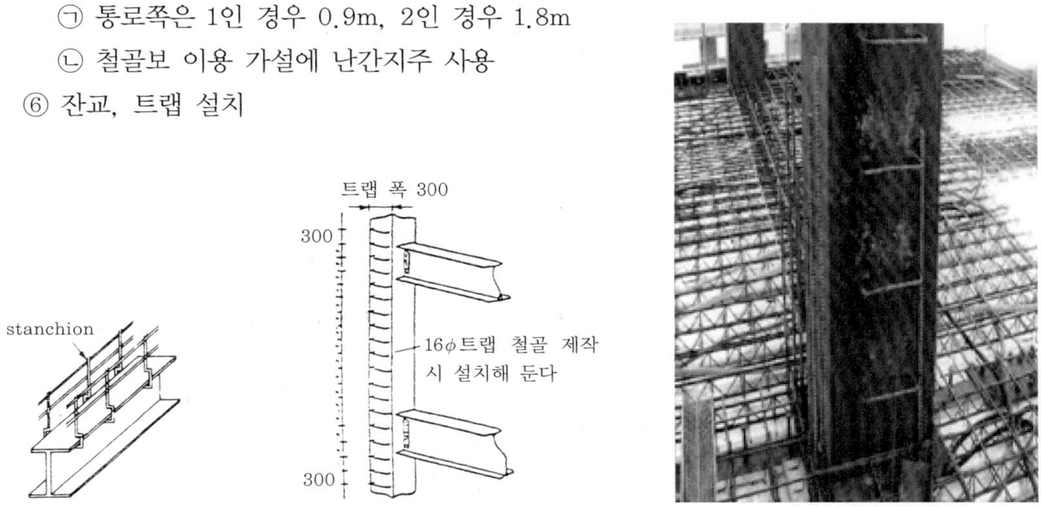

(a) 잔교 설치 (b) 수직안전트랩 설치 (c) 철골수직 안전 트랩 설치 예

그림 9-33 철골공사 안전 트랩 및 잔교 설치

3. 철골공사(강구조) 시공계획(No 1403021303-14V2)

3.1 시공도면 검토(No 1403021303-14V2.1)

철골공사에 대해서는 현장시공의 입장에서 다음과 같은 각 점에 대하여 설계도서 등을 검토해야 한다.

철골공사 도면은 기둥, 보 등의 규격과 부재 접합부 상세 도면에 대한 검토가 필요하다.

다음과 같이 설계도서를 검토하고 구조설계담당자와 충분히 협의하여 만약 문제가 있는 경우는 발주자, 설계자, 관리자를 통해 조속히 대책을 세워야 한다.

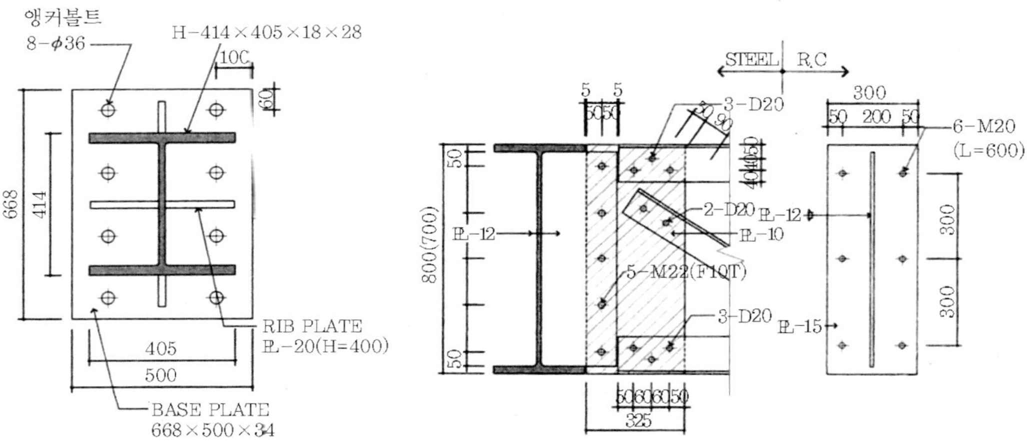

(a) 사례현장 철골기둥 상세도　　(b) 사례현장 철골보 접합상세도

그림 9-34 사례현장 철골기둥과 보 설계도면 검토

3.2 공작도 작성(No 1403021303-14V2.2)

1) 공작도 작성 개요

① 공작도란 철골시공도를 말하는 것으로 현장에서 철골시공이 용이하도록 설계도와 시방서를 근거로 하여 작성한 시공상세도를 말한다.

② 계약도면은 허가를 위한 기본도면으로 시공을 위한 세부사항이 미흡하므로 마감재료 관계, 전기, 설비공사와의 관계에 따른 시공상세 검토가 필요한 것이다.

③ 시공도 작성은 작업자에게 정확한 작업내용을 전달할 수 있도록 치수, 접합상세, 마무리 관계표시 등을 하여 설계상 누락이나 도면 이해 부족으로 인한 하자를 방지할 수 있도록 작성해야 한다.

2) 공작도 작성 순서

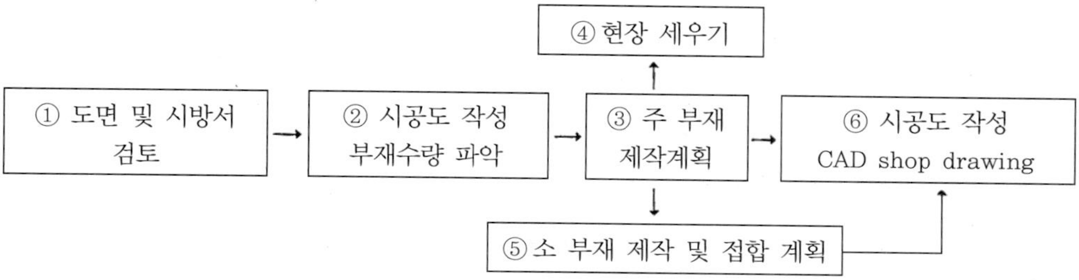

그림 9-35 공작도 작성 순서

3) 공작도 작성 내용

(1) 설계도서와 시방서의 충분한 검토 후 작성

① 설계도 및 시방서 기준에 의거하여 작성 · 검토한다.

② 설계상세 누락 및 오기 부분을 수정 · 작성한다.

(2) 시공도의 축척

① 도면 축척은 심선도, 평면도, 골조도 : 1/100~1/200로 축척

② 기둥, 보 등의 상세도 : 1/10~1/20로 축척

③ 조립부호도, 각종 부속철물 설치도는 누락되지 않도록 한다.

(3) 각 부위별 공작도 작성 내용

① 기초 앵커볼트 시공도 작성

㉠ 위치 및 간격, ㉡ 매입방법, 주각모르타르 바름법, ㉢ 기초와 기둥의 접합상세도

② 기둥의 각 면의 치수 시공도

㉠ H형강, ㉡ box column, ㉢ metal touch 용접면

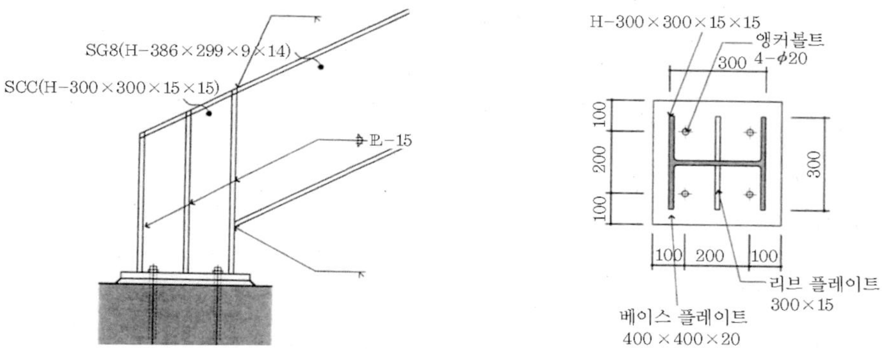

(a) 사례현장 철골기둥 앵커조립도　　(b) 사례현장 기둥 H형강 규격 기초판

그림 9-36 사례현장 철골기둥 기초 앵커 조립

③ 보의 접합 및 접합부 상세 시공도
㉠ 보와 보의 접합부 상세도, ㉡ 기둥과 보의 접합부 상세도
④ 설비 관통구멍 상세 시공도
㉠ 기계 설비배관 관통구멍－honey comb beam
㉡ 기계적, 설비용량 계산에 따른 관굵기 결정
⑤ 접합부의 마무리 상세 시공도
㉠ 각 부위별 마무리 공정표기, ㉡ 내화피복 부위, 도장 부위 표기
⑥ 접합방법 및 부속철물 기입
㉠ 볼트구멍 위치, 간격, ㉡ 부속철물 개수

(4) 타공정과의 시공 관련성 검토
① 전기, 설비공정과의 연계성－배관 덕트
② 가설물의 설치, 해체기간의 공정 간섭
③ 덕트 관통구멍의 위치, 지름(구멍)
④ 철근주근 및 후프, 스캘럽의 관통 위치
⑤ 커튼월의 파스너 부착 위치 및 보강방법
⑥ 서까래 및 띠장 나누기와의 관련성

BEAM SPLICE [SG6]							
H-588×300×12×12 (SS400)	H.T 볼트(F10T)			플레이트			
	Q'TY (EA)	Size (mm)	Bolt Len. (mm)	Q'TY (EA)	Thk. (mm)	Width. (mm)	Len. (mm)
FLANGE	32	M22	90	2	16	295	585
				4	16	105	585
WEB	10	M22	70	2	9	440	165

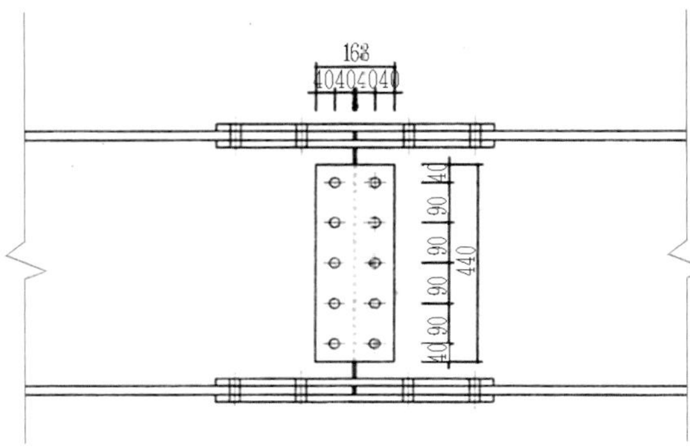

(a) 사례현장 철골보 접합상세도

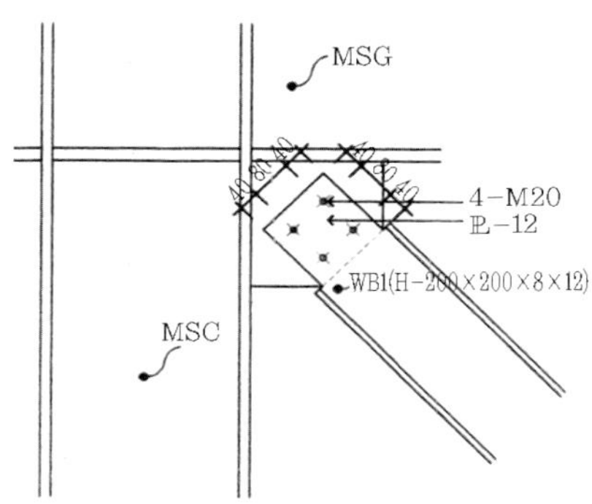

(b) 사례현장 철골기둥과 버팀대 접합상세도

그림 9-37 사례현장 철골보 부재 접합

3.3 품질관리계획(No 1403021303-14V2.3)

1) 철골공사 품질관리 개요

① 공장제작 단계에서의 검사는 주로 부재가 설계도서 및 시방서에서 요구하는 품질을 확보하였는지 검사하는 것으로 부재의 치수, 접합상태, 도장 및 포장검사 등이 있다.

② 육안검사에 의한 언더 컷, 균열, 블로우 홀, 각장 부족, 오버랩, 언더컷, 피트 등을 수정한다.

③ 자분탐상에 인한 미세균열 등을 수정하고 용접에 의한 노치, 크레이터 등을 수정, 스패터(spatter)는 깨끗이 제거한다.

④ 마찰면의 들뜬 녹, 먼지, 기름, 용접 스패터 등은 제거하고 마찰면에는 클램프 자국 등 요철이 없어야 한다.

⑤ 고력볼트 마찰면은 디스크 그라인더 등으로 와셔 외경 2배 이상의 범위에 대하여 흑피 제거 후 옥외에 방치하여 자연발생시킨 붉은 녹 상태를 확보한다.

2) 공장제작 검사의 종류 및 기준

표 9-12 공장제작 검사의 종류 및 기준

검사 및 시험	항목	적용 기준	검사 구분		결과물
			공장	감리	
1. 재료검사	① mill sheet ② 강재 식별 · 규격 확인 ③ 강재시험(필요시)	-KS D 3505, 3515 -시방서 -강재시험기준	W	R	mill sheet
2. 마킹 및 절단검사	① 재질 구분 마킹 및 절단 강도 확인 ② 절단 결함 확인	-마킹 절단기준 -설계도면 · 시방서 -KS D 5209	M	M	N/A
3. 조립검사	① 이물질 제거 ② 주요자재 취부 및 외관 ③ 개선각도 · 취부각도 ④ 가붙임 용접상태	-조립검사 기준 -시방서 -설계도면	M	M	N/A
4. 용접 중 검사	① 예열, 용접부 외관 ② 용접재료 사양 · 환경조건	-육안검사 기준 -시방서, 검사절차서	M	M	N/A
5. 비파괴검사	① R/T ② U/T ③ M/T	-KS D 0845, 0896 -비파괴검사계획 -시방서	H	R	비파괴검사 기록서
6. 최종 단품검사	① 용접 및 외관상태 ② 부재마킹 · 치수	-시방서	W	R	제작최종검사 기록서
7. 도장검사	① 표면처리 상태 ② 도장조건 상태 ③ 도막두께 외관	-시방서 -도장검사 기준	W	R	도장검사 기록서

3.4 공정관리계획(No 1403021303-14V2.4)

1) 철골공정계획 개요

(1) 공장제작 공정과 현장조립 공정 계획

① 철골 시공계획은 현장 입지조건, 공사규모, 운반, 안전 등에 대한 사전조사가 필요하며, 공정계획으로는 공장제작공정과 현장세우기 공정으로 구분되는데, 현장에서의 가공이 최소화되도록 하고, 공장제작 비중을 높여 품질 확보 및 공기절감이 될 수 있도록 계획해야 한다.

② 철골 공장제작 공정은 설계도면 검토를 기준으로 부재의 성능과 재질, 치수 · 형상 등을 면밀히 검토하여 현장조립 공정에 차질이 없도록 제작 계획을 수립해야 한다.

③ 현장조립 공정은 계절, 기후에 맞는 공법과 공사계획을 수립해야 하고 조립양중 장비 선정과 조립시 안전관리와 품질관리가 잘 될 수 있도록 계획해야 한다.

2) 공장제작 공정계획

(1) 공장제작 발주계획

① 공작도 작성

② 부재치수 제작

③ 부재접합(기둥, 보 등)

④ 현장세우기 공정에 맞춰 제작

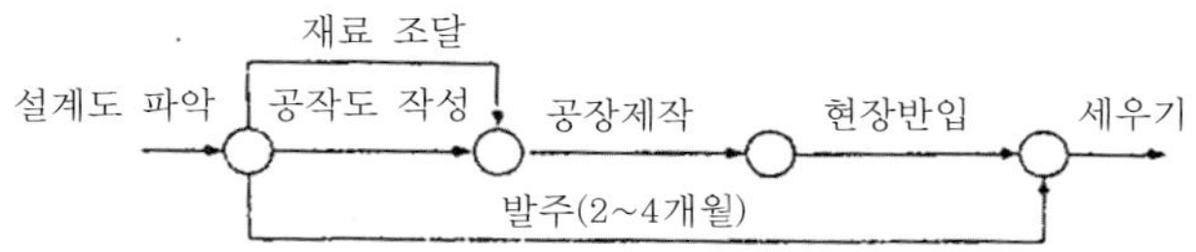

그림 9-38 공장제작 발주공정

3) 현장세우기 공정 계획

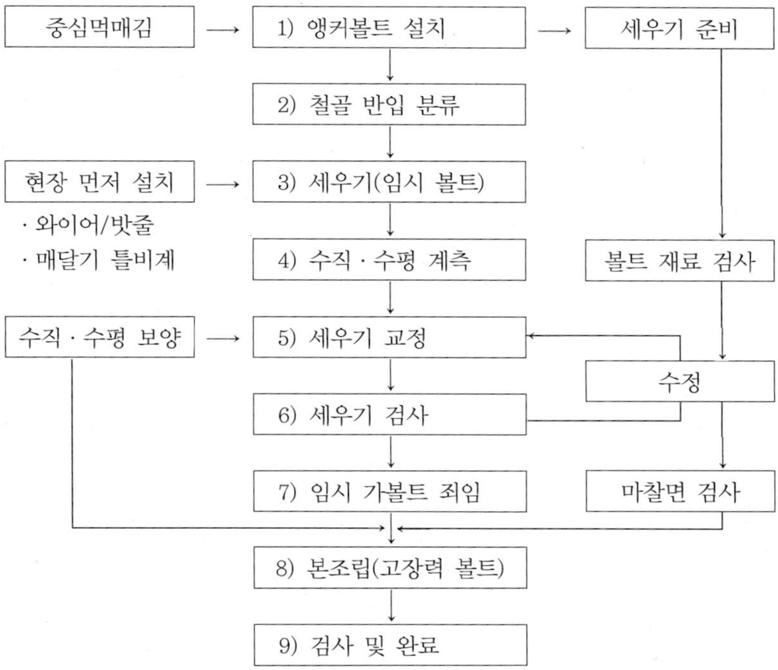

그림 9-39 현장세우기 공정 계획도

4. 철골공장 부재 제작(No 1403021304-14V2)

4.1 재료관리(No 1403021304-14V2.1)

1) 원자재 품질검사

① 철판류

㉠ 육안검사 : 송장 대조, 표면형상 레벨 식별 확인, 색상마킹 확인, 두께 허용공차

㉡ 재질검사 : 밀 시트 대조, 인장시험 라벨과 밀 시트 확인

② 형강류

㉠ 육안검사 : 송장 대조, 변형 유무, 라벨 식별, 규격 및 기준과 대별

㉡ 재질검사 : 밀 시트 대조, 인장시험 라벨과 밀 시트 확인

③ 용접봉

㉠ 육안검사 : 송장 대조, 포장 식별

ⓛ 재질검사 : 납품처 품질시험성적표, 자재시험 실시 여부

④ 볼트

㉠ 육안검사 : 송장 대조, 포장 식별

ⓛ 재질검사 : 납품처 품질시험성적표, 자재시험 실시 여부

⑤ 도장재

㉠ 육안검사 : 송장 대조, 포장 식별

ⓛ 재질검사 : 납품처 품질시험성적표, 자재화학시험 실시 여부

2) 현장운반 전 공장검사

현장운반 전 공장방문을 통하여 부재검사를 실시하고 운반예정 부재에 대하여 전량 검수를 실시하며, 물량이 10개 이상일 때 전 수량 10%의 샘플링 검수를 실시한다.

그림 9-40 현장 운반 전 공장 부재 검사

(1) 치수검사

① 제품의 길이는 제작도면과의 일치 여부 확인

② 브래킷 위치 및 길이는 제작도면과의 일치 여부 확인

③ 거싯 플레이트(Gusset Plate)와 스티프너(Stiffener) 위치가 제작도면과의 일치 여부

④ 구멍 크기와 위치, 수량이 제작도면과의 일치 여부

⑤ Scallop 확인(35+15mm)

(2) 외관검사

① 제품의 변형 유무, 다이어프램의 위치

② 언더컷, 각장 부족, 스패터, 블로우 홀 등 용접부 불량

(3) 도장 부위 검사

① 도장 누락, 거칠기, 갈라짐, 벗겨짐, 부풀음 등 손상 여부

② 도장 부위 제작도면과의 일치 여부 확인

③ 도막두께 측정

3) Mill Sheet(강재증명서) 확인

(1) Mill Sheet란?

밀 시트(Mill Sheet)란 철강제품의 품질을 보증하기 위해 재료 성분 및 제원을 기록하여, 제조업체가 규격품에 대하여 발행하는 증명서이다. 제조업체의 품질보증서로 성분 및 특성을 나타내는 시험성적서는 공인된 시험기관의 것이어야 하며, 밀 시트는 차후 품질관리 및 정도관리의 중요한 자료가 될 수 있다.

(2) 적용 용도

① 철강제품의 품질보증
② 제품 반입처에서의 실험 여부 결정
③ 정도 관리의 자료로 활용
④ 성분 치 제원의 표시로 사용처 결정
⑤ 반입 강재의 특성 파악

(3) Mill Sheet 기록 내용

① 제품의 제원 및 규격표시
  ㉠ 완성품의 길이와 크기
  ㉡ 제품의 형상, 두께
  ㉢ 제품의 직경
  ㉣ 제품의 중량
  ㉤ 도장 상태, 녹막이 상태 등
② 제품의 역학적 성능
  ㉠ 압축강도, 인장강도, 전단강도, 휨강도
  ㉡ 제품의 열적 성능, 연신율
  ㉢ 마모 저항성, 내산 · 내알칼리성, 부식 저항성
③ 제품의 화학적 성분
  ㉠ 탄소함유량
  ㉡ 철(Fe)의 성분 및 함유량(강재 대부분 98% 이상 철성분 함유)
  ㉢ 비철금속(구리, 납, 망간, 크롬, 규산, 황) 성분비
④ 시험 종류와 기준 명시
  ㉠ 제품의 역학적 성분 시험방법
  ㉡ 제품의 화학적 성분 시험방법
  ㉢ 시험기관(KS, AS, BS, JiS, DiN 등)

㉣ 시험기준

⑤ 제조회사 확인

㉠ 제조회사

㉡ 제조년월일

㉢ 제조공장

㉣ 제품번호

Mill Test Certificate/검사증명서

Certificate No./증명서번호:080714-PPNE-156-001
Date of Issue/발행일자:Apr., 20, 2009

Order No./계약번호:0003315661 　 PO No./주문번호:P1CGDD4080612
Supplier/주문자:POSTEEL 　 Commodity/품명:PLATE
Customer/고객사:DAEMYUNG CONSTRUCTION CO.,LTD 　 Spec & Type/규격:PS G0303 PILAC-BT33

Size/치수	Product No. 제품번호	Quantity 수량	Weight 중량 (kg)	Heat No. 제강번호	POSITION	Tensile/인장시험 YP (MPa)	TS (MPa)	EL (%)	YR (%)	Impact/충격시험 V Notch +0℃ Energy (Joule)	SF (%)	Z-Direction Tensile Test YP (MPa)	TS	EL (%)	RA (%) 1 2 3 Avg	DIVISION	C -4	Si -3	Mn -3	P -4	S -4	Cr -2	Ni -2	Cu -3
30x2820x11470	PB54977501	1	7,618	SB11325	T	408	538	23	76	A:246					54 53 54 54.0	L	1453	417	1073	187	38	2	1	14

*** Sub Total (050) *** 1 　 7,618 (kg)
*** HEAT TREATMENT ===> POSCO In Line Accelerated Cooling ***
*** Grade Total *** 1 　 7,618 (kg) 　 CEQ (F) = C + Mn/6 + Si/24 + Cr/5 + V/14 + Ni/40 + Mo/4
*** Grand Total *** 　 7,618 (kg)
=== Last Item ===

- Position - T : Top, M : Middle, B : Bottom
- Tensile Test. Direction : Longitudinal, Gauge Length : 200㎜(Rectangular),
- Impact Test. Direction : Longitudinal, T.L.R(Trans Longitude Ratio)
- Division - L:Ladle Analysis
- Chemical Composition Unit: -2:x1/100, -3:x1/1000, -4:x1/10000, -5:x1/100000
- Tr : It is within the standard range(<0.008%) and include trace element.
- Supply Condition : As-Rolled unless otherwise Heat Treated.

We hereby certify that the material herein has been made in accordance with the order and specification.
This material has been fully killed and made by basic oxygen process.

This material has been made by vacuum degassing process.
* 본 검사증명서에 명기된 규격용도외 사용시 안전상 문제가 발생할 수 있으며, 검사증명서 위.변조시 사문서 위조(형법231조)로 불이익을 당하실 수 있습니다.

Surveyor To:

POSCO Pohang Works, 5 Dongchon-dong, Nam-gu, Pohang-si, Gyeongsangbuk-do, 790-785, Korea 　 Chief of material testing section 　 Jo, Won Gook

※ 자료 : 건축시공(구조체편) 기문당, p.338.

4.2 공장제작 공정계획(No 1403021304-14V2.2)

1) 공장제작 준비

철골의 공장제작은 크게 제작준비단계와 가공 및 조립단계, 검사 및 운반단계의 세부분으로 나눌 수 있다.

제작준비단계는 공작도의 작성과 본뜨기 및 변형검사 및 수정 작업이 수행되며, 가공 및 조립단계는 금긋기와 절단 가용접과 본조립의 과정이 있고, 다음으로 검사 및 방청도장, 적치 및 운반 등의 작업이 진행된다.

2) 공작도(Shop Drawing) 작성

① 설계도와 시방서를 근거로 작성한 시공도면을 말한다.

② 공장제작 · 운반, 양중 및 현장세우기에 맞게 사전조사를 철저히 하여 작성한다.

③ 심선도 · 각 평면도, 골조도는 축척 1/100~1/200로 작성한다.

④ 기초 주각부, 기둥 · 보 등의 중요부위 상세도는 축척 1/10~1/20로 작성한다.

3) 공장제작 순서

(1) 원척도(현척도)

원척도는 설계도면 및 시방서에 따라 각부 상세 및 재의 길이 등을 원척(1/1 스케일)으로 그린 것으로서 각 부의 볼트간격, 수량 등 일반 설계도서로는 체크할 수 없는 사항과 실제 철골 제작 시의 본뜨기, 구멍뚫기 등에 사용하는 형판 등의 본을 뜨기 위해 작성한다.

(2) 본뜨기

① 본뜨기는 원척도를 따라 얇은 강판으로 게이지라인을 그리고 리벳팅할 곳에 작은 구멍을 표시하며, 기타 필요사항을 기록해 둔다.

② 리벳구멍 위치, 절단장소 등은 제작의 기본이므로 정확하게 작성한다.

(3) 변형 바로잡기

변형 바로잡기는 강재에 변형이 있으면 공작이 곤란하고 리벳이 잘 조여지지 않는 등 지장이 발생할 수 있으므로 금매김 전에 바로 잡는다.

(4) 금매김

금매김은 본판 및 리벳간격을 그린 장척물로 강재면에 리벳구멍의 위치와 절단개소 등을 정확하게 그려 넣는다.

(a) 본뜨기

(b) 금매김

그림 9-41 공장제작 작업

(5) 절단 및 가공

① 톱절단

형강이나 정밀절단을 요할 때 사용, 판두께 13mm 초과 형강이나 정밀절단 시 사용한다.

② 전단절단(Shearing Machine)

전단절단은 강판절단에 주로 사용, 판두께 13mm 이하, 그라인더로 수정한다.

③ 가스절단

가스절단은 주변 3mm 정도 변질 우려가 있으므로 여유 있게 절단하고, 절단기의 종류에 따라 자동가스절단, 반자동가스절단, 철관가스절단 등이 있다.

그림 9-42 가스절단기

④ 가공(휨가공)

열취성 범위(200~400℃)에서는 가공을 금지한다.

- 냉간가공 : 상온 가공 시 구부림의 안치수는 판두께의 2배 이상으로 한다.
- 열간가공 : 800~1,100℃의 적열상태에서 가공하며 급랭해서는 안 된다. 주요 부재에는 사용하지 않는다.

(6) 구멍뚫기

① 송곳뚫기

- 부재 두께가 13mm 이상인 경우에 사용한다.
- 3장 이상 겹칠 때, 주철재일 때, 정밀가공일 때, 수밀성을 요구하는 가공할 때 사용한다.

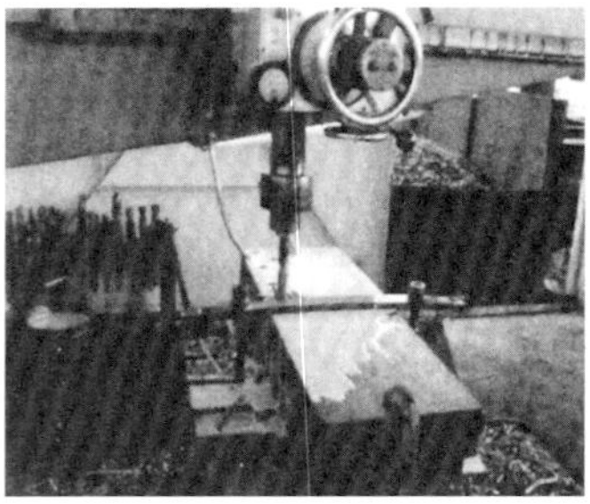

그림 9-43 송곳뚫기(Drilling)

그림 9-44 펀칭기(Punching)

② 펀칭(Punching)

- 부재두께 12mm 이하 또는 리벳지름이 9mm 이하인 경우에 주로 사용한다.
- 속도는 빠르나 구멍 주위에 변형이 생기기 쉬우므로 주의한다.

③ 구멍가심(Reaming)

 -조립 시 구멍 위치가 다른 경우 리머로 구멍가심을 한다.

 -3장 이상 부재가 겹치는 경우는 송곳으로 구멍지름보다 1.5mm 정도 작게 뚫고 드릴 또는 리머로 조정한다.

(7) 가조립

① 각 부재는 1~2개의 볼트나 핀으로 가조립하고 drift pin으로 부재구멍을 맞춘다.

② 세우기용 가볼트수는 전 볼트수의 1/2~1/3 이상 또는 2개 이상으로 가조립한다.

③ 가볼트 조임은 임펙트렌치나 토크렌치로 사용한다.

(8) 본조립

① 본조립은 리벳, 고력볼트, 용접 등이 있으며, 가능한 현장작업을 줄일 수 있도록 공장작업 부분을 많이 한다.

② 본조립은 일반적으로 고력볼트나 용접접합으로 이루어지며 리벳접합은 거의 하지 않는다.

③ 고력볼트 접합의 경우에는 강재간 마찰력에 견딜 수 있는 볼트를 사용하고 마찰면 미끄럼계수는 0.45 이상 거친면으로 한다.

그림 9-45 고력볼트 체결 예

④ 용접접합의 경우에는 용접 순서, 용접 작업 특성 등을 고려하여 용접 결함이 발생하지 않도록 해야 한다.

(9) 검사

① 공장제작단계에서의 검사는 주로 부재가 설계도서 및 시방서에서 요구하는 품질을 확보했는지 검사하는 것으로 부재의 치수, 접합상태, 도장 및 포장검사 등이 있다.

② 고력볼트 마찰면은 디스크 그라이터 등으로 와셔 외경 2배 이상의 범위에 대하여 흑피 제거 후 옥외에 방치하여 자연발생시킨 붉은 녹 상태를 확보한다.

③ 육안검사에 의한 언더 컷, 균열, 블로우 홀, 각장 부족, 오버랩, 언더컷, 피트 등을 수정해야 한다.

④ 자분탐상에 인한 미세균열 등을 수정하고 용접에 의한 노치, 크레이터 등을 수정, 스패터(spatter)는 깨끗이 제거한다.

4.3 방청도장(No 1403021304-14V2.3)

1) 방청도장 기준

방청도장은 현장반입 전 밀스케일, 스패터 등을 제거하고 1회 칠하고, 조립 후 칠할 수 없는 부분은 2회 칠하고 그 외는 현장 반입 조립 후 1회 칠한다. 공장제작이 완료된 부재는 표면처리를 위해 쇼트(shot blast)나 샌딩(sand blast)으로 표면처리 후 도장한다.

2) 방청도장 시 유의사항

① 표면처리는 도막의 수명과 부착 등에 큰 영향을 미치므로 피도면에 부착된 흑피, 녹, 이물질 등을 제거하여 표면조도를 형성시켜 도료의 부착성, 방식성을 증진시키는 역할을 한다.

② 공장제작 및 가공이 끝난 부재는 오염제거 및 각종 검사를 끝낸 후 녹막이도장을 1회 하고, 녹슬기 쉬운 곳은 2회 칠한다.

그림 9-46 철골부재 방청도장

③ 철골철근콘크리트조에서 콘크리트에 매입될 부분은 녹막이칠을 하지 않으나 운반 및 저장기간이 길 때는 녹막이 도장을 수행한다.

④ 도장작업 시 기후조건의 대기온도는 5℃ 이상, 상대습도 85% 이하, 철 표면온도는 이슬점 온도보다 3℃ 이상 높아야 하며, 옥외에서 시공 시 비, 눈, 이슬이 내리거나 강풍이 부는 환경에서는 작업을 중지한다.

3) 녹막이 도장을 하지 않아도 되는 부분

① 현장용접을 하는 부위와 인접하는 10cm 이내

② 고장력 볼트 마찰접합부, 콘크리트에 매립되는 부분

③ 조립에 의해 서로 밀착되는 면

④ 폐쇄형 단면을 가진 부재의 내부면

⑤ 초음파 탐상검사에 지장을 미치는 부위 등

4) 철의 녹제거 방법

① 녹제거 공구 : 와이어브러시, 연마지(사포), 샌드 블라스트

② 녹제거 용제 : 휘발유, 벤젠, 솔벤트

4.4 보관 운송(No 1403021304-14V2.4)

1) 철골재 보관 및 포장

그림 9-47 부재조립 보관

① 제작 조립 전 부재는 진애가 묻거나 변형이 발생하지 않도록 보관해야 한다.

② 고력볼트 보관과 운반은 볼트와 너트 나사부가 손상되거나 진애가 묻지 않도록 보관 · 관리해야 한다.

③ 현장 조립 시는 당일 사용수량 만큼만 반출하고 기타 도장된 것은 풀지 않도록 한다.

④ 현장 반입, 포장된 볼트는 비닐시트 등으로 덮어 비, 습기, 진애 등이 닿지 않도록 한다.

⑤ 도장이 끝난 완품은 부재의 변형이 발생되지 않게 정반에 받침목 등을 사용하여 적재한다.

⑥ 녹막이도장 작업 후 완전건조한 다음 출하목록에 맞추어 포장한다.

2) 운송하기

① 출하담당자는 제품 운반 시 송장 4부를 작성하여 1부는 공장 내부용으로 하고 3부는 운전자편으로 현장에 송부하며, 1부는 현장제출, 1부는 공장보관, 1부는 인수증으로 사용한다.

② 제품의 현장운반은 감독관 및 검사원의 최종검사가 끝난 제품으로 현장세우기 순서에 따라 운반한다.

③ 운전자는 인수증에 제품을 인수한 현장 인수자의 서명을 득하여 당 공장 출하담당자에게 제출한다.

그림 9-48 철골부재 운송 차량

④ splice, filler, liner plate, 소부재 등의 출하 시에는 규격 및 수량을 송장에 기입한다.

⑤ 출하담당자는 출고 부재와 송장이 일치하는지 확인한다.

⑥ 운반 차량 용량과 검토 사항

㉠ 운반차의 적재 용량

㉡ 운반차의 적재 길이

㉢ 도로교통법 운반 제한 사항

–교량 통과 제한 용량

–도로의 용량과 제한

표 9-13 운반차량 제원

차종	길이(적재함)	폭(적재함)	높이(적재함)	공차중량	상차 가능 중량
5ton 트럭	6.2	2.1	1.15	4.7	5
8ton 트럭	7	2.3	1.45	7.6	8
11ton 트럭	9.1	2.3	1.45	10.3	11
15ton 트럭	9.8	2.3	1.45	13.5	15
18ton 트럭	10.2	2.3	1.45	14	18
트레일러	12.2	2.5	1.55	15	25

5. 철골 현장세우기 및 조립계획(No 1403021305-14V2)

5.1 현장세우기 조립 준비(No 1403021305-14V2.1)

① 중심 먹매김

② 앵커볼트 매입

③ 기초 주각부 정착

④ 부재반입 및 하역

⑤ 기둥 · 보 세우기

⑥ 가조립

⑦ 변형 바로잡기

⑧ 본조립(볼트, 용접)

⑨ 접합부 검사

⑩ 도장

그림 9-49 철골부재 현장세우기 및 조립 예

5.2 기초 주각부 고정

1) 앵커볼트 매입

① 앵커볼트의 위치를 고정 · 확인한다.

② 앵커볼트는 콘크리트타설 시 이동되지 않도록 고정한다.

③ 앵커볼트 매입방식에는 고정매입, 가동매입, 나중매입 공법이 있다.

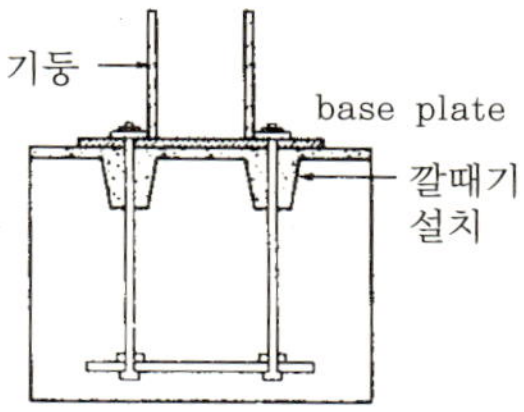

(a) 가동매입 공법

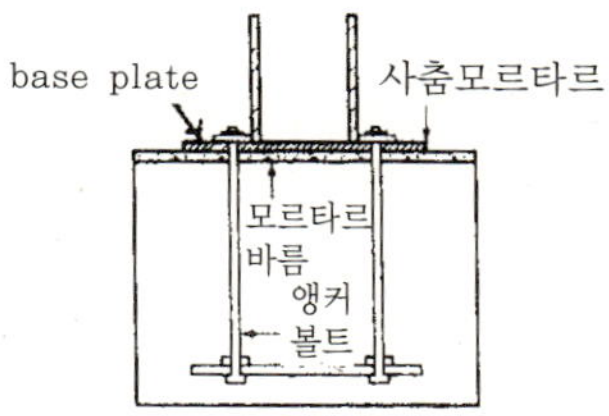

(b) 고정매입 공법

(c) 고정매입공법 현장 시공

그림 9-50 기초 주각부 앵커볼트 매입공법

2) 주각 모르타르 바름

① 주각 모르타르 level 및 수평도를 확인한다.

② 주각 모르타르 바름방식에는 전면 모르타르 바름, 나중 부분 채워넣기, 나중 전체 채워넣기 바름이 있다.

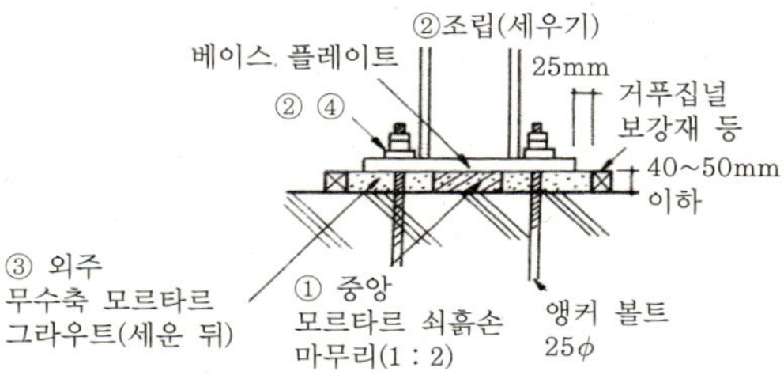

(a) 주각 모르타르 바름

(b) 주각 모르타르 바름 현장 시공

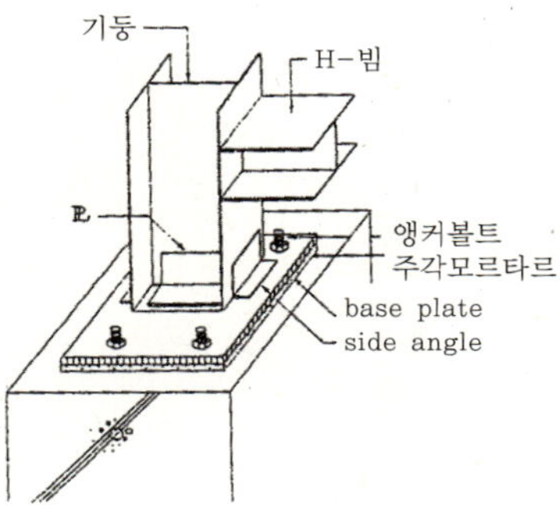

(c) 기초와 기둥주각부 고정

(d) 기초와 기둥주각부 고정 설치 예

그림 9-51 기초 주각부 모르타르 바름 공법

5.3 부재 현장 반입 및 장비 세우기

1) 부재 현장 반입 및 하역 작업

(1) 부재의 반입

① 부재의 반입은 세우기 순서에 맞게 반입해야 한다.

② 부재를 잡아매는 자는 경험자로 하고 안전하게 이동시킨다.

(2) 하역작업

① 기둥부재는 1회 하역에 1패킹씩 하고 보관 받침목은 2개 간격으로 전체를 받친다.

② 보부재는 1회 하역에 1패킹 하역을 한다.

2) 현장세우기 장비 조립

(1) 장비 선정 개요

- 공장제작된 절별, 부재별, 재료 반입 일정을 고려하여 현장 입고한 후 현장기초 앵커 볼트 Setting과 함께 세우기 장비를 선정하여 철골세우기 작업을 진행한다.
- 세우기 장비는 부지여건, 건축물 구조와 형태, 규모, 높이, 길이 부재 크기, 중량, 공정여건 등을 고려하여 양중장비를 선정하고 세우기 계획을 한다.
- 세우기 장비는 고정식과 이동식 장비가 있으나 고정식 장비는 보통 타워 크레인을 주로 사용하고 이동식 장비는 트럭 크레인을 주로 사용한다.

(a) 철골 현장세우기 고정식 타워크레인 장비 설치　　(b) 철골 현장세우기 이동식 크레인 장비 설치

그림 9-52 철골 현장세우기 장비 설치

(2) 타워 크레인 장비 선정 시 검토사항

① 장비 기종 선정 요소
- 철골부재의 최대 중량 파악
- Link Beam 중량
- 사용 전력 체크

② 장비 대수 결정 요소
- 현장의 작업 반경
- 철골부재의 총수량
- 철골 설치 공사기간

5.4 가조립(No 1403021305-14V2.2)

① 기둥과 보는 세우기 직후 가볼트 조임을 하고 강풍이나 외력 등에 의해 변형되지 않도록 보강 와이어를 설치한다.

② 가볼트 조임수는 2개 이상의 개수를 플랜지와 웨브 부분에 좌우, 상하 균형을 잡아 설치한다.

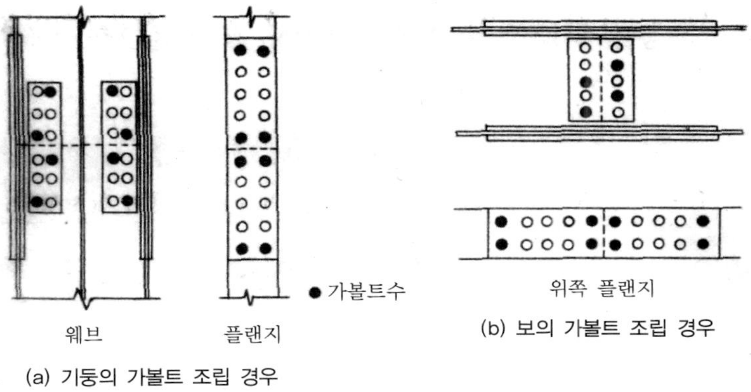

그림 9-53 가볼트 조임 설치 예

③ 고장력 볼트접합의 가볼트 수는 1개 군에 대하여 소요볼트 1/3 이상 또는 2개 이상 배치한다.

④ 혼용접합은 볼트 하나의 군에 대하여 1/2 또는 2개 이상으로 한다.

5.5 본조립(No 1403021305-14V2.3)

1) 기둥 세우기

① 기둥 부재의 웨브와 플랜지, 양방향 4개소에 중심 마킹작업을 한다.

② 기설치된 하부기둥과 상부기둥의 수직도를 잡기 위해 소형수평기와 직각자를 준비한다.

③ 기설치된 하부기둥 중심선과 수직도를 선조정한 후 splice plate로 볼트조임을 한다.

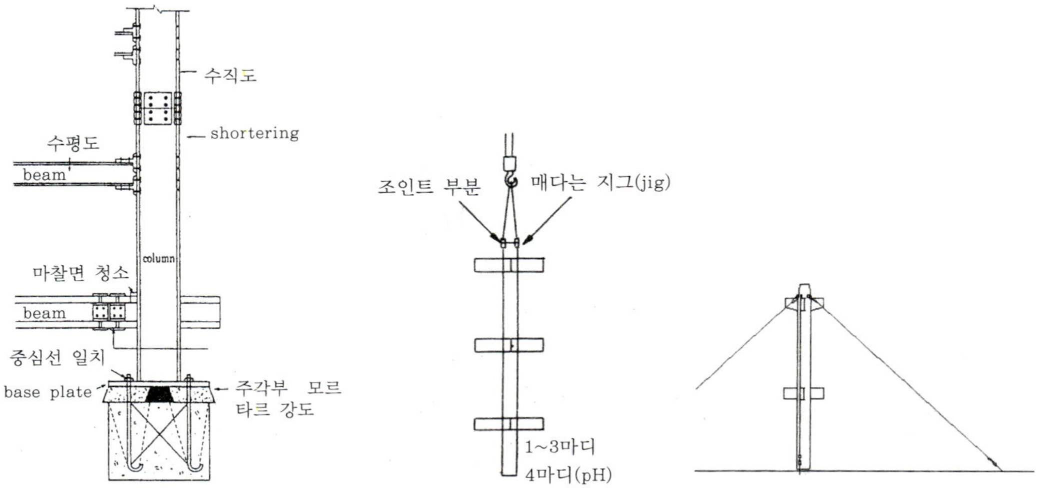

(a) 철골 기둥 · 보 조립도 (b) 기둥 매다는 지그 (c) 기둥 세우기, 보강 와이어 설치

그림 9-54 철골기둥 현장세우기

2) 보 설치 및 조립

① 기둥을 세우면 보를 바로 걸쳐 변형되지 않도록 한다.

② Gusset type 보 설치는 작업자가 기둥에 매달려 작업하게 되고 보의 고력볼트를 체결한 후가 아니면 보에 앉아서는 안 된다.

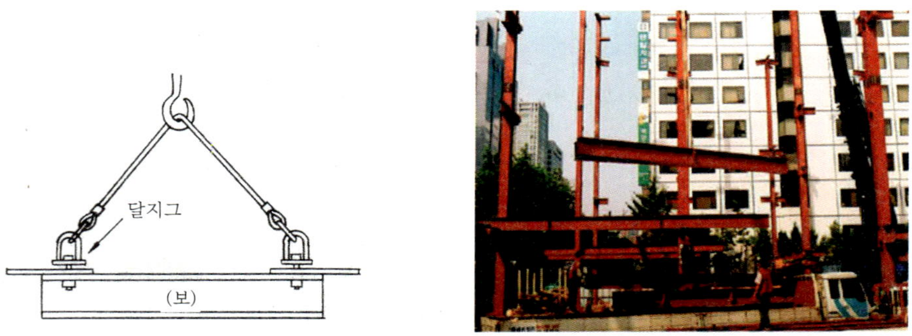

(a) 보 매다는 지그 (b) 보 매다는 지그

그림 9-55 철골보 현장 조립

③ Bracket type 보 설치는 작업자가 보 위에 앉아 작업할 수 있다.

④ 가볼트 조임수는 미리 정해진 수량에 따라 필요한 곳에 체결한다.

3) 기둥 · 보 수직도 관리

① 기둥의 수직도는 기준 기둥의 주각에 트랜싯을 설치하여 기울기를 계측한다.

② 외부기둥은 피아노선에 의해서 스틸 테이프로 주두의 기울기를 측정한다.

4) 철골 세우기 수정, 레벨 조정

철골구조체의 정도(精度)를 확보하기 위하여 세우기 수정 및 레벨 조정을 실시한다.

① 누적오차관리

고층건축물의 철골공사 시 공장제작된 기둥부재가 각각 허용오차 내에 들더라도 현장에서 세우기 작업 중 누적되면 오차가 크게 발생할 수 있기 때문에 주의해야 하며, 제작부재 오차, 연직하중 수축, 용접 시 수축 및 오차는 현장에서 조정이 어렵다.

② 레벨의 조정

㉠ 철골세우기 중 각 절마다 현장에서 보상단 Level 및 기둥 상부 Level을 측정 후 다음 절에 오차를 반영하여 제작한다.

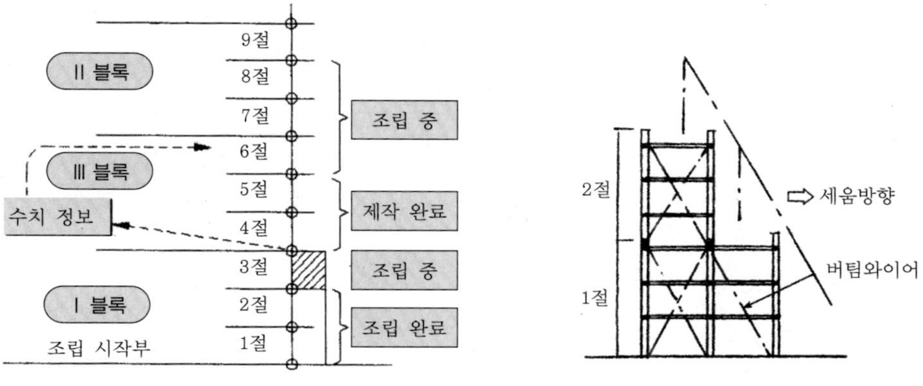

(a) 철골 세우기 조립 레벨 조정 (b) 철골 세우기 수정

그림 9-56 철골 현장세우기 수정

㉡ 계측결과의 수치정보를 얻은 시점은 그 절의 1, 2절 상부는 이미 제작이 진행 중인 경우에 많으므로 일반적으로 3번째 상부 절에서 레벨을 조정한다.

5) 기둥과 기둥 부재접합

① H형강 단일재의 경우 기둥 접합부는 응력이 작은 바닥 위 1m 위치로 하고, 이음방법은 고장력볼트나 용접이음한다.

② 상하기둥의 크기가 크게 다른 경우는 내력판을 마구리에 깔고 웨브에도 앵글을 붙인다.

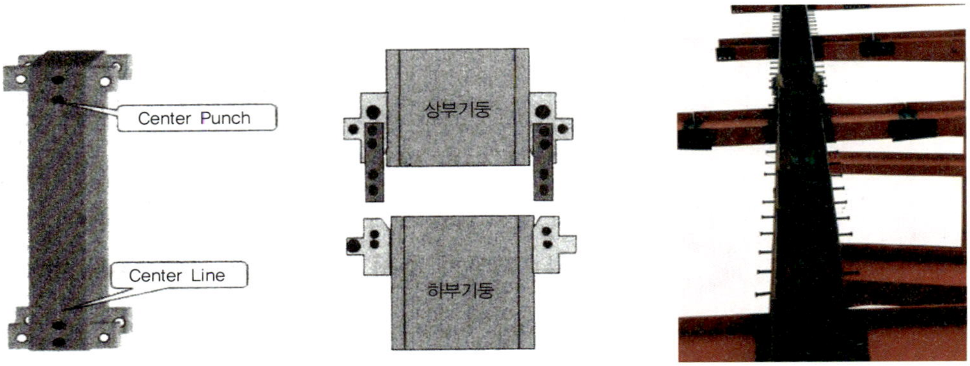

(a) 기둥접합 시 중심선 마킹

(b) 철골 기둥 현장세우기 조립

그림 9-57 철골기둥 접합 및 현장세우기

6) 보와 보 부재접합

그림 9-58 보와 보의 고력볼트 접합

① 보 이음은 플랜지 양면에 덧판(splice plate)을 대고 고력볼트 2면 마찰접합, 존재응력이 매우 작은 경우는 1면 마찰 접합 혹은 용접이음 또는 용접과 고장력볼트의 혼용이음을 사용한다.

② 보의 이음 위치는 장기하중으로 인한 휨모멘트가 영(0)이 되는 반곡점의 위치, 즉 보 끝에서 간사이의 1/4지점에 설치한다.

③ 큰 보와 작은 보의 접합은 큰 보 스티프너에 작은 보 웨브를 대고, 양면에 덧판을 대어 고력볼트 접합 혹은 작은 보에 댄 사이드앵글을 큰 보의 웨브에 대고 접합한다.

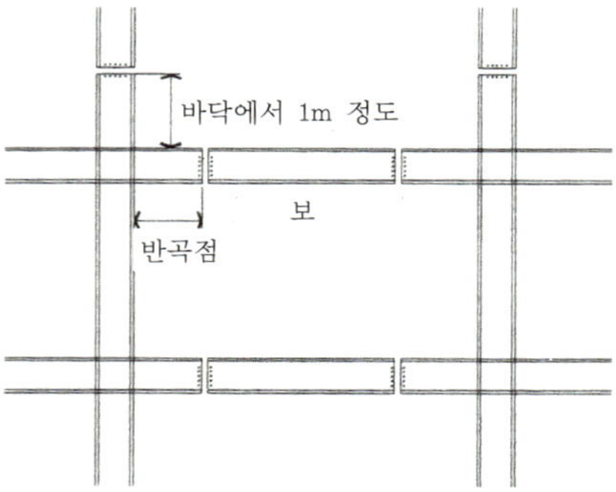

그림 9-59 기둥과 보의 이음 위치

그림 9-60 보와 보의 고력볼트 조립 예

7) 기둥과 보 부재접합

① 기둥 · 보 접합부는 공장에서 가공하고 현장의 고력볼트 접합 혹은 용접접합한다.

② 보 웨브는 고력볼트 접합, 보 플랜지에는 용접접합하기도 한다.

(a) 기둥과 보의 본조립 설치

(b) 철골기둥과 보 현장세우기 순서 예

그림 9-61 철골부재 접합과 현장 조립

5.6 본 조립 검사(No 1403021305-14V2.4)

1) 철골기둥의 본조립 수직도 검사법

- 기둥 조립 설치 정밀도 계측은 계측기구의 온도변화가 적은 시각(오전 6~10시)에 측정한다.
- 모서리 기둥과 지정된 안기둥의 X, Y 두 방향에 다림추 혹은 트랜싯 · 레이저 광선 · 수직측정기를 내려 각 기둥들의 수직도 측정 또는 몇 스팬 간격으로 친 피아노선에 따라 외측단 및 중간 기둥들의 들고 나옴도 조사하고 고층인 경우는 자동 수직측량 관리 시스템으로 구성한다.

그림 9-62 기둥 수직도 트랜싯 검사

① 철골기둥의 수직도 허용오차

기둥의 수직도 허용오차는 1개 절당 관리허용오차는 ±10mm로 하고, 한계허용오차는 ±15mm로 한다.

관리허용오차	기울기$(e) \leqq h$(높이)/1,000	$e \leqq$ 10mm
한계허용오차	기울기$(e) \leqq h$(높이)/700	$e \leqq$ 15mm

② 철골기둥 수직도 검사방법

- 기둥의 평면 부분(x, y)에는 4개소 이상의 평면 기준점을 설치한다.
- 기둥의 높이(H) 부분에는 2개소 이상의 기준점을 설치한다.
- 건물 내부에는 각 층별로 4개소 이상의 기준점을 설치한다.
- 철골구조물 설치에 필요한 측점으로 평면기준점과 높이기준점에서 건물 내부의 기준점으로 각 층별 바닥면에 설치한다.

③ 철골기둥 수직도 측정 장비

- 광파기, 트랜싯, 레벨기, 스틸자, 다림추

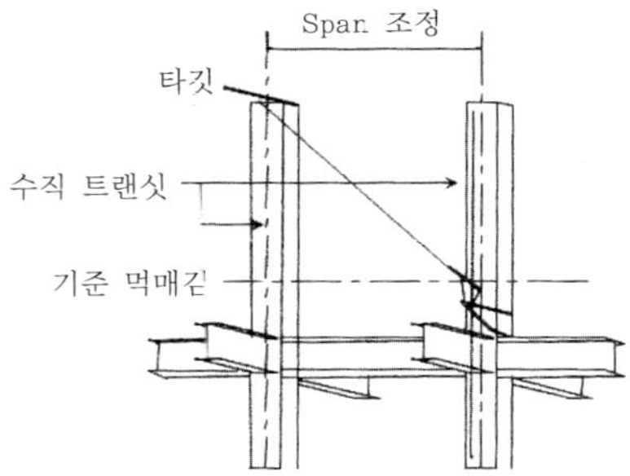

그림 9-63 트랜싯법

2) 철골기둥의 수직도 측량법

- 트랜싯법, 다림추법, 레이저 광파기

① 트랜싯법

- 트랜싯 기계로 철골기둥의 수직도를 검사하는 것을 말한다.

② 다림추법

- 철골기둥 상부에서 하부로 다림추를 늘어뜨려 철골기둥의 수직도를 검사하는 것을 말한다.

③ 레이저 광파기법

- 레이저 광파기 기계로 철골기둥의 수직도를 검사하는 것을 말한다.

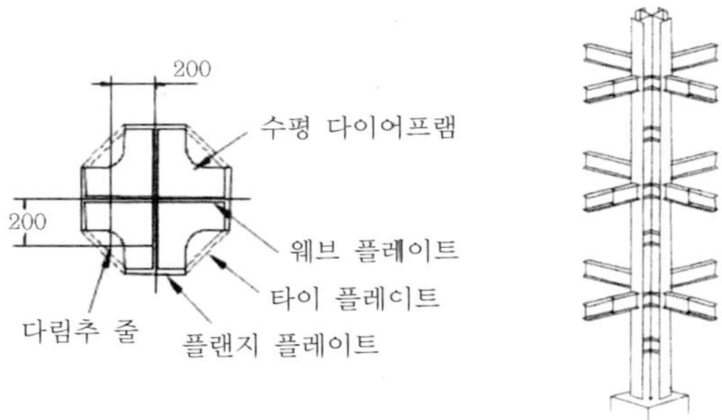

그림 9-64 다림추법(기둥과의 거리 측정)

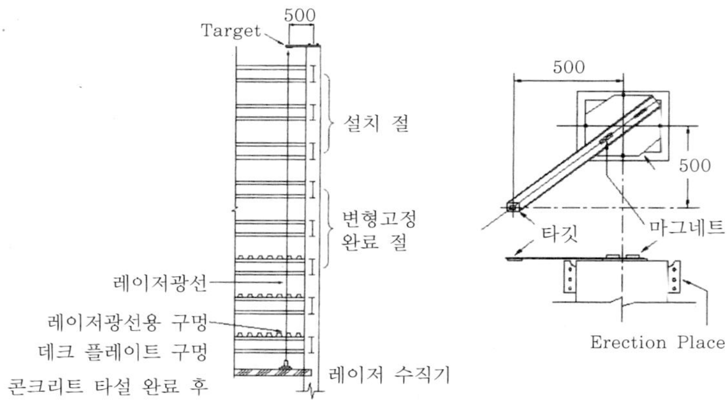

그림 9-65 레이저 광파기법

3) 철골기둥 세우기 수직, 수평도 검사 방법

① 기울기는 각 기둥의 머리, 중간, 다리부분, 이음 위치에서 측정한다.

② 고층건축물의 수직도는 레이저 광파기로 검사(건물 주위 및 내부(4개소)에 영구측점 설치)한다.

③ 건축물의 굴곡을 피아노선 또는 컨벡스 롤 등으로 측정한다.

④ 중심선과 앵커볼트 위치의 어긋남은 베이스플레이트 형판(템플레이트), 컨벡스 롤로 측정한다.

⑤ 보의 수평조 및 이음 층의 층높이는 레벨 · 컨벡스 롤 · 스태프 등으로 측정한다.

4) 철골기둥 본조립 수정

① 철골기둥의 조립 수정은 내림추를 종횡으로 2방향 또는 중간의 몇 개소에 매달고 와이어로프나 턴버클(turn buckle), 체인블록 등으로 수정(조립정밀도는 시방서의 철골 정밀도 검사기준 참조)한다.

② 무리한 수정은 2차 응력을 유발하므로 위험하다.

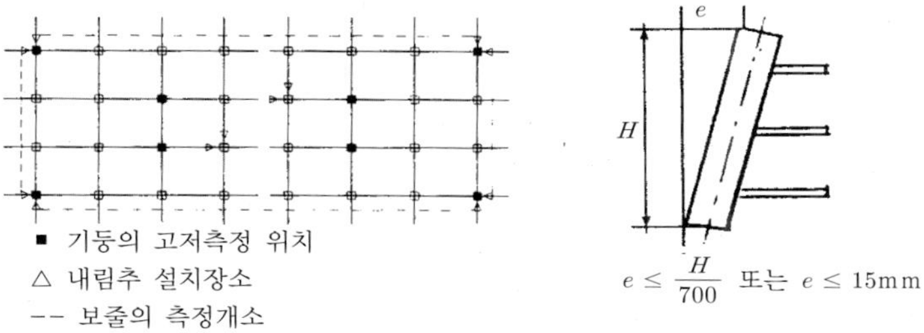

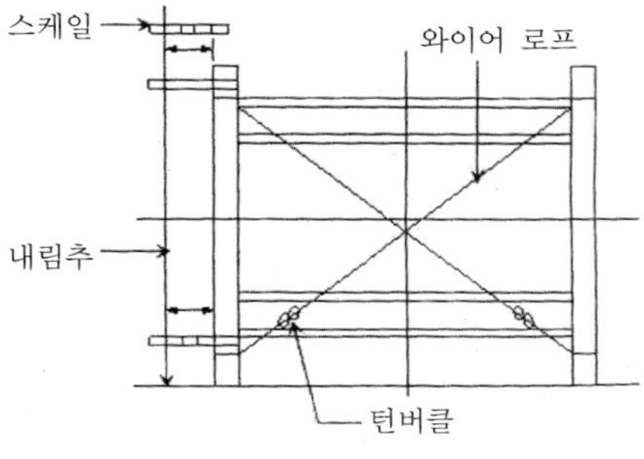

기둥과 보의 조립 수정

그림 9-66 기둥의 수직도 허용오차 및 조립 수정

6. 철골 현장 용접 접합(No 1403021306-14V2)

6.1 현장 용접 준비(No 1403021306-14V2.1)

1) 용접 재료 준비 사항

① 용접 재료는 강재의 재질, 이음형상, 개선방향, 용접방법에 적합해야 한다.

② 재료 종류, 회사, 상품명, 제작요령서가 반드시 기재되어 있어야 한다.

③ 용접 불량 원인이 될 수 있는 재료는 반출한다.

④ 모든 용접재료는 용접봉 건조로가 비치된 용접재료 관리창고에서 저장, 건조 불출관리하며, 각 용접재료는 종류별 용접봉 건조표준에 따라 건조 후 불출시켜야 하며, 사용시에는 이동식 건조로에 보관하여 사용하고 있는지 확인한다.

2) 용접 작업 전 준비 사항

① 제작도면을 잘 이해하고 작업내용을 충분히 검토한다.

② 용접전류, 용접순서, 용접조건 등을 확인한다.

③ 용접부위는 이물질(녹, 기름, 먼지, 수분 등)을 완전히 제거한 후 용접한다.

④ 용접사는 반드시 용접사 자격시험에 합격한 경우에 한하며, 국가자격을 취득한 용접사는 자격시험을 생략한다.

3) 현장 용접 전 검사

용접 전 검사는 절단면의 거칠기, 절단면의 직각도, 절단면의 슬래그, 트임새 모양, 메탈터치(metal touch), 용접사의 기량시험 등으로 나뉜다.

6.2 현장 용접 접합(No 1403021306-14V2.2)

1) 용접 접합 방법

① 철골용접합 방법에는 수동(manual)용접(아크수동용접) · 반자동용접(가스실드아크 반자동용접) · 전자동용접(서브머지드아크 자동용접)공법이 있으며, 특수한 용접으로는 시어커넥터(shear connector)를 부착한 스터드용접이 있다. 현장에서는 수동용접과 반자동용접을 공장에서는 반자동과 자동용접이 주로 쓰인다.

그림 9-67 아크 손용접 시공

② 수동용접은 용접길이가 짧고 작은 피스류, 협소한 장소에서 조립용접에 주로 사용하고 반자동용접은 대부분 철골용접 부위에 사용하고 자동용접은 보의 빌트 업(built up)이나 박스기둥의 각 이음 등에 적용된다.

③ 자동용접이란 용접용 와이어의 이동을 기계에 의해 자동으로 진행되게 한 용접장치를 이용한 것이며, 반자동용접은 자동장치를 이용하여 용접작업자가 수동으로 실시하는 것을 말한다.

(a) 반자동 아크 용접 (b) 자동용접 시공

그림 9-68 철골 용접접합방법

2) 용접이음방법

(1) 맞댐용접

맞댐용접은 접합재를 동일평면으로 유지하며, 그 끝을 적당한 모양이나 각도로 개선하여 용접살을 개선부에 용융하여 넣는 용접방식이다.

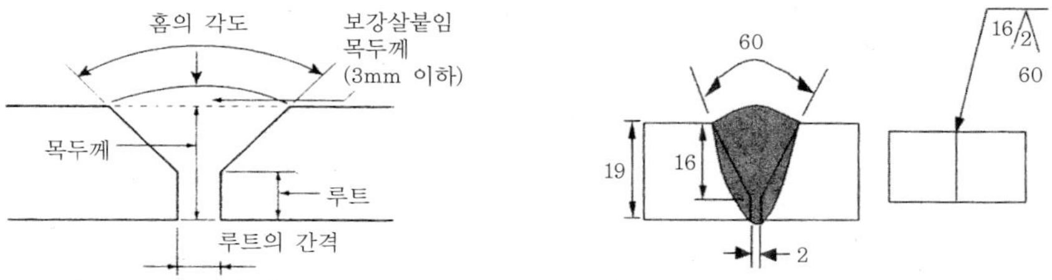

(a) 맞댐용접 개선면 (b) 맞댐용접 개선 각도 사례

(c) 맞댐용접

그림 9-69 철골 맞댄용접 접합

(2) 모살용접

모살용접은 부재의 끝을 개선하거나 가공하지 않고 부재와 부재가 교차하는 선을 따라 삼각형 모양의 모살면에 용접살을 덧붙여서 용접하는 방식으로 모재를 가공하지 않고 용접이 가능하여 철골부저 공장제작에서 많이 쓰이는 공법이다.

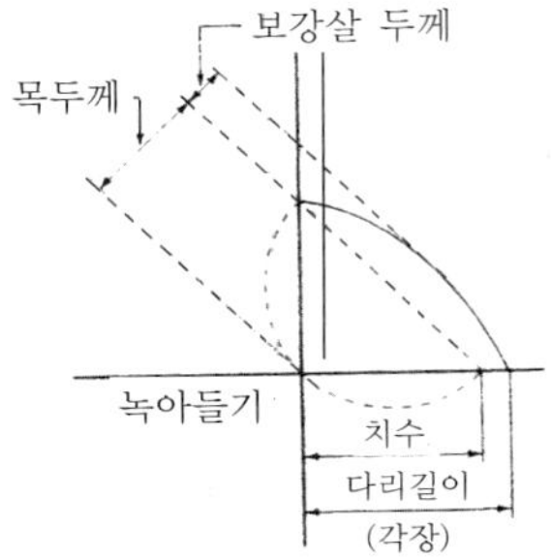

(a) 모살용접 목두께

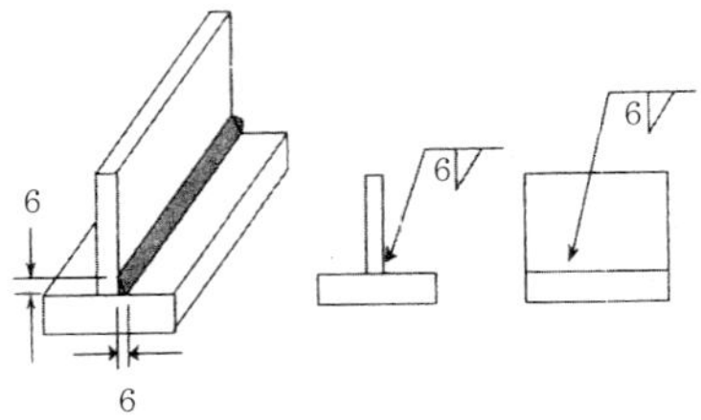

(b) 모살용접 사례

그림 9-70 철골 모살용접 접합

그림 9-71 현장 모살용접 사례

6.3 용접 후 검사(No 1403021306-14V2.3)

용접 후 검사는 용접부의 품질 안전성을 확인하기 위해 일반적으로 비파괴검사를 실시하고 있다.

용접 비파괴검사에는 표면결함에 의한 비파괴검사와 내부 결함에 의한 비파괴검사로 나눌 수 있다.

1) 외관 검사

① 외관 검사는 용접 후 여러 가지 게이지를 사용하여 용접공 또는 용접 전문 기술자가 직접 용접상태를 보고 검사하는 것을 말한다.

② 용접치수의 측정에 대해서는 육안으로 과소 또는 과대로 판단된 장소만을 게이지를 이용해 직접 확인하면 된다.

③ 측정결과의 기록방법으로는 측정 위치에 초크나 사인펜으로 기록해 두면 된다.

2) 비파괴검사

(1) 방사선투과법

① 용접부위 뒷면에 필름을 설치하고 X선이나 γ선을 투과시켜 내부 결함을 판단하는 검사방법을 말한다.

② 두꺼운 부재도 검사가 용이하고 간편하다.

③ 검사상태를 기록으로 보존 가능하다.

④ 검사자에 따라 판정 차이가 크다.

⑤ 방사선 노출과 위치에 제약이 많다.

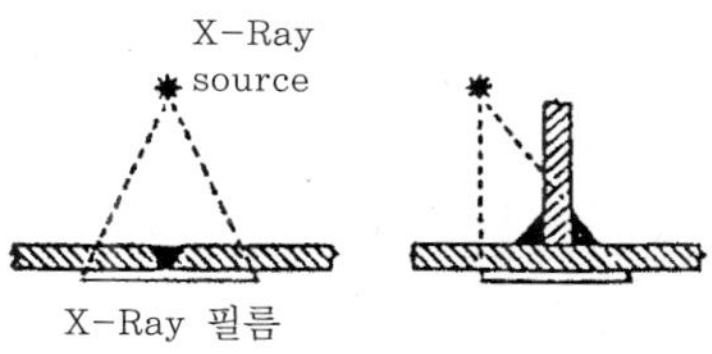

그림 9-72 방사선 투과 검사법

(2) 초음파탐상법

① 용접 부위에 초음파를 투과시켜 모니터에 나타나는 용접형상을 보고 이상유무를 판정하는 검사방법을 말한다.

② 넓은 면을 빠른 속도로 검사할 수 있다.

③ 위치에 제약을 받지 않고, 검사결과를 그 자리에서 알 수 있다.

④ 두꺼운 부재는 판독이 어려우며, 기록성이 없다.

그림 9-73 초음파탐상법

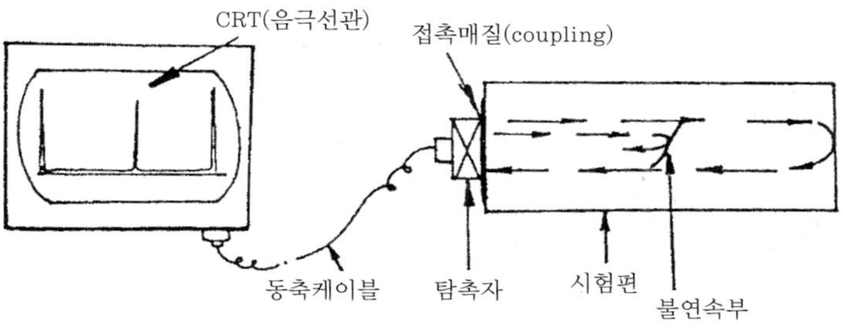

그림 9-74 초음파 탐상시험

(3) 자기분말탐상법

① 용접부에 자력선을 투과시켜 형성된 자장으로 결함을 찾아내는 검사방법을 말한다.

② 표면결함이 미세한 부분도 검사가 가능하다.

③ 검사결과가 판단자에게 의존하며, 부정확하다.

(4) 침투탐상법

① 용접부에 침투액을 바르고 현상제를 도포하면 균열 부위가 적색으로 나타나게 되어 용접결함을 찾아내는 검사방법을 말한다.

② 표면검사에 적합하고 넓은 면적의 검사에 편리하다.

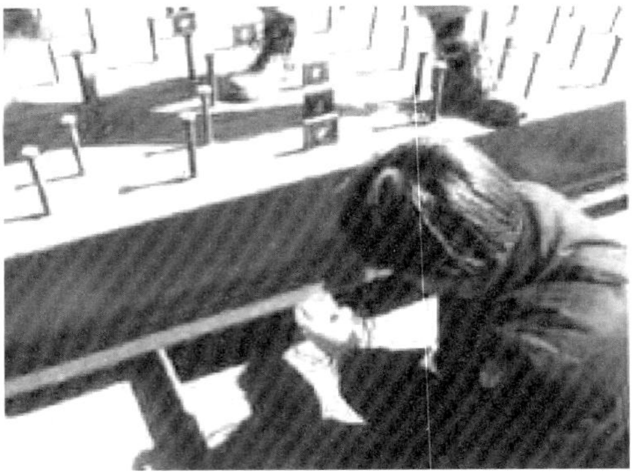

그림 9-75 침투탐상법

7. 현장 고력볼트 접합(No 1403021307-14V2)

7.1 재료검사(No 1403021307-14V2.1)

1) 반입검사

① 고력볼트 검사성적표 확인은 제작자의 검사성적표 제시를 요구하여 발주조건 만족 여부를 확인한다.

② 고력볼트 반입 확인은 포장상태, 외관, 등급, 지름, 길이, 로트번호 등을 확인한다.

③ 고력볼트를 반입할 경우는 완전히 포장된 것을 미개봉 상태로 반입한다.

④ 고력볼트의 장력 확인은 토크관리법을 이용하여 고력볼트의 장력을 확인 · 검사한다.

표 9-14 고력볼트 재료 확인

1차 확인	1Lot마다 5Set씩 임의로 선정하여 볼트 장력 평균치 산정 • 상온(10~30℃)일 때 규정치와 상온 이외 온도(0~6℃ 중 상온을 제외한 온도)에서 규정치와 확인
2차 확인	1차 확인결과 규정치에서 벗어나면 동일 Lot에서 10개를 취하여 평균치를 다시 선정 • 10Set의 평균치가 규정치 이상이면 합격 • 10Set의 평균치가 규정치를 벗어난 경우는 특기시방서에 따름
3차 확인	검사에 이용하는 축력계 및 조임기구는 검교정된 상태의 것을 사용하고, 정밀도의 확인이 필요 조임기구는 조일 수 있는 적정한 개수가 있으며, 그 이상이 되면 정밀도 저하

(a) H/T볼트(High Strenth Hex Bolt) (b) T.S볼트(Torque Shear Bolt)

그림 9-76 고력볼트 종류

2) 고력볼트 관리

볼트구멍이 불량이나 길이가 부적합할 때는 고력볼트의 도입축력 발현이 되지 않으므로 볼트구멍과 길이로 인하여 조임작업이 용이하도록 관리해야 한다.

① 볼트구멍의 처리

볼트 상호 간의 중심거리는 그 지름의 2.5배 이상

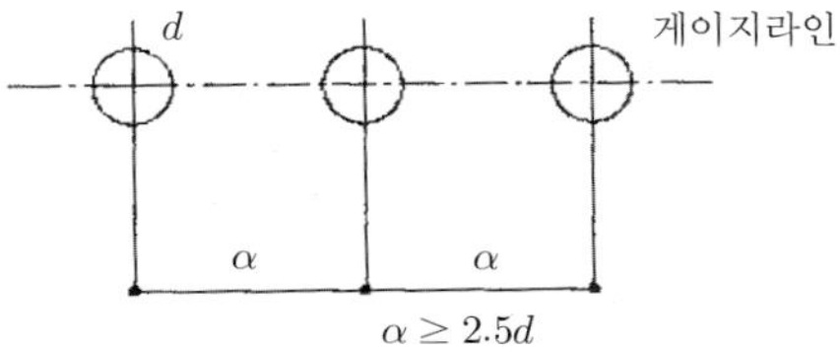

그림 9-77 고력볼트 구멍 위치

② 볼트길이의 관리

나사선의 길이가 부족하면 조임 불량이 발생하고, 나사선이 손상되면 도입출결 관리가 불가능하다.

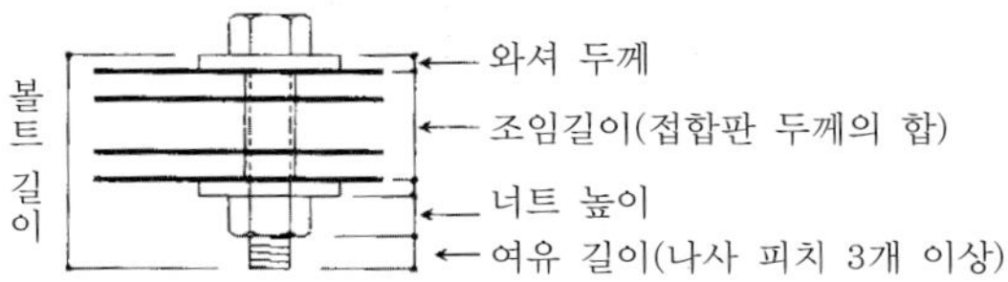

그림 9-78 고력볼트 길이

3) 볼트 관리시 유의사항

① 운반, 조임작업 시 나사선이 손상된 것은 사용하지 않는다.

② 고력볼트는 종류, 등급, 사이즈(길이, 지름), 로트별로 구분하여 빗물, 먼지 등이 부

착되지 않고 온도변화가 적은 장소에 보관한다.

③ 고력볼트를 외기에 방치할 경우 소정의 토크계수치에서 벗어나 토크를 도입해도 축력이 들어가지 않는 상태가 되므로 유의해야 한다.

④ 전용 보관함(Ccntainer)이나 비닐시트 등으로 보양한다.

⑤ 당일 개봉된 전량을 사용하지 못했을 경우 반드시 정해진 보관장소에 보관해야 한다.

7.2 접합면 관리(No 1403021307–14V2.2)

1) 볼트 1개의 허용마찰력

① 볼트는 마찰접합 시 부재의 접합면이 마찰력을 통해 직접 전달한다.

② 부재의 마찰면에 필요한 마찰계수(μ=0.45 이상)가 확보되어야 한다.

③ 볼트 1개의 허용마찰력

$$R = 1/\,VnN\mu$$

여기서, N : 볼트의 장력(t)

μ : 미끄럼 계수 0.45

V : 안전율

n : 마찰면의 수

2) 마찰면의 처리

① 숏 블라스트(Shot Blast), 그릿 블라스트(Grit Blast)처리하여 표면거칠기를 확보한다.

② 와셔 바깥지름의 2배 이상의 범위에 대해 검정 녹 등을 제거한 후 옥외에 자연방치하여 발생시킨 붉은 녹이 나 있는 상태를 유지한다.

③ 뜬 녹, 밀 스케일, 기름, 도료 등이 붙어 있지 않은지 확인한다.

④ 보관 시 틈이 있거나 스플라이스 플레이트(Splisce Plate)와 모재 간에 철선(#10)을 끼워 놓으면 녹이 발생한다.

⑤ 스플라이스 플레이트 면의 상태를 모재와 같이 유지시킨다.

⑥ 접합부 틈새의 두께가 1mm 이하이면 그대로 두고, 1mm 이상이면 필러 플레이트(Filler Plate)를 삽입한다.

7.3 볼트(조임) 체결(No 1403021307-14V2.3)

1) 고력볼트 조임 체결 순서

① 마찰면 처리 → ② 볼트구멍 크기(수정) → ③ 가볼트 조임

④ 1차 조임 → ⑤ 금매김 → ⑥ 본조임 → ⑦ 조임검사

(1) 1차조임

① 1차조임 토크치는 1차조임 목표치의 70%로 실시한다.

표 9-15 1차 볼트 조임의 장력

볼트 호칭	M12	M16	M20	M22	M24
1차조임	500kg · cm	1,000kg · cm	1,500kg · cm	1,500kg · cm	2,000kg · cm

② 1차조임의 순서는 볼트군마다 조임은 이음의 중앙부에서 단부로 조인다.

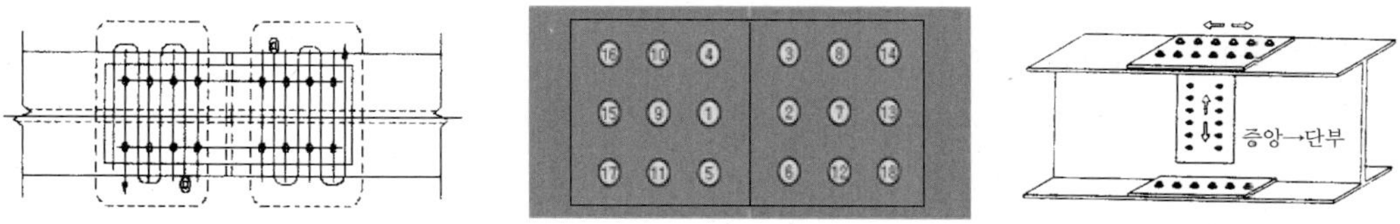

(a) 고력볼트 조임 순서 (b) 볼트조임 순서(중앙→단부로) (c) 볼트조임 순서

그림 9-79 고력볼트 체결 순서

(2) 금매김

① 1차조임 후 볼트, 너트, 와셔, 부재에 걸쳐 금매김을 실시한다.

② 볼트의 머리 밑과 너트 밑에 와셔 1장씩 끼우고 너트를 회전시킨다.

③ 너트는 표시기호가 있는 쪽이 바깥쪽이고, 와셔는 면치기가 있는 쪽이 바깥쪽임을 인지하고 와셔와 너트의 방향에 주의한다.

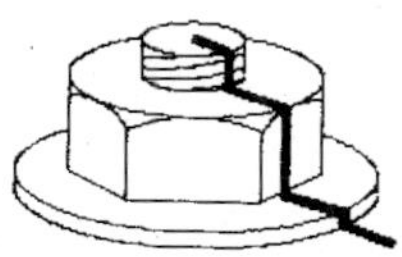

그림 9-80 금매김 표시

(3) 본조임

① 토크관리법은 표준볼트 장력을 얻을 수 있도록 조정된 조임기구를 이용한다.

② 너트관리법은 1차조임 완료 후를 기준으로 너트를 120°(M12는 60°) 회전하여 조임한다.

㉠ 1차조임 후 금매김

㉡ 2차조임 120° ±30±시는 최종 체결 다음 날까지 완료한다.

㉢ 토크 검사는 최종 체결 다음날까지 완료한다.

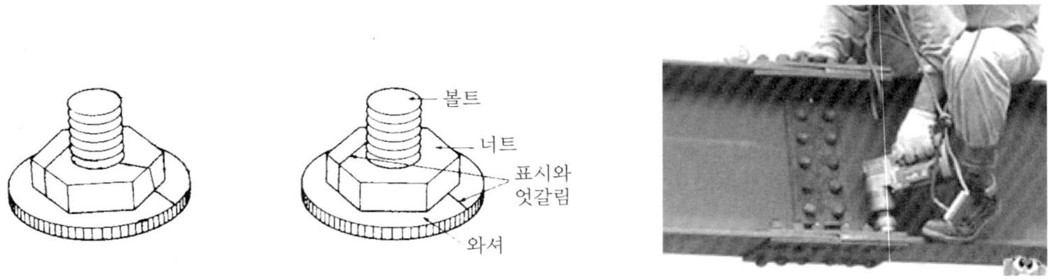

(a) 1차 체결　(b) 2차 체결　(c) 고장력 볼트 조임

그림 9-81 고력볼트 체결 방법

2) 볼트 조임검사 시 유의사항

① 조임검사는 최종 체결 다음날까지 완료한다.

② 볼트의 위치와 규격을 확인한다.

③ 마찰면의 이물질이나 녹을 충분히 제거한다.

④ 가조립은 본조립 볼트수의 1/2~1/3, 볼트 2개 이상 실시한다.

⑤ 볼트체결 시 혼동되지 않도록 표시한다.

⑥ 볼트체결은 중앙에서 단부로 한다.

⑦ reaming 작업－오차구멍 수정작업으로 최대 편심거리는 1.5mm 이하로 한다.

⑧ 트랜싯으로 수직과 수평을 수시로 점검한다.

⑨ 기기의 정밀도
- 검사에 이용하는 축력계 및 토크렌치는 검교정된 상태의 것을 사용한다.
- 조임기구는 조일 수 있는 적정한 개수가 있으며 그 이상이 되면 정밀도가 저하한다.
- 조임기기의 조정은 매일 조임작업 전에 확인 · 실시한다.
- 토크렌치와 축력계의 정밀도는 3% 오차범위가 되도록 충분히 정비한다.

7.4 조임검사(No 1403021307-14V2.4)

1) 육안검사

① 모든 볼트에 대해 1차조임 후 표시한 금매김에 의해 회전량을 육안으로 먼저 검사한다.

② 샘플링 검사는 일반적인 경우 실시하며 볼트군의 10% 이상 또한 1개 이상으로 한다.

③ 전수검사는 너트의 회전량이 현저하게 차이가 인정되는 볼트군이나 모든 볼트를 토크렌치로 추가 조임에 따른 토크렌치 적부를 검사한다.

2) 토크관리법

① 토크렌치를 사용하여 처음에 너트를 60° 만 조였다가 나중에 전체를 조였을 때, 토크치가 규정 ±10% 범위의 것을 합격으로 하고 볼트군의 10% 이상 또는 1개 이상을 검사한다.

② 범위를 넘어서 조여진 볼트는 교체하고 조임 부족으로 인정된 군의 모든 볼트는 검사하고 동시에 소요 토크치까지 추가 조임한다.

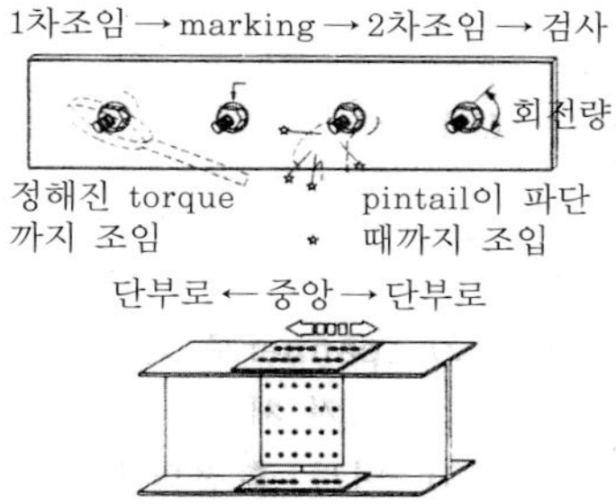

그림 9-82 torque 검사

④ 토크렌치

㉠ 시공 전 torque moment를 측정한다.

㉡ 일정한 토크 모멘트로 너트를 조임한다.

㉢ 토크 검사 $T = k \cdot d \cdot n$

여기서, k : 토크계수(0.2)

d : 볼트지름

n : 볼트체결력

T : 토크값(t · m)

(a) 수동식 토크렌치 (b) 압착식 임팩트렌치

그림 9-83 토크렌치

⑤ 임팩트렌치

㉠ 중앙에서 단부로 체결한다.

㉡ 1차 70%는 손조임으로 2차 30%는 임팩트렌치로 조임한다.

3) 너트 회전법

① 너트 회전량으로 검사한다.

② 너트와 와셔의 금매김이 일치되어야 한다.

③ 너트 회전량 120±30° 를 합격으로 한다.

4) 볼트의 교환

① 너트, 볼트, 와셔 등이 동시 회전, 축회전을 일으킨 경우는 교환한다.

② 너트회전량에 이상이 있는 경우도 교환한다.

5) 볼트의 재사용 금지

한 번 사용한 볼트는 재사용을 금지한다.

8. 철골 도장(No 1403021308-14V2)

8.1 표면처리(No 1403021308-14V2.1)

① 철골 바탕면의 먼지, 기름, 녹 등의 이물질을 제거한다.
② 방청처리 손상부나 미비한 부분에 대한 보수를 한다.
③ 용접 부위는 표면을 매끈하게 처리했는지 확인한다.

8.2 내화도장(No 1403021308-14V2.2)

1) 내화도료의 구성

① 녹막이층, 베이스 코트, 톱실의 3개 층으로 구성한다.
② 베이스 코트 두께에 따라 내화성능을 결정한다.
③ 발포 전 시공두께는 1~2mm 정도로 한다.

2) 내화시공 방식

(1) 녹막이층

녹막이층은 철골의 방식 기능을 한다.

(2) 베이스 코트

① 화재시 표면온도 300℃에 이르면 발포 개시를 시작한다.

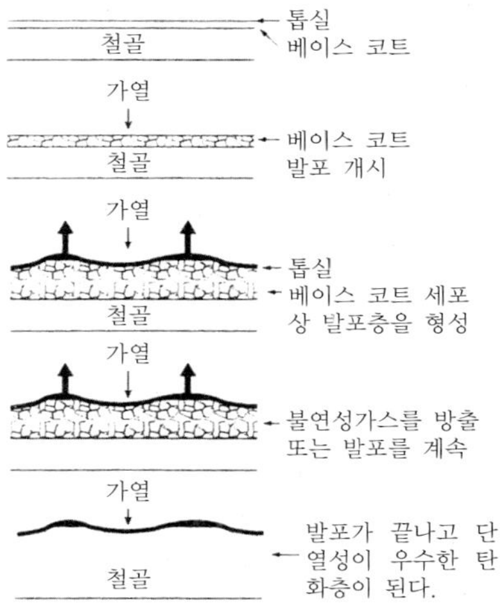

그림 9-84 내화도료의 발포메커니즘

그림 9-85 내화도료 현장 시공

② 가열되면 열분해 및 탄화된다.
③ 불연성 암모니아와 탄산가스가 발생하고 상온시의 20~50배로 팽창한다.
④ 팽창하여 단열층을 형성한다.

(3) 톱실
① 베이스 코트 팽창 후 보호막을 형성한다.
② 내화성능 저하방지 기능성이 있다.

(4) 도장
① 방청처리를 위한 광명단 등으로 시공한다.
② 내화도료 시공은 2회 정도 뿜칠 또는 붓칠시공으로 한다.
③ 내화도료 도장 후 24시간 경과 후 톱실시공한다.
④ 스프레이 시공 시 30cm 정도 거리를 유지하여 수직으로 도포한다.

(5) 양생
① 완전 양생까지는 60일 정도의 장시간이 필요하다.
② 시공 후 1~2일은 특별보호조치를 한다.

8.3 검사보수

1) 도막두께
① 시공 중 검사－wet film gauge를 이용하여 조절한다.
② 시공 후 검사－elcometer를 사용하여 건조 도막두께를 측정한다.
③ 내화기준에 따른 두께 부족 시 소지처리 후 재도장을 실시한다.

2) 외관검사
육안으로 기포 등 이상이 없는지 확인한다.

3) 제품검사
제조사, 제조일, 관련서류 등을 확인한다.

4) 부착성능시험
필요시 부착성능을 실시한다.

9. 철골 내화피복(No 1403021309-14V2)

9.1 재료 공법 선정(No 1403021309-14V2.1)

① 내화피복은 화재에 대하여 철골기둥이나 보 부재가 열에 대하여 몇 시간을 견딜 수 있느냐를 표시하는 것으로 내화피복 재료 및 공법 선정은 매우 중요하다.
② 내화피복 재료 공법 선정은 공사입지와 건물의 용도, 특성 등에 따라 다를 수 있다.
③ 내화피복 공법은 건물이 지하층 또는 지상층에 따라 공법 선정이 달라질 수 있다.

9.2 내화피복 시공(No 1403021309-14V2.2)

1) 뿜칠 내화공법

(1) 개요

강재에 접착제를 도포한 후 석면, 질석 등 내화재를 뿌려 시공하는 방법을 말하며, 철골 면재에 접착제를 칠하거나 라스(lath)를 둘러대고 석면 또는 암면 등을 스프레이건으로 뿜어 붙인다.

(2) 특징

① 단면모양에 제약이 없고 시공이 간편하다.
② 복잡한 모양도 시공이 가능하다.
③ 내열성 및 단열·흡음효과가 있으나 재료 손실이 많다.
④ 균일두께 확보와 비중관리가 어렵다.

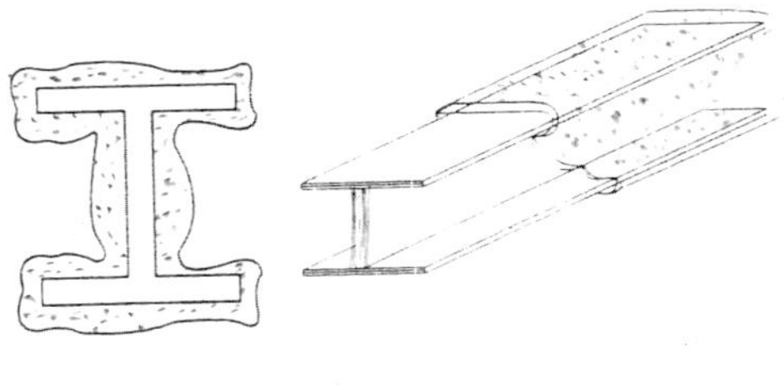

(a) 뿜칠공법

(b) 뿜칠공법 예

그림 9-86 뿜칠 내화피복 공법 시공

(3) 공법 구분

① 습식 뿜칠-재료와 물을 미리 혼합하고 압송하여 노즐로 뿜칠하는 공법을 말한다.

② 건식 뿜칠-재료와 물을 노즐에서 동시에 분출하여 접착하는 공법을 말한다.

(4) 시공순서

① 강재면 청소 → ② 초벌접착재 시공 → ③ 뿜칠시공 → ④ 피복두께 검사 → ⑤ 양생

(5) 시공 시의 유의사항

① 분진에 대한 방지대책을 마련한다.

② 미관상 마감용으로는 곤란하기 때문에 마감을 고려한다.

③ 재료의 낭비가 적도록 사전에 계획한다.

④ 박락이 일어나지 않도록 충분한 접착력을 확보한다.

2) 건식내화공법

(1) 개요

내화성이 있는 성형판을 접착재나 연결철물을 이용하여 강재면에 부착하는 공법을 말한다.

(2) 특징

① 재료와 품질관리, 작업 여건이 우수하다.

② 충격에 약하고 이음부 단열성능이 저하된다.

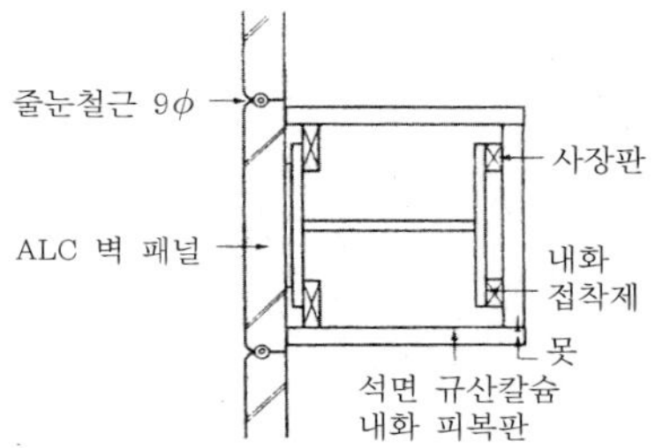

그림 9-87 건식공법

3) 복합내화공법

(1) 개요

한 가지 시공을 통해 두 가지 이상의 피복 기능을 하도록 한 방법을 말한다.

(2) 특징

① 외벽 ALC 패널 마감과 내화피복을 동시에 실시하는 공법이다.

② 천장 멤브레인 공법-내화기능과 흡음, 마감재 기능을 동시에 갖는다.

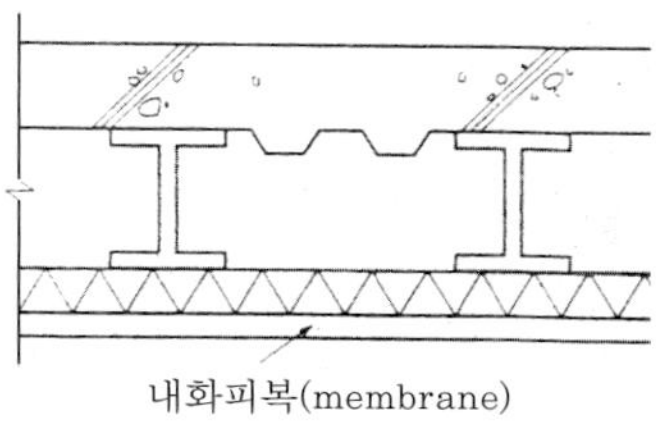

그림 9-88 복합공법

10. 철골검사 보수 및 준공 검사

10.1 철골검사 보수(No 1403021309-14V2.3)

1) 미장, 뿜칠 내화공법

(1) 검사항목

① 내화재의 두께와 비중 검사

② 접착력 검사

(2) 검사기준

① 각 층별마다 실시한다.

② 바닥면적 기준 1,500m^2마다 부위별 1회 이상 실시한다.

③ 연면적 1,500m^2 미만인 건물은 최소 2회 이상 실시한다.

④ 각 부위별 1회 기준으로 하고 1회에 5개소 이상 검사한다.

(3) 검사방법

① 시공 중 검사－시공면적 5m^2마다 1개소 단위로 핀으로 두께를 확인한다.

② 시공 후 검사－뿜칠공법의 경우는 코어 채취를 하여 검사한다.

2) 붙임내화공법, 멤크레인내화공법

(1) 검사항목

① 내화재의 두께와 비중 검사

② 접착력 검사

(2) 검사기준

① 각 층별마다 실시한다.

② 바닥면적 기준 1,500m^2마다 부위별 1회 이상 실시한다.

③ 연면적 1,500m^2 미만인 건물은 최소 2회 이상 실시한다.

④ 각 부위별 1회 기준으로 하고 1회에 3개소 이상 검사한다.

(3) 검사방법

① 시공 중 검사－시공 전 재료인 두께와 비중을 확인한다.

② 시공 후 검사－붙임 상태, 이음부 처리상태, 코어 채취를 하여 검사한다.

10.2 철골 준공검사(No 1403021310-14V2)

1) 기성 검사 준비(No 1403021310-14V2.1)

① 설계도서에 따라 공사의 기성 부분의 적합성을 검토한다.
② 기성검사를 기간 내에 종료하기 위해 발주자에게 사전검토를 받는다.
③ 기성내용과 계약내용이 상이할 경우에는 재검사를 받는다.
④ 기성검사가 완료되면 공사비 수정을 청구한다.

2) 준공도서 작성(No 1403021310-14V2.2)

① 공사 중 변경사항 등을 확인하여 준공도면을 작성한다.
② 공사 중 변경에 따른 투입 자재, 물량 등을 수정하여 준공내역서를 작성한다.
③ 준공 후 시설물 유지관리를 위한 각종 자료를 정리하여 준공도서를 작성한다.
④ 최종 확정된 준공도서를 발주자에게 제출한다.

3) 준공검사(No 1403021310-14V2.3)

① 조립 완성된 강구조 시공 상태에 대한 지적사항을 보완하여 준공검사를 받는다.
② 발주자의 제반 지적사항을 보완하여 준공계를 작성하고 제출한다.
③ 최종 준공검사 서류를 제출하고 계약을 완료한다.

10
Chapter

PC(Precast Concrete)공사

제1절 PC공사 시공 기본 지식 이해

제2절 PC공사 시공 NCS 적용 “사례현장” 실무 이해

제1절 PC공사 시공 기본 지식 이해

1. PC공사 개요

1.1 공법 개요

① PC(Precast Concrete)공법이란 공장 또는 현장 플랜트(plant)에서 몰드(mold)로 규격화된 콘크리트 부재(기중, 벽, 보, 바닥, 지붕 등)를 대량으로 제작하여 현장에서 조립·구축하는 건식공법의 조립식 공법을 말한다.

② PC공장제작 계획은 PC부재의 품질과 제작의 정밀도가 중요하며, 현장조립계획은 입지조건, 운반로, 장비의 사용여건 등을 고려하고 부재 조립 접합시에는 구조적 안전과 수밀성 등을 고려하고 부재 조립 접합시에는 구조적 안전과 수밀성 및 방수성에 대한 충분한 검토가 필요한 공법이다.

③ 국내에서 PC공법은 80년대 말에서 90년대 초에 신도시개발로 정부의 지원과 함께 건설업체에서 선진공법을 도입하였으나 PC에 대한 선호도 저하로 대부분이 문을 닫게 되었으며, 지금은 대부분 중·저층의 일부 아파트 건물이나 공장, 물류센터, 경기장 등에서 사용할 수 있는 복합화PC공법으로 발전하였다.

④ 향후 PC공법은 건식공법으로 노동력 부족 해소와 기계화 시공의 필요성에 따라 정부의 제도적 지원과 건설업체의 꾸준한 기술과 공법 개발이 필요하다.

그림 10-1 PC조립 시공 현장

1.2 PC공법의 특성

1) 장점

① 노동력 부족 대처 가능

② 공기단축과 원가 절감

③ 기계화 시공 가능

④ 건설 공해 및 안전재해 방지

2) 단점

① 수요공급의 불안정
② 초기투자비 과대
③ 접합부 강도성 및 누수성 미흡
④ 설계 표준화, 규격화 미흡
⑤ 수요자 선호도 부족
⑥ 조립 전문기술자 부족

1.3 국내 PC회사 현황

1) 국내 PC공법 도입 현황

① 국내 PC공법 도입은 1971년 대한주택공사가 일본 대성건설과 합작으로 한성 프리패브(주)를 설립하여 패널구조 아파트를 연간 약 1,200~1,500호를 생산할 수 있는 공장을 경기도 성남에 건설하면서 시작되었다.
② 1990년대 이후에는 정부의 적극적인 지원으로 많은 건설업체에서 PC공장을 건설하였으나 대부분 문을 닫았고, 90년대 후반부터는 PC공법이 주택 이외의 건축물에 적용하면서 복합화PC공법으로 발전하였다.

(a) 한성 PC공장 전경

(b) 삼성 PC공장 전경

그림 10-2

③ 외국에서 도입된 PC공법들은 크게 프랑스에서 개발된 기술인 카뮤(Camus)공법과 스위스에서 개발된 콘스(Koncz)공법, 덴마크에서 개발된 L&N공법과 이를 발전시킨 LVI공법 및 DSGB공법, 일본 대성건설에서 도입한 H사 프리패브(Prefab)공법 등으로 나눌 수 있다.

④ 국내 기술로 개발된 공법으로 H사 HIC-PC공법, K사의 PC, H사의 고층PC공법 등으로 나눌 수 있다.

2) 국내 PC생산업체 현황

표 10-1 조립식주택 생산업체 현황(1994. 10월 현재)

회사명	생산시스템	연간생산량	공장 위치
강 남 건 영	강남 PC공법	1,000(25평)	여주
금 호 건 설	덴마크 DSBG	5,000(20평)	장성, 음성
극 동 건 설	스위스 Koncz공법		음성
남 양 Con'c	프랑스 Camus공법	1,000(15평)	김해
동 서 산 업	동서 PC공법	6,000(32평)	이천, 벽제, 울산
대 우	DWS공법	2,000(15평)	원주 수영만
동 아 건 설	스위스 Koncz공법	3,600(30평)	창원
삼 한 까 뮤	프랑스 Camus공법	2,000(15평)	이천, 천안
삼 성	스위스 Koncz공법	2,000(20평)	음성
세 양 주 건	덴마크 LVI	3,000(15평)	음성
성 원 건 설			여주
우 성 건 설	덴마크 DSBG	1,500(15평)	온양
유 원 건 설	스위스 Koncz공법	1,500(15평)	진천
한 성	한성 PC공법	3,000(15평)	성남
한 양	덴마크 LVI	7,000(32평)	이천, 의정부
현 대 산 업 개 발	현대 PC(HID-PC공법)	2,000(30평)	여주
한 신 공 영	한신공법	2,500(15평)	오산
청 구	독인 Phapon공법	2,000(32평)	음성

자료 : 건축시공학, 정상진외 p.394

2. PC공법의 분류

2.1 패널(panel)공법

1) 공법 개요

① 보통 방 크기의 벽과 바닥 PC부재를 공장에서 생산하여 현장에서 조립하는 공법으로 접합부에는 콘크리트를 타설하여 일체화시키는 조립공법을 말한다.
② 국내 PC아파트 구조에 주로 사용한 공법이다.

2) 공법구조

패널(panel)구조 형식에 따라
① 횡벽구조 공법 : 내력벽을 횡방향으로 배치한 구조
② 종벽구조 공법 : 내력벽을 종방향으로 배치한 구조
③ 양벽구조 공법 : 내력벽을 종 · 횡방향으로 배치한 구조

2.2 골조식 공법

1) 공법 개요

① 기둥과 보의 PC부재를 공장에서 제작 · 생산하여 현장에서 조립하는 공법을 말하며, 바닥판은 당연히 PC부재를 사용한다.
② PC접합 부위는 PC부재 조립 후 철근배근과 거푸집 조립을 하여 현장타설 콘크리트로 일체화시키는 공법이다.

2) 공법 구조

① 습식 공법 : PC 접합부를 현장타설 콘크리트 접합하는 공법
② 건식 공법 : PC 접합부를 철물을 이용하여 용접접합하는 공법

2.3 박스(unit)식 공법

1) 공법 개요

① 방 크기의 벽과 슬래브가 형성된 Box형 unit을 현장에서 조립하여 건축물을 구축해 나가는 공법을 말한다.

② 국내에서는 DWS공법으로 부산지역 아파트 건설에 사용된 적이 있다.

2) 공법 구조

① 개방형 구조 : 여러 가지의 형태의 건물을 생산할 수 있는 구조

② 폐쇄형 구조 : 특정한 형태의 건물만 생산할 수 있는 구조

그림 10-3 PC공업화 건축 시공 "예"

3. 복합화(PC)공법 종류

3.1 공법 개요

복합화(PC)공법은 PC공법과 RC공법의 장점을 조합한 공법을 말하며, 일반적으로 골조공사의 철근, 거푸집, 콘크리트 타설의 재래식 공법을 개선하여 철근 pre-fab공법, 대형거푸집공법, Half PC공법 등의 기술을 복합화하여 건축물을 조립 완성하는 공법을 말한다.

3.2 복합화공법의 유형

① 보통 슬래브와 보를 PC부재화한 복합화공법

② 기둥, 보에 PC부재를 시용한 복합화공법

③ 보를 철골조로 혼합하는 복합화공법

3.3 PC복합화공법 종류

1) RPC공법

(1) 공법 개요

RPC공법은 기둥과 보를 공장에서 PC부재로 제작하고 접합부를 현장콘크리트로 타설하여 접합하는 공법을 말한다.

RPC공법은 라멘구조이므로 벽식구조에 비해 설계가 자유롭고 폭넓게 적용될 수 있다.

(2) 접합공법

접합공법에는 습식공법과 건식공법이 있다.

그림 10-4 RPC 복합화 공법

그림 10-5 RPC 복합화 공법 상세

2) 부분 PC공법

(1) 공법 개요

부분 PC공법은 벽체는 PC부재로 하고 슬래브 바닥은 Half PC 바닥판을 사용하여 상부는 현장타설콘크리트로 복합화하는 공법을 말한다.

(2) 접합공법

접합 부위와 바닥판 상부(Half PC)는 PC 조립 후 철근 배근과 거푸집 조립 후 현장타설 콘크리트로 접합한다.

3) HPC공법

① 기둥은 H형강 철골을 사용하고 보, 바닥판, 내력벽 등을 PC 부재화하여 현장에서 조립하여 복합화하는 공법을 말하는 것으로 PC보 양단부에 철골을 가공 매입하여 철골 기둥과 접합을 용이하게 한 구조이다.

② 고층건물, 병원 등의 고층화, 복합화공법에 적용된다.

(a) H-PC 부재

(b) H-PC 보와 철골기둥 연결

그림 10-6 H-PC공법 시공 사례

4) Pull PC복합화공법

(1) 공법 개요

2개 층 높이의 기둥을 한 부재로 PC화하여 중량을 줄이기 위해 중공형 PC로 제작하여 현장에서 중공 부분에 콘크리트를 타설하고 기둥 하부에는 Splice Sleeve+고강도 모르타르로 충진하여 시공하는 공법이다.

(2) 공법 사례

그림 10-7 삼성 기흥 반도체 공장 Pull PC공법 사례

5) Hi-Beam 복합화공법

(1) 공법 개요

기둥은 철근콘크리트조로 하고 보는 Hi-Beam으로 하되 직교하는 보는 Hi-Beam 또는 철골보, PC 보 중에서 선택할 수 있는 공법으로 바닥은 Deck plate나 Half PC를 사용하여 복합화한 공법을 말한다.

(2) 공법 구조와 사례

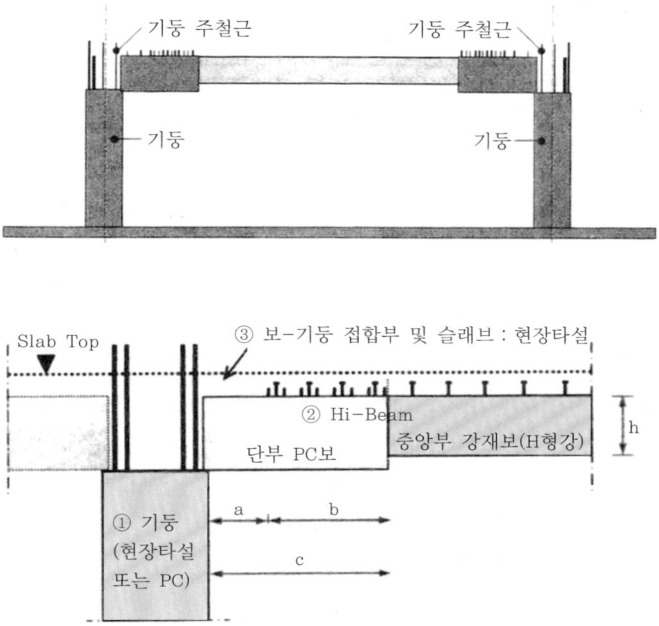

그림 10-8 Hi-Beam공법 구조

(a) 현장 기둥+보 설치

(b) 현장 조립 전경

그림 10-9 Hi-Beam 복합화공법 조립 시공현장

4. 공업화 건축 Open system과 Closed system

4.1 Open system

1) 공법 개요

특정한 건물의 형태를 미리 산정하지 않고 주택을 구성하는 각 부품을 여러 형태의 주택에 사용할 수 있도록 개발·생산·판매하고, 이 부품을 적절히 선택·조합함으로써 다양한 주택을 구성해가는 방식의 공업화공법을 말한다.

① 설계자에게 다용도 계획, 조립 자재 표준 등의 모든 구상에서 자유로운 보장이 가능하다.

② 성능 및 규격에 맞는 시스템 및 계열부품 고안과 개발이 가능하다.

③ 호환성 및 가변성으로 변화의 다양성을 제공할 수 있다.

2) 특성

① 다양한 주택 생산

② 대량생산 가능

③ 평면구성의 자유로움

④ 호환성 높음

3) 효과

① 고도의 기계화 시공, 효율적인 생산시설로 건설을 가능하게 할 수 있다.

② 대량 생산 공급이 가능하다.

③ 조립 부재를 단독 또는 여러 공장에서 각각 분할하여 제조가 가능하다.

④ MC화(Modular Coordination)가 가능하다.

4) 개발 전망

① open system은 건축 생산 전체의 조직에 관한 것이고 어떻게 하면 빌딩 서브 시스템의 단위 조직을 세분화해 나가느냐는 것이 앞으로의 과제이다.

② open system 개발은 기업체의 노력에 의해 개발되거나 사용자측에 의해 개발되기도 한다.

4.2 Closed system

1) 공법 개요

완성된 주택의 형태가 사전에 상정되고, 이를 구성하는 부재, 부품들이 어느 특정한 타입의 건물에만 사용될 수 있도록 부재, 부품을 생산해서 조립화한 공업화공법을 말한다.

2) 특성

① 양산화 작업 어려움
② 특정 구조물에 한정되어 적용 가능
③ 비경제적임(cost up)
④ 주문공급방식

3) 문제점

① 외장의 단순화 및 고정화
② 주문생산으로 호환성이 없음
③ 문제점 발생시 대체하기 어려움

4) 개발 전망

① 상징적 건축물의 생산이 가능하다.
② semi-open system화가 가능하다.

그림 10-10 Closed system 시공 현황

4.3 Open system과 Closed system 특징 비교

Open system과 Closed system의 특징과 문제점을 비교해보면 다음과 같다.

표 10-2 Open system과 Closed system의 특징 비교

구분	Open system	Closed system
1. 건물 형태	평면구성의 자유	단조로운 형태
2. 호환성	부재 부품의 호환성 높음	부재 부품의 호환성 없음
3. 공급방식	시장 공급방식	주문 생산 공급방식
4. 적용대상	여러 형태의 건물	특정한 형태의 건물
5. 문제점 대처	대처하기 쉽다.	부재공급 중단시 대처 곤란
6. 경제성	대량공급으로 가격이 싸다.	가격이 비싸다.

제2절 PC공사 시공 NCS 적용 "사례현장" 실무 이해

1. PC공사계획 개요

1.1 PC 공장계획과 현장조립계획

① PC공사는 부재를 공장에서 제작하는 공장제작 공정과 현장에서 조립 · 설치하는 조립시공 공정으로 구분할 수 있다.

② 공장제작시에는 부재의 품질과 제작의 정밀도가 중요하며, 현장조립시에는 입지조건, 운반로, 장비의 사용여건 등을 고려하고 부재의 조립, 접합시에는 구조적 안전, 수밀성 및 방수성을 검토하여 시공계획을 수립해야 한다.

③ PC부재의 원활한 공급과 운반을 위해서는 PC공장과 현장 간의 긴밀한 협조와 협의가 필요하다.

1.2 PC 시공계획 Flow

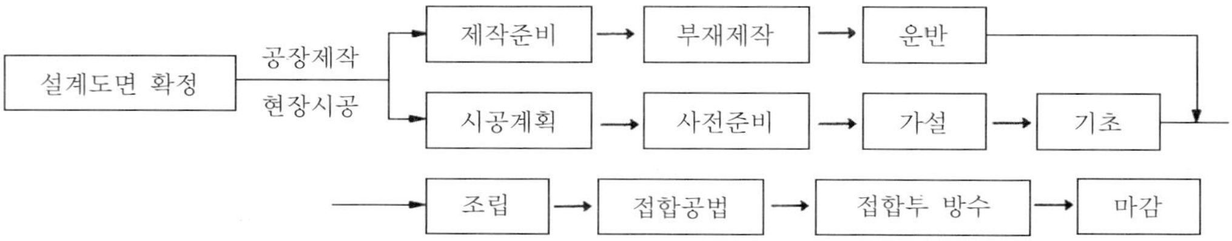

그림 10-11 한성 PC생산 공장 현황

2. PC공장 제작 계획

2.1 공장 제작 순서

공장 부재 제작 Flow는 다음과 같다.

① 설계도면 확정 → ② Mold 제작 → ③ 철근배근 → ④ 배관 및 부속 철물 매입

⑤ 검사 및 수정 → ⑥ 콘크리트 타설 → ⑦ 양생 및 마감 → ⑧ 탈형

⑨ 최종 검사 및 보수 → ⑩ 저장 및 운반

2.2 단계별 제작 순서

1) 설계도면 확정

① 부재의 형상과 크기를 확정한다.

② 철근배근 시공도를 작성한다.

③ 전기 및 설비 배관 상세도를 작성한다.

④ Insert joint 등의 부속철물 수량, 종류, 간격의 상세도를 작성한다.

2) 강재거푸집(Mold) 제작 조립

① Mold 내를 콘크리트 찌꺼기가 없도록 깨끗이 청소한다.

② Mold의 변형이 없는지 확인하고, 모서리 부위는 수직 정밀도를 유지한다.

③ 철재 Mold는 녹으로 인한 변색 여부를 확인한다.

④ Mold는 조립 · 해체가 용이하도록 제작한다.

⑤ Mold에 박리제를 균등하게 도포한다.

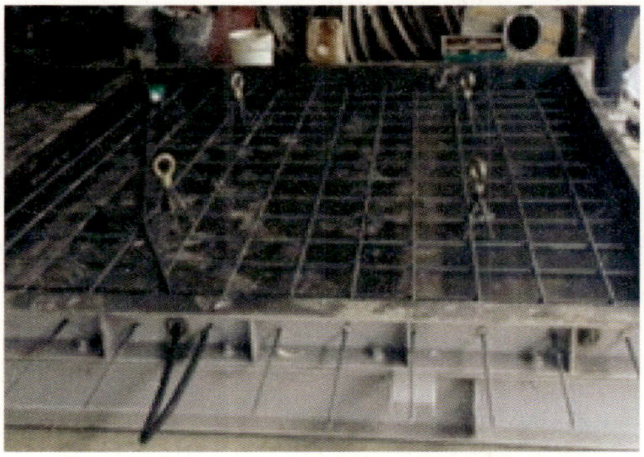

그림 10-12 PC판 강재거푸집(Mold) 제작

3) 철근배근 조립

① 구조용 철근은 겹침이음을 하지 않고 용접이음으로 한다.

② 철근 조립은 움직이지 않도록 하고 정착하고 피복두께를 유지한다.

③ 철근 고임재(스페이서)는 내식성 있는 재료를 사용한다.

4) 전기, 설비배관 및 부속철물 매입

① 전기, 설비배관은 움직이지 않도록 견고하게 고정한다.

② Insert, 각종 철물 및 배관 Box는 콘크리트 타설시 이동되지 않도록 한다.

5) 검사 및 수정

① con'c타설 전에 철근, Insert철물, 전기설비 배관 등은 고정 상태를 확인검사한다.

② 검사 결과 불량 부분이 있을 때에는 수정하거나 교체 및 재시공한다.

③ 외부에서 용접한 매립부품은 사전에 용접검사를 실시한다.

그림 10-13 보 PC 철근 선조립 배근

그림 10-14 바닥 PC 패널 부재 철근 선조립 배근

그림 10-15 PC부재 콘크리트 타설 및 양생

6) 콘크리트 타설

① 콘크리트는 슬럼프 18cm 이하로 밀실하게 타설한다.

② 콘크리트 배합 후 2시간 이상 경과된 것은 사용하지 않는다.

③ 진동기 사용 시는 거푸집과 철근에 닿지 않도록 다짐한다.

④ Mold 내의 콘크리트 온도는 10~30℃ 정도를 유지한다.

⑤ 콘크리트 표면 마무리는 초기응결이 시작되기 전에 한다.

7) 양생

① 콘크리트 양생 시에는 진동 · 충격이 생기지 않도록 한다.

② 양생은 초기 양생과 2차 양생으로 나누어 실시한다.

③ 양생시간 동안에 Mold의 온도가 10℃ 이하로 내려가지 않도록 한다.

④ 촉진 양생법은 고압증기 양생, 전기 양생, 가열습윤양생 등이 있다.

8) 탈형

① Mold 탈형 시에는 콘크리트가 변형되지 않도록 한다.

② Mold 탈형 후 급격한 온도저하를 방지하고 설계기준강도 이상이 될 때까지 4℃ 이상을 유지한다.

③ Mold 탈형 시 강도는 100kg/cm^2 이상이 되도록 한다.

④ 부재의 출하 강도는 설계기준강도 이상으로 한다.

그림 10-16 PC부재 탈형 및 야적

9) 최종 검사 및 보수

① 완성된 PC부재는 구조적 성능 여부 확인 후 보수 여부를 결정한다.

② 부재보수 부분의 습윤양생은 3일 이상 하며, 설계강도 이상 양생을 실시한다.

③ 부재의 경미한 파손 부분은 접착제를 바르고 Paste로 도포마감한다.

④ 부재의 제작 정밀도를 확인하고 합격된 것은 저장 장소로 운반한다.

10) 저장 및 운반

① 부재에는 제조번호, 기호 등을 표시하여 종류 및 규격별로 분류하여 반출이 쉽도록 저장한다.

② 부재 저장기간이 길 때는 접합용 철물 등의 방청처리를 한다.

③ 부재 운반 시 가능한 수직으로 세워서 운반한다.

④ 부재 운반 중 부재 사이에 쿠션재 등을 끼우고 보호 조치한다.

⑤ 부재 저장 시 파손, 변형이 생기지 않게 하고 지면에 닿는 부분은 오염, 변색에 주의한다.

2.3 부재 제작 시 검사

1) 부재 제작 허용오차

표 10-3 PC부재 제작 허용오차 (단위 : mm)

구분	벽판	바닥판	지붕판
길이(높이)	±5	±7	±5
폭	±3	±3	±3
두께	+5, −2	+5, −2	±3

2) 수평방향의 거리 오차

① 길이방향 : ±15mm

② 폭방향 : ±3mm

③ 수평방향의 기울기 : 1°

3) 수직방향의 높이 오차

① 높이방향 : ±5mm

② 수직방향의 기울기 : 2°

2.4 부재 운반계획

① 현장조립 순서에 맞게 운송여건(도로조건, 법규)을 파악한다.

② 운반시 보양대책, 상·하차시 대책을 세운다.

2.5 양중계획

① 일일 작업능력 및 시간검토, 양중장비의 안전성을 검토한다.

② stock yard의 관리, 안전관리와 병행한 양중계획을 세운다.

그림 10-17 PC부재 조립 양중장비 설치 예

2.6 가설계획

① 장비진입로, 장비통행로 등의 확보 및 관리, 야적장, 부재진입로 등의 대책을 계획한다.
② 가설비계, 전기, 용수 등의 대책을 세운다.

3. PC 현장조립계획 및 접합부 처리

3.1 부재 조립 계획

1) 사전준비
① 설계도서 및 계약조건, 현장 입지조건과 주변 영향, 부재진입로, 장비통행로를 준비한다.
② 공장 생산능력 및 운송거리, 양중기의 종류, 대수 산정 및 배치계획을 세운다.

2) 가설공사
① 기초 비계설치, 가설 동력 및 급수 확보와 현장 PC stock yard를 확보한다.
② PC부재 조립을 위한 작업용 발판 가설과 구체공사 후 마감공사, 설비공사에 사용하는 가설발판을 설치해야 한다.

3) 기초공사
① 기초 지내력 확보, 기초공법 선정, 앵커 고정을 확인한다.
② 기초 콘크리트 구조 주위는 되메우기를 하여 주변을 평평하게 정리하여 기초 PC 부착시 작업에 지장을 받지 않도록 한다.

그림 10-18 기초 콘크리트 공사 현황

4) 조립계획
① 공사 규모, 특성, 전체 공기 등을 검토한다.

② 부재의 반입, 야적, 운반계획을 세운다.
③ 조립기계 선정에 대해 검토한다.
④ 접합부 구조적 안전 및 방수성 대책을 세운다.

3.2 부재접합계획

부재의 접합계획은 부재 접합의 종류 및 방법에 따라 다르지만 공사시방서 또는 설계도서에 따라 접합계획을 세우되 제조회사의 시공요령서에 따라 전문경험자에 의해 작업해야 한다.

1) 부재의 접합

(1) 습식접합(wet joint)

① 콘크리트 또는 모르타르로 충전하여 접합하는 방식으로 벽판과 벽판의 수직 joint에 사용한다.
② 시공이 번거로우나 조립오차의 조정이 쉽다.
③ PC판 사이의 joint와 joint 사이에 형틀을 넣고 콘크리트를 타설하여 일체화시키는 공법이다.

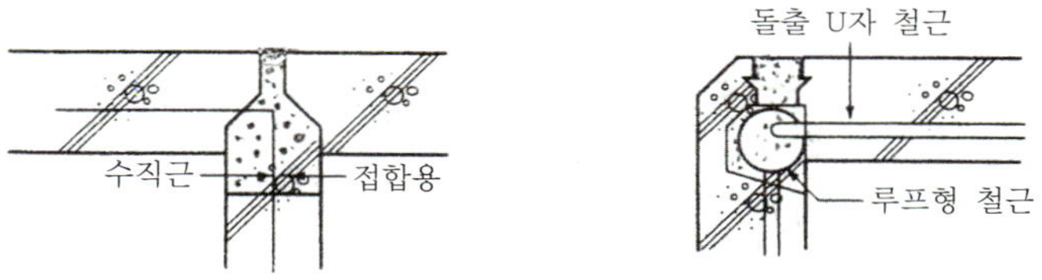

(a) 외벽과 내벽 접합 (b) 모서리 접합

그림 10-19 부재 접합 습식공법

그림 10-20 기둥, 보, 슬래브 습식접합 시공 현장

(2) 건식공법(dry joint)

① 용접, bolt, insert 등으로 접합하는 방식으로 수평접합 및 벽과 벽의 국부접합에 사용한다.

② 시공은 간편하나 조립, 수정이 어렵다.

③ joint 사이는 내화모르타르를 방청 목적으로 사용한다.

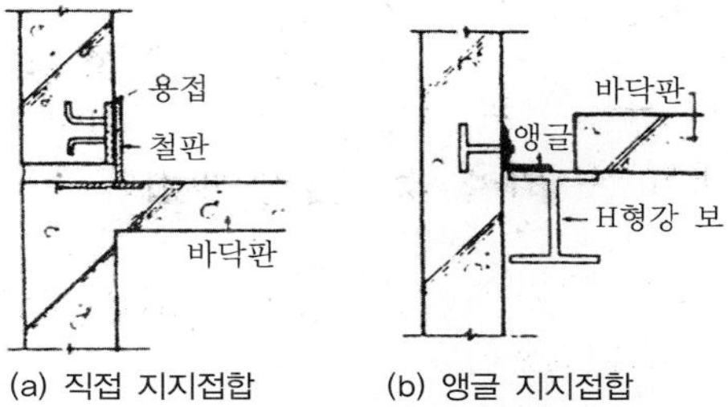

(a) 직접 지지접합 (b) 앵글 지지접합

그림 10-21 부재 접합 건식공법

2) 접합부 안전 및 방수처리

① 접합부는 구조적 안전성, 층간 변위 추종성, 수밀성, 방수성 확보가 중요하다.

② 접합부 방수처리

㉠ 수직, 수평접합 방수

㉡ 발코니 접합부 방수

㉢ 지붕 슬래브 방수

㉣ parapet 방수처리 등이 있다.

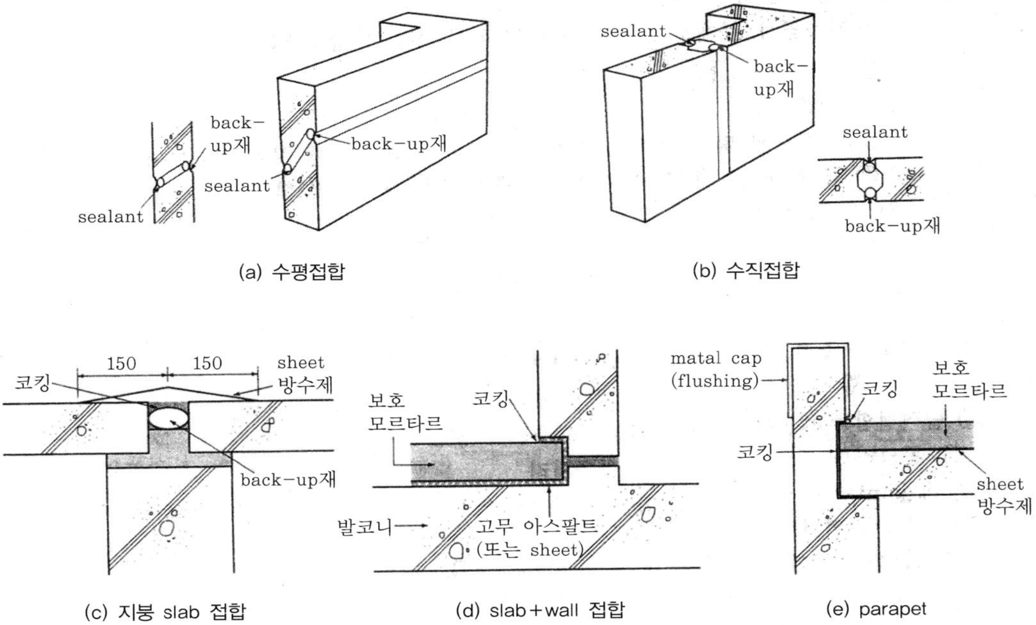

그림 10-22 부재 접합부 방수 처리

(a) 부재 접합부 형상　　(b) PC부재 접합부 연결 철근

그림 10-23 PC부재 접합의 형상

3.3 부재 조립 정밀도 검사

1) 부재 조립 정밀도 관리

① 부재의 조립 정밀도 기준은 설계도서와 시방서에 따르되 제조회사의 시공요령서에 따라 접합되었는지를 기준으로 검사한다.

② 부재 조립 정밀도는 접합부의 종류와 접합방법에 따라 차이가 있으나 PC공사의 공정관리와 안전관리에도 영향을 미치므로 일반적인 조립 정밀도 기준은 다음과 같다.

표 10-4 부재의 조립 정밀도 판정기준

항 목		시험방법	판정기준
기둥 내력벽	설치 위치	슬래브 위에 표시한 기준선과의 차이는 철재자로 측정	조립 후 전수[1)] ±5mm 이하[2)]
	경사	다림추, 슬로프 스케일 등으로 측정	
	천장 높이	레벨로 측정	
보 슬래브	설치 위치	보의 경우는 슬래브 위에 표시한 기준선과의 차이를 슬래브의 경우는 보 및 벽까지의 거리대를 스틸테이프 및 곡선자 등으로 측정	
	천장 높이	레벨로 측정	

주) 1) 조립작업 중 임시로 고정완료 후 다음 부재가 조립되기 전에 시행한다.
2) 철골기둥의 경우는 기둥 높이의 1/1,000 이하로 한다.

2) 부재 접합부 정밀도 관리

① 건식 용접접합의 경우는 부재에 미리 매입된 강재의 위치 정밀도나 부재 접합부 조립 정밀도 확보가 중요하다.

② 습식 콘크리트 타설 접합의 경우는 부재 상호간을 일체화시키기 위한 콘크리트의 밀실 충전타설 정도가 중요하다.

그림 10-24 PC부재 조립 정밀도(수직 / 수평) 관리 예

그림 10-25 일반건물 PC조립 현장과 가설재 설치

4. PC부재 현장조립 설치 사례

4.1 일반건물 PC조립 현장 사례

일반건물 PC조립은 복합화공법으로 많이 시공하고 있으나 건물의 층이 높지 않을 경우에는 기둥과 보를 pull PC공법으로 하는 경우도 많다. 다음 건물은 pull PC공법으로 시공하고 있는 현장이며 PC조립을 위한 가설비계 설치작업이 되어 있다.

4.2 공장건물 PC조립 현장 사례

경기도 평택시 삼성전자 반도체 공장은 pull PC공법으로 기둥과 보, 슬래브를 모두 PC조립으로 시공하고 있다.

그림 10-26 평택 삼성 반도체 공장 pull PC조립 현장

4.3 해외 이라크 비스마야 신도시건설 PC조립 현장 사례

(주)한화건설에서 이라크 비스마야 신도시건설 현장에서 공동주택을 pull PC공법으로 시공하고 있다.

► 공사 개요

1) 공사금액 : 11조 4천억 원
   - 9조 원(2012년)
   - 2조 4천억 원(2015년)
2) 공사 규모
   - 면적 : 550만 평(여의도 6배 면적)
   - 주택 10만 호, 300여 개 학교 등 사회기반시설 공사
3) 공사기간 : 7년
4) 시공방법

   주택단지 시공은 이라크 현지에 PC 공장을 설치하여 Pull PC공법으로 시공하였다.

그림 10-27 해외 이라크 비스마야 신도시 전체 단지 전 경

그림 10-28 해외 이라크 비스마야 신도시 공동주택 pull PC조립 현장

그림 10-29 한화 이라크 비스마야 PC 제작 공장

참고문헌

- 건축시공기술연구회 편, 건축시공(구조체/마감편), 기문당
- 부산, 울산 경남지회 편, 건축시공학 대한건축학회, 기문당
- 문승호, 현대건축시공, 기문당
- 정용식, 건축시공기술사 해설, 청운문화사
- 정상진 외 7인 공저, 건축시공학, 기문당
- 건축시공 계획서, 요령서(구조체/마감편), 건설도서
- 거푸집/철근/콘크리트공사 지침서, 한진건설(주)
- 대한주택공사 편, 철근콘크리트조의 배근시공도 작성 실무, 기문당
- 이경돈 외 2인, 실내건축시공, 지음
- 양우창, 실내재료시공학, 기문당
- 윤창구 외 2인, 부동산 기술론, 기문당
- 이윤재, 알기쉬운 건축시공, 기문당
- 조준현 외 4인, 건축적산, 기문당
- 대한건축회편, 건축시공기술, 기문당
- 강병두 외 1인, 건축기사실기, 건기원

건축시공(구조체편)

2017년 2월 5일 1판 1쇄 인쇄
2017년 2월 10일 1판 1쇄 발행

저 자 정 용 식
발 행 인 강 해 작
발 행 처 기 문 당
주 소 서울특별시 성동구 무학봉28길 4-1
전 화 02)2295-6171(代)~5
팩 스 02)2296-8188
출판등록 1976. 10. 7(1-44)
홈페이지 http://기문당
http://www.kimoondang.com
I S B N 978-89-6225-753-3 93540
정 가 35,000원

이 도서의 국립중앙도서관 출판시도서목록(CIP)은 서지정보유통지원시스템 홈페이지(http://seoji.nl.go.kr)와 국가자료공동목록(http://www.nl.go.kr/kolisnet)에서 이용하실 수 있습니다.(CIP제어번호:CIP2017001747)